Heinz-J. Bontrup
Ralf-M. Marquardt

# Kritisches Handbuch der deutschen Elektrizitätswirtschaft

Branchenentwicklung
Unternehmensstrategien
Arbeitsbeziehungen

edition sigma

Bibliografische Information der Deutschen Nationalbibliothek

Die Deutsche Nationalbibliothek verzeichnet diese Publikation in der Deutschen Nationalbibliografie; detaillierte bibliografische Daten sind im Internet über http://dnb.d-nb.de abrufbar.

**ISBN 978-3-8360-8712-4**



Umschlaggestaltung: Gaby Sylvester, Düsseldorf. Umschlaggrafik: © Stefan Balk, www.fotolia.com

Druck: Rosch-Buch, Scheßlitz Printed in Germany

# Inhaltsübersicht


| | | |
|---|---|---|
| Inhalt | | 7 |
| Einleitung | | 13 |
| **1.** | **Politische Rahmenbedingungen in der Elektrizitätswirtschaft: Auf der Suche nach der angemessenen Regulierung** | 17 |
| 1.1 | Der Regulierungsrahmen nach dem Zweiten Weltkrieg | 20 |
| 1.2 | Neue Beurteilung „natürlicher Monopole“ | 22 |
| 1.3 | Energie- und klimapolitische Meilensteine | 26 |
| 1.4 | Erster kritischer Rückblick auf die Liberalisierung in der Elektrizitätswirtschaft | 67 |
| **2.** | **Auswirkungen des Liberalisierungsprozesses** | 75 |
| 2.1 | Branchenentwicklung | 75 |
| 2.2 | Preisentwicklung | 119 |
| 2.3 | Investitionsverhalten | 125 |
| 2.4 | Positionierung der „Big-4“ am Markt | 180 |
| 2.5 | Zwischenresümee | 245 |
| **3.** | **Unternehmenskultur im Liberalisierungsprozess** | 253 |
| 3.1 | Spezifische Problemstellung, Abgrenzungen und Datenbasis | 253 |
| 3.2 | Allgemeine Vorbemerkungen zur Personalpolitik | 257 |
| 3.3 | Demokratisch-partizipative Unternehmenskultur in den Stadtwerken | 276 |
| 3.4 | Unternehmenskultur bei den „Big-4“ | 324 |
| 3.5 | Schlussfolgerungen zur Unternehmenskultur in den EVUs | 349 |
| **4.** | **Stärkung der Stadtwerke als Chance** | 353 |
| 4.1 | Die Stadtwerke im bisherigen Liberalisierungsprozess | 354 |
| 4.2 | Neue Herausforderungen und Chancen für die Stadtwerke | 359 |

4.3 Perspektiven der Stadtwerke 392

**5. Zusammenfassung und Schlussfolgerungen** 399

5.1 Neues Paradigma an den Elektrizitätsmärkten 399
5.2 Auswirkungen am Elektrizitätsmarkt 400
5.3 Unternehmensinterne Auswirkungen der Liberalisierung 413
5.4 Zukunft der Stadtwerke 419

**6. Literatur und Quellen**

6.1 Literaturverzeichnis 423
6.2 Quellenverzeichnis 437

**7. Anhang**

7.1 Methodische Anmerkungen 451
7.2 Hintergrundwissen für Mitbestimmungsträger: Betriebswirtschaftliche Entstehungs- und Verteilungsrechnung in der Elektrizitätswirtschaft 458

Abkürzungsverzeichnis 470
Verzeichnis der Abbildungen, Tabellen und Übersichten 472

# Inhalt


| | | |
|---|---|---|
| | Einleitung | 13 |
| 1. | POLITISCHE RAHMENBEDINGUNGEN IN DER ELEKTRIZITÄTSWIRTSCHAFT: AUF DER SUCHE NACH DER ANGEMESSENEN REGULIERUNG | 17 |
| **1.1** | **Der Regulierungsrahmen nach dem Zweiten Weltkrieg** | 20 |
| **1.2** | **Neue Beurteilung „natürlicher Monopole“** | 22 |
| **1.3** | **Energie- und klimapolitische Meilensteine** | 26 |
| 1.3.1 | Die besondere Rolle der EU als energie- und klimapolitischer Akteur | 26 |
| 1.3.2 | Die Phase der Marktöffnung<br>*Die EU-Binnenmarktrichtlinie von 1996 (28) – Die Umsetzung der EU-Binnenmarktrichtlinie im deutschen Energiewirtschaftsgesetz von 1998 (29)* | 28 |
| 1.3.3 | Die Phase verstärkter Nachregulierung<br>*Die Beschleunigungsrichtlinie von 2003 (31) – Das Energiewirtschaftsgesetz von 2005 und Begleitverordnungen (32) – Von der Kostenregulierung zur Anreizregulierungsverordnung von 2007 (35) – Zwischenfazit (48)* | 31 |
| 1.3.4 | Das dritte Binnenmarktpaket 2009 | 48 |
| 1.3.5 | Klimapolitische Aktivitäten der EU-Kommission | 53 |
| 1.3.6 | Das Integrierte Energie- und Klimapaket der Bundesregierung | 64 |
| **1.4** | **Erster kritischer Rückblick auf die Liberalisierung in der Elektrizitätswirtschaft** | 67 |
| 2. | AUSWIRKUNGEN DES LIBERALISIERUNGSPROZESSES | 75 |
| **2.1** | **Branchenentwicklung** | 75 |
| 2.1.1 | Entwicklung der Unternehmenszahl und Rechtsformen | 76 |

2.1.2 Zusammenschlüsse und Kooperationen in der Elektrizitätswirtschaft 77

*Konzentration und Vermachtung durch die „Big-4“ (77) – Die 8KU-Gruppe (84) – Die Trianel-Stadtwerke-Gruppe (90) – Konzentration und Kooperation im Ausblick (92)*

2.1.3 Rückgang der Beschäftigung 93

*Quantitative Arbeitsplatzentwicklungen (93) – Qualitative Beschäftigungsaspekte (95)*

2.1.4 Personalaufwand und tarifliche Strukturen 97

*Anpassungen bei den Personal- und Sozialkosten (97) – Stark differenzierte Tariflandschaft (98)*

2.1.5 Einkommensentwicklung und -verteilung 105

*Einkommensentwicklung und -verteilung auf Branchenebene (105) – Einkommensentwicklung und -verteilung differenziert nach Unternehmensgrößen (108) – EVUs mit mehr als 500 Beschäftigten (109) – EVUs mit 250 bis 499 Beschäftigten (111) – EVUs mit 100 bis 249 Beschäftigten (113) – EVUs mit 50 bis 99 Beschäftigten (114) – Ergebnis der Größendifferenzierung (118)*

**2.2 Preisentwicklung** 119

**2.3 Investitionsverhalten** 125

2.3.1 Politischer Rahmen für den zukünftigen Energiemix 125

2.3.2 Beginn eines neuen Investitionszyklus? 125

*Investitionsattentismus im Zuge der Marktöffnung (125) – Neuer Schwung in der Investitionsplanung (132)*

2.3.3 Überlegungen zum Investitionsbedarf 135

*Die Diskussion über eine Versorgungslücke in Deutschland (135) – Erheblicher Investitionsbedarf bis 2020 (138)*

2.3.4 Investitionshindernisse 142

*Wechsel im Investitionsparadigma (143) – Investitionsverhalten im regulierten Gebietsmonopol (143) – Neues Investitionsverhalten im Wettbewerb (146) – Investitionssignale (151) – Anreize für eine ökologische Neuausrichtung (154) – Alternativenabschätzung (155) – Technologische Entwicklung (158) – Interdependenzen der installierten Technologien (160) – Politische Unsicherheit zur zukünftigen Rolle der Atomkraft (162) – Widerstände bei Genehmigungsverfahren (166) – Wettbewerbsrechtliche Probleme beim Betrieb von Gaskraftwerken (170) – Rahmenbedingungen auf der Kostenseite (171) – Finanzierungssituation (174) – Investitionszurückhaltung aufgrund strategischer Überlegungen (176) – Knappheitsrenten (176) – Spitzenlast und Reserveenergie als Öffentliches Gut (179)*

**2.4 Positionierung der „Big-4“ am Markt** 180

2.4.1 Größenvergleich der „Big-4“ auf dem deutschen Strommarkt 182

2.4.2 E.ON AG 184

*Entstehungsgeschichte (184) – Entwicklung der Unternehmensstrategie (184) – Strategische Ausrichtung zu Beginn des Jahrzehnts (184) – Umstrukturierung über Zu- und Verkäufe (185) – Die Übernahme der Ruhrgas AG (188) – Der Übernahmeversuch der Endesa S.A. (191) – Unternehmensorganisation (192) – Energiemix (193) – Strategische Perspektiven (194) – Entwicklung ökonomischer Kennziffern (198) – Zusammenfassende Beurteilung (202)*

2.4.3 RWE AG 203

*Entstehungsgeschichte (203) – Entwicklung der Unternehmensstrategie (204) – Einstieg und Rückzug aus dem Multi-Utility-Ansatz (204) – Fokussierung: Zwei Produkte – Drei Märkte (208) – Unternehmensorganisation (211) – Energiemix (211) – Strategische Perspektiven (212) – Entwicklung ökonomischer Kennziffern (215) – Zusammenfassende Beurteilung (218)*

2.4.4 EnBW AG 220

*Entstehungsgeschichte (220) – Entwicklung der Unternehmensstrategie (220) – Unternehmensorganisation (223) – Energiemix (224) – Strategische Perspektiven (224) – Entwicklung ökonomischer Kennziffern (226) – Zusammenfassende Beurteilung (229)*

2.4.5 Vattenfall Europe 230

*Entstehungsgeschichte (230) – Entwicklung der Unternehmensstrategie (231) – Unternehmensorganisation (234) – Energiemix (234) – Strategische Perspektiven (235) – Entwicklung ökonomischer Kennziffern (238) Zusammenfassende Beurteilung (240)*

2.4.6 Fazit zur Positionierung der „Big-4“ am Markt 241

**2.5 Zwischenresümee** 245

---

3. UNTERNEHMENSKULTUR IM LIBERALISIERUNGSPROZESS 253

---

**3.1 Spezifische Problemstellung, Abgrenzungen und Datenbasis** 253

**3.2 Allgemeine Vorbemerkungen zur Personalpolitik** 257

3.2.1 Machtungleichgewicht zu Lasten der abhängig Beschäftigten 257

3.2.2 Orientierung am Faktor Arbeit in der Personalpolitik 259

3.2.3 Integrativer Ansatz der Personalpolitik 261

3.2.4 Unbestimmter Arbeitsvertrag als Kernproblem der Personalpolitik 262

3.2.5 Subjektives Auflösen der Subjektivität der Arbeitenden 264

3.2.6 Personalpolitische Paradigmen im Wandel 267

*Zentrale Menschenbilder in der Personalpolitik (267) – Personalpolitik im Zeichen intern gespaltener Arbeitsmärkte (269) – Personalpolitik vor dem Hintergrund demografischer Herausforderungen (270) – Personalpolitik im Zuge eines verschärften Shareholder-Value-Denkens (271)*

3.2.7 Allgemeine personalpolitische Befunde in der Elektrizitätswirtschaft 273

*Solidarität der Beschäftigten (273) – Integrative Personalpolitik (274) – Shareholder-Value-Denken (275)*

**3.3 Demokratisch-partizipative Unternehmenskultur in den Stadtwerken 276**

3.3.1 Leitbild einer demokratisch-partizipativen Unternehmenskultur 276

3.3.2 Immaterielle Partizipation durch Mitbestimmung 278

*Bedeutung der Mitbestimmung (278) – Mitbestimmung in den Stadtwerken (281)*

3.3.3 Informationspolitik 285

*Bedeutung der Informationspolitik (285) – Informationspolitik in den Stadtwerken (289)*

3.3.4 Kommunikationspolitik 290

*Bedeutung der Kommunikationspolitik (290) – Kommunikationspolitik in den Stadtwerken (291)*

3.3.5 Personalführung 292

*Bedeutung der Personalführung (292) – Personalführung in den Stadtwerken (296)*

3.3.6 Weiterbildung und Personalentwicklung 298

*Bedeutung der Weiterbildung und Personalentwicklung (298) – Weiterbildung und Personalentwicklung in den Stadtwerken (301)*

3.3.7 Ideenmanagement 302

*Bedeutung und Definition des Ideenmanagements (302) – Ein optimiertes Ideenmanagement (312) – Ideenmanagement in den Stadtwerken (314)*

3.3.8 Materielle Partizipation 315

*Bedeutung der Materiellen Partizipation (315) – Motive für eine Materielle Partizipation (315) – Abgrenzungen materieller Erfolgs- und Gewinnbeteiligungen (317) – Kapitalbeteiligung und das Problem der Verlustbeteiligung (319) – Mitsprache bei Gewinn- und Kapitalbeteiligungen (322) – Materielle Partizipation in den Stadtwerken (323)*

**3.4 Unternehmenskultur bei den „Big-4“** 324

3.4.1 E.ON AG 325
3.4.2 RWE AG 329
3.4.3 EnBW AG 334
3.4.4 Vattenfall Europe 337
3.4.5 Big-4 und Managergehälter 340
3.4.6 Zwischenfazit zur Unternehmenskultur bei den Big-4 344
3.4.7 Lobby- und Öffentlichkeitsarbeit der „Big-4“ 345

**3.5 Schlussfolgerungen zur Unternehmenskultur in den EVUs** 349

4. STÄRKUNG DER STADTWERKE ALS CHANCE 353

**4.1 Die Stadtwerke im bisherigen Liberalisierungsprozess** 354

**4.2 Neue Herausforderungen und Chancen für die Stadtwerke** 359

4.2.1 Zuspitzung des internen Verteilungskonflikts 359

*Wirkungen der Anreizregulierung (359) – Wirkungen eines forcierten Wettbewerbs (360) – Folgen in der Unternehmenskultur (361)*

4.2.2 Chancen für die Stadtwerke 362

*Interne Anpassungen über Kooperationen (363) – Extern orientierte Innovationsstrategien im Rahmen des Integrierten Energie- und Klimapakets (367) – Anreize zur Eigenerzeugung (371) – Anreize zum Ausbau von Ökostromangeboten (376) – Anreize zum Ausbau der Kraft-Wärme-Kopplung (377) – Anreize zum Ausbau energienaher Dienstleistungen (384)*

**4.3 Perspektiven der Stadtwerke** 392

5. ZUSAMMENFASSUNG UND SCHLUSSFOLGERUNGEN 399

**5.1 Neues Paradigma an den Elektrizitätsmärkten** 399

**5.2 Auswirkungen am Elektrizitätsmarkt** 400

**5.3 Unternehmensinterne Auswirkungen der Liberalisierung** 413

**5.4 Zukunft der Stadtwerke** 419

6. LITERATUR UND QUELLEN 423

**6.1 Literaturverzeichnis** 423

**6.2 Quellenverzeichnis** 437

7. ANHANG 451

**7.1 Methodische Anmerkungen** 451

7.1.1 Anmerkung zu den Branchen- und Unternehmensdaten 451
7.1.2 Betriebsrätebefragung 453
7.1.3 Geschäftsführerbefragungen 457

**7.2 Hintergrundwissen für Mitbestimmungsträger: Betriebswirtschaftliche Entstehungs- und Verteilungsrechnung in der Elektrizitätswirtschaft** 458

7.2.1 Einleitung 458
7.2.2 Allgemeines zur Wertbestimmung 458
7.2.3 Wertrestriktionen 460
7.2.4 Betriebswirtschaftliche Wertschöpfung (Entstehungsrechnung) 461
7.2.5 Wertverteilung (Verteilungsrechnung) 465
7.2.6 Analyse der Wertschöpfung 466
7.2.7 Kapitalrendite 468

Abkürzungsverzeichnis 470
Verzeichnis der Abbildungen, Tabellen und Übersichten 472

# Einleitung

Ohne Elektrizität ist eine Gesellschaft heute nicht mehr denkbar. Dies gilt sowohl für die Wirtschaft als auch für das Leben in privaten Haushalten. Umso wichtiger ist der Umgang mit dem *Basisgut Strom*. Im Jahr 1998 kam es hier zu einem grundlegenden Paradigmenwechsel in der deutschen Elektrizitätswirtschaft. Bis dahin wurden die Strommärkte wie „natürliche Monopole" angesehen und durch unter staatlicher Aufsicht stehende *Gebietsmonopole* ausgesteuert. Fortan sollte durch Wettbewerb ein gänzlich anderes Regime die Branche insgesamt und die Strompreisfindung im Besonderen regeln.

Vom Wettbewerb versprach sich die Politik Preis-, Kosten- und Gewinnsenkungen sowie eine bessere Allokation der in der Elektrizitätswirtschaft zum Einsatz gebrachten Ressourcen, und dies alles bei einer ausgeprägteren Umweltorientierung. Dieses anspruchsvolle Vorhaben war nicht zuletzt durch die EU-Kommission initiiert worden, die sich seit Anfang der 1990er Jahre die *Liberalisierung der Strommärkte* in Europa auf ihre Fahnen geschrieben hat. Das finale Ziel besteht dabei in der Schaffung eines konkurrenzwirtschaftlichen *Europäischen Elektrizitätsbinnenmarkts*. Als Begründung gibt der Rat der Europäischen Union dafür an:

> „Ohne einen wettbewerbsorientierten und effizienten europäischen Strommarkt (...) werden die europäischen Bürger stark überhöhte Preise zahlen müssen (...). Darüber hinaus ist ein wettbewerbsorientierter und effizienter Strommarkt Vorbedingung für die Bekämpfung des Klimawandels. Nur bei einem funktionierenden Markt lässt sich ein wirksamer Mechanismus für den Emissionshandel entwickeln und eine Industrie für Erneuerbare Energie aufbauen (...). Schließlich ist ein wettbewerbsorientierter EU-weiter Strommarkt auch von entscheidender Bedeutung für die Energieversorgungssicherheit Europas, da nur ein solcher Markt die richtigen Investitionssignale aussendet, allen potenziellen Investoren einen fairen Netzzugang bietet und echte, wirksame Anreize sowohl für Netzbetreiber als auch Erzeuger schafft." (Q244, S. 2)*

Was ist aber realiter seit 1998 aus der Liberalisierung geworden? Wie verlief die Umsetzung der politisch gewollten wettbewerbsorientierten Liberalisierung der Strommärkte? Welche Implikationen hatte die Öffnung der Märkte insbesondere auf die *Unternehmensstrategien* in den Elektrizitätsversorgungsunternehmen (EVUs), auf die *Beschäftigten* und ihre *Arbeitsbedingungen* sowie auf die *Mit-*

---

* Zur Steigerung der Übersichtlichkeit werden in diesem Werk die nicht-wissenschaftlichen und Daten-Quellen etc. (politische Dokumente, Geschäftsberichte, Zeitungsartikel usw.) durch Siglen – bestehend aus dem Buchstaben „Q" und einer fortlaufenden Nummer – nachgewiesen; vgl. dazu das Quellenverzeichnis auf S. 437ff.

*bestimmungsstrukturen?* Dies war der Forschungsauftrag im Rahmen unseres von der Hans-Böckler-Stiftung geförderten Projekts.

Bei der Bearbeitung haben wir zunächst sowohl die seit der Liberalisierung erfolgten *Anpassungsprozesse* von der EU-Binnenmarktrichtlinie Elektrizität (1996) über deren Umsetzung in das deutsche Energiewirtschaftsgesetz (1998) und dessen Novellierung (2005) bis hin zum Dritten Binnenmarktpaket (2009) untersucht (vgl. Kapitel 1).

Danach wurden die Auswirkungen der Liberalisierung auf die Marktstrukturen, Preise, Gewinne und Investitionen einer kritischen Analyse unterzogen (vgl. Kapitel 2). Hier bildeten, neben der Untersuchung der allgemeinen Beschäftigungsentwicklung, auch die Auswirkungen auf die Tarifpolitik sowie die Verteilung der realisierten Wertschöpfungen in den EVUs weitere Schwerpunkte. Dabei sollte anhand der *betrieblichen Wertschöpfungen* auch herausgefunden werden, welche *unternehmensinternen Interessengruppen* am meisten von der Öffnung profitiert haben.

Einer gesonderten betriebswirtschaftlichen Analyse wurden in diesem Kontext die vier großen Stromversorger (E.ON, RWE, EnBW, Vattenfall Europe), von uns als die „Big-4" bezeichnet, unterzogen. Dabei spielten neben der Beschäftigungs- und Produktivitätsentwicklung sowie den internen Verteilungsverhältnissen zwischen Kapital und Arbeit auch die *Rentabilitäten* (Eigen- und Gesamtkapitalrendite) und die internen Finanzierungsmöglichkeiten der getätigten Investitionen aus dem jeweiligen Cashflow eine wichtige Rolle. Ebenso wurden die *Gewinnausschüttungen an die Anteilseigner* der EVUs untersucht.

Vor dem Hintergrund der aktuellen Diskussion über eine angebliche „Versorgungslücke" mit Strom sowie eines beträchtlichen Investitionsbedarfs in der Elektrizitätswirtschaft (Stichworte: Ende des Investitionszyklus, Klimawandel, Umstieg auf regenerative Energien) galt darüber hinaus ein Hauptaugenmerk der *Analyse des Investitionsumfelds*. In diesem Kontext ist das „neue" Investitionsverhalten unter Wettbewerbsbedingungen von zentraler Bedeutung. Insgesamt standen Themen wie der politische Rahmen für den zukünftigen Energiemix und die Untersuchung eines neuen Investitionszyklus genauso im Fokus wie Überlegungen zum zukünftigen Kraftwerkszubau und mögliche Investitionshemmnisse.

Nach dieser Betrachtung des „Außenverhältnisses" an den Elektrizitätsmärkten wurden die Auswirkungen der Liberalisierung auf die *„Innenverhältnisse" der EVUs* empirisch untersucht (vgl. Kapitel 3). Hier widmeten wir den *Arbeits- und Mitbestimmungsbedingungen* der abhängig Beschäftigten unsere besondere Aufmerksamkeit. Dies vor allen Dingen vor dem Hintergrund, dass in der Berichterstattung die Erwartung massiver Einschnitte infolge der Liberalisierung weit verbreitet war, wie der nachfolgende Kommentar exemplarisch verdeutlicht:

> „Die Konkurrenz auf dem Energiemarkt zwingt die hannoverschen Stadtwerke zu rigidem Sparkurs. Das Unternehmen will in den kommenden fünf Jahren fast 75 Millionen Mark weniger ausgeben. Vorstand und Betriebsrat haben Details eines ‚Interessenausgleichs und Sozialplans' ausgehandelt. Dabei werden nicht nur etwa 500 Stellen abgebaut, was allein 54 Millionen Mark ausmacht. Die Stadtwerke kürzen bis 2005 auch übertarifliche Zahlungen in Höhe von 2,5 Millionen Mark." (Q121)

Ausgehend von einer normativ bestimmten Idealform einer *demokratisch-partizipativen Unternehmenskultur* haben wir u.a. deshalb auf Basis einer schriftlichen Befragung von Betriebsräten in den EVUs und durch strukturierte Interviews mit Geschäftsführern analysiert, welche Konsequenzen die Liberalisierung auf den Strommärkten für die *Beschäftigten* insgesamt hatte und vor allem welcher Grad einer demokratischen Partizipation dabei heute speziell in den *Stadtwerken* umgesetzt ist und ob es hier Veränderungs- bzw. Verbesserungspotenziale gibt. Auch wurden diesbezüglich die „Big-4" durch Auswertung veröffentlichter Berichte und Unterlagen einer Unternehmensanalyse unterzogen. Hierbei spielten ebenso die Besonderheiten und Paradigmen der *Personalpolitik* sowie die personalwirtschaftlichen Beziehungen zwischen Kapital und Arbeit in den EVUs eine gewichtige Rolle.

Abschließend haben wir noch die Chancen und Risiken der Marktliberalisierung speziell für die *Stadtwerke* herausgearbeitet, denen man zu Beginn der Liberalisierung noch ein „großes Sterben" vorausgesagt hatte (vgl. Kapitel 4). Demnach können die Stadtwerke zukünftig sowohl im Wettbewerb gegen die „Big-4" eine wesentliche Rolle als auch im Hinblick auf eine forcierte Umsetzung regenerativer Energien zum Schutz der Umwelt spielen. Dabei kommt der Realisierung einer demokratisch-partizipativen Unternehmenskultur eine wesentliche Bedeutung zu.

Verzichtet haben wir bei unseren Untersuchungen auf eine *ordnungspolitische Betrachtung und Bewertung* in der Form, ob eine wettbewerbliche (liberalisierte) Ausrichtung der Strommärkte besser ist als eine jüngst – zumindest im Hinblick auf die *Stromnetze* – immer häufiger geforderte *Verstaatlichung bzw. Vergesellschaftung* der Elektrizitätswirtschaft (zur Diskussion ordnungspolitischer Alternativen vgl. Bontrup 2009b). Eine derartige Analyse hätte den bereits umfassenden und anspruchsvollen Untersuchungsrahmen gesprengt.

*Danksagung*

Das Forschungsprojekt wäre ohne die Anregung von *Dr. Reinhard Klopfleisch* (ver.di Bundesvorstand, Referatsleiter Ver- und Entsorgung Energiewirtschaft) und *Hannes Koch* (Geschäftsführer e4globe-European Institute for Globalisation Research, Berlin) sowie ohne die finanzielle Förderung des Projekts durch die

Hans-Böckler-Stiftung nicht möglich gewesen. In der Stiftung gilt unser besonderer Dank dem Projektverantwortlichen *Dr. Karsten Schneider* für die vertrauensvolle und unterstützende Zusammenarbeit.

Des Weiteren verdanken wir unser Forschungsergebnis der aktiven Unterstützung und Hilfe vieler anderer Personen. Danken möchten wir besonders den Betriebsräten, welche die Mühen auf sich genommen haben, einen umfangreichen Fragebogen zu beantworten, und für zusätzliche (anstrengende) Interviews zur Verfügung standen. Unser Dank gilt zudem den Geschäftsführern/Vorständen der EVUs, die uns ebenfalls ihre bisherigen Erfahrungen mit dem Liberalisierungsprozess in der Elektrizitätswirtschaft in strukturierten Interviews geschildert und vielfältige Informationen zur vorliegenden Unternehmenskultur sowie auch zum „Stadtwerk der Zukunft" gegeben haben.

In diesem Kontext schulden wir *Michael Wübbels*, dem stellvertretenden Hauptgeschäftsführer des Verbandes kommunaler Unternehmen, der uns zusammen mit seinen Mitarbeiterinnen die Tür in die betriebliche Praxis der EVUs geöffnet hat, besonderen Dank. Bedanken möchten wir uns des Weiteren bei Beschäftigten des Statistischen Bundesamtes, der Hans-Böckler-Stiftung sowie dem Wirtschafts- und Sozialwissenschaftlichen Institut (WSI); einerseits für das Überlassen zahlreicher Statistiken und Informationen, andererseits für viele wertvolle Hinweise bei der Interpretation unklarer Daten und Zusammenhänge. Dank schulden wir auch dem Studenten *Torben Kötter* sowie dem wissenschaftlichen Mitarbeiter Dipl.-Ökonom *Tom Domanski* (beide an der FH Gelsenkirchen, Fachbereich Wirtschaftsrecht), die wertvolle Hilfe bei der Auswertung des Fragebogens und der abschließenden technischen Erstellung des Abschlussberichts geleistet haben.

Abschließend möchten wir den Beiratsmitgliedern des Projekts (*Dr. Horst Heuter* [DGB-Bundesvorstand], Professor *Dr. Rudolf Hickel* [Universität Bremen], *Franz-Gerd Hörnschemeyer* [IGBCE], *Klaus Horn* [Städtische Werke AG Kassel], *Dr. Reinhard Klopfleisch* [ver.di Bundesvorstand], *Hannes Koch* [e4 globe], Professor *Dr. Heiner Minssen* [Universität Bochum], Professor *Dr. Bernhard Nagel* [Universität Kassel], *Dr. Karsten Schneider* [Hans-Böckler-Stiftung] und *Dr. Oliver Wagner* [Wuppertal Institut für Klima, Umwelt, Energie]) unseren herzlichen Dank für ihre vielen konstruktiven Hinweise und Anregungen, die sie uns in den Beiratssitzungen gegeben haben, aussprechen.

Wir hoffen, dass sich die Arbeit aller gelohnt hat, indem die Ergebnisse unserer Forschungsarbeit eine große Verbreitung und Berücksichtigung in Politik und Wissenschaft finden.

Gelsenkirchen/Düsseldorf, im Januar 2010

*Heinz-J. Bontrup*
*Ralf-M. Marquardt*

# 1. Politische Rahmenbedingungen in der Elektrizitätswirtschaft: Auf der Suche nach der angemessenen Regulierung

Die Stromversorgung gehört zu den elementaren Grundbedürfnissen jeder Industriegesellschaft. Schon kurzfristige Versorgungsunterbrechungen führen zu gravierenden Beeinträchtigungen des privaten und öffentlichen Lebens. „Blackouts" wie in den Vereinigten Staaten oder Italien belegen dies ebenso eindrücklich wie das für Deutschland bislang eher unübliche „Ausgehen der Lichter" gleich für mehrere Tage im Münsterland im Winter 2005.[1] Dabei ist Elektrizität nicht nur unter *stofflichen* Aspekten, sondern auch unter *wirtschaftlichen* Gesichtspunkten ein *Basisgut.* Als Vorleistung strahlt Strom über seinen Preis nämlich direkt und indirekt auf alle anderen Bereiche der Volkswirtschaft aus; Elektrizität hat somit großen Einfluss auf die Konkurrenzfähigkeit einer Volkswirtschaft insgesamt. Aufgrund dieser Besonderheit haben in der Gründungsphase der Bundesrepublik noch alle Parteien den Bereich der Elektrizitätsversorgung für so wichtig angesehen, dass sie diese nicht dem Markt überlassen wollten. Stattdessen wurde eine *gesellschaftliche Kontrolle* gefordert, bei der die öffentliche Daseinsvorsorge nicht allein nach wirtschaftlichen Kriterien zu beurteilen ist.

Eine leistungsfähige und zugleich an *ökologischen Zielen* orientierte Ökonomie benötigt in jedem Fall eine Elektrizitätswirtschaft, die Strom dauerhaft zu wirtschaftlich sowie umwelt- und klimapolitisch tragfähigen Bedingungen bereitstellt. Diese Anforderungen werden im Allgemeinen durch das *Zieldreieck aus wirtschaftlicher Wettbewerbsfähigkeit* mit *angemessenen Preisen*, aus *Sicherheit der Energieversorgung* sowie *nachhaltiger Entwicklung und Klimavorsorge* beschrieben (vgl. Abb. 1; Q101). Die von der Politik gesetzte Gewichtung zwischen diesen drei Polen beeinflusst entscheidend die Strategien der Elektrizitätsversorgungsunternehmen (EVUs), die Wahl der Technologien und somit die Anzahl sowie Struktur der Arbeitsplätze.

Darüber hinaus werden in der Politik teilweise weitere energiepolitische Ziele definiert, die eine Elektrizitätswirtschaft erfüllen soll. Das Energiewirtschaftsgesetz vom 7. Juli 2005 nennt beispielsweise im § 1 als zusätzlichen Indikator Kundenfreundlichkeit. Die Gewerkschaft ver.di bezieht auch den Grund-

---

1 Einer im Auftrag von RWE erstellten Studie von Frontier Economics zufolge erspart die relativ sichere Versorgung hierzulande gesamtwirtschaftliche Kosten im Milliardenumfang. Ein Abfallen auf das niedrigere Versorgungsniveau Spaniens beispielsweise hätte demnach Kosten von 3,3 Mrd. EUR zur Folge (Q177, S. 5). Die volkswirtschaftlichen Kosten des Blackouts im Nordosten der USA und Teilen Kanadas im August 2003 werden je nach Quelle auf 6 bis 10 Mrd. US-Dollar geschätzt (Q38, S. 7).

satz „Arbeitsplätze sichern und Know-how sichern“ in ihre energiepolitischen Vorstellungen mit ein (vgl. Q276, S. 1; Q278, S. 7). Der DGB betont zudem die Notwendigkeit einer „international wettbewerbsfähige(n) Energieversorgung am Standort Deutschland“ (Q54, S. 4), wobei die „sozial gerecht“ (ebd., S. 9) zu gestaltende Nachhaltigkeit „sich durch einen breiten Energiemix mit hocheffizienten Technologien aus(zeichnet), der es erleichtert, nicht-fossile Energieträger in die Wirtschaftlichkeit zu führen.“ (ebd., S. 7)

*Abb. 1: Energiewirtschaftliches Zieldreieck*

Insgesamt stehen die Zielwerte einer modernen Elektrizitätswirtschaft allerdings nicht widerspruchsfrei in Beziehung zueinander, wie folgende Beispiele illustrieren:

– Eine ökologisch motivierte Stromerzeugung mittels Erneuerbarer Energien (EE) ist derzeit im Allgemeinen kostenintensiver als durch konventionelle Kraftwerke.[2] Ihr politisch angestrebter Ausbau hat folglich (noch) Rückwirkungen auf die Strompreise. Gleichzeitig vermindert die regenerative Stromerzeugungsbasis aber auch die Abhängigkeit Deutschlands von Energie-

2 Aufgrund der geringen Grenzkosten von Anlagen zur Stromerzeugung aus Erneuerbaren Energien kommt es teilweise jedoch zu einer Verschiebung der Angebotskurve (so genannte „merit-order-curve“), so dass thermische Kraftwerke mit hohen Grenzkosten aus dem Markt gedrängt werden und der Großhandelsstrompreis sinkt (vgl. Bode/Groscurth 2006).

importen; sie dient neben dem Klimaschutz also auch der Versorgungssicherheit.

- Aus Gründen der Versorgungssicherheit und des damit verbundenen Wunsches, einen breiten Energiemix bei der Erzeugung von Strom zur Verfügung zu haben, könnte der Bau von Kohlekraftwerken gesamtwirtschaftlich zweckmäßig erscheinen. Allerdings wäre bei relativ hohen Preisen für $CO_2$-Emissionszertifikate das Ziel günstiger Elektrizitätspreise bedroht. Ebenso ist eine Beeinträchtigung des Klimaschutzziels wegen des erhöhten Ausstoßes von Kohlendioxid zu befürchten, wenn nicht rechtzeitig neue Techniken wie die $CO_2$-Abscheidung in Verbindung mit einer dauerhaft sicheren Lagerung bzw. technologische Alternativen, wie etwa die biologische Wäsche mit Hilfe von Algen, zur Verfügung stehen.

Lange Zeit standen innerhalb des Zieldreiecks die Versorgungssicherheit und die Angemessenheit der Preise („billiger Strom") im öffentlichen und politischen Fokus. Diese Schwerpunktlegung galt umso mehr, als der weltweit immer noch stark wachsende Energiebedarf (insbesondere in China und Indien) sowie Engpässe bei Förder- und Transportkapazitäten fossiler Energien durch fehlende Investitionen während der vorangegangenen Tiefpreisphase zu stark steigenden Weltmarktpreisen für Rohöl, Gas und Kohle geführt haben.

Aufgrund der Begrenztheit fossiler Ressourcen (vgl. Q6) und eines auch zukünftig hohen globalen Energiebedarfs müssen mittelfristig aber auch neue Lösungen der Energieversorgung gefunden werden. Auf der Suche danach gilt es zunehmend, den klimapolitischen Auswirkungen der Elektrizitätserzeugung mittels fossiler Brennstoffe Rechnung zu tragen.[3] Politisches Ziel des EU-Rates sowie der Bundesregierung ist es, die $CO_2$-Konzentration in der Atmosphäre auf den vom Zwischenstaatlichen Ausschuss für Klimaänderungen (IPCC) angestrebten Wert von rund 450 ppm zu begrenzen und somit die globale Erwärmung um mehr als 2 Grad gegenüber der vorindustriellen Zeit zu verhindern (vgl. Q98). In den Industrieländern ist dazu langfristig die Reduktion der Kohlendioxidemissionen um 80% bis 2050 nötig.

Die Herausforderung besteht also darin, einen angemessenen Regulationsrahmen abzustecken, der das *Zieldreieck Klimaschutz, Versorgungssicherheit und angemessene Preise* austariert. Dabei reicht eine Festigung des Status Quo

3 Der Shell-Konzern hat kürzlich zwei weltweite Energieszenarien bis zum Jahre 2050 vorgestellt (vgl. Q257). Bei der ersten Variante hat die nationale Versorgungssicherheit Priorität, beim zweiten Szenario der Klimaschutz. Die großen Gewinner sind in beiden Fällen die Erneuerbaren Energien, die einen Anteil von 30% bis 37% im Jahre 2050 erreichen. Aber auch die Kohle bleibt mit einem Anteil von 27% bis 30% international wichtig. Deshalb hat die Entwicklung von $CO_2$-Abtrennungs- und Speichertechnologien nach Ansicht der Shell-Autoren große Bedeutung.

der Energieversorgung nicht aus. Vielmehr müssen innovative Potenziale freigesetzt und als Resultat klimaverträglichere Strukturen der Energieerzeugung und des Energiegebrauchs geschaffen werden. Ein wesentlicher Schlüssel zum Erfolg ist dabei die *Erhöhung der Energieeffizienz.* Ihr kommt sowohl aus klimapolitischen als auch vorsorgungstechnischen Gründen wegen des Umgangs mit volatilen und trendmäßig eher ansteigenden Energiepreisen eine besondere Bedeutung zu. In diesem Sinne äußert sich auch der Sachverständigenrat für Umweltfragen:

> „Nicht die immer wieder geforderte Laufzeitverlängerung der *Kernkraftwerke*, sondern die Nutzung der vorhandenen Potenziale der Energieeffizienz dürfte über den Erfolg der deutschen Klimapolitik entscheiden." (Q256, Tz. 117)

Wenig Ziel führend ist es darüber hinaus, sich bei der Suche nach energiepolitischen Lösungen jeweils isoliert auf die Elektrizitäts- bzw. auf die Wärmeversorgung zu beschränken. Industrie und Privathaushalte fragen sowohl Strom als auch Wärme nach; bei privaten Kunden macht in der Regel der Wärmeverbrauch sogar die größere Kostenposition aus. Die gemeinsame Versorgung mit Strom und Wärme kann aber heutzutage deutlich effizienter und emissionsärmer in dezentralen Einheiten der *Kraft-Wärme-Kopplung (KWK)* erzeugt werden als mittels thermischer Großkraftwerke für Strom auf der einen und Einzelanlagen für Wärme auf der anderen Seite. Obwohl seit Jahrzehnten bekannt, hat diese Erkenntnis erst wieder in letzter Zeit Eingang in die Politik mittels des „Integrierten Energie- und Klimaprogramms der Bundesregierung" gefunden (vgl. Kapitel 1.3).

Welche Überlegungen im Zuge des inhaltlichen Ausbalancierens der Energiepolitik innerhalb des Zieldreiecks im Mittelpunkt standen, soll nun im Folgenden nachgezeichnet werden, wobei die Auswirkungen der Liberalisierung im Detail noch gesondert im Kapitel 2 herausgearbeitet werden.

## 1.1 Der Regulierungsrahmen nach dem Zweiten Weltkrieg

Im ersten Drittel des letzten Jahrhunderts führten technische Entwicklungen zu gravierenden Umwälzungen der Stromerzeugung und -verteilung (vgl. hierzu und zum Folgenden Q111, S. 157ff.). Um effizient zu produzieren, mussten Kraftwerke immer größer werden. Damit verbunden war eine Zentralisierung der Stromerzeugung. Darüber hinaus wurden die Übertragungs- und Verteilungsnetze auf nationaler Ebene in Europa Schritt für Schritt vervollständigt. Aus diesen Entwicklungen zogen viele (west-)europäische Regierungen den Schluss, dass der gesamte Stromversorgungssektor ein *natürliches Monopol* sei. Die Kunden habe man dann aber vor entsprechenden „Defekten des Wettbewerbs" durch die

Bildung öffentlicher, integrierter Stromerzeugungs- und Verteilunternehmen zu schützen. Die französische Regierung entschied so bereits 1946, Électricité de France (EdF) zu gründen. Italien war das letzte westeuropäische Land, das diesem Trend mit der Gründung der staatlichen Ente nazionale per l'energia elettrica (ENEL S.P.A.) 1962 folgte. Bis Ende der 1970er Jahre war die netzgebundene Stromwirtschaft nicht nur in Europa, sondern auch in anderen Marktwirtschaften der Welt staatlich strukturiert und reguliert.

In Deutschland gab es wegen der unterstellten *Subadditivitäten*[4] bei der Erzeugung und Verteilung von Strom ebenfalls natürliche Monopole. Die Umsetzung des Auftrags der öffentlichen Daseinsvorsorge erfolgte mittels Gebietsabsprachen und vielfältigen Anmelde-, Beantragungs-, Genehmigungs-, Nachweis- und Versorgungsprozeduren. Eine bedeutende Stellung hatten dabei sowohl im Kraftwerks- als auch im Netzbereich die so genannten Gebietsmonopolisten in Form der nachfolgenden *neun vertikal integrierten Verbundunternehmen*:

- Rheinisch-Westfälisches Elektrizitätswerk AG (RWE),
- PreußenElektra AG,
- Bayernwerk AG,
- VEAG Vereinigte Energiewerke AG,
- Badenwerk AG,
- Energie-Versorgung Schwaben AG (EVS),
- VEW Energie AG,
- Hamburgische Electricitäts-Werke AG (HEW) und
- Berliner Kraft- und Licht (BEWAG)-AG.

Diese Gesellschaften befanden sich teils im privaten, teils in öffentlichem Eigentum. Die deutsche Elektrizitätswirtschaft wurde auf der zweiten Ebene durch *Regionalversorger* sowie auf der dritten Versorgungsstufe durch in kommunalen Besitz befindliche Stadtwerke komplettiert. Letztere waren häufig in Form von Eigenbetrieben organisiert.

Die Preise wurden auf der Grundlage der entstehenden Kosten (so genannte „Selbstkostenpreise“ inklusive einer normierten Gewinnverrechnung) gebildet. Alle EVUs unterlagen im Tarifkundenbereich einer staatlichen Preisaufsicht und wurden im Sonderkundensegment einer Preiskontrolle durch das Bundeskartellamt bzw. durch die jeweiligen Landeskartellbehörden unterzogen (vgl. Bontrup/ Troost 1988).

In diesem Kontext spielte „Wirtschaftlichkeit“ allenfalls als allgemeingültige Anforderung an die öffentliche Aufgabenerledigung eine Rolle. „Markt und

4 Subadditivitäten liegen vor, wenn ein (Groß-)Unternehmen die Nachfrage nach einem Gut kostengünstiger bedienen kann als mehrere kleine Betriebe (vgl. Schmidt 2005, S. 36ff.).

Wettbewerb waren keine relevanten Prinzipien." (Jochum/Pfaffenberger 2005, S. 3) Noch 1990 galt für die deutsche Stromwirtschaft,

> „dass Strom kein Produkt wie andere Güter ist, sondern eine Dienstleistung, bei der es – ebenso wie bei der Trinkwasserversorgung – überall auf der Welt keinen Wettbewerb gibt." (Q279, S. 40)

## 1.2 Neue Beurteilung „natürlicher Monopole"

Ausgehend von den USA wurde das staatliche Regulierungssystem im Bereich leitungsgebundener Wirtschaftszweige in den 1970er Jahren jedoch zunehmend in Frage gestellt. Grundlage für die anschließende öffentliche Diskussion (und Weichenstellung) bildeten einerseits wirtschaftstheoretische Erkenntnisse, andererseits technologische Entwicklungen.

Averch/Johnson zeigten bereits 1962, dass ein unter den Bedingungen von „Selbstkostenpreisen" arbeitendes Monopol Anreize hat, Überkapazitäten im Kraftwerksbereich aufzubauen, um die darauf bezogene Rendite zu erhöhen. Die Folgen sind sowohl eine ineffiziente Überkapitalisierung beim zu regulierenden Unternehmen als auch überhöhte Preise beim Endkunden (vgl. Averch/Johnson 1962, S. 1052ff.)

Anfang der 1970er Jahre änderten sich u.a. auch wegen der *Ölkrise* wesentliche technologische und wirtschaftliche Parameter (vgl. Q111, S. 163ff.). Der Anstieg der Ölpreise schärfte das Kostenbewusstsein der Verbraucher. Da die Elektrizitätswirtschaft damals zu großen Teilen auf Öl basierte, veranlasste dessen Preisanstieg viele Regierungen entsprechende Anlagen durch Kern- und Kohlekraftwerke zu substituieren.[5] Des Weiteren hatte eine regulatorische Reform des Gasmarkts in den USA stark sinkende Preise für Gas zur Folge. Vor dem Hintergrund der veränderten Rahmenbedingungen stiegen in der Folgezeit die *Forschungs- und Entwicklungsanstrengungen* insbesondere im Hinblick auf den Kraftwerksbau.

Diese Forschungsaktivitäten waren recht erfolgreich; speziell im Hinblick auf die Entwicklung kombinierter Gas- und Dampfturbinen (vgl. Q111, S. 164). In diesem Kontext konnte gezeigt werden, dass das Effizienzniveau von mit fossilen Energiequellen angetriebenen Generatoren nicht notwendigerweise mit größeren, leistungsstärkeren Kraftwerken korrelieren muss (vgl. kritisch zur Frage von „Großtechnologien" z.B. Alber/Fritsche 1991, S. 54ff.). Vielmehr erhielt in den 1980er Jahren die Position verstärkt Einfluss, die betonte, dass *dezentrale*

---

5 Verstärkte Sicherheitsbedenken in großen Teilen der Bevölkerung und dadurch ausgelöste technische „Nachbesserungen" führten aber weltweit zu wesentlich höheren Kosten beim Bau von Atomkraftwerken als ursprünglich veranschlagt.

*Kraftwerke* bis 350 MW Leistung wesentlich effizienter und emissionsärmer Strom erzeugen könnten (vgl. z.B. Bayless 1994, S. 164). Zudem gab es Durchbrüche bei regenerativen Erzeugungsanlagen.

Das bis dahin in der Energiewirtschaft fast einheitlich akzeptierte Theorem der uneingeschränkten *Economies of Scale* (zunehmende Skalenerträge) wurde daraufhin verstärkt hinterfragt und damit einhergehend auch dasjenige der natürlichen Monopole. Infolgedessen intensivierte sich die Diskussion über neue Spielregeln für die Stromwirtschaft.

Dabei rückten *erstens* technologische und wirtschaftliche Erzeugungsalternativen gepaart mit Energieeinsparmaßnahmen ins öffentliche Interesse; diese wurden aber von den etablierten Akteuren der Energiewirtschaft nur zögerlich aufgegriffen. Da die regenerativen Energieerzeugungsanlagen sowie die Energiedienstleistungen mit umweltpolitischen Zielsetzungen verknüpft werden konnten, vergrößerte sich die Zahl der Befürworter neuer Netzzugangsregelungen und somit potenziell neuer Anbieter. So ist beispielsweise in einem „Energie Report Europa" des Öko-Instituts (Freiburg) im Jahre 1991 zu lesen:

> „Das vom Absatzinteresse, also der Angebotsseite, geprägte Marktverhalten der großen Energieversorger wird durch die monopolistische Struktur der Energiewirtschaft in Europa gestützt. (...) Um gegen die auf Energieangebote ausgerichteten Großversorger bestehen zu können, muss diese Dezentralisierung mit einem Aufbrechen der Versorgungsmonopole einhergehen, denn nur so kann den dezentralen Optionen auch eine Marktchance eingeräumt werden. (...) Dies betrifft insbesondere die Einspeisebedingungen." (Alber/Fritsche 1991, S. 118)

Vor allem mittels Einspeise-Mindestvergütungen sollten nach Ansicht der Autoren des Öko-Instituts ökologische Potenziale erschlossen werden.

Die Fortschritte in den Informationstechnologien seit Ende der 1980er Jahren (u.a. Rechnerkapazitäten und -geschwindigkeiten, Glasfaserleitungen) schufen *zweitens* die Grundlagen, sowohl den Zugang zu den Netzen für neue Anbieter zu öffnen als auch das Management der Netze zu verbessern und die mit einer vollständigen Öffnung der Strommärkte verknüpften umfangreichen Messvorgänge und Abrechnungsherausforderungen zu lösen (vgl. Brückmann 2004, S. 61). Gleichzeitig verringerten sich die Kosten, die mit hoch entwickelten Netzsteuerungs-, Verteilungs- und Abrechnungssystemen verbunden sind.

*Drittens* trat allgemein ein verstärktes wettbewerbsorientiertes Wirtschaftsdenken hinzu.[6] Letztendlich führten die neuen Ansätze in vielen Politikfeldern zu einem *neoliberalen Paradigmenwechsel:* Mittels der Entfaltung der Kräfte des „freien Markts" sollten neue Wachstumsdynamiken ausgelöst werden. In vielen

6 Vgl. Q111 sowie aktuell kritisch zur Liberalisierung und Privatisierung öffentlicher Dienstleistungen: Brandt et al. 2008.

Wirtschaftssegmenten – insbesondere in ehemals öffentlich strukturierten netzwerkbezogenen Dienstleistungssektoren wie Telekommunikation, Bahndienstleistungen sowie Energieversorgung – wurde deshalb der freie Marktzugang sowohl auf der Angebots- als auch auf der Nachfrageseite ermöglicht (Liberalisierung). Zudem wurden staatliche Regulierungen, die angeblich unternehmerisches Handeln einschränkten, abgebaut bzw. neu gestaltet (Deregulierung). Vielfach kam es zur Privatisierung ehemals öffentlicher Unternehmen. Liberalisierung, also die Öffnung von Wirtschaftsbereichen, ist in diesem Kontext als Teil einer umfassenden (Neu-)Regulierung von Märkten zu verstehen (vgl. z.B. Lippert 2005). Ein Teil des Liberalisierungsdrucks wurde dabei durch die EG-Kommission aufgebaut, die in der Folge von Urteilen des Europäischen Gerichtshofs zu den so genannten Grundfreiheiten (besser: „Marktfreiheiten") bei der Warenverkehrsfreiheit auf das Herkunftslandprinzip und insgesamt anstelle der Vereinheitlichung und Ex-ante-Harmonisierung des Rechts auf das Konzept des Gesetzgebungswettbewerbs zwischen den Mitgliedsstaaten umgestellt hatte.

Die Elektrizitätswirtschaft in Deutschland war ebenfalls von diesem Zeitgeist betroffen, zumal dieser Denkansatz spätestens mit der rechts-liberalen Wendepolitik der 1980er Jahre in der Regierung immanent verankert war. Ende 1987 setzte die damalige rechts-liberale Bundesregierung eine so genannte *Deregulierungskommission* ein. Sie sollte u.a. die Probleme des bisherigen Regulierungssystems in der deutschen Stromwirtschaft den zu erwartenden Wohlstandsgewinnen einer Deregulierung gegenüberstellen. In dem 1991 veröffentlichten Abschlussbericht kam die Kommission zu folgenden Ergebnissen (Q41, S. 70ff.):

- Die den Demarkationsgrenzen teilweise zugrunde liegenden, jahrhundertealten Gemeinde- und Kreisgrenzen könnten nur eingeschränkt zu optimalen Versorgungsgebieten führen; eine andere regionale Aufteilung würde vermutlich Effizienzreserven erschließen.
- Die Strompreise seien in Deutschland im Vergleich zu den europäischen Nachbarländern eindeutig zu hoch.[7]
- Nur ein Teil der Kosten im Rahmen der Wertschöpfungskette der Elektrizitätswirtschaft sei fix und führe zu *Economies of Scale*. Der Aufwand eines Unternehmens könne verringert werden, wenn z.B. ein Kraftwerk nach Marktöffnung auch Kunden außerhalb des angestammten Versorgungsgebiets beliefern darf.
- Viele EVUs wiesen einen hohen Bestand an liquiden Mitteln (Cashflow) auf, der vielfach außerhalb der Stromwirtschaft verwendet wird. Der hohe

7 Auf den Seiten 73f. des Berichts (Q41) schränkt die Deregulierungskommission allerdings ein, dass diese Differenzen auch auf unterschiedliche Anforderungen an den Umweltschutz oder langwierigere Genehmigungsverfahren für Kraftwerks- und Netzinvestitionen zurückgeführt werden könnten.

Cashflow sei ein Indiz für aktuell zu hohe Preise bzw. für ein starkes zeitliches Auseinanderfallen von Mittelzufluss und Investitionen.
- Hinsichtlich der Preiskontrolle wurde hinterfragt, ob die Informationsbasis der Landesministerien ausreichend sei, um für Tarifkunden die Preise optimal festlegen zu können.
- Das Prinzip der Quersubventionierung in kommunalen Betrieben verhindere die Erschließung von Rationalisierungspotenzialen in defizitären Geschäftsbereichen und führe zu Fehlallokationen von Mitteln.

Die Befürworter einer Liberalisierung des Energiesegments erhofften sich vor allem *sinkende Strompreise* und *verbesserte Dienstleistungen*. Der Rückgang der Preise sollte sich wegen des intensivierten Wettbewerbs speziell durch *Erhöhung der Arbeitsproduktivität* einstellen; zudem aber auch durch *Reduktion der Investitionen*, da überschüssige Kraftwerkskapazitäten abgebaut werden könnten. Darüber hinaus sollte die Anpassung der Preisunterschiede über Wettbewerb zwischen verschiedenen Regionen insgesamt preissenkend wirken (vgl. Brückmann 2004, S. 63).

Die *empirischen Befunde* in zuvor liberalisierten Strommärkten waren in dieser Hinsicht bis Mitte der 1990er Jahre allerdings keinesfalls eindeutig (vgl. ebd., S. 64). Lough/Walker (1997) kamen zu dem Ergebnis, dass in vielen liberalisierten Strommärkten die Preisrückgänge erst nach Phasen steigender Preisentwicklungen stattgefunden hätten. Borenstein/Bushnell (2000) ermittelten zudem, dass in den einzelnen Bundesstaaten der USA Ende der 1990er Jahre der Strompreis vollkommen unabhängig vom jeweiligen Stand der Regulierung gesunken war.

Im Kern reichten die Erfahrungen jedenfalls nicht aus, um die Auswirkungen der Liberalisierung abschließend einschätzen zu können. Insofern ist Brückmann zuzustimmen, dass damals

> „vielfach allein auf der Basis von Plausibilitätsgründen die bloße Erwartung ausreichen musste, eine Deregulierung in der Elektrizitätswirtschaft führe gesamtwirtschaftlich zu Wohlfahrtsgewinnen. Unbeantwortet blieb ferner die darauf aufbauende Frage, welche Anpassungsvorgänge im Einzelnen zu erwarten sind." (Brückmann 2004, S. 64)

Letzteres betrifft insbesondere die Auswirkungen auf Arbeitsplätze, Beschäftigungsverhältnisse und Unternehmenskulturen.

Angesichts der damals schwachen argumentativen und vor allem empirischen Grundlagen für Liberalisierungsprozesse in der Elektrizitätswirtschaft sowie der gesellschaftspolitischen Konstellationen ist jedoch zu vermuten, dass erst durch das Auftreten eines neuen poltischen Akteurs in Form der EU-Kommission der praktische Übergang in den neuen liberalen Regulationsrahmen forciert und letztlich möglich gemacht wurde.

## 1.3 Energie- und klimapolitische Meilensteine

### *1.3.1 Die besondere Rolle der EU als energie- und klimapolitischer Akteur*

Ab Beginn der 1990er Jahre machte sich die Europäische Kommission zum Vorreiter der *Liberalisierung und Deregulierung*. Stand sie in den 1950er und 1960er Jahren unterschiedlichen Modellen der Dienstleistungserbringung und -regulierung in den Mitgliedsstaaten der EU noch offen gegenüber, ist ihr Politikansatz in den letzten beiden Jahrzehnten durch zunehmend marktliberalisierende und -vereinheitlichende Konzeptionen insbesondere im Bereich der „Dienstleistungen im allgemeinen wirtschaftlichen Interesse" geprägt.[8]

Diese Umorientierung fand anknüpfend an den Cecchini-Bericht[9] in der ab Juli 1987 geltenden *Einheitlichen Europäischen Akte (EEA)* ihren Niederschlag. Vor dem Hintergrund eines sich verschärfenden internationalen Wettbewerbs durch das Vordringen asiatischer Konkurrenten nach Westeuropa sowie der Forderung von Großunternehmen nach einem umfassenderen, einheitlichen westeuropäischen Markt legte diese erste weit reichende Reform des EWG-Vertrags als neues Ziel der Gemeinschaft fest, die ökonomische Integration der Mitgliedsstaaten zu einem *Binnenmarkt* zu vollenden. Wesentlicher Ansatzpunkt für die Harmonisierung der Wirtschaft (nicht des Rechts!) war das Prinzip der „gegenseitigen Anerkennung". Dieses Axiom hat die Zulassung einer Ware oder Dienstleistung in jedem EU-Mitgliedsland zur Folge, wenn es nach geltenden Regeln eines Mitgliedsstaates erstellt und angeboten wird („Herkunftslandprinzip").

Parallel zur Schaffung eines allgemeinen Binnenmarkts entwickelte die Europäische Kommission bereits in den 1980er Jahren unter Stichworten wie „Liberalisierung", „mehr Wettbewerb", „weniger Administration" sowie „günstigere Preise" erste Grundkonzeptionen zur *Verwirklichung eines Europäischen Energiebinnenmarkts*. 1987 wurde in der Einheitlichen Europäischen Akte der EG-Vertrag zwar nicht um eine energiepolitische Kompetenznorm, aber doch um eine (heute in Art. 95 EG-Vertrag verankerte) Vorschrift erweitert, wonach mit qualifizierter Mehrheit Regelungen zur Herstellung des gemeinsamen Binnenmarkts verabschiedet werden können. Entsprechende, auf diese Kompetenznorm gestützte Vorschläge der Kommission zur Liberalisierung und Deregulierung

8 Vgl. Lippert 2005, S. 12ff. Dienstleistungen im allgemeinen wirtschaftlichen Interesse werden in Deutschland klassisch eher mit dem Begriff der öffentlichen Daseinsvorsorge umschrieben.

9 Vgl. Cecchini 1998. Der Cecchini-Bericht geht unter anderem davon aus, dass Unternehmen, „die sich bisher auf einem abgeschotteten Markt, auf einem ‚Monopolkissen' ausruhen konnten, (...) die Folgen der Liberalisierung am empfindlichsten zu spüren bekommen. Anpassungsfähige Betriebe werden jedoch trotz sinkender Preise auf stattliche Gewinne setzen können." (Ebd., S. 102)

der Stromindustrie stießen allerdings bis Mitte der 1990er Jahre noch auf Ablehnung vieler Regierungen der Mitgliedsländer. Erst nach langen Debatten konnte Ende 1996 ein Konsens darüber erzielt werden, Wettbewerb zuzulassen, die Absatzmärkte für Elektrizität auf der Ebene der Endkunden schrittweise zu öffnen sowie Regeln über den Bau und die Nutzung neuer Netze sowie den Zugang zu bestehenden Netzen aufzustellen.

In der Folgezeit hat es die EU-Kommission trotz außerhalb von Art. 95 EG-Vertrag fehlender formaler Rechtssetzungskompetenzen im Energiebereich[10] geschafft, weitere umfassende Regelwerke des *Acquis Communautaire*[11] auch im Energiesegment anzustoßen und zu verankern. Diese Initiativen basierten nicht nur auf wirtschaftlichen Grundlagen (Art. 45 EG-Vertrag), sondern auch auf umwelt- und klimapolitischen Überlegungen, insbesondere im Gefolge des *Kyoto-Prozesses* (Art. 175 EG-Vertrag). Darüber hinaus stützt sich die EU-Kommission mittlerweile auch auf entsprechende Regelungen des EG-Vertrags hinsichtlich transeuropäischer Netze (Art. 154 EG-Vertrag), Außenbeziehungen (mehrere Artikel im EG-Vertrag) sowie Forschung und technologische Entwicklung (Art. 166 EG-Vertrag). Nachhaltige Entwicklung und der Versuch, $CO_2$-ärmere Energiestrukturen aufzubauen, die Vollendung eines Binnenmarkts für Energie sowie die Fragen der langfristigen Energieversorgungssicherheit und somit internationale Geopolitik unter energiepolitischen Vorzeichen sind wichtige Aspekte dieses sich seit 2006 beschleunigenden Kompetenzzuwachses der EU-Kommission (vgl. Q97, S. 36f.).

Dabei lässt sich die *EU-Energiepolitik* von zwei Grundsätzen leiten: Erstens sind die Mitgliedsstaaten letztendlich für ihren nationalen Energiemix selbst verantwortlich; zweitens sind einheimische Energieressourcen eine nationale und keine europäische Ressource (vgl. ebd., S. 27). Auf diesen auch Kompetenzen abgrenzenden Grundlagen haben die Mitgliedsstaaten eine Vielzahl von Richtlinien und Verordnungen der Kommission vor allem im letzten Jahrzehnt als bindend akzeptiert.

Trotz der EU-Aktivitäten bleibt dennoch festzuhalten, dass die *Energiepolitik* formal weiterhin in den *Zuständigkeitsbereich der einzelnen Mitgliedsstaaten* fällt. Die Europäische Union hat bislang, abgesehen von Art. 95 und 154 EG, ausschließlich eine koordinierende, faktisch gleichwohl gewichtige Rolle. Primäre Grundlage dafür sind entsprechende EU-Richtlinien, die in nationales Recht transformiert werden müssen. Im Folgenden werden deshalb sowohl die Grundzüge wesentlicher EU-Richtlinien für den Elektrizitätsbereich als auch deren Umsetzung in Deutschland skizziert.

---

10 Eine Ausnahme hiervon bildet Art. 154 EG-Vertrag zu den Transeuropäischen Energienetzen.

11 Hierbei handelt es sich um nicht verhandelbare, rechtliche Grundregeln, die von jedem Beitrittsstaat komplett übernommen werden müssen.

### *1.3.2 Die Phase der Marktöffnung*

#### 1.3.2.1 Die EU-Binnenmarktrichtlinie von 1996

Die Kompetenzerweiterungen der EU-Kommission wurden mit dem Grundsatz der Warenverkehrsfreiheit und der Schaffung eines gemeinsamen Binnenmarkts in Europa für Strom begründet. Der Regulationsrahmen wurde dabei isoliert auf *einen* Produktmarkt abgestellt; der Zusammenhang also ignoriert, dass die gleichzeitige Herstellung von *Strom und Wärme* in einem Prozess einen Beitrag zur Lösung der damals bereits erkennbaren Klimaherausforderungen leisten könnte. Für die Schaffung eines Elektrizitätsbinnenmarkts waren zunächst die EU-Binnenmarktrichtlinie 96/92/EG (Q242) sowie die so genannte Beschleunigungsrichtlinie 2003/54/EG (Q243) zentral. Beide setzten Rahmenbedingungen, Zeitplan und Mindestanforderungen an die nationale Rechtsetzung der einzelnen Mitgliedsstaaten.

Eine neuere Studie der Internationalen Energie Agentur beschreibt die Ausgangssituation bei der Platzierung der Binnenmarktrichtlinie im Jahre 1996 wie folgt:

> „With only relatively few and brief experiences with market liberalization in Europe and in the rest of the world, and with relatively strong opposition from some EU member states, the first market directive only included soft reform provisions. For example, the EC encouraged but did not mandate the establishment of an independent regulatory authority within each country to supervise the market.“ (Q97, S. 39)

Da das Binnenmarktkonzept im Energiebereich trotz langjähriger Vorbereitungen auf viele nationale Vorbehalte und Widerstände stieß, schlug die EU-Kommission erst einmal vielen Regierungen entgegenkommende Reformansätze vor. Die Binnenmarktrichtlinie Elektrizität des Jahres 1996 sah zunächst nur die freie Wahl des Versorgers für große Kunden vor. Gemäß Art. 26 war geplant, erst neun Jahre nach Inkrafttreten der Bestimmungen zu entscheiden, ob der europäische Strommarkt weiter geöffnet werden sollte. Die Richtlinie beinhaltete Vorkehrungen für den freien Netzzugang, allerdings ohne abschließende Regelung. Sowohl das Modell des *verhandelten Netzzugangs* (Art. 17) als auch das Modell des Alleinabnehmers (Art. 18), d.h. des *regulierten Netzzugangs*, wurde zugelassen. Darüber hinaus forderte die Richtlinie auf, in vertikal integrierten Energieunternehmen Erzeugung, Übertragung und Verteilung buchhalterisch zu trennen. Der Aufbau einer *Regulierungsbehörde* wurde nicht vorgeschrieben. Die Mitgliedsstaaten wählten unterschiedliche Ansätze, die Märkte in der Elektrizitätswirtschaft zu öffnen.

#### 1.3.2.2 Die Umsetzung der EU-Binnenmarktrichtlinie im deutschen Energiewirtschaftsgesetz von 1998

Die Binnenmarktrichtlinie wurde in *Deutschland* im April 1998 durch eine Novelle des seit dem 13. Dezember 1935 [sic!] gültigen Energiewirtschaftsgesetzes (EnWG) umgesetzt (Q84, S. 730ff.). Der Strommarkt wurde von Anfang an rechtlich vollständig geöffnet; sowohl Großkunden als auch private und gewerbliche Kleinkunden sollten ihren Energieanbieter frei auswählen dürfen. Wie in anderen europäischen Staaten entwickelten sich mit der Marktöffnung auch in Deutschland recht schnell für einen Teil des Elektrizitätsgeschäfts Börsenplätze in Leipzig und Frankfurt/M. Diese Börsen fusionierten im Jahre 2001 zur neuen in Leipzig ansässigen *European Energy Exchange* AG (EEX).

Von dem dadurch insgesamt verstärkten Wettbewerb wurden Effizienzsteigerungen entlang der Wertschöpfungskette und somit niedrigere Strompreise erhofft. Funktionierender Wettbewerb bedeutet zugleich aber auch – ohne dass dieser Aspekt in der Debatte nennenswert thematisiert wurde – ein Beschneiden der *Unternehmensgewinne* auf ein Normalniveau und nicht nur eine einseitige Lastenverteilung im Hinblick auf andere Inputfaktoren wie *Vorleistungen* und *Beschäftigte*. Neben Versorgungssicherheit und Preisgünstigkeit sah § 1 EnWG (in der Fassung von 1998) zudem eine umweltverträgliche Energieversorgung als neues eigenständiges Ziel vor. Die Investitionsaufsicht wurde vollständig abgeschafft (§ 3 EnWG [in der Fassung von 1998]).

In der ersten Deregulierungsphase hat sich der deutsche Gesetzgeber für das Modell des *verhandelten Netzzugangs* entschieden. Im Gegensatz zu fast allen anderen europäischen Ländern wurde in Deutschland somit zunächst bewusst auf die Einrichtung einer sektorspezifischen, neutralen *Regulierungsbehörde* verzichtet (vgl. Abb. 2), um den weiterhin zumindest oligopolistisch strukturierten Energiebereich zu regeln und zu steuern. Die Rahmenbedingungen und Spielregeln für den Netzzugang wurden stattdessen im Sinne marktnaher Regelungen von den Marktteilnehmern[12] bzw. von ihren Verbänden in so genannten *Verbändevereinbarungen* selbst festgelegt. In der Folgezeit war schnell absehbar, dass durch die Verbändevereinbarungen kein diskriminierungsfreier Netzzugang geschaffen wird. Die wenigen neuen Energieanbieter zogen sich recht schnell wieder vom deutschen Strommarkt zurück.

Eine sofortige vollständige Marktöffnung sowie Zulassung einer privatwirtschaftlichen Vereinbarung für den Netzzugang waren die beiden prägenden Elemente, welche die Umsetzung der Binnenmarktrichtlinie in Deutschland von der Transformation derselben in den meisten anderen Mitgliedsstaaten unterschied. Vor allem der in Europa einzigartige Verzicht auf eine unabhängige Regulie-

12 Auf der Nachfrageseite fehlten allerdings Vertreter der privaten Haushalte.

rungsbehörde wurde als deutscher Sonderweg charakterisiert. Der Dresdener Energie-Professor von Hirschhausen bewertet diesen spezifischen Weg wie folgt:

> „Dass sich die Monopolisten und Verbände ihre eigenen Spielregeln schreiben konnten, bedeutet im Rückblick mindestens fünf verlorene Jahre für den Wettbewerb.“ (Zit. in Q181, S. 1)

In ihrem Hauptgutachten kam auch die Monopolkommission in diesem Kontext zu einem vernichtenden Ergebnis (Q107).

*Abb. 2: Status der Strommarktliberalisierung und Regulierung in EU-15*

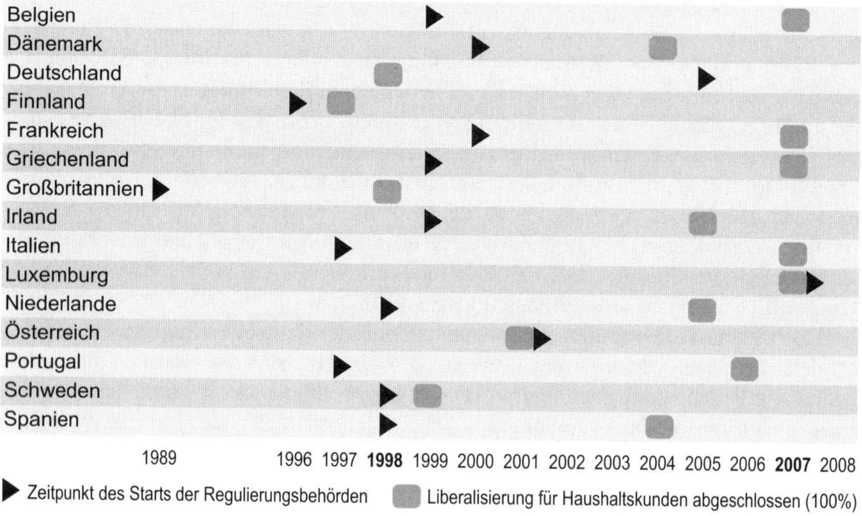


Quelle: Q288

Die deutsche Energiepolitik zeichnete sich darüber hinaus durch eine weitere Eigenheit aus. Die rot-grüne Bundesregierung erwirkte mit dem *Erneuerbare Energiegesetz (EEG)*, dem *Kraft-Wärme-Kopplungsgesetz (KWKG)* sowie der *Ökosteuer* um die Jahrhundertwende herum weitere Regelungen, die auf die Elektrizitätswirtschaft einwirken sollten.

Vor allem das EEG mit der verpflichtenden Maßgabe, Elektrizität aus Erneuerbaren Energien gegenüber konventionell erzeugtem Strom vorrangig und zu langfristig garantierten Preisen einzuspeisen, schuf die Basis für den verstärkten Ausbau regenerativer Energien in Deutschland. Die Einspeisevergütungen werden dabei nach Technologien mit unterschiedlicher Marktreife differenziert und regelmäßig angepasst, um Mitnahmeeffekte zu minimieren. Der Anteil der EE-Anlagen stieg von knapp 37 TWh in 2000 auf 88 TWh in 2008 an und hat mittlerweile eine Relation an der gesamten Stromerzeugung in Höhe von gut 14% erreicht (vgl. auch Q13, S. 17).

Der Mechanismus der vorrangigen Einspeisung regenerativer Energien gepaart mit technikspezifischen Einspeisevergütungen wird heutzutage weltweit als höchst effektives System der Einführung von EE-Technologien nicht nur anerkannt, sondern kopiert (vgl. Q96). Insofern lässt sich das EEG in seiner bisherigen Ausgestaltung und Wirkung als eine „Erfolgsstory" beschreiben.[13]

In einem weiteren politischen Regulationsstrang wurden Verhandlungen zwischen den überregional tätigen Stromversorgungsunternehmen und der Bundesregierung mit dem Ziel abgeschlossen, die *Nutzung der Kernenergie* geordnet zu beenden (vgl. Q10). Hintergründe für diese Vereinbarung waren die kontroverse Beurteilung der Sicherheit der Atomkraftwerke – insbesondere nach dem *Tschernobyl-Unglück* im April 1986 –, die weltweit bislang ungelöste Entsorgung radioaktiver Abfälle sowie die breite Protestbewegung in der Bevölkerung. Die politisch geforderte Trennung zwischen der militärischen und zivilen Nutzung der Kernenergie ist zudem äußerst schwierig, mit der Folge, dass die Gefahr der Ausbreitung von Atomwaffen bei Weiterverfolgen dieses Technologiepfades ansteigt.

Das *Atomausstiegsgesetz* trat in Deutschland am 26. April 2002 in Kraft. Es sollte den Betreibern von Kernkraftwerken Rechtssicherheit und Verlässlichkeit für ihre Investitionen geben (vgl. Q12). Nach und nach sollten die einzelnen Atomkraftwerksblöcke nach den im Gesetz festgelegten Reststrommengen abgeschaltet werden, so dass die Stromerzeugung aus Kernenergie in Deutschland planmäßig im Jahre 2023 ausgelaufen wäre. Mit dem Regierungswechsel nach den Bundestagswahlen im Herbst 2009 bahnt sich allerdings eine Verlängerung der Laufzeiten an (vgl. Abschnitt 2.3.4.4.3).

### *1.3.3 Die Phase verstärkter Nachregulierung*

#### 1.3.3.1 Die Beschleunigungsrichtlinie von 2003

Angesichts wenig überzeugender Ergebnisse in vielen europäischen Mitgliedsstaaten wurde von Seiten der EU-Kommission recht schnell ein zweites Liberalisierungspaket auf den Weg gebracht. Die *EU-Beschleunigungsrichtlinie für Strom* wurde im Jahre 2003 zusammen mit der EU-Verordnung 1228/2003 zur Regulierung der Bedingungen für einen Zugang zu den Übertragungsnetzen und grenzüberschreitenden Stromhandel angenommen. Die Kernpunkte der Richtlinie 2003/54/EG waren:

13 Vgl. Diekmann 2008, S. 5. Ein Teil der Stromerzeugung ist somit aber dem „Marktmechanismus" entzogen, dieser Anteil wird zukünftig noch wachsen.

- Alle Elektrizitätsmärkte in Europa sollten bis zum 1. Juli 2007 für sämtliche Kunden geöffnet werden.
- Die Entflechtung der Netze wurde verschärft, indem nur noch die Optionen des gesellschafts- oder eigentumsrechtlichen Unbundlings zugelassen wurden. Ausnahmen hinsichtlich kleinerer EVUs wurden erlaubt.
- Die Wahlfreiheit zwischen einem verhandelten und einem regulierten Netzzugang wurde beendet. Dabei wurde die Schaffung einer nationalen Regulierungsbehörde verbindlich vorgeschrieben.

Mit der Verordnung wurden verschiedene Aspekte wie beispielsweise Netzzugang und Gebühren des grenzüberschreitenden Stromhandels geregelt und ein Anstieg des europaweiten Elektrizitätsaustausches angestrebt. Denn obwohl die transnationalen Stromflüsse in Europa seit der Marktliberalisierung von 7,5% in 1998 auf 10,3% in 2005 zunahmen, wurden „die Möglichkeiten des grenzüberschreitenden Handels bei weitem nicht genutzt“ (Q100, S. 2 u. 4).

#### 1.3.3.2 Das Energiewirtschaftsgesetz von 2005 und Begleitverordnungen

Die EU-Beschleunigungsrichtlinie hatte in Deutschland eine vollständige Überarbeitung des Energiewirtschaftsgesetzes (EnWG) zur Folge. Statt wie zuvor 16 hat die 2005er-Fassung 118 Paragraphen und enthält viele unbestimmte Rechtsbegriffe, deren Auslegung erst durch die Gerichte geklärt werden muss. Zudem wurde ergänzend eine Vielzahl von Verordnungen für den Elektrizitätsbereich erlassen bzw. überarbeitet (vgl. nachfolgende Übersicht).

*Übersicht 1: Begleitverordnungen Elektrizität*

Mit der am 13. Juli 2005 in Kraft getretenen Novellierung des *Energiewirtschaftsgesetzes* sind u.a. folgende *Rechtsvorschriften* verbunden:

- Stromnetzzugangsverordnung vom 25. Juli 2005 (BGBl. I S. 2243), zuletzt geändert durch Artikel 2 Abs. 1 der Verordnung vom 17. Oktober 2008 (BGBl. I S. 2006) (StromNZV)
- Stromnetzentgeltverordnung vom 25. Juli 2005 (BGBl. I S. 2225), zuletzt geändert durch Artikel 4 des Gesetzes vom 25. Oktober 2008 (BGBl. I S. 2074) (StromNEV)
- Stromgrundversorgungsverordnung vom 26. Oktober 2006 (BGBl. I S. 2391), geändert durch Artikel 2 Abs. 9 der Verordnung vom 17. Oktober 2008 (BGBl. I S. 2006) (StromGVV)
- Niederspannungsanschlussverordnung vom 1. November 2006 (BGBl. I S. 2477), geändert durch Artikel 2 Abs. 5 der Verordnung vom 17. Oktober 2008 (BGBl. I S. 2006) (NAV)
- Verordnung zur Regelung des Netzanschlusses von Anlagen zur Erzeugung von elektrischer Energie vom 26. Juni 2007 (BGBl. I S. 1187); (Kraftwerks-Netzanschlussverordnung – KraftNav)

- Bundesnetzagentur für Elektrizität, Gas, Telekommunikation, Post und Eisenbahnen, Festlegung von Verfahren zur Ausschreibung von Regelenergie in Gestalt der Minutenreserve (Beschluss BK6-06-012)
- Gemeinsame Richtlinie der Regulierungsbehörden des Bundes und der Länder zur informatorischen Entflechtung nach § 9 EnWG vom 13. Juni 2007
- Befristete Änderung des Gesetzes gegen Wettbewerbsbeschränkungen bis 2012 durch Einführung des neuen § 29 GWB
- Bundesnetzagentur für Elektrizität, Gas, Telekommunikation, Post und Eisenbahnen, Leitfaden für die Internet-Veröffentlichungspflichten der Stromnetzbetreiber, Version 1.0, 22. Januar 2008
- Gesetz zur Öffnung des Messwesens bei Strom und Gas für Wettbewerb vom 9. September 2008 (BGBl. I S. 1790)
- Anreizregulierungsverordnung vom 29. Oktober 2007 (BGBl. I S. 2529), zuletzt geändert durch Artikel 2 Abs. 8 der Verordnung vom 17. Oktober 2008 (BGBl. I S. 2006)
- Konkretisierung der gemeinsamen Auslegungsgrundsätze der Regulierungsbehörden des Bundes und der Länder zu den Entflechtungsbestimmungen in §§ 6 – 10 EnWG vom 21. Oktober 2008.

Quellen: Q106; eigene Ergänzungen

---

In der bezweckten *Nachregulierung* zur Stärkung des bislang unzureichenden Wettbewerbs prägten dabei zwei zentrale Neuerungen die Umsetzung der Beschleunigungsrichtlinie in das deutsche Energierecht:

- Mit der Ausdehnung des Arbeitsfelds der Bundesnetzagentur (BNetzA) auf die Bereiche Strom und Gas wurde das System des verhandelten Netzzugangs beendet und eine autonome Regulierungsbehörde geschaffen. Die BNetzA ist eine selbstständige Bundesoberbehörde im Geschäftsbereich des Bundesministeriums für Wirtschaft und Technologie und trifft justizähnliche Entscheidungen. Sowohl der Netzzugang als auch die Netznutzungsentgelte werden seitdem prioritär von der BNetzA überwacht und kontrolliert (vgl. Abschnitt 1.3.3.3).
- Des Weiteren wurde die gesellschaftsrechtliche Entflechtung integrierter Energieunternehmen verbindlich bis Mitte 2007 für größere EVUs erwirkt. Das so genannte „Legal Unbundling“ beinhaltet die rechtliche Trennung der Strom- und Gasnetze von den Bereichen Erzeugung, Handel und Vertrieb.

In dieser Kombination akzentuierte das *Unbundling* die Segmentierung in der Branche. Einem potenziell wettbewerbsfähigen Bereich von Erzeugung, Handel und Vertrieb auf der einen Seite stand nun – mit Blick auf den natürlichen Monopolcharakter der Energienetze – ein stärker regulierter Bereich von Transport und Verteilung auf der anderen Seite gegenüber. Damit einher gingen in den letzten Jahren umfassende Restrukturierungsprozesse bei den EVUs. Die meisten Unternehmen passten dabei ihre Organisationsstrukturen erneut an.

Darüber hinaus wurden neue Wettbewerbsimpulse durch die *Stromgrundversorgungsverordnung* vom November 2006, die den Anbieterwechsel für Haushaltskunden erheblich erleichterte, sowie durch die *Kraftwerks-Netzanschlussverordnung* vom 30. Juni 2007 gegeben, die den diskriminierungsfreien Anschluss von Kraftwerken garantieren und beschleunigen sollte. Letztere war auch eine Reaktion auf vorausgegangene Beschwerden unabhängiger Kraftwerksbetreiber, wonach sie beim Anschluss von neuen Kraftwerken durch die Übertragungsnetzbetreiber der vier großen Verbundunternehmen behindert worden wären (Q28, S. 10).

Überdies wurde das Wettbewerbsrecht mit Wirkung vom 1. Januar 2008 durch die bis 2012 befristete Einführung des neuen § 29 in das Gesetz gegen Wettbewerbsbeschränkungen (GWB) novelliert. Zielsetzung ist es, die Anwendung des Missbrauchstatbestandes im § 19 GWB auf die Energiewirtschaft an Effektivität zu schärfen und die aufgrund des fehlenden Wettbewerbs durch den Markt nicht abgebauten Monopolgewinne notfalls durch den Staat abzuschmelzen.[14]

Nach dieser neuen Vorschrift ist es Elektrizitätsanbietern verboten, eine alleinige oder zusammen mit anderen ausgeübte marktbeherrschende Stellung (festzustellen anhand der Schwellenwerte des § 19 GWB) missbräuchlich auszunutzen. Als Missbrauch zählt – im Sinne eines Vergleichs(-markt)konzepts – zum einen, in Relation zu anderen Versorgungsunternehmen oder zu Anbietern auf vergleichbaren Märkten ungünstigere Entgelte bzw. Geschäftsbedingungen zu verlangen, es sei denn, dies lasse sich sachlich rechtfertigen. Dabei wird beim Vergleich zu anderen Versorgungsunternehmen zugleich die Beweislast umgekehrt. Die Kartellbehörden sind nämlich jetzt

> „befugt, einen Missbrauchsverdacht auszusprechen, sobald ein marktbeherrschendes Versorgungsunternehmen sein Entgelt [erheblich] über den Preis eines beliebigen anderen Versorgungsunternehmens anhebt, ohne – wie bisher (...) üblich – die strukturelle Vergleichbarkeit nachweisen zu müssen." (Q105, S. 4)

Im Gegenteil: Es obliegt dann im Fall von beanstandeten Preisunterschieden dem Unternehmen, die sachliche Begründung gegenüber den Kartellbehörden aufzuklären. Zum anderen gilt als Missbrauch – im Sinne eines Gewinnbegrenzungsansatzes – ein unangemessenes Überschreiten der Kosten durch die Entgeltpreise. Ausgenommen von diesen Normen bleibt der über die Anreizregulierung (siehe unten) ausgesteuerte Netzbetrieb.

Mit Blick auf die Wirkung der neuen GWB-Vorschriften werden aber erhebliche Zweifel geäußert. Insbesondere stellt der im ursprünglichen Gesetzesentwurf

14 In einer Anhörung zur GWB-Novelle des Ausschusses für Wirtschaft und Technologie im Deutschen Bundestag wurde festgestellt, dass es „‚erhebliche Monopolaufschläge' von bis zu 9,5 Mrd. Euro gebe, die den Verbrauchern ‚aus der Tasche' gezogen würden" (Q50).

noch nicht vorgesehene Erheblichkeitszuschlag, wonach in der jetzt gültigen Fassung der Preisunterschied gegenüber der Konkurrenz „erheblich“ sein muss, um einen Missbrauchsverdacht zu begründen, eine beachtliche Relativierung dar. Skeptisch zeigte sich auch die Monopolkommission (ebd.). Auf der Basis des Entwurfs äußerte sie Bedenken, das Gesetz sei primär symptom- und nicht ursachenbezogen und die Gewinnbegrenzung dürfte in der Umsetzung gerade bei der Ermittlung der angemessenen Kosten erhebliche Schwierigkeiten aufwerfen.

#### 1.3.3.3 Von der Kostenregulierung zur Anreizregulierungsverordnung von 2007

Mit der EnWG-Novelle von 2005 verabschiedete sich die Bundesregierung von ihrem europaweiten Alleingang, die Rahmenbedingungen für die Netznutzung in Verbändevereinbarungen aushandeln zu lassen. Stattdessen wurde nun die Netznutzung hinsichtlich des diskriminierungsfreien Zugangs, der Entflechtungsvorschriften und der Entgelte reguliert. Zuständig sind seitdem die Bundesnetzagentur bzw. die Landesregulierungsbehörden. Letzteren obliegt die Regulierung aber nur dann, wenn die Netze nicht über die Ländergrenzen hinausragen und daran weniger als 100.000 Kunden direkt oder indirekt angeschlossen sind. Andernfalls versteht sich die Bundesnetzagentur als Entscheidungsinstanz; ebenso wie in dem Fall, in dem die Landesregulierungsbehörden im Zuge der Organleihe ihre Befugnisse an die Bundesbehörde abgetreten haben (vgl. Q23, S. 1ff.).

Mit Blick auf die Netzentgelte führte der Paradigmenwechsel in einem Zwischenstadium dazu, dass sich die Netzbetreiber bis Ende 2008 die Preise in zwei Genehmigungsrunden von der Regulierungsbehörde gestatten lassen mussten. Dabei handelte es sich um eine *Kostenregulierung*, bei der – inklusive kalkulatorischer Gewinnbestandteile – nur Kosten in dem Umfang in die Entgelte eingepreist werden dürfen, in dem sie sich auch in einem *wettbewerblichen Markt* einstellten. In der ersten Genehmigungsrunde des Jahres 2006 bzw. 2007 kam es dabei im Zuständigkeitsbereich der Bundesnetzagentur[15] zu einer durchschnittlichen *Senkung der Entgelte* um ca. 13% gegenüber den ursprünglichen Anträgen. Vereinzelt betrugen die Kürzungen sogar 20% (vgl. Q24, S. 170). In der zweiten Genehmigungsrunde von 2008, in der kleinere Netzbetreiber bei unveränderten Kosten eine Verlängerung des ersten Bescheids beantragen konnten, ergab sich gegenüber der ersten Runde nochmals eine durchschnittliche Kürzung um 5% (vgl. Q26, S. 150).

Parallel dazu hatte die Bundesnetzagentur nach § 112a EnWG 2005 bis Mitte 2006 der Bundesregierung einen Bericht zur Einführung einer *Anreizregulierung für den Netzbereich* vorzulegen (vgl. Q22). Auf dieser Grundlage wurde eine Rechtsverordnung zur Regelung der Netzentgelte entworfen, die mit der

---

15 Insgesamt unterstehen der Bundesnetzagentur zur Prüfung etwa 80% der hierzulande anfallenden Netzkosten (Q23, S. 18).

Wirtschaft, den Verbänden, der Wissenschaft und den Bundesländern diskutiert und abgestimmt wurde. Außerdem wurden internationale Erfahrungen und wissenschaftliche Erkenntnisse in den Konsultationsprozess eingespeist. Hauptziel der Anreizregulierung ist die Erschließung von Effizienzpotenzialen durch Entkoppelung der Erlöse von den Kosten.

Die *Anreizregulierungsverordnung* für die Energieversorgungsnetze (ARegV) trat am 6. November 2007 in Kraft. Seit dem 1. Januar 2009 werden die Entgelte für den Zugang zu den Energieversorgungsnetzen im Wege der Anreizregulierung bestimmt. Dabei sind zunächst *zwei fünfjährige Regulierungsperioden* – von Anfang 2009 bis Ende 2013 und von Anfang 2014 bis Ende 2018 – vorgesehen. Weitere Regulierungsphasen sollen sich anschließen, sind in ihrer Ausgestaltung aber derzeit noch weniger präzise formuliert.[16]

Im Kern ergeben sich die Erlös-(Umsatz)-Obergrenzen aus dem Netzbetrieb nun nicht mehr aus einem genehmigten Gewinnaufschlag auf die Kosten. Als betriebswirtschaftliches Manko dieses zuvor praktizierten Systems wurde in der Diskussion insbesondere ein *Kostenschlendrian* angesehen, da wegen der Überwälzungsmöglichkeit in die Erlöse kein Anreiz zur Einsparung bestand. Stattdessen werden nun vor Beginn einer Regulierungsperiode für die Netzbetreiber *individuelle Erlösobergrenzen* für jedes Jahr der Regulierungsperiode vorgegeben. Diese Limits bilden – ausgehend von den *geprüften Kosten* des jeweiligen Basisjahres – zugleich den abwärts gerichteten Orientierungspfad für die Kosten ab. Denn bleibt die Dynamik der tatsächlichen Kosten hinter der der „gedeckelten" Erlöse zurück, geht dies zu Lasten der Gewinne als verbleibende Restgröße. In der bisherigen Formel

*Erlös = genehmigte Kosten + tolerierter Gewinnaufschlag*

wird demnach die Kausalität geändert in:

*Gewinn = Erlösvorgabe – tatsächliche Kosten*

Umgekehrt besteht so wegen der dann anfallenden Extraprofite aus einzelwirtschaftlicher Sicht für alle Akteure ein Anreiz, die tatsächlichen Kosten schneller zurückzuführen als im Referenzszenario für den Erlös vorgesehen.[17]

---

16 Erwogen wird insbesondere von dem derzeitigen „Revenue-Cap" auf eine „Yardstick Competition" überzugehen, bei der als Ausgangsbasis für den einzuhaltenden Erlöspfad nicht mehr die eigenen Kosten, sondern die des besten Konkurrenten gewählt wird.

17 Branchenweit hat dies allerdings Züge eines Nullsummenspiels: Strengen sich alle verstärkt an und sind dabei erfolgreich, so verschieben sich die relativen Positionen eines einzelnen Unternehmens nicht. Dies hat zur Folge, dass beim Einstieg in die nächste Regulierungsperiode die relative Effizienz unverändert ausfällt und dann trotz der Anstrengungen wiederum „offiziell" eine relative Ineffizienz festgestellt wird, die es in der nachfolgenden Phase erneut abzubauen gilt.

In diesem Umfeld sollen bis zum Ende der zweiten Regulierungsperiode individuelle Ineffizienzen gegenüber der (um Ausreißer bereinigten) „Best-practise“ komplett abgebaut sein und die sonstigen Kosten – sofern sie beeinflussbar sind – entsprechend einer Produktivitätsvorgabe reduziert werden. An diesen Sollwerten orientiert sich zumindest der Referenz-Erlöspfad, der von den Unternehmen in genehmigte Netzentgelte umzusetzen ist (§ 17 ARegV). Durch die Bekanntgabe des *Produktivitätsabschlags* und der individuell zu erreichenden Effizienzfortschritte vor Beginn einer Regulierungsperiode liegen die Obergrenzen des Erlöses für die nachfolgenden Jahre zumindest im Prinzip fest. In der Anwendung verstehen sich die Werte aber als vorläufig, da sie jährlich fest definierten Anpassungsmechanismen (siehe unten) unterliegen. Ergeben sich bei Anwendung der Anpassungsmechanismen Absenkungen der Erlösobergrenze, sind diese zwingend in niedrigeren Entgelten weiterzugeben. Anhebungen hingegen können, müssen sich aber nicht in höheren Durchleitungspreisen niederschlagen. Fallen in der Praxis von der Projektion abweichende Erlöse durch unerwartete Mengenschwankungen an, werden die Differenzen in der ersten Periode auf einem Regulierungskonto zinsbringend verbucht (§ 5 ARegV).[18] Das Konto wird dann in der zweiten Periode gleichmäßig aufgelöst und führt zu entsprechenden Zu- oder Abschlägen bei den dann zugestandenen Erlösobergrenzen.

Im Detail ist folgendes Vorgehen vorgesehen (vgl. Abb. 3): Als Basis für die erste Referenzperiode wird die von der Netzagentur geprüfte Kostensituation im Jahr 2006 ($K_0$) herangezogen. Für die zweite Phase gilt als Ausgangsjahr 2011. Von den ermittelten Gesamtkosten werden zunächst die so genannten *„dauerhaft nicht beeinflussbaren Kosten“* ($K_{dnb,0}$) herausgerechnet (§ 14, Abs. 1 ARegV). Die „dauerhaft nicht beeinflussbaren Kosten“ sind in der Verordnung abschließend abgegrenzt (§ 11, Abs. 2 ARegV) und beinhalten primär Kostenbestandteile, die allein durch Dritte bestimmt sind (wie z.B. Steuern und Konzessionsabgaben oder Aufwendungen für das vorgelagerte Netz) und daher nicht dem Kostendruck ausgesetzt werden sollen. Um die Betreiber nicht von notwendigen Kapazitätserweiterungen bzw. -erneuerungen abzuhalten, werden Investitionsvorhaben in Form eines begrenzten Vorababzugs in den beeinflussbaren Kosten berücksichtigt (§§ 23 und 25 ARegV).

In den verbliebenen Kosten wird für den Effizienzvergleich mit den Konkurrenten der Posten der Kapitalkosten für Bestandsanlagen vorab auf eine einheitliche Vergleichsbasis standardisiert. So sollen verzerrende Unterschiede aus abweichenden Altersstrukturen der Anlagen und Abschreibungs- und Aktivierungspraktiken herausgefiltert werden (§ 14, Abs. 3 ARegV). Die derart bereinig-

18 Das Konto dient nur dem Zweck, Prognoseunsicherheiten abzufedern, und nicht dazu, Versäumnisse des Netzbetreibers aufzufangen (vgl. Q27).

*Abb. 3: Bestimmen der Ausgangsdaten zur Berechnung des Erlösreferenzpfades*

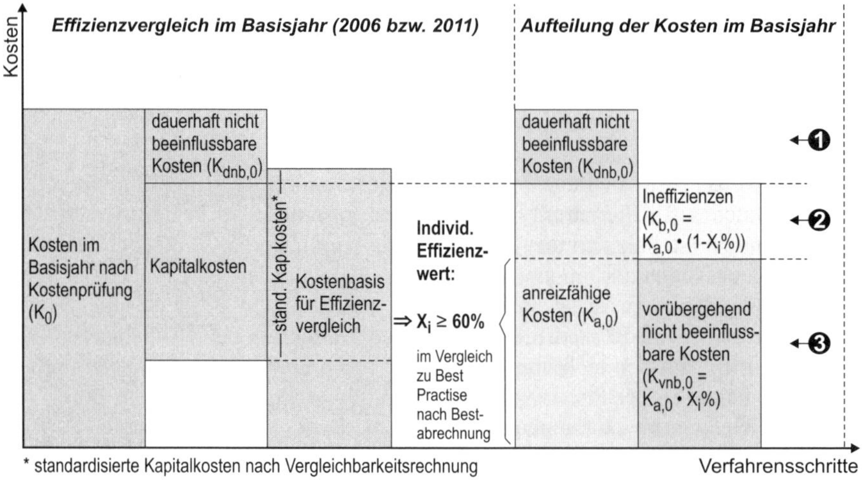


❶ gehen komplett in Erlöslimit ein; jährlich aktualisiert

❷ komplett abzubauen bis zum Ende der 2. Phase

❸ kontinuierliche Reduktion mit vorgegebenem sektoralen Produktivitätsfaktor

Quelle: Q288 (vgl. auch Schmidt 2009, S. 40)

ten verbliebenen Kosten bilden nun die Basis für einen bundesweiten Effizienzvergleich unter den Verteilungsnetzbetreibern (§§ 12–16 ARegV). Mit Hilfe dreier unterschiedlicher, komplementär eingesetzter statistischer Verfahren werden Input-Output-Relationen in der Branche verglichen. Je nach verwendetem statistischem Verfahren ergeben sich aber unterschiedliche Ergebnisse, wobei jedes Verfahren für sich genommen ohnehin nur Wahrscheinlichkeitsaussagen über die relative Effizienzstellung eines Unternehmens produziert (vgl. Jensen et al. 2008). Zugunsten der Betreiber wird dabei – quasi als Zugeständnis für die bewussten statistischen Unzulänglichkeiten – aus den drei Verfahren der bestmögliche, mindestens aber ein Effizienzwert von 60% angesetzt („Bestabrechnung"). Effizienten Unternehmen wird als Ausgangsnorm ein individueller Effizienzwert ($X_i$) von 100% zugewiesen. Ansonsten indiziert der den Betreibern vor der Regulierungsperiode bekannt zu gebende und für die ganze Periode gültige Referenzwert, wie viel Prozent der in die Rechnung einzubeziehenden Kosten (siehe unten) verglichen mit den effizienten Konkurrenten als ineffizient anzusehen sind.

Sofern durch das Verfahren Besonderheiten eines Betreibers im Versorgungsauftrag nicht ausreichend gewürdigt wurden und der Nachweis dessen gelingt, muss ein Aufschlag auf den Effizienzwert von der Regulierungsbehörde angesetzt werden (§ 15 ARegV). Weist ein Netzbetreiber nach, dass die ermittelten Effizienzvorgaben nicht mit zumutbaren Mitteln zu erreichen sind, kann eine *Härtefallklausel* geltend gemacht werden, bei der die Regulierungsbehörde zumutbare Effizienzvorgaben bestimmt (§ 16 ARegV). Eine Ausnahme gibt es auch für die Übertragungsnetzbetreiber. Aufgrund ihrer geringen Zahl gab es zu wenige Daten für ein valides bundesweit beschränktes Benchmarking. Infolgedessen müssen sie sich einem internationalen Effizienzvergleich stellen (§ 22 ARegV).

Nach der Ermittlung des individuellen Effizienzwertes werden die Kosten der Basisperiode in unterschiedliche Bestandteile aufgeteilt (§ 11 ARegV): Auf der ersten Stufe resultieren nach Abzug der per Verordnung definierten *dauerhaft nicht beeinflussbaren Kosten* von den Gesamtkosten die *anreizfähigen Kosten* ($K_{a,0}$), die einem Anpassungsdruck ausgesetzt werden. Dabei wird unterschieden in *beeinflussbare Kosten* ($K_{b,0}$) in Form von *betreiberspezifischen Ineffizienzen* auf der einen und nur *vorübergehend nicht beeinflussbaren Kosten* ($K_{vnb,0}$) auf der anderen Seite, die entweder effizient sind und/oder strukturelle Besonderheiten des Versorgers (z.B. regionalspezifische) in dem Sinne abbilden, als sie auch von Konkurrenten mit ähnlich strukturierten Anforderungen an den Netzbetrieb zu tragen wären. Die quantitative Aufteilung zwischen diesen beiden Kostenblöcken erfolgt mit Hilfe des zuvor bestimmten Effizienzwertes. $X_i$% der anreizfähigen Kosten gelten per definitionem als *vorübergehend nicht beeinflussbar* ($K_{vnb,0} = X_i\% \cdot K_{a,0}$), der Rest gilt als *ineffizient* ($K_{b,0} = (1-X_i\%) \cdot K_{a,0}$). Aufbauend auf dieser Unterscheidung berechnen sich die Erlösobergrenzen ($EO_t$) für das Jahr t nach folgender im Anhang 1 der ARegV dokumentierten Preisgleitformel (vgl. Übersicht 2):

Dass die Erlösobergrenzen in der zweiten Regulierungsperiode durch die gleichmäßig über den Zeitraum verteilte Auflösung des Regulierungskontos variiert ($S_t$), wurde oben bereits erwähnt. Sobald belastbare Kennzahlen vorliegen, spätestens aber ab der zweiten Regulierungsperiode, sollen sich unterschiedliche Qualitäten (insbesondere Zuverlässigkeit der Netze) ebenfalls in den Limits niederschlagen (§ 19 ARegV).

Der zentrale Anpassungsmechanismus betrifft aber die Kosten. Die *dauerhaft nicht beeinflussbaren Kosten* werden für jedes Jahr laufend aktualisiert und dann komplett in die Erlösgrenzen weitergegeben. Die restlichen Kosten werden anders behandelt und innerhalb einer Regulierungsperiode nicht neu erhoben. Die im Basisjahr festgestellten *Ineffizienzen* ($K_{b,0}$) sollen dabei über zehn Jahre hinweg komplett abgebaut werden. Für die erste Periode wird Jahr für Jahr eine

*Übersicht 2: Preisgleitformel*

$$EO_t = K_{dnb,t} + [K_{vnb,0} + (1-V_t) \cdot K_{b,0}] \cdot \left( \frac{VPI_{t-2}}{VPI_0} - PF_t \right) \cdot EF_t \pm Q_t \pm S_t$$

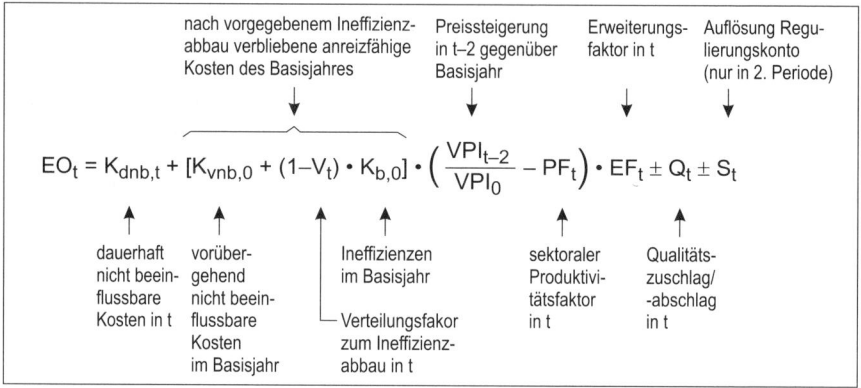

- $[K_{vnb,0} + (1-V_t) \cdot K_{b,0}]$: nach vorgegebenem Ineffizienzabbau verbliebene anreizfähige Kosten des Basisjahres
- $\frac{VPI_{t-2}}{VPI_0}$: Preissteigerung in t–2 gegenüber Basisjahr
- $EF_t$: Erweiterungsfaktor in t
- $S_t$: Auflösung Regulierungskonto (nur in 2. Periode)
- $K_{dnb,t}$: dauerhaft nicht beeinflussbare Kosten in t
- $K_{vnb,0}$: vorübergehend nicht beeinflussbare Kosten im Basisjahr
- $V_t$: Verteilungsfakor zum Ineffizienzabbau in t
- $K_{b,0}$: Ineffizienzen im Basisjahr
- $PF_t$: sektoraler Produktivitätsfaktor in t
- $Q_t$: Qualitätszuschlag/-abschlag in t

Reduktion von jeweils 10% des Ausgangsbetrags von 2006 angesetzt. $V_{2009}$ beträgt also 0,1, $V_{2010}$ = 0,2 usw., so dass bis zum Jahr 2013 die Hälfte der Ineffizienz auf diesem Weg reduziert worden sein sollte. Die zweite Regulierungsperiode ab 2014 knüpft an den Ausgangsdaten des Jahres 2011 an. Die dann noch bei einer erneuten Kostenprüfung in Verbindung mit einem neuerlichen bundesweiten Benchmarking festgestellten Ineffizienzen müssen komplett innerhalb der fünf Jahre abgebaut sein. Jährlich sollen die Ineffizienzen also um 20% des Ausgangswertes von 2011 verringert werden. Damit ist $V_{2014}$ = 0,2, $V_{2015}$ = 0,4, .... und $V_{2018}$ = 1,0. Von den anreizfähigen Kosten des Basisjahres, dürfen demnach nur solche (begrenzt) in die Erlösgrenzen weitergegeben werden, die nach Abzug der bis dahin abzubauenden Ineffizienzen verblieben sind.

Das Ausmaß, in dem ihre Berücksichtigung erfolgen darf, wird durch zwei Faktoren bestimmt. Bei einem Erweiterungsfaktor (siehe unten) von $EF_t$ = 1 dürfen die verbliebenen anreizfähigen Kosten nur in dem Umfang in die Erlösobergrenze weitergegeben werden, in dem der Verbraucherpreisanstieg gegenüber dem Ausgangsjahr den in der Verordnung bis dahin vorgegebenen sektoralen Produktivitätsfaktor überschreitet.[19] In der ersten Regulierungsperiode ergibt

19 Während also ein Anstieg der betrachteten Kosten in Höhe der allgemeinen Preisentwicklung als legitim und in die Erlöse weiterreichbar angesehen wird, soll im Gegenzug ein vorgegebener Produktivitätsfaktor eingehalten werden und zu Kostenentlastungen führen. Dass dabei der Zeitindex für die laufende Periode t bei den Verbraucherpreisen t-2 ist, sollte nicht verwirren: Im ersten Jahr der Festlegung für $EO_{2009}$ ist laut Formel der Preisanstieg von $VPI_{2007}$ gegenüber dem Basisjahr 2006 anzusetzen, so dass nur ein Jahr der Preissteigerung angerechnet wird. Im Gegenzug wird bis 2009 aber auch nur ein einziger Produktivitätsabschlag von 1,25% gegen gerechnet, da die erwartete Verringerung in 2009 gegenüber dem Basisjahr 2006 anzusetzen ist (in der Formel der Anlage 1 zur

sich der Produktivitätsfaktor aus einer Reduktion von 1,25% p.a., in der zweiten Periode beträgt die Zurückführung 1,5% p.a. In preisbereinigter Betrachtung ($VPI_{t-2} = VP_0$) bzw. in Preisen des Basisjahres ausgedrückt, reduzieren somit die jeweils übrig gebliebenen anreizfähigen Kosten mit dem Faktor 0,0125 bzw. 0,015 jährlich die Erlösobergrenzen gegenüber dem Vorjahr.

Darüber hinaus gestattet die Formel ceteris paribus ein stärkeres Durchschlagen der aus dem Referenzjahr noch verbliebenen anreizfähigen Kosten auf die Limits, wenn sich zwischenzeitlich der Versorgungsauftrag eines Betreibers nachhaltig erweitert hat (§ 10 ARegV). Dafür sorgt ein zu genehmigendes Heraufsetzen des Erweiterungsfaktors $EF_t$.

Netzbetreiber mit weniger als 30.000 angeschlossenen Kunden im Strombereich können im Sinne einer De-minimis-Klausel an einem so genannten *vereinfachten Verfahren* zur Bestimmung de Effizienzwerte teilnehmen (§ 24 ARegV). Nach Teilnahmebeantragung ist dieses Verfahren bindend für eine Regulierungsperiode. Die generellen, in der Formel dargestellten Entwicklungsvorgaben bleiben auch beim vereinfachten Verfahren erhalten. Ohne explizite Prüfung wird aber allen involvierten Netzbetreibern für die erste Regulierungsperiode ein Effizienzwert in Höhe von 87,5% zugewiesen, d.h. es wird davon ausgegangen, dass über zehn Jahre hinweg Ineffizienzen von 100% – 87,5% = 12,5% zu bergen sind. Zudem wird der Anteil der nicht beeinflussbaren Kosten ausgehend von den ermittelten Gesamtkosten der letzten Kostenprüfung pauschal (und damit nicht individuell) mit 45% angenommen. In der zweiten Regulierungsperiode soll die Effizienzvorgabe sich aus dem gewichteten durchschnittlichen Wert aller in dem bundesweiten Vergleich ermittelten Effizienzwerte ergeben.

Mittlerweile liegt die Auswertung der ersten Effizienzbewertungen vor (vgl. Q26, S. 153). Für die *Übertragungsnetzbetreiber* wurde im Mittel eine Effizienz von 88% festgestellt. Bei den 199 beteiligten Verteilernetzbetreibern betrug der durchschnittliche Effizienzwert 92,2%. Das Minimum wurde mit 75,5% beziffert, den Maximalwert von 100% erzielten hingegen 49 Unternehmen (Agrell et al. 2008, S. 68), d.h. fast jeder vierte Betreiber (vgl. Abb. 4). Am *vereinfachten Verfahren*, das mit der Vergabe des Effizienzwertes 87,5% einhergeht, nahmen 136 Verteilernetzbetreiber teil. In ihrem Jahresbericht beklagt die Regulierungsbehörde allerdings, dass sich viele Bescheide noch im schwebenden Verfahren befinden, da „praktisch jeder Netzbetreiber, der nicht eine Effizienz von einhundert Prozent bescheinigt bekommen hat“ (Q26, S. 155), den Effizienzbescheid mit dem Argument anfechtet, dass spezifische Besonderheiten nach § 15 ARegV nicht ausreichend berücksichtigt wurden.

---

Verordnung wird übrigens mit t statt mit t-2 operiert. In Verbindung mit § 8 ARegV ergibt sich aber, dass t-2 gemeint ist).

*Abb. 4: Histogramm: Ergebnisse des Effizienzvergleichs*

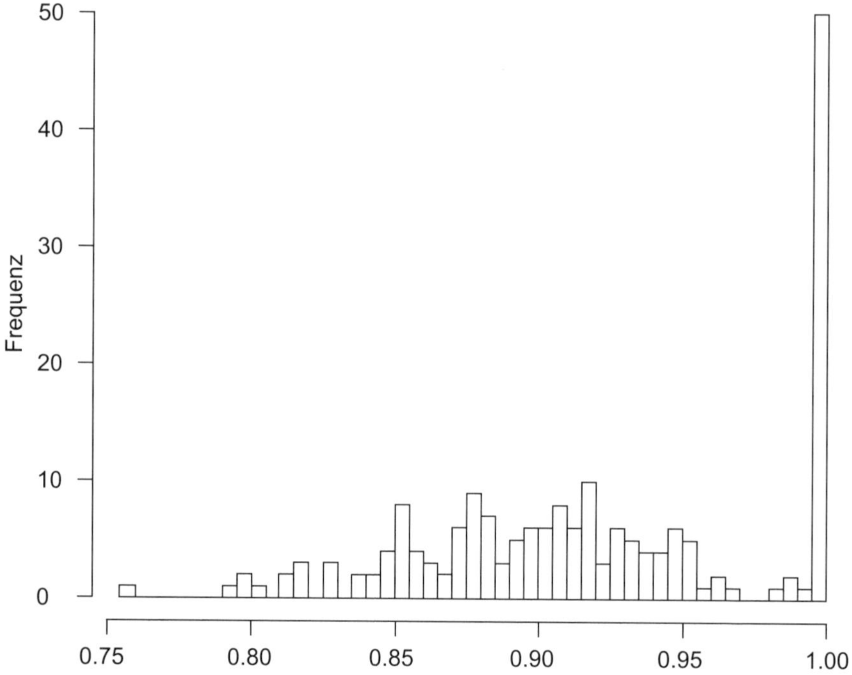


Quelle: Herrmann 2009, S. 13

Insgesamt fiel die durchschnittlich *attestierte Effizienz* mit 92,2% aus Sicht vieler Beobachter vergleichsweise hoch aus. Immerhin weisen die Daten damit aus, dass im Umkehrschluss im Mittel nur 7,8% an Ineffizienzen über zehn Jahre hinweg abzubauen sind. Die Netzagentur führt das gute Ergebnis im Wesentlichen auf das großzügige Verfahren der Günstigerprüfung zurück, bei dem das jeweils beste Ergebnis der komplementären statistischen Ansätze zugestanden wird.

Die relativ hohen Effizienzwerte hätten, so die Behörde – neben der Anhebung der *Eigenkapitalzinssätze* (siehe unten), der Möglichkeit des pauschalierten Investitionszuschlags (siehe oben) und des Moratoriums für Personalzusatzkosten (siehe unten) – dazu beigetragen, dass die meisten Netzbetreiber „eine Erhöhung der Erlösobergrenze um wenige Prozentpunkte gegenüber den in den letzten Entgeltgenehmigungen anerkannten Netzkosten“ (Q26, S. 155) verbuchen konnten. Die „Big-4“ kamen sogar in den Genuss eines Entgeltanstiegs von im Schnitt deutlich mehr als 10% gegenüber dem Vorjahr (vgl. Q215). Überdies sei „der

Produktivitätsfaktor mit Werten von 1,25% für die erste Regulierungsperiode und 1,5% für die zweite Regulierungsperiode sehr gering" (Q26, S. 155).

Welche Auswirkungen sich mit Blick auf die Erlösobergrenzen im Laufe der nächsten Jahre ergeben werden, haben wir in der nachfolgenden Szenarienanalyse abgebildet (vgl. Abb. 5). In allen Fällen wurden limiterhöhende Preissteigerungswirkungen außen vor gelassen und davon ausgegangen, dass die im Referenzpfad unterstellte Kostenentwicklung bei der Kostenprüfung für die nächste Regulierungsperiode auf Basis der Werte von 2011 tatsächlich auch vorliegen wird.[20] Die Abbildung verdeutlicht, dass ein effizienter Betreiber ($X_i$ = 100%) angesichts des geforderten Produktivitätsfortschritts von jährlich 1,25% bzw. später 1,5% bei den anreizfähigen Kosten bis 2018 Einsparungen von knapp 11% gegenüber dem Ausgangsjahr 2006 realisieren muss, wenn die Erlösminderung nicht zu Lasten der Gewinne gehen soll. Ausgehend davon fällt mit zunehmender, komplett abzubauender Ineffizienz die Steilheit des einzuhaltenden Senkungspfades immer größer aus. Ein Unternehmen, das die durchschnittlich ermittelte Effizienz von gut 92% bzw. die im vereinfachten Ansatz zugestandene Effizienz von 87,5% aufweist, sieht sich bei den anpassungsfähigen Kosten einem Einspardruck von knapp 18% bzw. 22% ausgesetzt.

Im Vorfeld der Anreizregulierung war die Kritik groß, wobei auch hier überaus heterogene Partikularinteressen aufeinander stießen. Heftig gestritten wurde u.a. auch über den eher willkürlichen Ansatz des sektoralen Produktivitätsfaktors. Ursprünglich war vorgesehen, schon in der ersten Referenzperiode einen Wert von 1,5% p.a. anzusetzen. Die Verbände bne, VEA, VIK und vzbv hielten selbst diesen Wert für zu gering und forderten einen Produktivitätsabschlag von 2% p.a. (vgl. Q30). Die Gewerkschaft ver.di hingegen empfand schon den Wert von 1,5% p.a. als zu ambitioniert (vgl. Q277). Kontroversen gab es auch mit Blick auf die Ausgestaltung des Effizienzvergleichs. Ursprünglich wurde eine Obergrenze der Effizienzverbesserungsvorgabe von 50% statt jetzt 40% diskutiert. Auch hier befürchtete die Gewerkschaft ver.di eine Überforderung der Betreiber, die letztlich zu Lasten der Beschäftigten ginge, zumal das Benchmarking-Verfahren auf einer zu schmalen Datenbasis aufbaue und sich am besten Unternehmen orientiere und nicht an einer realistischen Vergleichsgruppe.[21] Die

---

20 In allen Fällen bewirkt das Aufsetzen der neuen Regulierungsperiode auf das Basisjahr 2011 im Übrigen, dass 2014 die Erlösobergrenze (real) gegenüber dem Vorjahr höher liegen wird, da die angestrebte Dynamik zwischen 2011 und 2013 bereits niedrigere Werte herbeiführen wird, als sie in 2014 durch den einmaligen Abschlag auf das höhere Ausgangsniveau von 2011 zustande kommen.

21 Vgl. Q277. Durch das vorherige Aussondern von Ausreißern im Effizienzvergleich ist diesem Einwurf allerdings in der Praxis Rechnung getragen worden.

*Abb. 5: Erlösreferenzpfad bei unterschiedlichen Effizienzwerten*[a]

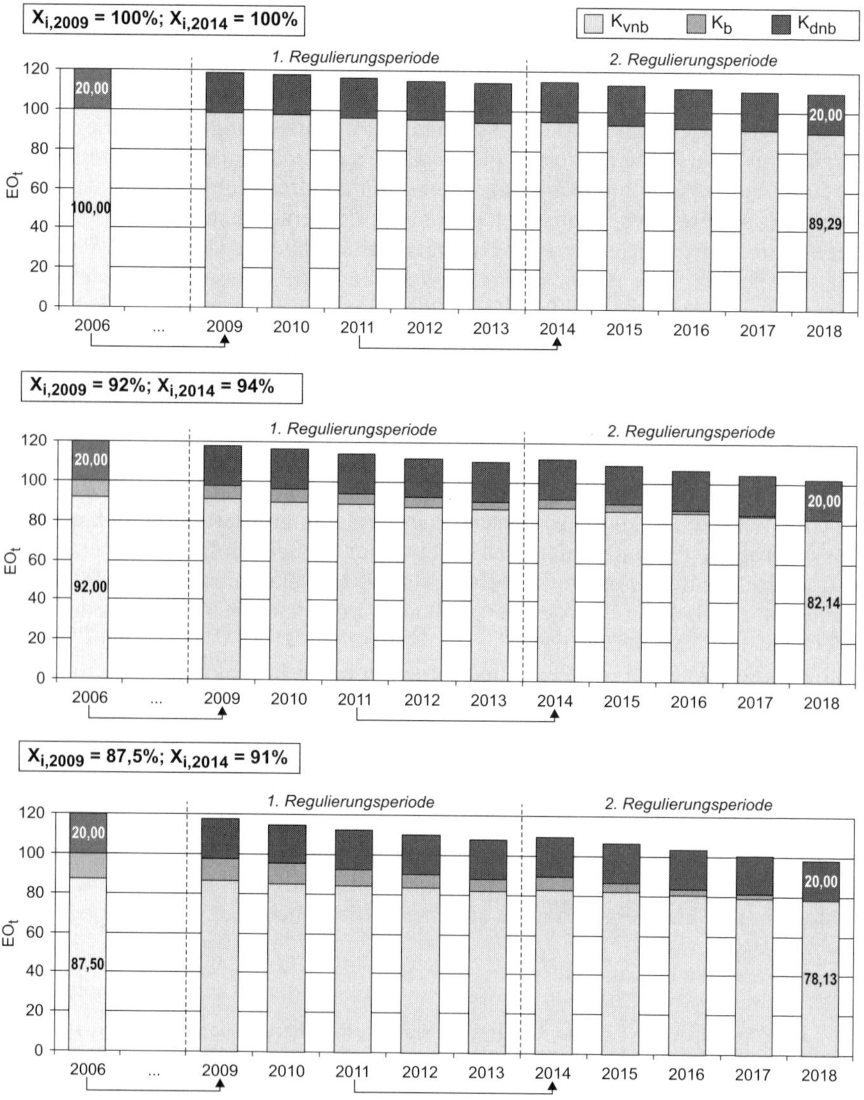


a – $EF_t = 1$; $Q_t = S_t = 0$; $K_{dnb,2006}$ unverändert bis 2018; VPI gegenüber 2006 unverändert
tatsächliche Kosten u. Kostenstruktur im Basisjahr = unterstellte Referenzentwicklung

Eigene Berechnungen

Gewerkschaft plädierte daher für eine Grenze von 30%. Die oben genannten Verbände hingegen kritisierten eine zu großzügige Ausweitung des Übergangs auf das vereinfachte Verfahren, das eine Effizienz von 87,5% garantiert, und forderten die De-minimis-Klausel auf Unternehmen mit maximal 10.000 Kunden zu beschränken (vgl. Q31). Darüber hinaus beanstandeten sie die Verlängerung der beiden Referenzperioden, in der die Ineffizienzen zu beseitigen sind, von vier auf jeweils fünf Jahre.

Auf viele Bedenken wurde im Laufe des Verfahrens offenbar Rücksicht genommen, so dass die Verordnung gegenüber den ersten Entwürfen an Schärfe verloren hat. Die zugewiesenen Effizienzwerte belegen jedenfalls, dass die schlimmsten Befürchtungen auf Seiten der Betreiber und deren Beschäftigten nicht eingetreten sind.[22] Im Nachhinein erwies sich beispielsweise die Diskussion um die angemessene Begrenzung der Effizienzverbesserungsvorgabe nach oben (auf 30%, 40% oder 50%) als müßig, weil praktisch kein Unternehmen mehr als 25% an Ineffizienzen beseitigen muss.

Dennoch bleiben grundsätzliche Vorbehalte bestehen. Auch wenn der jetzt vorgegebene Anpassungsdruck im Durchschnitt geringer ausgefallen ist als vielfach auf der einen Seite erhofft bzw. auf der anderen Seite befürchtet, steht den Netzbetreibern eine weitere Runde von *Kosteneinsparungen* bevor, zumal bereits in der vorangegangenen Regulierung über die Kostenprüfung deutlich niedrigere Netzentgelte genehmigt wurden. Dieser Kostendruck betrifft ausschließlich die *anreizfähigen Kosten*, da ja die *dauerhaft nicht beeinflussbaren Kosten* in die Erlöse weitergereicht werden können. Die beeinflussbaren Kosten setzen sich aus *Betriebs- und Kapitalkosten* zusammen, wobei der Kapitalkostenanteil bei den Netzbetreibern in der Regel relativ hoch ausfällt. Gerade bei den Kapitalkosten besteht in der Branche aber wegen der besonderen Langlebigkeit von Netzanlagen das Problem, diese im Nachhinein kaum beeinflussen zu können. Die Kapitalkosten setzen sich zusammen aus einem *kalkulatorischen Gewinn* in Höhe der *Eigenkapitalverzinsung*, den *Fremdkapitalkosten* und den *Abschreibungen*. Mit Blick auf die Eigenkapitalverzinsung wurde nach einer kürzlich erfolgten Erhöhung – jeweils vor Steuern – ein Satz von 9,29% für Neuanlagen und 7,56% auf Altanlagen garantiert. Der Präsident der Bundesnetzagentur, Kurth, bezeichnete diese Vorgabe zur Eigenkapitalrendite „als einen mehr als auskömmlichen Zinssatz, der in der Lage ist im internationalen Wettbewerb um Kapital eine dem Risiko entsprechende Verzinsung zu garantieren“ (zit. in Q25, S. 4). Als problematisch wird aber der Posten der Abschreibungen angesehen, da Mittelrückflüsse für Investitionen aus der Vergangenheit über diesen Weg durch die Einordnung in die anreizfähigen Kosten grundsätzlich ebenfalls dem Anpas-

22 Anfang 2008 wurde in der Branche noch erwartet, dass die anreizfähigen Kosten eines repräsentativen Stadtwerks um ca. 34% verringert werden müssten (Schmidt 2008).

sungsdruck unterliegen (vgl. Glätzer 2008). In einem vom Verband kommunaler Unternehmen (VKU) in Auftrag gegebenen Rechtsgutachten wird daher auch gefordert, die Kapitalkosten im Katalog der dauerhaft nicht zu beeinflussenden Kosten aufzunehmen (vgl. Q259).

Unabhängig vom Ausgang dieser Forderung dürfte sich aber die Anpassungslast wegen einer vergleichsweise hohen Inflexibilität der Kapitalkosten überproportional auf die Betriebskosten und hier insbesondere auf die *Personalkosten* (und *Zuliefererpreise*) konzentrieren. In diesem Sinne betonte auch der Vorstandsvorsitzende der Stadtwerke Düsseldorf: „Als wesentliche Stellschraube zur Einhaltung des Erlöspfades bis 2018 verbleibt (...) der Personalaufwand.“ (Schmidt 2008, S. 5) In Summe drohen also primär tariflich vereinbarte Kostenbestandteile über *Personalabbau* und/oder *Lohn- und Gehaltszurückhaltung* zur Disposition zu stehen. An dieser Stelle greift die Anreizregulierung nachhaltig in die grundgesetzlich garantierte *Tarifvertragsautonomie* ein, da die Handlungsspielräume der Netzbetreiber bei zukünftigen Verhandlungen deutlich eingeschränkt werden (vgl. Q277).

Ähnlich problematisch mit Blick auf die Tarifautonomie erscheint die Behandlung von Lohnzusatz- und Versorgungsleistungen. Bis Ende 2008 abgeschlossene Vereinbarungen gelten zwar als „dauerhaft nicht beeinflussbar“. Danach aber stehen Sonderzahlungen, Urlaubsvergütungen, betriebliche Altersversorgung, Altersteilzeit, Lohnfortzahlung im Krankheitsfall sowie Ausgaben für die Ausbildung auf dem Prüfstand der Bundesnetzagentur. Sie gelten dann als beeinflussbare Kosten (§ 11 [4] ARegV) und unterliegen ebenfalls dem Anpassungsdruck.

Grundsätzlich läuft auch der Konnex zwischen Kosten und Qualität auf ein Dilemma hinaus. Zentrales Manko ist dabei die Gefahr, dem Kostendruck durch Qualitätsminderungen auszuweichen. Insofern wird es darauf ankommen, derartige Umgehungsstrategien mit einem noch zu etablierenden *Qualitätszu- bzw. -abschlag* in der Anreizformel zu unterbinden. Allerdings kann gerade dessen Wirkung auch zu einer unbeabsichtigten Eigendynamik führen. Betreiber, die den Druck in den Personalbereich weitergeben und an den Mitarbeitern sparen, werden auf kurz oder lang Qualitätseinbußen verzeichnen. Über den Qualitätsabschlag werden dann die Erlösobergrenzen erneut beschnitten. Kommt es infolgedessen zu einer nächsten Runde von Einsparungen im Personalbereich befindet sich das Unternehmen in einem ausweglosen Teufelskreis, der nur unterbunden wird, wenn die Betreiber ihn im Vorfeld auch wirklich weitsichtig antizipieren.

In der Struktur der Versorgungslandschaft wurde zunächst befürchtet, dass gerade die kleineren Stadtwerke aufgrund der geringeren Skaleneffekte in Verbindung mit einer der angewendeten statistischen Methoden in den individuellen Effizienzvergleichen benachteiligt werden (vgl. Dürr 2007). Aus den vorliegenden Ergebnissen heraus kann diese Besorgnis kaum bestätigt werden. Diejenigen, die das vereinfachte Verfahren gewählt haben, liegen mit dem zugestandenen Effizienzwert von 87,5% eher im Mittelfeld der explizit eingestuften Unternehmen (vgl. Abb. 4). Bei solchen Betreibern hingegen, die sich dem Benchmark-Verfahren ausgesetzt haben, kann kein signifikanter Zusammenhang zwischen Größe und Abschneiden im Effizienztest festgestellt werden (vgl. Abb. 6). Auch die ähnlich gelagerte Kritik des VKU, dass die gewählte Methode „zu einer systematischen strukturellen Benachteiligung von städtischen gegenüber Regionalversorgern führe" (Q274), lässt sich nachträglich nicht erhärten. Im Gegenteil, die statistischen Tests hinsichtlich einer solchen Übervorteilung belegen, so die an der Bestimmung der Effizienzwerte beteiligten Wissenschaftler:

> „Schlussfolgernd bleibt festzustellen, dass eher städtische Betreiber keine signifikant schlechteren Effizienzwerte als regionale Betreiber aufweisen" (Agrell et al. 2008, S. 91).

Abschließend ist dennoch zu konstatieren, dass die Anreizregulierung die Stadtwerke vor große Herausforderungen stellen wird. Selbst wenn das Regelwerk an einzelnen Stellen entschärft wurde und der Effizienzvergleich zu weniger dramatischen Werten führte als erwartet, bleiben in Zukunft weitere Anpassungslasten zu stemmen. Dabei dürften sich aufgrund unterschiedlicher Möglichkeiten zur

*Abb. 6: Zusammenhang Effizienzwert und Betreibergröße*

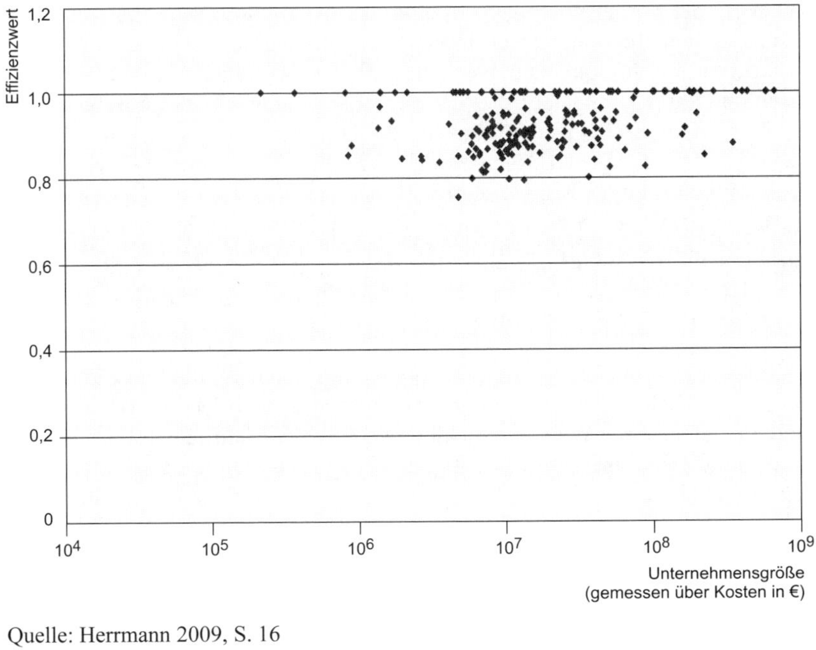


Quelle: Herrmann 2009, S. 16

Generierung von verbliebenen Skaleneffekten große Betreiber tendenziell leichter tun als kleine. Das Geschäftsmodell des ausschließlichen Verteilens von Strom wird hier angesichts des angelegten Kostensenkungspfades auf jeden Fall an Rentabilitätsgrenzen stoßen (vgl. Kapitel 4). Hinzu kommt für alle Betreiber, dass sich die Einsparbemühungen überproportional stark auf die Betriebskosten konzentrieren werden und damit insbesondere auch massiver Druck auf die Personalaufwendungen zukommen wird. In diesem Sinne warnt auch der DGB, „Versorgungs- und Arbeitsplatzsicherheit dürfen durch die Netzregulierung nicht gefährdet werden" und fordert „die Stromnetze (müssen) unter gesellschaftlich-öffentlicher Beteiligung und Kontrolle bleiben." (Q54, S. 21)

#### 1.3.3.4 Zwischenfazit

Ein kurzer Rückblick auf die Phase seit 2003 offenbart, welchen Schlingerkurs die Politik im Zuge der Liberalisierung bei der Setzung der Spielregeln vollzogen hat. Auf die erste Phase eines eher großzügigen Laisser-faire, der auf die Selbstdisziplinierung des Markts bzw. auf Verbändevereinbarungen fast schon blind vertraute, folgte eine Periode der *extensiven Neugestaltung des Regulierungsrahmens* für die Elektrizitätswirtschaft. Die Politik geduldiger, allzu naiver Trippelschritte war damit beendet, ohne dass dabei bereits alle Register gezogen wurden. Wer aber vorher noch gehofft hatte, dass sich durch die Liberalisierung die Anzahl der rechtlichen Vorschriften verringern würde, muss ein Jahrzehnt später stark enttäuscht sein. Die von einer allzu großzügigen Politik zunächst tolerierten und dann zwangsläufig eingetretenen Fehlentwicklungen ließen letztlich gar keine andere Chance als nachzuregulieren (dazu mehr in Kapitel 1.4). Angesichts des Umfangs der Nachregulierung fühlen sich nun aber viele Akteure in ein überaus enges Korsett gepresst (vgl. u.a. Nagel 2005). Der DGB befürchtet sogar, dass „durch die drohende Überregulierung bei der Anreizregulierung (...) viele notwendige Investitionen in Gefahr" (Q54, S. 21) geraten.

### *1.3.4 Das dritte Binnenmarktpaket 2009*

Bereits 2001 forderte der Europäische Rat die Kommission auf, die Umsetzung und Wirkungen der EU-Richtlinien im Energieversorgungssektor detailliert zu untersuchen und Vorschläge zur Weiterentwicklung zu erstellen. Jährlich wurden daraufhin so genannte Benchmarking-Berichte angefertigt. Sie identifizierten eine Vielzahl von Problembereichen bei der Schaffung eines europäischen Strommarkts.[23]

23 In diesem Sinne schätzte beispielsweise der RWE-Vorstandsvorsitzende Ende 2008, dass rund zwei Drittel der 270 Millionen EU-Haushaltskunden für Wettbewerber aufgrund nationaler Besonderheiten gar nicht erreichbar sind (vgl. Grossmann 2008).

Angesichts erkennbarer (Wettbewerbs-)Defizite wurde 2006 von den beiden EU-Kommissionen für Wettbewerb und für Energie eine umfassende „Energy Sector Inquiry“ bei der externen Beratungsgesellschaft London Economics (LE) in Auftrag gegeben (vgl. Q72). Mittels detaillierten Datenmaterials untersuchte LE in Zusammenarbeit mit Global Energy Decision die Struktur und Funktionsfähigkeit der Elektrizitätsmärkte in Frankreich, Belgien, den Niederlanden, Spanien, Großbritannien und Deutschland in den Jahren 2003 bis 2005.

In der Studie wurden auf dem Markt für industrielle Verbraucher einige „ernste Störungen“ aufgezeigt; die Marktkonzentration reflektiere weiterhin die „alte Marktstruktur“ dominanter vertikal integrierter Unternehmen, die die Strompreise auf den Großhandelsmärkten kontrollieren und neuen Akteuren den Zugang zum Markt verweigern würden. Aus der Analyse zog die EU-Kommission folgende Schlussfolgerungen (vgl. hierzu Q99):

- Die Strommärkte der sechs untersuchten Länder sind weiterhin national strukturiert; in der Regel sind sie hochgradig konzentriert und es besteht die Gefahr der Anwendung von *Marktmacht*; Deutschland liegt an der Spitze der Länder mit hoher Konzentration mit der Folge überhöhter Großhandelspreise für Strom.
- Die bisherige Umsetzung der Trennung von Energieerzeugung und Übertragungsnetzbetrieb ist suboptimal; die unveränderte vertikale Abschottung hat entsprechende Rückwirkungen auf das Marktgeschehen. Vermutet wird, dass Netzbetreiber die mit ihnen verbundenen Unternehmen begünstigen, andere hingegen diskriminieren.
- Unzureichende Grenzkuppelstellen und fehlende Anreize für Investitionen in zusätzliche Kapazitäten verhindern eine bessere Marktintegration in Europa und effektiveren, grenzüberschreitenden Wettbewerb.
- Mangelnde Transparenz nützt angestammten Unternehmen, verhindert den Zutritt von Neuanbietern und führt zu grundlegendem öffentlichen Misstrauen den Strommärkten gegenüber.

Da die EU-Kommission angekündigt hatte, die Resultate der LE-Expertise als Grundlage für ihr weiteres Vorgehen bei der Liberalisierung des EU-Binnenmarkts zu nehmen, lösten vor allem die Ergebnisse über die *Konzentration* im Elektrizitätsmarkt sowie die Höhe der *Großhandelspreise* eine rege Debatte in Deutschland aus.[24] In diesem Kontext ist das von Ockenfels im Auftrag des RWE-Konzerns verfasste Gegengutachten von besonderem Interesse (vgl. Ockenfels 2007a). Hierin kommt Ockenfels zu dem Ergebnis, die LE-Studie

---

24 Vgl. zu dieser Diskussion u.a. Ockenfels 2007b; Loske 2007; Ehlers/Erdmann 2007; Richmann/Loske 2007; Swider et al. 2007; Hirschhausen et al. 2007.

leide „an einer mangelnden ökonomischen Fundierung sowie an einer unzureichenden Berücksichtigung der Strommarktdynamik“ (ebd., S. 12).

Während Ockenfels die Vorgehensweise der LE-Studie, die Preis-Grenzkosten-Lücke bei perfektem Wettbewerb bestimmen zu wollen, zwar theoretisch für valide hält, hinterfragt er die Schätzung der Grenzkosten und Preise (Datenqualität) sowie die Interpretation der Ergebnisse. Die Messung und/oder Definition der „marginal average costs“ ist seiner Ansicht nach fehlerhaft, da *Fixkosten* sowie die Notwendigkeit langfristiger Investitionskostendeckung und nachfrageinduzierte Knappheitspreise keine Berücksichtigung finden würden. Daraus wurde abgeleitet, dass LE das *Marktmachtproblem* auf dem deutschen Elektrizitätsmarkt überschätzt. Anhand des Herfindahl-Hirschman-Indexes (HHI)[25] liege Deutschland überdies im Vergleich mit den fünf anderen untersuchten Ländern der LE-Untersuchung nach England an zweiter Stelle der *am wenigsten konzentrierten Strommärkte*. Diese Tendenz verstärke sich, wenn zudem der internationale Stromaustausch berücksichtigt wird. Bei Einbeziehung des europäischen Stromtransfers weise die LE-Studie weitestgehend unproblematische Marktmacht-Indizes aus.

Vor diesem Hintergrund liefert die LE-Studie laut Ockenfels keine robusten Entscheidungsgrundlagen für wettbewerbliche oder regulatorische Maßnahmen. Aufgrund der komplexen und volatilen Rahmenbedingungen des Strommarkts müsse nicht die Frage nach der kurzfristig perfekten Konkurrenz gestellt werden, sondern ob der Wettbewerb langfristig funktionsfähig sei; also „*welche* Abweichung vom perfekten Wettbewerb noch tolerierbar ist und ab wann wirtschaftspolitische Eingriffe in Erwägung gezogen werden sollten.“ (Ockenfels 2007a, S. 28) Folgende Maßnahmen könnten dabei den Strommarkt stärken und positiv auf Preise sowie Effizienz wirken (ebd., S. 29):

- Verstärkte Integration der europäischen Strommärkte;
- eine gesteigerte Einbeziehung der Stromnachfrage an dem Spotmarkt;
- die Schaffung ausreichender Anreize für Investitionen in Erzeugungskapazitäten und Marktzutritt sowie
- eine konsistente und effiziente Klima- sowie Emissionshandelspolitik, die Fehler in Anreizsystemen und Marktdesign vermeidet (vgl. kritisch zum System des Emissionshandels Altvater/Brunnengräber 2008).

Die Frage der eigentumsrechtlichen Entflechtung („*Ownership Unbundling*“) von Stromerzeugung und Übertragungsnetzen wurde ebenfalls einer kritischen Prüfung unterzogen. In diesem Kontext konnte die privatwirtschaftliche Beratungsgesellschaft A.T. Kearney im Rahmen eines Vergleichs der EU-15-Staaten

25 Der HHI stellt im Gegensatz zu den Konzentrationsraten nicht allein auf die Konzentration der größten Akteure ab, sondern berücksichtigt die Vermachtung im Gesamtmarkt.

zeigen, dass Strompreise und Netztarife in den Ländern *ohne* Ownership Unbundling sogar weniger stark steigen und die Netzzuverlässigkeit höher ist. Darüber hinaus wurde ermittelt, dass sowohl bei der Investitionstätigkeit als auch beim Ausbau von Grenzübergangskapazitäten kein Zusammenhang zwischen der jeweiligen Entflechtungsform besteht (vgl. Q288).

Offenbar war aber die EU-Kommission von den relativierenden Gegenstudien zur Marktvermachtung wenig überzeugt. Die Ergebnisse der LE-Sektorenuntersuchung veranlasste sie jedenfalls, im September 2007 ein drittes Liberalisierungspaket vorzulegen. Für den Stromsektor beinhaltet dieses Bündel eine Änderungsrichtlinie zur Modifikation der Stromrichtlinie (Kom [2007] 528 endgültig vom 19. September 2007), eine Änderungsverordnung (KOM [2007] 531 endgültig vom 19. September 2007) zur Weiterentwicklung der Verordnung (EG) Nr. 1228/2003 über die Netzzugangsbedingungen für den grenzüberschreitenden Stromhandel sowie einen Vorschlag für eine Verordnung zur Gründung einer Agentur für die Zusammenarbeit der Regulierungsbehörden.

Inhaltlich sind insbesondere nachstehende Themenkomplexe für die Energiemärkte der EU adressiert worden:

- Die eigentumsrechtliche Entflechtung („Ownership Unbundling") des Übertragungsnetzbetreibers bzw. als zweitbeste Lösung die Schaffung unabhängiger Netzbetreiber („Independent System Operator", ISO). Letzterem obliegt die gesamte Kontrolle des Netzes in technischer und wirtschaftlicher Hinsicht (einschließlich der Investitionspläne), ohne dass er Eigentümer des Netzes ist.
- Strengere und klarere Anforderungen im Hinblick auf wirklich autonome Regulierungsbehörden; im Ergebnis wird die Errichtung einer rechtlich eindeutigen und funktional unabhängigen Regulierungsinstitution mit Rechtspersönlichkeit, Budgetautonomie sowie angemessene Personal- und Finanzmittelausstattung gefordert.
- Zudem schlägt die Kommission vor, eine Europäische Agentur für die Kooperation der Regulierungsagenturen (Agency for the Cooperation of Energy Regulators, ACER) mit rund 50 Mitarbeitern sowie einem Etat von rund 6 Mio. EUR p.a. zu schaffen.
- Des Weiteren wird die Einrichtung eines europäischen Netzwerks für Übertragungsnetzbetreiber empfohlen. Derzeit findet eine diesbezügliche Zusammenarbeit nur auf freiwilliger Grundlage statt. Ziel würde nach Ansicht der EU-Kommission die Entwicklung technischer und marktspezifischer Standards zur Erleichterung des Netzbetriebs/Netzzugangs, die Gewährleistung eines koordinierten Betriebs des Netzes sowie die Abstimmung hinsichtlich von Netzinvestitionsplanungen sein.

Vor allem die Vorstellungen der EU-Kommission, die Erzeugung und die Übertragungsnetze zu entflechten, stießen auf heftigen Protest. Enttäuscht von den hiesigen Ergebnissen der von ihr initiierten Marktöffnung erklärte Kommissionspräsident Barroso dabei seine Haltung wie folgt:

> „Wenn Unternehmen Strom [...] verkaufen und gleichzeitig die Netze kontrollieren, dann haben sie allen Anreiz, Konkurrenten den fairen Zugang zu ihren Netzen zu verweigern.“ (zit. in Q159, S. 3)

Während in diesem Zusammenhang das Europäische Parlament zunächst sogar *nur* die eigentumsrechtliche Variante zulassen wollte, entwickelten mehrere Staaten unter Führung der deutschen und französischen Regierung einen so genannten *Dritten Weg*. Diese Entflechtungsoption sieht vor, dass das gesellschaftsrechtliche Unbundling in personeller und informationstechnischer Hinsicht verschärft wird. Allerdings sollen die Netzeigentümer weiterhin Einfluss auf die Investitionsentscheidungen nehmen können. Die Intention einer wirtschaftlichen Entflechtung ist damit nicht gegeben.

Am 10. Oktober 2008 einigten sich dann die europäischen Energieminister der Europäischen Union nach rund einjähriger Verhandlung auf das 3. Energiebinnenmarktpaket:

- Danach sind *erstens* die *drei Entflechtungsvarianten* Ownership Unbundling, Independent System Operator sowie Gesellschaftsrechtliche Entflechtung *gleichberechtigt* möglich.
- Die Energieminister verständigten sich *zweitens* darauf, die *nationalen Regulierungsbehörden* in ihrer *Unabhängigkeit* zu stärken. In diesem Kontext wurde die so genannte Komitologieermächtigung einstimmig gestrichen, mit der die EU-Kommission die Möglichkeit erhalten hätte, für die Verteilnetzebene alleine über Marktvorgaben, technische Bestimmungen und Sicherheitsstandards zu bestimmen.
- *Drittens* wird eine Europäische Agentur für die *Kooperation der Regulierungsagenturen* geschaffen; sie wird für grenzüberschreitende Angelegenheiten zuständig sein. Jedes Land hat in diesem Zusammenhang eine Stimme.
- Die Energieminister einigten sich *viertens* zudem auf *Schutzregeln bei Übernahmen* - sowohl bei Akquisitionsversuchen innerhalb der EU als auch bei „Angriffen“ von außerhalb. Die Möglichkeit, entsprechende Regelungen zu erlassen, hatten die Niederlande, Spanien und Portugal gefordert. Sie sind in der Liberalisierung weit fortgeschritten und möchten gegenwärtig ihre Energienetze vor (unliebsamen) ausländischen EU-Unternehmen schützen, wenn zwingende Gründe des Allgemeinwohls dies erfordern. Dazu können die Mitgliedsstaaten nun ein allgemeines Abwehrrecht entwickeln, das allerdings von der Kommission genehmigt werden muss.

- Des Weiteren wurde *fünftens* von den EU-Energieministern festgelegt, europäische Versorgungsunternehmen vor Übernahmen durch Gesellschaften aus Drittstaaten zu schützen, die selbst nicht entflochten sind („*Gegenseitigkeitsklausel*"; im Kern eine so genannte „Gazprom-Klausel"). Im Prinzip erhält die nationale Regulierungsbehörde die letzte Entscheidung darüber, ob eine Übernahme oder Beteiligung auswärtiger Unternehmen an einheimischen Energieversorgungsunternehmen möglich ist. Die Mitgliedsstaaten sollen in diesen Fällen jedoch die EU-Kommission konsultieren und den gegebenen Rat bei ihrer Entscheidung berücksichtigen.

Durch die einstimmige politische Einigung der Energieminister am 10. Oktober 2008 sowie die Verabschiedung des Gemeinsamen Standpunkts im schriftlichen Verfahren Anfang Januar 2009 wurde das dritte Binnenmarktpaket im Europäischen Rat mittlerweile abgeschlossen. Die Zustimmung durch das *Europäische Parlament*, das sich zuvor noch eindeutig für das Ownership Unbundling stark gemacht hatte, erfolgte am 22. April 2009.

Unabhängig von der Entflechtungsproblematik fordert das *Bundeskartellamt* aber nicht nur eine Entflechtung zwischen Handelsgeschäften und Netzen, sondern zur Belebung des Wettbewerbs angesichts der hohen Marktkonzentration auch auf der Stufe der *Stromerzeugung* eine *Dezentralisierung bzw. eine horizontale Dekonzentration* bei den Kraftwerkskapazitäten (vgl. Q261, S. 13). Auch wenn die Nachfrager im Vertrieb mittlerweile zwischen zahlreichen Anbietern auswählen können, so steht am Anfang der Wettbewerbskette nach wie vor eine Beherrschung der Stromerzeugung durch die vier großen Verbundunternehmen, die rund 90% der Nettostromerzeugung in Deutschland auf sich vereinigen (vgl. Kapitel 2.1.2). In ähnlicher Weise stellt auch die Monopolkommission die besondere Bedeutung einer Entflechtung auf der Erzeugungsseite heraus. Sie empfiehlt dazu ein Moratorium beim Kraftwerksbau für die vier großen deutschen Energieunternehmen (vgl. Q106). Die „Big-4" sollen dabei zunächst beim Ausbau der Kraftwerke zugunsten anderer Anbieter zurückstehen.

### *1.3.5 Klimapolitische Aktivitäten der EU-Kommission*

Neben der Schaffung eines Strombinnenmarkts stützt sich die EU-Kommission in ihrer Energiepolitik im letzten Jahrzehnt verstärkt auf Argumente der *Umwelt- und Klimapolitik* (vgl. Abb. 7). Das wichtigste Instrument der europäischen und deutschen Klimapolitik ist dabei der *Emissionshandel*.

Um die ökonomischen Aufwendungen der im Rahmen des 1997 beschlossenen und 2005 in Kraft getretenen *Kyoto-Protokolls* eingegangenen Verpflichtungen möglichst niedrig zu halten, hatten die EU-Mitgliedsstaaten vereinbart, einen *marktwirtschaftlichen Ordnungsrahmen* in der EU zu schaffen, in dem Unternehmen mit Berechtigungen für den Ausstoß von Treibhausgasen handeln können. Das System des Treibhausgashandels versucht, die Vorteile von Ordnungsrecht und Ökologiesteuern zu vereinen. Zum einen wird ein verbindliches Volumen mittels Obergrenzen für entsprechende Emissionen fixiert; zum anderen ein Markt für Emissionszertifikate geschaffen, der letztendlich mittels einzelwirtschaftlicher Koordination dieselben Effizienzvorteile wie eine Ökosteuer hervorbringen soll (vgl. Q256, Tz. 164).

Von der Idee her gibt dabei die EU-Kommission eine *Deckelung* der zulässigen $CO_2$-Verschmutzung vor. Die Zuteilung der Verschmutzungsrechte soll aber am Ende nicht über eine staatliche Zuweisung erfolgen, sondern dem Marktprozess überlassen bleiben. Dazu werden Zertifikate, die ein Recht auf eine bestimmte Menge an $CO_2$-Verschmutzung beinhalten, letztlich versteigert und über eine Börse gehandelt. Der Vorteil gegenüber einer staatlichen Zuweisung besteht darin, dass über die marktmäßige Organisation eine Vermeidung der $CO_2$-Belastung dort zustande kommt, wo sie mit dem geringsten Aufwand möglich ist, so dass das quantitativ vorgegebene Klimaziel mit den geringst möglichen Kosten erreicht wird. Denn die wirtschaftliche Kalkulation innerhalb eines Unternehmens läuft auf eine Abwägung hinaus, bei welcher der aktuelle Zertifikatepreis mit den Grenzvermeidungskosten einer Tonne $CO_2$ verglichen wird. In den Unternehmen, bei denen die Grenzvermeidungskosten unter dem Zertifikatepreis liegen, kommt es zur Einsparung bei der Verschmutzung. Die dann nicht genutzten Zertifikate werden verkauft bzw. müssen bei der Ersteigerung nicht erworben werden. Käufer sind dann die Unternehmen, bei denen die Grenzvermeidungskosten über dem Zertifikatepreis liegen. Innerhalb eines Unternehmens hält der Einsparprozess solange an, bis der Aufwand zur Vermeidung einer weiteren Tonne so übermäßig stark angestiegen ist, dass er durch den Zertifikatepreis nicht mehr gerechtfertigt wird. Im Gleichgewicht gilt dann wegen des für alle einheitlichen Zertifikatepreises, dass in allen Unternehmen die Grenzkosten der Schadensvermeidung für die letzte Einheit $CO_2$-Belastung überall gleich groß sind, so dass eine weitere Umverteilung der erreichten Emissionsstruktur zu keiner gesamtwirtschaftlichen Verbesserung mehr führen könnte.

Kurzum: Der 2005 gestartete europäische Handel mit Treibhausgasemissionen ermöglicht einen *marktwirtschaftlichen Suchprozess* für kostengünstigen Klimaschutz. Anstatt den einzelnen Betreiber auf starre Emissionsgrenzen zu verpflichten, wird den Unternehmen wirtschaftliche Flexibilität ermöglicht.

Allerdings sind die Vorzüge des Verfahrens sowohl auf der grundsätzlichen als auch der praktischen Ebene umstritten. Altvater beispielsweise lehnt den Zertifikatehandel prinzipiell ab, weil es sich um eine „Privatisierung der Atmosphäre“ handele, an der zu viele Akteure mitverdienen, als dass sie ein ernsthaftes Interesse haben könnten, die Emissionen zu verringern. Wenn überhaupt, dann müsse der Handel zumindest aus den Finanzmärkten und dem Umfeld des

*Abb. 7: Meilensteine wettbewerblicher und klimapolitischer Regelungen in der Elektrizitätswirtschaft*

| | **Liberalisierung** | | **Klimapolitik** | | |
|---|---|---|---|---|---|
| | *EU (§ 45)* | *Deutschland* | *International* | *EU (§ 175)* | *Deutschland* |
| 1992 | | | Rio-UN FCCC | | |
| ... | | | | | |
| 1996 | RL 96/92/EG | | | | |
| 1997 | | | Kyoto-Protokoll | | |
| 1998 | | EnWG | | „Strategie nach Kyoto“ | |
| 1999 | | | | | |
| 2000 | | | | | EEG |
| 2001 | | | | RL 2001/77/EG (EE) | |
| 2002 | | | | | |
| 2003 | RL 2003/54/EG | | | RL 2203/87/EG | |
| 2004 | | | | RL 2004/8/EG (KWK) | TEHG |
| 2005 | | EnWG | Kyoto in Kraft | 1. Emissions-Handelsperiode | NAP 1* – ZuG 2007 |
| 2006 | | | | | |
| 2007 | | ARegV | Bali-KK | | EEG-Novelle \| IEKP |
| 2008 | | | | „Grünes Paket“ 2. Handelsperiode | NAP 2 – ZuG 2012 |
| 2009 | 3. Binnenmarktpaket | Start: ARegV | Kopenhagen-KK | Kyoto-Ziel: 6 bzw. 8 v.H. | |
| 2010 | | | | | |
| 2011 | | | | | |
| 2012 | | | | | |
| 2013 | | | | EU-Beschluss 2007 (Basis für „Bali-Verhandung“): Verminderung der Treibshausemissionen um 20 v.H. | |
| 2014 | | | | | |
| 2015 | | | | | |
| 2016 | | | | | |
| 2017 | | | | | |
| 2018 | | | | | |
| 2019 | | | | | |
| 2020 | | | | | |

3. BP = 3. Binnenmarktpaket der EU • ARegV = Anreizregulierungsverordnung • Bali-KK = Klimakonferenz in Bali (u.a: neues Verhandlungsmandat für Kyoto-Folgeprotokoll) • EEG = Einspeisegesetz für Strom aus erneuerbaren Energieträgern • EnWG = Novellen Energiewirtschaftsgesetz • „Grünes Paket“ = Konkretisieren der 20-20-20-Zielsetzung, u.a. Revision Zertifikatehandel ab 2013, Rahmenrichtlinie EE, Richtlinie CCS-Förderung • IEKP = Integriertes Energie- u. Klimapaket (u.a. Eckpunkte für Ausbau EE in Strom-u.Wärmeerzeugung, Ausbau KWK, Steigern Energieeffizienz) • Kopenhagen-KK = Kopenhagener Klimakonferenz (Nachfolgeabkommen für in 2012 auslaufendes Kyoto-Abkommen) • Kyoto-Protokoll = u.a. Vorgabe von Reduktionen bei Treibhausgasemissionen; Emissionshandel • NAP = Nationaler Allokationsplan • Rio-UN FCCC = United Nations Framework Convention on Climate Change • RL 2001/77/EG EE = Richtlinie zur Förderung der Stromerzeugung aus EE • RL 2003/54/EG = Beschleunigungsrichtlinie (u.a.: Entflechtung der Netze, Regulierungsbehörde) • RL 2003/87/EG = Richtlinie für Treibhausgasemissionszertifikate • RL 2004/8/EG KWK = Richtlinie zur Förderung der KWK im Energiebinnenmarkt • RL 96/92/EG = Binnenmarktrichtlinie zur Schaffung eines Elektrizitätsbinnenmarktes • TEHG = Treibhausgasemissionshandelsgesetz • ZuG 2007 = Zuteilungsgesetz

* BRD-Ziel: –21 v.H. Treibhausgas-Reduzierung bis 2012 im Vergleich zu 1990/95

Eigene Zusammenstellung

Spekulierens herausgelöst werden (vgl. Altvater 2008a, b; Altvater/Brunnengräber 2008). Hinzu komme neben der Praxis, geschenkte Zertifikate einfach gewinnsteigernd einzupreisen (siehe unten), dass sowohl dem Lobbyismus als auch der Korruption Tür und Tor geöffnet werde. Ersteres betrifft die zahlreichen Ausnahmeregelungen. Letzteres betrifft insbesondere die Möglichkeit, sich im Rahmen des „Clean-development-Mechanism" des Kyoto-Protokolls Anpflanzungen in politisch weniger stabilen Ländern Afrikas und Lateinamerikas auf die $CO_2$-Emissionen anrechnen zu lassen (auch wenn die Bäume später gerodet werden). Überdies sei es eben nicht das primäre Anliegen des Instrumentes, zu einer fossilfreien Ökonomie überzugehen, sondern nur den Missstand durch Umverteilung der Verschmutzung elegant zu verwalten, allenfalls zu moderieren.

Auch Schlemmermeier/Schwintowski (2007) lehnen den Zertifikatehandel als ineffizientes Instrument ab. Wegen der geringen Nachfrageelastizität beim Strom dürften sich die Zertifikatepreise vollständig in den Strompreisen niederschlagen, so dass am Ende die Nachfrager und damit die Steuerzahler fast komplett für die Kosten der $CO_2$-Reduktion aufkämen. Vermindere man hingegen den $CO_2$-Ausstoß alternativ durch einen steuerfinanzierten Ausbau der EE, ließen sich deutlich mehr Emissionen zu wesentlich niedrigeren Kosten für die Gesellschaft einsparen. In diesem Kontext stelle sich übrigens auch die Frage, inwieweit der Emissionshandel rechtswidrig ist. Dabei sei es nicht nur so, dass die kostenlose Zuteilung von Zertifikaten unter dem Aspekt der staatlichen Beihilfe auf seine Rechtmäßigkeit hin untersucht werden müsste, sondern auch dass Bedenken bestünden, da ein EU-Staat nicht zu Maßnahmen gezwungen werden könne, deren Erfolg auf anderem Wege wesentlich günstiger zu erreichen sei.

Problematisch ist überdies die Anreizwirkung für Investitionen (vgl. Kapitel 2.3), da sie über die zukünftigen Zertifikatepreise vermittelt wird, wobei sich diese Preise in einem fluktuierenden, börslich strukturierten und damit auch der Spekulation ausgesetzten System bestimmen werden. Die Alternative, eine schrittweise anzuhebende Steuer auf Treibhausgase zu erheben, hätte in Bezug auf die Erzeugungstechnologien langfristig sicherlich wesentlich klarere Signale gesetzt.

In der praktischen Umsetzung wurde mit der Richtlinie 2003/87/EG vom 13. Oktober 2003 der Rahmen für ein europäisches Handelssystem für Treibhausgasemissionszertifikate in der EU gesetzt. Nationale Zuteilungspläne legen eine Obergrenze für die zulässigen Emissionen pro Anlage fest. Die Pläne werden von den Mitgliedsstaaten entwickelt und von der EU-Kommission gebilligt. Unternehmen, die ihre Quoten überschreiten, können Berechtigungen von anderen Firmen erwerben, die ihre Emissionen verringert haben und daher über überschüssige Zertifikate verfügen. Die Emissionshandelsrichtlinie soll helfen, im Zeitraum von 2008 bis 2012 den Ausstoß von Treibhausgasen in der EU um insgesamt 8% gegenüber 1990 zu vermindern.

In Deutschland erfolgte die Umsetzung der EU-Emissionshandelsrichtlinie im Rahmen

- des Treibhausgas-Emissionshandelsgesetzes (TEHG) vom 15. Juli 2004,
- des Zuteilungsgesetzes 2005 bis 2007 (ZuG 2007) vom 31. August 2004,
- der Zuteilungsverordnung 2005 bis 2007 (ZuV 2007) vom 1. September 2004 sowie
- der Emissionshandelskostenverordnung (EHKostV) vom 1. September 2004.

Rund 50% aller deutschen $CO_2$-Emissionen werden durch dieses Handelssystem erfasst; nicht erfasste Emittenten speziell aus den Privathaushalten und dem Verkehr unterliegen anderen Regelungen.

In der ersten Handelsperiode, die vom 1. Januar 2005 bis zum 31. Dezember 2007 lief, war durch die EU-Richtlinie vorgegeben, dass die Zertifikate zu mindestens 95% kostenlos verteilt werden. Im zweiten Handelszeitraum von 2008 bis 2012 war geplant, den Anlagenbetreibern mindestens 90% der Emissionszertifikate kostenlos zur Verfügung zu stellen.

Trotz der größtenteils kostenlosen Zuteilung beinhaltete der erste deutsche Nationale Allokationsplan (NAP 1) bzw. das ZuG 2007 eine Vielzahl von kombinierbaren Sonder- und Ausnahmeregelungen. In der Vielfalt kamen die Bemühungen der Lobbygruppen zum Tragen, die Auswirkungen des Emissionshandels auf die Energieträgerstruktur zu verringern und entsprechende Anreizwirkungen außer Kraft zu setzen. Insgesamt entstand ein komplexes Regelwerk. Von den Anlagenbetreibern wurden Zuteilungsanträge mit insgesamt 58 Regelkombinationen gestellt (vgl. Q44, S. 14).

Zur Durchführung des Handels musste jeweils ein nationales Register eingerichtet werden; in Deutschland wird es durch die Deutsche Emissionshandelsstelle im Umweltbundesamt verwaltet. Bei Verstößen gegen die in Umsetzung der Emissionshandelsrichtlinie ergangenen nationalen Vorschriften hatten die Mitgliedsstaaten wirksame, verhältnismäßige und abschreckende Sanktionen in ihren nationalen Regelungen vorzusehen.[26]

In der *ersten Handelsperiode* von 2005 bis 2007 wurden in das System des Emissionszertifikatehandels europaweit über 11.400 Anlagen einbezogen. In Deutschland nahmen 1.849 Anlagen am Emissionshandel teil; davon sind 1.234 Anlagen – also gut zwei Drittel – der Energiewirtschaft zuzurechnen. Der Rest der in den Emissionshandel einbezogenen Anlagen verteilt sich auf die emissionsintensiven Industrien Keramik (207), Papier (123), Glas (89), Kalk- und Zement (116), Eisen/Stahl (39) sowie Raffinerien und Zellstoff (41). Vom Ver-

26 Aufgrund der Berücksichtigung so genannter Kuppelgase hat in der zweiten Handelsperiode in Deutschland ein Unternehmen der Eisenmetallerzeugung und -verarbeitung die größte individuelle Zuteilungsmenge erhalten (Elspas et al. 2006).

schmutzungsvolumen her entfielen 1.170 Mio. der 1.485 Mio. Emissionsberechtigungen, also fast 79%, auf die Energiewirtschaft.

Mit Beginn der zweiten Handelsperiode 2008 bis 2012 wurden in Deutschland 1.665 Anlagen dem Emissionshandelssystem unterstellt. Knapp die Hälfte aller Anlagen (798) erhielt eine Zuteilung nach der so genannten Kleinemittentenregel, d.h. die Kohlendioxidemissionen dieser Anlagen überschreiten 25.000 t p.a. nicht. Infolgedessen werden ihnen die Zertifikate kostenlos zugeteilt. Die Summe der Emissionsberechtigungen der Kleinemittenten machen allerdings nur etwas mehr als 2% der gesamten Emissionsberechtigungen in Höhe von 451,86 Mio. pro Jahr aus. Die 80 Anlagen mit der größten Zuteilung (also ca. 5% aller Anlagen) beanspruchen demgegenüber mit 257 Mio. Emissionsberechtigungen beinahe 60% des gesamten Bedarfs (vgl. Q45, S. 3f.).

Wesentliche Elemente des Zuteilungsgesetzes 2012 bzw. des Nationalen Allokationsplanes II sind das fixierte Emissionsbudget in Höhe von 973,6 Mt $CO_2$-Äquivalente/Jahr bzw. das Gesamtbudget in Höhe von 451,86 Mio. Emissionsberechtigungen. Davon werden Verschmutzungsrechte in Höhe von 40 Mio. t $CO_2$/Jahr versteigert sowie 23 Mio. als Reserve zurückbehalten. Insgesamt wird der von der EU-Richtlinie vorgegebene Rahmen, 10% der gesamten Emissionsrechte zu versteigern, in Deutschland also nicht voll ausgeschöpft.

Die Veräußerungen von Emissionsberechtigungen sowie die Zuteilung nach Benchmarks (vgl. im Detail Q45, S. 4) führen im Ergebnis aber dazu, dass Anlagen der Energieerzeugung in der zweiten Handelsperiode 2008 bis 2012 deutlich weniger mit kostenlosen Berechtigungen für Schadstoffausstoß ausgestattet wurden als in der ersten Handelsphase. Dennoch liegen die kostenlosen Zuteilungen immer noch bei etwa 65% der durchschnittlichen Emissionen der Jahre 2005 und 2006.

Zwar beklagt RWE als einer der größten $CO_2$-Emittenten Europas, dass für das Unternehmen durch die aktuelle Verschärfung rund 1 bis 1,5 Mrd. EUR pro Jahr an zusätzlichen Belastungen zukämen (vgl. Q172, S. 1). Dabei wird aber geflissentlich verschwiegen, dass ein Großteil der Zertifikate weiterhin kostenlos zugeteilt wurde und dass die Unternehmen die Zertifikate bereits jetzt im Sinne einer *Opportunitätskostenrechnung* in die Stromtarife einpreisen.[27] Infolgedessen entstehen für die deutschen Stromkonzerne auch in der zweiten Han-

---

27 Zwischenzeitlich hatte das Bundeskartellamt diese Praxis in einem vorläufigen Bescheid zwar als „missbräuchlich" gekennzeichnet und RWE abgemahnt. Das Verfahren wurde jedoch mit der Auflage eingestellt, 46 Mio. MWh an Industriekunden versteigern zu müssen (vgl. Q160, S. 22). Abgesehen davon, dass bei einer solchen Versteigerung keine nennenswerte Lösung vom Börsenpreis zu erwarten ist, war dabei aber auch die Argumentation des Kartellamts umstritten. Ockenfels und von Weizsäcker etwa hatten die Einpreisung als durchaus wettbewerbskonform bezeichnet.

delsperiode nach einer Schätzung des Marktforschungsinstituts Point Carbon keine Zusatzkosten, sondern letztlich Zusatzgewinne in Höhe von 14 bis 34 Mrd. EUR (vgl. Q171, S. 6).

Die Konzessionen in der Gesetzgebung zeigen, dass trotz dieser ordnungspolitisch skandalösen *Mitnahmegewinne*[28] das interessengeleitete Argument weiterhin fortlebt, dass eine großzügige oder bedarfsgerechte Zuteilung von Emissionsrechten notwendig zum Erhalt der Wettbewerbsfähigkeit von EVUs sowie energieintensiven Unternehmen sei. Dabei wird in der Umsetzung mit vielfältigen Sonderregelungen die Anreiz- und Allokationswirkung des Emissionshandels überfrachtet und der Klimaschutz unnötig verteuert. Angesichts der bisherigen Ausgestaltung des Emissionshandelssystems konnte so der Markt nach Ansicht des Sachverständigenrats für Umweltfragen seiner Rolle als Informationssystem in der Praxis nur unvollkommen nachkommen und klimaschonende Innovationen anregen (vgl. Q255).

Vor diesem Hintergrund hebt der Sachverständigenrat die positive Rolle der europäischen Politik im Hinblick auf die Ausgestaltung des zweiten Nationalen Allokationsplans hervor. Denn nur durch Intervention der europäischen Ebene – die Kommission hatte den ersten Entwurf eines Allokationsplans der Bundesregierung abgelehnt – konnte größtenteils eine vom Energieträger unabhängige Gleichbehandlung der Emittenten durchgesetzt werden. Nur so sei es gelungen, „die Glaubwürdigkeit des Emissionshandels als Instrument der europäischen Klimaschutzpolitik wiederherzustellen.“ (Q256, Tz. 174)

Trotz der Umsetzungsmängel und der oben vorgestellten grundsätzlichen Bedenken wird das EU-Zertifikatesystem mit den Obergrenzen sowie dem Kauf und Verkauf von Emissionsrechten nach wie vor überwiegend als richtiges Instrument der Klimapolitik angesehen. Diese positive Einschätzung resultiert vor allem auch daraus, dass das EU-Handelssystem Möglichkeiten der globalen Ausweitung birgt.[29] Würde der Mechanismus auf weitere Staaten – wie insbesondere die USA, wo es mittlerweile entsprechende Bemühungen auf bundesstaatlicher Ebene gibt[30] und wo der neu gewählte Präsident Obama die Einführung eines zentralen Treibhausgashandelssystems angekündigt hat – oder gar

28 Diese so genannten „windfall profits“ entstehen dadurch, dass die Unternehmen ihre Opportunitätskosten einpreisen. Die Emissionsberechtigung ermöglicht dem Besitzer, dieses entweder in der Produktion einzusetzen oder am Markt zu veräußern. Durch die entgangenen Verkaufserlöse entstehen Opportunitätskosten, die die Anlagenbetreiber in ihre Kosten- und Preisgestaltung einbeziehen (vgl. hierzu auch Kapitel 2).

29 Verschiedene Varianten der direkten und indirekten Verknüpfung des EU-Emissionshandelssystem im globalen Rahmen werden beispielsweise diskutiert in Flachsland et al. 2008.

30 Vgl. z.B. zu den Grundlagen und der Funktionsweise dieser Modelle Edenhofer et al. 2007, S. 31ff.

Kontinente übertragen bzw. mit ihnen verbunden, könnten möglicherweise weitaus ambitioniertere klimapolitische Ziele in Angriff genommen werden. In diesen Fällen würden Argumente der internationalen Wettbewerbsverzerrung, die in diesem Kontext immer wieder erhoben werden, jedenfalls weniger greifen (vgl. z.B. Q273, S. 6).

Bislang haben die meisten EU-Mitgliedsstaaten die avisierten $CO_2$-Reduzierungsziele nicht erreicht; letztendlich auch wegen der verhaltenen Resonanz der Nicht-EU-Staaten. England, Schweden und Deutschland sind diesbezüglich anerkennenswerte Ausnahmen.

Der EU-Rat ist angesichts neuerer wissenschaftlicher Erkenntnisse bezüglich des Klimawandels inzwischen einen zusätzlichen Schritt vorangegangen. Auf dem richtungweisenden EU-Gipfel Anfang März 2007 hat er für die Mitgliedsstaaten rechtlich bindend beschlossen, unabhängig von weiteren internationalen Vereinbarungen die Ziele hinsichtlich des Klimaschutzes weiter anzuheben sowie die Abhängigkeit der EU von importierten Kraftstoffen zu verringern. Politiken zu Energie und Klimawandel sollen verstärkt Hand in Hand gehen. „Sofortiges entschlossenes Handeln" in Bezug auf befürchtete Klimaänderungen wird durch die so genannte 20/20/20-Zielsetzung des EU-Rates bis 2020 dokumentiert. Die Ziele beinhalten im Einzelnen:

- Die EU verpflichtet sich bindend dazu, unilateral *Treibhausgase* gegenüber 1990 um mindestens 20% bis zum Jahr 2020 *zu reduzieren* (sollten andere Industrieländer diesem Beispiel folgen, beabsichtigen die EU-Staaten sogar eine Vermindung um 30% umzusetzen). Die 20%-Vorgabe entspricht einer Steigerung um den Faktor 1,5 in der Periode 2013 bis 2020 gegenüber dem gleich langen Kyoto-Zeitraum 2005 bis 2012! Mit anderen Worten: Während es zunächst für Deutschland um eine 21%-Minderung in 20 Jahren ging, soll – ausgehend vom mittlerweile erreichten Niveau – eine weitere 18%-Reduktion innerhalb von acht Jahren erfolgen. In einem zweiten Schritt sollen die Industrieländer bis 2050 gemeinsam zusätzlich ihre Emissionen um 60% bis 80% gegenüber dem Ausstoß von 1990 verringern.
- Der Anteil *Erneuerbarer Energien* soll innerhalb der EU-Staaten bis 2020 auf 20% des *Primärenergieverbrauchs* erhöht werden.
- Drittens wird eine 20-prozentige *Verringerung des Primärenergieverbrauchs* gegenüber Projektionen bis 2020 angestrebt (Erhöhung der Energieeffizienz).

Diese Zielsetzungen – auch als Weg zu einer „neuen industriellen Revolution" bezeichnet – wurden durch die Europäische Kommission im Rahmen des *„grünen Pakets"* Ende Januar 2008 weiter konkretisiert. Das umfangreiche Maßnahmenbündel besteht aus den Legislativvorschlägen zur Revision der Emissionszertifikatehandelsrichtlinie für die Zeit ab 2013 (also der dritten Handelsperiode), einer Rahmenrichtlinie Erneuerbare Energiequellen mit entsprechenden nationalen Zielvorgaben (vgl. Tab. 1) sowie einer Richtlinie zur Förderung der Kohlendioxidabscheidung und -speicherung.

Diese Ziele sollen zudem durch die Entwicklung einer *gemeinsamen Energieaußenpolitik*,[31] durch welche die Interessen der EU-Mitgliedsstaaten aktiv im internationalen Kontext gegenüber großen Lieferanten, Verbraucher- und Transitländern verfolgt werden, sowie durch die Entwicklung eines europäischen *Strategischen Plans für Energietechnologien* ergänzt werden.

Beim Gipfeltreffen des *Europäischen Rates* am 11./12. Dezember 2008 konnten sich die europäischen Staats- und Regierungschefs auf einen Kompromiss bezüglich des „grünen Energie- und Klimapakets" einigen. Bereits vorher war am 8. Dezember im Energieministerrat die Richtlinie zur Förderung von Erneuerbaren Energien (EE) angenommen worden.

Jeder EU-Mitgliedsstaat ist nach dieser EE-Richtlinie zur Verwirklichung des Ziels, den Gesamtanteil regenerativer Energien in der EU bis 2020 um 20% anzuheben, aufgefordert, den Anteil Erneuerbarer Energien am Energiemix – abhängig vom derzeit erreichten Stand sowie den Zubaumöglichkeiten – deutlich zu steigern (vgl. Tab. 1).

*Tab. 1: Vorschläge der EU-Kommission für die EU-27-Länder zur Emissionsänderung und dem Ausbau Erneuerbarer Energien bis 2020*

| EU-Staat | Emissionsveränderungen (in %) im Vergleich zu 2005 | EE-Anteil bis 2020 (in %) | EU-Staat | Emissionsveränderungen (in %) im Vergleich zu 2005 | EE-Anteil bis 2020 (in %) |
|---|---|---|---|---|---|
| Belgien | –15 | 13 | | | |
| Bulgarien | +20 | 16 | Malta | +5 | 10 |
| Dänemark | –20 | 30 | Niederlande | –16 | 14 |
| Deutschland | –14 | 18 | Österreich | –16 | 34 |
| Estland | +11 | 25 | Polen | +14 | 15 |
| Finnland | –16 | 38 | Portugal | +1 | 31 |
| Frankreich | –14 | 23 | Rumänien | +19 | 24 |
| Griechenland | –4 | 18 | Schweden | –17 | 49 |
| Großbritannien | –16 | 15 | Slowakei | +13 | 14 |
| Irland | –20 | 16 | Slowenien | +4 | 25 |
| Italien | –13 | 17 | Spanien | –10 | 20 |
| Lettland | +17 | 42 | Tschechien | +9 | 13 |
| Litauen | +15 | 23 | Ungarn | +10 | 13 |
| Luxemburg | –20 | 11 | Zypern | –5 | 13 |

Quelle: Q39, S. 17

31 Hinsichtlich sicherer, nachhaltiger und wettbewerbsfähiger europäischer Energienetze hat die EU-Kommission am 13.11.2008 ein weiteres umfangreiches Legislativprogramm auf den Weg gebracht.

Im Rahmen eines breiter angelegten Kompromisses verständigten sich die Mitgliedsstaaten darauf, bis 2010 detaillierte, auf Richtwerte basierende nationale Aktionspläne für Erneuerbare Energien auszuarbeiten und diese der Kommission zur Prüfung vorzulegen. Dabei können die Mitgliedsstaaten ihre Systeme zur Förderung regenerativer Energien mit denen anderer EU-Staaten zusammenlegen. Des Weiteren wurde ihnen erlaubt, unter bestimmten Bedingungen Erneuerbare Energien aus Drittstaaten – wie beispielsweise aus großen Solaranlagen in Nordafrika – zu importieren. Ausgeschlossen sind jedoch „virtuelle Importe", d.h. Investitionen in regenerative Energien in Drittländern ohne Strombezug in den investierenden EU-Mitgliedsstaaten. Alle zwei Jahre müssen die Mitgliedsstaaten Fortschrittsberichte über ihre EE-Implementierungsstrategie und -erfolge anfertigen.

Damit eine Einigung über das Abkommen erzielt werden konnte, wurde das ursprünglich vorgesehene finanzielle Bestrafungssystem verworfen. Stattdessen hat sich die EU-Kommission vorbehalten, Vertragsverletzungsverfahren gegen diejenigen Staaten einleiten zu können, die keine „angemessenen Maßnahmen" im Segment der Erneuerbaren Energien vornehmen und ihre nationalen 2020-Zwischenzielsetzungen nicht einhalten.

Im Jahre 2014 wird die Kommission einen alle EU-Staaten umfassenden Fortschrittsbericht erstellen. In diesem Kontext wurde ausdrücklich ausgeschlossen, dass dieser Report Änderungen der nationalen Ziele und Förderinstrumente sowie des EU-Gesamtziels beinhaltet (so genannte „Revisionsklausel"). Das Abkommen wurde gleichermaßen von den Unternehmen des Sektors als auch von Umweltorganisationen positiv aufgenommen.

Weitaus kontroverser wurden andere Bestandteile des „grünen" Pakets diskutiert, diese konnten erst auf dem Europäischen Ratsgipfel geregelt werden. Bis zuletzt waren Elemente des Legislativvorschlags für den Handel mit Emissionszertifikaten sowie die Finanzierungssumme für Demonstrationsprojekte mit CCS-Technologien (Carbon Capture and Storage, also das Abtrennen und Speichern von Kohlendioxid) strittig.

Bereits im Vorfeld des Gipfels waren sich die Regierungen der Mitgliedsstaaten dahingehend einig, den Emissionshandel ab der dritten Handelsperiode (ab 2013) als EU-weites Zuteilungssystem zu führen, d.h. national unterschiedliche Zuteilungspläne nicht mehr zu erlauben. Das Grundprinzip für die Zuteilung der Emissionsberechtigungen sollte zudem die Versteigerung der Zertifikate sein. Überaus kontrovers wurden jedoch die Ausnahmeregelungen diskutiert. Vor allem die Bundesregierung hat sich dafür eingesetzt, energieintensive, stark im internationalen Wettbewerb stehende Branchen von der Versteigerung (übergangsweise) auszunehmen.

Im Endeffekt ist die EU-Richtlinie zum Emissionshandel 2013 bis 2020 durch ein dreigliedriges Ergebnis geprägt (vgl. Q39):

- Elektrizitätsunternehmen müssen 100% ihrer Zertifikate ab 2013 ersteigern.
- Für energieintensive Wirtschaftsbereiche, bei denen die Gefahr der Verlagerung besteht, kann bis 2020 eine zu 100% freie Zuteilung erfolgen. Die EU-Kommission hat bis zum 31. Dezember 2009 eine entsprechende Sektorenrichtlinie vorgelegt.
- Ausnahmeregelungen nach Artikel 10c der Richtlinie wurden für Unternehmen anderer Industriesektoren erlaubt; teilweise erfolgt eine kostenlose Benchmarking-Zuteilung, beginnend in 2013 mit 80% der nach dem Benchmark zustehenden Berechtigungen, die dann linear auf 30% in 2020 sowie auf 0% in 2027 abschmelzen.

Ebenfalls Gültigkeit hat die Auktionierung von Zertifikaten für Wärme und Kälte aus Anlagen hocheffizienter Kraft-Wärme-Kopplung (KWK). Von ursprünglich 30% steigt der Anteil der zu ersteigernden Berechtigungen auf 70% in 2020 sowie 100% in 2027 (vgl. Traube 2008). Mit dieser Regelung konterkariert die EU allerdings ihre und die Ziele der Bundesregierung zum Ausbau hocheffizienter und damit klimaschonender KWK-Anlagen (siehe unten).

Zudem wurde ein komplizierter Solidaritätsmechanismus zwischen ost- und mitteleuropäischen Staaten sowie westlichen und südlichen Staaten vereinbart, der 12% der Zertifikategesamtmenge einbezieht.

Für die Finanzierung von CCS-Technologien in Form von zwölf Demonstrationsprojekten steht der Geldwert von 200 Mio. Emissionszertifikaten zur Verfügung. Für den Bau neuer hocheffizienter sowie CCS-fähiger Kraftwerke können Mitgliedsstaaten aus diesen Versteigerungseinnahmen bis zu 15% der Investitionskosten fördern (vgl. Q39).

Die EU-Initiativen beinhalten bislang auch die Möglichkeit, bei der Erzeugung von Strom auf *atomare Anlagen* zurückzugreifen. Hintergrund ist, dass neun der 27 EU-Staaten – darunter die beiden Atommächte Frankreich und Großbritannien – die Nukleartechnologie auch zukünftig in ihrem Energiemix nutzen möchten. Elf EU-Staaten haben nukleare Erzeugungsanlagen bislang überhaupt nicht eingesetzt und verfügen auch nicht über entsprechende Kraftwerke. Deutschland hat Anfang dieses Jahrzehnts beschlossen, aus der Kernenergie auszusteigen. Belgien, die Niederlande, Schweden, Slowenien und Spanien haben ebenfalls entsprechende Ausstiegsbeschlüsse gefasst (vgl. Q12, S. 39f.); der entsprechende Ausstiegsbeschluss in Italien scheint mit dem letzten Regierungswechsel wieder zurückgenommen zu werden. Innerhalb der EU ergibt sich somit ein sehr heterogenes Bild in Bezug auf die Atomkraft.

Mit den gefundenen Kompromissen Ende Dezember 2008 haben die EU-27-Staaten aber immerhin sichergestellt, mit einer schlüssigen Verhandlungsposition nach Kopenhagen fahren zu können, wo Ende 2009 das Kyoto-Nachfolgeabkommen verhandelt werden soll.

### *1.3.6 Das Integrierte Energie- und Klimapaket der Bundesregierung*

Das Integrierte Energie- und Klimaprogramm (IEKP) dient dazu, die im März 2007 getroffenen Richtungsentscheidungen des EU-Rats der Staats- und Regierungschefs zum Klimaschutz in nationale Maßnahmen umzusetzen. Dabei bekennt sich die jetzige Bundesregierung wie die beiden Vorgänger-Regierungen zu einer Führungsrolle im Klimaschutz. In den so genannten „Meseberger Beschlüssen" vom 24. August 2007 werden Eckpunkte für ein integriertes Energie- und Klimaprogramm fixiert. Wesentliche Aspekte des IEKP sind:

- *$CO_2$-Emissionen* sollen hierzulande gegenüber 1990 bis 2020 um 40% zurückgeführt werden.[32]
- Die *EE* sollen massiv bei der Stromerzeugung zulegen; geplant ist, ihren Anteil bis 2020 von 12% in 2006 auf dann 25% bis 30% zu erhöhen.
- Ebenfalls wird eine Verdoppelung des Anteils von Strom aus *Kraft-Wärme-Kopplung* (KWK) auf 25% bis 2020 avisiert.
- Der Anteil der *EE am Wärmeverbrauch* soll von 6% in 2006 auf 14% bis 2020 erhöht werden.
- Im Vergleich zu 1990 soll die *Energieproduktivität* bis 2020 verdoppelt werden. Deshalb sind Förderprogramme für Klimaschutz und Energieeffizienz außerhalb von Gebäuden, die Förderung energieeffizienter Produkte sowie die Weiterentwicklung und Verstetigung des bestehenden Gebäudesanierungsprogramms für die Sanierung von Wohnhäusern vorgesehen.
- Neben der gezielten Einbeziehung des Flug- und Schiffsverkehrs in den Emissionshandel sollen darüber hinaus Anreize gegeben werden, die *$CO_2$-Emissionen des Verkehrs* zu mindern.

Um das Integrierte Energie- und Klimapaket der Bundesregierung umzusetzen, waren für acht Maßnahmebereiche insgesamt 20 Rechtsetzungsvorhaben in Form von Gesetzen und Verordnungen notwendig. Im Detail handelt es sich um folgende *Maßnahmepakete:*

- *Steigerung des EE-Anteils:* Mit der umfassenden Novellierung des EEG – aus gut 20 sind 66 Paragraphen geworden – besteht ein erfolgreiches Markteinführungsinstrument in angepasster Form fort. Um im Jahre 2020 einen EE-Anteil von 30% an der Stromerzeugung zu erreichen, wurden die Fördersätze neu justiert.
- *EE-Steigerung im Wärmesektor:* Mit dem im Januar 2009 in Kraft getretenen EEWärmeG soll ein wirksames Element etabliert werden, welches den

32 Allerdings relativiert sich der Ehrgeiz dieses Vorhabens dadurch, dass das Referenzjahr 1990 in eine Phase fällt, in der gerade in Ostdeutschland noch stark mit veralteten „Dreckschleudern" produziert wurde.

beschleunigten Ausbau von EE in allen Segmenten des Wärmemarkts gewährleisten könnte. Das EEWärmeG verpflichtet private, gewerbliche und industrielle Nutzer von neuen Gebäuden, EE zur Deckung des Wärmeenergiebedarfs anteilig einzusetzen. Alternativ kann Wärme aus KWK-Anlagen, Nah- oder Fernwärmenetzen sowie Abwärme zum Einsatz gebracht werden.

- *Verdopplung der KWK* auf 25%: Mit der Novelle des KWK-Gesetzes sind diverse Schwachstellen des bislang geltenden Gesetzes beseitigt und mit der vorrangigen Einspeiseregelung ein Rahmen geschaffen worden, um KWK-Anlagen und Wärmeinseln deutlich auszubauen. Der bereits bestehende Fördermechanismus wurde angepasst und erweitert; für die Förderung neuer bzw. modernisierter KWK-Anlagen, die bis 2014 den Dauerbetrieb aufnehmen, sowie neuer bzw. modernisierter Wärmenetze, die bis Ende 2020 in Dauerbetrieb gehen, ist ein Volumen von bis zu 750 Mio. EUR p.a. vorgesehen.
- *Reduktion des Stromverbrauchs* um 11%: Verstärkte Berücksichtigung der Energieeffizienz in Unternehmen, öffentlichen Einrichtungen usw.
- *Verbrauchsreduktion in Gebäuden und Produktionsprozessen:* Verschärfung der Energieeinspeiseverordnung, Novelle der Heizkostenverordnung, Weiterentwicklung des Gebäudesanierungsprogramms usw.
- *Erneuerung des Kraftwerksparks:* vor allem Förderung der Forschungsaktivitäten im Bereich der $CO_2$-Abtrennung und -Speicherung bei Kohlekraftwerken (CCS-Technologien) sowie Schaffung eines diesbezüglichen Rechtsrahmens.
- Effizienzsteigerung im Verkehr und Steigerung des Anteils der Biokraftstoffe.
- *Reduktion fluorierter Treibhausgase:* Erlass einer Chemikalien-Klimaschutzverordnung sowie Entwicklung und Markteinführung von Kälteanlagen mit natürlichen Kältemitteln.

Berechnungen des Sachverständigenrats für Umweltfragen ergaben, dass mittels des IEKP in der Tat eine Verringerung der Kohlendioxidemission von rund 36% bis 2020 erreicht werden könnte (vgl. Q80). Damit würde das angestrebte Reduktionsziel der Bundesregierung von 40% zwar um rund ein Zehntel verfehlt. Dennoch kann dem Hauptautor der Leitstudien Erneuerbarer Energien für das Bundesumweltministerium, Nitsch, nur zugestimmt werden, dass abgeleitet aus den $CO_2$-Verminderungszielen seitens der Politik verhältnismäßig klare Zielvorgaben für Effizienzsteigerungen, den Ausbau der Kraft-Wärme-Kopplung und der Erneuerbaren Energien sowie den zu erreichenden Emissionsminderungen im Individualverkehr vorliegen (vgl. Q13, S. 10 u. 33). Wird die im letzten Jahrzehnt aufgebaute energiepolitische Handlungsdynamik im Bereich der Klima-, Umwelt- und Energiepolitik beibehalten, sind die derzeitigen Voraussetzungen laut dem Verfasser der Leitstudie 2008 relativ gut, um die von der Bundesregierung gesetzten klimapolitischen Ziele zeitgerecht zu erreichen. Dabei sind der

Ausbau der regenerativen Energien, die Effizienzsteigerungen im Wärmebereich sowie die Ausweitung der Kraft-Wärme-Kopplung die zentralen Gestaltungsparameter (vgl. ebd.).

Die Möglichkeit, die Zielstellungen der Bundesregierung zu erreichen, unterstreichen auch die von Nitsch dargestellten Szenarien. Aufbauend auf einem so genannten „Leitszenario 2008“ werden zusätzliche Teilstrategien wie „Substantieller Ausbau Erneuerbarer Energien“, „Deutlich erhöhte Nutzungseffizienz in allen Sektoren“ und „Erhöhte Umwandlungseffizienz durch einen verstärkten Ausbau der Kraft-Wärme-Kopplung und den Ersatz von Altkraftwerken durch effizientere Kraftwerke“ im Hinblick gegenseitiger struktureller und zeitlicher Wechselwirkungen untersucht. Dabei zeigt sich, dass es verschiedene Etappen des Umbaus des Energieversorgungssystems geben wird. Vor allem die Periode bis 2012 entscheidet aber nach Meinung von Nitsch darüber, „ob überhaupt rechtzeitig das Fenster für einen Erfolg versprechenden Weg in eine nachhaltige Energieversorgung geöffnet wird.“ (ebd., S. 4) Bis etwa 2020 wird es notwendig sein, den Ausbauprozess für die meisten technologischen Optionen im Bereich regenerativer Energien durch eine geschickte umwelt- und energiepolitische Politik zu flankieren. „Während dieses Zeitabschnitts wird sich entscheiden, ob die stimulierte Ausbaudynamik der Erneuerbaren Energien zu selbsttragenden Märkten führt und längerfristig stabil bleibt und ob sich die zu ihrem weiteren Ausbau erforderlichen Exportmärkte erfolgreich etablieren.“ (ebd.)

Nitsch sieht indessen auch, dass verschiedene Akteure in der Energiewirtschaft Strategien verfolgen, die den Zielsetzungen der Bundesregierung widersprechen bzw. die Erfüllung dieser Ziele zumindest erschweren. Hierzu zählt er einerseits die verstärkt geforderte Rücknahme des „Ausstiegs“ aus der Atomenergie und das Bemühen, Stromkontingente von neueren auf ältere Reaktoren zu übertragen, um deren bevorstehende Stilllegung zu vermeiden. Andererseits setzen die Investitionsstrategien der großen Stromversorgungsunternehmen derzeit stark auf den Neubau großer Kohlekraftwerke und zu wenig auf eine ausgewogene Mischung von Gas und Kohle sowie den verstärkten Ausbau der Kraft-Wärme-Kopplung. Im Leitszenario 2008 nimmt Nitsch an, dass 28 GW fossile Altkraftwerke zwischen 2005 und 2020 stillgelegt werden. Diese Anlagen können grundsätzlich durch neue fossile Kraftwerke mit 29 GW ersetzt werden. Aus klimapolitischen Gründen gilt allerdings, dass der Zubau in Kohlekraftwerke 9 GW nicht überschreiten sollte. Folglich müssten 20 GW durch Gaskraftwerke ersetzt werden. Von den 29 GW werden im Leitszenario mindestens 12 GW in KWK ersetzt, also etwas weniger als die Hälfte. Davon sind wiederum 3 GW Blockheizkraftwerke (Q13, S. 55ff.). Nur bei Einhaltung dieser Rahmenbedingungen könnten jedoch die klimapolitischen Ziele der Bundesregierung erreicht werden.

Mit dem Beschluss auf dem EU-Ratsgipfel im Dezember 2008, den KWK-Wärmeteil in den Emissionshandel einzubeziehen (siehe oben), wird die KWK-Ausbaustrategie in Deutschland allerdings bereits konterkariert. Aus Sicht der Unternehmen dürfte der diesbezügliche Ausbau trotz der verbesserten Förderung qua KWK-Gesetz deutlich weniger lukrativ sein (vgl. Traube 2008).

Angesichts obiger Widerstände und gegenläufiger Strategien der Unternehmen muss Nitsch im Rahmen seiner Studie einräumen, dass es sich bei seinem Leitszenario 2008 lediglich um einen möglichen Umstrukturierungspfad der Energieversorgung handelt. Der anvisierte Umbau des Energiesystems ist folglich keineswegs gesichert, sondern bedarf permanenter Beobachtung und eventuell weitergehender Regulierungen.

## 1.4 Erster kritischer Rückblick auf die Liberalisierung in der Elektrizitätswirtschaft

Getragen von der Idealvorstellung eines Wettbewerbssytems versucht die EU-Kommission seit etwas mehr als einem Jahrzehnt, die Strukturen der ehemals überwiegend staatlich organisierten Elektrizitätswirtschaft in der EU zu verändern und mit Unterstützung der nationalen Regierungen einen „Europäischen Binnenmarkt für Energie" zu schaffen. Anknüpfend an den Grundsatz der Waren- und Dienstleistungsverkehrsfreiheit strebte sie mit der Binnenmarktrichtlinie Elektrizität die Öffnung der Strommärkte für Wettbewerb an. De jure ist das Ziel, die Märkte für Privatkunden bis 2007 aufzuschließen, mittlerweile in den Kern-EU-15-Staaten realisiert.

Der Marktöffnungsprozess ist dabei wegen diverser Vorbehalte und Widerstände nationaler Regierungen sowie konkreter Alternativansätze keineswegs gradlinig verlaufen. Die EU-Kommission unterbreitete 1996 in extensiver Auslegung ihrer Rechtssetzungskompetenzen zunächst einmal Reformansätze, die vielen skeptischen Einschätzungen von Regierungen entgegenkam. Den Mitgliedsstaaten wurden dadurch zunächst verschiedene Varianten der Liberalisierung ermöglicht. In der Folgezeit verengte sich in weiteren Liberalisierungspaketen das Spektrum individueller Wahlmöglichkeiten und Sonderwege, wobei die Brüsseler Behörde dem Entwicklungsprozess zunehmend den entscheidenden Stempel aufdrücken konnte.

Der zu schaffende EU-Binnenmarkt für Elektrizität entsprach dabei der *marktliberalen Philosophie* der Kommission immer mehr. Denn über den Zeitraum behielt die EU-Kommission ihre grundsätzlich marktorientierte Linie bei, die auf die Elemente Wettbewerb, freie Wahl des Versorgers für Kunden, freier Netzzugang, Trennung von Erzeugung, Übertragung und Verteilung sowie grenzüberschreitender Stromaustausch auf der einen Seite und der Schaffung einer Regulierungsbehörde auf der anderen Seite konzentriert werden kann.

Gegenüber diesem Ansatz blieben bislang in der Öffentlichkeit massive Vorbehalte bestehen. Eine große Bedeutung spielt dabei die *Marktvermachtung*. Letztlich haben die großen Unternehmen die Marktöffnung genutzt und sich zunehmend europäisch ausgerichtet. Sieben Energieversorgungsunternehmen prägen mittlerweile die europäischen Elektrizitätsmärkte. 2006 hatten sie einen Marktanteil am Energieabsatz von 72%; darüber hinaus verfügten sie über rund die Hälfte der Kraftwerkskapazitäten. Dabei ist das jeweilige Gewicht der EVU-7 in den nationalen Märkten unterschiedlich ausgeprägt (vgl. Tab. 2). Innerhalb der Länder manifestieren sich die oligopolistischen Strukturen insbesondere an den Kapazitätsanteilen der drei größten Produzenten (vgl. Tab. 3). Mit wenigen Ausnahmen liegen sie innerhalb Zentraleuropas bei 70% und mehr. Deutschland ist dabei keine Ausnahme. Entgegen den wettbewerbspolitischen Zielsetzungen der EU-Kommission hat die Konzentration nicht abgenommen. Das Gegenteil ist der Fall!

*Tab. 2: Kraftwerkspark und Energieabsätze der größten EVUs in der EU*

| Unternehmen | Land | Energieabsatz 2007 | Energieabsatz 2006 | EU-Marktanteil 2006 | Erzeugung 2006 | EU-Marktanteil | Kraftwerkskapazität | EU-Marktanteil |
|---|---|---|---|---|---|---|---|---|
| | | TWh | TWh | % | TWh | % | GW | % |
| EDF[a] | Frankreich | 633 | 635 | 23 | 643 | 19 | 134 | 18 |
| E.ON | Deutschland | 435 | 369 | 13 | 195 | 6 | 46 | 6 |
| RWE | Deutschland | 306 | 312 | 11 | 224 | 7 | 43 | 6 |
| Vattenfall[b] | Schweden | 194 | 200 | 7 | 165 | 5 | 35 | 5 |
| SUEZ/Electrabel | Frankreich | 168 | 157 | 6 | 136 | 4 | 30 | 4 |
| Enel | Italien | 166 | 152 | 6 | 129 | 4 | 50 | 7 |
| Endesa | Spanien | 153 | 162 | 6 | 124 | 4 | 33 | 4 |
| EnBW | Deutschland | 140 | kA | kA | kA | kA | kA | kA |
| Iberdrola | Spanien | 130 | kA | kA | kA | kA | kA | kA |
| British Energy | Großbrit. | 58 | kA | kA | kA | kA | kA | kA |
| **Gesamt EVU-7** | | | **1.987** | **72** | **1.616** | **49** | **371** | **49** |
| Gesamt EU | | | 2.756 | | 3.310 | | 757 | |

a Einschließlich EnBW in Deutschland (45,1 % Anteil) sowie Edison in Italien (51,58 % Anteil).

b Energieabsatz Vattenfall für 2005; die Informationen beziehen sich auf den Vattenfall-Konzern insgesamt.

Quelle: Zahlen bis 2006: Q97, S. 167; Energieabsatz 2007: Q296

*Tab. 3: Marktstruktur der Stromerzeugung in Zentraleuropa*

| | Stromkapazität in % der nationalen Gesamtkapazität | |
|---|---|---|
| | ... des größten Produzenten | ... der drei größten Produzenten |
| Belgien | 85 | 95 |
| Deutschland | 30 | 70 |
| Dänemark[a] | 15 | 40 |
| Frankreich | 85 | 95 |
| Italien | 55 | 75 |
| Niederlande | 25 | 80 |
| Österreich | 45 | 75 |
| Polen | 15 | 35 |
| Slowakei | 75 | 85 |
| Slowenien | 72 | 95 |
| Tschechische Rep. | 65 | 75 |
| Ungarn | 30 | 65 |

a Prozentanteil bezieht sich auf den gemeinsamen Markt von Dänemark, Finnland, Norwegen und Schweden.

Quelle: Q19, S. 27

Angesichts der nach wie vor nicht gelungenen *EU-weiten Marktöffnung* sowie des verhaltenen nationalen wie internationalen Wettbewerbs zog der Europäische Rat der Verbände der Chemischen Industrie (Cefic), nach eigenen Aussagen der größte Energieverbraucher der verarbeitenden Industrie, das Resümee, „dass die Fortschritte bei Öffnung der Märkte (...) seit Inkrafttreten der Liberalisierungsrichtlinien enttäuschend und gering gewesen sind" (Q36). Laut europäischem Verband der Metallindustrie, Eurometaux, konnte ein Anstieg der Strompreise aufgrund der oligopolistischen Marktstrukturen nicht verhindert werden. Die Konkurrenzfähigkeit der Metallindustrie sei langfristig gefährdet, wenn nicht entsprechende wettbewerbsfördernde Maßnahmen ergriffen würden (Q75). Auch der European Renewable Energy Council (EREC) kommt zu dem Ergebnis, dass wirksamer Wettbewerb auf den Energiemärkten nach wie vor ein „Mythos" sei (Q77). Die Internationale Energie Agentur (IEA) stellt ebenfalls fest, dass das Jahrzehnt der Marktreformen im Energiebereich bestenfalls gemischte und unvollständige Ergebnisse in der EU gebracht hat (Q97, S. 52).

Für Deutschland lässt sich diese Entwicklung anhand der Übersicht in Tabelle 4 nachvollziehen. Nur kurz – zu Beginn der ersten Phase – kam es zu einem *Strompreisverfall*, anschließend wirkten die Zusammenschlüsse der Energieversorgungsunternehmen und die Beteiligung dieser an Stadtwerken kontraproduktiv (vgl. im Detail Kapitel 2). Der Wettbewerb um die Kunden flaute in der zweiten Phase merklich ab. Die Erfolge der Kostenoptimierung wurden nur unzureichend an die Nachfrager weitergegeben.

*Tab. 4: Wirkungen des Regulationsrahmens im deutschen Strommarkt*

| **1. Phase 1997 – 2001/2002** | **2. Phase 2001/2002 – 2007** | **3. Phase 2007 – ?** |
|---|---|---|
| • Neue Stromanbieter<br>• Intensivierung des Wettbewerbs vor allem bei Sondervertragskunden<br>• Strompreis- und Ergebnisverfall<br>• Erste Kostenoptimierung bei EVUs<br>• Unternehmenszusammenschlüsse der großen Versorger und Stadtwerkeübernahmen | • Konsolidierung der Elektrizitätsbranche – Herausbildung der Big-4<br>• Anstieg Strompreise und Ertragslage der Betriebe<br>• Kaum Wettbewerb bei Privatkunden (Verbändevereinbarungen, kaum Wechsel); Vertriebsmargen für Neueinsteiger unattraktiv<br>• Weiterhin intensiver Wettbewerb um Industriekunden<br>• Weitere Kostenoptimierungen bei EVUs | • Abschluss Umsetzung des Legal Unbundling<br>• Spürbarer Regulatoreneffekt durch EnWG 2005<br>• Niveau der Großhandelspreise macht Kraftwerksbauten wieder attraktiv<br>• Verabschiedung Anreizregulierungsverordnung: Folgen ?<br>• Ziel : 20-20-20 bis 2020;<br>• Integriertes Klima- und Energiepaket der Bundesregierung<br>• Sowohl Chancen als auch Risiken für Stadtwerke: Innovative Geschäftsmodelle |

Quelle: Angelehnt an Angenendt et al. 2007, S. 34

Ob ein auf marktwirtschaftlichen Instrumenten basierender Binnenmarkt für Elektrizität wirklich das geeignete Mittel ist, um den drei Zielen günstige Preise, Versorgungssicherheit und klimaverträgliche Erzeugungsstrukturen in ausgewogener Form zu entsprechen, erscheint daher nach wie vor zweifelhaft.

Sofortige Liberalisierung ohne gleichzeitige Regulierung – mithin der deutsche Sonderweg – hat sich hierzulande allein mit Blick auf Wirtschaftlichkeit und Wettbewerb in jedem Fall nicht als zielführend erwiesen (vgl. Kapitel 1.3). Dadurch wurde den Marktteilnehmern nur Tür und Tor geöffnet, den eigentlich angestrebten Wettbewerb auszuhebeln. Dies gilt umso mehr und hätte daher eigentlich wie selbstverständlich von der Politik vorhergesehen werden können bzw. müssen, als die Liberalisierung bereits mit *oligopolistischen Strukturen* startete (vgl. Kapitel 2). Insofern entpuppte sich die Kombination aus zwei zentralen Bausteinen des *neoliberalen „Washington Consensus“,* Liberalisierung und Deregulierung, als politisch naiv. Märkte brauchen nicht fromme Wünsche und Versprechen, wie sie zu Beginn der Marktöffnung von vielen Marktbefürwortern geäußert wurden, sondern einen verlässlichen Rechtsrahmen, insbesondere im Bereich des Basisguts Elektrizität. Wenn schon den Anbietern die Freiheit gegeben wird (Liberalisierung), sich im Markt zu behaupten, dann bedarf es zugleich eindeutig definierter Spielregeln (Regulierung), die einen fairen Wettbewerb ermöglichen und vor allem auch nachhaltig absichern. Dabei müssen die Spielregeln umso enger abgesteckt werden, je mehr aufgrund der Marktstrukturen die Gefahr besteht, dass sich die Anbieter durch Konzentration dem Wettbewerb entziehen, um sich dann so aufzustellen, als wären sie doch ein natürliches Monopol.

Der bisherige Prozess der Liberalisierung in Deutschland hat insofern gezeigt, dass es sich sowohl früher als auch heute bei den vielfältigen Vorschriften und Regelungen im Energiebereich primär nicht um überflüssige „Bürokratie“ handelt, sondern um notwendige Vorbedingungen für die Entwicklung und Erbringung wettbewerblicher Aktivitäten. Die Regelungsdichte für den Energiemarkt hat daher nicht abgenommen, sondern zwangsläufig zugenommen, je offensichtlicher die Missstände wurden! In diesem Kontext wird deshalb zunehmend die Frage gestellt, ob das liberalisierte Versorgungssystem nach der erforderlichen Nachjustierung nicht geradezu übermäßig komplex und damit auch übermäßig teuer geworden ist und ob die Kunden sich nicht insgesamt auf mittlere und lange Sicht besser stünden, wenn zu einem einfachen System mit enger Gemeinwohlbindung zurückgekehrt würde (vgl. Börner 2008, S. 18).

In der öffentlichen Wahrnehmung hat sich zumindest aber die Erkenntnis durchgesetzt, dass Liberalisierung allein wegen der innewohnenden Tendenz zur Herausbildung von Oligopolen und Monopolen nicht für Wettbewerb sorgt (vgl. Kapitel 2). Dazu bedarf es u.a. auch unabhängiger Regulierungseinrichtungen mit entsprechender Personal- und Finanzausstattung.

Ein allzu verengter, nur auf kurzfristige Marktprozesse setzender Liberalisierungsansatz steht überdies im Widerspruch zu den Anforderungen der im energiepolitischen Zieldreieck (vgl. Abb. 1) beschriebenen, *langfristig* orientierten Energiepolitik, welche auch auf größere Unabhängigkeit von Primärenergielieferanten abzielt sowie einen größeren Schwerpunkt auf nachhaltige Entwicklung legt. Dies trifft gleich in mehrfacher Hinsicht zu.

So hat die einseitige Sicht auf einen (Elektrizitäts-)Markt *erstens* die Befriedigung *integrierter Strom- und Wärme-Bedürfnisse* speziell von Verbrauchern und damit die Berücksichtigung klimapolitischer Rahmenbedingungen bislang nur wenig zum Tragen kommen lassen. Dezentrale, emissionsärmere Kraft-Wärme-Kopplungsanlagen konnten gegen bestehende, größtenteils abgeschriebene Großkraftwerke (insbesondere Atomkraftwerke) nicht konkurrieren; damit stockte der Ausbau der Fernwärme im letzten Jahrzehnt, zumal die Konkurrenzprodukte Gas und Öl lange Zeit ausgesprochen günstig waren. Aus umweltpolitischer, aber eventuell auch aus kostenorientierter Sicht dürften die bisherigen Ergebnisse des Binnenmarkts deshalb suboptimal sein.

*Zweitens* hat nicht erst die *Finanzkrise* gezeigt, dass zu freizügig regulierte marktwirtschaftliche Systeme *Steuerungsgrenzen* haben. Die Zunahme schwerwiegender Black-outs in vielen Ländern mit wettbewerblichem Umfeld verdeutlicht die Probleme von Elektrizitätssystemen unter Marktbedingungen.[33] Eine wesentliche Erkenntnis dieser Marktdefizite lag darin, die Regulierungen und Behördenkompetenzen zu intensivieren. Die Folge: Verwaltungsaufbau statt Bürokratieabbau im Vergleich zum Zustand der früheren Gebietsmonopole. Aufgrund der schleppenden Marktöffnung in den Anfangsjahren und relativ stabiler Strukturen kamen die europäischen Verbraucher – insbesondere in Deutschland – bislang glücklicherweise dennoch in den Genuss einer nach wie vor relativ gut funktionierenden Stromversorgung.

*Drittens* liegen erst relativ kurze Erfahrungen mit *Investitionszyklen in Strommärkten* vor (vgl. zu den nachfolgenden Ausführungen Kapitel 2.3); bei Großkraftwerken decken diese Zyklen einen Zeitraum von 25 bis 45 Jahren ab. Laut Theorie soll der über Börsen vermittelte Preis die richtigen Signale für zukunftsfähige Investitions- und Kapazitätsentscheidungen vermitteln. Vor diesem Hintergrund lassen die Ausführungen von Ockenfels et al. (2008), die eigentlich zu den Marktbefürwortern zählen, aufhorchen, dass es selbst bei perfektem Wettbewerb zu ungenügenden Investitionsanreizen in Elektrizitätsmärkten und somit zu Kapazitätsengpässen kommen kann (vgl. ebd., S. 43). Damit bei den Unternehmen Investitionsanreize in ausreichender Höhe entstehen, sind zunächst erhebliche Engpässe bei den Erzeugungsanlagen – also unter Umständen Black-outs – nötig. Versagt aber der Wettbewerb in der Investitionsfrage, muss mit Blick auf eine nachhaltig ausgerichtete Versorgungssicherheit Regulierung und/oder Marktmachtausübung für die notwendigen Investitionsanreize sorgen (vgl. Grimm/Zoettl 2007). Marktwirtschaftlich orientierte Energieexperten schlagen als Antwort auf diese Herausforderung komplementär zum Stromhandel an der *Strombörse* zumindest vor, so genannte Kapazitätsmärkte zu schaffen und das Börsenmodell mit einer langfristigen Perspektive auszustatten. Zu den bislang recht umfangreichen Regulierungen müssten also weitere hinzugefügt werden.

Öffentliche Skepsis hinsichtlich der Marktliberalisierung besteht *viertens* auch deshalb, weil es der EU-Kommission im letzten Jahrzehnt nicht gelungen ist, unter Marktaspekten für *gleiche Zugangsvoraussetzungen* bei der Erzeugung von Strom zu sorgen. Insbesondere wären Regelungen erforderlich gewesen, die dafür gesorgt hätten, dass die mit dem Betreiben von *Atomkraftwerken* verbundenen Risiken angemessen in die Preise einfließen.[34] Letztendlich kann ein katastrophaler Kernkraftwerksunfall, durch den eine große Region verstrahlt und dauerhaft unbewohnbar wird, nicht ausgeschlossen werden. Im Jahr 1994 ist

---

33 Eine Übersicht über Erfahrungen mit Großstörungen ist im Kapitel 7 des Abschlussberichts für das Bundeswirtschaftsministerium zu finden (vgl. Q38).

34 Auf dieses Problem wurde bereits in der Studie Alber/Fritsche 1991 an verschiedenen Stellen hingewiesen.

deshalb das *deutsche Atomgesetz* unter einer rechts-liberalen Bundesregierung dahingehend novelliert worden, dass bei neuen Kernkraftwerken die Auswirkungen auch schwerster Unfälle auf das Kraftwerksgelände begrenzt bleiben müssen (Q12, S. 27). Diese Anforderung erfüllen die meisten derzeitigen Anlagen in Europa nicht. Hier hätte die EU unter dem Gesichtspunkt gleicher Wettbewerbsbedingungen dafür sorgen müssen, dass die AKW-betreibenden Unternehmen Vorsorge für einen möglichen tragischen Unfall aufbauen und diese Kosten einpreisen.[35] Da aber in diesem Betrag nicht die mit der Entsorgung des Atommülls verbundenen Kosten enthalten sind, kann selbst dann noch nicht von fairen Marktbedingungen gesprochen werden.[36]

Die zahlreichen Richtlinienvorschläge der Europäischen Kommission zeigen des Weiteren, dass sie sich mittlerweile nicht nur als wesentlicher Akteur im energie*wirtschaftlichen* Bereich sondern auch im klimapolitischen Dialog etabliert hat. Die bislang von ihr eingeleiteten Maßnahmen nur unter dem Stichwort „Liberalisierung" zu subsumieren, greift folglich zu kurz. Gerade in der Klimapolitik scheinen Zielsetzungen auf europäischer Ebene möglich zu sein, die im nationalen Kontext wegen des Arguments, die internationale Wettbewerbsfähigkeit der heimischen Wirtschaft zu behindern oder gar zu gefährden, nur schwer verbindlich zu verankern wären. Nach mehr als zehn Jahren äußerst dürftiger Fortschritte bedarf es auf diesem Gebiet allerdings EU-weit zusätzlicher Anstrengungen.

Bei einem weiteren Bedeutungszuwachs der Erneuerbaren Energien im Stromnetz muss das bestehende Elektrizitätssystem in technischer, ökonomischer und rechtlich-administrativer Hinsicht weiter entwickelt werden. Die technische Optimierung dreht sich insbesondere um Fragen der fluktuierenden Einspeisung (Regelung und Steuerung auf der Angebots- und Nachfrageseite) sowie der Netzintegration (Netzoptimierung und Netzausbau). Die Integration in den Strommarkt betrifft vor allem die schrittweise Überführung von EE-Anlagen von der Inanspruchnahme der EEG-Vergütung des EEG in eine „freie" Vermarktung. „Ohne eine solche Systemoptimierung sind weder die Ziele der Bundesregierung zum Ausbau der Erneuerbaren Energien noch die Klimaschutzziele erreichbar." (Q15, S. 10)

---

35 Auf Basis der Erfahrungen mit der Reaktorkatastrophe in Tschernobyl errechnet Schwarz bei einer Schadenshöhe von nur 5.000 EUR pro Person, dass für ein in Deutschland oder den umliegenden Ländern aktives Atomkraftwerk Rückstellungen in Höhe des zweieinhalbfachen des jährlichen Bruttonationaleinkommens Deutschlands erforderlich wären (Q12, S. 29).

36 An dieses Manko knüpft die Idee einer Kernbrennstoffsteuer an, wie sie zuletzt von der SPD diskutiert wurde, um die Kernkraftbetreiber an den Kosten der Endlagerung von atomarem Müll zu beteiligen.

Dazu ist auch der Aufbau eines *EU-weiten Stromverbundes* im regenerativen Bereich (solarthermische Kraftwerke sowie andere Energieerzeugungsquellen) notwendig. In 2020 sieht die von Nitsch gesteuerte Leitstudie 2008 einen diesbezüglichen Importanteil von fast 2% an der Stromerzeugung Deutschlands aus Erneuerbaren Energien vor. Wegen günstiger Stromgestehungskosten soll die regenerative Stromerzeugung mittels EU-Stromverbund bis 2030 auf 35,8 TWh/a im Leitszenario ansteigen, also auf rund ein Achtel der deutschen Stromerzeugung aus Erneuerbaren Energien (vgl. Q13, S. 10).

# 2. Auswirkungen des Liberalisierungsprozesses

Im folgenden Kapitel soll weiter untersucht werden, wie sich die EVUs im Zuge der Liberalisierung seit 1998 am Markt *neu positioniert* haben. Die Analyse erfolgt hier auf vier Ebenen. Zuerst gilt es, die Veränderungen in den *Marktstrukturen*, in der *Beschäftigung*, den *Personalaufwendungen* sowie in der Struktur und Verteilung der *Wertschöpfung auf Branchenebene* nachzuzeichnen (Kapitel 2.1). Im Anschluss daran wird die Preisentwicklung für das Basisgut Strom untersucht (Kapitel 2.2) und damit der Frage nachgegangen, inwieweit im Rahmen des energiewirtschaftlichen Zieldreiecks (vgl. noch einmal die Abb. 1) der Aufgabe der *wirtschaftlichen Wettbewerbsfähigkeit* bei der Stromproduktion bereits Rechnung getragen wird. Anschließend geht es um das *Investitionsverhalten* und damit um die Frage, inwieweit die Unternehmen unter den neuen Rahmenbedingungen die anderen beiden Ziele des Dreiecks, *Versorgungssicherheit* und *Nachhaltigkeit*, einhalten können und welche neuartigen Probleme dabei aus der Liberalisierung resultieren (Kapitel 2.3). Der letzte Schritt widmet sich gezielt dem *Verhalten der marktbeherrschenden „Big-4“* (E.ON, RWE, EnBW und Vattenfall) im Liberalisierungsprozess (Kapitel 2.4). Das Hauptaugenmerk gilt hierbei ihren Strategien, der *Wertschöpfung* und ihrer unternehmensinternen *Verteilung* sowie der Gewinnsituation.

## 2.1 Branchenentwicklung

Die zunächst vorgenommene Analyse stützt sich im Folgenden weitgehend auf *Branchendaten* des Statistischen Bundesamtes (die Daten sind ausgewiesen in Q260). Dabei wurde mit dem Jahr 2006 der zum Abschluss dieses Berichtsteils aktuellste Datenstand verarbeitet. Als Ausgangsbasis unserer Betrachtungen haben wir zumeist 1998, das Startjahr der Liberalisierung, gewählt. Bei der Interpretation der Zahlenangaben sind jedoch einige methodische Einschränkungen zu berücksichtigen (vgl. dazu ausführlich den Anhang in Kapitel 7.1). Generell bleibt dabei zu beachten, dass die über den Beobachtungszeitraum nachgezeichnete Branchenentwicklung nicht nur das Ergebnis der Liberalisierung ist. Schließlich überlagern sich in den Daten mehrere Faktoren in ihrer Wirkung. Dazu zählen insbesondere konjunkturelle Einflüsse, die deutsche Wiedervereinigung und deren langfristigen Folgewirkungen in der Umgestaltung der Energiewirtschaft Ostdeutschlands sowie technologische Entwicklungen. Gleichzeitigkeit von Trends und Kausalität sind demnach bekanntermaßen nicht dasselbe. Wenn aber eine Kausalität vorliegt, sollte sie sich hingegen auch in einer entsprechenden Gleichläufigkeit von Daten niederschlagen. Darüber hinaus machte sich die Liberalisierung oftmals schon in den Daten vor 1998 bemerkbar, da die Unternehmen die Marktöffnung teilweise antizipiert haben. Die von uns skizzierten Entwicklungen sind insofern sicherlich nur zu einem Teil dem Liberalisierungsprozess geschuldet. Unabhängig davon diente die Liberalisierung aber dem Management bei der Umstrukturierung der Unternehmen in der Regel als wichtigste Begründung.

### *2.1.1 Entwicklung der Unternehmenszahl und Rechtsformen*

Die *Anzahl der EVUs* verringerte sich zwischen 1998 und 2006 *um rund 20%* von 1.229 Gesellschaften mit *Schwerpunkt Elektrizität* auf nur noch 994. Dabei wurde im Jahre 2001 der Tiefpunkt mit 919 Unternehmen erreicht. Dass in den Folgejahren wieder mehr Unternehmen am Markt präsent waren, dürfte erstens auf das „Legal Unbundling", also der gesellschafts-, aber nicht eigentumsrechtlichen Trennung der Netzsparte von anderen Bereichen der integrierten Verbundunternehmen, zurückzuführen sein. Diese „Entflechtung" ist seit der zweiten Novellierung des Energiewirtschaftsgesetzes (EnWG) im Jahre 2005 für alle EVUs mit Ausnahme kleiner Betriebe zwingend vorgesehen. Zudem sind zweitens neue Stromproduzenten und -händler in den Markt eingetreten.

Bei der ersten Novellierung des EnWG im Jahre 1998 gab es eine Reihe von Stimmen, die speziell kleineren *Stadtwerken* voraussagten, den Anforderungen der Liberalisierung nicht gewachsen zu sein. Das große „Stadtwerke-Sterben" setzte in der Zeit nach 1998 allerdings nicht ein. Nach wie vor sind rund 700 Stadtwerke in der Stromerzeugung und -verteilung in Deutschland aktiv. Die Stadtwerke *behaupteten sich* im neuen Umfeld sehr gut und erwirtschafteten vielfach höhere Gewinne als je zuvor (vgl. Abschnitt 2.1.5.2; Ritzau/Zander 2007). Für diese unternehmerischen Erfolge waren allerdings größere Anpassungen vonnöten.

Der *„öffentliche Sektor"* in der Elektrizitätswirtschaft erlebte seit der Liberalisierung einen dramatischen Bedeutungsrückgang. Im betrachteten Zeitraum halbierte sich fast die Anzahl der EVUs in öffentlicher Rechtsform. Statt ehemals 283 Gesellschaften (1998) waren im Jahre 2006 nur noch 153 Unternehmen als öffentlich-rechtliche Institution aktiv. Deren Bedeutung an den Elektrizitätsversorgern insgesamt ging damit von 23% auf 16% zurück. Im Gegenzug erhöhte sich der Anteil der Betriebe in privater Rechtsform um jene sieben Prozentpunkte auf nunmehr 84%. Die Verselbstständigung wurde häufig auch deshalb gewählt, um neue Beteiligungen zu ermöglichen (vgl. Kapitel 2.1.2). Trotz der erfolgten Einbindung privatwirtschaftlicher Unternehmen und des Rechtsformwechsels sind die kommunalen Energieversorger vielfach zumindest mehrheitlich in öffentlichem Besitz geblieben.

Vor allem die Rechtsformen der GmbH und Co. KG sowie der GmbH verzeichneten seit Mitte der 1990er Jahre einen immensen Aufschwung. Rund zwei Drittel der Energieversorger (666) waren im Jahre 2006 in diesen beiden Rechtsformen organisiert. Die Zahl der Aktiengesellschaften nahm demgegenüber insbesondere wegen der Zusammenschlüsse größerer EVUs um 22 Unternehmen bzw. rund 18% auf 99 Gesellschaften ab. Unternehmenszusammenschlüsse waren insbesondere im Bereich der größeren Energieversorger die prägende Strategie, die als Antwort auf den sich öffnenden Markt praktiziert wurde.

### *2.1.2 Zusammenschlüsse und Kooperationen in der Elektrizitätswirtschaft*

Der Rückzug des öffentlichen Sektors in Form der Transformation von ehemaligen Eigenbetrieben[1] in privatrechtliche Gesellschaften sowie Fusionen waren im *Außenverhältnis* die wesentlichen Antworten der EVUs auf die Marktöffnung. Unter dem Druck der neuen Marktgegebenheiten setzten speziell die ehemaligen Verbundmonopolisten auf externe Unternehmenskonzentration und Beteiligungen an den Regionalversorgern sowie kommunalen Stadtwerken (vgl. Abschnitt 2.1.2.1).

Die größeren Stadtwerke intensivierten demgegenüber ihre Kooperationsbeziehungen. Auf politischer Ebene versuchen sie, im Rahmen der Gruppe der 8KU (vgl. Abschnitt 2.1.2.2) gemeinsam Einfluss auf wettbewerbliche und klimapolitische Ziele zu nehmen. Zudem ist sowohl die informelle als auch die formelle Zusammenarbeit zwischen den Energieversorgern gestärkt worden. Neben vielen Kooperationen in kleinerem Maßstab bis hin zu einem Dutzend Stadtwerken sticht in diesem Kontext vor allem die *Trianel-Gruppe* (vgl. Abschnitt 2.1.2.3) hervor. Zudem verfügen mehr als die Hälfte der im VKU aktiven Stadtwerke über Kooperationen mit ein bis fünf anderen Stadtwerken.[2]

#### 2.1.2.1 Konzentration und Vermachtung durch die „Big-4"

Bereits vor Beginn der Marktöffnung entstand im Jahre 1997 die *EnBW Energie Baden-Württemberg AG*, zu der 2003 die Neckarwerke Stuttgart AG hinzukam. In 2000 folgten die Bildung der *E.ON AG* und der *RWE AG*. Den Abschluss die-

1 Eigenbetriebe sind öffentlich-rechtlicher Natur, verfolgen damit keine primäre Gewinnorientierung und sind Bestandteil der Gemeindeverwaltung. Im Unterschied zu so genannten Regiebetrieben ist der Eigenbetrieb aber organisatorisch ausgegliedert. Zwar beeinflusst die Gemeinde den Betrieb über die Werksausschüsse, der Haushalt des Eigenbetriebs ist aber als Sondervermögen ausgegliedert und damit selbstständig. Allerdings erfolgt am Jahresende die Einstellung des Gewinns/Verlustes in den Gemeindehaushalt.

2 Auskunft des stellvertretenden Geschäftsführers des VKU, Michael Wübbels, anlässlich des Symposiums „Liberalisierung in der Elektrizitätswirtschaft" an der FH Gelsenkirchen am 25.6.2009.

ses Konzentrationsprozesses bildete 2002/2003 die Vereinigung ost- und norddeutscher Anbieter zur *Vattenfall Europe AG.* Seit der Liberalisierung konnten RWE, Vattenfall Europe und EnBW die weltweite Stromabgabe gegenüber ihren Vorgängerunternehmen teilweise mehr als verdoppeln. Demgegenüber gelang es dem E.ON-Konzern durch Zukäufe und nationales wie internationales Wachstum sogar, die globale Stromabgabe mehr als zu versechsfachen (vgl. Abb. 8).

Strategisch bereinigten insbesondere die beiden aus integrierten Großkonzernen entstandenen Unternehmen E.ON AG und RWE AG ihre Produktpalette in Richtung *Kerngeschäfte* und verkauften in großem Umfang energiefremde Sparten (vgl. Kapitel 2.4). Quasi im Gegenzug setzten alle „Big-4" auf eine *Internationalisierung* ihrer Aktivitäten und erwarben zahlreiche Unternehmen im Energiesegment hinzu. Diese Strategie lässt sich insbesondere bei den beiden großen Unternehmen beobachten. E.ON beschäftigt beispielsweise mittlerweile mehr Mitarbeiter im Aus- als im Inland.

Die vier großen EVUs beteiligten sich darüber hinaus an *Regionalversorgern sowie an Stadtwerken.* Nach Auskunft der Bundesregierung halten die „Big-4" „im Strombereich insgesamt 312 Beteiligungen an Unternehmen der Weiterverteilerstufe" (Q28, S. 19). Die beiden Marktführer E.ON und RWE allein verfügen über 204 – teilweise gemeinsame – Beteiligungen. Nach Angaben der Monopolkommission hielt E.ON im Jahre 2007 Anteile an rund 193 Energieversorgern (inklusive Beteiligungen an Gasversorgern), die im Wesentlichen über die hundertprozentige Tochtergesellschaft *Thüga AG* als Minderheitsgesellschafter geführt werden. Der RWE-Konzern verzeichnete im gleichen Jahr Beteiligungen an etwa 71 Regionalversorgern und Stadtwerken (vgl. Q106, S. 66ff.).

Die Thüga AG blickt auf eine fast 150-jährige Firmentradition zurück (vgl. Tab. 5). Seit Anfang dieses Jahrzehnts bündelt sie für den E.ON-Konzern Beteiligungen an Versorgungsunternehmen in Deutschland und Italien. Die zur Thüga-Gruppe zählenden Gesellschaften in Deutschland versorgen rund 3,5 Mio. Strom- sowie 3,9 Mio. Erdgaskunden. Zudem werden über die Thüga-Italien-Gruppe weitere 900.000 Kunden mit Gas beliefert. Mit rund 20.000 Beschäftigten erzielte die Gruppe etwa 15,5 Mrd. EUR Umsatz in 2007. Nach eigenen Angaben ist der Thüga-Verbund das bundesweit größte Netzwerk lokaler und regionaler Energieversorger. In diesem Konsortium bündelt E.ON 110 Beteiligungen in ca. 90 Städten (vgl. Q225). Dabei handelt es sich um Minderheitenbeteiligungen, mit deren Hilfe sicherlich auch der Abschluss von Lieferverträgen für E.ON-Strom und -Gas erleichtert werden sollte. Zwischenzeitlich betreibt E.ON allerdings den Verkauf der Thüga; auch um dem erhöhten Druck von politischer Seite zu begegnen (vgl. Kapitel 2.4.2).

Die überwiegend zum RWE-Konzern gehörende *rhenag Rheinische Energie AG* in Köln weist ebenfalls eine lange Tradition auf. Als etabliertes Versorgungs-

*Abb. 8: Die vier großen Verbundunternehmen der deutschen Elektrizitätsversorgung*

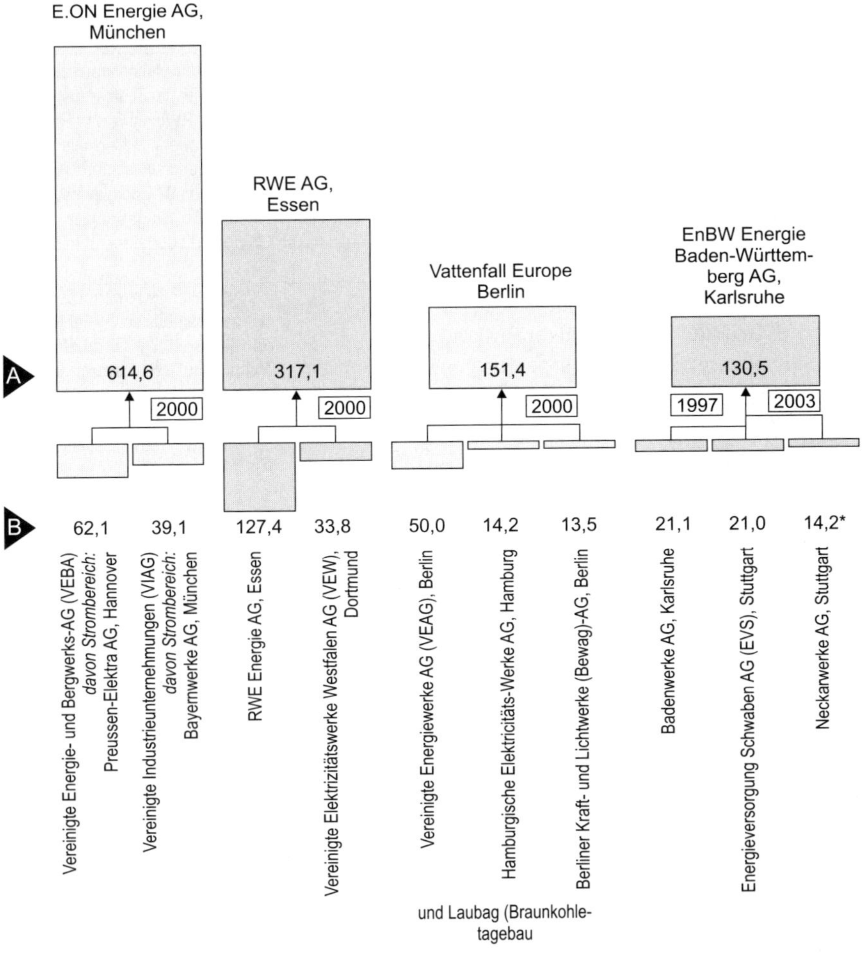


2000 Jahr des Zusammenschlusses

A Konzernweite Stromabgabe in TWh, 2008

B Stromabgabe in TWh, 1996 (* 1999)

Eigene, aktualisierte, ergänzte und maßstabsgetreue Darstellung in Anlehnung an Brückmann 2004.

*Tab. 5: Wesentliche Kennzahlen der Thüga-Gruppe*

| | | |
|---|---|---|
| Unternehmen<br>Sitz<br>Region | Thüga AG<br>München<br>Deutschland, Italien | Thüga Gruppe<br>München<br>Deutschland, Italien |
| Gesellschafter – Ursprung | 1866 gegründet, blickt Thüga auf eine lange Unternehmenstradition zurück. In der Folge der kartellrechtlichen Auflagen im Zusammenhang mit den Fusionen VEBA/VIAG (zur E.ON) sowie RWE/VEW (zur RWE neu) entsteht 2001 das heutige Versorgungsnetzwerk. Mittlerweile hält Thüga in Deutschland Beteiligungen – überwiegend als Minderheitsgesellschafter – an rund 110 Unternehmen, davon 90 Energieversorgern. Diese versorgen rund 3,5 Mio. Strom- und 3,9 Mio. Erdgaskunden. Zudem werden über die Thüga Italien-Gruppe 900.000 Kunden mit Erdgas beliefert. | |
| | | (Summe aller Einzeldaten der eigenen Betriebe sowie der Beteiligungsgesellschaften, an denen Thüga mind. 20% Kapitalanteil hält) |
| Beschäftigte (2007) | 521 | 20.300 |
| Umsatz 2007 (Mio. EUR) | 359 | 15.500 |
| Umsatzänderung ggü. Vorjahr in % | 1,1 | –1,3 |
| Ergebnis der gew. Geschäftstätigkeit 2007 (Mio. EUR) | 479 | k.A. |
| Eigenkapital 2007 (Mio. EUR) | 2.355 | k.A. |
| Bilanzsumme 2007 (Mio. EUR) | 3.187 | k.A. |
| Investitionen 2007 (Mio. EUR) | 58 | 1.000 |
| Stromabsatz in Mio. kWh 2007 | k.A. | 36.500 |
| Gasabsatz in Mio. kWh 2007 | k.A. | 177.600 |
| Wärme in kWh 2007 | k.A. | 8.000 |
| Wasser Mio. m3 | k.A. | 354 |
| Gaskunden in Tsd. | k.A. | 3.900 |
| Stromkunden in Tsd. | k.A. | 3.503 |
| Wesentliche Kraftwerkskapazitäten | k.A. | k.A. |

Quelle: Geschäftsberichte, Printmedien sowie Internet-Recherchen, eigene Berechnungen

unternehmen ist sie in den Sparten Gas, Strom, Wasser und Wärme aktiv. Dabei überwiegt mit rund 85% das Gasgeschäft. Der geschäftliche Ansatz der rhenag wird mit „Minderheitsbeteiligungen plus Fachpartnerschaft" beschrieben. Diverse Stadtwerke, an denen RWE Beteiligungen hält, greifen auf die vielfältigen, sehr spezialisierten Dienstleistungsangebote des Unternehmens zurück. 324 Beschäftigte erzielten in 2007 laut Geschäftsbericht einen Umsatz in Höhe von fast 250 Mio. EUR (vgl. Tab. 6).

Auch unter Würdigung dieser Verflechtungen hat der *Kartellsenat des Bundesgerichtshofs (BGH)* offiziell festgestellt, dass auf dem Erstabsatzmarkt für Strom in Deutschland kein Wettbewerb herrscht und dass E.ON zusammen mit

RWE eine marktbeherrschende Stellung innehat (vgl. Q7, S. 21). Einerseits werde durch die geringe Durchleitungskapazität der *Kuppelstellen* an den deutschen Grenzen Konkurrenz durch ausländische Stromanbieter verhindert; andererseits seien die beiden anderen großen stromerzeugenden Unternehmen in Deutschland, Vattenfall Europe AG und EnBW AG, nicht in der Lage, einen hinreichenden Wettbewerbsdruck gegen die *Dyopolisten* aufzubauen. Darüber hinaus hätten E.ON und RWE ihre Beteiligungen an 204 stromverteilenden Regionalversorgern und Stadtwerken auch gezielt mit der Absicht erworben, ihre Absatzgebiete zu sichern und Konkurrenz zu verhindern (vgl. ebd.).

*Tab. 6: Indikatoren der rhenag Rheinische Energie AG*

| | |
|---|---|
| Unternehmen | rhenag Rheinische Energie AG |
| Sitz | Köln |
| Region | Nordrhein-Westfalen, Rheinland-Pfalz und Hessen |
| Gesellschafter – Ursprung | Die im Jahre 1872 gegründete rhenag Rheinische Energie AG in Köln ist einerseits ein etabliertes Versorgungsunternehmen in den Sparten Gas, Strom, Wasser und Wärme. Andererseits bietet rhenag Dienstleistungen für Kommunen und Stadtwerke im Bereich der Energie- und Wasserversorgung an. Unter dem Motto „Minderheitsbeteiligung plus Fachpartnerschaft" bestehen auch vielfältige Kooperationen. Ziel des Verbundes ist die Erschließung von Synergien und die optimale Nutzung der Ressourcen in der Gruppe. Gesellschafter der rhenag sind die RWE Rhein-Ruhr AG (Essen, 66,67%) sowie die RheinEnergie AG (Köln, 33,33%). |
| Beschäftigte 31.12.2007 | 324 |
| Umsatz in Mio. EUR 2007 | 247,0 |
| Ergebnis der gew.Geschäftstätigkeit in Mio. EUR | 173,0 |
| Umsatzänderung ggü. Vorjahr in % | 298,3 |
| Eigenkapital 2007 (Mio. EUR) | 278,4 |
| Bilanzsumme 2007 (Mio. EUR) | 387,9 |
| Investitionen 2007 (Mio. EUR) | 7,5 |
| Stromabsatz in Mio. kWh 2007 | 109 |
| Gasabsatz in Mio. kWh 2007 | 3.494 |

Quelle: Geschäftsberichte, Printmedien sowie Internet-Recherchen, eigene Berechnungen

Im November 2008 untersagte der BGH deshalb erstmals seit Beginn der Liberalisierung des Strommarkts ein Zusammenschlussvorhaben und bestätigte damit höchstrichterlich das Bundeskartellamt in seiner Verfügung aus dem Jahr 2003 (!), nachdem bereits zuvor schon die Kartellbehörden ohnehin nur noch Minderheitenbeteiligungen zugelassen hatten. Die beantragte Verbindung von E.ON und den Stadtwerken Eschwege darf demnach nicht vollzogen werden. Weitere Wachstumsmöglichkeiten durch Zukäufe in Deutschland sind für die beiden großen EVUs aus *kartellrechtlichen Gründen* folglich kaum noch möglich.

In Tabelle 7 werden die zehn größten EVUs nach Stromabgabe an die Letztverbraucher in Deutschland, zu denen Industrieunternehmen, Gewerbebetriebe und private Haushalte zählen, für das Jahr 2006 aufgelistet. Die zehn größten Unternehmen versorgen demnach den Markt der Letztverbraucher zu 56,6%.

*Tab. 7: Die zehn größten Energieversorgungsunternehmen nach Stromabgabe an Letztverbraucher in Deutschland in 2006*

| Unternehmen | Stadt | Stromabsatz Letztverbraucher in Mrd. KWh, 2006 | Marktanteil in % 2006 |
|---|---|---|---|
| E.ON AG | Düsseldorf | 84,8 | 15,7 |
| RWE AG | Essen | 81,7 | 15,1 |
| EnBW AG | Karlsruhe | 65,7 | 12,2 |
| Vattenfall Europe AG | Berlin | 19,8 | 3,7 |
| EWE AG | Oldenburg | 11,5 | 2,1 |
| RheinEnergie AG | Köln | 10,9 | 2,0 |
| MVV Energie AG | Mannheim | 10,1 | 1,9 |
| Stadtwerke München GmbH | München | 9,4 | 1,7 |
| N-Ergie AG | Nürnberg | 7,1 | 1,3 |
| Stadtwerke Hannover AG | Hannover | 4,4 | 0,8 |
| **Gesamt EVU-10** | | **305,4** | **56,6** |
| Netto-Stromverbrauch (gesamte Versorgung) | | 539,6 | 100,0 |

Quellen: Q297; Q250, Folie 167

Die Daten kaschieren jedoch die tatsächliche Dominanz der vier Großanbieter. Denn sie enthalten keine Angaben über die *Stromlieferungen der zehn Energieversorger untereinander,* so dass der gelieferte Strom eines einzelnen Konkurrenten der „Big-4" durchaus ursprünglich auch von den marktbeherrschenden EVUs kommen kann. Zu den brancheninternen Lieferungen liegen uns zwar für das Jahr 2006 keine Informationen vor. Für die „Big-4" sind die Volumina für das Vorjahr 2005 allerdings in etwa bekannt: An andere EVUs lieferte E.ON in 2005 Strom in Höhe von rund 116 Mrd. kWh, RWE in der Größenordnung von rund 60 Mrd. kWh, Vattenfall Europe ca. 40 Mrd. kWh sowie EnBW in Höhe von fast 37 Mrd. kWh.[3] Die Addition des Stromabsatzes an Letztverbraucher sowie an andere EVUs ergibt die *inländische Stromabgabe.* Werden in 2006 in etwa gleiche Absatzmengen an die EVUs wie 2005 unterstellt, hätten die Stromlieferungen von E.ON in Deutschland rund 200 Mrd. kWh, von RWE etwa 140 Mrd. kWh, von EnBW ca. 100 Mrd. kWh und von Vattenfall Europe rund 60 Mrd. kWh betragen. In Summe kommen so etwa 500 Mrd. kWh Stromabgabe

3 Dabei ist zu berücksichtigen, dass ein großer Anteil des von EnBW verkauften Stroms von der Muttergesellschaft EdF zugeliefert wird.

zusammen. Unter der genannten Prämisse hätten im Jahre 2006 folglich mindestens 90% der inländischen Stromlieferungen im Umfang von 539,6 Mrd. KWh ihren Ursprung bei den „Big-4“.[4] Diesen Befund bestätigt auch die *Bundesregierung* in ihrer Antwort auf eine Kleine Anfrage aus dem Jahr 2009:

> „Auf E.ON und RWE entfiel ein Anteil an der Nettostromerzeugung und der Erzeugungskapazität von zusammen rd. 57 bis 59% in 2003 und 2004, Vattenfall und EnBW vereinigten in beiden Jahren ca. 29% auf sich. Bei der Kraftwerkskapazität lagen die Verhältnisse so, dass auf E.ON und RWE ein Anteil von zusammen knapp 53% und auf Vattenfall und EnBW zusammen ca. 30% entfiel. Insgesamt betrug der Anteil der vier Verbundunternehmen an der Nettostromerzeugung 86% im Jahr 2003 und 89% im Jahr 2004.“ (Q28, S. 2)

Eine ähnlich dominante Position der deutschen Stromgiganten in der Erzeugung ergibt sich bei der Betrachtung des Stromgroßkundenmarkts. Die Marktanteile verteilten sich hier im Jahre 2004 wie in Tabelle 8 angegeben. Ohne Berücksichtigung ihrer Verbindungen zu den Stadtwerken konnten den „Big-4“ fast 60% der Marktanteile zugerechnet werden.

*Tab. 8: Marktanteile am Stromgroßkundenmarkt 2004*

| Energieversorger | 2004 | Energieversorger | 2004 |
|---|---|---|---|
| RWE | über 20 % | Vattenfall Europe | deutlich unter 10 % |
| E.ON | über 15 % | Händler | ca. 5 % |
| EnBW | unter 15 % | Stadtwerke | über 36 % |

Quelle: Q298, S. 13

Bezieht man zusätzlich die Beteiligungen an Regionalversorgungsunternehmen und Stadtwerken (vgl. Tab. 9) ein, kommen Angenendt et al. (2007) zu dem Ergebnis, dass in 2004 – gemessen an den unterschiedlichen Konzentrationsraten ($CR_i$ = Marktanteile der i größten Unternehmen) in der Elektrizitätserzeugung – bei im Zeitablauf steigender Tendenz alle kartellrechtlichen Schwellenwerte im Hinblick auf eine marktbeherrschende Stellung nach § 19 GWB überschritten wurden.

Das Erzeugungsportfolio der „Big-4“ deckt zudem alle Lastzeiten ab. Bedenklich ist dabei vor allem, dass sie laut Angenendt et al. (2007) in der Grundlast nahezu 100% sowie in der Spitzenlast etwa 85% des Markts auf sich vereinen. Im Sinne wettbewerblicher Strukturen wird gerade die letzte Kennziffer wegen der Besonderheiten des Strommarkts (Leitungsgebundenheit sowie Nichtspeicherbarkeit von Strom) als „nicht unkritisch“ angesehen (vgl. ebd., S. 20). In

---

4 Zu ähnlichen Ergebnissen für das Jahr 2003 kommt der Bundesgerichtshof in seinem Beschluss vom 11.11.2008 (Q7, S. 15).

Phasen der Spitzenlast können letztendlich keine weiteren Erzeugungskapazitäten aktiviert werden, weshalb sich der Spielraum für *kollusives, also gleichgerichtetes Verhalten* extrem erhöht.

*Tab. 9: Konzentrationsraten in der Elektrizitätserzeugung 1995–2004*

| $Cr_i$ | 1995 | 2000 | 2004 | „GWB-Schwellenwerte“ |
|---|---|---|---|---|
| $CR_1$ | 22,0 | 27,0 | 34,0 | 33,3 |
| $CR_3$ | 48,8 | 53,4 | 76,0 | 50,0 |
| $CR_5$ | 56,7 | 69,1 | 87,0 | 66,7 |

Quelle: Angenendt et al. 2007

### 2.1.2.2 Die 8KU-Gruppe

Ein bedeutendes Netzwerk von Energieversorgern bilden die 8KU. Hier handelt es sich um einen Kooperationsverbund der acht größten *kommunalen Energieunternehmen* in Deutschland. Vertreten sind die

- Stadtwerke Hannover AG (enercity, Hannover),
- HEAG Südhessische Energie AG (HSE, Darmstadt),
- Mainova AG (Frankfurt/M.),
- MVV Energie AG (Mannheim),
- N-Ergie AG (Nürnberg),
- RheinElektra AG (Köln),
- Stadtwerke Leipzig GmbH (Leipzig)[5] sowie die
- Stadtwerke München GmbH (München).

In 2007 erzielte diese Unternehmensgruppe rund 19,1 Mrd. EUR Umsatz und beschäftigte fast 30.000 Mitarbeiter (vgl. Tab. 10 und 11). Die acht Versorger decken rund 10% des Strom- und Gasbedarfs in Deutschland ab, wobei ihre Stromerzeugungskapazitäten 2007 rund 5,2 GW ausmachten (ca. 5% der deutschen Stromproduktion) (vgl. Q152).

Die Mitglieder der 8KU sind im „Verband kommunaler Unternehmen“ (VKU) und dem „Bundesverband der Energie- und Wasserwirtschaft“ (bdew) aktiv. Mitte 2007 haben sie ein gemeinsames Verbindungsbüro in Berlin eröffnet. Durch Bündelung der Kräfte wollen die beteiligten Unternehmen politisch mit einer Stimme zu den weiteren Herausforderungen bezüglich der Liberalisie-

5 Interessant ist die Entwicklung der Stadtwerke Leipzig. Angesichts von Haushaltsengpässen erwog die Stadt eine (Teil-)privatisierung durch einen Verkauf an Gaz de France. In einem Bürgerentscheid ist dies 2008 mit großer Mehrheit abgelehnt worden. Gesellschafter sind so die LVV Leipziger Versorgungs- und Verkehrsgesellschaft mbH zu 100%, deren alleiniger Eigentümer wiederum die Stadt Leipzig ist.

rung, der Anreizregulierung sowie des Klimaschutzes sprechen und Lobbyarbeit betreiben. Schließlich zählen zum Produkt- und Dienstleistungsportfolio der 8KU auch alle nachfrageseitigen Energieeinspar- und Effizienztechnologien, speziell zur Gebäudesanierung. Know-how zum Contracting sowie zur Erschließung des dezentralen Potenzials Erneuerbarer Energien runden die jeweiligen Portfolios ab.

Innerhalb des Netzwerks werden zahlreiche Kooperationen und Synergien betrieben bzw. ausgenutzt. Ende November 2008 hat die MVV-Energie AG etwa die Gründung der 8KU Renewables GmbH für Erneuerbare Energie beim Bundeskartellamt angemeldet (B8-171/08). Anfang 2009 gaben HSE und die Stadtwerke München bekannt, sich an dem Aufbau des Offshore-Windparks Global Tech 1 vor Cuxhaven in großem Umfange zu beteiligen. Beide Unternehmen würden bei Erfolg dieses Vorhabens ihren regenerativen Stromanteil auf gut 20% quasi verdoppeln. Die Stadtwerke Hannover und N-Ergie kooperieren zudem seit 2008 im bundesweiten Vertrieb durch Gründung von „clevergy“ (Leipzig).

Die Mehrheit der acht kommunalen Versorger ist derzeit überwiegend im öffentlichen Besitz. Beispielsweise ist das beschäftigungsmäßig größte der Unternehmen, die *Stadtwerke München*, trotz rechtlicher Umwandlung in eine GmbH nach wie vor vollständig im Eigentum der Stadt München. Im Sinne einer klassischen Multi-Utility-Gesellschaft wird es zusammen mit der Münchener Verkehrsgesellschaft geführt.

Die *MVV Energie AG* verfolgt ebenfalls einen Multi-Utility-Ansatz. Allerdings hat sie sich im Jahre 1999 erstmals an der Börse platziert. Die Stadt Mannheim hält zwar nach wie vor die Mehrheit der Anteile, aber rund die Hälfte der Aktien ist im Besitz anderer Unternehmen bzw. institutioneller oder privater Anleger. Die durch den Börsengang erhaltenen Finanzmittel sowie anschließende Kapitalerhöhungen erlaubten es der MVV, sich an anderen Energieversorgern wie den Stadtwerken Kiel, Offenbach, Solingen, Köthen u.a. zu beteiligen. Auch in Polen wurden Fernwärme-Gesellschaften hinzugekauft. Mittlerweile befindet sich MVV dort jedoch auf dem Rückzug. Die MVV-Gruppe ist nach eigenen Angaben das größte börsennotierte Stadtwerke-Netzwerk in Deutschland.

Von besonderer Bedeutung bei der 8KU-Gruppe ist jedoch, dass sich die Thüga AG (siehe oben) an der Hälfte der Unternehmen (Stadtwerke Hannover AG, HEAG Südhessische Energie AG, Mainova AG sowie die N-Ergie AG) mit größeren Minderheitsanteilen engagiert hat. Zu den Grundsätzen der Zusammenarbeit im Thüga-Verbund wird öffentlich aufgeführt, dass die kommunalen Partner Mehrheitsgesellschafter bleiben und somit de facto ihre Autonomie behalten würden. Die Einbindung in einen größeren Verbund bei gleichzeitiger Unterstützung durch Thüga-Experten soll für Synergien (beispielsweise beim Energie- und Materialbezug) und somit für Wettbewerbsvorteile sorgen. Von außen lässt sich das Einhalten dieser Spielregeln jedoch nicht überprüfen.

*Tab. 10: Unternehmensprofile I der 8KU-Gruppe*

| | | |
|---|---|---|
| Unternehmen<br>Sitz<br>Region | Stadtwerke Hannover AG – enercity<br>Hannover<br>Stadt und Region Hannover | HEAG Südhessische Energie AG<br>Darmstadt<br>Raum Darmstadt und Mainz |
| Gesellschafter – Ursprung | Die Stadtwerke Hannover AG sind seit 05. Juli 2005 teilprivatisiert. Neben der zu 100 % in öffentlicher Hand befindlichen Versorgungs- und Verkehrsgesellschaft Hannover mbH, die 75,09% der Anteile hält, ist die Thüga AG mit 24,0% beteiligt. Die Marke der Stadtwerke ist „enercity. positive Energie". | Hauptgesellschafter des 2003 entstandenen gemischtwirtschaftlichen Unternehmens sind die HEAG AG (52,9%, Stadt Darmstadt), 7,1% Landkreise, Städte und Gemeinden sowie 40,0% Thüga AG. Vertriebsgesellschaften sind: Entega Vertrieb, e-ben sowie Natur Pur. |
| | | Im Folgenden Konzernzahlen: |
| Beschäftigte (2007) | 2.731 | 2.329 |
| Umsatz 2007 (Mio. EUR) | 2.272 | 1.028 |
| Umsatzänderung ggü. Vorjahr in % | 26,1 | -6,2 |
| Ergebnis der gew. Geschäftstätigkeit 2007 (Mio. EUR) | 118,3 | 102,3 |
| Eigenkapital 2007 (Mio. EUR) | 264 | 288 |
| Bilanzsumme 2007 (Mio. EUR) | 1.175 | 1.175 |
| Investitionen 2007 (Mio. EUR) | 60 | 50 |
| Stromabsatz in Mio. kWh 2007 | 19.718 | 7.900 |
| Gasabsatz in Mio. kWh 2007 | 27.109 | 10.800 |
| Wärme in kWh 2007 | 1.431 | - |
| Wasser Mio. m3 | 44 | 14 |
| Wesentliche Kraftwerkskapazitäten | Es bestehen Beteiligungen an zwei Großkraftwerken. Das Portfolio wird durch diverse andere Erzeugungsanlagen sowie einen Gasspeicher abgerundet. | Müllheizkraftwerk; Eigenerzeugungskapazitäten von rund 15%. Zusammen mit den Stadtwerken München beteiligt sich HSE an der Realisierung des Offshorewindparks Global Tech I (400 MW). |

*Tab. 10: (Fortsetzung)*

| Unternehmen<br>Sitz<br>Region | Mainova AG<br>Frankfurt<br>Rhein-Main-Gebiet | MVV-Energie AG<br>Mannheim<br>Mannheim, Offenbach, Kiel sowie Polen und Tschechische Republik |
|---|---|---|
| Gesellschafter – Ursprung | 1998 fusionierten die Unternehmen Stadtwerke Frankfurt und Maingas AG zur Mainova AG. Hauptgesell-schafter ist die sich im kommunalen Eigentum befindliche Stadtwerke Frankfurt am Main Holding AG (75,2%). Die Thüga AG besitzt einen Anteil von 24,4%; der Aktien-rest befindet sich in Streubesitz. | Die MVV-Gruppe ist das größte börsennotierte Stadtwerke-Netz-werk in Deutschland. Mittelbar hält die Stadt Mannheim 50,1% der Anteile. Die Rhein-Energie AG be-sitzt 16,3%; die EnBW AG 15,1%. Der Aktienrest in Höhe von 18,5% ist gestreut. |
| | Im Folgenden Konzernzahlen: | Daten der Gruppe 2007/2008: |
| Beschäftigte (2007) | 2.884 | 5.901 |
| Umsatz 2007 (Mio. EUR) | 1.498 | 2.636 |
| Umsatzänderung ggü. Vorjahr in % | -5,4 | 16,7 |
| Ergebnis der gew. Geschäftstätigkeit 2007 (Mio. EUR) | 99,3 | 336,6 |
| Eigenkapital 2007 (Mio. EUR) | 877 | 1.270 |
| Bilanzsumme 2007 (Mio. EUR) | 1.955 | 3.787 |
| Investitionen 2007 (Mio. EUR) | 74 | 241 |
| Stromabsatz in Mio. kWh 2007 | 7.100 | 21.975 |
| Gasabsatz in Mio. kWh 2007 | 18.970 | 8.631 |
| Wärme in kWh 2007 | 1.700 | 5.561 |
| Wasser Mio. m3 | 45 | 55 |
| Wesentliche Kraftwerkskapazitäten | 6 Heizkraftwerke | Diverse Erzeugungsanlagen; u.a. drittgrößter Betreiber von Abfallver-brennungsanlagen in Deutschland, einer der größten Fernwärme-anbieter in Europa sowie der siebt-größte deutsche Stromversorger 2006. |

Quelle: Geschäftsberichte sowie Internetrecherchen

*Tab. 11: Unternehmensprofile II der 8KU-Gruppe*

| | | |
|---|---|---|
| Unternehmen<br>Sitz<br>Region | N-Ergie AG<br>Nürnberg<br>Unter-, Mittelfranken, Oberbayern, Schwaben und Oberpfalz | RheinEnergie AG<br>Köln<br>Rheinland |
| Gesellschafter – Ursprung | „Die N-Ergie ging in mehreren Schritten aus dem Fusionsprozess einiger regionaler Versorgungs-unternehmen hervor. Derzeitige Gesellschafter sind die Städtische Werke Nürnberg GmbH (59,19%) sowie die Thüga-AG (40,81%)." | Die RheinEnergie AG, im Juli 2002 als Zusammenschluss der GEW Köln AG mit weiteren Versorgungsunternehmen der rheinischen Region entstanden, gehört zu den größten kommunalen Energie- und Wasserversorgungs-unternehmen Deutschlands. Aktionäre: GEW Köln AG 80%; RWE AG 20%. |
| | Im Folgenden Konzernzahlen: | |
| Beschäftigte (2007) | 2.696 | 2.959 |
| Umsatz 2007 (Mio. EUR) | 1.769 | 3.018 |
| Umsatzänderung ggü. Vorjahr in % | 5,3 | –8,2 |
| Ergebnis der gew. Geschäftstätigkeit 2007 (Mio. EUR) | 119,4 | 248,5 |
| Eigenkapital 2007 (Mio. EUR) | 319 | 564 |
| Bilanzsumme 2007 (Mio. EUR) | 1.404 | 1.711 |
| Investitionen 2007 (Mio. EUR) | 82 | 64 |
| Stromabsatz in Mio. kWh 2007 | 9.792 | 33.770 |
| Gasabsatz in Mio. kWh 2007 | 10.650 | 8.564 |
| Wärme in kWh 2007 | 1.125 | 1.957 |
| Wasser Mio. m3 | 30 | 85 |
| Wesentliche Kraftwerkskapazitäten | GuD-Heizkraftwerk Sandreuth; Beteiligung am Gemeinschafts-kraftwerk Irsching 5; weitere Kraftwerksplanungen im EE-Bereich laut Geschäftsbericht 2007. Rund 10% Netzeinspeisung aus N-Ergie-Anlagen (908 GWh). | 5 Heizkraftwerke, 2 Heizwerke, 115 Nahwärme-Objekte und 8 Blockheizkraftwerke; rund 10% Eigenerzeugung im Elektrizitätsbereich. |

*Tab. 11: (Fortsetzung)*

| Unternehmen<br>Sitz<br>Region | Stadtwerke Leipzig GmbH<br>Leipzig<br>Region Leipzig sowie Polen (Pommern) | Stadtwerke München GmbH<br>München<br>Region München |
|---|---|---|
| Gesellschafter – Ursprung | Gründung der Stadtwerke am 1. Juli 1992. (Teil-)Verkäufe an private Unternehmen wurden im Laufe der Zeit zurückgenommen. Derzeitiger 100%-Eigentümer ist die LVV Leipziger Versorgungs - und Verkehrsgesellschaft mbH. | Die Stadtwerke München (SWM) sind das kommunale Energie- und Dienstleistungsunternehmen der Stadt München. Obwohl 1998 in eine GmbH umgewandelt, sind sie nach wie vor in öffentlichem Besitz. |

| | Im Folgenden Konzernzahlen: | Im Folgenden Konzernzahlen: |
|---|---|---|
| Beschäftigte (2007) | 2.402 | 7.422 (inkl. Münchener Verkehrsgesellschaft) |
| Umsatz 2007 (Mio. EUR) | 2.191 | 4.687 |
| Umsatzänderung ggü. Vorjahr in % | 19,3 | 11,6 |
| Ergebnis der gew. Geschäftstätigkeit 2007 (Mio. EUR) | 43,0 | 385,2 |
| Eigenkapital 2007 (Mio. EUR) | 307 | 1.959 |
| Bilanzsumme 2007 (Mio. EUR) | 1.017 | 6.276 |
| Investitionen 2007 (Mio. EUR) | 58 | 310 |
| Stromabsatz in Mio. kWh 2007 | 32.964 | 37.606 |
| Gasabsatz in Mio. kWh 2007 | 1.572 | 33.137 |
| Wärme in kWh 2007 | 1.277 | 3.754 |
| Wasser Mio. m3 | - | 94 |
| Wesentliche Kraftwerkskapazitäten | Diverse Heiz-, Heizkraft- und Blockheizkraftwerke sowie Nahwärmeanlagen. Nettowärmeerzeugung in 2007: 742 GWh; Bruttostromerzeugung 802 GWh. | Diverse Heiz-, Heizkraft- und Blockheizkraftwerke sowie Nahwärmeanlagen. Zudem Wasserkraftwerke, Geothermie- und Windkraftanlagen. Einstieg in den Offshore-Windpark Global Tech I zusammen mit HSE Anfang 2009 vollzogen. |

Quelle: Geschäftsberichte sowie Internetrecherchen

#### 2.1.2.3 Die Trianel-Stadtwerke-Gruppe

Die Ursprünge der Trianel-Gruppe gehen auf das Jahr 1999 zurück, als sich die ersten kommunalen Versorger um die *Stadtwerke Aachen* herum zu Beginn der Liberalisierung mit dem Anspruch vernetzten, Kräfte am freien Energiemarkt zu bündeln, Unabhängigkeit durch Zusammenarbeit zu erhalten sowie grenzüberschreitende Synergien durch Kooperation mit niederländischen Partnern zu erreichen. Mittlerweile bieten zehn Trianel-Tochter- und Beteiligungsunternehmen vielfältigste Dienstleistungen an, die von der Gasspeicherung und der Stromerzeugung in Großkraftwerken über die Belieferung, Beschaffungsoptimierung und Vertriebsunterstützung von Stadtwerken reichen. Darüber hinaus bündelt und vertritt Trianel die Interessen der Stadtwerke im politischen Raum.

Das Geschäftskonzept der Trianel basiert darauf, in verschiedenen Bereichen durch Zusammenfassung der Aktivitäten dort Größen- und Kompetenzvorteile zu generieren, wo ein einzelnes Stadtwerk alleine nicht wirtschaftlich agieren könnte. Allerdings steht es den jeweiligen Stadtwerken frei, in welchen Geschäftsfeldern sie sich engagieren.

Heute ist die Trianel-Gruppe mit 48 Gesellschaftern und rund 40 Partnern eines der größten Stadtwerke-Netzwerke. Dabei halten die EWMR – Energie-Wasserversorgung Mittleres Ruhrgebiet GmbH, (Bochum, Herne, Witten [27,36%]), die STAWAG Stadtwerke Aachen AG (16,61%) sowie die Stadtwerke Bonn GmbH (8,05%) gemeinsam rund die Hälfte der Trianel-Kapitalanteile (vgl. Tab. 12).

Hohe Akzeptanz im Markt und der systematische Ausbau der Dienstleistungsangebote haben dazu geführt, dass die Trianel-Gruppe kontinuierlich gewachsen ist. In 2007 verzeichnete das Unternehmen einen Gesamtumsatz von 2,3 Mrd. Euro, der größtenteils im Elektrizitätsgeschäft erzielt wurde.

Im Vordergrund standen ursprünglich die Beschaffung und der Handel von Strom und Gas an den Großhandelsmärkten. Die Stadtwerke erhofften sich darüber eine *Einkaufsoptimierung* und *Risikostreuung.* Dabei gewann recht schnell das aktive Management von Portfolios durch physische und finanzielle Produkte (z.B. Collars, Swaps, Optionen) zunehmende Bedeutung (vgl. Becker 2005). Dazu war eine *Lizenz der Bundesanstalt für Finanzdienstleistungsaufsicht* erforderlich, die Trianel im Jahre 2003 erhielt. Trianel Energie B.V. Maastricht setzt den Fokus auch auf den Energievertrieb in den Staaten Niederlande, Belgien und Luxemburg.

Um angesichts steigender Großhandelspreise die jeweilige Position im Wettbewerb zu stärken, haben sich 27 kommunale Energieversorgungsunternehmen aus Deutschland, den Niederlanden und Österreich sowie die Trianel European Energy Trading GmbH entschlossen, gemeinsam eigene *Erzeugungskapazitäten* aufzubauen. Im Jahre 2007 wurde das Gas- und Dampfturbinenkraftwerk in Hamm-Uentrop mit einer Leistung von 820 MW sowie einem Wirkungsgrad von fast 58% unter dem Dach der Trianel Power Kraftwerk Hamm-Uentrop GmbH & Co. KG in Betrieb genommen. Rund 6,4 TWh Strom können jährlich erzeugt werden, also ca. 1,2% des gesamten Stromverbrauchs in Deutschland. Entsprechend der jeweiligen Kapitalbeteiligung verfügen die Energieversorger über eine „Kraftwerksscheibe" und können den erzeugten Strom entweder selbst verbrauchen oder verkaufen (lassen).

Trianel sowie 28 kommunale Energieversorger haben des Weiteren den Bau zweier Steinkohlekraftwerke in Lünen und Krefeld geplant. Beide Anlagen sind jeweils für eine Leistung von 750 MW ausgelegt und können jährlich Strom in Höhe von ca. 6 Mrd. kWh erzeugen.

Über die Trianel Power Windpark Borkum GmbH & Co. KG, Aachen, treiben zudem rund 40 kommunale Energieversorger die Planung, Errichtung und den Betrieb des Offshore-Windparks Borkum-West II zur Erzeugung von Strom aus Windenergie voran. Der Windpark ist in der Endphase auf eine Gesamtleistung von 400 MW (80 Anlagen mit je 5 MW) ausgelegt. An diesem Beispiel wird deutlich, wie sich Stadtwerke mittels gemeinsamer Anstrengungen als Schrittmacher – hier im Markt der regenerativen Energien – positionieren können; auch wenn die Aktivitäten keineswegs mehr unter dem Stichwort „dezentral" zu subsumieren wären.

*Tab. 12: Grundkenngrößen der Trianel-Gruppe*

| | |
|---|---|
| Unternehmen | Trianel GmbH |
| Sitz | Aachen |
| Region | Deutschland, Niederlande, Belgien, Luxemburg, Schweiz |
| Gesellschafter – Ursprung | 1999 gegründet; zum Bilanzstichtag 2007 waren 32 kommunale Versorger an der Trianel European Energy Trading GmbH (TEET) beteiligt. Wesentliche Gesellschafter sind: EWMR - Energie- und Wasserversorgung Mittleres Ruhrgebiet GmbH (27,36%), STAWAG Stadtwerke Aachen AG (16,61%) sowie die Stadtwerke Bonn GmbH (8,05%) |
| Beschäftigte 31.12.2007 | 142 |
| Umsatz in Mio. EUR 2007 | 2.337,8 |
| Ergebnis der gew.Geschäftstätigkeit in Mio. EUR | 6,7 |
| Umsatzänderung ggü. Vorjahr in % | 44,0 |
| Eigenkapital 2007 (Mio. EUR) | 40,8 |
| Bilanzsumme 2007 (Mio. EUR) | 172,3 |
| Investitionen 2007 (Mio. EUR) | 4,0 |
| Stromabsatz in Mio. kWh 2007 | 40,589 |
| Gasabsatz in Mio. kWh 2007 | 2,8 sowie 5,2 gemanaged |
| Wesentliche Kraftwerkskapazitäten | GuD-Kraftwerk in Hamm-Uentrop; Beteiligung an Offshore-Windpark Borkum-West II, Bau von 2 weiteren Steinkohlekraftwerken in Lünen und Krefeld geplant. |

Quelle: Geschäftsberichte, Printmedien sowie Internet-Recherchen, eigene Berechnungen

Darüber hinaus widmet sich Trianel dem Ausbau der Gasmarktaktivitäten. Einerseits geht es um den systematischen Bezug auf der Upstream-Seite, andererseits um die Optimierung der Speicherung. Mit einer Erdgasspeicheranlage am Standort Epe hat die Trianel-Gruppe auch hier Zeichen gesetzt.

Nach eigener Einschätzung ist Trianel mit einem robusten Geschäftsmodell und einer am Markt orientierten Organisationsstruktur gut aufgestellt und für die zukünftigen Umbrüche in der Energieversorgung gut gerüstet. Für diese Aussage spricht, dass sich der Kreis der am Netzwerk beteiligten Stadtwerke jährlich erweitert.

#### 2.1.2.4 Konzentration und Kooperation im Ausblick

Der Elektrizitätsmarkt wird bislang von den „Big-4" direkt, aber auch indirekt, durch deren Beteiligungen dominiert. Entscheidend dafür war neben ihrer Bedeutung in der Stromerzeugung auch der *Besitz der Stromnetze.* Herausragend unter den „Big-4" ist die Stellung der Dyopolisten E.ON und RWE, denen auch in den Kartellrechtsverfahren offiziell eine marktbeherrschende Stellung attestiert wird.

Einer weiteren nationalen Konzentration durch die Stromgiganten sind – zumindest mit Blick auf die Dyopolisten – inzwischen enge Grenzen gesetzt. Neue nationale Fusionsvorhaben werden eher restriktiv beschieden. Das E.ON-Management hat im Herbst 2008 der EU-Kommission zugesagt, fast 5.000 MW Kraftwerkskapazität[6] sowie das Höchstspannungsnetz in Deutschland aus Wettbewerbsgründen und wegen drohender *Kartellstrafen* in den nächsten Jahren an andere Gesellschaften abzugeben. Mittlerweile ist das Abarbeiten dieser Zusagen weit vorangeschritten (vgl. Q237). Zudem steigt der politische Druck aufgrund des „Eschwege-Urteils" (siehe oben), so dass sich E.ON auch aus der Thüga AG herauszieht. Vattenfall erwägt ebenfalls eine Trennung von Beteiligungen (vgl. Kapitel 2.4.5).

Neben den „Big-4" sowie deren Beteiligungen an anderen Energieversorgungsunternehmen sind mit den 8KU sowie der Trianel-Gruppe weitere, größere Verbünde im Gefolge der Liberalisierung entstanden. Deren Kooperationsbeziehungen sind bislang unterschiedlich stark ausgeprägt. Darüber hinaus *fusionierten viele kleinere Stadtwerke* oder bauten ihre Zusammenarbeit in Teilbereichen wie z.B. bei den Netzen oder Shared-service-Gesellschaften aus.

---

6 Durch den kürzlich erfolgten Beteiligungstausch – E.ON erwarb die Anteile des norwegischen Staatsunternehmens Statkraft an der schwedischen EON Sverige in Höhe von 44,6% und Statkraft übernahm Kraftwerkskapazitäten von E.ON in Deutschland – ist das norwegische Unternehmen mittlerweile nach eigenen Angaben – wenn auch mit großem Abstand – sechstgrößter Stromversorger auf dem deutschen Markt (Q214, S. 19).

Interessant an den derzeitigen Strukturen in der Elektrizitätswirtschaft ist vor allem, dass der E.ON-Konzern über die Thüga AG Beteiligungen an der Hälfte der größeren kommunalen Stadtwerke (8KU) hielt. Inzwischen sind sich E.ON auf der einen Seite und vier der acht kommunalen Unternehmen auf der anderen Seite, nämlich die Stadtwerke Hannover, die Mainova, die Badenova und N-Ergie über den Verkauf der Thüga handelseinig geworden (vgl. Q234). Dieser Schritt könnte die Energieversorgungslandschaft in Deutschland gravierend verändern und bestehende nationale Machtverhältnisse verschieben.

### *2.1.3 Rückgang der Beschäftigung*

#### 2.1.3.1 Quantitative Arbeitsplatzentwicklungen

Der mit der Liberalisierung einsetzende Wettbewerb im Strombereich speziell um Sondervertragskunden veranlasste die EVUs nicht nur, marktorientierte Strategien zu entwickeln und die Organisationsstrukturen entsprechend anzupassen. Gleichzeitig bargen die Unternehmen *Produktivitätsreserven,* um sich im drohenden Wettbewerb zu behaupten.

Diese Neuausrichtung der EVUs ging im *Innenverhältnis* eindeutig zu Lasten der *Beschäftigtenzahl.* Es wurden massiv Arbeitsplätze abgebaut bzw. oftmals zu schlechteren Konditionen ausgelagert (Outsourcing). Von 1992 bis 2006 verringerte sich die Zahl der sozialversicherungspflichtigen Beschäftigung von 290.168 auf 207.480.[7] Mithin gingen fast drei von zehn Arbeitsplätzen innerhalb von 14 Jahren in der Energiewirtschaft verloren. Seit Öffnung der Elektrizitätsmärkte im Jahre 1998 entfielen bis Ende 2006 rund 43.800 Arbeitsplätze, was einem Rückgang von 17,4% entspricht (vgl. Tab. 13).

Obwohl viele EVUs bereits vor der Liberalisierung in Antizipation des sich intensivierenden Wettbewerbs produktivitätssteigernde Maßnahmen umgesetzt hatten, erfolgte insbesondere in den ersten Jahren nach Inkrafttreten des neuen EnWG ein weiterer Arbeitsplatzabbau. Seit der Liberalisierung nahm die Anzahl der Arbeitsplätze jahresdurchschnittlich um 2,4% ab. Vorrangig traf es Unternehmen mit über 500 Mitarbeitern; diese Gruppe verzeichnete einen überdurchschnittlichen Rückgang der Beschäftigung in Höhe von 3,5% p.a. (vgl. Tab. 14). In den Stadtwerken mit bis zu 500 Beschäftigten ist demgegenüber im Beobachtungszeitraum ein Zuwachs der Arbeitsplätze zu konstatieren.

---

7 Im Rahmen einer gesamtwirtschaftlichen Bilanz wären zudem noch die indirekten Folgen des Erneuerbaren Energiegesetzes zu berücksichtigen. Nach Berechnungen der Bundesregierung sollen hierbei u.a. für die Erzeugung der alternativen Anlagen in anderen Wirtschaftsbereichen Arbeitsplätze in Höhe von ca. 124.000 in 2006 über das EEG geschaffen worden sein (vgl. Q11, S. 5).

*Tab. 13: Entwicklung ausgewählter Indikatoren in der Elektrizitätswirtschaft 1998–2006*

| alle Elektrizitäts-unternehmen | 1998 | 1999 | 2000 | 2001 | 2002 | 2003 | 2004 | 2005 | 2006 | 1998 – 2006 in % | Durch-schnittl. Änderg. p.a. in % |
|---|---|---|---|---|---|---|---|---|---|---|---|
| Beschäftigte | 251.297 | 239.777 | 219.586 | 205.816 | 207.419 | 198.758 | 209.667 | 207.654 | 207.480 | –17,4 | –2,4 |
| Arbeitsstd. in Tsd. | 389.726 | 371.287 | 343.021 | 314.633 | 313.351 | 303.929 | 323.137 | 321.198 | 318.936 | –18,2 | –2,5 |
| Arbeitsstd je Mitarbeiter | 1.551 | 1.548 | 1.562 | 1.529 | 1.511 | 1.529 | 1.541 | 1.547 | 1.537 | –0,9 | –0,1 |
| *Personalkosten* | | | | | | | | | | | |
| in Mio. EUR | 14.136 | 14.179 | 14.050 | 12.329 | 12.450 | 12.833 | 13.264 | 13.777 | 15.392 | 8,9 | 1,1 |
| je Beschäftigten in EUR | 56.251 | 59.134 | 63.984 | 59.903 | 60.023 | 64.566 | 63.262 | 66.346 | 74.185 | 31,9 | 3,5 |
| je Std. in EUR | 36,27 | 38,19 | 40,96 | 39,19 | 39,73 | 42,22 | 41,05 | 42,89 | 48,26 | 33,1 | 3,6 |
| *Wertschöpfung* | | | | | | | | | | | |
| vor Steuern in Mio. EUR | 25.306 | 27.536 | 22.629 | 21.900 | 24.442 | 23.729 | 29.350 | 31.388 | 33.643 | 32,9 | 3,6 |
| je Beschäftigten in EUR | 100.703 | 114.840 | 103.053 | 106.406 | 117.839 | 119.386 | 139.984 | 151.155 | 162.151 | 61,0 | 6,1 |
| je Arbeitsstd. in EUR | 64,93 | 74,16 | 65,97 | 69,60 | 78,00 | 78,07 | 90,83 | 97,72 | 105,49 | 62,5 | 6,3 |

Quelle: Statistisches Bundesamt, verschiedene Jahrgänge, eigene Berechnungen

Bei der Beurteilung der branchenweiten Entwicklung ist allerdings zweierlei zu berücksichtigen. Erstens wirkten sich bis zu Beginn des Jahrhunderts in den Beschäftigungszahlen auch die *vereinigungsbedingten Restrukturierungen* der Energiewirtschaft in den neuen Bundesländern aus. Bis 2001 wurde dieser Abbau von Arbeitsplätzen weitestgehend abgeschlossen. Nach dem Tiefststand in 2003 stabilisierte sich das Beschäftigungsniveau im Bereich zwischen 205.000 bis 210.000 Arbeitsplätzen.

Zweitens konnte der Arbeitsplatzabbau in der Versorgungswirtschaft bisher im Wesentlichen *ohne betriebsbedingte Kündigungen* gestaltet werden. In der Regel kamen dabei tarifvertraglich vereinbarte Instrumente zum Einsatz. Dazu zählen:

- Vorruhestands- und Altersteilzeitregelungen,
- freiwillige Aufhebung von Arbeitsverträgen mit Abfindungszahlungen,
- Arbeitszeitverkürzungen mit (teilweise aber auch ohne) Lohnausgleich,
- der Einsatz von Beschäftigungs- und Qualifizierungsgesellschaften und
- Vereinbarungen zur Beschäftigungssicherung bei Outsourcing-Maßnahmen (vgl. Bergelin 2008, S. 125).

Trotz der insgesamt rückläufigen Beschäftigtenzahl hat sich in der Branche die *Wertschöpfung* (zuletzt auch aufgrund des Einpreisens von kostenlos zugeteilten Zertifikaten) kontinuierlich erhöht. *Immer weniger Mitarbeiter generieren immer mehr Werte.* Das Verhältnis von Wertschöpfung zu geleisteten Arbeitsstunden ergibt dabei die (Stunden-)Arbeitsproduktivität. Von 1998 bis 2006 wuchs diese Kennziffer um 62,5% (vgl. Tab. 13). Vor allem in den Jahren von 2004 bis 2006 ist dabei ein wesentlicher Anstieg zu verzeichnen.

*Tab. 14: Änderungsraten der Beschäftigung nach Größenklassen*

| Unternehmen mit ... Beschäftigten | Anzahl Unternehmen 2006 | Beschäftigte 2006 | Durchschnittl. Änderungsrate p.a. in % 1992–1998 | 1998–2006 |
|---|---|---|---|---|
| alle | 994 | 207.480 | –2,4 | –2,4 |
| > 500 | 83 | 145.806 | –4,0 | –3,5 |
| 250 – 499 | 67 | 22.865 | k.A. | 1,1 |
| 100 – 249 | 120 | 17.797 | k.A. | 0,1 |
| 50 – 99 | 174 | 12.602 | k.A. | 2,4 |

Quelle: Statistisches Bundesamt, verschiedene Jahrgänge, eigene Berechnungen

### 2.1.3.2 Qualitative Beschäftigungsaspekte

Hinter den skizzierten *quantitativen Anpassungen* verbergen sich zum Teil ebenso gravierende *qualitative Veränderungen* der Beschäftigungsverhältnisse. Innerhalb kürzester Zeit mussten über Jahrzehnte gewachsene Wertorientierungen und

*Unternehmenskulturen* transformiert werden. Stand früher vor allem die Versorgungssicherheit mit Elektrizität im Vordergrund, wird heute primär *marktorientierten Zielen* in den Unternehmen der Vorrang gegeben. Die aktuellen *Leitbilder* der EVUs basieren deshalb auf Kunden- und Wettbewerbsorientierung, auf Effektivität und Effizienz.[8]

Der strategische Wandel in den Unternehmenskulturen und -strukturen war insbesondere von den *Arbeitnehmern* zu bewerkstelligen; diese hatten die neuen Herausforderungen anzunehmen und sich den veränderten Arbeitsanforderungen und -bedingungen anzupassen. Aus den in den von uns geführten Interviews mit Betriebsräten und Top-Managern (vgl. Kapitel 3) getätigten Äußerungen wurde deutlich, dass heute weit mehr als die Hälfte der Beschäftigten in den EVUs eine andere Tätigkeit ausübt als vor der Liberalisierung der Elektrizitätsmärkte.

In den Unternehmen lassen sich in diesem Kontext insbesondere drei Entwicklungen herauskristallisieren:

*Erstens* entstanden in allen EVUs *neue Bereiche und Abteilungen*, die in Wettbewerbsmärkten typisch sind, in der Vergangenheit aber wegen der Gebietsmonopole nicht notwendig waren. Zu den neuen Aufgaben zählen u.a. Marketing, Werbung, Risikomanagement, Asset Management, Strom- und Gashandel bzw. Trading sowie Außendienst und Vertrieb (Customer Care). Darüber hinaus sind die mit dem *Regulierungsmanagement* sowie einer *Internationalisierungsstrategie* verbundenen Arbeiten zu nennen. Die Umbrüche der Rahmenbedingungen hatten die Entstehung *neuer Tätigkeiten und Berufsbilder* in der Energiewirtschaft zur Folge. Hier kann auf den „Key Accounter" im Großkundengeschäft, den „Broker", den „Trader" (Händler) oder den Referenten für Handelsdispatching, aber auch auf den „Call-Center-Agenten" im Vertrieb sowie den so genannten „Pricing- oder Compliance-Manager" verwiesen werden. Zudem sind Projektmanager in Zukunftsenergien oder in Energieeffizienz gefragt.

*Zweitens* wurden viele Arbeitsplätze aus der Energiewirtschaft ausgelagert; es kam zu einem *Outsourcing*. Dabei lassen sich zwei Phasen identifizieren. In den *ersten Jahren* der Marktöffnung gliederten die Unternehmen zunächst Bereiche mit *geringerem Qualifikationsniveau* aus (z.B. Kantinenarbeitsplätze, Bewachungs- oder Logistikdienste). Ziel dieser Anstrengungen war es, Unterschiede zwischen Tarifverträgen zu nutzen und Kostenvorteile zu erschließen. Andererseits wurden Arbeitsplätze mit *hohem Spezialisierungsgrad* und Wissen (wie die Informationsdienstleistungen) abgetrennt, da durch die relative Selbstständigkeit zusätzliche Geschäfte außerhalb des ursprünglichen Unternehmens erwartet wurden. Häufig handelt es sich bei den letztgenannten Arbeitsplätzen um hoch be-

8 Letzteres aber nur einseitig auf *Profitabilität für die Shareholder* (vgl. dazu noch ausführlich den Abschnitt 3.2.7.3).

zahlte Tätigkeiten. Als *neuester Trend* zeichnet sich ab, dass zunehmend auch *„kerngeschäftsnahe" Dienstleistungen* wie z.B. Netzservices, Kraftwerkswartung, Abrechnungsdienste oder das Zähl- und Messwesen in Frage gestellt werden. Diese Dienstleistungen werden mittlerweile ebenfalls verstärkt in so genannten Shared-service-Gesellschaften zusammengeführt; in aller Regel zu schlechteren Arbeits- und Entgeltbedingungen. Hier vollzieht sich in der Elektrizitätswirtschaft das schon lange in anderen Wirtschaftszweigen zu beobachtende ambivalente *„Wertschätzungsgebaren"* in Richtung *Stamm- und Randbeschäftigte*, wobei gleichzeitig zu beobachten ist, dass auch hier die „Subjektivität der Arbeit" – zumindest bei den Stammbeschäftigten – „subjektiv" bekämpft werden soll (vgl. hierzu ausführlich das Kapitel 3.2.5).

*Drittens* führten die *Zusammenschlüsse von Unternehmen* (Fusionen) mit anschließenden massiven Restrukturierungen beim Personal dazu, dass viele Beschäftigte sich räumlich verändern mussten. Umzüge über größere Entfernungen mitsamt den Familien blieben nicht nur den leitenden Angestellten vorbehalten.

Zusammengefasst verschob sich so insgesamt die Struktur der verbliebenen Beschäftigten von gewerblichen zu höher bzw. hochqualifizierten Verwaltungs-, Gestaltungs- und Managementarbeitsplätzen. Diese Arbeitsplätze werden besser entlohnt und personalwirtschaftlich motivational angereizt. Hier erfolgt Weiterbildung und der Versuch einer Unternehmensidentifikation. Der dabei im Folgenden aufgezeigte *Anstieg der Personalkosten je Beschäftigten* ist folglich auch ein Ergebnis des neuen qualifikatorischen Gefüges innerhalb der Belegschaften in den Energieversorgungsunternehmen.

Auf der anderen Seite entstand aber auch in der Elektrizitätswirtschaft zunehmend die Problematik einer *personalwirtschaftlichen Exklusion* weniger benötigter Unternehmensbereiche durch Outsourcing und ein Abschieben minderer Arbeitsqualifikationen in unternehmerische Randbereiche. Bei den gewerblich Beschäftigten sind hier allgemein oftmals Stagnation oder sogar Verschlechterungen der Entgeltverhältnisse zu beobachten. Insgesamt ist also in der Elektrizitätswirtschaft eine ambivalente Entwicklung der Beschäftigung im letzten Jahrzehnt zu verzeichnen gewesen.

### *2.1.4 Personalaufwand und tarifliche Strukturen*

#### 2.1.4.1 Anpassungen bei den Personal- und Sozialkosten

Der Rückgang der Beschäftigung wirkte sich insbesondere in den Arbeitskosten der Elektrizitätswirtschaft aus.[9] Parallel zum Arbeitsplatzabbau sanken die Per-

9 In der öffentlichen Statistik wurde die Erfassung der Lohnkosten im Laufe der Zeitperiode verändert, so dass die Daten nur eingeschränkt vergleichbar sind.

sonalkosten in der Versorgungsbranche bis 2001 auf das im Betrachtungszeitraum niedrigste Niveau in Höhe von 12,3 Mrd. EUR. Seitdem stiegen die Entgelte aber wieder kontinuierlich an. Der größte Sprung mit einem Plus von 1,6 Mrd. EUR ist von 2005 auf 2006 zu verzeichnen. Dieser außergewöhnliche Anstieg von 13,7 auf 15,4 Mrd. EUR führte dazu, dass die Personalaufwendungen bei allen Unternehmen mit Schwerpunkt Elektrizitätsversorgung im Jahre 2006 in Summe trotz des Beschäftigungsabbaus höher liegen als zu Beginn der Liberalisierung. Insgesamt ergibt sich von 1998 bis 2006 ein Anstieg von 8,9%, was umgerechnet einem durchschnittlichen Wachstum der Personalkosten von 1,1% p.a. entspricht (vgl. Tab. 15).

In der skizzierten Entwicklung der Aufwendungen überlagern sich die gegenläufigen Wirkungen des Arbeitsplatzabbaus einerseits und einer Entgeltsteigerung andererseits: Denn seit der Marktöffnung in 1998 erhöhten sich die Entgelte pro Kopf um 31,9% bzw. pro Stunde um 33,1%. Jahresdurchschnittlich stiegen die Löhne und Gehälter damit um 3,5% je Beschäftigten bzw. 3,6% je Arbeitsstunde im betrachteten Zeitraum.

Innerhalb der Entgeltstruktur wurde die Bedeutung der *sonstigen Sozialkosten* ab 2000 stark zurückgedrängt. Dieser Kostenblock beinhaltet im weitesten Sinne *übertarifliche Lohnbestandteile*, vor allem Aufwendungen für die betriebliche Altersversorgung. Der Anteil der sonstigen Sozialkosten an den gesamten Personalkosten aller EVUs nahm von 19,4% im Jahre 2000 auf 14,5% im Jahre 2005 stark ab. 2006 stieg dieser Anteilswert jedoch um gut die Hälfte auf 21,1% wieder an und erreichte im betrachteten Zeitraum somit ein All-Jahreshoch. Besonders betroffen von dieser Entwicklung ist die Gruppe der Elektrizitätsunternehmen mit mehr als 500 Beschäftigten. Sie verzeichnet eine Ausdehnung der sonstigen Sozialkosten an den Personalkosten auf 24,2%. Auf welche Faktoren dieser Anstieg zurückzuführen ist, konnte im Rahmen des Projekts weder mit dem Statistischen Bundesamt noch mit anderen Interviewpartnern abschließend geklärt werden. Vermutet wird, dass ein Teil der Steigerungen auf die sozialen Sicherungsmaßnahmen zurückgeführt werden kann, die mit der Umsetzung des EnWG 2005 verbunden waren (z.B. Nutzung der 58-Jahre-Regelung im Zusammenhang mit dem Unbundling).

#### 2.1.4.2 Stark differenzierte Tariflandschaft

Die Entwicklungen der Personal- und Sozialaufwendungen sind neben Variationen im Beschäftigungsumfang das Spiegelbild *tarifvertraglicher* Möglichkeiten. Dass es hier zu einer massiven Umverteilung zu Lasten der Beschäftigten kommt, hängt neben dem *allgemeinen wirtschaftlichen* und *branchenbezogenen Umfeld* auch von dem gewerkschaftlichen Organisationsgrad in der Elektrizitätswirt-

*Tab. 15: Entwicklung des Personalaufwands und angrenzender Indikatoren in der Elektrizitätswirtschaft*

| | 1998 | 2000 | 2002 | 2004 | 2005 | 2006 | 1998–2006 in % | Durchschnittl. Änderg. p.a. in % |
|---|---|---|---|---|---|---|---|---|
| | | | | Alle EVUs | | | | |
| Personalkosten (PK) in Mio. EUR | 14.136 | 14.049 | 12.451 | 13.264 | 13.777 | 15.392 | 8,9 | 1,1 |
| PK pro Beschäftigten in EUR | 56.251 | 63.979 | 60.028 | 63.262 | 66.346 | 74.170 | 31,9 | 3,5 |
| Bruttogehalts- und -lohnsumme in Mio. EUR | 9.850 | 9.587 | 8.902 | 9.561 | 9.861 | 10.141 | 3,0 | 0,4 |
| gesetzliche Sozialkosten in Mio. EUR | 1.916 | 1.731 | 1.729 | 1.888 | 1.924 | 1.997 | 4,2 | 0,5 |
| sonstige Sozialkosten in Mio. EUR | 2.369 | 2.731 | 1.820 | 1.815 | 1.992 | 3.253 | 37,3 | 4,0 |
| Anteil Sonst. Sozialk. an PK in % | 16,8 | 19,4 | 14,6 | 13,7 | 14,5 | 21,1 | | |
| | | | | EVUs mit über 500 Beschäftigten | | | | |
| Personalkosten (PK) in Mio. EUR | 11.657 | 11.073 | 9.459 | 10.030 | 10.541 | 11.991 | 2,9 | 0,4 |
| PK pro Beschäftigten in EUR | 60.010 | 70.536 | 64.347 | 67.839 | 71.635 | 82.239 | 37,0 | 4,0 |
| Bruttogehalts- und -lohnsumme in Mio. EUR | 7.972 | 7.367 | 6.627 | 7.113 | 7.431 | 7.609 | –4,5 | –0,6 |
| gesetzliche Sozialkosten in Mio. EUR | 1.531 | 1.289 | 1.276 | 1.388 | 1.425 | 1.483 | –3,1 | –0,4 |
| sonstige Sozialkosten in Mio. EUR | 2.155 | 2.417 | 1.556 | 1.529 | 1.684 | 2.899 | 34,5 | 3,8 |
| Anteil Sonst. Sozialk. an PK in % | 18,5 | 21,8 | 16,4 | 15,2 | 16,0 | 24,2 | | |
| | | | | EVUs mit 250 bis 499 Beschäftigten | | | | |
| Personalkosten (PK) in Mio. EUR | 1.038 | 1.314 | 1.321 | 1.384 | 1.286 | 1.441 | 38,8 | 4,2 |
| PK pro Beschäftigten in EUR | 49.626 | 55.631 | 55.341 | 59.173 | 61.020 | 63.022 | 27,0 | 3,0 |
| Bruttogehalts- und -lohnsumme in Mio. EUR | 768 | 940 | 983 | 1.026 | 942 | 1.038 | 35,2 | 3,8 |
| gesetzliche Sozialkosten in Mio. EUR | 156 | 185 | 194 | 210 | 195 | 210 | 34,7 | 3,8 |
| sonstige Sozialkosten in Mio. EUR | 115 | 189 | 144 | 148 | 149 | 193 | 68,5 | 6,7 |
| Anteil Sonst. Sozialk. an PK in % | 11,0 | 14,4 | 10,9 | 10,7 | 11,6 | 13,4 | | |
| | | | | EVUs mit 100 bis 249 Beschäftigten | | | | |
| Personalkosten (PK) in Mio. EUR | 752 | 852 | 774 | 905 | 968 | 960 | 27,6 | 3,1 |
| PK pro Beschäftigten in EUR | 42.492 | 45.396 | 48.487 | 50.573 | 52.772 | 53.942 | 26,9 | 3,0 |
| Bruttogehalts- und -lohnsumme in Mio. EUR | 573 | 649 | 587 | 688 | 728 | 721 | 25,9 | 2,9 |
| gesetzliche Sozialkosten in Mio. EUR | 118 | 130 | 118 | 140 | 147 | 147 | 24,5 | 2,8 |
| sonstige Sozialkosten in Mio. EUR | 61 | 73 | 69 | 77 | 93 | 91 | 48,3 | 5,1 |
| Anteil Sonst. Sozialk. an PK in % | 8,2 | 8,6 | 8,9 | 8,5 | 9,6 | 9,5 | | |
| | | | | EVUs mit 50 bis 99 Beschäftigten | | | | |
| Personalkosten (PK) in Mio. EUR | 403 | 471 | 560 | 584 | 605 | 609 | 51,0 | 5,3 |
| PK pro Beschäftigten in EUR | 38.593 | 41.261 | 44.779 | 47.047 | 47.093 | 48.326 | 25,2 | 2,9 |
| Bruttogehalts- und -lohnsumme in Mio. EUR | 316 | 363 | 440 | 454 | 468 | 468 | 48,1 | 5,0 |
| gesetzliche Sozialkosten in Mio. EUR | 65 | 74 | 88 | 92 | 97 | 96 | 46,7 | 4,9 |
| sonstige Sozialkosten in Mio. EUR | 22 | 34 | 32 | 38 | 40 | 45 | 104,7 | 9,4 |
| Anteil Sonst. Sozialk. an PK in % | 5,4 | 7,2 | 5,7 | 6,5 | 6,6 | 7,4 | | |

Quelle: Q260, diverse Jahrgänge; eigene Berechnungen

schaft (vgl. Kapitel 3.2.1 sowie Abschnitt 3.2.7.1) und damit von der *Kampfkraft* ab, in den Tarifverhandlungen entsprechende Lohn- und Gehaltserhöhungen durchzusetzen, die zumindest verteilungsneutral ausfallen. Dies impliziert, dass die nominalen Arbeitsentgelte mit der jeweiligen Produktivitäts- plus der Inflationsrate ansteigen müssten. Geht man von einer *„solidarischen Lohnpolitik“*[10] und von *Flächentarifverträgen ohne Öffnungsklauseln* aus, so beziehen sich Produktivitäts- und Inflationsrate auf die gesamtwirtschaftlichen und nicht auf die Branchenwerte der Elektrizitätswirtschaft. Die Differenz zwischen beiden müsste dann durch *echte Gewinnbeteiligungen* in den einzelnen Unternehmen zum Verteilungsausgleich zwischen Kapital und Arbeit abgeschöpft werden. Hierauf werden wir noch ausführlich in Kapitel 3.3.8 eingehen.

Die Entwicklung der Arbeitsentgelte ist – *historisch bedingt* – aber auch auf äußerst vielschichtige (unterschiedliche) tarifliche Gegebenheiten in der Elektrizitätsbranche zurückzuführen. Hier trifft man auf gewachsene *Konzerntarifverträge* (insbesondere bei E.ON, RWE und Vattenfall Europe), auf mehrere *regionale Flächentarifverträge* (vor allem bei ehemaligen Regionalversorgern sowie Stadtwerken) und – für die hauptsächlich kommunal betriebenen Stadtwerke – auf den *„Tarifvertrag Versorgungsbetriebe West und Ost“* (TV-V West und TV-V Ost).

Vor der Marktliberalisierung der Elektrizitätswirtschaft wendeten die überwiegend im kommunalen Eigentum befindlichen Stadtwerke für ihre Beschäftigten dass Tarifwerk für den *öffentlichen Dienst (BAT/BMTG)* an. Aufgrund der Marktöffnung wurde dann Anfang Oktober 2000 – nach mehr als vierjährigen schwierigen Verhandlungen – der Tarifvertrag Versorgungsbetriebe (TV-V) als *Spartentarifvertrag* im Bereich der kommunalen Versorgung des öffentlichen Dienstes für rund 100.000 Beschäftigte der Energieversorgungswirtschaft vereinbart. Dabei gelang es erstmals, einen *Mantel- und Entgelttarifvertrag* gemeinsam für *Arbeiter und Angestellte im öffentlichen Dienst* abzuschließen. Der TV-V West und Ost ermöglichte des Weiteren *leistungsbezogene Elemente* bei der Bezahlung im Rahmen der tariflichen Öffnungen.

Bis 2007 sah der TV-V West für die alten Bundesländer (in rund 550 Stadtwerken) eine *Arbeitszeit* von 38,5 Stunden, der TV-V Ost für die neuen Bundesländer (in etwa 50 Stadtwerken) eine 40-Stunden-Woche vor. Dabei bestanden jeweils entsprechende Flexibilisierungsmöglichkeiten hinsichtlich von

---

10 Vgl. Pfromm 1978. Der Begriff der „solidarischen Lohnpolitik“ stammt aus Schweden. Er charakterisiert eine tarifpolitische Nivellierung der Lohnstruktur. Solidarisch ist diese Politik insofern, als Arbeitnehmer in Branchen oder Tätigkeiten mit hohen Produktivitäts- und Preissteigerungen solidarisch zugunsten von Arbeitnehmern in Branchen oder Stellungen, auch bezogen auf den öffentlichen Dienst, mit relativ niedrigen Produktivitäts- und Preissteigerungsraten auf mögliche tarifliche Lohnerhöhungen verzichten.

*Arbeitszeitmodellen.* Der Anfang 2008 abgeschlossene Tarifvertrag ermöglicht für den Bereich West ab Juli 2008 eine Arbeitszeit in Höhe von 39 Stunden. Im Osten gilt weiter die 40-Stunden-Woche.

Mit dem Entgelttarifvertrag konnte im Allgemeinen eine Besserstellung der Beschäftigten in Bezug auf die Lohn- und Gehaltshöhe erreicht werden. Dafür musste in Kauf genommen werden, dass neue Mitarbeiter in eine neu geschaffene *Niedrigentgeltgruppe* eingruppiert wurden. Die neue Entgeltgruppe liegt rund 20% unterhalb der bis dahin niedrigsten Lohngruppe. Zur Beschäftigungssicherung können zudem tarifliche *Öffnungsklauseln* angewandt werden.

Darüber hinaus handeln noch weitere Arbeitgeberverbände wie die AVE Gruppe in Hessen, die Tarifgemeinschaft in Bayern, die Tarifgruppe GWE im AGWE (Nordrhein-Westfalen), der Verband der Elektrizitätswerke Baden-Württemberg, die Energie Rheinland-Pfalz e.V. sowie der in den neuen Bundesländern tätige Arbeitgeberverband energie- und versorgungswirtschaftlicher Unternehmen e.V. (AVEU) mit den gewerkschaftlichen Akteuren *sektorspezifische Tarifverträge* für ausgewählte Unternehmen der Energieversorgungswirtschaft aus. Diese Tarifverträge haben in der Regel ebenfalls Öffnungsklauseln für Lohnkürzungen und Arbeitszeitveränderungen zwecks „Arbeitsplatzsicherung" verankert.

Bei E.ON, RWE und Vattenfall Europe kommen *Konzerntarife* zur Anwendung; EnBW ist in den Tarifvertrag „Elektrizitätswerke Baden-Württemberg" eingebunden. Die Konzerntarifverträge wurden zwischen den Unternehmen sowie den Gewerkschaften ver.di und IG BCE sowie teilweise auch der IG Metall, die entsprechende Verhandlungsbündnisse eingingen, abgeschlossen.

Die Größe eines EVUs ist bei den Tarifverhandlungen kein Garant für steigende Einkommen und bessere Arbeitszeiten. So einigte sich erst nach langjährigen, extrem schwierigen Verhandlungen RWE mit den Gewerkschaften ver.di und IG BCE auf eine neue *konzernweite Entgeltstruktur*. Dieses Haustarif-Vertragswerk vereinigt alte tarifliche Vereinbarungen mit solchen, die in neuen zugekauften RWE-Gesellschaften galten. Die Folge dieser Angleichung ist nach Brandt/Schulten (2008) allerdings ein *„Zwei-Klassen-Entgeltsystem"* für länger Beschäftigte und für neue Mitarbeiter. Für bereits vor dem Juni 2006 eingestellte Arbeitnehmer ist eine Besitzstandsregelung getroffen worden. Sie führt dazu, dass Neubeschäftigte rund 30% unterhalb des Entgeltniveaus längerfristig Beschäftigter liegen (ebd., S. 86). Bei einer abschließenden Bewertung des neuen Tarifwerks ist allerdings zu berücksichtigen, dass durch diese Regelung weiteres *Outsourcing* und damit Arbeitsplatzabbau ausgeschlossen werden sollten.

Im Jahr 2006 konnten auch die Verhandlungen zu einem Konzerntarifvertrag bei *Vattenfall Europe* abgeschlossen werden. Im Geschäftsbericht 2006 heißt es dazu: „Vattenfall Europe und die Gewerkschaften IG BCE, ver.di und IG Metall haben die bisher unterschiedlichen Beschäftigungsbedingungen der

Kernunternehmen in einem gemeinsamen Tarifvertrag vereinheitlicht und standortbedingte Unterschiede reduziert." (ebd., S. 37) Dazu wurden leistungs- und erfolgsabhängige Vergütungselemente eingeführt und gleichzeitig betriebsbedingte Kündigungen bis 2012 ausgeschlossen.

Diese Beschreibungen der tariflichen Strukturen verdeutlichen bereits, dass es *erhebliche materielle Unterschiede* zwischen den in der Branche angewandten Tarifverträgen gibt (vgl. Tab. 16). Die Spannweite wird auf rund 40% der Jahreseinkommen geschätzt (vgl. Bergelin 2008, S. 129); die wöchentlichen Arbeitszeiten lagen im Jahr 2007 zwischen 36 und 40 Stunden. Die tarifliche Heterogenität ist damit ähnlich groß wie die zuvor ausgemachten Unterschiede bei den nach Größenklassen differenzierten Arbeitsentgelten. Die Beziehungen zwischen Kapital und Arbeit in den Unternehmen der Elektrizitätswirtschaft werden zukünftig, sollte es wirklich zu einer Belebung des Wettbewerbs unter den EVUs kommen, noch weniger konfliktfrei verlaufen als bereits seit der Liberalisierung ohne einen wirklichen Wettbewerbsprozess.

Im Netzbereich sind die Auswirkungen der vorausgegangenen Kostenregulierung und der *Anreizregulierungsverordnung* (vgl. Abschnitt 1.3.3.3) zum Teil heute schon zu spüren. Zwar sind die schlimmsten Befürchtungen der EVUs nicht eingetreten, dennoch bleibt der Druck hoch, weitere Rationalisierungs- und Kostensenkungspotenziale gerade im Personalbereich zu erschließen. Experten sehen daher im ausschließlichen Netzbetrieb auch kein zukunftsfähiges Geschäftsmodell mehr. Die Konsequenz im Netzbereich aber ist, dass vor allem kleine und mittlere Energieversorger nach *Kooperationen* Ausschau halten (vgl. Kapitel 4). Ziel der avisierten Zusammenarbeit ist es, *Rationalisierungs-* und *Synergiepotenziale* mittels Zusammenlegung von Arbeitsbereichen und damit den Abbau von Arbeitsplätzen sowie Einsparung von Personalkosten zu erschließen. Dies scheint für das Management vieler Netzgesellschaften und -abteilungen der Weg zu sein, auf dem sie primär den neuen Herausforderungen begegnen wollen.[11] Forderungen nach Verlängerung der Wochenarbeitszeiten, der Absenkung der Vergütungstabellen sowie der Kürzung bzw. Streichung tariflicher Sonderzahlungen stehen dabei im Fokus der Arbeitgeberseite. In diesem Kontext könnte sogar ein Prozess eintreten, der unterschiedliche tarifliche Strukturen in der *Erzeugung* sowie im *Netzbereich* zur Folge hätte.

Im Erzeugungsbereich ist im nächsten Jahrzehnt in allen Unternehmen mit einem weiteren Zubau *erneuerbarer Erzeugungs-* sowie *Kraft-Wärme-Kopplungsanlagen* zu rechnen. Dieser Prozess wird dazu führen, dass auch in den größeren Konzernen teilweise wieder *dezentrale Organisationsstrukturen* prakti-

11 So hat z.B. 2008 die Städtische Werke Bremen (swb) AG beschlossen, die Netze in Bremen und Bremerhaven zusammenzulegen, um innerhalb der nächsten Jahre rund zwei Drittel der Arbeitsplätze einsparen zu können.

ziert werden müssen. Hier wird es hochwahrscheinlich zu wirtschaftlich selbstständigen *Profit-Center-Organisationen,* zumindest aber zu verselbstständigten *Cost-* oder *Dienstleistungscentern* kommen. Verstärkt wird diese Entwicklung womöglich durch den Ausbau von Energiedienstleistungen. Mit diesem strukturellen Wandel gehen nicht nur neue Herausforderungen an das Management einher sondern es ergeben sich auch neue *Qualifikationsanforderungen* bei den Beschäftigten.

Diese Entwicklungen werden Auswirkungen auf die unternehmensinternen *Entgeltstrukturen* und somit auch auf das *Bewusstsein der Beschäftigten* haben. Dies wohl mehr in Richtung einer heute schon bestehenden *Entsolidarisierung* zwischen den Hochqualifizierten der Stammbelegschaften und den weniger Qualifizierten der Randbelegschaften. Dazu werden auch die neu eingestellten Beschäftigten der so genannten „Wettbewerbsbereiche“ Vertrieb, Marketing, Risikomanagement, Trading oder Energieeffizienz-Beratungsdienstleistungen verstärkt mit beitragen. In diesen Bereichen sind beispielsweise *individuelle erfolgsorientierte Entgelte* im Sinne einer „Subjektivierung der Arbeit“ üblich (vgl. Kapitel 3.2.5). Dabei bewirkt die Subjektivierung gerade in diesen Geschäftbereichen einen niedrigen *gewerkschaftlichen Organisationsgrad.*

Angesichts dieser unterschiedlichen Entwicklungen und auch der wirtschaftlichen Möglichkeiten in den jeweiligen *Wertschöpfungsbereichen* (Erzeugung, Handel, Netze und Vertrieb) sowie in Bezug auf die stark divergierenden *Unternehmensgrößen* (nur gut 8% der EVUs haben mehr als 500 Beschäftigte) und auch im Hinblick auf die *Strukturen der Unternehmen* (EVUs mit und ohne eigene Kraftwerke bzw. mit nur geringen Kraftwerkskapazitäten) dürften die *Spannungen zwischen Kapital und Arbeit* je nach Unternehmen unterschiedlich intensiv ausfallen.

Die entscheidende Frage wird dabei sein, ob die schon heute bestehende große *tarifliche Heterogenität* weiterhin „nur“ Bestand haben wird oder ob es noch zu *zusätzlichen Verwerfungen* in Richtung einer fatalen Entwicklung von *„Verbetrieblichung“* bei den Arbeitsentgelten und -zeiten kommt. Wäre dies der Fall, so würde endgültig die nur *solidarisch* und über einen *einheitlichen Flächentarifvertrag* (ohne Öffnungsklauseln) lösbare unternehmensverfassungsmäßig intendierte *Beschäftigungssicherung* in der Elektrizitätswirtschaft in Frage gestellt. Angesichts der aufgezeigten Entwicklungen und der schon heute bestehenden großen materiellen Unterschiede in den Tarifverträgen stehen die *Gewerkschaften* in der Elektrizitätswirtschaft vor weit reichenden Herausforderungen, denen sie nicht mehr nur mit reagierenden Abwehrkämpfen begegnen sollten. Sie müssen konstruktive Konzepte für eine notwendigerweise andere, partizipative Unternehmenskultur entwickeln. Hierauf werden wir noch ausführlich in Kapitel 3 eingehen.

*Tab. 16: Tarifliche Regelungen in der Energieversorgungswirtschaft*

| 2007 | Arbeitszeit und Ausgleichszeit-raum | 14. Vergü-tung | Erfolgs-abhängige Vergütung | Leistungs-vergütung | Tarifliche Öffnungs-klausel | Anzahl der im Tarifbereich besch. AN bzw. EVUs |
|---|---|---|---|---|---|---|
| TV-V West | 38,5 h | nein | nein | - | Leistungsvergütung, Jubiläumsgeld, Sonderzuwendung, vermögenswirksamer Leistungen | ca.550 Stadtwerke |
| TV-V Ost | 40 h | nein | nein | - | Leistungsvergütung, Jubiläumsgeld, Sonderzuwendung, vermögenswirksamer Leistungen | ca.50 Stadtwerke |
| AVE Gruppe Hessen | 38 h Rahmen-TV ist geöffnet für betr. Regelungen; AZ-Konten möglich bis hin zu Lebens-arbeitskonten; Betr. Praxis: Jahres-AZ-konten | nein | nein | ja, bezogen auf den Stufen-aufstieg | | 5.500 in 10 EVU |
| Tarifgem. Bayern | 36 h bis zu 52 Wochen; Verläng. auf 38 h mögl. a) durch wertglei-chen finanziellen Ausgleich b) durch tarifliche Vereinbarung | nein, aber Ur-laubsgeld = 50% aus Eck-lohn | nicht auf tarifl. Grundlage | nicht auf tarifl. Grundlage | Arbeitszeitverteil. Überstunden Lohnfortzahlg. im Krankheitsfall | ca. 2.890 in 5 EVU |
| Tarifgruppe GWE im AGWE | 38 h 18 Wochen, MTV ist geöffnet für betr. Regelungen bis 52 Wochen; dann AZ-Konten bis hin zu Lebens-arbeitskonto | ja Sockel-beträge im MTV 1.000 EUR für Alt-Be-schäftigte 500 EUR für Neue | möglich über Be-triebsver-einbarung zur Aufsto-ckung der 14. VG | möglich über Be-triebsver-einbarung zur Aufsto-ckung der 14. VG | | ca. 5.500; 27 Mitglieds-unternehmen |
| AVEU | 38 h | nein | nein | nein | Arbeitszeit / Beschäftigungs-sicherung | rund 25 Unternehmen |
| Energie Rheinland Pfalz e. V. | 38 h | nein | nein | nein | Verlängerung / Verteilung der Arbeitszeit | 20 Unternehmen |

*Tab. 16: (Fortsetzung)*

| 2007 | Arbeitszeit und Ausgleichszeit-raum | 14. Vergü-tung | Erfolgs-abhängige Vergütung | Leistungs-vergütung | Tarifliche Öffnungs-klausel | Anzahl der im Tarifbereich besch. AN bzw. EVUs |
|---|---|---|---|---|---|---|
| Elektrizitäts-werke BA-Wü (inkl. EnBW) | 38 h | 75% Verg. Gr. 4 Anfangs-stufe | nein da BV | nein da BV | Verlängerung Probe-zeit, Arbeitszeit Schicht, Flex-Arbeits-zeit, Langzeitarbeits-zeitkonto, Verkür-zung Ruhezeit, Urlaub Schicht-personal etc. | 20.000 |
| Tarifgemein-schaft Vattenfall | 37 h | nein | ja | ja | Verteilung der Arbeitszeit | 18.000 |
| RWE | 38 h | nein | ja | nein | Arbeitszeitverteilung, Beschäftigungsför-derg. Reduzierung / Abschaffung Steuer-freiheit von Zuschlä-gen und möglicher Ausgleich | ca. 30.000 |
| E.ON | 36 h | nein | ja | ja | Arbeitszeit, Beschäf-tigungssicherung | rd. 30.000 |

Eigene Zusammenstellung auf Basis von Materialien des WSI-Tarifarchivs, Düsseldorf. Bei der Angabe um die betroffenen Arbeitnehmer handelt es sich um Schätzungen.

## *2.1.5 Einkommensentwicklung und -verteilung*

### 2.1.5.1 Einkommensentwicklung und -verteilung auf Branchenebene

Im Untersuchungszeitraum konnten die EVUs mit Ausnahme des Jahres 1999 ihre Jahresumsätze deutlich erhöhen. Umsatzerlöse beinhalten jedoch Vorleistungen und Abschreibungen, welche diese Kenngröße als Leistungsmaß der Unternehmen erheblich verzerren. In der Stromwirtschaft gilt diese Aussage insbesondere dann, wenn die Primärenergiepreise ansteigen. Den eigentlichen wirtschaftlichen „Veredelungsprozess" eines Unternehmens gibt der Indikator *(Netto-)Wertschöpfung* deshalb treffender wieder. Die Höhe der Nettowertschöpfung eines Jahres kann im Rahmen der Entstehungsrechnung einerseits aus dem am

Umsatz anknüpfenden Produktionswert[12] – vermindert um die Vorleistungen und die Abschreibungen – bestimmt werden. Diese Wertschöpfung wird andererseits komplett für Personal-, Zins-, Miet- und Pachtaufwand, Steuern und Abgaben (hier insbesondere die Konzessionsabgaben) sowie den Bilanzgewinn der jeweiligen Periode verwendet. Mithin kann die Wertschöpfung auch von der *Verteilungsseite* errechnet werden.

Nicht nur der branchenweite Umsatz, sondern auch die Nettowertschöpfung hat in der Elektrizitätswirtschaft von 1998 bis 2006 bemerkenswert zugelegt. Sie ist um 32,9% bzw. jahresdurchschnittlich um 3,6% gewachsen (vgl. Tab. 17).

*Tab. 17: Wertschöpfungsverteilung bei allen EVUs, 1998–2006*

| alle Elektrizitätsunternehmen (Angaben in Mio. EUR) | 1998 | 1999 | 2000 | 2001 | 2002 | 2003 | 2004 | 2005 | 2006 | 1998–2006 in % | Durchschnittl. Änderung p.a. in % |
|---|---|---|---|---|---|---|---|---|---|---|---|
| Lohn und Gehalt | 14.136 | 14.179 | 14.050 | 12.329 | 12.450 | 12.833 | 13.264 | 13.777 | 15.392 | 8,9 | 1,1 |
| Steuern und Abgaben | 4.340 | 4.768 | 4.181 | 4.130 | 4.480 | 4.549 | 4.979 | 5.094 | 4.986 | 14,9 | 1,8 |
| Fremdkapitalzinsen | 1.469 | 1.636 | 1.275 | 1.326 | 1.238 | 1.187 | 1.128 | 1.137 | 1.153 | –21,5 | –3,0 |
| Gewinne nach Ertragssteuern | 4.442 | 5.986 | 2.306 | 2.643 | 5.138 | 3.866 | 8.480 | 9.092 | 9.683 | 118,0 | 10,2 |
| Mieten u. Pachten | 920 | 967 | 817 | 1.472 | 1.136 | 1.294 | 1.499 | 2.288 | 2.429 | 164,1 | 12,9 |
| Wertschöpfung gesamt | 25.306 | 27.536 | 22.629 | 21.900 | 24.442 | 23.729 | 29.350 | 31.388 | 33.643 | 32,9 | 3,6 |

Quelle: Statistisches Bundesamt, verschiedene Jahrgänge, eigene Berechnungen

Im Jahresdurchschnitt erhöhte sich so die (Stunden-)Arbeitsproduktivität in der Energieversorgung über alle Unternehmen um 6,3%, also fast doppelt so schnell wie die Einkommen je Beschäftigtenstunde (3,6%) (vgl. Tab. 13). Diese Effizienzzuwächse wurden der *Belegschaft* vorenthalten. Folglich müssen die Einkommen der anderen Gruppen stärker als die Entgelte der Arbeitnehmer gewachsen sein. Tatsächlich zeichneten sich insbesondere die Einkommenspositionen *Gewinne* sowie *Mieten und Pachten* durch überdurchschnittliche Zuwächse aus (vgl. Tab. 17). Im Detail sind folgende Entwicklungen zu konstatieren:

---

12 Dies entspricht hier weitgehend den Umsätzen, da Bestands- bzw. Lagerveränderungen wegen der Nichtspeicherbarkeit von Strom irrelevant und aktivierte Eigenleistungen vernachlässigbar sind.

- Die Bezieher von *Zinsen* (Fremdkapitalgeber) wurden seit 1998 mit Rückgängen um 3% jahresdurchschnittlich konfrontiert. Hintergrund für die rückläufigen Zinsaufwendungen sind verstärkte *Innenfinanzierungsmöglichkeiten,* niedrigere Zinssätze sowie eine gesunkene Inanspruchnahme von Krediten wegen zwischenzeitlich nachlassender Investitionstätigkeit der EVUs.
- Die staatliche Seite als Wertschöpfungsempfänger konnte ihre Einkünfte mittels *Konzessionsabgaben, Verbrauchs-* und *Ertragsteuern* (ohne Stromsteuer) von 4,3 Mrd. EUR auf fast 5 Mrd. EUR in 2006 um 14,9%, also jahresdurchschnittlich um 1,8% ausdehnen.
- Noch stärker wuchsen die *Gewinne nach Ertragsteuern*, nämlich um ca. 118% bzw. durchschnittlich um rund 10,2% pro Jahr. Dieser Indikator ist allerdings durch große Volatilität gekennzeichnet. So erreichten die Gewinne in 2000 mit 2,3 Mrd. EUR nur rund ein Viertel des Wertes von 2006. Betrug der Anteil der Gewinne 1998 an der Wertschöpfung der EVUs noch 17,5% und 2000 noch 10,2%, so waren es 2006 fast 29%.
- Die *Mieten und Pachten* erhöhten sich sogar um 164,1%, bzw. jahresdurchschnittlich um 12,9%. Zu vermuten ist, dass die Aufwendungen durch das über langfristige Verträge vereinbarte *Cross-Border-Leasing*, bei dem eine 2003 geschlossene Lücke im US-amerikanischen Steuerrecht ausgenutzt wurde, deutlich an Dynamik zugelegt haben. Der Aufwärtsprozess bei dieser Position verlief jedenfalls wesentlich stetiger als die Entwicklung der Gewinneinkommen. Die Einkommensposition *Mieten und Pachten* fällt indes mit einem Anteil von 7,2% an der Wertschöpfung in 2006 relativ weniger ins Gewicht als die Anteile der Entgelte (45,8%) oder der Gewinne (ca. 29%).

Zusammenfassend ist festzuhalten, dass der enorme Effizienzgewinn durch einen Anstieg der Stundenarbeitsproduktivität von über 60% nur zu einem geringen Teil bei der Belegschaft angekommen ist, weil die Einkommensdynamik deutlich hinter der Produktivitätsentwicklung zurückgeblieben ist. Stattdessen haben sich die Bezieher von Gewinneinkommen, Mieten und Pachten überproportional stark bedient. Sie erscheinen vorläufig als die Gewinner im Verteilungskampf. Dies gilt unternehmens-intern mit Blick auf die eingesetzten Produktionsfaktoren, aber auch im Verteilungskonflikt mit den Verbrauchern, da die Effizienzsteigerung nur unzureichend über niedrigere Preise weitergegeben und insofern auch ihnen vorenthalten wurde (vgl. Kapitel 2.2). Weil auch die Vorleistungen (abgesehen von Primärenergien) relativ sanken, ist davon auszugehen, dass zusätzlich die Lieferanten – zumindest jene der großen EVUs – über die Ausübung von Nachfragemacht (zum Thema Nachfragemacht ausführlich Bontrup/Marquardt 2008) ihren Beitrag zur Rentabilitätssteigerung haben leisten müssen.

### 2.1.5.2 Einkommensentwicklung und -verteilung differenziert nach Unternehmensgrößen

Das Statistische Bundesamt veröffentlicht zusätzlich zu den Branchendaten detaillierte Angaben zu ausgewählten *Unternehmensgruppen*. Abgrenzungskriterium ist dabei zum einen die Beschäftigtenzahl und zum anderen die Umsatzgröße. Auf diesen Gruppenebenen werden allerdings nicht immer in allen Jahren sämtliche Informationen publiziert, weil teilweise Rückschlüsse auf einzelne Unternehmensentwicklungen gezogen werden könnten. Wegen des Datenschutzes kommt es deshalb zu „Auspunktungen".

Im Falle der verteilungsseitigen Wertschöpfungsrechnung betreffen die „Auspunktungen" insbesondere die Position *Mieten und Pachten*, die allerdings nur gering ins Gewicht fallen. Wird folglich obige Wertschöpfungsrechnung um diese Kennziffer korrigiert, d.h. die Wertschöpfung (WS) wird dann exklusive der quantitativ wenig bedeutenden Mieten und Pachten betrachtet, dann können die Wertschöpfungsstrukturen auch auf der Ebene unterschiedlicher Unternehmensklassen untersucht und gegenübergestellt werden.

Um Mieten und Pachten (MP) bereinigt stieg die Wertschöpfung (WS* = WS – MP) branchenweit von 24,387 Mrd. EUR in 1998 auf 31,214 Mrd. EUR in 2006 (vgl. Tab. 18). Dies entspricht einem Zuwachs von 28% bzw. von durchschnittlich 3,1% p.a. Auf diesem nur zum Zweck der Vergleichbarkeit zwischen den unterschiedlichen Unternehmensgrößenklassen erzeugten Wert aufbauend

*Tab. 18: Wertschöpfung und Produktivität ohne Mieten und Pachten, 1998–2006*

| alle Elektrizitäts-unternehmen | 1998 | 1999 | 2000 | 2001 | 2002 | 2003 | 2004 | 2005 | 2006 | 1998–2006 in % | Durch-schnittl. Ände-rung p.a. in % |
|---|---|---|---|---|---|---|---|---|---|---|---|
| Wertschöp-fung (WS) in Mio. EUR | 25.306 | 27.536 | 22.629 | 21.900 | 24.442 | 23.729 | 29.350 | 31.388 | 33.643 | 32,9 | 3,6 |
| Mieten u. Pachten (MP) | 920 | 967 | 817 | 1.472 | 1.136 | 1.294 | 1.499 | 2.288 | 2.429 | 164,1 | 12,9 |
| WS* = WS – MP | 24.387 | 26.569 | 21.812 | 20.428 | 23.306 | 22.435 | 27.851 | 29.100 | 31.214 | 28,0 | 3,1 |
| Arbeitsstd. in Tsd. | 389.726 | 371.287 | 343.021 | 314.633 | 313.351 | 303.929 | 323.137 | 321.198 | 318.936 | –18,2 | –2,5 |
| WS* je Arbeitsstd. in EUR | 62,57 | 71,56 | 63,59 | 64,93 | 74,38 | 73,82 | 86,19 | 90,60 | 97,87 | 56,4 | 5,8 |

Quelle: Statistisches Bundesamt, verschiedene Jahrgänge, eigene Berechnungen

ergibt sich ein branchenweites Wachstum der Stundenarbeitsproduktivität von 56,4% als Referenzgröße für die nachfolgenden Klassenvergleiche.

2.1.5.2.1 EVUs mit mehr als 500 Beschäftigten

Im Jahre 2006 wurden 83 Unternehmen in dem Segment der EVUs mit mehr als 500 Beschäftigten gezählt, also 24 Gesellschaften weniger als 1998. Mit 145.806 Arbeitsplätzen stellt diese Gruppe die bedeutendste Einheit im Bereich der Elektrizitätsversorgungswirtschaft dar. Sie vereint rund 70% der Gesamtbeschäftigung auf sich.

Vom *Beschäftigungsabbau* war dieses Segment wesentlich stärker betroffen als alle EVUs (vgl. 19). Zwischen 1998 und 2006 gingen jahresdurchschnittlich 3,5% der Arbeitsplätze verloren, wobei auch in dieser Unternehmensgruppe der Abbau vor allem kurz nach Beginn des Liberalisierungsprozesses beobachtet werden kann. Seit 2004 ist das Beschäftigungsniveau relativ stabil.

Die um Mieten und Pachten bereinigte *Wertschöpfung* in dieser Klasse der Unternehmen ist im Untersuchungszeitraum um 12,1% bzw. jahresdurchschnittlich um 1,4% gestiegen, also deutlich weniger als in der Elektrizitätsversorgungswirtschaft im Allgemeinen.

Aus der bereinigten Wertschöpfung (WS*) und der Beschäftigung resultiert eine (für den Vergleich bereinigte) Arbeitsproduktivität, die mit einer Steigerung von 4,8% p.a. um 1 Prozentpunkt niedriger als der korrigierte Durchschnitt der Elektrizitätswirtschaft ist (5,8%).

Die *Personalkostenentwicklung* hat sich in diesem Segment demgegenüber im Vergleich zur Gesamtbranche überdurchschnittlich erhöht; sowohl pro Kopf mit 4% als auch in Bezug auf die Arbeitsstunde mit 4,1%.

Diese Entwicklung ist wesentlich dem bereits oben erwähnten Anstieg der *sonstigen Sozialkosten* von 2005 auf 2006 geschuldet. Während sich die Bruttoentgelte und gesetzlichen Sozialkosten moderat erhöhten, verzeichneten die sonstigen Sozialkosten in der Unternehmensgruppe mit mehr als 500 Beschäftigten einen gewaltigen Auftrieb; und zwar von 1,684 auf 2,899 Mrd. EUR, also um 58%.

In der *Verteilungsrechnung*[13] fällt zum einen der überdurchschnittlich starke Rückgang der Fremdkapitalzinsen (–35,4% gegenüber 21,5% in der Branche) auf (vgl. Tab. 20). Ursachen könnten sein, dass gerade die großen Unternehmen aufgrund ihrer hohen Bonität niedrigere Zinssätze zahlen mussten und bei zurückhaltender Investitionsneigung (vgl. Kapitel 2.3.2) wegen ihrer (absolut) hohen Gewinne kaum Fremdkapital in Anspruch nehmen mussten. Zum zweiten

13 Hier bedarf es zum Vergleich keiner Korrektur. Es fehlt innerhalb der verschiedenen Größenklassen mit Mieten und Pachten lediglich eine Komponente der Verteilungsrechnung.

*Tab. 19: Kenngrößen für EVUs über 500 Beschäftigte 1998–2006 (Wertschöpfung ohne Mieten und Pachten)*

| Elektrizitäts-unternehmen mit mehr als 500 Beschäftigten | 1998 | 1999 | 2000 | 2001 | 2002 | 2003 | 2004 | 2005 | 2006 | 1998 – 2006 in % | Durch-schnittl. Änderg. p.a. in % |
|---|---|---|---|---|---|---|---|---|---|---|---|
| Beschäftigte | 194.257 | 178.888 | 156.984 | 146.379 | 147.000 | 138.542 | 147.849 | 147.148 | 145.806 | –24,9 | –3,5 |
| Arbeitsstd. in Tsd. | 302.215 | 277.430 | 246.604 | 223.789 | 221.726 | 211.509 | 228.194 | 228.354 | 224.840 | –25,6 | –3,6 |
| Arbeitsstd je Mitarbeiter | 1.556 | 1.551 | 1.571 | 1.529 | 1.508 | 1.527 | 1.543 | 1.552 | 1.542 | –0,9 | –0,1 |
| *Personalkosten* | | | | | | | | | | | |
| in Mio. EUR | 11.657 | 11.427 | 11.073 | 9.506 | 9.459 | 9.729 | 10.030 | 10.541 | 11.991 | 2,9 | 0,4 |
| je Beschäftigten in EUR | 60.010 | 63.878 | 70.536 | 64.941 | 64.347 | 70.224 | 67.839 | 71.635 | 82.239 | 37,0 | 4,0 |
| je Std. in EUR | 38,57 | 41,19 | 44,90 | 42,48 | 42,66 | 46,00 | 43,95 | 46,16 | 53,33 | 38,3 | 4,1 |
| *Wertschöpfung* | | | | | | | | | | | |
| vor Steuern in Mio. EUR | 19.196 | 19.667 | 14.288 | 14.484 | 16.567 | 15.082 | 18.093 | 19.820 | 21.520 | 12,1 | 1,4 |
| je Beschäftigten in EUR | 98.817 | 109.996 | 91.016 | 98.949 | 112.701 | 108.862 | 122.375 | 134.694 | 147.593 | 49,4 | 5,1 |
| je Arbeitsstd. in EUR | 63,52 | 70,93 | 57,94 | 64,72 | 74,72 | 71,31 | 79,29 | 86,80 | 95,71 | 50,7 | 5,3 |

Quelle: Statistisches Bundesamt, verschiedene Jahrgänge, eigene Berechnungen

ist ein unterdurchschnittlicher Anstieg der Gewinne von immerhin noch knapp 75% zu erwähnen. Keine andere Einkommensposition konnte abgesehen von den nicht erfassten Mieten und Pachten ähnlich hohe Zuwächse für sich verbuchen. Die Entwicklung vollzieht sich indessen vor dem Hintergrund starker Schwankungen im Zeitablauf. Seit dem Jahr 2003 ging es aber steil nach oben. Die *Gewinne nach Steuern* haben sich vom Tiefpunkt 2003 bis 2006 verdreieinhalbfacht. Bei den *Löhnen und Gehältern* blieb die Dynamik mit einem Plus von gerade 2,9% über den gesamten Beobachtungszeitraum ebenfalls spürbar hinter dem Branchendurchschnitt von 8,9% zurück.

*Tab. 20: Wertschöpfungsverteilung bei EVUs über 500 Beschäftigte (o. MP)*

| Elektrizitätsunternehmen mit mehr als 500 Beschäftigten (Angaben in Mio. EUR) | 1998 | 1999 | 2000 | 2001 | 2002 | 2003 | 2004 | 2005 | 2006 | 1998–2006 in % |
|---|---|---|---|---|---|---|---|---|---|---|
| Lohn und Gehalt | 11.657 | 11.427 | 11.073 | 9.506 | 9.459 | 9.729 | 10.030 | 10.541 | 11.991 | 2,9 |
| Steuern und Abgaben | 3.247 | 3.379 | 2.716 | 2.565 | 3.066 | 3.062 | 3.062 | 3.257 | 3.117 | –4,0 |
| Fremdkapitalzinsen | 991 | 956 | 721 | 739 | 714 | 674 | 651 | 653 | 640 | –35,4 |
| Gewinne nach Ertragssteuern | 3.300 | 3.915 | -222 | 1.482 | 3.504 | 1.617 | 4.350 | 5.369 | 5.772 | 74,9 |

Quelle: Statistisches Bundesamt, verschiedene Jahrgänge, eigene Berechnungen

Angesichts der Größe dieses Segments können die Durchschnittszahlen allerdings spezielle Heterogenitäten und unterschiedliche Ausformungen innerhalb der Gruppe überlagern. So ergeben tiefer differenzierte Untersuchungen für die „Big-4" durchaus bessere Entwicklungen der Kennziffern (vgl. Kapitel 2.4); folglich müssen viele der anderen Energieversorger mit mehr als 500 Beschäftigten schlechtere Trends zu verzeichnen haben.

#### 2.1.5.2.2 EVUs mit 250 bis 499 Beschäftigten

Diese Unternehmensgruppe verzeichnete mit 67 Gesellschaften im Jahre 2006 neun Unternehmen mehr als 1998. Damit einher ging ein jahresdurchschnittlicher Beschäftigtenanstieg um 1,1% auf fast 23.000 Mitarbeiter (vgl. Tab. 21). In diesem Segment sind die *Personalkosten pro Beschäftigten* sowie je Stunde jahresdurchschnittlich geringer angestiegen als im Branchenvergleich. Mit 5% p.a. hat sich die (korrigierte) Stunden-Arbeitsproduktivität in diesem Segment ebenfalls leicht unterdurchschnittlich erhöht.

*Tab. 21: Ausgewählte Indikatoren bei EVUs mit 250 bis 499 Beschäftigten (o. MP)*

| Elektrizitäts-unternehmen mit 250–499 Beschäftigten | 1998 | 1999 | 2000 | 2001 | 2002 | 2003 | 2004 | 2005 | 2006 | 1998 – 2006 in % | Durch-schnittl. Änderg. p.a. in % |
|---|---|---|---|---|---|---|---|---|---|---|---|
| Beschäftigte | 20.915 | 22.379 | 23.620 | 22.289 | 23.870 | 23.626 | 23.389 | 21.075 | 22.865 | 9,3 | 1,1 |
| Arbeitsstd. in Tsd. | 32.268 | 34.463 | 36.875 | 34.289 | 36.335 | 36.590 | 36.129 | 32.498 | 34.857 | 8,0 | 1,0 |
| Arbeitsstd je Mitarbeiter | 1.543 | 1.540 | 1.561 | 1.538 | 1.522 | 1.549 | 1.545 | 1.542 | 1.524 | –1,2 | –0,2 |
| | | | | | *Personalkosten* | | | | | | |
| in Mio. EUR | 1.038 | 1.175 | 1.313 | 1.217 | 1.320 | 1.377 | 1.385 | 1.286 | 1.441 | 38,8 | 4,2 |
| je Beschäftigten in EUR | 49.650 | 52.505 | 55.588 | 54.601 | 55.300 | 58.283 | 59.216 | 61.020 | 63.022 | 26,9 | 3,0 |
| je Std. in EUR | 32,18 | 34,09 | 35,61 | 35,49 | 36,33 | 37,63 | 38,33 | 39,57 | 41,34 | 28,5 | 3,2 |
| | | | | | *Wertschöpfung* | | | | | | |
| vor Steuern in Mio. EUR | 1.846 | 2.629 | 2.776 | 2.315 | 2.251 | 2.891 | 2.518 | 2.717 | 2.935 | 59,0 | 6,0 |
| je Beschäftigten in EUR | 88.251 | 117.476 | 117.528 | 103.863 | 94.302 | 122.365 | 107.657 | 128.921 | 128.362 | 47,5 | 4,8 |
| je Arbeitsstd. in EUR | 57,20 | 76,28 | 75,28 | 67,51 | 61,95 | 79,01 | 69,69 | 83,61 | 84,20 | 47,2 | 5,0 |

Die *Umsätze* haben sich im Beobachtungszeitraum von 7,4 auf 31,7 Mrd. EUR mehr als vervierfacht. Werden allerdings die Vorleistungen (sowie Mieten und Pachten) herausgerechnet, verbleibt eine *Wertschöpfung* die sich im betrachteten Zeitraum demgegenüber nicht einmal verdoppelt hat (von 1,8 auf 2,9 Mrd. EUR). Aufgrund des hohen Vorleistungsabzugs ist davon auszugehen, dass viele der hier registrierten Unternehmen Nettobezieher von Strom waren.

Ungeachtet dessen weist – wiederum ohne Berücksichtigung der Mieten und Pachten – dieses Unternehmenssegment mit 38,8% eine Wachstumsrate in der Wertschöpfung auf, die deutlich höher ausfiel als im Durchschnitt der Elektrizitätswirtschaft (32,9%). Alle Einkommenspositionen in Tabelle 22 verzeichneten infolgedessen überdurchschnittliche Steigerungsraten. Löhne und Gehälter legten um 38,8% zu (Branche: 8,9%). Auch in dieser Gruppe wuchsen aber die Gewinneinkommen mit 187,7% im betrachteten Zeitraum am stärksten.

*Tab. 22: Wertschöpfungsverteilung EVUs 250 bis 499 (o. MP)*

| Elektrizitätsunternehmen mit 250–499 Beschäftigten (Angaben in Mio. EUR) | 1998 | 1999 | 2000 | 2001 | 2002 | 2003 | 2004 | 2005 | 2006 | 1998–2006 in % |
|---|---|---|---|---|---|---|---|---|---|---|
| Lohn und Gehalt | 1.038 | 1.175 | 1.313 | 1.217 | 1.320 | 1.377 | 1.385 | 1.286 | 1.441 | 38,8 |
| Steuern und Abgaben | 403 | 470 | 584 | 490 | 512 | 526 | 488 | 446 | 527 | 30,6 |
| Fremdkapitalzinsen | 112 | 225 | 191 | 175 | 166 | 161 | 122 | 95 | 127 | 13,4 |
| Gewinne nach Ertragssteuern | 292 | 759 | 688 | 433 | 253 | 827 | 523 | 890 | 840 | 187,7 |

Quelle: Statistisches Bundesamt, verschiedene Jahrgänge, eigene Berechnungen

#### 2.1.5.2.3 EVUs mit 100 bis 249 Beschäftigten

Im Jahre 2006 wurden 115 Unternehmen in diesem Segment gezählt. Im Vergleich zu 1998 waren somit fünf Gesellschaften mehr in dieser Gruppe vertreten. Damit einher geht ein leichter *Anstieg der Beschäftigung* um 0,5%. 2006 waren hier knapp 18.000 Arbeitnehmer tätig. Bei den Arbeitsstunden insgesamt sowie den Arbeitsstunden je Mitarbeiter war ein leichter Rückgang zu konstatieren. Die durchschnittlichen Änderungsraten der *Personalkosten je Beschäftigten* (3% p.a.) sowie je Stunde (3,2% p.a.) blieben geringfügig hinter den Entwicklungen der Branche zurück. (vgl. Tab. 23)

Bei starken Schwankungen ist vor allem von 2005 auf 2006 eine Minderung der bereinigten *Wertschöpfung* um fast ein Drittel in dieser Unternehmensgruppe zu beobachten. Seit der zweiten Änderung des Energiewirtschaftsgesetzes in 2005 sowie der Einrichtung einer Bundesnetzagentur könnte mithin ein verstärkter Wettbewerbsdruck sowie ein durch die strikte Kostenregulierung verursachtes Absenken der Durchleitungsentgelte gerade bei diesen EVUs durchgewirkt haben. Aufgrund des starken Abfalls am Ende des betrachteten Zeitraums ergeben sich negative jahresdurchschnittliche Änderungsquoten der Wertschöpfung je Arbeitsstunde (– 0,3% p.a.).

In dieser Unternehmensgruppe erhöhten sich im Referenzzeitraum die Steuer- und Abgabenbelastungen überdurchschnittlich um 90,1% (Branche: 14,9%). Auch *Löhne und Gehälter* legten mit einem Zuwachs von 27,6% stärker als im gesamten Querschnitt zu. Die *Gewinne nach Ertragsteuern* hingegen weisen in dieser Gruppe erhebliche Sprünge auf. Von 1998 bis 2000 stiegen die Gewinne an; anschließend fielen sie wieder. Beachtenswert ist insbesondere der Absturz um rund 1 Mrd. EUR, der von 2005 auf 2006 erfolgte. Aufgrund mehrerer Auspunktungen in der Statistik ist die Ursache dafür von außen schwer nachzuvollziehen. Während aber der Blick in die hier nicht dokumentierten Datendetails zeigt, dass der *Umsatz* von 2005 auf 2006 um 15% zulegte, nahm gleichzeitig der Posten für fremdbezogenen Materialverbrauch und Wareneinsatz um 24% zu, so dass sich die verteilbare Wertschöpfung ebenfalls um knapp 1 Mrd. EUR verringerte. Eventuell macht sich hier bemerkbar, dass Strom teuer eingekauft und der Preisanstieg nur begrenzt weitergeleitet werden konnte. Ansonsten fallen nur die zuletzt angestiegenen Fremdkapitalzinsen nennenswert auf. Im Gegensatz zum Branchentrend haben diese Ausgaben über den gesamten Zeitraum auch nicht abgenommen, sondern mit einem Plus von 27,6% sogar merklich zugelegt. Bei zuletzt ausbleibenden Gewinnen bzw. sogar entstehenden Verlusten nahm offenbar der Fremdfinanzierungsbedarf zu; und dies vermutlich zu schlechteren Konditionen.

#### 2.1.5.2.4 EVUs mit 50 bis 99 Beschäftigten

In dieser Beschäftigtengruppe stieg die Anzahl der erfassten Unternehmen am stärksten, nämlich von 148 in 1998 auf 174 in 2006. Insofern überrascht die Ausweitung des Mitarbeiterstabs auf über 12.600 Mitarbeiter – bzw. jahresdurchschnittlich um 2,4% – nicht (vgl. Tab. 25). Damit einher ging eine *Erhöhung der Personalkosten* um durchschnittlich 5,3% p.a. Pro Beschäftigten bzw. pro Arbeitsstunde verblieb eine im Branchenvergleich unterdurchschnittliche Änderungsrate von 2,9% p.a. bzw. 3% p.a.

*Tab. 23: Ausgewählte Kennziffern bei EVUs mit 100 bis 249 Beschäftigten*

| Elektrizitäts-unternehmen mit 100–249 Beschäftigten | 1998 | 1999 | 2000 | 2001 | 2002 | 2003 | 2004 | 2005 | 2006 | 1998 – 2006 in % | Durch-schnittl. Änderg. p.a. in % |
|---|---|---|---|---|---|---|---|---|---|---|---|
| Beschäftigte | 17.700 | 18.662 | 18.768 | 16.804 | 15.963 | 16.181 | 17.895 | 18.343 | 17.797 | 0,5 | 0,1 |
| Arbeitsstd. in Tsd. | 27.735 | 29.216 | 29.110 | 25.872 | 24.424 | 24.952 | 27.667 | 28.457 | 27.550 | -0,7 | -0,1 |
| Arbeitsstd je Mitarbeiter | 1.567 | 1.566 | 1.551 | 1.540 | 1.530 | 1.542 | 1.546 | 1.551 | 1.548 | -1,2 | -0,2 |
| *Personalkosten* | | | | | | | | | | | |
| in Mio. EUR | 753 | 798 | 852 | 757 | 774 | 802 | 905 | 968 | 960 | 27,6 | 3,1 |
| je Beschäftigten in EUR | 42.521 | 42.761 | 45.396 | 45.049 | 48.487 | 49.564 | 50.573 | 52.772 | 53.942 | 26,9 | 3,0 |
| je Std. in EUR | 27,14 | 27,31 | 29,27 | 29,26 | 31,69 | 32,14 | 32,71 | 34,02 | 34,85 | 28,4 | 3,2 |
| *Wertschöpfung* | | | | | | | | | | | |
| vor Steuern in Mio. EUR | 1.506 | 1.849 | 2.496 | 2.071 | 1.667 | 1.829 | 2.238 | 2.421 | 1.461 | -3,0 | -0,4 |
| je Beschäftigten in EUR | 85.100 | 99.078 | 132.992 | 123.244 | 104.429 | 113.034 | 125.063 | 131.985 | 82.092 | -3,5 | -0,4 |
| je Arbeitsstd. in EUR | 54,31 | 63,29 | 85,74 | 80,05 | 68,25 | 73,30 | 80,89 | 85,08 | 53,03 | -2,4 | -0,3 |

Quelle: Statistisches Bundesamt, verschiedene Jahrgänge, eigene Berechnungen

*Tab. 24: Wertschöpfungsverteilung bei EVUs mit 100 bis 249 Beschäftigten*

| Elektrizitätsunternehmen mit 100–249 Beschäftigten (Angaben in Mio. EUR) | 1998 | 1999 | 2000 | 2001 | 2002 | 2003 | 2004 | 2005 | 2006 | 1998–2006 in % |
|---|---|---|---|---|---|---|---|---|---|---|
| Lohn und Gehalt | 753 | 798 | 852 | 757 | 774 | 802 | 905 | 968 | 960 | 27,6 |
| Steuern und Abgaben | 312 | 364 | 378 | 348 | 377 | 407 | 615 | 612 | 594 | 90,1 |
| Fremdkapitalzinsen | 184 | 268 | 134 | 120 | 134 | 125 | 113 | 181 | 234 | 27,6 |
| Gewinne nach Ertragssteuern | 258 | 419 | 1.132 | 846 | 382 | 495 | 605 | 660 | –327 | –227,1 |

Quelle: Statistisches Bundesamt, verschiedene Jahrgänge, eigene Berechnungen

Die bereinigte *Wertschöpfung* erhöhte sich um 6,2% jahresdurchschnittlich und somit überproportional. Wegen der entsprechenden beschäftigungsmäßigen Ausdehnungen wuchsen die Kenngrößen Wertschöpfung pro Kopf (3,8% p.a.) bzw. je Arbeitsstunde (3,9% p.a.) im Vergleich zu allen EVUs aber nur unterdurchschnittlich.

Im betrachteten Unternehmenssegment stiegen die *Gewinne nach Ertragsteuern* über den Beobachtungszeitraum hinweg mit 147,1% deutlich schneller als im Branchenvergleich. In absoluten Beträgen lagen sie fast gleichauf mit den Entgeltzahlungen, die mit einem Plus von 51% ebenso überdurchschnittlich stark zulegten wie der Posten Steuern und Abgaben (33,4%) (vgl. Tab. 26).

Auch wenn die EVUs dieses Beschäftigtensegments mittlerweile vielfach in Form einer GmbH organisiert sind, befinden sie sich nach wie vor überwiegend in *öffentlichem Besitz.* Insofern ist obiges Ergebnis hinsichtlich der Verwendung eines größeren Wertschöpfungsanteils für Ausschüttungen zunächst einmal bemerkenswert, angesichts der Haushaltslage vieler Kommunen und Kreise allerdings wiederum verständlich.

Ob eine derartige *offensive Dividendenausschüttungsstrategie* allerdings die notwendige Basis für das *Überleben der Stadtwerke* in Zukunft sichert, ist angesichts der zu tätigenden Investitionen nicht nur in Netze, sondern auch in Eigenerzeugung und neue Energieeinspardienstleistungen zu hinterfragen.

*Tab. 25: Ausgewählte Kenngrößen bei EVUs mit 50 bis 99 Beschäftigten (o. MP)*

| Elektrizitäts-unternehmen mit 50–99 Beschäftigten | 1998 | 1999 | 2000 | 2001 | 2002 | 2003 | 2004 | 2005 | 2006 | 1998 – 2006 in % | Durch-schnittl. Änderg. p.a. in % |
|---|---|---|---|---|---|---|---|---|---|---|---|
| Beschäftigte | 10.453 | 11.280 | 11.415 | 12.102 | 12.506 | 12.348 | 12.413 | 12.847 | 12.602 | 20,6 | 2,4 |
| Arbeitsstd. in Tsd. | 16.072 | 17.607 | 17.610 | 18.586 | 19.120 | 18.944 | 19.158 | 19.641 | 19.218 | 19,6 | 2,3 |
| Arbeitsstd je Mitarbeiter | 1.538 | 1.561 | 1.543 | 1.536 | 1.529 | 1.534 | 1.543 | 1.529 | 1.525 | –0,8 | –0,1 |
| *Personalkosten* | | | | | | | | | | | |
| in Mio. EUR | 403 | 456 | 471 | 513 | 560 | 577 | 585 | 605 | 609 | 51,0 | 5,3 |
| je Beschäftigten in EUR | 38.593 | 40.426 | 41.261 | 42.390 | 44.779 | 46.728 | 47.128 | 47.093 | 48.326 | 25,2 | 2,9 |
| je Std. in EUR | 25,10 | 25,90 | 26,75 | 27,60 | 29,29 | 30,46 | 30,54 | 30,80 | 31,69 | 26,3 | 3,0 |
| *Wertschöpfung* | | | | | | | | | | | |
| vor Steuern in Mio. EUR | 953 | 1.134 | 1.130 | 1.285 | 1.196 | 1.364 | 1.736 | 1.606 | 1.543 | 62,0 | 6,2 |
| je Beschäftigten in EUR | 91.126 | 100.532 | 98.993 | 106.181 | 95.634 | 110.463 | 139.853 | 125.010 | 122.441 | 34,4 | 3,8 |
| je Arbeitsstd. in EUR | 59,27 | 64,41 | 64,17 | 69,14 | 62,55 | 72,00 | 90,61 | 81,77 | 80,29 | 35,5 | 3,9 |

Quelle: Statistisches Bundesamt, verschiedene Jahrgänge, eigene Berechnungen

*Tab. 26: Verteilung der Wertschöpfung bei EVUs mit 50 bis 99 Beschäftigten*

| Elektrizitäts-unternehmen mit 50–99 Beschäftigten (Angaben in Mio. EUR) | 1998 | 1999 | 2000 | 2001 | 2002 | 2003 | 2004 | 2005 | 2006 | 1998–2006 in % |
|---|---|---|---|---|---|---|---|---|---|---|
| Lohn und Gehalt | 403 | 456 | 471 | 513 | 560 | 577 | 585 | 605 | 609 | 51,0 |
| Steuern und Abgaben | 208 | 262 | 253 | 276 | 264 | 266 | 350 | 286 | 277 | 33,4 |
| Fremdkapital-zinsen | 105 | 101 | 94 | 102 | 105 | 94 | 94 | 80 | 73 | –30,5 |
| Gewinne nach Ertragssteuern | 236 | 225 | 217 | 318 | 188 | 344 | 707 | 635 | 584 | 147,1 |

Quelle: Statistisches Bundesamt, verschiedene Jahrgänge, eigene Berechnungen

### 2.1.5.3 Ergebnis der Größendifferenzierung

Die Analyse der Unternehmensgruppen ohne Berücksichtigung der Mieten und Pachten zeigt erwartungsgemäß differenzierte Ergebnisse. Dabei ist die Gruppe der EVUs mit mehr als 500 Beschäftigte am bedeutendsten – sowohl was die Gesamtbeschäftigung als auch die Wertschöpfung betrifft. Bei der Kenngröße Arbeitsplatzabbau weist diese Klasse überdurchschnittliche, bei der Wertschöpfung unterdurchschnittliche Entwicklungen auf.

Die nachfolgenden Detailanalysen der „Big-4" zeigen (vgl. Kapitel 2.4), dass dieses Ergebnis weiter herunter gebrochen werden muss und nicht für alle in dieser Gruppe subsumierten Unternehmen verallgemeinert werden kann. Da die vier großen EVUs insgesamt äußerst positive betriebswirtschaftliche Kennziffern im Untersuchungszeitraum aufwiesen, müssen folglich andere Konkurrenten in der Gruppe mit mehr als 500 Beschäftigten deutlich schlechtere Indikatorenverläufe zu verzeichnen haben.

In den anderen Größenklassen waren jeweils deutliche Veränderungen hinsichtlich der Anzahl der Unternehmen und somit der Arbeitsplätze zu registrieren. Positive Wertschöpfungszuwächse insgesamt schlugen sich deshalb nicht unbedingt in überdurchschnittlichen Steigerungen der Wertschöpfung pro Beschäftigten oder pro Arbeitsstunden nieder.

Speziell in der Gruppe der EVUs mit 100 bis 249 Beschäftigten schwankten Wertschöpfung und Gewinne nach Ertragsteuern extrem. Ob diese Entwicklung primär auf ein unzureichendes Weitergeben der Zukaufspreise für Strom in die Endpreise zurückzuführen ist, lässt sich wegen statistischer Lücken nicht abschließend beurteilen.

In allen anderen Unternehmensgruppen wuchsen die Gewinneinkommen besonders stark. Mithin bestätigen die offiziellen Zahlen die obige Einschätzung, dass nicht nur die großen vier Energieversorger sondern auch die Stadtwerke im Durchschnitt vielfach höhere Gewinne als je zuvor erwirtschafteten.

## 2.2 Preisentwicklung

Im Vorfeld der Liberalisierung waren die Erwartungen hinsichtlich der Wettbewerbs- und der daraus resultierenden Preiswirkung genau genommen gespalten. Der damalige Bundeswirtschaftsminister Günther Rexrodt (FDP) gab sich überzeugt, das neue Recht werde „zu wettbewerbsfähigen Strom- und Gaspreisen beitragen, von denen alle Verbraucher profitieren werden" (zit. in Q116, S. 5). „Quantifizieren" wollte er die „erreichbaren Preissenkungen nicht; Schätzungen (...) aus der Wirtschaft zwischen 20% und 30%" erschienen ihm jedoch als „realistisch" (Q112, S. 12). Übrigens sprach sich auch die ÖTV dafür aus, dass Gesetz endlich umzusetzen: „mit dem Spielen auf Zeit müsse es ein Ende haben. Das (...) EnWG ermögliche den Einstieg in eine für alle Akteure akzeptablen Wettbewerb." (Q114, S. 5)

Dagegen wiesen – nach dem Motto „Das Kartell ist tot, es lebe das Kartell" – einzelne Stimmen, wie die des Veba-Chefs Ulrich Hartmann, nüchtern darauf hin: Die Strompreise werden nicht „Knall auf Fall purzeln" (zit. in Q115, S. 62). Als vielsagend und weitsichtig erwies sich beispielsweise auch die Aktien-Empfehlung der WestLB, die Branche trotz der Marktöffnung überzugewichten, weil die Stromhersteller in der Lage seien, „ihre Kosten schneller zu senken, als die Preise fallen" (Q113, S. 29).

Gemessen an den hochgesteckten Erwartungen des Wirtschaftsministers zur Preisentwicklung wirken hierzulande die tatsächlichen Erfolge der Liberalisierung sowohl im Quer- als auch im Längsschnitt eher ernüchternd. Deutschland zählt im EU-Vergleich immer noch zu den Ländern mit den *höchsten Strompreisen*. Nach Herausrechnen der Steuern liegt Deutschland in der europäischen Gegenüberstellung beim *Industriestrom* (vgl. Abb. 9) ebenso wie beim *Haushaltsstrom* (vgl. Abb. 10) auf den hinteren Rängen.

Während im Januar 2007 die industriellen Großverbraucher im Durchschnitt der in der Eurostat-Statistik angegebenen EU-27-Länder 7,08 ct/KWh zahlen mussten, wird von ihnen hierzulande mit 8,56 ct/KWh knapp 21% mehr verlangt. Ähnlich groß fallen die prozentualen Aufschläge bei den privaten Haushaltskunden mit mittlerem Verbrauch aus. Europaweit liegt der Durchschnitt bei 11,73 ct/KWh. In Deutschland wird der Preis mit 14,33 ct/KWh um 22% höher veranschlagt.

*Abb. 9: Strompreise ohne Steuern für typischen industriellen Großverbraucher mit Jahresverbrauch von 24 GWh (Januar 2007)*

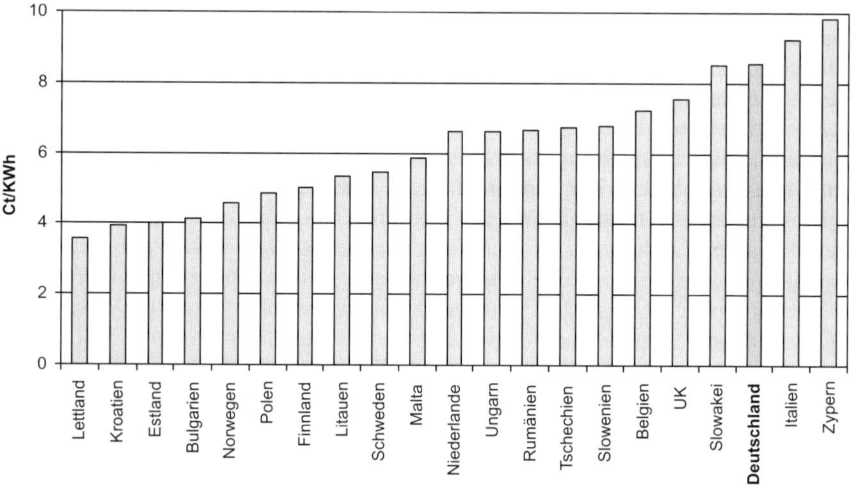


Quelle: Eurostat

*Abb. 10: Strompreise ohne Steuern für private Haushalte mittlerer Größe mit Jahresverbrauch von 2.500 bis 5.000 KWh (1. Hj. 2007)*

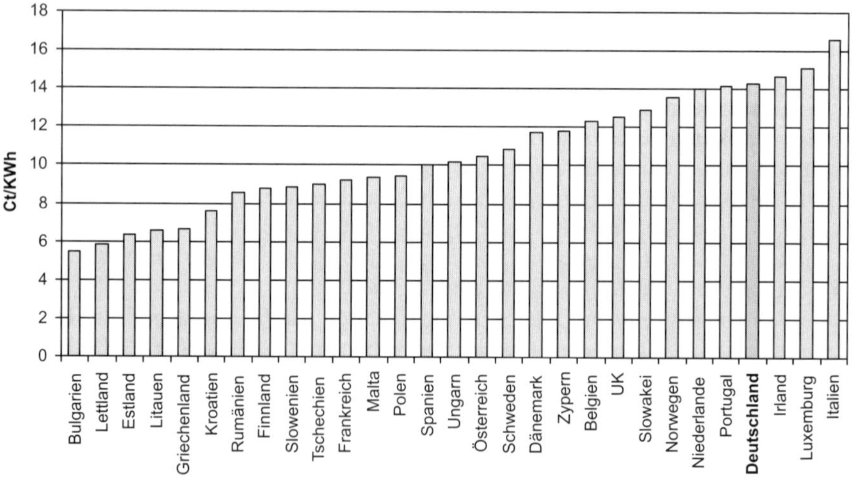


Quelle: Eurostat

Auch im Längsschnittvergleich blieben die Ergebnisse enttäuschend. Zwar kam es unmittelbar nach der Marktöffnung – gegenüber 1998 und selbst unter Herausrechnen von *staatlich veranlassten Preisbestandteilen* (Umlagen nach dem Kraft-Wärme-Kopplungs- und dem Erneuerbare-Energien-Gesetz sowie Strom und Mehrwertsteuern plus Konzessionsabgabe) – in der Spitze zu bemerkenswerten Nachlässen von 41% beim Industriestrom (Abb. 11) bzw. 33% beim Haushaltsstrom (Abb. 12). Diese Reduktionen erwiesen sich indessen als flüchtig. Bis 2007 wurden die Preisnachlässe in der Elektrizitätswirtschaft – anders als etwa im Bereich der ebenfalls liberalisierten Telekommunikation – weitgehend wieder aufgezehrt. Ohne die staatlichen Preisbestandteile lagen die Stromkosten für die industriellen Nachfrager zuletzt nur knapp 3% und für den durchschnittlichen privaten Haushalt um rund 4,5% niedriger als 1998. Angesichts der realisierten durchschnittlichen jährlichen Produktivitätssteigerungen in Höhe von über 6%, d.h. einem Zuwachs von mehr als 70% von 1998 bis 2007 sind diese Entwicklungen geradezu niederschmetternd (vgl. Tab. 13).

Vor dem Hintergrund der zuvor beschriebenen Markt- und Machtstrukturen überrascht dieses Ergebnis aber zugleich auch nicht:

– Durch die *Konzentration der Energieerzeugung* in wenigen Unternehmen ist erstens der Spielraum für kollusives oder gar missbräuchliches Marktver-

*Abb. 11: Durchschnittlicher Strompreis für die Industrie, inklusive Stromsteuer (in ct/KWh)*

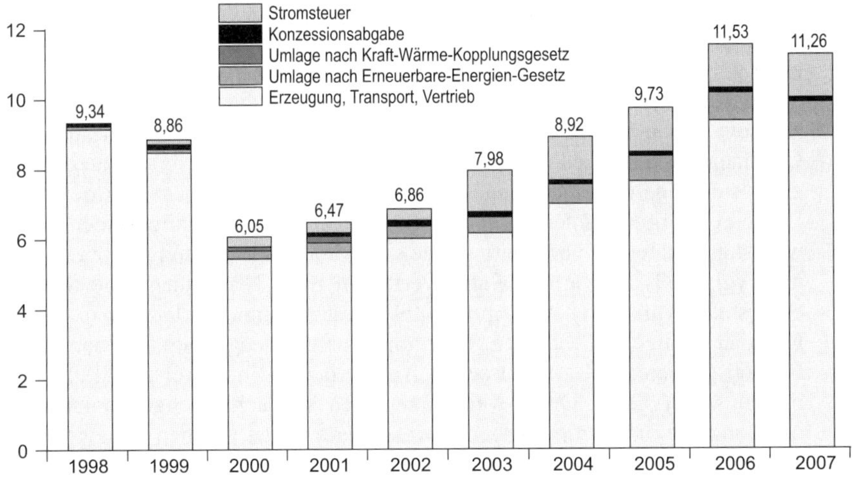


Quelle: Q19, S. 24

*Abb. 12: Durchschnittlicher Strompreis eines Drei-Personen-Haushalts mit einem Jahresverbrauch in Höhe von 3.500 kWh/a (in ct/KWh)*

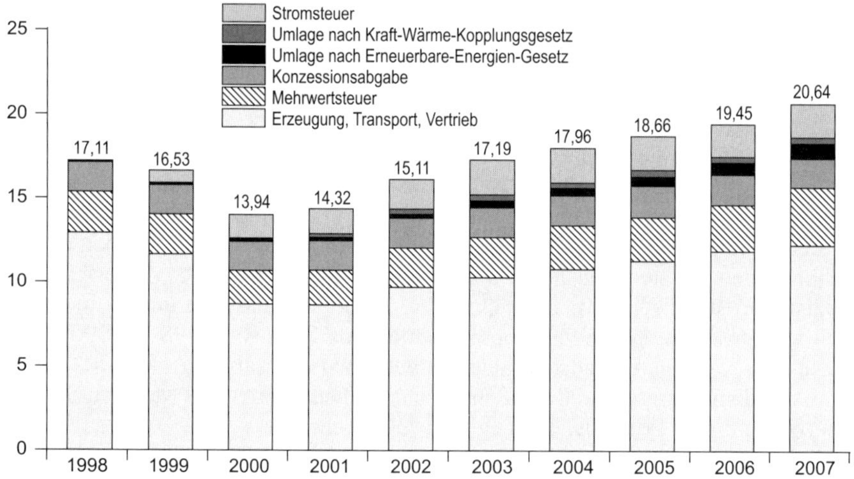


Quelle: Q19, S. 25

halten der EVUs immens. Laut Bundesnetzagentur „erwiesen sich diese ersten Wettbewerbstendenzen als nicht stabil." (Q23, S. 2) Mit Blick auf die Strompreiserhöhungen Ende 2007 wies der Präsident des Bundeskartellamts öffentlich darauf hin, dass seine Behörde „starke Indizien" für Preisabsprachen gefunden habe (vgl. Q161, S. 19). Diese Anhaltspunkte dürften auch in das Kartellverfahren der EU-Kommission gegen die E.ON AG eingeflossen sein, wonach E.ON mit preiserhöhender Absicht Kapazitäten aus dem Großhandelsmarkt genommen sowie neue Stromanbieter den Netzzugang zugunsten eigener Erzeugung verwehrt habe. Erst nachdem das deutsche Energieversorgungsunternehmen vorgeschlagen hat, ein Fünftel seiner Kraftwerkskapazitäten zu veräußern sowie sich vom Hochspannungsnetz zu trennen (vgl. Q69), wurde das Kartellverfahren Ende November 2008 formell eingestellt (vgl. Q74). Im April 2009 hat das Bundeskartellamt in dieser Hinsicht nachgelegt und eine Sektoruntersuchung begonnen, bei der ungefähr 60 größere EVUs umfassende Auskunft über ihre Preisgestaltung geben müssen (Q217). Dabei werde auch dem Verdacht nachgegangen, dass die Konzerne ihre Strommengen bewusst verknappen, um den Preis gewinnsteigernd nach oben zu treiben (vgl. Abschnitt 2.3.4.7).

– Die unbeeinträchtigte *Netzhoheit der EVUs* bis Mitte dieses Jahrzehnts verzögerte zweitens das Entstehen eines nachhaltigen Wettbewerbs unter den

Stromanbietern über prohibitiv hohe Durchleitungsentgelte. Anhand eines Rechenbeispiels zur Ermittlung der Netzbetriebskosten lassen sich für einzelne EVUs im Jahre 2005 in der Tat überdurchschnittlich hohe Umsatzrenditen von rund 13,1% ermitteln. Zudem weisen die Netzbetreiber einen überragenden Wertschöpfungsanteil am Umsatz in Höhe von 43,5% auf (vgl. Bontrup et al. 2008, S. 180). In der Gesamtwirtschaft betrugen diese Kennzahlen in 2005 nur 3,4% für die Umsatzrendite sowie 23,1% für die Wertschöpfungsquote (vgl. Q43).

In Anbetracht der *Rekordgewinne* (insbesondere der „Big-4"; vgl. Kapitel 2.4) bei gleichzeitig wieder steigenden Strompreisen kann daher auch die *Entflechtungsdebatte* (Hirschhausen et al. 2007 [pro], Ockenfels 2007b [kontra]) bezogen auf die „Big-4" nicht überraschen. Im Gegenteil, selbst die *EU-Kommission* zeigte sich ja von den hiesigen Ergebnissen der von ihr initiierten Marktöffnung enttäuscht und hat dieser Debatte mit einem erneuten Vorstoß zur eigentumsrechtlichen Zerschlagung („Ownership Unbundling") eine neue Dimension verliehen, auch wenn dann im Endeffekt der so genannte „Dritte Weg" zugelassen wurde (vgl. Kapitel 1.3.4). Kommissionspräsident José Manuel Barroso erklärte auf jeden Fall die Zeit geduldiger Trippelschritte für beendet und begründete seinen Vorstoß mit der wettbewerbsbehindernden Wirkung der Netzhoheit der großen Stromerzeuger.

Auch die *Bundesregierung* sah die Notwendigkeit zur Nachsteuerung, denn die „Strom-(...)preiserhöhungen zeigen, dass es mehr Wettbewerb im Energiebereich bedarf" (Q19, S. 24). Sie setzte sich für eine Verschärfung der Legal-Unbundling-Vorschriften ein. Zudem stützen sich die Maßnahmen neben der Erleichterung des Anbieterwechsels für Tarifkunden durch die seit 2007 wirksame *Stromgrundversorgungsverordnung* und neben der *Kraftwerksanschlussverordnung* im Wesentlichen auf Anreizregulierung für die Netzentgelte und das Kartellrecht (vgl. Abschnitt 1.3.3.3).

Rückblickend ist festzuhalten, dass sich auf den Märkten kein nachhaltiger Wettbewerb mit deutlich fallenden Strompreisen etabliert hat. Zwar bewegten sich die um administrierte Komponenten bereinigten Preise in den Anfangsjahren der Marktöffnung nach unten. Insbesondere *Industriekunden* kamen hier in den Genuss von Entlastungen. Diese Entwicklungen blieben aber immer noch weit hinter dem zurück, was man aufgrund der riesigen Produktivitätsfortschritte hätte erwarten können. Zwar sind ab 2001 auch die Stromgestehungskosten wieder angestiegen und haben zusammen mit den Erhöhungen der administrierten Bestandteile in den Jahren 2007 und 2008 zu Höchstwerten geführt. Dabei sind aber nicht allein diese Positionen in die Preise weiter gereicht worden. Denn ein reines Weitergeben von Kostensteigerungen hätte nicht zu der beobachteten *Gewinnexplosion* geführt. In Anbetracht von Rekordgewinnen auf der einen sowie der Produktivitäts- und Wettbewerbssituation auf der anderen Seite erhärtet sich die These, dass die enttäuschende Preisdynamik zum großen Teil durch Gewinngier und Marktmacht getrieben wurde. Die *Verbraucher* können sich demnach bislang nicht ernsthaft als Gewinner der Liberalisierung betrachten.

Die Sparten der EVUs stehen damit zukünftig aber zunehmend und in unterschiedlicher Form unter Druck, erzielte und zukünftige Produktivitätsfortschritte auch durch Preisnachlässe an die Kunden weiterzureichen und deren Verteilungsposition zu stärken. Dies dürfte der *unternehmensinternen Verteilungsauseinandersetzung* eine vollkommen neue Dimension verschaffen.

Allerdings muss mit Blick auf das energiepolitische Zieldreieck aus Ökologie, Effizienz und Versorgungssicherheit hinterfragt werden, ob das ausschließliche Setzen auf *Preissenkungen beim Strom* nicht viel zu kurz greift und überhaupt ein ganzheitlich erstrebenswertes Modell für eine zukünftige Energiepolitik bzw. -wende darstellt. Schließlich wird durch sinkende Strompreise die Natur (Umwelt) belastet. Denn einerseits lässt der Anreiz zum Energiesparen nach. Andererseits erschweren niedrigere Preise das Hineinwachsen alternativer, regenerativer Energien in eine wettbewerbsfähige Produktivität.

> „So wird die Entlastung der Haushaltskasse mit einer stärkeren Umweltbelastung und einer größeren Abhängigkeit von zukünftigen Preissteigerungen erkauft.“ (Hennicke/Müller 2005, S. 145)

Insofern sollten sich mit Blick auf die Preisentwicklung idealerweise zwei Trends überlagern: die über die Produktivitätssteigerungen erzielten Oligopolprofite müssen abgebaut und im Verteilungskampf den Beschäftigten sowie den Verbrauchern zugute kommen. Dies hätte für sich genommen preisentlastende Wirkung.

Um dennoch entsprechende Anreize zum Energiesparen zu vermitteln, bedarf es – wie dies im Prinzip über den $CO_2$-Zertifikatehandel angedacht ist – im Gegenzug ein nachhaltiges Einpreisen der externen Kosten über entsprechende Abgaben an den Staat. Die öffentliche Hand kann damit den Einsatz Erneuerbarer Energien oder eine effiziente Energienutzung mittels so genannter Energiesparfonds fördern (vgl. Irrek/Thomas 2006). In der Überlagerung beider Preistrends – Abschöpfen der Machtrenditen und Internalisieren externer Kosten – muss am Ende Strom kostbarer, also teurer werden, um letztlich auch auf diesem Weg die Nachhaltigkeitszielsetzung zu erreichen.

## 2.3 Investitionsverhalten

### *2.3.1 Politischer Rahmen für den zukünftigen Energiemix*

Innerhalb des Zieldreiecks gilt es auch, das Wirtschaftlichkeitsstreben durch eine grundlegende Neuausrichtung der Erzeugungsstrukturen in die zwischenzeitlich stärker akzentuierten Anforderungen von *Umwelt- und Klimaschutz* einzubinden.[14] Die Staats- und Regierungschefs der EU haben in diese Hinsicht mit ihrem 20/20/20-Ziel bis zum Jahre 2020 einen historischen Beschluss gefasst (vgl. Kapitel 1.3.5). Traditionell bekennt sich auch die Bundesregierung in der ökologischen Frage zu einer Führungsrolle und gibt sich teilweise noch ehrgeiziger, indem sie beispielsweise einen *Anteil der Erneuerbaren Energien von mindestens 30% im Jahr 2020* anvisiert. Zur Umsetzung ihrer umweltpolitischen Ziele hat das Bundeskabinett in Meseberg Ende August 2007 Eckpunkte für ein Integriertes Energie- und Klimaprogramm (IEKP) verabschiedet (vgl. Kapitel 1.3.6). Viele dieser Maßnahmen sind Mitte 2008 in rechtskräftige Bestimmungen übertragen worden. Vor allem die novellierten Gesetze zur Förderung der *Kraft-Wärme-Kopplung* (KWK-Gesetz) und zum Einsatz Erneuerbarer Energien (EEG), aber auch das Ziel, die Energieeffizienz deutlich anzuheben, sind in diesem Kontext hervorzuheben.

Damit sind wichtige Rahmenbedingungen für die Investitionen in der Stromwirtschaft abgesteckt. Diese Investitionen sind nicht nur für einen ökologischen Wandel im Erzeugungsmix erforderlich, sondern auch um innerhalb des Zieldreiecks langfristig die *Versorgungssicherheit* aufrecht zu erhalten. In dieser Beziehung gilt die Elektrizitätsversorgung als Basisindustrie. Schließlich liefert sie unverzichtbare Vorleistungen für den Rest der Wirtschaft und befriedigt elementare Grundbedürfnisse der Gesellschaft.

### *2.3.2 Beginn eines neuen Investitionszyklus?*

#### 2.3.2.1 Investitionsattentismus im Zuge der Marktöffnung

Nun ist aber hierzulande seit der Liberalisierung in investiver Hinsicht insgesamt vergleichsweise wenig geschehen (vgl. Tab. 27). Mit der Marktöffnung

---

14 Potenzielle Konflikte zwischen den Zielen Preisgünstigkeit und Umweltverträglichkeit werden dabei durch die Vorrangregelungen für Strom aus Erneuerbaren Energien und Kraft-Wärme-Kopplung zugunsten der Umweltverträglichkeit gelöst. „Kommt es nämlich zum Einsatz dieser Technologien, führt das wegen der benötigten Netzinfrastruktur und Regelenergie zu Steigerungen der Kosten und Preise der Stromversorgung. Allerdings wird der Umweltnutzen dieser Technologien hinsichtlich des Netzzugangs im EnWG eindeutig höher bewertet.“ (Eickhof/Holzer 2006, S. 15)

fuhr die Branche ihre Investitionen zunächst zurück, um u.a. die zuvor gehaltenen *Reservekapazitäten* abzubauen[15] und damit Effizienzreserven in großem Maßstab zu erschließen. Fast über Nacht wurden so aus „Kraftwerksreserven" nun „Überkapazitäten". Viele Erzeugungsanlagen verschwanden in den nächsten Jahren durch Stilllegung und Rückbau vom Markt.

*Tab. 27: Investitionen nach Größenklassen*

| Unternehmen mit ... Beschäftigten | 1998 | 1999 | 2000 | 2001 | 2002 | 2003 | 2004 | 2005 | 2006 | ∅ p.a. 1992–1997[a] | ∅ p.a. 1998–2006[a] | prozentuale Änderung[b] |
|---|---|---|---|---|---|---|---|---|---|---|---|---|
| | in Mio. Euro | | | | | | | | | | | in % |
| alle | 8.348 | 8.188 | 6.243 | 6.094 | 6.010 | 5.627 | 5.696 | 6.095 | 6.534 | 9.873 | 6.537 | –33,8 |
| 500 u. mehr | 6.131 | 5.770 | 4.070 | 4.235 | 4.043 | 3.509 | 3.554 | 3.948 | 4.332 | 7.578 | 4.399 | –42,0 |
| 250–499 | 650 | 749 | 745 | 586 | 566 | 874 | 767 | 808 | 915 | k.A. | 740 | k.A. |
| 100–249 | 642 | 642 | 544 | 497 | 415 | 434 | 591 | 589 | 472 | k.A. | 536 | k.A. |
| 50– 99 | 464 | 516 | 434 | 391 | 425 | 407 | 399 | 364 | 391 | 468 | 421 | -9,9 |

a Durchschnitt pro Jahr im Zeitraum 1992–1997 bzw. 1998–2006

b prozentuale Änderung der durchschnittlichen Investitionen pro Jahr im Zeitraum 1998–2006 gegenüber dem Zeitraum 1992–1997

Quelle: Statistisches Bundesamt, verschiedene Jahrgänge, eigene Berechnungen

Die schwache Investitionsdynamik reflektiert aber auch das Ausleben eines typischen Investitionszyklus. Mit der Wiedervereinigung sind in den 1990er Jahren in *Ostdeutschland* marode und ökologisch untragbare Kraftwerke durch leistungsstarke ersetzt worden. In *Westdeutschland* fand eine derartige „Runderneuerung" in den 1980er Jahren statt. Zudem mag es vereinzelt in Antizipation des erwarteten Wettbewerbs schon vor der bevorstehenden Marktöffnung zu effizienzsteigernden Investitionen gekommen sein. Angesichts der langen durchschnittlichen Laufzeiten konventioneller Kraftwerke von 40 bis 50 Jahren sind anschließende Phasen investiver Zurückhaltung nicht unüblich.

In diesem Umfeld gingen hierzulande die *Investitionsaktivitäten* trotz erheblicher Gewinnzuwächse in der Liberalisierungsphase im Vergleich zur Vorperiode von durchschnittlich knapp 10 Mrd. EUR p.a. um über ein Drittel auf 6,5 Mrd. EUR zurück. Insbesondere die großen EVUs mit 500 oder mehr Beschäftigten fielen dabei durch eine überdurchschnittliche Rückführung ihrer Zubauaktivitäten von 42% auf. Investierten sie zwischen 1992 und 1997 jährlich

15 Nach Erkenntnissen der Internationalen Energieagentur ist dieses Verhalten im Anschluss an Marktöffnungen auch im internationalen Vergleich typisch (vgl. Q94).

noch knapp 7,6 Mrd. EUR, betrug dieser Wert zwischen 1998 und 2006 nur noch 4,4 Mrd. EUR.

Ein Blick auf die Zielenergieträger der Investitionen vermittelt ein differenziertes Bild für große und kleinere Projekte. Bei den größeren Vorhaben ab 20 MW und dem damit verbundenen Leistungszubau im Zeitraum von 2001 bis Mitte 2007 zeigt sich, dass im Rahmen von 51 Projekten in Deutschland lediglich Kapazitäten von insgesamt 8,6 GW aufgebaut wurden (vgl. Tab. 28).[16] Dabei stützte sich fast die Hälfte der Projekte auf *Gaskraftwerke* mit einer Durchschnittsleistung von gut 200 MW. Überdies wurden zwei Braunkohle- und zwei Steinkohlekraftwerke installiert. Mit einer durchschnittlichen Leistung von über 700 bzw. 150 MW trugen sie ungefähr zu einem Fünftel zum gesamten Zubau bei. Die neu erstellten 14 größeren Biomasseanlagen bewirkten mit insgesamt 280 MW nur eine unwesentliche Kapazitätserweiterung.

*Tab. 28: Modernisierung des Kraftwerksparks ab 20 MW Leistung*

| Energieträger | Realisiert ab 2001 bis 2007 | | | geplant ab 2008 bis 2014 | | |
|---|---|---|---|---|---|---|
| | Anzahl der Projekte | Leistung in MW | ∅ Leistung in MW | Anzahl der Projekte | Leistung in MW | ∅ Leistung in MW |
| Erdgas | 24 | 5.023 | 209 | 9 | 6.145 | 683 |
| Braunkohle | 2 | 1.476 | 738 | 5 | 3.285 | 657 |
| Steinkohle | 2 | 300 | 150 | 22 | 20.760 | 944 |
| Biomasse | 14 | 280 | 20 | 0 | 0 | 0 |
| Müll | 4 | 104 | 26 | 6 | 235 | 39 |
| Wasserkraft | | | | 1 | 74 | 74 |
| Kernkraft (Retrofit) | 3 | 172 | 57 | 0 | 0 | 0 |
| Sonstige (Gicht-/Koksgas, Pumpspeicher) | 2 | 1.281 | 641 | 3 | 715 | 238 |
| **Gesamt** | **51** | **8.636** | **169** | **46** | **31.214** | **679** |

*Anmerkung:* Bei Retrofit (Modernisierung) ist nur die zusätzliche Kapazitätsleistung berücksichtigt.

Quelle: Eigene Berechnungen nach Q299 und Q250, S. 96ff.

Im Vergleich dazu führt Tabelle 29 solche Kraftwerksinvestitionen aus der Tabelle 28 auf, die von den „Big-4“ durchgeführt wurden. Unter Berücksichtigung ihrer Beteiligungen besitzen sie derzeit etwa 80% des deutschen Kraftwerksparks. Gerade sie zeigten sich in den Jahren zwischen 2001 und 2007 allerdings

16 Allerdings müssen in den Verbandsdaten erhebliche Lücken enthalten sein. Nimmt man die Daten des Bundeswirtschaftsministeriums zu den Stromerzeugungskapazitäten nach Energieträgern, betrug die installierte Leistung Ende 2000 124,7 GW. Ende 2007 belief sich dieser Wert auf 137,5 GW, so dass sogar unter Berücksichtigung ausgeschiedener Anlagen 12,8 GW netto an Leistungskapazitäten hinzugekommen sind.

in Bezug auf Investitionen als äußerst zurückhaltend. Auf der Basis der VDEW-Angaben entfielen gemessen an der Leistung nur 3,5 GW, d.h. nur etwas mehr als 40% aller hiesigen Kraftwerksinvestitionen über 20 MW auf die vier großen Oligopolisten. *Diese Angaben bestätigen mithin die These, dass in Deutschland vorrangig die vier großen, den Markt dominierenden Unternehmen ihre Investitionen zu Beginn dieses Jahrzehnts erheblich zurückgeschraubt haben. Darüber hinaus wurden gerade bei ihnen vorhandene Kraftwerkskapazitäten zur Effizienz- und Gewinnsteigerung aus dem Markt genommen bzw. stillgelegt.*

*Tab. 29: Investitionen der „BIG-4" ab 20 MW Leistung*

| Energieträger | E.ON | | RWE | | Vattenfall | | EnBW | | Summe | |
|---|---|---|---|---|---|---|---|---|---|---|
| | Anzahl Projekte | Leistung in MW | Anzahl Projekte | Leistung in MW | Anzahl Projekte | Leistung in MW | Anzahl Projekte | Leistung in MW | Anzahl Projekte | Leistung in MW |
| *Realisiert ab 2001 bis 2007* | | | | | | | | | | |
| Erdgas | 1 | 19 | 2 | 480 | 1 | 125 | 0 | 0 | 4 | 624 |
| Braunkohle | 0 | 0 | 2 | 1.206 | 0 | 0 | 0 | 0 | 2 | 1.206 |
| Steinkohle | 1 | 20 | 0 | 0 | 0 | 0 | 0 | 0 | 1 | 20 |
| Biomasse | 4 | 60 | 0 | 0 | 1 | 10 | 0 | 0 | 5 | 70 |
| Müll | 2 | 43 | 0 | 0 | 0 | 0 | 0 | 0 | 2 | 43 |
| Wasserkraft | 0 | 0 | 0 | 0 | 0 | 0 | 0 | 0 | 0 | 0 |
| Kernkraft (Retrofit) | 1 | 30 | 0 | 0 | 2 | 102 | 1 | 40 | 4 | 172 |
| Sonstige[a] | 0 | 0 | 1 | 225 | 1 | 1.056 | 0 | 0 | 2 | 1.281 |
| **Gesamt** | **9** | **172** | **5** | **1.911** | **5** | **1.293** | **1** | **40** | **20** | **3.416** |
| *Geplant ab 2008 bis 2014* | | | | | | | | | | |
| Erdgas | 2 | 1.330 | 1 | 875 | 0 | 0 | 2 | 965 | 5 | 3.170 |
| Braunkohle | 0 | 0 | 2 | 2.580 | 2 | 705 | 0 | 0 | 4 | 3.285 |
| Steinkohle | 3 | 2.050 | 2 | 3.060 | 2 | 2.454 | 1 | 850 | 8 | 8.414 |
| Biomasse | 0 | 0 | 0 | 0 | 0 | 0 | 0 | 0 | 0 | 0 |
| Müll | 0 | 0 | 0 | 0 | 2 | 50 | 0 | 0 | 2 | 50 |
| Wasserkraft | 0 | 0 | 0 | 0 | 0 | 0 | 0 | 0 | 0 | 0 |
| Kernkraft (Retrofit) | 0 | 0 | 0 | 0 | 0 | 0 | 0 | 0 | 0 | 0 |
| Sonstige[a] | 3 | 110 | 0 | 0 | 1 | 20 | 2 | 674 | 6 | 804 |
| **Gesamt** | **8** | **3.490** | **5** | **6.515** | **7** | **3.229** | **5** | **2.489** | **25** | **15.723** |

*Anmerkungen:*

a Gicht-/Koksgas, Pumpspeicher

Bei Retrofit (Modernisierung) ist nur die zusätzliche Kapazitätsleistung berücksichtigt. Gemeinsame Projekte wurden halbiert zugerechnet.

Die Daten aus Tabelle 29 und 30 sind nicht vollständig kompatibel, weil die Kraftwerksbauer unterschiedliche Leistungsplanungen bei konkreten Kraftwerksprojekten zu unterschiedlichen Zeitpunkten haben.

Eigene Berechnungen nach Q299

In die herangezogenen Verbandsstatistiken fließen leider nur größere Vorhaben ab einer Leistung von 20 MW ein. Dadurch bleiben der Bau von Kraftwerken mit weniger als 20 MW und somit insbesondere *Investitionen in Biomasse-, Photovoltaik-* sowie *Windenergieanlagen* in der Regel unerfasst. Unabhängig von der jeweils installierten Leistung vermittelt Tabelle 30 aber immerhin eine Vorstellung über das Ausmaß der Investitionen im Bereich Erneuerbarer Energien. Insgesamt ist hier eine wesentlich lebhaftere Dynamik zu konstatieren. Selbst unter Berücksichtigung von Stilllegungen kam es durch Investitionen in den Jahren 2001 bis 2007 zu einem Leistungszuwachs von 11,4 GW im Jahr 2000 auf 34 GW bis 2007. Der Ausbau entspricht also fast einer Verdreifachung der Leistungskapazität des Jahres 2000 und einem Leistungsanstieg, der mehr als zweieinhalbmal so groß ausfällt wie der im selben Zeitraum bei den größeren Kraftwerken. Im Jahr 2008 sind nochmals 3,2 GW hinzugekommen, so dass sich die installierte Leistung mittlerweile auf gut 37 GW beläuft. Dies entspricht bei bundesweiten Gesamtkapazitäten von knapp 140 GW mehr als 26%. Mit über zwei Drittel trägt die *Windenergie* den überragenden Anteil am Zuwachs der Erneuerbaren Energien. Ihre installierte Leistung hat gegenüber dem Jahr 2000 mit dem Faktor 3,9 zugelegt, wobei sich die durchschnittliche Leistung pro Windanlage von 0,7 auf 1,2 MW erhöht hat.[17] Allerdings weisen auch die anderen Energieträger – jedoch ausgehend von deutlich niedrigeren Niveaus – eine enorme Dynamik gegenüber dem Jahr 2000 auf. Die Leistungskapazitäten von *Biomasseanlagen* haben sich fast verfünfacht, die der *Photovoltaikanlagen* sogar mehr als verfünfzigfacht, während es bei der Stromgewinnung aus *Wasserkraft* hierzulande nur noch wenige Ausbaupotenziale gibt.

*Tab. 30: Ausbau installierter Leistung bei Erneuerbaren Energien*

| | | | | Leistungszuwachs in MW | |
|---|---|---|---|---|---|
| Energieträger | 2000 (MW) | 2007 (MW) | 2008 (MW) | 2001–2007 | 2001–2008 |
| Wasserkraft | 4.572 | 4.720 | 4.740 | 148 | 168 |
| Windenergie | 6.112 | 22.247 | 23.894 | 16.135 | 17.782 |
| Biomasse | 664 | 3.238 | 3.295 | 2.574 | 2.631 |
| Photovoltaik | 100 | 3.811 | 5.311 | 3.711 | 5.211 |
| Geothermie | 0 | 2 | 7 | 2 | 7 |
| **Summe** | **11.448** | **34.018** | **37.247** | **22.570** | **25.799** |

*Anmerkung:* Doppelzählungen im Vergleich zu Tabelle 28 sind bei Projekten mit über 20 MW möglich.

Eigene Berechnungen nach Q14

17 Nach Q14, S. 19 entfiel im Jahr 2008 auf 20.287 Windenergieanlagen eine installierte Leistung von 23,9 GW.

Gemessen an der Stromerzeugung relativiert sich der Boom bei den Erneuerbaren Energien ein wenig (vgl. Abb. 13). Ursächlich ist, dass der Hauptenergieträger, Windkraft, je nach Windverhältnissen innerhalb eines Jahres nur eingeschränkt nutzbar ist. Während bei Kohlekraftwerke und AKWs von 5.200 bis 6.800 Stunden pro Jahr ausgegangen wird (vgl. Loreck 2008, S. 8), in denen sie ihre volle Leistung abgeben können, wird bei Windenergie derzeit in schlechten Windjahren mit 1.200 bis hin zu 1.900 sowie im Durchschnitt mit 1.634 Volllaststunden pro Jahr in guten Windjahren gerechnet.[18] Ähnliche Einschränkungen liegen bei der Stromerzeugung aus Photovoltaikanlagen vor. Während die Erneuerbaren Energien an den installierten Kapazitäten rund ein Viertel ausmachen, beläuft sich so der Erzeugungsbeitrag der in der Grafik ausgewiesenen Erneuerbaren Energien (Wasser, Wind, Biomasse und Photovoltaik) nur auf knapp 14%.

*Abb. 13: Stromerzeugungsstruktur in Deutschland*

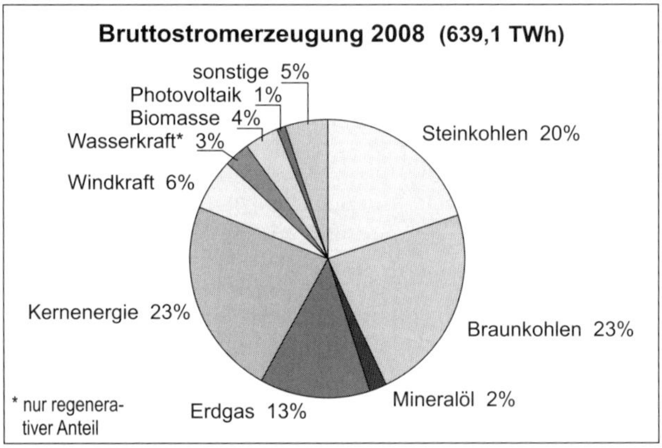


Quelle: Bundesministerium für Wirtschaft und Technologie und eigene Berechnungen

Wie sehr sich allerdings die „Big-4" im Ausbau der Erneuerbaren Energien in Deutschland bislang zurückgehalten haben, ist jüngst in einem von Greenpeace in Auftrag gegebenen Gutachten des Instituts für ökologische Wirtschaftsforschung (IÖW) dokumentiert worden (vgl. Abb. 14; Hirschl 2008). Trotz jahr-

18 Vgl. Q46, S. 229. Allerdings verspricht man sich von Offshore-Windparks „eine annähernd doppelt so hohe Zahl so genannter Volllaststunden" (Q49, S. 4). Laut Q46 kann durch bessere regionale Verteilung, das Erschließen von Offshore-Windparks und technologische Verbesserungen bis zum Jahr 2015 ein Anstieg der durchschnittlichen Volllaststunden auf über 2.150 Stunden bei gleichzeitig verringerter Varianz erwartet werden.

zehntelanger umweltpolitischer Debatten gerade auf die Herausforderungen einer ökologischen Umorientierung reagierten die Marktführer nur unzureichend (vgl. auch Kapitel 2.4). Während der Anteil Erneuerbarer Energien an der Stromerzeugung deutschlandweit rund 14% beträgt, beläuft er sich bei den vier Branchenriesen in ihrer deutschen Stromerzeugung gerade mal auf 1,2% (bei Vattenfall) bis 11,4% (bei EnBW). Dieser Vergleich überzeichnet sogar noch die *ökologische Innovationsbereitschaft der Konzerne.* Denn der größte Teil der ausgeschriebenen regenerativen Energien ist der Wasserkraft zuzuschreiben und damit Anlagen, die in der Regel weit vor dem Jahr 2000 installiert wurden. Rechnet man diese Anlagen heraus, um zu erkennen wie sehr die Marktführer den ökologischen Trend in den letzten Jahren verinnerlicht haben, verbleiben für Windkraft, Biomasse etc. Erzeugungsanteile zwischen 0,1% (bei EnBW) und 1,4% (bei E.ON). Diese Werte liegen weit unter dem bundesweiten Durchschnitt von 10,6%. Erst nachdem die privatwirtschaftliche Beratungsgesellschaft A.T. Kearney den vier großen Verbundunternehmen in Deutschland diese Defizite vorhielt und Volumen- und Marktanteilsverluste prognostizierte (vgl. Q2), bauten diese den Bereich Erneuerbare Energien zuletzt aus. Sie errichteten entsprechende Führungsgesellschaften und statteten diese mit entsprechender Finanzkraft aus.

*Abb. 14: Stromerzeugungsanteile der EE bei den „Big-4"*

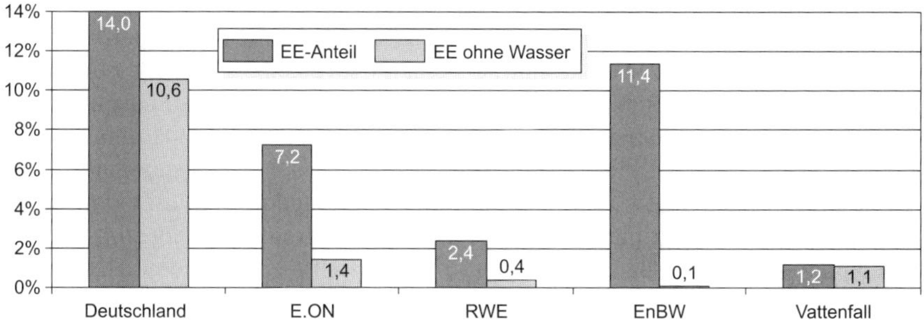


Quelle: Q93, S. 110 und Bundesumweltministerium

Festzuhalten bleibt im Rückblick auf die getätigten Investitionen in der Branche:

- Seit der Liberalisierung gibt es eine *investive Zurückhaltung*, die nicht nur aber auch Folge der Liberalisierung ist.
- Sie betrifft vorrangig *Großprojekte* und war vornehmlich bei den „Big-4" angesiedelt.
- Auf der mittleren Kraftwerksebene dominierte ein Ausbau von *Gaskraftwerken* mit einer Durchschnittsleistung von 200 MW.

- In der Dynamik verzeichneten die im Einzelnen weniger leistungsstarken, dezentralen und weniger kapitalintensiven Investitionen in Erneuerbare Energien überaus starke Zuwächse. Gerade die *Windenergie* wartet bezogen auf die installierte Leistung mit enormen Bedeutungsgewinnen auf.
- Die „Big-4" weisen dagegen beim Ausbau der regenerativen Energien enorme Versäumnisse auf.

2.3.2.2 Neuer Schwung in der Investitionsplanung

Die Phase der allgemeinen Investitionszurückhaltung scheint aber mittlerweile vorbei zu sein. Nach VDEW-Angaben planen die Energieversorger ihre Investitionen gemessen an der Kraftwerksleistung in der Sechs-Jahres-Periode von 2008 bis 2014 im Vergleich zur gleichlangen Vorperiode fast zu vervierfachen (vgl. Tab. 28). Dabei wurden bei den Vorhaben von über 20 MW im Juli 2007 von den EVUs 46 Kraftwerksprojekte angekündigt. Deren Erzeugungskapazitäten würden sich auf über 31 GW summieren.

Schwerpunkt der Investitionsplanung sind mit 27 Anlagen *kohlebefeuerte Kraftwerke*, deren durchschnittliche Leistung bei Braunkohlekraftwerken mit rund 650 MW und bei Steinkohlekraftwerken mit knapp 950 MW zu veranschlagen ist und die 24 GW an Leistung beisteuern sollen. Nach aktuelleren Angaben der Deutschen Umwelthilfe sind derzeit sogar 29 Kohlekraftwerke mit fast 32 GW geplant bzw. bereits genehmigt (vgl. Q48), während die Leitstudie 2008 des Bundesumweltministeriums zwischen 2006 und 2020 nur einen Kohlekraftwerkszubau von 9,8 GW vorsieht (vgl. Tab. 32). Selbst wenn die gegenwärtig bekannten Projekte zu Lasten von reinen gasgefeuerten Kraftwerken und nicht etwa auf Kosten der Erneuerbaren Energien und der KWK-Anlagen realisiert werden, ließe sich aufgrund der Kohlelastigkeit indes nach Erkenntnissen der Leitstudie 2008 des Bundesumweltministeriums das *ehrgeizige Einsparziel bei den nationalen $CO_2$-Emissionen bereits nicht mehr realisieren.* Es käme allenfalls zu einer Reduktion um 33% gegenüber 1990 (vgl. Q13, S. 86). In diesem Sinne beklagt auch Greenpeace auf der Grundlage einer Studie von EU-Tech, dass gerade die „Big-4" „80% ihrer anstehenden Investitionen in den Neubau klimaschädlicher Kohlekraftwerke lenken" (Q88, Vorwort). Allerdings gibt es hier mit Blick auf die Planungen von Kohlekraftwerken offenbar keine einheitliche und ohnehin keine abschließend belastbare Zahlenbasis.[19]

Unabhängig von der Erzeugungsart sind rund 54% aller Neubauvorhaben und mit 15,7 GW ca. 50% der Leistung den „Big-4" zuzurechnen. Damit erhöhen sie ihren Kapazitätsaufbau gegenüber der Vorperiode mit dem Faktor 4,6 (vgl. Tab. 29).

---

19 Vgl. Q110. Dieser Quelle zufolge seien nach einer internen Liste der Bundesnetzagentur sogar 46 Kohlekraftwerke geplant.

Zugleich zeigt sich damit aber auch, dass die anderen Akteure im Markt ebenfalls ihre Investitionsaktivitäten bei den Vorhaben über 20 MW ausweiten wollen. Zu dieser Betrachtung passt, dass Mitte 2007 viele *Stadtwerke* anzeigten, verstärkt in Erzeugungsanlagen investieren zu wollen. Ziel sei es, insbesondere mit dem Bau neuer Gas- und Kohlekraftwerke unabhängiger von den vier Großen der Branche zu werden.[20] Der neue Schwung bestätigt sich auch in unseren Umfrageergebnissen (vgl. Kapitel 4).

Zu den branchenweiten Planungen beim Bau von Biomasse-, Photovoltaik- sowie Windenergieanlagen liegen leider keine systematischen Daten vor.[21] Laut Verband Erneuerbare Energien wird damit gerechnet, dass die jährlichen Ausgaben für Investitionen in Erneuerbare Energien von knapp 9 Mrd. EUR in 2005 bis 2015 kontinuierlich auf einen Wert von 14 Mrd. EUR zulegen und sich dann bis 2020 auf diesem Niveau stabilisieren (vgl. Q29).

Bei den „Big-4“ haben nach der jüngsten „Entdeckung“ der Erneuerbaren Energien die entsprechenden Ausbaubudgets deutlich angezogen (vgl. Tab. 31). E.ON will innerhalb von drei Jahren 6 Mrd. EUR dafür bereitstellen, sofern nicht einzelne Investitionen der allgemeinen Überprüfung von Ausgaben im Rahmen des Sparprogramms „perform to win“ zum Opfer fallen. RWE plant 5 Mrd. EUR und die anderen beiden Konzerne 3,5 bzw. 3 Mrd. EUR für den Ausbau der ökologischen Stromerzeugung auszugeben.

*Tab. 31: Investitionsprogramme der „Big-4“*

| | E.ON | RWE | EnBW[a] | Vattenfall |
|---|---|---|---|---|
| Zeitraum | 2009–2011 | 2008–2012 | 2008–2010 | 2008–2012 |
| geplante Gesamtinvestitionen in Mrd. EUR | 30 | 33 | 7,6 | 17,7 |
| davon geplante EE-Investitionen in Mrd. EUR | 6 | 5 | 3,5 | 3 |
| Anteil der EE-Investitionen in % | 20,0 | 15,2 | 46,1 | 16,9 |

a EE-Angaben als Limit

Quelle: Hirschl 2008, S. 112 mit Aktualisierung für E.ON

Allerdings werden trotz der beeindruckenden Investitionssummen die Marktführer nach den Ergebnissen der IÖW-Studie auch hier langfristig hinter dem angestrebten bundesweiten Ausbauziel zurückbleiben (vgl. Abb. 15; Hirschl 2008). Selbst wenn man die tendenziell besser ausfallenden konzernweiten und nicht

20 Auch neue Akteure wie z.B. Biomasse- und Windenergieanlagenbetreiber sind zu verzeichnen.

21 In unregelmäßigen Abständen unterrichtet der Bundesverband der Energie- und Wasserwirtschaft e.V. (bdew) die Presse über Investitionsvorhaben der Energiewirtschaftsunternehmen. Auf einen detaillierten Rückblick verzichtet der bdew in seiner Pressemitteilung vom Februar 2008, so dass nicht genau erkennbar ist, welche Kraftwerke realisiert und welche aus den Vorgängerlisten gestrichen wurden.

die deutschen Investitionsplanungsdaten heranzieht, wird der Elan nicht ausreichen, um die vorhandenen Defizite zu beseitigen. Der für Deutschland geplante Anteil der Erneuerbaren Energien von mindestens 30% wird bis 2020 nach derzeitigem Stand allenfalls vom *Vattenfall-Konzern* erreicht. Die anderen drei Konzerne werden mit 12% (bei RWE) bis 21% (bei EnBW) deutlich dahinter zurückbleiben. Bereinigt um die Wasserkraft und damit nur auf die restlichen Erneuerbaren Energien abstellend fällt das Bild noch deutlich schlechter aus. Einem politischen Referenzwert von mindestens 26,6% stehen bei den Großkonzernen Werte von 7% (bei EnBW) bis 11% (bei E.ON und Vattenfall) gegenüber. Hinzu kommt, dass sich die Ausbaupläne der „Big-4" in puncto regenerative Energien im Wesentlichen auf Offshore-Windparks stützen. Dies gilt insbesondere für die Investitionen in Deutschland. Sollten sich die hohen Erwartungen bei dieser Technologie angesichts mangelnder Erfahrungen im späteren Einsatz nicht bestätigen, ist zu befürchten, dass die prognostizierten Werte das tatsächliche Engagement eher noch überschätzen.

*Abb. 15: Zukünftige Stromerzeugungsanteile der EE bei den „Big-4"*

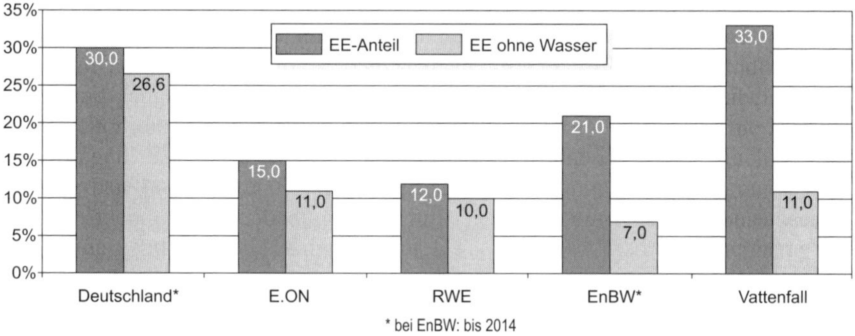


Quelle: Hirschl 2008, S. 119

Vor diesem Hintergrund kommt Hirschl in der IÖW-Studie zu dem Schluss:

> „Damit ist vorgezeichnet, dass die Konzerne auch weiterhin keine aktive, treibende Rolle beim Umbau des Energiesystems in Richtung höhere Dezentralität, Flexibilität und Integration verschiedener EE-Technologien spielen werden." (Hirschl 2008, S. 118)

Das weiterhin angestrebte Wachstum wollen die „Big-4" damit offenbar verstärkt durch Kapazitätserweiterungen von *fossilen* bzw. *Atomkraftwerken* erreichen.

### *2.3.3 Überlegungen zum Investitionsbedarf*

#### 2.3.3.1 Die Diskussion über eine Versorgungslücke in Deutschland

Ungeachtet der jüngsten Belebung in den Investitionsplanungen erregte zuletzt eine Studie der Deutschen Energie-Agentur (Dena) große Besorgnis. Sie heizte die Diskussion über eine drohende „Versorgungslücke" im Strombereich bei der Abdeckung der Spitzenlast an. Angesicht des im Atomgesetz noch geplanten gleitenden Ausstiegs aus der Kernkraft[22] bis spätestens 2023 und der allmählichen Veralterung des Kraftwerkbestands kommen die Autoren dort zu dem Schluss, dass „bereits ab 2012 nicht mehr genügend gesicherte Kraftwerksleistung zur Verfügung stehen, um die Jahreshöchstlast zu decken. Bis 2020 wachse die Differenz zwischen Jahreshöchstlast und gesicherter Kraftwerksleistung auf rund 11.700 MW." (Q47, S. 1) Ohne Zubau konventioneller Kraftwerke sowie ohne den im Rahmen der ökologischen Neuausrichtung geplanten Ausbau Erneuerbarer Energien (Wirkung: ca. 9,5 GW gesicherte Leistung) und der KWK (ca. 5,8 GW) fehlten in 2020 fast 42 GW.[23] Diese Spanne verringere sich zudem nur dann auf die berechnete Stromlücke, wenn bereits im Bau bzw. nach 2005 in Betrieb gegangene Kraftwerke (10,4 GW) sowie Kraftwerke mit hoher Realisierungswahrscheinlichkeit (Wirkung: 4,7 GW) zugebaut werden.

Die Dena fordert aufgrund dieser Ergebnisse entweder „den unbedingt notwendigen Zubau neuer fossiler Kraftwerkskapazitäten" (Q47, S. 3) oder die Laufzeit älterer fossiler Anlagen zu verlängern bzw. „die Atommeiler länger laufen (zu) lassen".[24] Dass die „Big-4" als die einzigen[25] AKW-Betreiber und zugleich auch als Betreiber großer konventioneller Grundlastkraftwerke nur allzu gerne auf diese Argumentation aufsatteln und sie beharrlich in der Öffentlichkeit penetrieren, versteht sich von selbst.[26] Angesichts ihrer investiven Zurückhal-

---

22 Der Atomausstieg schlägt etwa mit einem Leistungsabbau von 20 GW zu Buche und betrifft immerhin rund die Hälfte der Grundlast (vgl. Q18).

23 Diese Größenordnung nennt auch das Bundesumweltministerium in seiner „Leitstudie 2008" (Q13, S. 11). Es geht davon aus, dass „bis 2020 – gerechnet ab dem Jahr 2005 – fossile Kraftwerke mit einer Leistung von 28 GW stillgelegt werden. Hinzu kommen 17 GW Kernkraftwerke und 17 GW an älteren EE-Anlagen, insbesondere Windkraftanlagen."

24 Kohler 2008. Allerdings weist der Dena-Vorsitzende Kohler in dem Interview ausdrücklich darauf hin, dass er zumindest eine weltweite Renaissance der Atomkraft für überaus problematisch hält.

25 Genau genommen sind auch die Stadtwerke München wegen ihrer 25-prozentigen Beteiligung an Isar 2 sowie die Stadtwerke Bielefeld wegen ihrer 16,7-prozentigen Beteiligung am Kernkraftwerk Grohnde hinzuzuzählen.

26 Kurz vor den Verhandlungen vor dem hessischen Verwaltungsgericht zur Laufzeitverlängerung für das RWE-AKW Biblis-A bemühte etwa RWE-Chef Jürgen Großmann das Schreckgespenst „tagelanger Stromausfälle" im Sommer (vgl. Waldermann 2008).

tung in den letzten Jahren erscheint es allerdings schon absurd, wenn gerade die marktbeherrschenden EVUs in der Stromlückendebatte eigene investive Defizite bemühen, um den Atomausstieg nachträglich zu kippen und durch Laufzeitenverlängerungen *„windfall profits"* zu generieren. Daran ändert auch das verheißungsvolle, aber nebulöse Versprechen wenig, diese Zusatzgewinne teilweise der Gesellschaft zum Aufbau Erneuerbarer Energien zurückzugeben (vgl. auch Abschnitt 2.3.4.4.3).

Ähnlich skeptisch wie die Dena geben sich hinsichtlich der Versorgungssicherheit auch Kriedel/Schröer (2008, S. 53). In einer groben Szenarien-Abschätzung, die jedoch recht sensitiv gegenüber dem unterstellten Stromnachfragepfad ist, folgern sie:

> „Insgesamt lässt sich festhalten, dass die gegenwärtigen Planungen zur Kompensation des Atomausstiegs äußerst fragwürdig sind. Wenn Deutschland bei gegebenem Atomausstieg mittelfristig nicht *Stromimporteur* werden möchte und auf ausländische, sehr wahrscheinlich auch Kernenergie-Stromlieferanten angewiesen sein will, bedarf die gegenwärtige Energiepolitik einer Korrektur. Dazu zählen einerseits erhöhte Anstrengungen zum Ausbau der Erneuerbaren Energien und zur Senkung der Energieintensität. Andererseits drängt sich aber auch die vermehrte Nutzung etablierter ‚Brückentechnologien' auf. Hierzu gehören die modernen und emissionsarmen Gaskraftwerke. Sobald zukünftig auch Risikoanalysen für die Endlagerung von abgeschiedenem $CO_2$ vorhanden sind, ist auch der Einsatz von Kohlekraftwerken mit $CO_2$-Abscheidetechnologie denkbar." (Kriedel/Schröer 2008, S. 21)

Die Ergebnisse einer drohenden *Stromlücke* und vor allem auch die in der Dena-Untersuchung formulierten Forderungen sind allerdings heftig umstritten. In einer kritischen Auseinandersetzung spricht etwa die Deutsche Umwelthilfe von einer *„herbeianalysierten* Stromlücke".[27] Insbesondere seien die Projektionsannahmen der Dena von vornherein alle in dieselbe Richtung – nämlich in die einer am Ende dann zu entdeckenden Stromlücke – ausgerichtet worden. Das betreffe erstens die unterstellten *Restlaufzeiten konventioneller Kraftwerke.* Wenn hier die im Monitoringbericht der Netzagentur aus Befragungen der fossilen Kraftwerkbetreiber ermittelten Laufzeiten zugrunde gelegt worden wären, verschwände allein dadurch schon die berechnete Lücke. Außerdem seien die Annahmen, Deutschland bleibe zwangsläufig Stromexportland und die Erneuerbaren Energien gäben nur den niedrigsten denkbaren Wert an „gesicherter Leistung" ab, genauso einseitig zweckgerichtet wie das Vernachlässigen von Glät-

27 Q49. Die Autoren weisen dabei auch auf den möglichen Interessenkonflikt der Dena hin, der dadurch entstehen könnte, dass die Dena als Public-Private-Partnership-Institut in der Vergangenheit etwa die Hälfte ihrer Einnahmen der Energiewirtschaft und damit indirekt den „Big-4" verdanke.

tungseffekten durch modernes Lastverteilungsmanagement bei Nachfragespitzen,[28] das Unterschätzen des Potenzials Erneuerbarer Energien sowie der zu niedrige Ansatz für das offizielle Stromeinsparziel bis 2020.

Ähnlich positioniert sich auch das Umweltbundesamt (UBA) in einer Untersuchung (vgl. Loreck 2008). Daraus folgert es: „Die Versorgungssicherheit mit Strom ist in Deutschland nicht gefährdet – eine ‚Stromlücke' ist nicht zu erwarten" (Q263). Überdies sei es auch möglich, „das Klimaschutzziel zu erreichen, bis 2020 die Treibhausgasemissionen um 40% gegenüber 1990 zu senken" (Loreck 2008, S. 12). Dies gelte unter folgenden an das Leitszenario des Bundesumweltministeriums anknüpfenden Voraussetzungen:

- bis 2020 Senkung des Stromverbrauchs um 11% gegenüber 2005
- bis 2020 KWK-Stromanteil 25%
- keine neuen über die im Bau befindlichen Kohlekraftwerke hinaus
- Ausbau der Erneuerbaren Energien gemäß des Leitszenarios des Bundesumweltministeriums (BMU) auf 58,9 GW
- Abschalten ineffizienter Kraftwerke bei Erreichen der vorgesehenen Lebensdauer.

EUtech kam in einer von *Greenpeace* in Auftrag gegebenen Studie sogar zu dem Ergebnis, dass „weder in 2015 noch in 2020 eine Deckungslücke zu erwarten ist. Vielmehr sind bei verstärktem Ausbau der Erneuerbaren Energien und der Nutzung der Kraft-Wärme-Koppelung sogar *Überkapazitäten* in einer Größenordnung von bis zu 9 GW zu erwarten." (Q78, S. 18) Als Ursache für die unterschiedliche Einschätzung weisen die Autoren u.a. auf eine angebliche Nichtberücksichtigung der gesicherten Leistung von 5 GW beim Bestand von Anlagen Erneuerbarer Energien in der Dena-Studie hin. Ferner bliebe die von der Dena angesetzte Verringerung des Stromverbrauchs um nur 6,7% bis 2020 hinter den formulierten Klimaschutzzielen zurück und müsse daher höher angesetzt werden, zumal sich derartige Potenziale auch wirklich erschließen ließen. Darüber hinaus sei die gesicherte Leistung aus der KWK und den fossilen bzw. nuklearen Kraftwerken unterschätzt worden.

Auch das *Bundeswirtschaftsministerium* wiegelte zuletzt ab, obwohl gerade von hier die Renaissance der Atomkraft und der Bau neuer fossiler Großkraftwerke politisch unterstützt werden und dabei eine etwaige Versorgungslücke gut in die Argumentation passte. Im Rahmen ihres turnusgemäß an die EU-Kommission zu meldenden Monitoring-Berichts gelangt eine Auftragsexpertise des

28 Zudem ließe sich sicherlich auch das Verantwortungsbewusstsein des Verbrauchers stärken. Wenn man ihm bewusst macht, dass gerade durch die Lastspitzen die Versorgungsproblematik verschärft wird, könnte er – vielleicht auch in Verbindung mit preislichen Signalen – in den Phasen der Lastspitzen zu bewusstem Stromsparen bewegt werden.

Ministeriums (Q18) unter Berücksichtigung des Atomausstiegs, der Ausbauziele für die Erneuerbaren Energien, der Restlaufzeiten laufender Kraftwerke und eines „moderaten Rückgangs des Stromverbrauchs" zu dem Befund:

> „(Es) ergibt sich ein Zubaubedarf *konventioneller* Kraftwerkskapazitäten in Höhe von 15 GW bis 2015 und um weitere 5 GW bis 2020. Dem stehen bekannte Kraftwerksplanungen in Höhe von gut 30 GW gegenüber. Werden diese mit ihren Realisierungswahrscheinlichkeiten nach sehr konservativer Vorgehensweise gewichtet, kann ein Zubau von rund 11 GW bis 2015 bereits heute aus Sicht der Gutachter als gesichert angesehen werden. Angesichts der bekannten Investitionsvorhaben sollte es grundsätzlich keine Probleme bereiten, dass die Lücke zwischen gesichertem und erforderlichem Zubau an Kraftwerkskapazitäten auch unter Berücksichtigung der durchschnittlichen Planungsphasen von 4–7 Jahren geschlossen werden kann." (Q18, S. 22f.)

Hinsichtlich einer Deckung des Ausbaubedarfs zwischen 2015 und 2020 sind die Gutachter ähnlich optimistisch.

#### 2.3.3.2 Erheblicher Investitionsbedarf bis 2020

Die Diskussion beschäftigt sich neben den unterschiedlichen Vorstellungen zur nachfrageseitigen Entwicklung der Energieeffizienz auf der Erzeugungsseite aber genau genommen im Wesentlichen mit folgender Frage: Erscheint es als *wahrscheinlich* (!), dass mit Hilfe umfangreicher Investitionen in konventionelle Kraftwerke die durch die Stilllegungen veralteter Anlagen und AKWs bedingte Angebotsverknappung aufgefangen werden kann, *wenn* (!) sowohl ehrgeizige Einsparziele gehalten werden als auch der beabsichtigte Ausbau Erneuerbarer Energien erfolgt. Die sich durch den Regierungswechsel im Herbst 2009 abzeichnende Laufzeitenverlängerung für die AKWs ändert an der Grundsätzlichkeit dieser Fragestellung nichts, sondern erweitert allenfalls die Fristen für den Handlungsbedarf. Dass ein derartiges Auffangen möglich wäre und obendrein erwünscht ist, bedeutet aber noch lange nicht, dass die Verwirklichung der Investitionen auch zu einem *Selbstläufer* wird. Selbst die Existenz einzelner großer konventioneller Investitions*vorhaben* kann da allenfalls im Sinne einer notwendigen Bedingung beruhigen, reicht aber noch nicht aus. Schließlich können die Pläne auch schnell wieder „in der Schublade verschwinden".

Überdies unterstellen die Prognosen oftmals, dass der Ausbau der Erneuerbaren Energien und der KWK in dem von der Politik *erhofften* Umfang zumindest annähernd schon gelingen wird. Dabei geht es auch nicht nur darum, selbst in Phasen der Spitzenlast quantitativ genügend so genannte gesicherte Erzeugungskapazitäten vorzuhalten,[29] um die Versorgungssicherheit unter Wahrung

29 Stromerzeugungsanlagen geben in der Regel über das Jahr hinweg nicht ihre volle installierte Leistung ab. Sie fallen teilweise geplant (Reparatur- und Wartungsarbeiten, Re-

der Wirtschaftlichkeit zu gewährleisten. Das Ziel ist ehrgeiziger. Denn auch die qualitativen, ökologischen Vorgaben sollen ja erreicht werden, indem nicht nur irgendwie ausreichend Strom erzeugt wird, sondern indem die Stromproduktion im Rahmen einer politisch vorherbestimmten Erzeugungsstruktur erfolgt. Bis 2020 sollen 25% der effektiven Stromerzeugung aus KWK-Anlagen und – statt wie bisher nur rund 14% – mindestens 30% aus Erneuerbaren Energien stammen (vgl. Q258, S. 1; Q290, S. 5). Wenn der im BMU-Leitszenario 2008 vorgegebene Klimaschutzpfad mit einer Reduktion des $CO_2$-Ausstoßes um 36% zwischen 1990 und 2020 eingehalten werden soll, müssen im Jahr 2020 – unter Berücksichtigung von zeitweise nicht mobilisierbaren Kraftwerksleistungen – rund 45% der installierten Leistung aus dem Bereich der Erneuerbaren Energien stammen (vgl. Abb. 16). Derzeit beträgt ihr Anteil 21%. Bezogen auf die KWK bedarf es bis dahin zudem eines Nettozuwachses an installierten Kapazitäten von 20,9 auf 30,1 GW.[30]

Bislang ist der erforderliche Ausbau konventioneller Kraftwerke sowie der Erneuerbaren Energien bzw. der KWK bis 2020 aber weitgehend nur eine politische Zielsetzung, für deren Realisierung der Staat zwar die Weichen gestellt hat und die durchaus als machbar angesehen wird. Umsetzen müssen die Ziele aber letztlich die *EVUs,* indem Sie primär aus betriebswirtschaftlichen Gründen[31] auf einen neuen Energiemix umschwenken und entsprechende Investitionen in Erzeugungs- und Netzkapazitäten vornehmen.

---

serven für Systemdienstleistungen) aus, woraus sich die „planmäßige verfügbare Leistung" errechnet. Überdies erzeugen sie ungeplant keinen Strom. Ursachen können einerseits ungeplante Betriebsstörungen sein. Gerade bei Wasser-, Wind- und Sonnenenergie fluktuiert die tatsächliche Leistungsabgabe aber auch in Abhängigkeit von natürlichen Gegebenheiten. Die tatsächliche Einspeisung kann hier theoretisch zwischen 0% und 100% der installierten Leistung liegen. Bei Windenergieanlagen liegt nach bisherigen Erfahrungen die Einspeisung nur selten über 30%, zumeist nur zwischen 0% und 20% (vgl. hierzu Q46, S. 234). Zur Wahrung der Versorgungssicherheit ist entscheidend, wieviel Leistung auch wirklich – entsprechend des angestrebten Sicherheitsgrads vorgegebener Wahrscheinlichkeit – zur Verfügung steht, um die Jahreshöchstlast bedienen zu können. Diese so genannte „gesicherte Leistung" liegt dabei um die ungeplanten Ausfälle (Betriebsstörungen, wetterbedingte Ausfälle) niedriger als die planmäßig verfügbare Leistung.

30 Zwischen KWK-Anlagen und Erneuerbaren Energien ist zu differenzieren. KWK-Anlagen können zwar auf der Basis Erneuerbarer Energien betrieben werden (z.B. Biomassekraftwerke), müssen es aber nicht (z.B. Heizkraftwerke auf Braunkohlebasis). Der ökologische Aspekt von KWK-Anlagen kommt dadurch zustande, dass bei der Produktion Strom erzeugt wird und dabei gleichzeitig entstehende Wärme, quasi als Nebenprodukt, zu Heizzwecken verwendet wird. Für das Heizen selbst muss dann weder Primärenergie verbraucht werden noch entstehen zusätzliche Emissionen.

31 Teilweise spielen gerade auf kommunaler Ebene ökologische Gesichtspunkte als eigenständiges Ziel eine Rolle für ein Engagement in Anlagen aus dem Bereich der Erneuerbaren Energien und der KWK.

*Abb. 16: Angestrebter Wandel in der Erzeugungsstruktur*

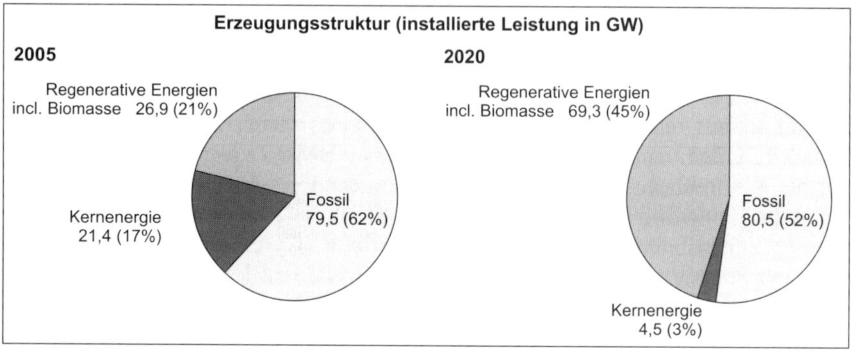


Quelle: Q13, S. 85

Insgesamt ist angesichts der absehbaren Stilllegungen und der Tatsache, dass zukünftig bei einer wachsenden Bedeutung von in der in der Leistungsabgabe stark schwankende Energiequellen mehr *Reservekapazitäten* in der Hinterhand zu halten sein werden, der Investitionsbedarf immens. Allerdings unterscheiden sich die dazu vorliegenden Studien insbesondere auch deshalb, weil es erhebliche Diskrepanzen bei der Abschätzung der bis 2020 stillgelegten Kapazitäten fossiler Kraftwerke gibt. Die Spanne reicht von 19 GW beim Öko-Institut bis hin zu 33 GW beim Bundeswirtschaftsministerium, während in der Leitstudie 2008 des Bundesumweltministeriums von Stilllegungen in einer Größenordnung von 28,4 GW ausgegangen wird (vgl. Q13, S. 83).

Diese Unsicherheiten in Verbindung mit der Schwierigkeit, die zukünftige Nachfrage unter Berücksichtigung von verbesserter Energieeffizienz zu quantifizieren, verdeutlichen, dass *Bedarfsschätzungen* über einen derart langen Zeitraum allenfalls eine grobe Vorstellung vermitteln können. Sollen die ehrgeizigen Klimaschutzziele nicht in Frage gestellt werden, bedarf es demnach – ohne Revision des Atomausstiegs – gemäß der Leitstudie 2008 im Zeitraum von 2006 bis 2020 eines Zubaus an installierter Leistung von rund 89 GW (vgl. Tab. 32). Bezogen auf den derzeitigen Kraftwerkspark gilt es, Bruttoinvestitionen in einem Umfang durchzuführen, der sich auf rund 70% der vorhandenen Leistungskapazitäten beläuft.[32] Bei einer Verlängerung der AKW-Laufzeiten stünden zumindest bis zum Jahr 2020 rund 17 GW mehr zur Verfügung, so dass sich der Zu-

32 Zu einer deutlich geringeren, insgesamt aber immer noch beachtlichen Größenordnung kam die Bundesregierung im Jahr 2006: „Hinsichtlich der Entwicklung der Erzeugungsstruktur ist zu beachten, dass im Zeitraum bis 2030 mehr als die Hälfte der bestehenden Kraftwerkskapazität ersetzt werden muss.“ (Q20, S. 53)

baubedarf gegenüber 2006 bis dahin auf knapp 72 GW und damit auf 57% der gegenwärtigen Kapazitäten reduzierte. Da aber auch unter der neuen konservativ-liberalen Regierung der Atomausstieg nicht generell in Frage gestellt wird, verschiebt sich die Notwendigkeit des Ersatzes der AKWs nur zeitlich nach hinten.

*Tab. 32: Schätzung des Investitionsbedarfs bis 2020 nach der Leitstudie 2008*

| Energieträger | installierte Leistung in GW Bestand 2005 | Stilllegung 2006–2020 | Zubau 2006–2020 | Bestand 2020 |
|---|---|---|---|---|
| Fossil | 79,5 | 28,4 | 29,4 | 80,5 |
| *darunter:* Steinkohle, übrige feste Brennstoffe, Müll | 30,0 | 12,5 | 7,7 | 25,2 |
| Braunkohle | 22,0 | 5,9 | 2,1 | 18,3 |
| Erdgas, Öl, Übrige Gase | 27,5 | 10 | 19,4 | 36,9 |
| Kernenergie | 21,4 | 16,9 | 0 | 4,5 |
| Regenerative Energien inkl. Biomasse | 26,9 | 16,8 | 59,1 | 69,3 |
| **Summe** | **127,8** | **62,0** | **88,5** | **154,3** |

Quelle: Q13, S. 85

Bei den fossilen Kraftwerken wird unter Annahme des Atomausstiegs der Zubaubedarf in der Leitstudie 2008 auf knapp 30 GW taxiert, wobei ein Leistungsausbau von knapp 8 GW bei Steinkohle-, von gut 2 GW bei Braunkohle- und von über 19 GW bei Gas- und Ölkraftwerken veranschlagt wird.[33] Unter Rückgriff auf Angaben von Consentec über spezifische Investitionskosten alternativer Kraftwerkstypen ergibt sich somit ein monetäres Investitionsvolumen in den fossilen Kraftwerkspark von über 9 Mrd. EUR für die Steinkohlekraftwerke, von 2,8 Mrd. EUR für die Braunkohlekraftwerke und von über 10 Mrd. EUR für die Gas- und Ölkraftwerke.[34] Grob beziffert besteht hier also ein *Investitionsbedarf* bei der fossilen Energiegewinnung von rund 23 Mrd. EUR.

Um zudem die angestrebte ökologische Neuausrichtung zu bewältigen, bedarf es bei den regenerativen Energien noch weitaus größerer Fortschritte. Mit unverändertem Atomausstieg ist hier bis 2020 ein Zubau von gut 59 GW an installierter Leistung nötig, was in etwa einen Anstieg der Kapazitäten um das zweieinhalbfache gegenüber 2005 erforderte. Schwerpunktmäßig soll dieser Aus-

33 Die Dena hingegen geht nach eigenen Berechnungen mit Blick auf die konventionellen Kraftwerke (inklusive der Wasserkraftwerke) von erforderlichen Bruttoinvestitionen von über 25 GW aus. Das Bundeswirtschaftsministerium beziffert den Bedarf auf 20 GW (vgl. Q18, S. 12).

34 Die Consentec-Studie beziffert die Investitionskosten eines Steinkohlekraftwerks auf rund 1,2 Mio. EUR/MW, die eines Braunkohlekraftwerks auf 1,35 Mio. EUR/MW und die von Erdgas-GuD-Kraftwerken auf 0,55 Mio. EUR/MW (vgl. Q38, S. 27).

bau durch eine Verdoppelung der Kapazitäten in der Windenergieerzeugung getragen werden, bei denen Bruttoinvestitionen im Umfang von 33,5 GW vorgesehen sind (vgl. Q13, S. 83). Allein hierfür beläuft sich das *Investitionsvolumen* überaus grob geschätzt auf 88 Mrd. EUR.[35] Des Weiteren ist für die Stromgewinnung aus Photovoltaikanlagen über einen Zubau von 16,9 GW mehr als eine Verneunfachung der Kapazitäten vorgesehen.

Zusammen mit der Kapazitätsanpassung bei fossilen Kraftwerken stehen also in den nächsten Jahren deutlich über 100 Mrd. EUR an Investitionen in den Kraftwerkspark an. Verlängerte AKW-Laufzeiten würden diesen Ersatzbedarf lediglich über das Jahr 2020 hinaus strecken. Bei aller Vorsicht gegenüber derartigen Quantifizierungen ist damit eines unstreitig: *Hierzulande ist die Investitionsnotwendigkeit immens.* Durch die ökologische Neuausrichtung hin zu den Erneuerbaren Energien und der KWK soll es zugleich zu einer Erzeugungsstruktur auf der Basis kleinerer und damit weniger kapitalintensiver Anlagen kommen. Dadurch ergeben sich *beachtliche Möglichkeiten für die Stadtwerke,* die eigene Stromerzeugung auszubauen und so die Selbstständigkeit im Markt zu stärken und einen Beitrag zu mehr Wettbewerb zu leisten. Dies gilt umso mehr, als durch den Ausbau der Erneuerbaren Energien und die damit teilweise verbundenen Schwankungen in der Energieerzeugung insgesamt kleinere Gas- und Dampfkraftwerke zur Deckung des Regelbedarfs an Bedeutung gewinnen dürften.

### *2.3.4 Investitionshindernisse*

Die neue Dynamik in der Kraftwerks*planung* reflektiert den Nachholbedarf zwar schon. Gleichwohl müssen die Pläne in Zukunft auch umgesetzt werden. Und hier mahnen aktuelle Entwicklungen zur Vorsicht.[36] So beklagt etwa das Bundeswirtschaftsministerium: „In den vergangenen Monaten wurden insgesamt 10 GW an Kraftwerkskapazitäten aus der Planung genommen." (Q18, S. 12) Gerade aus dem Segment der *Stadtwerke* häuften sich zuletzt die Meldungen, wo-

35 Dieser Schätzung liegt folgende Rechnung zugrunde: Nach Angaben des Bundesverbands Windenergie wird sich im Jahr 2020 der Windenergiepark zu etwa 80% aus Offshore-Anlagen und zu etwa 20% aus Onshore-Anlagen zusammensetzen. Wenn diese Relation vereinfacht auch auf den Zubau im Umfang von 33,5 GW unterstellt wird, werden rund 27 GW in Offshore- und 6,5 GW in Onshore-Anlagen zu investieren sein. Bei Offshore-Anlagen werden je MW Kosten von etwa 3 Mio. EUR, bei Onshore-Anlagen von etwa 1 Mio. EUR veranschlagt (vgl. Q197, S. B2). Damit beliefe sich das Investitionsvolumen für die Offshore-Anlagen auf 81 Mrd. EUR und für die Onshore-Anlagen auf 6,5 Mrd. EUR. Allerdings ist die Rechnung überaus statisch, da sie die Investitionskosten senkenden Produktivitätseffekte vollkommen vernachlässigt.

36 Q40, S. 5 berichtet zum Beispiel über erhebliche Verzögerungen bei den laufenden Investitionsplanungen.

nach Neubaupläne in Deutschland gestoppt wurden. Nach der Erhebung der Dena gelten 59 der von ihr in die so genannte Kategorie C eingestuften Kraftwerksprojekte als labil. Überdies haben trotz der massiven Kritik des Verbandes der Industriellen Energie- und Kraftwirtschaft e.V. (VIK) an den zu hohen Großhandelspreisen nach derzeitigem Kenntnisstand auch nur wenige stromintensive Unternehmen in eigene Kraftwerksanlagen investiert bzw. planen dieses.

Ähnlich scheint sich der angestrebte Ausbau der Erneuerbaren Energien – ungeachtet der bisherigen Ausbauerfolge – zumindest bezogen auf die *Windenergie* zu verzögern. So kommt das Umweltbundesamt zu dem Befund:

> „Trotz weiterhin verfügbarer Potenziale gerät der Ausbau der Windenergie an Land ins Stocken. Auf See kommt die Windenergienutzung nur schleppend in Gang. Vor allem das so genannte Repowering (...) kann seine Vorteile (...) bislang nicht ausspielen. Auf See behindern wirtschaftliche Hemmnisse und ein komplexes Zulassungsverfahren den Ausbaubeginn.“ (Q262)

Das in der „Strategie der Bundesregierung zur Windenergienutzung auf See“ im Jahr 2002 für 2010 avisierte Ausbauszenario lasse sich bereits jetzt nicht mehr erreichen (vgl. Klinski et al. 2007, S. 10).

Während der investive Bedarf in den nächsten Jahren gewaltig ist und die längerfristigen Prognosen – abgesehen von der Dena-Studie – hinsichtlich der Versorgungssicherheit eher Entwarnung signalisieren, weisen somit die derzeit belastbaren Daten und erste Rückschläge in der Investitionsplanung darauf hin, den erforderlichen Kapazitätsaufbau in der politisch vorgezeichneten Erzeugungsstruktur keinesfalls als bereits angestoßenen, eigendynamischen Prozess zu betrachten. Dies gilt umso mehr, als zahlreiche grundsätzliche Hindernisse doch noch – zumindest vorübergehend – einen Investitionsstau verursachen könnten.

### 2.3.4.1 Wechsel im Investitionsparadigma

#### 2.3.4.1.1 Investitionsverhalten im regulierten Gebietsmonopol

Zentraler Ausgangspunkt für diese Gefahr ist ein Paradigmenwechsel im Investitionsverhalten, der durch die Liberalisierung verursacht wurde. Denn zuvor bewegten sich die EVUs auch in ihrer Investitionsplanung in einem gänzlich anderen Ordnungsrahmen (vgl. Tab. 33). Abgeschirmt vor Konkurrenz durch einen Gebietsschutz war das vorrangige Ziel der überwiegend öffentlich-rechtlichen Unternehmen die Versorgungssicherheit. Zwar operierten sie dabei auch unter der Anforderung der Wirtschaftlichkeit. In der Gewichtung stand dieser Aspekt gleichwohl ebenso wenig im Vordergrund wie eine ökologische Ausrichtung der Erzeugungsstrukturen. Investitionen folgten einem langfristigen Ausbauplan für das jeweilige Versorgungsgebiet. Die Planung richtete sich da-

*Tab. 33: Investitionsplanung in verschiedenen Regimen*

| Regime<br><br>Merkmal | Regulierte Gebietsmonopole in öffentlich-rechtlicher Hand | Liberalisierung mit funktionierendem Wettbewerb und zunehmender Privatisierung |
|---|---|---|
| **Primäres Unternehmensziel** | Erfüllung des Versorgungsauftrags | marktorientiertes Gewinnanspruchsverhalten |
| **Investitionszeitpunkt** | • orientiert an langfristigem, bedarfsorientiertem Ausbauplan für das Versorgungsgebiet unter Ex-ante-Berücksichtigung der Installationsdauer<br>• mit großer Stetigkeit | • orientiert an erwarteter Rendite im Vergleich zur Zielrendite<br>• Gefahr von Investitionszyklen<br>• Erwartungsbildung erfordert Abwägen von Preisen, variablen und fixen Kosten unter Einbezug von Risikoszenarien |
| **Investitionssignal** | Abschätzen von Fundamentaldaten: Nachfrageschätzung im Versorgungsgebiet, vorhandene Kapazitäten, geplante und im Bau befindliche Kapazitäten sowie geplante Stilllegungen | Marktpreise sollen (zukünftige) Engpässe signalisieren; steigende (bzw. fallende) Marktpreise signalisieren Zubaubedarf (bzw. Zurückhaltung); jedes einzelne Kraftwerk muss sich selbst rechnen |
| **Strompreisbildung** | Kostenorientierte Preissetzung mit moderaten Gewinnen im Rahmen einer Mischkalkulation mit Genehmigungsvorbehalt durch Regulierungsbehörde | • bei normaler Marktlage: Grenzkosten des Grenzanbieters<br>• bei Marktenge: Grenzkosten u.U. mit Zuschlägen |
| **Unwägbarkeiten** | • preisunelastische Nachfrage im fest vorgegebenen Versorgungsgebiet<br>• Kosten in Installationsphase<br>• Kosten während des Betriebs<br>• Genehmigungsverfahren<br>• zukünftige technologische Alternativen | • Nachfrage unter Berücksichtigung des erwarteten Konkurrenzverhaltens im Wettbewerb<br>• Preise in Amortisationsphase<br>• Kosten in Installationsphase<br>• Kosten während des Betriebs<br>• Genehmigungsverfahren<br>• zukünftige technologische Alternativen |
| **Gewinne** | Einkalkuliert in Preise | Ergeben sich im Wettbewerb:<br>• inframarginale Anbieter erhalten Deckungsbeitrag<br>• Grenzanbieter müssen Deckungsbeiträge in Engpassphasen erzielen |
| **Gewinnverwendung** | zur Finanzierung von:<br>• Öffentlichen Haushalten u.U. mit Quersubventionierung anderer öffentlicher Versorgungsbereiche<br>• Sachinvestitionen | zur Finanzierung von:<br>• horizontalen Fusionen zur Effizienzsteigerung und zum Machtaufbau<br>• diagonalen Beteiligungen zur Risikostreuung und zum Ausnutzen von Cross-Selling-Potenzialen<br>• höher rentierlichen Finanzanlagen<br>• Ausschüttungen<br>• Sachinvestitionen |

bei an einer Fundamentalanalyse der erwarteten Nachfrage im gesicherten Absatzbereich unter Berücksichtigung vorhandener Kapazitäten und deren wirtschaftlicher Lebensdauer sowie bereits verabschiedeter Zubaupläne aus.

Im Rahmen einer *Mischkalkulation* wurden die Preise gesetzt. Diese mussten sich wegen eines Genehmigungsvorbehalts durch die jeweiligen Landeswirtschaftsministerien an den Kosten orientierten.[37] Dabei durften in begrenztem Umfang auch Gewinne eingepreist werden, die zur Finanzierung zukünftiger Investitionen dienen sollten, tatsächlich oftmals aber auch der Quersubventionierung anderer öffentlicher Versorgungsbereiche dienten.[38]

Die Zubaupläne erfreuten sich einer vergleichsweise hohen Planungssicherheit. Wegen des Gebietsschutzes konnten Nachfrager – selbst bei hohen Preissteigerungen – nicht auf Konkurrenten ausweichen, so dass die Absatzmengen gut zu kalkulieren waren. Unsicher waren im Vorfeld so lediglich die tatsächlichen Anschaffungs- und Betriebskosten einer Investition, der Verlauf von Genehmigungsverfahren sowie die Abschätzung der zukünftigen Überlegenheit technologischer Alternativen.

Erwiesen sich einzelne Projekte im Nachhinein als ineffizient, ließen sich die Folgen dieser *Fehlplanungen* zudem bequem auf die Preise abwälzen. Dies galt umso mehr, als ein Abstrafen durch den Wettbewerb wegen der fehlenden Ausweichmöglichkeit der Nachfrager nicht möglich war. Allenfalls für industrielle Großabnehmer bestand die Option, sich der Entwicklung bei hinreichend hohem Preisauftrieb durch *eigenen Kraftwerksbau* zu entziehen. In letzter Konsequenz trugen so die Stromkunden das Investitionsrisiko.

Diese Rahmenbedingungen vermittelten für die Geschäftsführung mit Blick auf die Investitionen den Anreiz, bei allerdings hoher Planungssicherheit und damit guter Kalkulationsbasis lieber etwas zu großzügig zu planen und umfangreiche Reservekapazitäten vorzuhalten als sich dem Vorwurf von Versorgungsengpässen auszusetzen.

---

37 Vgl. Bontrup/Troost 1988. Die Strompreise ergaben sich dabei aus einer Mischkalkulation, bei der alle Gestehungskosten der unterschiedlichen Kraftwerkstypen einbezogen wurden. In den Preisen waren auch Gewinne enthalten. Die Kosten und Preise wurden vorab von den jeweiligen Landeswirtschaftsministerien auf Basis der BTOEltr (die Mitte 2007 auslief) festgesetzt.

38 Gerade der ÖPNV profitierte von derartigen Quersubventionen, die buchhalterisch nach § 8 des Personenbeförderungsgesetzes (PBefG) wie „sonstige Erträge im handelsrechtlichen Sinne" behandelt wurden. Mit Hilfe dieser Mittelverschiebung kam es den Kommunen oftmals darauf an, auch formal mit dem Betrieb des Streckennetzes nicht in den Status der defizitären Gemeinwirtschaftlichkeit abzurutschen. In diesem Fall wäre der Betrieb ausschreibungspflichtig geworden (§ 13a PBefG). Das Umgehen dieser Ausschreibungen sollte aber die zumeist kommunalen Verkehrsbetriebe vor privatwirtschaftlicher Konkurrenz schützen.

#### 2.3.4.1.2 Neues Investitionsverhalten im Wettbewerb

Durch die Liberalisierung und die damit einhergehende Privatisierung wurde bewusst ein neues Investitionsverhalten angestrebt, das hier zunächst nur in seiner idealtypischen Form mit seinen Vor- und Nachteilen für das Investieren beschrieben werden soll.

Eine direkte, rechtlich abgeleitete Versorgungspflicht für bestimmte Versorgungsgebiete durch die EVUs gibt es heute nicht mehr (vgl. Gaidosch 2008, S. 8ff.). Aus der reinen Strom*versorgung* sollte das kommerzielle, dem Konkurrenzdruck ausgesetzte und Effizienzreserven bergende Strom*geschäft* werden. Mit den neuen Eigentümerstrukturen veränderten sich dabei auch die *Anforderungen an das Management.* In den Kapitalgesellschaften (wie E.ON) erheben private Eigentümer – ganz dem *Shareholder-value-Gedanken* folgend (vgl. Abschnitt 3.2.6.4) – Ansprüche auf eine marktgerechte Eigenkapitalverzinsung. Dabei färbt der Short-Termism des Kapitalmarkts ab, kurzfristige Managementerfolge werden oftmals besser honoriert als *langfristig erfolgreiche Strategien.* Die Gewinnanspruchsmentalität privater Aktionäre erstreckt sich – verstärkt durch Haushaltsengpässe – zunehmend auch auf öffentliche Eigentümer (z.B. bei den Stadtwerken und beim Anteil der kommunalen Aktionäre an RWE).

Investitionen orientieren sich an den *erwarteten Renditen* nach deren Installation. Liegen sie mit hinreichender Sicherheit über der Zielverzinsung, lohnt sich das Vorhaben. Dabei gilt es vorab, nicht nur die Kosten möglichst genau auf ihre Bestandsfähigkeit im Wettbewerb abzuklopfen, sondern auf der Absatzseite auch die zukünftigen Strompreise zu kalkulieren. Hier sollen die aktuellen Marktpreise – bei funktionierendem Wettbewerb – ein wichtiges Investitionssignal liefern. Steigen sie längerfristig, deutet dies auf Engpässe hin und die Unternehmen werden angesichts der dabei entstehenden Zusatzprofite zu einer Angebotsausweitung veranlasst. Fallende Preise signalisieren hingegen Überkapazitäten, die zu einer investiven Zurückhaltung führen. Jedes einzelne Kraftwerk muss sich dabei sowohl mit Blick auf den Zubau als auch auf die Stilllegung im Zweifelsfall selbst tragen und geht nicht mehr im Rahmen einer Mischkalkulation auf.

Angesichts der Marktbesonderheiten in Form von kapitalintensiven Investitionen mit langer Vorlaufzeit und Objekten mit langer Laufzeit liegt selbst bei Preiserhöhungen ein kurzfristig *unelastisches Angebot* vor. Dadurch ist immanent mit *ausgeprägten Investitionszyklen* zu rechnen (vgl. Gaidosch 2008, S. 8ff.). Kommt es nämlich nach einem anhaltenden Preisanstieg zu einem branchenweiten, durch den wettbewerblichen Herdentrieb möglicherweise verstärkten Zubau von Erzeugungsanlagen, lasten nachfolgend die erhöhten Reservekapazitäten als Überinvestition auf dem Marktpreis. Der anschließende Preisverfall führt zu einem *Investitionsattentismus,* der solange anhält, bis durch das Ausscheiden von veralteten Erzeugungsanlagen erneut Engpässe entstehen und die Preise wieder nachhaltig anziehen.

Bei dem im neuen Regime angestrebten funktionierenden Wettbewerb (zur Relativierung dieser Argumentation vgl. Abschnitt 2.3.4.7) bieten die Erzeuger bei normaler Marktlage nach der Preis-gleich-Grenzkosten-Regel ihren Strom an (vgl. Abb. 17). Die Fixkosten werden dabei als vergangene „sunk costs" nicht berücksichtigt, so dass man in *Deckungsbeiträgen* rechnet. In Anbetracht der fehlenden Speicherbarkeit von Energie gelingt es dem Erzeuger mit den günstigsten Kosten bei der Anlage A1 nicht, den kompletten Markt zu bedienen. Er kann mit ihr nur bis zu dessen Kapazitätsgrenze anbieten. Infolgedessen und der natürlichen Heterogenität in der Erzeugungstechnologie bildet sich eine an den unterschiedlichen Grenzkosten orientierte Reihenfolge – die so genannte „merit order" (A1 bis An+2) – heraus, in der die Anbieter unter Einsatz ihrer Anlagen den Markt beliefern (Angebotskurve A). Am Ende ergibt sich der Marktpreis in Rückkoppelung mit der Nachfragekurve (N1). Ihr Verlauf in Abhängigkeit vom Preis ist als relativ steil und somit *preisunelastisch* zu unterstellen. Preissteigerungen mögen zunächst noch mit einem Mobilisieren von Einsparungen einhergehen. Ab einem bestimmten Niveau werden hierbei jedoch Grenzen erreicht, so dass selbst hohe Preissteigerungen nur noch zu marginalen Nachfragerückgängen führen. Der sich einstellende Marktpreis $p_1$* orientiert sich so in normalen Marktlagen angebotsseitig an den wertmäßigen[39] Grenzkosten des Grenzanbieters mit seiner Anlage $A_n$. Die Anbieter der inframarginalen Anlagen $A_1$ bis $A_{n-1}$ erzielen durch den einheitlichen Marktpreis eine Produzentenrente (PR). Mit Hilfe dieses Deckungsbeitrags gilt es aus Sicht der Unternehmen, nachträglich die Fixkosten einer Investition zu decken und zusätzliche Profite zu generieren. Der jeweilige Grenzanbieter kommt hingegen nicht in den Genuss einer solchen Produzentenrente.

Temporäre Schwankungen des Marktergebnisses werden bei kurzfristig gegebener Angebotsstruktur durch preisunabhängige Nachfrageverschiebungen ausgelöst (z.B. von $N_1$ zu $N_2$). Ursachen für derartige Verschiebungen könnten beispielsweise tagsüber das nahezu zeitgleiche Einschalten der Fernsehgeräte in zahlreichen Haushalten zur Prime Time, das Einschalten der Kochstellen in der Mittagszeit oder das Herauf- und Herunterfahren des Arbeitsbetriebs in den Unternehmen sein. Auch im Jahresablauf ergeben sich strukturelle Änderungen. In der dunklen Jahreszeit muss länger auf künstliches Licht zurückgegriffen werden, in heißen Sommern kommt es durch das Einschalten von Klimaanlagen zu Nachfragespitzen.

39 Im Angebotsverhalten werden neben pagatorischen Kosten auch Opportunitätskosten, wie beispielsweise eine kalkulatorische Eigenkapitalverzinsung oder entgangene Erlöse für den Verkauf eigentlich kostenlos zugeteilter $CO_2$-Zertifikate eingepreist.

*Abb. 17: Preisbildung am Strommarkt bei Wettbewerb*

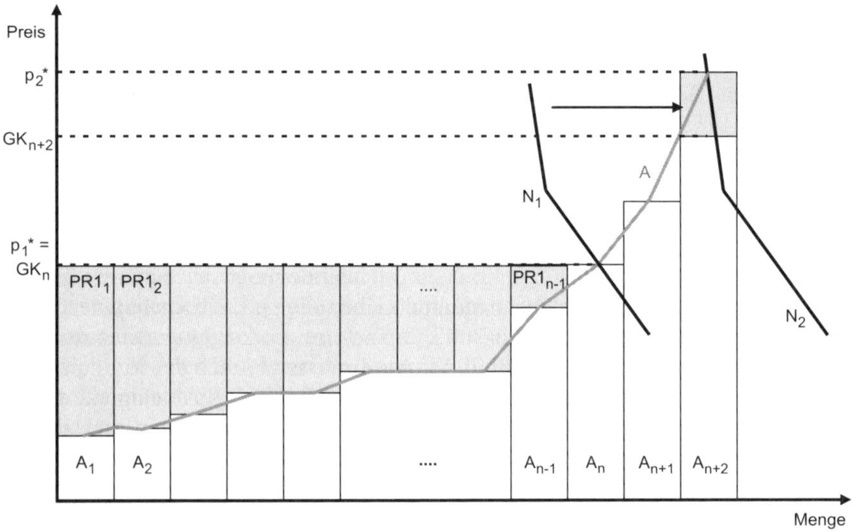


Problematisch ist dabei das Investieren in bzw. das Vorhalten von Spitzenlastkraftwerken ($A_{n+2}$) (vgl. Abschnitt 2.3.4.7). Sie kommen nur vorübergehend bei Nachfragespitzen zum Zug. Wenn aber auch sie nur die *Grenzkosten* einfahren könnten, ließen sich die Fixkosten nicht decken, geschweige denn Zusatzprofite realisieren. Die Investition entpuppte sich als Fehlinvestition. Wenn aber durch die temporäre Nachfrageverschiebung (von $N_1$ zu $N_2$) das Marktgleichgewicht auf eine Konstellation trifft, in der angesichts des Kapazitätsengpasses in der Branche die Nachfrager bereit sind, fast jeden Preis zu zahlen, besteht auch für die Spitzenlastkraftwerke die Möglichkeit sich zu amortisieren, da sie zusätzlich zu den Grenzkosten ($G_{Kn+2}$) Deckungsbeiträge ($p_2$*-$GK_{n+2}$) abwerfen. Um langfristig rentierlich zu sein, müssten diese über ihre begrenzten Einsatzzeiten hinweg aber hoch genug ausfallen.

In diesem Umfeld sind die *Unternehmensgewinne* aus Investitionen erst ex post zu kalkulieren. Sie ergeben sich aus dem Wettbewerb und resultieren aus der relativen Kostenposition im Markt. In der Regel können nur die inframarginalen Anbieter Gewinne vereinnahmen. Lediglich in Phasen von Nachfragespitzen lassen sich auch für die letzten Kraftwerke in der „merit order“ noch Deckungsbeiträge erwirtschaften.

Dies verdeutlicht auch, dass in dem neuen Investitionsregime – zumindest solange es wirklich zu Wettbewerb kommt – gerade auf der Absatzseite erhebliche *Unwägbarkeiten* hinzukommen. Die für die Investitionsplanung relevanten

Preise können nicht mehr auf der Basis der eigenen Kosten „gesetzt" werden. Sie resultieren ex post aus dem nach der Installation wirksamen Marktmechanismus und damit in hoher wechselseitiger Abhängigkeit von der Konkurrenz. Abweichungen von den „Marktgesetzen" sind allenfalls in geringem Umfang möglich, da ansonsten die Nachfrage zur Konkurrenz ausweicht.

Mit Blick auf die Gewinnverwendung ergeben sich unter dem neuen Investitionsparadigma auch neue Aspekte. Zwar dienen Gewinne hier ebenfalls zur Finanzierung von Sachinvestitionen. Angesichts der Privatisierung erhält aber die *Gewinnausschüttung* einen bedeutsameren Stellenwert. Hinzu kommen alternative Einsatzmöglichkeiten der Profite. *Horizontale Fusionen* dienen dabei nicht nur der Verbesserung der Effizienz und Kostenposition im Wettbewerb, sondern auch dazu, den Markt besser beherrschen zu können, um nicht den „Unannehmlichkeiten" eines riskanten Wettbewerbs ausgesetzt zu sein. *Auslandsbeteiligungen* an Unternehmen sowie Beteiligungen am Bau ausländischer Kraftwerke unterstreichen die internationale Bedeutung und helfen darüber hinaus einem „Global Player" ausländische Märkte zu erschließen. Diese Märkte sind derzeit oftmals auch noch mit weniger Widerständen verbunden, wenn es sich um den Bau von Kernkraft- oder Kohlekraftwerken handelt. Zur Verringerung des gesamten Unternehmensrisikos kommen zudem *Finanzanlagen* oder *diagonale Beteiligungen* in Betracht.

Alles in allem fokussiert das Investieren durch die Öffnung der Märkte nur noch auf *wirtschaftliche Gesichtspunkte:* (relativ) effiziente bzw. im Erzeugungsmix von den Nachfragern bevorzugte Investitionen belohnt, Kosten treibende bzw. unerwünschte[40] Investitionen hingegen bestraft der Markt. Ohne Überwälzungsmöglichkeiten in die Preise können *Fehlinvestitionen* nun sogar das endgültige „Aus" für ein Unternehmen bedeuten. Dies gilt zumindest für kleinere EVUs, während die großen Anbieter einzelne Fehlentscheidungen sicherlich besser verkraften können. Diese Problematik können die Erzeuger auch nicht mehr dadurch auffangen, dass sie im Vorfeld einer Investition mit reinen Weiterverteilern oder Industriekunden *langfristige bilaterale Verträge* auf der Basis vorab kalkulierter Preise abschließen, um sich einem nachfolgenden allgemeinen Preisverfall zu entziehen. Denn die Bereitschaft zum Abschluss derartiger Verträge wird bei belebtem Wettbewerb abnehmen, da die *Vorteile des Anbie-*

40 Immer mehr spielt für die Nachfrager neben dem Preis auch die Art der Stromerzeugung eine Rolle. „Ökostrom" wird aus Überzeugung auch bei höheren Preisen noch nachgefragt, zumindest wenn der Preisunterschied nicht zu groß ausfällt. Strom aus Kernkraftwerken hingegen gilt bei vielen Nachfragern per se als unerwünscht. Die Abwanderungswelle von Vattenfall-Kunden nach den Betriebsunfällen in den AKWs Brunsbüttel und Krümmel im Jahr 2007 und 2009 verdeutlicht dies. Insofern kommt es hier mit Blick auf die Erzeugungsstrukturen nachfrageseitig auch zu einer „Abstimmung mit den Füßen".

*terwechsels* von den Abnehmern schnell erkannt werden und der Anreiz groß ist, sich eben nicht über Langfristverträge die Wechselflexibilität nehmen zu lassen.

Das *Investitionsrisiko* hat sich durch den Paradigmenwechsel folglich vom Kunden auf die Unternehmen der Elektrizitätswirtschaft verschoben. Zwar kann die disziplinierende, dem Effizienzprinzip unterworfene Wirkung des Markts mit dem ihm innewohnenden „Hayek'schen Entdeckungsverfahren" gegenüber der „Anmaßung" einer eher „öffentlich-rechtlichen Investitionsplanung" allokationspolitisch durchaus auch Vorteile haben. Deutlich geringere Planungssicherheit durch die hohe Interdependenz der Akteure ohne garantierte nachträgliche Überwälzungsmöglichkeit von Risiken in die Preise bergen aber automatisch die Gefahr eines überaus *risikoaversen Verhaltens* in sich.

Zwar trifft dieser Hinweis auf die reduzierte Planungssicherheit generell auf dezentral geplante Marktmechanismen und damit im Prinzip auf alle marktwirtschaftlich organisierten Branchen zu, ohne dass dort gleich Gefahren für das Investitionsverhalten herauf beschworen werden. In der Elektrizitätswirtschaft ist aber zu bedenken, dass die erhöhte Planungsunsicherheit aufgrund der Besonderheiten im Investitionsumfeld auch von herausragender Bedeutung ist.

Zu den *Besonderheiten der Branche* zählt zum einen, dass in der Regel über großvolumige, irreversible, unter Umständen sogar existenziell bedeutsame Projekte mit hohen „sunk costs", langer Vorlaufzeit, noch längerer Bindungswirkung und langen Amortisationszeiträumen zu entscheiden ist. Dabei stellen allein schon die Zeithorizonte jedwede Investitionsplanung vor enorme Herausforderungen. Zum zweiten spielen politisch gesetzte, damit aber auch wieder veränderbare und in ihrer Wirkung über den langen Planungszeitraum nur schwer abzuschätzende Rahmenbedingungen für den Erfolg einer Investitionsentscheidung eine zentrale Rolle. Ein Bias zur Risikoaversion im Zusammenhang mit Sachinvestitionen ist dann genauso wenig überraschend wie ein Ausweichen auf andere, besser kalkulierbare Einnahmequellen wie Finanzinvestitionen bzw. auf Strategien zur Risikominderung durch Diversifikation der Produktions- und Abnehmermärkte oder durch Ausweichen vor den Unsicherheiten des Wettbewerbs über Marktkonzentration.

Diese Besonderheiten wirken sich auf den unterschiedlichen Ebenen der Investitionsplanung aus. Im Einzelnen bedarf es somit im Rahmen des neuen marktwirtschaftlichen Investitionsparadigmas folgender Mechanismen für eine optimale Allokation im Sinne des politischen Zieldreiecks aus Effizienz, Ökologie und Versorgungssicherheit:

- Die Unternehmen müssen *rechtzeitig* zuverlässige Signale über sich anbahnende Knappheiten erhalten. Entscheidend sind dabei die aus diesen Knappheitssignalen abgeleiteten Preise und Absatzmengen, mit denen man nach der Installation einer Investition – also in Zukunft – rechnen kann.

- Das neue *betriebswirtschaftliche* Kalkül muss in ausreichendem Umfang Investitionen in Erneuerbare Energien als rentabel erscheinen lassen.
- Das Spektrum der technologisch und rechtlich verfügbaren *Investitionsalternativen* muss für die EVUs möglichst präzise darstellbar sein.
- Nicht nur auf der Absatzseite, sondern auch auf der Kostenseite müssen die *Rahmenbedingungen* gut abschätzbar sein. Das betrifft den Planungsprozess, die Kosten der Installation und die laufenden Kosten nach der Installation.
- Bei entsprechenden Investitionssignalen muss Zugang zu ausreichenden und rentablen *Finanzierungsmöglichkeiten* bestehen.
- Es müssen hinreichend Anreize bestehen, die Investitionssignale auch wirklich in zusätzliche Investitionen umzusetzen und selbst dabei *Versorgungsspitzen* bedienen zu können.

Im Folgenden wird ersichtlich, dass diese Rahmenbedingungen in einzelnen Aspekten eher unkritisch, in wichtigen Punkten aber äußerst problematisch ausfallen.

#### 2.3.4.2 Investitionssignale

Nach marktwirtschaftlicher Logik schlagen sich verändernde Knappheitsverhältnisse in Schwankungen der erzielbaren *relativen Absatzpreise* nieder. Steigen die Preise eines Gutes überdurchschnittlich stark an, indiziert dies eine zunehmende Knappheit. Diejenigen, die bei steigenden Preisen bereits im Markt präsent sind, erhalten dadurch Zusatzprofite. Im Ideal *vollkommener Konkurrenz* liefert das den Anreiz, die Kapazitäten durch Investitionen auszuweiten, um als neuer Konkurrent ebenfalls in den Genuss dieser außergewöhnlich hohen Gewinne zu kommen bzw. als alteingesessener Anbieter die Gewinne zu erhöhen. Gerade durch die Angebotsausweitung kommt es dann aber zur Renditenormalisierung, indem die Preise wieder fallen. Dennoch lassen sich die Unternehmen in der ökonomischen Modellvorstellung auf die Ausweitung der Kapazitäten ein, weil sie zumindest zwischenzeitlich durch die Überschussrenditen belohnt werden und weil sie als unbedeutende Akteure ihren eigenen Beitrag zur Preissenkung als marginal klein erachten bzw. davon ausgehen müssen, dass zumindest die anderen so reagieren werden und man daher dieser Entwicklung folgen muss (zur Problematik der Annahme vollkommener Konkurrenz vgl. Abschnitt 2.3.4.7).

Vor dem Hintergrund dieser Idealvorstellung mit einem funktionierenden Preismechanismus als zentralem Baustein wurde die Öffnung der Elektrizitätsmärkte auch von einem Aufbau von *Strombörsen* flankiert, wobei sich die Leipziger EEX sowohl von der Teilnehmerzahl als auch vom gehandelten Volumen her als führend in Europa etabliert hat. Durch die Bereitstellung dieser Handelsplattform sollen sich die Preise freier und auf einer breiteren Basis im Markt entwickeln können. Knappheiten in den Erzeugungsanlagen sollen so zunächst durch steigende Preise an der EEX-Börse ihren Ausdruck finden und dann die entsprechenden Investitionssignale liefern (vgl. Stoft 2002; Ockenfels et al. 2008, S. 43; Pfaffenberger/Hille 2004, S. 1–6). Die EEX verfügt dabei einerseits über einen *Spotmarkt*, auf dem kurzfristige Stromlieferungen vereinbart und auch physisch durch Lieferung erfüllt werden. Selbst wenn dabei bislang am Spotmarkt nur etwa 15% des deutschen Stromverbrauchs gehandelt werden, wirken die Börsenpreise insgesamt als Benchmark auch für die in *direkten Lieferverträgen* ausgehandelten *Großhandelspreise* (vgl. Q148, S. B01). Andererseits existiert ein *Terminmarkt*, auf dem mit längerfristigen Kontrakten (bis zu sechs Jahren), die entweder finanziell oder auch physisch erfüllt werden, gehandelt wird.

Allerdings sind Zweifel angebracht, ob die Börsenpreise beim Gut „Elektrizität" als *Investitionsindikator* die in sie gesetzten Erwartungen überhaupt erfüllen können. Die in Abbildung 18 dargestellte laufende Spotmarktpreisentwicklung kann nur eingeschränkt als Basis für zuverlässige Investitionssignale herhalten.[41] Über den dargestellten Zeitraum von acht Jahren hinweg ergibt sich zwar ein trendmäßiger Anstieg der Preise von etwa 300%. Dieser Preispfad entwickelt sich innerhalb der branchenspezifischen Besonderheiten ausgesprochen schwankungsintensiv[42] und unterliegt wie alle Börsenpreise der Gefahr *spekulativer Verzerrungen*. Zudem überlagern sich im Trend nicht nur veränderte Engpassfaktoren auf dem Markt sondern auch der Aufbau von Markt- und Börsenmacht einzelner Anbieter sowie der Anstieg von Kosten, insbesondere von Brennstoffkosten und veränderten Zertifikatepreisen. Der beobachtete drastische Anstieg kann somit Ausdruck zunehmender Erzeugungsknappheiten sein, muss es aber nicht.

Überdies decken die Spotmärkte ohnehin nicht das für viele Investitionsentscheidungen relevante Zeitspektrum ab. Gerade große Investitionsprojekte haben lange Vorlaufzeiten. Bei konventionellen Kraftwerken ist mit *durchschnitt-*

41 Dargestellt wurde als monatlicher Mittelwert der stundengewichtete Durchschnittspreis pro Tag für die Stunde 1 bis 24. Er wird als Physical Electricity Index – kurz „Phelix" – von der EEX ermittelt. Zur Einschätzung bezüglich der eingeschränkten Brauchbarkeit vgl. auch Gaidosch 2008, S. 12.

42 Die Preisschwankung ist allein aufgrund der Marktgegebenheiten außergewöhnlich hoch. Wegen der fehlenden Speicherbarkeit von Strom erfolgt die Erzeugung des Gutes mit überaus unterschiedlichen Grenzkosten. Zur Bedienung von Nachfrageschwankungen werden – je nach Intensität der Nachfragefluktuation – unterschiedliche Grenzkraftwerke zum Zuge kommen, deren Grenzkosten sich aber stark unterscheiden. Da der Spotpreis durch die Grenzkosten des aktuellen Grenzkraftwerks bestimmt wird, resultieren hier erhebliche Preisausschläge am EEX-Großhandelsmarkt. Deren Ausmaß wird durch eine geringe Preiselastizität der Nachfrage noch forciert.

*Abb. 18: Spot-Preise an der EEX*

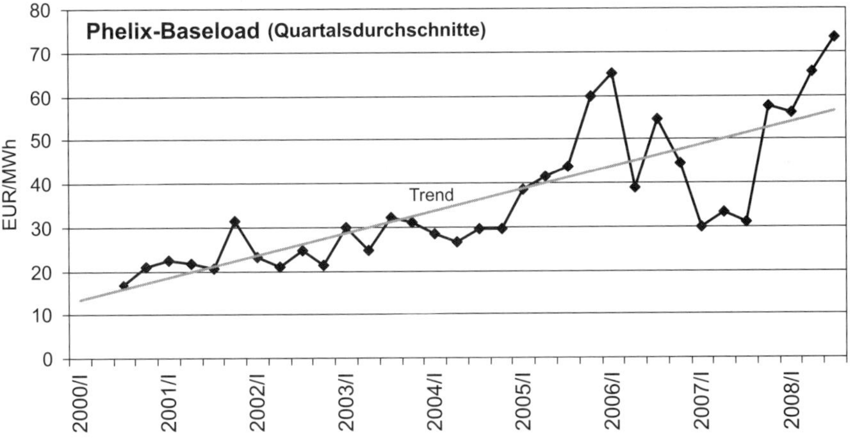


*lichen Planungsphasen* von vier bis sieben Jahren zu rechnen.[43] Als EVU zu warten, bis ein Engpass aufgetreten ist, der die Preise nach oben treibt, um dann erst zu investieren, wäre wenig vorausschauend. Infolgedessen gilt es in dieser Branche in besonderem Maße, die zukünftige Preisentwicklung zu antizipieren. Im Idealfall ließen sich diese an den Preisen auf dem *Terminmarkt* ablesen. Bei einem perfekten Finanzmarktsegment reflektierten sie die vorherrschende Prognose der professionellen Marktteilnehmer. Die Zuverlässigkeit dieser Einschätzung hängt in der Realität allerdings davon ab, wie perfekt dieser Markt tatsächlich funktioniert. Hierbei sind indessen Zweifel angebracht, weil der Markt für Futures über die für Investitionen relevanten Zeiträume hinweg viel zu eng ist. Erdmann zufolge kann der „Futures-Handel erst im letzten Jahr vor der Lieferperiode [als] liquide" (Erdmann 2008, S. 10) angesehen werden. Für längerfristige Kontrakte gäbe es zwar Preise, diese würden aber nach dem „Chefhändlerverfahren" festgelegt, bei dem die Market-Maker sich bereit erklärten, jederzeit eine subjektive Taxierung, aber eben nicht eine durch die ganze Breite des Markts fundierte Preiseinschätzung zu geben.

43 Für Braunkohlekraftwerke wird eine durchschnittliche Realisierungsdauer von sieben Jahren veranschlagt. Sie setzt sich zusammen aus einer zweijährigen Planungs- und Genehmigungsphase sowie einer fünfjährigen Bauzeit. Bei Steinkohlekraftwerken werden insgesamt dreieinhalb Jahre (anderthalb Jahre Planungs- und Genehmigungsphase; zwei Jahre Bauphase) angesetzt. Bei erdgasbefeuerten Anlagen rechnet man nach einer einjährigen Planungs- und Genehmigungsperiode mit etwa anderthalb Jahren für den Bau (vgl. Bode 2007, S. 262).

„Angesichts der fehlenden Handelsliquidität wäre es vermessen, aus solchen Indikatoren Aussagen über weit in der Zukunft liegende Strompreisentwicklungen abzuleiten.“ (Ebd.)

Zudem ist für die Investitionsentscheidung eigentlich die Preisdynamik über die gesamte, üblicherweise recht lange *Amortisationsdauer* entscheidend. In dieser Hinsicht lieferten aber selbst repräsentative Terminkurse nur eine – wenn auch zukunftsbezogene – Momentaufnahme.

Insofern wird die Rolle der Marktpreise für Investitionsentscheidungen angesichts der großen Vorlaufzeiten überbetont (vgl. auch Gaidosch 2008): Der Blick auf die Spotpreise vermittelt eine unzureichende Situationsbeschreibung, ihr Trend ist spekulativ und kostenseitig verzerrt. Den längerfristigen Terminkursen hingegen fehlt die Repräsentativität, Robustheit und sachliche Angemessenheit.

Ohnehin stellt sich die Frage, warum man derzeit den Preis als Investitionssignal überhaupt benötigen sollte. Ersatzweise reicht auch eine *Fundamentalanalyse* aus, bei der die zukünftig erwartete Nachfrage und das unter Berücksichtigung von Stilllegungen und Zubauten prophezeite Angebot gegenübergestellt werden. Alle von Experten ermittelten Bedarfsprojektionen deuten hier auf ein zukünftiges Auseinanderklaffen von Angebot und Nachfrage hin, sollte es nicht zu umfangreichen Investitionen kommen. Eine klarere Sprache können da sicherlich auch die Preise nicht sprechen.

#### 2.3.4.3 Anreize für eine ökologische Neuausrichtung

Für Stromerzeugungsanlagen, die nach EEG und KWKG gefördert werden, kommt hinzu, dass es zeitlich gestaffelt feste *Einspeisevergütungen* bei gleichzeitiger Abnahmeverpflichtung durch die Übertragungsnetzbetreiber mit Vorrang der Einspeisung (§ 8 EEG; § 4 KWKG) gibt. Somit erübrigt sich hier eine Orientierung von Investitionsentscheidungen am Marktpreis für Strom (vgl. Q46, S. 228ff.). Die *gesetzlichen Mindestvergütungssätze* sollen so auf der Absatzseite der Investoren Planungssicherheit und über ihren Subventionscharakter zugleich betriebswirtschaftliche Anreize schaffen, verstärkt in diese Technologien zu investieren, so dass am Ende die politisch angestrebte Erzeugungsstruktur zustande kommt.

Die *Subventionen* verstehen sich dabei als Ergänzung zum Handel mit $CO_2$-Zertifikaten, welche den relativen Vorteil konventioneller Kraftwerke von der Kostenseite als Ausgleich für vorangegangene staatliche Unterstützung her aufweichen sollen (vgl. Kemfert 2005). Mit der 2008er-Novelle des EEG und des KWKG wurden in einem Geflecht aus Mindestvergütungen durch die Netzbetreiber unter Vorgabe von Inbetriebnahmefristen (in der Regel vor dem 1. Januar 2010 § 20 [1] EEG) und jährlich wirkenden Degressionssätzen bei späterer Inbetriebnahme im Wesentlichen folgende Sätze für die Dauer von normalerweise 20 Jahren (§ 21 [2] EEG) verabschiedet:

Die Aufstellung verdeutlicht, dass die Mindestvergütungen erstens teilweise recht deutlich über dem aktuellen Preis an der Börse von umgerechnet rund 7 ct/KWh liegen (vgl. Abb. 18). Zweitens sind die Fördersätze so gestaffelt, dass kleinere Anlagen begünstigt werden. Drittens stellen Boni und Fristen darauf ab, Anreize für eine möglichst frühe Investition zu geben. Viertens sind die Fördersätze technologieabhängig. Durch die differenzierten Sätze soll der wirtschaftliche Betrieb der verschiedenen Anlagetypen ermöglicht und bislang noch voneinander abweichende Produktivitätsfortschritte aufgrund unterschiedlicher Entwicklungsstadien der Technologien ausgeglichen werden. Der Staat setzt so die alternativen Energieträger nicht der Notwendigkeit aus, sich untereinander in einem Wettbewerb unter gleichen Bedingungen behaupten zu müssen, wie dies bei einem einheitlichen Fördersatz der Fall wäre (zur Kritik daran vgl. Edenhofer 2008). Dabei schlägt er eine heikle Gratwanderung ein. Aus Gründen der Chancengleichheit bei unterschiedlichen Startvoraussetzungen und einer letztlich bewusst angestrebten Vielfalt im Energiemix ist diese Form des sich Einmischens in die Findung der Erzeugungsstruktur sicherlich vertretbar. Aus Effizienzgesichtspunkten hingegen wird so auf Dauer das privatwirtschaftlich organisierte Herausbilden der effektivsten Erzeugungsstruktur erschwert.

Um letztlich auch die *ökologischen Ziele* über den Wandel in der Erzeugungsstruktur zu erreichen, müssen die gegebenen Anreize in Summe so austariert sein, dass es sich für die Stromanbieter betriebswirtschaftlich lohnt, verstärkt auf KWK und Erneuerbare Energien zu setzen. Die sich gegenwärtig abzeichnende „Kohlelastigkeit“ in den Ausbauplänen (vgl. Abschnitt 2.3.2.2) lässt hier – trotz der neu entfachten Diskussion über zu großzügige Fördersätze gerade bei der Fotovoltaik – allerdings erste Zweifel aufkommen, ob die neuen Investitionssignale stark genug sind. Möglicherweise hatten sie aber auch noch keine ausreichende Zeit, um sich in den Planungen niederzuschlagen.

Abschließend bleibt festzuhalten: Wenn die Unternehmen mit dem Aufbau neuer umweltfreundlicher Kapazitäten zögern, wenn sie zu Erzeugungsstrukturen neigen, die mit den ökologischen Zielen nicht übereinstimmen, dürfte die Ursache dafür wohl kaum in fehlenden, allenfalls in ungünstig ausbalancierten Investitionssignalen liegen.

### 2.3.4.4 Alternativenabschätzung

Für zielführende Entscheidungen muss aber auch das Spektrum der verfügbaren Investitionsalternativen bekannt sein. Denn es kommt unter dem neuen Paradigma ja nicht allein darauf an, dass sich ein Kraftwerk „rechnet“, sondern dass es

*Tab. 34: Zentrale Förderbestimmungen nach EEG*

| Sparte | Anlagen-leistung | Vergütungs-regelung (20 Jahre) | Vergütungs-höhe 2009 ct/kWh | Leistungs-anteil | Davon Bonus ct/kWh | Degression p.a. | Anmerkungen |
|---|---|---|---|---|---|---|---|
| Wasserkraft | bis 5 MW | | | | | | |
| | Altanlagen b. 31.12.2008 | § 23.1 | 12,67 | bis 500 kW | | | |
| | | | 8,65 | bis 2 MW | | | |
| | | | 7,65 | bis 5 MW | | | |
| | 1. über 5 MW | | | | | | |
| | Modernisierte Altanlagen | § 23.2 | 11,67 | bis 500 kW | | | |
| | | | 8,65 | bis 5 MW | | | |
| | > 5 MW | § 23.3 (15 J.) | | | | 1,0% | Nachweis |
| | | | 7,29 | bis 500 kW | | | Bei Inbetriebnahme vor 2009 sowie Modernisierung nach 31.12.2008 Vergütung wie modernisierte Altanlagen bis 5 MW |
| | | | 6,32 | bis 10 MW | | | |
| | | | 5,80 | bis 20 MW | | | |
| | | | 4,34 | bis 50 MW | | | |
| | | | 3,50 | ab 50 MW | | | |
| Deponiegas | bis 5 MW | § 24 | | | | 1,5% | |
| | | | 9,00 | bis 500 kW | Technologiebonus nach Anlage 1: 1,00–2,00 ct/kWh | | |
| | | | 6,16 | bis 5 MW | | | |
| Klärgas | bis 5 MW | § 25 | | | | 1,5% | |
| | | | 7,11 | bis 500 kW | Technologiebonus nach Anlage 1: 1,00–2,00 ct/kWh | | |
| | | | 6,16 | bis 5 MW | | | |
| Grubengas | Unbegrenzt | § 26 | | | | 1,5% | |
| | | | 7,16 | bis 1 MW | Technologiebonus nach Anlage 1: 1,00–2,00 ct/kWh | | |
| | | | 5,16 | bis 5 MW | | | |
| | | | 4,16 | ab 5 MW | | | |
| Biomasse | bis 20 MW | § 27 | | | | 1,0% | |
| | | | 11,67 | bis 150 kW | Technologiebonus nach Anlage 1: 2,00 ct/kWh; NawaRo-Bonus nach Anlage 2: 1,00–7,00 ct/kWh; KWK-Bonus nach Anlage 3: 3,00 ct/kWh | | |
| | | | 9,18 | bis 500 MW | | | |
| | | | 8,25 | bis 5 MW | | | Nur bei KWK |
| | | | 7,79 | bis 20 MW | | | Nur bei KWK |
| Geothermie | Unbegrenzt | § 28 | | | Frühinstallations-Bonus: 4,00 ct/kWh für alle Geothermieanlagen | 1,0% | → Fortsetzung |

*Tab. 34: (Fortsetzung)*

| Sparte | Anlagen-leistung | Vergütungs-regelung (20 Jahre) | Vergütungs-höhe 2009 ct/kWh | Leistungs-anteil | Davon Bonus ct/kWh | Degression p.a. | Anmerkungen |
|---|---|---|---|---|---|---|---|
| noch: Geothermie | | | 16,00 | bis 10 MW | Wärmenutzungsbonus: 3,00 ct/kWh; Technologie-Bonus: 4,00 ct/kWh | | |
| | | | 10,50 | ab 10 MW | | | |
| Windenergie an Land | Unbegrenzt | § 29 Neu-anlagen | 5,02 (Grund-vergütung) bis 9,20 (Anfangs-vergütung) | | 0,50 (System-DL-Boni) | 1,0% | |
| | | § 30 Re-powering | | | 0,50 auf Anfangsvergütung | | mind. 10 Jahre; mind. 2 bis 5- fache Leistung |
| Wind-Offshore | Unbegrenzt | § 31 | 3,50 (Grund-vergütung) bis 13,00 (Anfangs-vergütung) | | | 5% ab 2015 | |
| | | § 31.2 | | | plus 2,00 bei WA-bau vor 2016 (Anfangsver-gütung) | | Frühinstalla-tionsbonus |
| | | § 31.2 | Zeitraum-verlänge-rung bei WEA mehr als 12 km vor Küste | | | | Schwierig-keitsbonus |
| Solare Strahlungsenergie | | § 32 | | | | | |
| | Sonstige Anlagen | § 32.1 | 31,94 | | | 2010: 10% ab 2011: 9% | |
| | auf oder an Gebäuden/ Lärmschutz-wänden | § 33 | | | | | |
| | | | 43,01 | bis 30 kW | | 2010: 8% ab 2011: 9% | |
| | | | 40,91 | bis 100 kW | | | |
| | | | 39,58 | bis 1 MW | | 2010: 10% ab 2011: 9% | |
| | | | 33,00 | ab 1 MW | Boni 1,00 für größere; Malus für kleinere Anlagen | | |

eine möglichst hohe Rendite abwirft und in der „merit order“ weit vorne steht, mithin nicht nur eine *absolute,* sondern auch eine *relative* Wirtschaftlichkeit erzielt. Angesichts der oftmals hohen „sunk costs“ und der langen Amortisationszeit einer Investition gilt dieses Argument in der Elektrizitätswirtschaft umso mehr; und zwar nicht nur in einer zeitpunktbezogenen Alternativenabwägung sondern auch in einer zeitübergreifenden Betrachtung zukünftiger Optionen. Denn unter Umständen kann es sinnvoll sein, neuere technologische oder administrative Entwicklungen erst einmal abzuwarten und sich erst dann, wenn Anlagen produktiver geworden sind, wenn sie ihre grundsätzliche Wirtschaftlichkeit nachgewiesen haben oder rechtliche Rahmenbedingungen klarer abgesteckt sind, über Investitionen in der Erzeugungsstruktur zu binden. Gerade in dieser Hinsicht der Alternativenabschätzung ergeben sich jedoch auf mehreren Ebenen beachtliche Planungshindernisse.

#### 2.3.4.4.1 Technologische Entwicklung

Das betrifft zunächst die zu erwartende technologische Entwicklung im Laufe der nächsten Jahre. Seit den 1960er Jahren erhofft man sich ein Bedienen der weltweiten Energieknappheit durch das Verfahren der Kernfusion mit gegenüber der Kernspaltung deutlich reduzierter Strahlenproblematik. Trotz aller Forschungsfortschritte und Subventionen dürfte diese Technologie in absehbarer Zeit nicht für den großflächigen kommerziellen Einsatz zur Verfügung stehen. Im anstehenden Investitionszyklus spielt diese Technologie daher keine Rolle.

Anders sieht es hinsichtlich der Carbon-Capture-and-Storage-(CCS)-Technologie aus, die sich am Scheideweg befindet. Denn inwieweit die $CO_2$-Abscheidung am Ende im großen Stile wirklich erfolgreich gelingen kann, wird sich bereits in den nächsten Jahren entscheiden. Gegenwärtig gibt es nur Pilotprojekte, die eine Beurteilung über die zukünftige Marktreife in der Stromerzeugung noch nicht zulassen, zumal ähnlich wie bei der Kernenergie die Frage der Endlagerung vollkommen offen ist. Zwar lassen sich Kohlekraftwerke auch mit dieser Technologie nachrüsten. Dennoch ist es für die Beurteilung eines aktuellen Investitionsvorhabens in Kohlekraftwerke in Verbindung mit dem durch den $CO_2$-Zertikatehandel (siehe unten) verursachten Folgekosten von entscheidender Bedeutung, ob eine solche Nachrüstung in Zukunft überhaupt wirtschaftlich sein wird, wobei auch zwangsläufige Wirkungsgradverluste mit entsprechendem Mehrbedarf an Brennstoffen durch die Vorzüge aufzuwiegen wären.[44]

44 Der Bundesverband der Energie- und Wasserwirtschaft (bdew) geht davon aus, dass eine kommerzielle Nutzung im größeren Umfang nicht vor 2020 möglich sein wird (vgl. Q204, S. 6). Nach Angaben von E.ON belaufen sich in der Pilotanlage des Konzerns in Maasvlakte die Kosten der Abtrennung und Speicherung einer Tonne $CO_2$ auf über 40

Gerade weil es sich hier um kostenintensive Grundlagenforschung mit offenem Ausgang handelt, besteht bei der CCS-Technologie über die Branche hinweg das typische Problem positiver externer Effekte[45] mit der Tendenz zur Unterversorgung bei marktwirtschaftlicher Koordination. Aus diesem Grund forderte etwa der RWE-Vorstand Jobs in den letzten Jahren:

> „Um Erfolge zu erreichen, muss etwas gewagt werden. Wir investieren eine Milliarde EUR in eine neue Technik. Aber allein schaffen wir das nicht. Denkbar sind Investitionszuschüsse für Forschung und Entwicklung“.[46]

Allerdings haben gerade die „Big-4“ in den letzten Jahren erstens exorbitante Gewinne eingefahren (vgl. Kapitel 2.4), um derartige Risiken auch eingehen zu können. Zweitens stellt sich die Frage, ob Innovatoren bei erfolgreicher Umsetzung nicht über eine Vorreiterrolle beim Know-how verfügen werden, die das privatwirtschaftliche Tragen der Risiken letztlich sogar rechtfertigen und das Problem externer Effekte auflösen könnte (vgl. Q306, S. 9). Drittens wurden die ersten CCS-Projekte im Rahmen des fünften und sechsten Forschungsrahmenprogramms der EU mit über 100 Mio. EUR gefördert (vgl. Q21, S. 22f.). Darüber hinaus soll EU-weit eine weitere Förderung mit 200 Mio. $CO_2$-Zertifikaten, d.h. einem Gegenwert von 7 bis 9 Mrd. EUR für zehn bis zwölf Demonstrationsprojekte erfolgen (vgl. Q39). Dabei erklärte sich die Bundesregierung grundsätzlich bereit, sich für einen Einsatz eines Teiles dieser Fördermittel hierzulande stark zu machen und selbst die notwendige Begleitforschung zu unterstützen.

Auch mit Blick auf die Innovationen bei wetterabhängigen Erneuerbaren Energien ist schwer einzuschätzen, welche Möglichkeiten der Effizienzsteigerung durch eine Verbesserung der unmittelbaren Anlagentechnologie, durch das Zusammenführen unterschiedlicher Energieformen in einem „virtuellen Kombinationskraftwerk“ und durch Optimierung der Standortwahl noch ausgereizt werden können. Geradezu visionär, und damit aber auch noch mit finanziellen, politischen und institutionellen Herausforderungen konfrontiert, wirkt etwa das vom Club of Rome Deutschland vor einiger Zeit initiierte DESERTEC-Konzept,

---

EUR. Zugleich entstünden derzeit noch Wirkungsgradeinbußen von 12 Prozentpunkten (vgl. Q175, S. 19).

45 Beim Gelingen des Projekts kommen die Erträge nicht allein dem Innovator zugute, sondern über Imitation und Mitnutzung von erprobten bzw. zwischenzeitlich genehmigten Endlagerstätten auch Imitatoren. Überdies werden vom Staat auch keine Exklusivnutzungsrechte für die noch zu bauenden $CO_2$-Pipelines garantiert. Scheitert das Projekt auf dem Weg zur Marktreife, bleibt der Innovator hingegen auf den hohen Kosten alleine sitzen.

46 Q196, S. B1. Vgl. zudem die Forderung der Vorstandschefs mehrerer Energiekonzerne auf einem Weltkongress in Madrid (Q174, S. 3).

dass mittlerweile von 20 Konzernen unter der Führung der Münchener Rück Versicherung angestoßen wurde. Demnach soll mit Hilfe von solarthermischen Kraftwerken „Wüstenstrom" produziert und dieser mit wenigen Leitungsverlusten über Hochspannungsgleichstromleitungen u.a. auch nach Deutschland transportiert werden. Für ein solches Projekt rechnet man mit etwa 400 Mrd. EUR an Anfangsinvestitionskosten für das „Europa-Netz" und für den Aufbau der Kraftwerke in den Staaten von Nord-, Mittel- und Ostafrika (vgl. Kemfert/Schill 2009; Hobohm/Westphal 2009; Stratmann 2009). Auch mit den weit vor der Küste, in den so genannten „Ausschließlichen Wirtschaftszonen", geplanten *Offshore-Windparks* wird Neuland betreten. Die bau-, betriebs- und sicherheitstechnischen Anforderungen sind hoch, ohne dass auf allzu viele verwertbare Erfahrungen zurückgegriffen werden kann.[47] Alles in allem kostet daher die Errichtung einer Offshore-Anlage mit 3 Mio. EUR/MW fast das Dreifache einer Onshore-Anlage. Dem steht aber bei zugleich höheren Wartungskosten im Offshore-Betrieb auch eine höhere Windausbeute gegenüber. Außerdem wurde den besonderen Herausforderungen Rechnung getragen, indem mit der EEG-Novelle 2009 die Einspeisevergütung für Offshore-Strom ab 2009 deutlich erhöht wurde (siehe oben; vgl. Q195, S. B2).

#### 2.3.4.4.2 Interdependenzen der installierten Technologien

Bei der Frage, in welche Form der Stromerzeugung investiert werden sollte, spielen auch gegenseitige Abhängigkeiten eine große Rolle. Sollte es zu dem angestrebten ökologisch orientierten Ausbau Erneuerbarer Energien kommen, bedarf es im Kraftwerkspark einer verstärkten Flankierung durch kleinere und flexibel zuschaltbare Kraftwerkseinheiten. Schließlich wird ja damit gerechnet, dass der größte Teil der regenerativen Stromerzeugung aus Windkraftanlagen gespeist wird. Dabei besteht aber mit Blick auf die Versorgungssicherheit – solange die Pufferfunktion des Auslandsangebots begrenzt bleibt – eine investive Ergänzungsnotwendigkeit der wetterabhängigen, fluktuierenden Stromerzeugungsanlagen durch konventionelle Kraftwerke. Wegen der *fehlenden Grundlastfähigkeit* von Wind- und Solarenergie werden diese im Stand-by-Betrieb benötigt, um auch bei ungünstigen Witterungsverhältnissen die Spitzenlast abdecken zu können. Zwar dürften die technischen Innovationen bei Windkraftanlagen die Energieausbeute einer einzelnen Anlage verbessern, was für sich genommen zu einer höheren Versorgungssicherheit beiträgt. Andererseits bedeutet aber ein zunehmender Anteil von wetterabhängigen Anlagen auch ein erhöhtes

47 So musste der dänische Anbieter Vestas seine Anlagen bereits nach einem Jahr komplett zur Revision an Land holen, weil die Salzluft den Generatoren unerwartet stark zugesetzt hatte (vgl. Q197, S. B2; Klinski 2007, S. 9f.).

Versorgungsrisiko gerade zu Spitzenlastzeiten. Um mit hinreichender Sicherheit auch in Schwachwindphasen, die oftmals Lastspitzen beim Stromverbrauch darstellen, genügend Strom erzeugen zu können, muss nach Angaben des Verbandes für Netzbetreiber jedes MW an installierter Windkraft-Leistung durch 0,85 MW installierter Leistung von zuverlässig liefernden Gas- bzw. Speicherwasser-Kraftwerken abgesichert sein (vgl. Q275). Durch die intelligente Bündelung von Anlagen in einem „virtuellen Kraftwerk" im Stile einer Risikodiversifikation kann diese Ergänzungsnotwendigkeit allenfalls verringert werden.

Hinzu kommt das Erfordernis, den Kraftwerkspark zur Wahrung der Netzstabilität bei zu hohem Windaufkommen und/oder zu niedriger Stromabnahme und entsprechendem Einspeisevorrang der Erneuerbaren Energien durch schnell regulierbare thermische Kraftwerke zu ergänzen. In erster Linie bieten sich für diese „negative" Regelenergie hier Gaskraftwerke an. Diese thermischen Kraftwerke müssten dann als Puffer im Netz verfügbar sein, um im Gegenzug zu einer drohenden Übereinspeisung durch die Windenergieanlagen auf ihre technische Mindestlast reduziert werden zu können.[48]

In diesem Zusammenhang spielt sicherlich auch eine Rolle, inwieweit neue Speichertechnologien zukünftig eine solche Pufferfunktion wahrnehmen können (vgl. Q46, S. 321). Nach derzeitigem Stand arbeiten lediglich Pumpspeicherkraftwerke wirtschaftlich. Hierzulande sind aber die dafür geeigneten Standorte weitgehend ausgenutzt. Andere Speichertechnologien sind bislang nicht effizient und ohnehin nur für geringe Volumina geeignet. Schwer abzuschätzen sind neben den angebots- bzw. nachfrageseitigen Integrationsmöglichkeiten von Auslandsmärkten auch die zukünftigen Chancen einer Glättung der Lastenverteilung beispielsweise durch nachfrageabhängige Echtzeit- statt einer Einheitsbepreisung in Verbindung mit den so genannten Smart-Grids.[49]

Darüber hinaus macht der schwerpunktmäßig in den verbrauchsschwachen Küstenregionen geplante Ausbau der (Offshore-)Windenergie wegen des Auseinanderfallens von Erzeugungs- und Verbrauchsschwerpunkten nur dann Sinn, wenn durch die Netzeigentümer umfangreiche Investitionen in die Übertragungsnetze getätigt werden.[50] Einer Schätzung der TU Berlin zufolge wird für den *Aus- und Umbau der Stromnetze* mit erheblichen Zusatzkosten zu rechnen sein. Die Kosten für den Zubau neuer Stromleitungen werden mit rund 1,2 Mrd. EUR

---

48 Vgl. Q46, S. 274. Die Studie sieht gerade hierin ein Hauptproblem beim großflächigen Ausbau der Windenergie.

49 Hierbei handelt es sich um „intelligente Netze" die unter Berücksichtigung von Wetterprognosen eine bessere Abstimmung von Energieerzeugung und -abnahme (zum Beispiel über automatisches vorübergehendes Abschalten von Kühlgeräten in Spitzenlastzeiten) bewirken sollen.

50 Das Argument gilt übrigens auch für solche traditionellen Kraftwerke, die wegen der Transportkosten in Küstennähe angesiedelt werden sollen.

und für den Anschluss der Offshore-Anlagen ans Festland mit 6 Mrd. EUR veranschlagt.[51]

#### 2.3.4.4.3 Politische Unsicherheit zur zukünftigen Rolle der Atomkraft

Ferner kommt in aktuellen Investitionsentscheidungen der Frage eine immense Bedeutung zu, welche Rolle die Atomkraft im weiteren Energiemix spielen darf. Zwar war die Rechtslage bislang eindeutig: Im Jahre 2000 vereinbarte die damalige Bundesregierung mit den großen überregional tätigen EVUs in Deutschland, die Nutzung der Kernenergie zur Stromerzeugung organisiert zu beenden und bis zur Stilllegung den geordneten Betrieb sicherzustellen (vgl. zu den Argumenten für einen Ausstieg aus der Kernenergie Janzing 2009). In der Umsetzung trat im April 2002 das „Gesetz zur geordneten Beendigung der Kernenergienutzung zur gewerblichen Erzeugung von Elektrizität" in Kraft. Es sah u.a. vor (vgl. Q12, S. 38):

- keine neuen Atomkraftwerke zu bauen,
- Anlagen nach einer so genannten Regellaufzeit abzuschalten,
- jedem einzelnen Kernkraftwerk eine bestimmte, noch zu erzeugende Reststrommenge zuzuteilen,
- Strommengen älterer Atomkraftwerke auf jüngere übertragen zu können
- sowie nukleartechnische Forschung weiterhin zu erlauben.

Bis etwa zum Jahre 2023, in dem die zugeteilten Restmengen aufgebraucht sein dürften, sollte gemäß Atomgesetz die Stromerzeugung aus atomaren Anlagen auslaufen. Diesem Kompromiss zwischen ehemaliger Bundesregierung und den Betreiberunternehmen hatte sich die CDU/CSU-Opposition nicht angeschlossen. Im Koalitionsvertrag mit der SPD im Jahre 2005 wurden aufgrund des Dissenses zwischen den Regierungsparteien die getroffenen Regelungen nicht angetastet.

Dem Ausstiegsbeschluss gingen umfangreiche Analysen zum zukünftigen Energiemix in Deutschland voraus. Gezielt wurde untersucht, ob die auslaufende Stromerzeugung aus Kernenergie kompensiert und gleichzeitig das klimapolitisch gebotene $CO_2$-Reduktionsziel erreicht werden kann. Unter Berücksichtigung von technologischen Entwicklungen, Kosten- und Marktaspekten sowie nicht vorhersehbaren politischen Veränderungen wurden diese Fragen im Rahmen von Szenarien letztendlich positiv beantwortet.

Zwischenzeitlich mehrten sich jedoch die Stimmen, die zumindest eine Verlängerung der AKW-Laufzeiten forderten. Begründet wurde dies mit der ansons-

51 Vgl. Q183, S. 4. Hinzu kämen insbesondere die Kosten für den „Stand-by-Betrieb" konventioneller Kraftwerke, so dass in der von der Wirtschaftsvereinigung Metall in Auftrag gegebenen Studie mit einem Anstieg der Folgekosten der Erneuerbaren Energien von 445 Mio. EUR im Jahr 2006 auf mindestens 3,3 Mrd. EUR im Jahr 2020 gerechnet wird.

ten angeblich drohenden Stromlücke (vgl. Abschnitt 2.3.3.1), der Emissionsfreiheit von Atomkraft,[52] der im internationalen Vergleich noch recht kurzen Laufzeiten deutscher AKWs sowie der Tatsache, dass sich das Ausland wieder verstärkt der Kernenergie zuwendet und eine deutsche Insellösung damit unter dem Sicherheitsaspekt wirkungslos sowie gesamtwirtschaftlich schädlich sei.[53]

Um der Politik einen solchen Schritt schmackhaft zu machen, hatten der *Vorstand und der Betriebsrat der RWE AG* vorgeschlagen, den Zusatzgewinn (bzw. ein Teil davon), den die Betreiber der AKW-Anlagen durch eine Laufzeitverlängerung erzielten, in einen Fonds einzuspeisen und anderen Verwendungen zuzuführen. Mit der auf 250 Mrd. EUR geschätzten Wertschöpfung könnten ihrer Ansicht nach Energieeffizienzmaßnahmen gefördert, die Erneuerbaren Energien ausgebaut, Forschung und Entwicklung vorangetrieben oder auch andere von der Bundesregierung zu bestimmende Ziele unterstützt werden. Kurzum: Die „Beendigung des deutschen Sonderwegs“ und verlängerte Laufzeiten der bestehenden Kernkraftwerke würden nach Auffassung der Betreiber

> „in Summe zu einer nachhaltigen und dauerhaften Entlastung der Energiekosten in Deutschland und zur Erreichung anderer wichtiger energie- und umweltpolitischer Ziele der Bundesregierung beitragen.“ (Q289)

Eine Vorreiterrolle in der Belebung der Diskussion spielte auch die Internationale Energieagentur (IEA). Energieversorgungssicherheit und Klimawandel seien globale Herausforderungen und benötigten globale Lösungen. Nach Ansicht der IEA gibt es jedoch keine wirklich überlegene technologische Lösung. Vielmehr sei ein Bündel von Maßnahmen erforderlich, das eine zukunftsorientierte Energieversorgung sicherstellen würde (vgl. Q95). Das dazu als „Energietechnologierevolution“ bezeichnete IEA-Paket forderte bis zur Mitte des Jahrhunderts

1. den effizienten Umgang mit Energie,
2. den Ausbau Erneuerbarer Energien,
3. die Errichtung von Kraftwerken mit CCS-Technologien sowie
4. den *umfassenden Ausbau der Atomenergie.*

Angesichts dieser Phalanx hatten die AKW-Betreiber die Hoffnung auf ein Kippen des Ausstiegsbeschlusses nie aufgegeben. Schon 2001 erklärte der Vor-

52 Dies geht soweit, dass Atomstrom von der CDU/CSU jüngst als „Öko-Energie“ angepriesen wird, wodurch die Argumentation der Ökologiebewegung der 1980er Jahre geradezu auf den Kopf gestellt wird (vgl. Q34).

53 Die Fragen, ob Deutschland in der EU wirklich einen Sonderweg verfolgt und ob die Atomenergie wirklich so klimafreundlich und wirtschaftlich ist, wurden in entsprechenden Gutachten untersucht, die zu anderen, äußerst skeptischen Einschätzungen kommen (zum angeblichen Sonderweg vgl. Q12; zum Thema Klimafreundlichkeit und Wirtschaftlichkeit vgl. Q95 und Q287).

standsvorsitzende der RWE Power AG auf die Frage zur Unumkehrbarkeit des Ausstiegs, „dass in einer demokratischen Gesellschaft nichts unumkehrbar sei" (zitiert in Bode 2007, S. 258). Zu dieser Einstellung passt nicht nur das Investieren der großen EVUs in ausländische Atomkraftwerke, sondern auch das Spielen auf Zeit bei der Revision von drei deutschen Kernkraftwerken, die eigentlich schon 2009 vom Netz genommen werden sollten (vgl. Q190, S. 33). Durch zeitintensive Überarbeitungen – im Fall von Biblis A wurde sogar kurz vor der eigentlich anberaumten Demontage die umfangreichste Revision in der Geschichte des Kraftwerks angesetzt – sollte offenbar das Aufbrauchen der bislang geltenden Reststrommengenproduktion auf einen Termin nach der Bundestagswahl 2009 hinausgezögert werden.

Dass zudem das begleitende Lobbying der Stromkonzerne erste Früchte trägt, zeichnete sich schon im Sommer 2008 in einer Emnid-Umfrage ab, wonach sich 52% der Befragten im Sommer 2008 eine Laufzeitverlängerung vorstellen konnten (vgl. Q193, S. 136). Diese Einschätzung bestätigte sich auch in unserer Umfrage (zur Datenbasis unserer Erhebung vgl. Kapitel 7.1.2). Demnach rechnete fast die Hälfte der von uns befragten *Mitbestimmungsträger* schon vor dem Regierungswechsel im Herbst 2009 mit einer Renaissance der Atomkraft hierzulande (Frage IV.67).

In diesem Umfeld wurde dann nach den Bundestagswahlen im Koalitionsvertrag der neuen bürgerlich-liberalen Regierung vereinbart, sich kurzfristig mit den Betreibern darüber zu verständigen, wie und unter welchen Bedingungen eine *Laufzeitverlängerung von Kernkraftwerken* organisiert werden kann. Dabei ist beabsichtigt, dass „der wesentliche Teil der zusätzlich generierten Gewinne" vom Staat abgeschöpft wird (Q35, S. 21). Der Neubau von Kernkraftwerken ist aber weiterhin politisch nicht beabsichtigt.

Diese *Streckung des Ausstiegsbeschlusses* hätte enorme wirtschaftliche Konsequenzen für anlaufende bzw. für zuvor unter Zugrundelegen der Rechtslage aufgelegte Investitionsprojekte. Bei den AKW-Betreibern selbst wird man daher, solange hier keine Klarheit über die Details herrscht, nichts überstürzen und sich möglichst viel Flexibilität offen halten.

Aber auch bei den *Stadtwerken* dürfte die nachträgliche Veränderung der Rahmenbedingungen nachhaltig auf der Investitionsneigung bzw. der Rentabilität bereits durchgeführter Investitionen lasten. Das gilt zumindest für solche Vorhaben, für die es keine Stromabnahmegarantie zu vorgegebenen Preisen gibt. Werden bzw. wurden hier Investitionsprojekte durchgeführt, die durch eine Laufzeitverlängerung in der zukünftigen „merit order" weiter nach hinten rücken, verringerten sich nachträglich und unerwartet die Gewinnmargen bzw. es käme im schlimmsten Fall zu einem Ausgrenzen aus dem Markt.

Bezogen auf neue Investitionen dürfte dies auch zumindest zu einer abwartenden Haltung führen. Das Wuppertal Institut befürchtet sogar trotz des mit der Vergütungsgarantie unterlegten Einspeisevorrangs der Erneuerbaren Energien:

> „Jede zusätzliche kWh Kernenergiestrom aus einer Laufzeitverlängerung würde (...) eine kWh eingesparte oder mittels erneuerbaren Energien und/oder Kraft-Wärme-Kopplung erzeugte Energieeinheit verdrängen. Nur kurzfristig wäre der Nettoeffekt auf die $CO_2$-Emissionen etwa null (...) und mittel- bis langfristig könnten wegen des fehlenden Anschubs sogar höhere $CO_2$-Emissionen resultieren." (Q287)

HEAG-Chef Albert Filbert untermauert diese Befürchtungen:

> „Die Laufzeitverlängerung ist eine Investitionsbremse, zementiert das Oligopol in der Stromerzeugung und ist kontraproduktiv für den notwendigen Ausbau der regenerativen Energien und der Kraftwärmekopplung." (Zitiert in Q238)

Bezogen auf bereits begonnene oder abgeschlossene Projekte ergibt sich das Problem, dass sich diese eventuell im Nachhinein als Fehlinvestition erweisen, weil die Investoren davon ausgingen, dass bislang geltendes Recht weiter Bestand haben wird. Zu Beginn der Deregulierung ist diese Erscheinung bereits in den USA unter dem Begriff „stranded costs" diskutiert worden. Dabei handelt es sich um Investitionen im Milliardenbereich, die EVUs im besten Wissen und Wollen auf der Grundlage der damaligen Gesetzeslage vor Liberalisierung des US-Strommarkts getroffen hatten. Diese Investitionen hatten sich unter den neuen Bedingungen aber nicht mehr gerechnet; Kraftwerke mussten aus dem Markt genommen werden (vgl. Joskow 2006).

Vor diesem Hintergrund stellt sich übrigens die Frage, ob angesichts der Laufzeitverlängerung der AKWs nicht aus *wettbewerblichen Gründen* auch eine Entschädigung derartiger Investitionen erfolgen müsste. Der amerikanische Energiemarktexperte Joskow hielt die Übernahme der „stranded costs" in den USA zu Beginn der Liberalisierung für den freien Wettbewerb sogar für notwendig.

> „Die Wettbewerbsfähigkeit eines Unternehmens ist nicht von seinen historischen Belastungen abhängig, sondern von seinen beeinflussbaren Kosten. Nur diese werden durch die Marktpreise widergespiegelt. Die Vergütung der ‚stranded cost' ist dann mit der Förderung des Wettbewerbs vereinbar, wenn das gesamte Risiko für alle beeinflussbaren Kosten beim Versorger liegt, und wenn die Belastung auf alle Kunden im Versorgungsgebiet verteilt wird, unabhängig davon, wer nun im freien Wettbewerb den Kunden beliefert." (Ebd.)

In Deutschland wird daher die Laufzeitverlängerung eng verbunden sein mit einer Verteilungsdiskussion. Betreiber mit „stranded costs" dürften vor einem Einzahlen der „windfall profits" durch die AKW-Betreiber in einen Fonds für die öffentliche Hand Entschädigungen einfordern.[54] Sofern die AKW-Betreiber selbst mit Investitionen betroffen wären, käme es dabei lediglich zu einem In-sich-Ausgleich. Sofern aber Stadtwerke oder andere Anlageninvestoren daran beteiligt wären, käme es zu einer Umverteilung unter den EVUs.[55] Begehrlichkeiten werden auch dadurch geweckt, dass die neue Regierung angekündigt hat, mit den abgeschöpften Gewinnen „auch eine zukunftsfähige und nachhaltige Energieversorgung und -nutzung“ zu fördern (Q35, S. 21). Kontraproduktiv bleibt dabei allerdings die Tatsache, dass die Laufzeitverlängerung selbst die Notwendigkeit und somit Anreize zum Zubau neuer Stromerzeugungsanlagen reduziert. Hinzu kommt, dass dadurch die oligopolistischen Erzeugungsstrukturen tendenziell wieder gefestigt werden, so dass der Präsident der Monopolkommission, Justus Haucap, zur Kompensation bereits eine Verpflichtung der AKW-Betreiber zum Verkauf von Produktionskapazitäten forderte (Q238).

#### 2.3.4.4.4 Widerstände bei Genehmigungsverfahren

Bei der Abwägung der Alternativen spielt ebenfalls eine Rolle, wie wahrscheinlich es ist, im Grundsatz rechtlich zulässige Technologien an den bevorzugten Standorten auch bauen zu können. Dabei nehmen die Widerstände gegen Zubauten zu, zumal sich – wegen der Windverhältnisse bzw. der Transportwege von Importkohle – eine regionale Konzentration von Erzeugungsanlagen in Küstennähe aber auch an Rhein und Ruhr anbahnt.[56]

---

54 Nach einer Berechnung von Sal. Oppenheim erbrächte eine achtjährige Laufzeitverlängerung für RWE einen barwerten Vorteil von 8 Mrd. EUR und für E.ON von 12 Mrd. EUR (vgl. Q176, S. 3). Zusätzlich müssten die den Unternehmen zugestandenen Rückstellungen für die Stilllegung und Entsorgung atomtechnischer Anlagen kritisch hinterfragt werden. Schließlich sah der Atomausstiegsbeschluss vor, diese Regelungen in ihrer steuermindernden Wirkung und in ihrer freien Verfügbarkeit nicht zu beschneiden. Im Jahre 2007 belief sich deshalb dieser Betrag auf insgesamt rund 27 Mrd. Euro (vgl. Bundestags-Drs. 16/6303 vom 4.9.2007, S. 24). Diese wettbewerbsverzerrende Maßnahme wäre bei einer Verlängerung der Laufzeiten ebenfalls im Rahmen der Fondsgespräche einzubeziehen.

55 Allerdings dürften sich in der praktischen Umsetzung erhebliche Probleme ergeben, die nicht nur die Quantifizierung der angemessenen Umverteilung betreffen. Fraglich ist auch, ob nur inländische oder auch ausländische Energieerzeuger in den Genuss der Kompensationszahlungen kommen sollen. Schließlich machten sich auch im Ausland viele Investoren Hoffnungen, nach erfolgtem Ausbau der Grenzkuppelstellen in den deutschen Markt Strom exportieren zu können.

56 Vgl. Q18, S. 28; Q38, S. 72. Vor diesem Hintergrund mahnt etwa Hamburgs Umweltsenatorin Hajduk: „Die Menge an Kohlekraftwerken, die in wassernaher Lage im Norden geplant ist, halten wir für eine viel zu schwere Hypothek für unsere Klimaziele. Wir müssen an der bundesimmissionsschutzrechtlichen Regelung etwas ändern. Dort muss

Besonderes Aufsehen erregte in diesem Zusammenhang die Ablehnung der Änderung des Flächennutzungsplans durch 70% der wahlberechtigten Einwohner im saarländischen Ensdorf im November 2007. Sie richtete sich gegen den Bau eines Kohlekraftwerks mit 1,6 GW Leistung durch den RWE-Konzern. Das Projekt wurde mit einer Investitionssumme von rund 2,2 Mrd. EUR veranschlagt. An der Ablehnung ist vor allem bemerkenswert, dass auf dem Gelände bereits ein Kohlekraftwerk seit Jahren betrieben wird und die Region stark durch Bergbau geprägt ist.

Ähnlich viel Aufmerksamkeit fand die Entwicklung rund um das *Kohlekraftwerk Moorburg*. Nachdem die Grün-Alternative Liste (GAL) zu den Hamburger Bürgerschaftswahlen mit dem Anspruch angetreten war, nur mit ihr lasse sich der Neubau des Hamburger Großkraftwerks mit einer Leistung von beantragten 1.680 MW verhindern, wurde mit dem Einzug der GAL in die Regierungskoalition das Projekt zunächst einmal auf den Prüfstand gestellt, obwohl der Betreiber Vattenfall im Vertrauen auf eine Vorabgenehmigung der vorherigen Regierung seit November 2007 schon rund 300 Mio. EUR verbaut und feste Bestellungen im Wert von 1,6 Mrd. EUR aufgegeben hatte (vgl. Q178, S. 4). In einer Nebenabsprache zum Koalitionsvertrag vereinbarten die Regierungsparteien, zumindest zu prüfen, welche rechtlichen Möglichkeiten es noch gäbe, die endgültige Baugenehmigung zu untersagen. Letztlich konnte die Genehmigung nicht verhindert werden. Allerdings wurden Auflagen mit Betriebseinschränkungen erteilt, so dass das Kraftwerk allenfalls mit gedrosselter Leistung produzieren kann.[57] Vattenfall hat inzwischen beim zuständigen Oberverwaltungsgericht Klage gegen die Auflagen eingereicht.

Gekippt wurde zuletzt ein Bauvorhaben der *Stadtwerke Düsseldorf*, die in Düsseldorf ein neues Kohlekraftwerk mit einer Leistung von 400 MW erstellen wollten. Nachdem sich auch die Ratsfraktion der CDU Anfang Dezember 2008 gegen den Bau ausgesprochen hat, gibt es im Stadtrat keine einzige Partei mehr, die das Vorhaben unterstützt (vgl. Q285).

Heftig umstritten ist derzeit auch der Bau eines Steinkohlekraftwerks mit 750 MW in Krefeld-Uerdingen durch das Stadtwerke-Bündnis Trianel. Im Stadtrat verhängten CDU und Grüne im September 2008 eine Veränderungssperre in Verbindung mit weiteren Forderungen an die zukünftigen Betreiber mit der Wirkung, dass der geplante Baubeginn vorerst nicht erfolgen kann (vgl. Q286).

---

der Klimaschutz eine Rolle spielen können, das tragen die Grünen in den Bundestagswahlkampf." (Q185, S. 6)

57 Die Hamburger Umweltsenatorin Hajduk rechnet wegen der Beschränkungen zur Kühlwasserentnahme aus der Elbe damit, dass das Kraftwerk „voraussichtlich an 250 Tagen im Jahr mit gedrosselter Leistung betrieben werden muss." (Q184, S. 7)

Widerstände von Seiten der Politik und der Bürger gibt es derzeit auch in Lubmin, wo der dänische Konzern Dong Energy ein Kohlekraftwerk mit 1,6 GW plant. Befürchtet wird insbesondere eine wasserrechtlich unzulässige Gefährdung der Wasserqualität des Boddens durch die Kühlwassereinspeisung (vgl. Q109).

E.On droht sogar eine Milliardenpleite infolge einer juristischen Auseinandersetzung (vgl. Q236; Q235). In Datteln will der Konzern den weltweit größten Steinkohlekraftwerksmonoblock erstellen. Das Projektvolumen wird auf 1,2 Mrd. EUR beziffert. Nachdem bereits über 600 Mio. EUR investiert worden sind, erwirkten Gegner der Anlage einen teilweisen Baustopp vor dem Oberverwaltungsgericht Münster. Weil das Gefährdungspotenzial für die Bevölkerung nicht ausreichend geprüft worden sei und die Anlage zu dicht an Wohngebieten liege, wurde der Bebauungsplan für nichtig erklärt.

In Anbetracht dieser beispielhaft herausgegriffenen Entwicklungen kritisiert der Vorstand der RWE-Kraftwerkssparte Ulrich Jobs: „Der Neubau von Kohlekraftwerken wird zu einem ökonomisch kaum kalkulierbaren Investitionsrisiko." Er vermisse „jegliche Planungssicherheit" (Q40).

Ökologisch bedenklich ist dabei, dass innerhalb der Kohlekraftwerkslandschaft so auch ein Wechsel hin zu moderneren und relativ umweltfreundlicheren Kraftwerken mit einem deutlich *höheren Wirkungsgrad* verzögert oder gar verhindert wird. Das Kraftwerk Moorburg gilt in Verbindung mit der Wärmeauskoppelung mit einem Gesamtwirkungsgrad von 53% als eines der effektivsten weltweit und trägt gegenüber einem veralteten Kraftwerk zu einer Emissionsminderung um etwa ein Drittel bei (vgl. Q193, S. 135). Zwar wird in der Wirkung der ökologische Effekt nur dann erzielt, wenn ein Neubau auch wirklich die Stilllegung veralteter Kohlekraftwerke auffängt und nicht das Verhindern $CO_2$-freier bzw. -armer Kraftwerke zur Folge hat. In diesem Zusammenhang ist aber darauf hinzuweisen, dass ohnehin allgemein damit gerechnet wird, dass bis 2020 Kohlekraftwerke nicht komplett durch Erneuerbare Energien zu ersetzen sein und weiterhin eine tragende Rolle spielen werden.[58] Dann ist es aber *klimapolitisch* und *wirtschaftlich* wünschenswert, innerhalb dieser Technologie möglichst schnell einen Innovationsschub herbeizuführen und nicht durch Widerstände indirekt eine Laufzeitverlängerung veralteter Kohlekraftwerke zu unterstützen. Dies gilt umso mehr, als nach Angaben des World Wide Fund for Nature (WWF) neun der 30 schmutzigsten und ineffizientesten Kraftwerke der EU in Deutschland produzieren (vgl. Q147, S. B1).

---

58 So geht auch Eutech in seiner von Greenpeace angestoßenen Gegenstudie zur Dena-Analyse davon aus, dass 2020 Kohle- und die bis dahin verbliebenen Atomkraftwerke noch zu mehr als der Hälfte zur gesicherten Leistung beitragen werden (vgl. Q78; Q13; Q188, S. 1).

Genehmigungsrechtliche Probleme beklagt Vattenfall auch im Zusammenhang mit dem ersten Pilotprojekt zur $CO_2$-Abscheidung in der Lausitz. Demnach „fühlt sich die Branche von der Politik im Stich gelassen“ (Q179, S. 6). Obwohl sich die Bundesregierung in Meseburg zu dem Verfahren als Zukunftstechnologie bekannt hat und auch RWE und E.ON auf die neue Technik bauen und investieren wollen, fehlt es derzeit an Planungssicherheit, weil es weder für den Transport des verflüssigten $CO_2$ noch für die Lagerung in Tanks einen Rechtsrahmen gibt und die Demonstrationsprojekte so nicht anlaufen können. Zwar wurde ein Gesetzesentwurf auf den Weg gebracht, aber die große Koalition war Anfang Juni 2009 insbesondere noch über die Höhe der Deckungsvorsorge und die Frage zerstritten, wie lange die Betreiber nach Beendigung der Befüllung für das Monitoring verantwortlich sein sollen (vgl. Q226, S. 4). Angesichts der *Speicherproblematik* und der geplanten Zulassung von Bohrungen auf eigenem Grund gegen den Willen der Eigentümer ist das Verfahren dann kurz vor den Bundestagswahlen im Jahr 2009 endgültig unter die Räder gekommen, weil die Parteien der großen Koalition eine zu große Belastung für den Wahlkampf fürchteten (vgl. Q228, S. 4). Nach der Wahl bleibt die Rechtssetzung problematisch (vgl. Q239). Zwar besteht Einigkeit innerhalb der neuen Bundesregierung, dafür droht Widerstand im Bundesrat von Seiten Schleswig-Holsteins, was umso brisanter ist, als aufgrund der geologischen Anforderungen eine Speicherung nur in norddeutschen Ländern in Frage kommt und der Bundesrat einem Gesetz zustimmen muss. In seiner Stellungnahme zum Gesetzesentwurf hatte der DGB zudem darauf hingewiesen, dass es im derzeitigen Stadium nur um eine Erprobung gehe und anderen Alternativen durch rechtliche Festlegungen nicht von vornherein der Weg verbaut werden dürfe (vgl. Q53). Daher sollte das Gesetz zunächst nur die Durchführung der Demonstrationsvorhaben ermöglichen und dann nach dem Stand von Wissenschaft und Technik weiterentwickelt werden. Vor diesem Hintergrund beklagte RWE-Finanzvorstand Rolf Pohlig einen „politisch verursachten Investitionsstau“ (zitiert in Q239), der im Konzern zu einem Drosseln des Projekttempos am Standort Hürth geführt habe.

Aber nicht nur mit Blick auf konventionelle, sondern auch auf die Erneuerbaren Energien zeichnen sich Widerstände der Bürger oder der Kommunalpolitik vor Ort ab. Windkraftanlagen an Land oder in unmittelbarer Küstennähe werden von den betroffenen Anwohnern als ästhetische *Verschandelung des Landschaftsbildes* sowie wegen der *Geräuschemissionen* im Nahbereich und des *Schattenwurfs* als erhebliche Beeinträchtigung empfunden. Überdies belasten umständliche und zeitaufwendige Genehmigungsverfahren den Ausbau der Windenergie (vgl. zu den nachfolgenden Ausführungen Klinski 2007).

Das Repowering[59] an Land wird dadurch erschwert, dass Ersatzanlagen nach geltendem Recht wie Neubauvorhaben behandelt werden und daher nur in den mittlerweile aber ausgebuchten Gebieten mit planerischen Positivausweisungen erlaubt sind. Dabei könnten sich hier angesichts der technologischen Fortentwicklung erhebliche Produktivitätsfortschritte einstellen. Hochmoderne Windkrafträder verfügen mittlerweile – u.a. wegen größerer Rotoren und Nabenhöhen – über eine Leistung von 5 MW. Innerhalb von 25 Jahren hat sich nach Angaben des Bundesverbandes Windenergie der Jahresenergieertrag durch den technischen Fortschritt fast verfünfhundertfacht (vgl. Bischof 2007). Zudem werden bei Onshore-Anlagen Genehmigungsvorgaben eher restriktiv angewandt. Mit Blick auf die Offshore-Parks wird bemängelt:

> „Klarere rechtsverbindliche Vorgaben wären (...) in mancherlei Hinsicht hilfreich, um (...) ein höheres Maß an Rechtssicherheit für die Investoren zu schaffen." (Klinski 2007, S. 11)

Hinzu kämen enorme planungsrechtliche Probleme bei der Anbindung der Windparks an die Übertragungsnetze, die teilweise auch mit einem Kompetenzwirrwarr unterschiedlicher Behörden zu tun hätten. In diesem Kontext mahnte jüngst Bundesumweltminister Gabriel, die Bundesnetzagentur „verzögere die Anbindung der Offshore-Windräder ans Festland über Gebühr" (Q207, S. 4). Darüber hinaus könne sich nach Einschätzung des Umweltministers eine Verlängerung der Nutzungsgenehmigung auf 40 Jahre als durchaus sinnvoll erweisen.

Beim Ausbau und der Erneuerung der Netze sind durch Widerstände in der Bevölkerung und langwierige Genehmigungsverfahren, die im Schnitt zehn Jahre dauerten, nach Einschätzung der Bundesnetzagentur „mittelfristig Engpässe nicht auszuschließen" (Q208, S. 12). Dabei ergäbe sich als Sonderproblematik die Integration der Windenergie und das damit verbundene Weiterleiten von Windstrom aus Nord- nach Süddeutschland, wofür neue Übertragungsleitungen erforderlich seien.

#### 2.3.4.4.5 Wettbewerbsrechtliche Probleme beim Betrieb von Gaskraftwerken

Mit zahlreichen Maßnahmen hat die Bundesregierung zwischenzeitlich auf solche Wettbewerbshürden bei der Stromerzeugung reagiert, die daraus resultierten, dass die Stromversorgungsnetze von den „Big-4" beherrscht werden. Dazu zählt nicht nur die Anreizregulierung der Netzentgelte, sondern vor allem auch der erleichterte Netzanschluss für neue Kraftwerke durch die Kraftwerks-Netzanschlussverordnung. Sie ist am 30. Juni 2007 in Kraft getreten und garantiert,

---

59 Ersatz alter durch neue leistungsfähigere Windkraftanlagen.

beschleunigt und erleichtert den diskriminierungsfreien Anschluss ans Stromnetz von neuen Kraftwerken.

Mit Blick auf die ebenfalls von den „Big-4" dominierten Gasnetze fehlt aber eine derartige Verordnung, die einen diskriminierungsfreien Zugang und faire Zuteilungsmechanismen bei Engpässen reguliert (vgl. Kiefer 2008, S. 9f.). Dies erweist sich für Konkurrenten der „Big-4" beim Primärenergiebezug für neue gasbetriebene Stromerzeugungsanlagen als Investitionshindernis.

Hinzu kommt, so Kiefer, eine generelle Diskriminierung unabhängiger Stromanbieter beim Einkauf von Kraftwerksgas:

> „Das Oligopol der Gasimporteure und die damit einhergehende Nähe zu den Produktionsunternehmen der marktbeherrschenden Energieversorger führen in Deutschland derzeit zu fast unüberwindbaren Markteintrittsbarrieren. Zu prüfen bleibt, ob sich das Investitionsklima nicht grundsätzlich ändern würde, wenn die unabhängigen Investoren vergleichbare Konditionen beim Gasbezug hätten wie die Gasimporteure." (Ebd.)

Kiefer hält die mit der beschriebenen Ungleichbehandlung verbundenen Hürden für neue Stromanbieter für so relevant, dass er damit deren Zurückhaltung beim Bau von Gaskraftwerken und deren Zuwendung zu (Beteiligungen an) Kohlekraftwerken erklärt.

#### 2.3.4.5 Rahmenbedingungen auf der Kostenseite

Vielfach fehlt aber auch mit Blick auf die Kosten eine solide Basis für eine Investitionsentscheidung. Die Branche stellt darin zwar keinen Einzelfall dar. Gleichwohl wiegt hier das Unsicherheitsproblem wegen der langen Vorlaufzeit und der langen Bindungsdauer einer Investition umso schwerer.

Das betrifft neben den *Bürokratiekosten* im Zuge unwägbarer Genehmigungsverfahren zunächst einmal die Anschaffung. Weltweit gibt es nur wenige Erzeuger traditioneller Kraftwerke. Aufgrund dieser Marktmorphologie bewirkt der internationale Nachfrageschub nach Kraftwerken gerade aus den Schwellenländern einen dynamischen Preisauftrieb für Kraftwerksteile (z.B. Turbinen). Das gilt umso mehr, als die Investitionszurückhaltung der Stromversorger im letzten Jahrzehnt zu einem massiven Abbau der Kapazitäten und Facharbeiter bei den Anlagenbauern geführt hat. Der Vorsitzende von Hitachi Power Europe beschreibt aus Sicht der Kraftwerksbauer die Situation wie folgt: „Weltweit ist die Nachfrage nach Kohle-, Gas-, aber auch Kernkraftwerken so groß, dass wir Anbieter sie in Summe gar nicht befriedigen können." (Rennert 2008, S. 25) Zusätzlich angeheizt wird die Marktdynamik bei den Anlagen durch einen beachtlichen Anstieg der Preise der dort eingesetzten Rohstoffe. Vor diesem Hintergrund wurden zwischenzeitlich einzelne Investitionsvorhaben der EVUs verschoben. Dieser – als Ausdruck struktureller Veränderungen durch die Finanzkrise vermutlich nur kurzfristig abgebremste – Trend zementiert allerdings die vorhandene Anbietermacht der „Big-4" in der Stromerzeugung, da er sich zuungunsten der Stadtwerke auswirkt. Rolf-Martin Schmitz von der Kölner RheinEnergie betont: „Wir sind zu spät gekommen. Die Kapazitäten sind vor allem durch die Großen schon ausgelastet." (Q158, S. 11)

Hinsichtlich der Erneuerbaren Energien befindet sich die Erzeugung der Anlagen noch in einem dynamischen Entwicklungsprozess, so dass hier sicherlich weiterhin deutliche Produktivitätsfortschritte generiert werden können. So konnten die Gestehungskosten für Windenergie seit Beginn der 1990er Jahre um 60% reduziert werden, so dass nach Angaben des Umweltbundesamtes bei anhaltendem Trend ab 2020 keine Förderung mehr nötig sein könnte (vgl. Q262, S. 1). Allerdings beklagte der Präsident des Bundesverbandes Erneuerbare Energien, Lackmann, Anfang 2008 ebenfalls einen drastischen Preisanstieg von 15% bis 20% bei Windkraftanlagen aufgrund der gestiegenen Stahlpreise (vgl. Q165, S. 12). Bei der Herstellung von Solarenergieanlagen liegen dank stark gestiegener Stückzahlen und neuer Großtechnologien ebenfalls deutliche Produktivitätsfortschritte vor (vgl. Q194, S. B2). Diese wurden aber bislang nicht in die Preise der Anlagen weitergegeben (vgl. Q193, S. 135). Zudem befinden sich neuere Entwicklungen, wie der Bau des Solarturmkraftwerks in Jülich, im Erprobungsstadium. Angesichts dieser Dynamik lassen sich einerseits für einen längeren Zeitraum die zukünftigen Preise für Erzeugungsanlagen aus Erneuerbaren Energien nur schwer kalkulieren. Ein Zuwarten in der Hoffnung auf weitere Produktivitätsfortschritte in der Anlagenherstellung und damit einhergehend niedrigeren Installationskosten hätte allerdings andererseits zur Konsequenz, nur noch in den Genuss niedrigerer garantierter Abnahmepreise zu kommen.

Aber auch hinsichtlich der *Folgekosten* ergeben sich beachtliche Unwägbarkeiten. Dies trifft insbesondere auf die Verschmutzungsrechte beim klimaschädlichen Betrieb von Kohlekraftwerken zu. Die Dena-Netzstudie bestätigt die Relevanz der Thematik für zukünftige Investitionen:

> „Insbesondere die Einführung eines $CO_2$-Zertifikatehandels in der Europäischen Union und dessen konkrete Ausgestaltung werden Einfluss auf die Wettbewerbsfähigkeit der unterschiedlichen Kraftwerkstechnologien (...) haben und somit die zukünftige Zusammensetzung des Kraftwerksparks entscheidend mitbestimmen." (Q46, S. 284)

In der ersten Zuteilungsrunde wurden die $CO_2$-Zertifikate den Kraftwerksbetreibern kostenlos zugeteilt, in der zweiten Handelsrunde von 2008 bis 2012 müssen sie bereits 10% der Zertifikate erwerben. In der dritten Handelsperiode ab 2013 plant die EU-Kommission, dass die EVUs alle Zertifikate – bei verringertem Gesamtvolumen – ersteigern müssen. Die *„windfall profits"* in den Unternehmen fielen dann weg und kämen zu 100% dem Staatshaushalt zugute. Damit beglichen dann die Verursacher die externen Kosten gegenüber denjenigen, die sie zu tragen haben: gegenüber der Gesellschaft.

Wie hoch diese Kosten dann sein werden, wird sich für die EVUs aber erst zeigen, nachdem sie ihre Kraftwerke in Betrieb genommen und über den Markt die Berechtigungen zur Verschmutzung erworben haben. In dieser Hinsicht wäre eine *Verschmutzungssteuer* für die Unternehmen wesentlich besser zu kalkulieren. Auf der anderen Seite hätte sie aber umweltpolitisch den Nachteil, dass das Ausmaß der Verschmutzung nicht mehr gedeckelt, sondern Ergebnis der Unternehmensentscheidungen wäre.

Hinzu kommt in diesem Zusammenhang neben dem möglichen *Einfluss von Spekulationen* auf den Zertifikatepreis ein weiteres Unsicherheitsmoment. Im Rahmen des Clean Development Mechanism (CDM) können sich Unternehmen derzeit an Entwicklungsländerprojekten zur Reduktion des $CO_2$-Ausstoßes vergleichsweise kostengünstig beteiligen und eine Gutschrift von Zertifikaten erhalten. Gerade RWE mit seiner ausgeprägten Kohlekraftwerk-Erzeugung engagiert sich auf diesem Gebiet stark, um die finanziellen Folgen der Verschmutzung zu reduzieren. Sollte es aber nach dem Auslaufen des Kyoto-Protokolls bis 2013 kein verbindliches internationales Klimaschutzabkommen geben, will die EU-Kommission hier einen Riegel vorschieben (vgl. Q203, S. 8).

Die Belastung aus der *Kohlendioxid-Emission* wird für die Konzerne zukünftig so zum echten, pagatorischen Kosten- und zugleich Unsicherheitsfaktor für Investitionen,[60] da sich die dann geltenden Preise der Verschmutzungsrechte und Ausweichmöglichkeiten aus heutiger Sicht nicht zuverlässig kalkulieren lassen. In unserer Umfrage unter den Betriebsräten wurden kalkulierte Preise bei Investitionsvorhaben zwischen 17 EUR/t und 30 EUR/t bei einem Mittelwert von knapp 22 EUR/t genannt. E.ON betont öffentlich, dass die geplanten Kohlekraftwerke selbst bei einem $CO_2$-Zertifikatepreis in Höhe von 40 EUR/t immer noch wirtschaftlich arbeiten können. RWE gibt diese Kenngröße nur mit 30 EUR/t und damit in einer Größenordnung an, die zwar schon einmal kurzfristig erreicht wurde aber deutlich über den aktuellen Kursen von 13 EUR/t liegen. Bereits jetzt verabschieden sich aber einzelne Unternehmen von ihren Investitionsplanungen. In seinem Abschlussbericht an das Bundeswirtschaftsministerium kommen Consentec u.a. zu dem Befund:

> „Ein Teil (der) Planungen – insbesondere von Steinkohlekraftwerken – wurden aufgrund der nunmehr avisierten Auktionierung der Emissionsberechtigungen (...) wieder zurückgezogen." (Q38)

---

60 In diesem Kontext betont das RWE-Vorstandsmitglied Jobs: „Ob ein $CO_2$-freies Kohlekraftwerk eine kommerzielle Option sein wird, hängt vor allem davon ab, wie sich die Preise entwickeln." (Q196, S. B1)

Schwer zu kalkulieren sind darüber hinaus neben den Instandhaltungskosten die zukünftigen *Rohstoffpreise* und Verfügbarkeiten von verschiedenen Energieträgern (vgl. ebd.). Dabei sind die Rohstoffpreise vor dem Hintergrund eines strukturellen Nachfrageanstiegs von Seiten der Schwellenländer durch eine hohe Volatilität und damit eine geringe Berechenbarkeit gekennzeichnet. Sowohl Steinkohle als auch Gas und Öl werden zukünftig fast ausschließlich importiert werden. Hinsichtlich der Steinkohle resultiert daraus aber nur eine geringe Abhängigkeit, da es einerseits eine Bezugsquellenvielfalt gibt und andererseits die Lieferländer als politisch stabil gelten. Beim Gas hingegen droht in Zukunft eine ähnliche Abhängigkeit wie beim Erdöl. Die GUS-Staaten, Nordafrika und der Nahe Osten werden weiter an Bedeutung als Gaslieferanten gewinnen und ihre Position dabei angesichts des $CO_2$-Zertifikatehandels nachfrageseitig noch gestärkt sehen. Insbesondere Russland ist dabei bemüht, seine Position strategisch zu stärken und seine kaspischen Nachbarländer vom Gashandel mit der EU abzubringen und stattdessen zum Zwischenverkauf an Gazprom zu bewegen (vgl. Q201, S. 6). Hinzu kommen hier politische Unwägbarkeiten hinsichtlich der Lieferländer.

Bei Energiegewinnung aus Wind und Sonne spielen Brennstoffbezugskosten keine Rolle. Hier ist jedoch die Verfügbarkeit zeitlich nicht planbar, da sie witterungsabhängig ist. Insofern tragen diese Energieformen ja auch nur eingeschränkt zur gesicherten Leistung bei. Beim Ausbau der Stromerzeugung aus Biomasse, deren Leistungsbeitrag im Strommix im Gegensatz zu Windenergie und Photovoltaik zuverlässig zu kalkulieren ist, erweisen sich die mengenmäßige Verfügbarkeit sowie die Brennstoffpreise ebenfalls als „limitierende Faktoren" (vgl. Q38, S. V).

### 2.3.4.6 Finanzierungssituation

Die investive Zurückhaltung in den ersten Jahren nach der Liberalisierung dürfte ihre Ursache kaum in fehlenden oder unrentierlichen Finanzierungsmöglichkeiten gehabt haben. Denn erstens ging die Liberalisierungsphase mit ungewöhnlich niedrigen Fremdkapitalzinsen einher. Zweitens verfügte die Branche insgesamt aufgrund des nachhaltigen Gewinnanstiegs im Zuge der Liberalisierung (vgl. Bontrup et al. 2008) über umfangreiche Mittel für eine Eigenfinanzierung. Gerade die „Big-4" nutzten in der Vergangenheit ihre Eigenmittel jedoch weniger zum Ausbau hiesiger Kapazitäten als zur nationalen Konzentration, zu internationalen Beteiligungen, zum Aufbau von Erzeugungskapazitäten im Ausland und zur Gewinnausschüttung an die Aktionäre oder zum Aktienrückkauf.

Auch mit Blick in die Zukunft drohen von der Finanzierungsseite her zumindest bei einer pauschalen Betrachtung der Branche trotz des enormen Mittelbedarfs kaum Engpässe. Zwar dürfte die Finanzmarktkrise vorübergehend zu einer restriktiveren und/oder verteuerten Vergabe von Fremdkapital führen. Allerdings gelten die Versorger angesichts ihrer Gewinnentwicklung in den letzten Jahren und der vergleichsweise stabilen Absatzsituation nach wie vor als zuverlässige Schuldner. Dies trifft insbesondere für die großen Akteure zu, auch wenn E.ON aufgrund seiner über Fremdverschuldung finanzierten Auslandsexpansionen in der Finanzkrise über verschlechterte Refinanzierungskonditionen klagt (vgl. Kapitel 2.4.2). Besonders gut steht derzeit RWE da. Bei Nettofinanzverbindlichkeiten von gerade mal 140 Mio. EUR dürften laut Konzernangaben die global geplanten Gesamtinvestitionen im Wert von 25 Mrd. EUR bis 2012 ebenfalls gut zu stemmen sein (vgl. Q202, S. 14). Darüber hinaus eröffnen sich den Großkonzernen auch andere Formen der Kofinanzierung. Zum Ausbau der Erneuerbaren Energien kooperiert etwa E.ON mit der finanzstarken staatlichen arabischen Investmentgesellschaft Masdar, die ihrerseits erklärtermaßen am Technologietransfer interessiert ist (vgl. Q189, S. 13).

Angesichts der rasanten Gewinnentwicklung in den letzten Jahren wären die Unternehmen überdies sicherlich auch in der Lage, einen Großteil ihrer anstehenden Vorhaben aus eigenen Mitteln zu finanzieren. Die These ausreichender Finanzmittel bestätigt sich auch durch unsere Umfrage. Von den 33 Unternehmen, die größere Investitionen planten, wären rund 58% in der Lage, die erforderlichen Investitionsausgaben überwiegend aus dem Cashflow zu finanzieren (Frage IV.64).

Die pauschale Einschätzung der Finanzierungssituation bedeutet aber nicht, dass es im Einzelfall keine Einschränkungen geben kann. Bei den Refinanzierungskosten wird angesichts der weltweiten Finanzkrise immerhin ein genereller Anstieg erwartet. Und gerade mit Blick auf kleinere, vorrangig von mittelständischen Betreibern oder Finanzinvestoren geplante Projekte im Bereich Erneuerbarer Energien könnten sich Finanzierungsprobleme einstellen. So stellten Klinski u.a. schon vor der Eskalation der Finanzkrise erhöhte Finanzierungskosten für Offshore-Windparks wegen einer restriktiven Kreditvergabe und hoher Versicherungsauflagen infolge der oben skizzierten technischen und rechtlichen Probleme bei der Erschließung als nennenswertes Investitionshindernis fest (vgl. Klinski 2007, S. 10).

Durch die Verschärfung der Finanzkrise haben sich nun weitere Beeinträchtigungen insbesondere bei weniger finanzstarken Investoren ergeben (vgl. Q205, S. 4). Die großen Anbieter wie Vattenfall und EnBW haben dabei zwar die Schwäche genutzt, um sich in vorhandene Projekte billig einkaufen bzw. diese übernehmen zu können (vgl. Q206, S. 14). Dennoch sieht der ehemalige Bundesumweltminister Gabriel gerade hinsichtlich der Offshore-Anlagen die Gefahr: „Wenn wir nicht schnellstens handeln, könnten alle Projekte in Schwierigkeiten geraten.“ (Q207, S. 4) Teilweise zögen sich nach Verbandsangaben Banken aus der Projektfinanzierung zurück oder verlangten höhere Eigenkapitalanteile. Durch

Einberufen eines „runden Tisches“ mit Vertretern der Banken, des Umweltministeriums und der Windenergie-Branche sollen gemeinsame Lösungen erarbeitet werden. Für kleinere und mittlere Onshore-Projekte sind zudem im Rahmen von KfW-Programmen die Kreditobergrenzen von 10 auf 50 Mio. EUR bei einer gleichzeitigen Laufzeitverlängerung angehoben worden.

#### 2.3.4.7 Investitionszurückhaltung aufgrund strategischer Überlegungen

##### 2.3.4.7.1 Knappheitsrenten

Als Folge der Liberalisierung gibt es auf dem Erzeugungsmarkt für Strom mittlerweile eine hohe Konzentration. Der zunächst initiierte Wettbewerb startete schließlich mit „Davids“ und „Goliaths“. Bei diesen Strukturen entzogen sich die „Goliaths“ immer mehr den Widrigkeiten des Wettbewerbs durch *Unternehmenskonzentration*, so dass am Ende rund 90% des Erzeugungsmarkts direkt oder indirekt durch die „Big-4“ dominiert wurden. Zwar sagt die Anbieterzahl für sich genommen noch nichts über die Intensität des Wettbewerbs aus. Dennoch erleichtert eine derart starke Konzentration kollusives Verhalten.[61] Die Umverteilung zugunsten der Gewinne (vgl. Bontrup et al. 2008, S. 175ff.) deutet jedenfalls in diese Richtung und auch die EU-Kommission will „Anzeichen für Machtmissbrauch“ entdeckt haben.

Insofern beschreibt das skizzierte Verhalten in Abschnitt 2.3.4.1.2 allenfalls die ideale Welt der vollkommenen Konkurrenz, in der es – wie skizziert – schon genug Hindernisse für einen Ausbau der Erzeugungskapazitäten gibt. Die investive Zurückhaltung könnte aber durch die *tatsächliche Marktmorphologie* sogar noch verstärkt werden.

Denn bei kollusivem Verhalten würden die „Big-4“ im Extremfall strategisch wie ein Monopolist agieren. Typisch für *monopolistisches Cournot-Punkt-Verhalten* ist aber eine künstliche Verknappung der Angebotsmenge, um über den bewirkten Preisanstieg und Kosteneinsparung höhere Gewinne einzufahren. Dabei gilt nach der Amoroso-Robinson-Bedingung, dass die mengenverknappende Reaktion umso stärker ausfällt, je abhängiger die Nachfrager vom erzeugten Gut sind. Wegen der hohen Nachfrageabhängigkeit vom Strom würde die Marktmacht der Anbieter knappe Angebotskapazitäten und einen vorsichtigen Investitionsausbau aus strategischen Gründen gut erklären.

Ein ähnliches Ergebnis aufgrund strategischer Überlegungen lässt sich auch ohne die Extremvorstellung monopolistischen Verhaltens allein schon bei *über-*

61 Während der Präsident des Bundeskartellamtes, Heitzer, sogar „starke Indizien“ für Preisabsprachen ausgemacht haben will, argumentiert die Monopolkommission vorsichtiger. Wegen des maßgeblichen Einflusses der großen vier Anbieter auf die Strombörse und damit indirekt auf die Großhandelspreise folgert sie: Die „Big-4“ benötigten „keine Absprachen, um sicherzustellen, dass der Preis hoch bleibt“ (Q161, S. 19).

*schaubaren Marktstrukturen* herleiten (vgl. Ockenfels 2007b). Hier bieten die Stromproduzenten wie unter Abschnitt 2.3.4.1.2 beschrieben nach der Preis-gleich-Grenzkosten-Regel (Angebotskurve) auf einem Markt mit starker Nachfrageabhängigkeit, d.h. unelastischer Nachfrage an. Der Marktpreis p* ergibt sich hier aus den wertmäßigen[62] Grenzkosten des Grenzanbieters $EVU_3$ mit seiner Anlage E3 (vgl. Abb. 19). Das $EVU_1$ ist mit seinen vier Anlagen ($E1_1$ bis $E1_4$) im Markt vertreten, die deutlich niedrigere Grenzkosten aufweisen. Für jede der vier Anlagen fällt eine Produzentenrente ($PR1_i$) an. In Summe beläuft sich die Produzentenrente, mit denen die Fixkosten gedeckt und Zusatzprofite erwirtschaftet werden können, auf

$$PR1 = \sum_{i=1}^{4} PR1_i$$

Wenn nun E1 eine neue Anlage ($E1_5$) installiert, die eine Stromerzeugung zu niedrigeren Grenzkosten als p* erlaubt, wird dadurch der bisherige Grenzanbieter mit seinem Kraftwerk E3 aus dem Markt gedrängt. Stattdessen wird $EVU_2$ mit E2 zum Grenzanbieter. Dessen niedrigere Grenzkosten führen zu einem neuen, deutlich niedrigeren Marktpreis von $p^*_n$. Der Investor hat so allen im

*Abb. 19: Strommarkt vor der Investition*

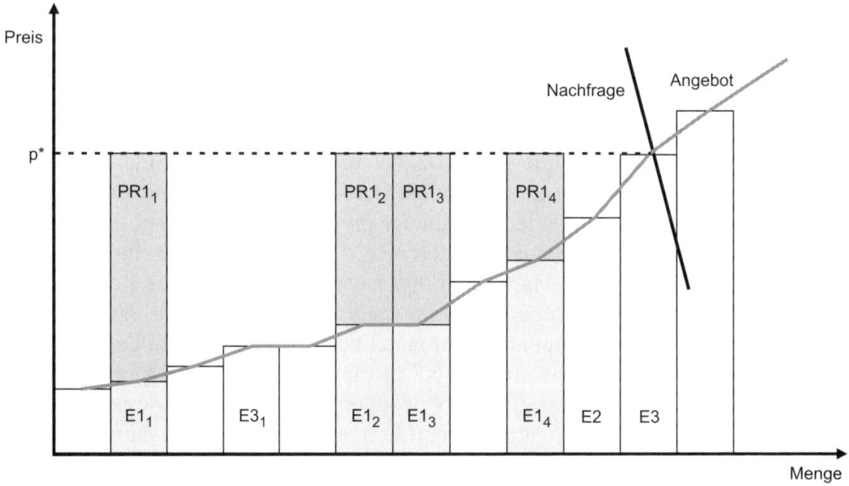


62 Im Angebotsverhalten werden neben pagatorischen auch Opportunitätskosten, wie beispielsweise für $CO_2$-Zertifikate, eingepreist.

*Abb. 20: Strommarkt nach einer Investition von E1*

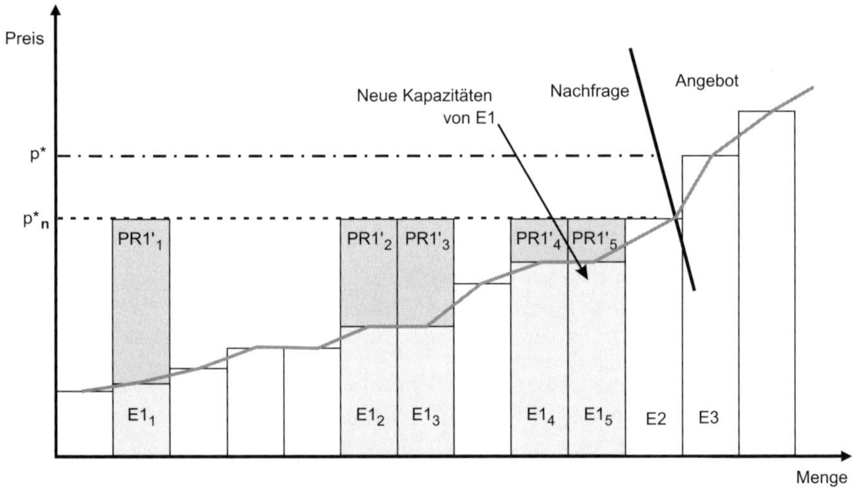


Markt und vor allem auch sich selbst zum eigenen Nachteil den Preis verdorben. Zwar bedient $EVU_1$ nun den Markt mit fünf Anlagen, aber für die Summe der Produzentenrenten gilt:

$$PR1' = \sum_{i=1}^{5} PR1'_i < PR1 = \sum_{i=1}^{4} PR1_i \,.$$

Solange der Markt derart überschaubar und der Versorgungsauftrag auch mit Kraftwerken alter Technologie gewährleistet ist, wird jeder Anbieter in Antizipation der eigenen Preiswirkung zunächst zurückhaltend mit einer *Ausweitung seiner Kapazitäten* sein.[63] Da jeder Anbieter im Markt so denkt und da jeder davon ausgehen kann, dass auch alle anderen so denken, er mithin selbst nicht damit rechnen muss, aus dem Markt gedrängt zu werden, besteht aus strategischen Gründen die Gefahr eines *Investitionsattentismus.* Dies gilt umso mehr, als der Markt ja sehr übersichtlich und das Aufbauen neuer Kapazitäten in der Regel für alle transparent und mit großem Vorlauf verbunden ist. Insofern kann man den Markt in aller Ruhe zunächst einmal beobachten und prüfen, inwieweit die Annahme, alle anderen dächten ähnlich, wirklich zutrifft. Liegt man dann daneben, kann man immer noch reagieren.

63 Hier liegt ein zentraler Unterschied zum Marktmechanismus der vollkommenen Konkurrenz: Dort geht nämlich jeder Anbieter aufgrund seiner marginalen Marktbedeutung davon aus, dass sein individuelles Angebot keinen Einfluss auf den Preis haben wird.

Dieses Ergebnis ist übrigens – ähnlich wie beim Cournot-Modell – essenziell abhängig von der *Nachfrageelastizität*. Bei einer nahezu horizontalen, d.h. stark preiselastischen Nachfragekurve, würde sich nach der Investition in $E1_5$ kaum eine Preisänderung einstellen. Die erste Preissenkungstendenz würde sofort durch einen nahezu kompensierenden Nachfrageanstieg begleitet werden. Nur in diesem, aber eben überaus unrealistischen Fall, ließe sich die Produzentenrente für $EVU_1$ durchaus durch eine Ausweitung der Kapazitäten erhöhen.

Wie relevant das Problem in der Praxis ist, geht aus folgenden Ausführungen der EU-Kommission im Kartellrechtsverfahren gegen den deutschen Marktführer hervor:

> „E.ON habe möglicherweise seine marktbeherrschende Stellung (...) missbräuchlich ausgenutzt, indem es zum einen verfügbare Kapazitäten (...) zurückgehalten habe, um einen Anstieg der Strompreise zum Nachteil der Verbraucher zu bewirken, und indem es zum anderen Dritte von Neuinvestitionen in die Stromerzeugung abgeschreckt habe." (Q73, S. 0034-0035)

#### 2.3.4.7.2 Spitzenlast und Reserveenergie als Öffentliches Gut

Problematisch ist überdies die Sicherung der Spitzenlast für den Fall, dass tatsächlich Wettbewerb herrscht (vgl. Ockenfels et al. 2008; Joskow 2006). Die Orientierung des Marktpreises an den Grenzkosten des Grenzanbieters lässt ja eine *Deckung der Fixkosten* außer Betracht. Je weiter hinten eine Anlage in der „merit order" angesiedelt ist, umso geringer fällt dieser Deckungsbeitrag aus und umso seltener wird sie überhaupt in dessen Genuss kommen, um die Fixkosten hereinzuholen. Das gilt insbesondere für jene Kraftwerke, die im Wesentlichen nur die Lastspitzen abfangen und/oder zur Bereitstellung von Regelenergie in der Hinterhand gehalten werden. Damit auch diese sich langfristig rentieren und dementsprechend überhaupt in sie investiert wird, müssen sie sich während ihres kurzen Einsatzes durch deutliche Preisausschläge nach oben und damit abweichend von der Preis-gleich-Grenzkostenregel amortisieren können. Dies setzt aber wiederum ausreichende Marktmacht der jeweiligen Grenzanbieter durch Marktengpässe in den Zeiten der Spitzenlast voraus. Dabei gibt es nun ein Dilemma: Selbst wenn es momentan ausreichend Kapazitäten in der Hinterhand gäbe, wäre dies nur vorübergehend der Fall. Denn dann entstünden auch zu Zeiten der Spitzenlast keine Engpässe mehr, in denen die relative, situationsabhängige Marktmacht ausgenutzt werden kann. Die Preise glichen dann immer nur den Grenzkosten, ohne die Investition in die Spitzenlast jemals rentabel zu machen. Niemand würde daher mehr in diese *Reservekapazitäten* investieren. Zukünftig wäre die Versorgungssicherheit bei Nachfragespitzen nicht mehr gewährleistet.

Langfristig spielt in diesem Zusammenhang auch eine wichtige Rolle, wie sich die Nachfrage – abgesehen von kurzfristigen Schwankungen – strukturell entwickelt. Ein Kraftwerk, das heute bei hoher Basisnachfrage in kurzfristigen Engpasssituationen noch häufig zum Einsatz kommt und dabei auch die Fixkosten und sogar Gewinne herausholt, kann bei einem generellen Nachfragerückgang beispielsweise infolge erfolgreicher Energiesparmaßnahmen in Zukunft selbst bei Nachfragespitzen überflüssig geworden sein.

Inwieweit sich derartige Reservekraftwerke am Ende überhaupt rechnen, ist ex ante daher noch unsicherer als bei Grund- und Mittellastkraftwerken, so dass die immanente Gefahr besteht, dass dieses Marktsegment unattraktiv und daher mit Investitionen unterversorgt bleibt. Im Grunde genommen erhält so die Versorgungssicherheit in der Spitzenlast und Regelenergie den Charakter eines *öffentlichen Gutes:* von der zuverlässigen Versorgung kann einerseits kein Abnehmer ausgeschlossen werden, er muss für diese Sicherheit andererseits bei der gegenwärtigen Tarifgestaltung keinen gesonderten Preis zahlen, da die Versorgung zu zeitunabhängigen Vertragspreisen erfolgt. Es gibt somit für die Anbieter kein marktbasiertes Entgelt für die Garantie der Versorgungssicherheit, obwohl die Gesellschaft als Ganzes einen Bedarf daran hat.[64]

## 2.4 Positionierung der „Big-4“ am Markt

Nach dem Überblick über die Anpassung der Branche an die Marktöffnung untersuchen wir nun, wie und mit welchem betriebswirtschaftlichen Erfolg sich die Marktführer der Elektrizitätswirtschaft im Zuge der Liberalisierung aufgestellt haben. Die Informationen und Berechnungen basieren im Wesentlichen auf der laufenden Berichterstattung in den Medien, Geschäftsberichten, Internetpublikationen sowie den Bilanzen der „Big-4“. Leider sind hier keine spartenspezifischen Daten zum Elektrizitätsbereich zugänglich, so dass nur die jeweiligen *Konzern-Daten* der „Big-4“ ausgewertet werden konnten. Da sich Vattenfall Europe als letzter der „Big-4“ erst 2002/2003 endgültig konstituiert hatte, machte es wenig Sinn, analog zur Branchenanalyse das Jahr 1998 als gemeinsame Ausgangsbasis zu wählen. Betrachtet wurde deshalb der Zeitraum von 2002 an. Die betriebswirtschaftliche Situation der Unternehmen wurde systematisch bis 2007

---

64 Vgl. Ockenfels et al. 2008. Ockenfels erwägt in diesem Kontext zumindest die Einführung von Kapazitätsmarktlösungen. Hier werden Anbieter eben nicht für die wirkliche Erzeugung der Energie entgolten, sondern bereits für das Bereitstellen von Kapazitäten. Dabei hängt die Kapazitätszahlung von der verfügbaren Erzeugungsleistung in Relation zur jeweiligen Knappheitssituation im Markt ab. Der Erfolg eines Kapazitätsmarkts hänge aber stark vom jeweiligen Design ab. Denn „wer Kapazitätsengpässe und Stromausfälle belohnt, der erzeugt sie auch.“ (vgl. Ockenfels 2008, S. 11)

ausgewertet. Aktuellere Daten und Informationen zur Unternehmenspolitik sind aber ebenfalls eingeflossen.

Im Referenzzeitraum unterlagen die Unternehmen vielfältigen strategischen Änderungen in Form von Fusionen, Unternehmens- und Anteilsverkäufen, Internationalisierungsmaßnahmen sowie veränderten Geschäftsstrategien. Die folgenden Längsschnittbetrachtungen betreffen also sich ständig neu aufstellende Organisationen, so dass die im Zeitablauf beobachteten Veränderungen nicht immer unmittelbar, sicher aber zu einem Großteil *mittelbar* auf die Marktliberalisierung zurückgeführt werden können. Wenn zum Beispiel die Wertschöpfung aufgrund einer Konzentration auf das Kerngeschäft abnimmt, ist die Entwicklung dieser Kennzahl zwar nicht eine direkte, aber immerhin eine indirekte Folge der Liberalisierung, da die Fokussierung auf das Kerngeschäft selbst sicherlich auch der Marktöffnung geschuldet ist. In diesem Sinne haben sich alle „Big-4" den neuen Marktbedingungen einer Liberalisierung gestellt und entsprechend das Unternehmensportfolio mit den nachfolgenden Auswirkungen angepasst.

Bei unseren Ausführungen ist zu berücksichtigen, dass die Medien- und Veranstaltungspräsenz der „Big-4" überaus hoch ist. Allein die Geschäftsberichte und entsprechende Unternehmensbroschüren weisen beachtliche Umfänge auf. Auch die Medienberichte über die Marktführer sind außerordentlich umfangreich. Entsprechend lang könnte infolgedessen eine „Auswertung" der Aktivitäten dieser Unternehmen ausfallen.

Da den großen vier Versorgern im Rahmen des Projekts nicht das alleinige Interesse gilt, mussten wir uns bei den „Unternehmensportraits" auf Kernentwicklungen und wesentliche Themenfelder beschränken. Leitende Fragestellungen waren dabei:

- Wie reagierten die Unternehmen auf die veränderten regulatorischen Rahmenbedingungen? Welche Strategien entwickelten sie und wie lange wurden diese verfolgt?
- Welche Rolle wurde dem Multi-Utility-Ansatz beigemessen und welchen Stellenwert hat diese Konzeption heute?
- Wurde als Strategie die „Konzentration auf das Kerngeschäft" verfolgt und wie wird das „Kerngeschäft" heute definiert?
- Welche Strategien gab und gibt es, um Marktanteile zu gewinnen (Aufkauf von Unternehmen in Deutschland und Europa, Kooperationen, Gründung neuer bundesweiter Gesellschaften für den Stromabsatz, neue Angebote etc.)? Wie erfolgreich waren diese Versuche?
- Wie entwickelten sich die Arbeitsplätze und andere ökonomische Kennziffern (u.a. Umsatz, Wertschöpfung, Renditen, Dividendenausschüttungen)?

Die personalwirtschaftliche, unternehmenskulturelle Reaktion der „Big-4" im Zuge der Liberalisierung wird erst später vertieft (vgl. Kapitel 3).

### *2.4.1 Größenvergleich der „Big-4" auf dem deutschen Strommarkt*

Wie sehr die vier führenden EVUs den deutschen Elektrizitätsmarkt direkt und indirekt beherrschen und welches Wachstum sie gemessen am konzernweiten Stromabsatz vollzogen haben, wurde bereits zuvor beschrieben (vgl. Abschnitt 2.1.2.1). Im Vergleich der „Big-4" untereinander gibt es gleichwohl erhebliche Größenunterschiede (vgl. Abb. 21).

*Abb. 21: Größenrelationen der „Big-4" auf dem deutschen Elektrizitätsmarkt*

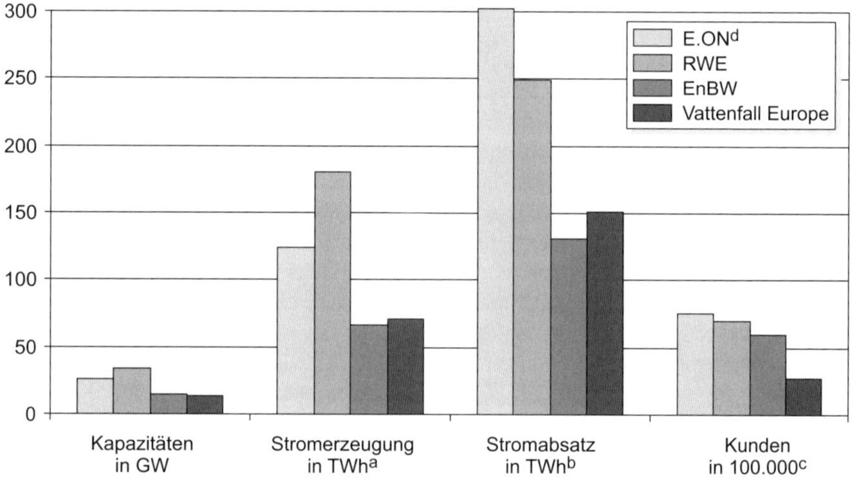


a – bei RWE: Erzeugung von RWE-Power; bei EnBW geschätzt aus Angaben zum weltweiten Stromabsatz und Anteil der Eigenerzeugung; bei Vattenfall weltweite Stromerzeugung
b – bei RWE: Absatz von RWE-Energy und RWE Supply & Trading; bei EnBW und Vattenfall: weltweiter Absatz
c – bei E.ON und RWE: nur Stromkunden in Deutschland; bei EnBW und Vattenfall: Kunden aller Geschäftsfelder weltweit
d – E.ON-Angaben zu Kapazitäten und Stromerzeugung von 2007

Quelle: Diverse Geschäftsberichte, Internetangaben und eigene Berechnungen

Sowohl bei den in Deutschland installierten Erzeugungskapazitäten als auch bei den hierzulande daraus erzeugten Strommengen als auch bei dem inländischen Stromabsatz, der neben der Eigenerzeugung noch den Fremdbezug berücksichtigt, ragen E.ON und RWE heraus. Mit 33,4 GW (RWE) bzw. 26,3 GW (E.ON) weisen diese beiden Konzerne in der Bundesrepublik ungefähr eine doppelt so hohe installierte Leistung auf wie EnBW (15 GW) und Vattenfall Europe (13,3 GW). In der Elektrizitätserzeugung auf deutschem Boden liegt RWE mit 180,3

TWh deutlich vor E.ON (124 TWh). Auch mit geschätzten Werten[65] von 67 TWh bzw. 71 TWh folgen EnBW und Vattenfall den beiden Dyopolisten mit großem Abstand. Bei der inländischen Stromversorgung gibt E.ON mit 304 TWh den Ton an. RWE ist hier die Nummer zwei mit knapp 250 TWh. Die anderen beiden EVUs versorgen den deutschen Markt mit 131 TWh bzw. mit 151 TWh. Aus der Diskrepanz zwischen Eigenerzeugung und Stromversorgung wird deutlich, dass insbesondere E.ON über den Großhandel umfangreiche Fremdbezüge realisiert haben muss.

Ein ähnliches Bild von der relativen Bedeutung ergibt sich mit Blick auf die Kundenzahl. Branchenführer ist E.ON mit 7,6 Mio. Stromkunden in Deutschland, gefolgt von RWE mit rund 7 Mio. Abnehmern. EnBW versorgt rund 6 Mio. Kunden, Vattenfall hingegen nur ca. 2,7 Mio. Die Relation zwischen Kundenzahl und Stromabsatz deutet darauf hin, dass Vattenfall verhältnismäßig viele Großabnehmer bedient.

Bei allen vier EVUs überwiegt die *Bedeutung des Inlandsgeschäfts* (vgl. Abb. 22). Zugleich wird aber auch erkennbar, dass die beiden führenden Gesellschaften in Deutschland mit einem Anteil des Auslandsgeschäfts von ca. 42% bei E.ON und gut 37% bei RWE deutlich internationaler aufgestellt sind als der kleinere Konkurrent EnBW. Dies dürfte auch im Vergleich zu Vattenfall Europe gelten. Zwar liegen über Vattenfalls Auslandsaktivitäten keine gesonderten Daten vor. Da das Unternehmen aber vorrangig auf den regionalen Kernmärkten in

*Abb. 22: Bedeutung des Inlandsgeschäfts der „Big-4"*

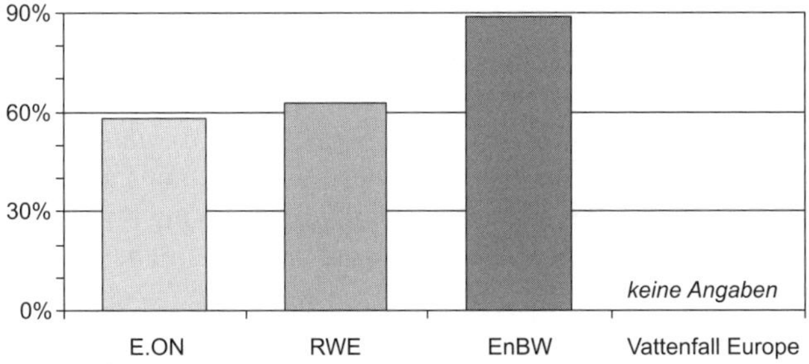


Quelle: Aktuelle Geschäftsberichte, eigene Berechnungen

65 Die allein in Deutschland erzeugte (bzw. abgesetzte) Strommenge wird nicht immer ausgewiesen. Bei RWE dürfte diese aber weitgehend mit der von RWE-Power (bzw. RWE Energy und RWE Supply & Trading) produzierten (bzw. abgesetzten) Menge übereinstimmen. Bei EnBW und Vattenfall ist davon auszugehen, dass aufgrund einer starken regionalen Konzentration die Erzeugungsmengen (bzw. Absatzmengen) des Konzerns nahezu mit den hierzulande hergestellten (bzw. abgesetzten) Mengen übereinstimmen.

Berlin, Hamburg und Cottbus operiert, ist davon auszugehen, dass der Beitrag des ausländischen Geschäfts recht gering ausfällt.

### *2.4.2 E.ON AG*

#### 2.4.2.1 Entstehungsgeschichte

Die E.ON AG, Düsseldorf, ging aus dem Zusammenschluss der VIAG AG und der VEBA AG hervor, deren Unternehmensgeschichten jeweils bis in die 1920er Jahre zurückreichen.[66] Die Zusammenlegung erfolgte in Form einer Verschmelzung der VIAG in die VEBA, die am 16. Juni 2000 mit Eintragung in das Handelsregister in E.ON AG umfirmiert wurde. Mit der bis dahin größten Industriefusion in Deutschland entstand eines der bedeutendsten privaten Energie- bzw. Spezialchemieunternehmen der Welt.

Der VEBA-Verbund erzielte vor der Verschmelzung 1998 einen Konzernumsatz von rund 42,8 Mrd. EUR und war daran gemessen das viertgrößte Industrieunternehmen in Deutschland. Es beschäftigte etwa 117.000 Mitarbeiter. Die VIAG AG erwirtschaftete mit rund 86.000 Beschäftigten einen Konzernumsatz von ca. 25 Mrd. EUR (vgl. Q272).

Entsprechend breit war das Portfolio beider Gesellschaften angelegt. Neben Strom und Gas bestimmten Glas und Verpackungen, Logistik, Aluminium und Stahl, Mobilfunk, Immobilien-Management, Spezialchemie, Öl sowie Wasser die Geschäftsaktivitäten.

Die PreussenElektra Aktiengesellschaft (Hannover) trat dabei als Führungsgesellschaft für den Strombereich des VEBA-Konzerns in Norddeutschland auf. Die Bayernwerk Aktiengesellschaft (München) bildete in Süddeutschland das entsprechende Gegenstück auf Seiten der VIAG. Ende der 1990er Jahre war PreussenElektra die Nummer vier unter den europäischen Elektrizitätsversorgungsunternehmen. Nach Umsatz und Stromabgabe befand sich damals auch die Bayernwerk AG unter den zehn größten Stromversorgungsunternehmen in Europa. Beide Gesellschaften zählten zu den Verbundunternehmen, die neben Kapazitäten der Stromerzeugung auch die überregionalen Hoch- und Höchstspannungsnetze besaßen und betrieben.

#### 2.4.2.2 Entwicklung der Unternehmensstrategie

##### 2.4.2.2.1 Strategische Ausrichtung zu Beginn des Jahrzehnts

Angesichts der vorhandenen energiewirtschaftlichen Kapazitäten und Kompetenzen sowie der ersten Schritte in Richtung Marktöffnung waren die strategi-

---

66 Beide Konzerne waren als Holdings für staatliche Industriebeteiligungen gegründet und ab den 1970er Jahren schrittweise privatisiert worden.

schen Schwerpunkte des fusionierten Unternehmens schnell bestimmt: „E.ON konzentriert sich auf die Kernaktivitäten Energie und Chemie, die Telekommunikation entwickeln wir wertsteigernd weiter."[67] Ziel war es, „die Position in der Spitzengruppe europäischer Energieunternehmen weiter auszubauen" (Q272, S. 91) und ein „European Power House" von der Erzeugung bis zum Handel zu bilden. Trotz erkannter Defizite bei Gas und Wasser wurden diese Bereiche als integraler Bestandteil eines noch umzusetzenden Multi-Utility-Konzepts gesehen (vgl. Q63, S. 12ff.).

Entsprechend dieser strategischen Orientierungen war die erste Organisationsstruktur von E.ON ausgerichtet in: Energie, Spezialchemie und Finanzbeteiligungen. Die Beteiligungen waren wiederum in Telekommunikation und Immobilien (Viterra) einerseits sowie Sonstige Aktivitäten andererseits unterteilt (ebd., S. 103). Die neu geschaffene Gruppe erwirtschaftete interessanterweise im nicht zum Kerngeschäft zählenden Segment „Sonstige Aktivitäten" den Großteil des Umsatzes.

#### 2.4.2.2.2 Umstrukturierung über Zu- und Verkäufe

Die Unternehmensentwicklung verlief indessen schnell anders als geplant. Von dem ursprünglichen Mischkonzern hat sich E.ON in wenigen Jahren durch Transaktionen von über 100 Mrd. EUR in einen reinen Energieversorger mit den Schwerpunkten Strom und Gas gewandelt; von einer Multi-Utility-Strategie ist keine Rede mehr. Zu Beginn dieses Prozesses sahen Beobachter E.ON in der Rolle des Getriebenen, weil eine Übernahme durch andere finanzstarke Unternehmen drohte. Schnell wandelte sich jedoch E.ONs Rolle in die eines aktiven Gestalters, der sich auf das Kerngeschäft konzentrierte und der sich wie kein anderer aus der Reihe der „Big-4" im großen Stil international aufstellte. Obwohl das Deutschlandgeschäft nach wie vor überwiegt, tragen die Umsätze im Ausland mittlerweile zu 42% zum Gesamtumsatz des Konzerns bei (vgl. Q71, S. 7).

Diese Konzentration auf die Geschäftsfelder Strom und Gas entwickelte sich dabei wie folgt: Auf der einen Seite wurden Des-Investitionen mit einem Transaktionsvolumen (TA) in Höhe von 55 Mrd. EUR getätigt (vgl. Tab. 35). Viele, bereits beim Zusammenschluss als nicht zum Kerngeschäft gezählte Unternehmensteile konnten bis Mitte des Jahrzehnts mit in der Regel guten Margen verkauft werden. Zudem profitierte E.ON ab 2002 von dem *Wegfall der Besteuerung* von Verkaufserlösen aus der Abgabe inländischer Beteiligungen. Tabelle

---

67 Vgl. Q119, S. 20. Die hochgerechneten Synergieeffekte der Fusion betrugen 1,6 Mrd. DM. Durch die Tochterunternehmen Thüga und Contigas war E.ON mit einem Marktanteil von 30% bereits zu Beginn der Zusammenlegung gut im Gasendverbrauchergeschäft aufgestellt.

35 unterstützt den Eindruck, dass die steuerlichen Erleichterungen das Tempo der Umstrukturierungen erhöht haben.

*Tab. 35: Des-Investitionen des E.ON-Verbundes*

| Größere Des-Investitionen | TA-Volumen in Mrd. EUR | Abschluss | Größere Des-Investitionen | TA-Volumen in Mrd. EUR | Abschluss |
|---|---|---|---|---|---|
| E-Plus | 4,3 | Feb 2000 | Gelsenwasser | 0,9 | Sep 2003 |
| Cablecom | 1,0 | Mar 2000 | Viterra Energy Services | 0,9 | Jun 2003 |
| Gerresheimer Glas | 0,5 | Jul 2000 | swb | 0,3 | Nov 2003 |
| VEBA Electronics | 2,6 | Okt 2000 | Bouygues Telecom | 1,1 | Dez 2003 |
| Orange | 1,8 | Nov 2000 | EWE | 0,5 | Jan 2004 |
| VIAG Interkom | 11,4 | Feb 2001 | VNG | 0,8 | Jan 2004 |
| Klöckner & Co. | 1,1 | Okt 2001 | Union Fenosa | 0,2 | Jan 2004 |
| VAW aluminium | 3,1 | Mar 2002 | Degussa (3,62 v.H.) | 0,3 | Mai 2004 |
| VEBA Oel | 6,8 | Jul 2002 | Viterra | 7 | Aug 2005 |
| Stinnes | 2,8 | Okt 2002 | Ruhrgas Industries | 1,5 | Sep 2005 |
| Schmalbach-Lubeca | 2,3 | Dez 2002 | E.ON Finland | 0,4 | Jun 2006 |
| Degussa | 5,7 | Feb 2003 | Degussa (42,86 v.H.) | 2,8 | Jul 2006 |
| | **37,7** | | | **16,7** | |

Quelle: Eigene Zusammenstellung anhand von Geschäftsberichten, Investor-Relations-Präsentationen sowie Zeitungsberichten

Auch wurde der *Rückzug aus der Telekommunikation* schon im Jahre 2001 (!) eingeleitet. Auf dem Höhepunkt der Telekom-Euphorie erzielte E.ON für VIAG Interkom (heute $O_2$) einen Rekordpreis in Höhe von 11,4 Mrd. EUR. Die verbliebenen Telekommunikationsgesellschaften One und Business Communication Company GmbH wurden 2007 veräußert (letztere an den Oldenburger Regionalversorger EWE).

Im Jahre 2003 gab E.ON zudem die Mehrheit an dem nur kurze Zeit vorher noch zum Kerngeschäft gezählten Chemieunternehmen Degussa ab. Die Beteiligung an diesem in vielen Bereichen weltweit führenden Spezialchemie-Hersteller wurde im Juli 2006 endgültig beendet.

Die zahlreichen geplanten und ungeplanten Des-Investitionen lassen sich im Wesentlichen auf zwei Ursachenbündel zurückführen:

- Einerseits wurden sie erforderlich, um Finanzkraft für milliardenschwere Zukäufe im energiewirtschaftlichen Kerngeschäft in Großbritannien, den USA sowie Nord- und Mitteleuropa zu generieren. E.ON verfügte so stets über den ausreichenden Finanzierungsspielraum, um bis Mitte 2006 Energieunternehmen für mittlerweile rund 45 Mrd. EUR zu erwerben (Tab. 36).
- Andererseits waren die Verkäufe aber auch notwendig, um die mit den Akquisitionen verbundenen gesetzlichen Auflagen zu erfüllen. Damit einher ging ein Wechsel der unternehmerischen Strategie – wie zum Beispiel die

bereits erwähnte Aufgabe der Telekommunikations- und Chemieaktivitäten – sowie die ausschließliche Ausrichtung auf die Bereiche Strom und Gas.

Bereits der 2001 eingeleitete und im Juli 2002 vollzogene Erwerb des britischen Energieversorgers Powergen, zu der die US-amerikanische Gesellschaft LG&E Energy Group in Louisville (Kentucky) gehörte, hatte gravierende strategische Reorientierungen des E.ON-Konzerns zur Folge.

Nach damals gültigem US-Recht hatte sich *erstens* ein Versorgungsunternehmen fast vollständig auf das Energiegeschäft zu konzentrieren. Wegen der vermuteten negativen Folgen für die Verbraucher (über eine Quersubventionierung) dürfen nur 5% der operativen Aktivitäten eines Energieversorgers außerhalb des Kernbereichs liegen. Neben den bereits avisierten Verkäufen hatte sich E.ON konsequenterweise innerhalb eines Zeitraums von drei bis fünf Jahren auch von der Chemie- und Immobiliensparte zu trennen.

*Zweitens* rechnete die amerikanische Börsenaufsichtsbehörde die Wasserversorgung nicht dem Energieversorgungsgeschäft zu. Die Folge war beim Düsseldorfer Unternehmen die strategische Zurückstufung des Bereichs Wasser. Der damalige E.ON Vorstandsvorsitzende Hartmann drückte die „indirekte“ Aufgabe der Multi-Utility-Strategie mit folgenden Worten aus: „Strom, Gas – und erst weit abgeschlagen kommt Wasser.“ (Q124, S. 21)

Und *drittens* sah das US-Recht vor, den Gesellschafteranteil von Nicht-Energie-Unternehmen auf unter 5% zu begrenzen. Die beiden Großaktionäre Allianz (damaliger E.ON-Anteil bei 10,5%) sowie der Freistaat Bayern (knapp über 5%) hatten dementsprechend ihre Aktienanteile zurückzuführen bzw. ganz aufzugeben.

*Tab. 36: Strategische Käufe der E.ON-AG*

| Akquitisitonen | Transaktionsvolumen in Mrd. EUR | Abschluss |
|---|---|---|
| Powergen/LG&E (UK, USA) | 15,3 | Jul 2002 |
| TXU Vertriebsgeschäft (UK) | 2,5 | Okt 2002 |
| Ruhrgas (100 v.H.) | 11,2 | Jan 2003 |
| E.ON Energie (Sydkraft, EDASZ u.a.) | 10,1 | |
| Graninge (Schweden) | 1,1 | Nov 2003 |
| Midlands Electricity (UK) | 1,6 | Okt 2003 |
| Bulgaria Power Distributors | 0,2 | Okt 2004 |
| Distrigaz Nord | 0,3 | Jun 2005 |
| Moldova (Rumänien) | 0,1 | Sept 2005 |
| Caledonia Oil and Gas Ltd. (UK) | 0,7 | Nov 2005 |
| MOL Gas Trade and Storage (Ungarn) | 1,1 | Mar 2006 |
| | **44,2** | |

Quelle: Eigene Zusammenstellung anhand von Geschäftsberichten, Investor-Relations-Präsentationen sowie Zeitungsberichten

All diese Restriktionen und damit verbundene strategische Neuorientierungen wurden bewusst in Kauf genommen. Die Führung der E.ON AG wollte sich mit dem LG&E-Erwerb den Eintritt in den „Markt der Superlative“ verschaffen. Der Akquisition sollten weitere Übernahmen in den USA folgen. LG&E verfügte schließlich über eine Kraftwerkskapazität von etwa 16.000 MW, über rund 100.000 km Stromleitungen und über 4,3 Mio. Kunden (vgl. Q123, S. 23). Die erworbene „Pole-position“ sollte für weitere Expansionen genutzt werden. Außerhalb des regulierten Energiemarkts in Kentucky ergaben sich für E.ON in den USA seitdem allerdings keine weiteren Expansionsmöglichkeiten.

#### 2.4.2.2.3 Die Übernahme der Ruhrgas AG

Unternehmerischer Schwerpunkt blieb geographisch vielmehr Europa, insbesondere Deutschland. Über die Thüga-Holding gebündelt konnten *110 Beteiligungen an Stadtwerken* eingegangen werden (vgl. Abschnitt 2.1.2.1). In der Regel wurden Minderheitsbeteiligungen gehalten.

Im wahrsten Sinne des Wortes wurde zudem die Ruhrgas-Fusion „gestemmt“. Nachdem Übernahmeverhandlungen mit den beiden Wasserversorgern Azurix (USA) und Saur (Frankreich) scheiterten, verdichteten sich Ende des Jahres 2000 Gerüchte über eine Übernahme der Ruhrgas AG durch E.ON.[68] Der Übernahmeprozess beschäftigte nicht nur jahrelang die Monopolkommission, das Kartellamt, führende Politiker sowie Experten, Verbände und Lobbyisten. Der Ablauf des Kaufs erregte auch in der Öffentlichkeit große Aufmerksamkeit.

Das Essener Unternehmen war schließlich einer der führenden Gasversorger in Europa. Im Jahr 2000 zählte es in Deutschland zudem zu der Gruppe der 100 größten Unternehmen (vgl. Q104, S. 9). Die Ruhrgas AG und ihre Konzerngesellschaften erzielten im Jahr 2000 Umsätze in Höhe von 10,5 Mrd. EUR. Dabei entfielen 90% der Erlöse auf gasaffine Aktivitäten. Weltweit waren 9.455 Mitarbeiter beschäftigt. Mit rund 11.000 km besaß die Ruhrgas AG Anfang 2000 einen erheblichen Anteil am 44.000 km langen europäischen Erdgasverbundnetz. Die Ruhrgas-Leitungen befinden sich zudem im Zentrum Europas; das deutsche Leitungsnetz ist Drehscheibe für den internationalen Erdgashandel.

Im Gegenzug zum Verkauf des Ölgeschäfts an BP erhielt E.ON zunächst eine Beteiligung an Ruhrgas. Anschließend kaufte der Essener Konzern weiteren Aktionären Ruhrgas-Anteile ab und meldete die Übernahme im November 2001 beim Bundeskartellamt an. Dieses lehnte den Zusammenschluss jedoch in scharfer Form aus folgenden Gründen ab:

68 Vgl. Q120, S. 16. Zum damaligen Zeitpunkt stand interessanterweise Klaus Liesen sowohl dem Aufsichtsrat von E.ON als auch von Ruhrgas vor.

- Erstens wurde befürchtet, dass die marktbeherrschende Stellung der Ruhrgas AG auf dem Gas-Weiterverteilmarkt verstärkt würde.
- Wegen des Wegfalls potenziellen Wettbewerbs bei der Belieferung von Industriekunden und Stadtwerken prognostizierte das Bundeskartellamt zweitens eine Verstärkung der marktbeherrschenden Stellungen einiger E.ON-Konzern- und Beteiligungsunternehmen, deren Versorgungsgebiete sich im Bereich des Ferngasleitungsnetzes der Ruhrgas befinden.
- Aufgrund des in verschiedenen Bereichen bestehenden Substitutionsverhältnisses zwischen Strom und Gas hat der Zusammenschluss drittens auch eine bedeutende horizontale Dimension.

> „Das Unternehmen ist folglich darüber informiert, zu welchen Grenzkosten welche Einsatzkraftwerke arbeiten. Die Kenntnis ist ein wesentlicher Wettbewerbsvorsprung, der entsprechend eingesetzt werden kann." (Vgl. Q104, S. 67)

Nach der *Untersagung durch das Bundeskartellamt* beantragte die E.ON AG eine Ministererlaubnis. Sie wurde unter Auflagen erteilt. Angesichts von Beschwerden stoppte das Oberlandesgericht Düsseldorf indessen den Vollzug der Übernahme und stufte die Ministererlaubnis als rechtswidrig ein. Im Anschluss an eine zweite Anhörung wurde die Fusion im Herbst 2002 unter verschärften Auflagen ein zweites Mal durch das Wirtschaftsministerium genehmigt (vgl. Tab. 37). Wegen des Vollzugsverbots des OLG Düsseldorf konnte der Zusammenschluss dennoch nicht sofort vorgenommen werden. Erst die außergerichtliche Einigung mit den Beschwerdeführern zu Beginn des Jahres 2003 ermöglichte die Eingliederung der Ruhrgas AG in den E.ON-Konzern. Insgesamt soll die Übernahme über 10 Mrd. EUR gekostet haben. Den Übernahmeprozess fasste Mussler in der FAZ wie folgt zusammen:

> „Was als hoheitlicher Akt im Dienste von Staatsraison und Gemeinwohl angekündigt war, endete als kartellartiges Geschacher verschiedener Unternehmen." (Q136, S. 9)

Zwischen der außergerichtlichen Einigung

> „lagen ein Gutachten der Monopolkommission, die von der Ministererlaubnis abriet, Anhörungen, die zum Teil auf richterliche Anordnung wiederholt werden mussten, eine Ministererlaubnis, die mehrfach nachgebessert wurde, weil sie rechtsstaatlichen Prinzipien nicht entsprach – und trotz all dieser Nachbesserungen das unüberhörbare Signal der Düsseldorfer Kartellrichter, dass sie den Klagen gegen die Ministererlaubnis stattgeben würden. Auf dem rechtsstaatlichen Wege hätte die ministerielle Ausnahmegenehmigung keine Chance gehabt." (Ebd.)

*Tab. 37: Die Auflagen der zweiten Ministererlaubnis im Falle Ruhrgas AG*

**Verkauf von Beteiligungen:**
- Ausstieg aus der Verbundnetz Gas (VNG): E.ON hält 5,3 % der Anteile, Ruhrgas 36,8 %.
- Sowohl E.ON als auch die Ruhrgas AG müssen ihre Anteile an Bayerngas (E.ON und Ruhrgas je 22 %) sowie an den Bremer Stadtwerken (E.ON 22 %, Ruhrgas 11,3 %) verkaufen; beide Firmen dürfen innerhalb von 3 Jahren die langfristigen Lieferverträge mit Ruhrgas kündigen; Aufgabe der Beteiligungen am norddeutschen Regionalversorger EWE (27,4 %) sowie an der Gelsenwasser AG (80,5 %).

**Investitionszusagen:**
- E.ON muss in den nächsten 3-5 Jahren 6-8 Mrd. EUR für die Ruhrgas zur Verfügung stellen, um deren Stellung auf den Beschaffungsmärkten zu stärken.

**Bund erhält Mitspracherecht:**
- Sollte E.ON in den 10 Jahren nach der Ruhrgas-Übernahme einen neuen Eigentümer bekommen, kann der Bund den Ruhrgas-Kontrakt rückgängig machen
- Sollte E.ON im gleichen Zeitraum Ruhrgas verkaufen wollen, muss der Bund zustimmen; VNG bekommt einen strategischen Partner, der 26,8 % von Ruhrgas und 5,3 % von E.ON übernimmt. Ostdeutsche Kommunen erhalten ein Vorkaufsrecht auf die VNG-Anteile von Ruhrgas. Üben die Kommunen die Option nicht aus, kann der strategische Partner auch dieses Paket erwerben.

**Netzöffnung:**
- Die Ruhrgas AG muss sein Verteilernetz für die Wettbewerber stärker öffnen
- Ausgliederung des Transportnetzes in eine eigenständige Gesellschaft.

**Stärkung des Gasangebotes:**
- Die Ruhrgas AG muss in einem Zeitraum von 6 Jahren insgesamt 600 Mrd. kWh Gas, bzw. rund ein Drittel eines Jahresabsatzes, versteigern. Die Gebote müssen mindestens 95 % des durchschnittlichen Grenzübergangspreises betragen.

Quelle: Handelsblatt vom 8.8.2002, S. 8 sowie vom 20./21.9.2002, S. 13

Diesem Urteil über einen bisher einmaligen Prozess in der Wirtschaftsgeschichte Deutschlands ist nichts hinzuzufügen außer der Tatsache, dass die Auflagen der Ministererlaubnis zusätzliche Anforderungen für E.ON schufen, andere Unternehmensbeteiligungen zu verkaufen.[69] Bis Januar 2004 arbeitete E.ON diese Aufgabe erfolgreich ab; die Presse berichtete über 800 Mio. EUR an Verkaufserlösen (vgl. Q143, S. 16).

Der Vollständigkeit halber sei erwähnt, dass in Tabelle 36 über die strategischen E.ON-Zukäufe die Minderheitsbeteiligung an dem größten russischen Gaserzeuger fehlt. E.ON hält einen Anteil von 6,43% an der russischen Gazprom. Auf der Hauptversammlung 2004 wurde betont, dass diese Beteiligung nicht aufgestockt werden soll. Stattdessen wurde ein Ausbau der Projektarbeit mit Gazprom präferiert.

69 Angeblich hat der finnische Widersacher nur deshalb Bedenken hintangestellt, weil E.ON den südschwedischen Versorger Sydkraft an Fortum veräußert. Im Gegenzug erhält E.ON Anteile an Fortum-Kraftwerken in Süddeutschland (z.B. Burghausen) (vgl. Q135).

Die Auflagen der Ministererlaubnis akzentuierten überdies den Ausstieg aus dem Wassergeschäft. Die Gelsenwasser AG wurde an die Stadtwerke Bochum und Dortmund veräußert.

#### 2.4.2.2.4 Der Übernahmeversuch der Endesa S.A.

Das Jahr 2006 wurde bei E.ON durch den Übernahmeversuch des größten privaten spanischen Energieversorgers Endesa S.A. geprägt. Im Februar bot E.ON 29,1 Mrd. EUR für das auch in Südamerika (Chile, Peru, Brasilien und Argentinien) tätige Unternehmen. Endesa erzielte 2006 mit etwa 27.000 Beschäftigten 18,2 Mrd. EUR Umsatz.

Mit „nationalen" Begründungen lehnte die spanische Regierung das E.ON-Angebot ab und zog ein Vertragsverletzungsverfahren der EU-Kommission auf sich. Ende September 2006 legte der spanische Mischkonzern Acciona ein konkurrierendes Angebot für Endesa vor. Einen Tag später erhöhte E.ON die Offerte auf 37 Mrd. EUR. Nachdem mit dem größten italienischen Energieversorger Enel ein weiterer Mitbewerber im Bieterkampf auftrat und der Kaufpreis weiter in die Höhe getrieben wurde, handelte E.ON im März 2007 einen Kompromiss mit den anderen beteiligten Unternehmen aus.

Das Paket „Endesa-light" sicherte der E.ON für 10 Mrd. EUR Beteiligungen zu, die knapp einem Drittel der weltweiten Stromerzeugungskapazitäten von Endesa entsprachen (vgl. Tab. 38). Mit den Beteiligungen wurde E.ON nach Aussagen des Vorstandes ein ausbaufähiger „Eintritt in den spanischen Markt, eine deutliche Verbesserung unserer Position in Italien und der Aufbau einer hochinteressanten Erzeugungsposition in Frankreich" ermöglicht (Bernotat 2007, S. 2).

*Tab. 38: Das „Endesa-light"-Übernahmepaket*

**Spanien**
- Kohle- und Gaskraftwerke mit einer Kapazität von 1.500 MW wurden von E.ON übernommen.
- E.ON erhielt zudem die spanische Enel-Tochtergesellschaft Viesgo mit 2.400 MW Erzeugungskapazität, 600.000 Kunden sowie ein Netz von 30.000 km.

**Frankreich**
- E.ON hält zukünftig eine 65%-Beteiligung an Snet sowie eine 25%-Beteiligung an Soprolift und folglich eine Stromkapazität in Höhe von etwa 2.600 MW.

**Italien**
- E.ON erwarb 80% Gesellschafteranteile an der Endesa Italien. Die Stromkapazität betrug fast 6.600 MW (bei einer Produktion von über 23.300 GWh).

**Türkei**
- E.ON beteiligte sich zu 50% an dem Altek-Kraftwerk mit einer Kapazität von 40 MW Wasserkraft und 80 MW Gas.

**Polen**
- Mit 70 % übernahm E.ON die Mehrheit an dem Byalistok-Kraftwerk mit einer 330 MW-Stromkapazität.

Quelle: Q65; Q300, S. 3

#### 2.4.2.3 Unternehmensorganisation

Die vielfältigen Akquisitionen in den Kernkompetenzsegmenten Strom und Gas erforderten eine neue Konzernstruktur. Die Restrukturierung begann 2003 mit der Auflösung der bis dahin praktizierten Holding-Struktur. Die operative Führung des Konzerns wurde seitdem dem Corporate Center E.ON AG in Düsseldorf übertragen. Darunter erfolgte eine Neuausrichtung der Konzernstruktur auf mittlerweile sieben regionale Zielmärkte und drei Funktionsbereiche. Seit Juli 2004 treten die Führungsgesellschaften auf den europäischen Märkten unter der Marke E.ON und dem roten E.ON-Logo auf.

Unter dem Dach des Corporate Centers wurde inzwischen folgende Unternehmensstruktur mit Market Units (MU) etabliert:

- *MU Central Europe – E.ON Energie AG,* München: E.ON Energie ist eines der größten Energiedienstleistungsunternehmen in Europa und versorgt 17 Mio. Kunden in Zentraleuropa. Hauptversorgungsgebiet ist Deutschland mit etwa der Hälfte der Abnehmer, gefolgt von Ungarn mit rund 3 Mio. Kunden. Dabei integriert das Unternehmen alle wesentlichen Wertschöpfungsschritte. Im Strombereich betätigt es sich in Erzeugung, Übertragung, Verteilung und Vertrieb, im Gassegment wird Erdgas über die eigenen Netze verteilt und vertrieben.
- *MU UK – E.ON UK plc,* Coventry: Nachdem neben Powergen die TXU-Vertriebsgesellschaft und die East Midlands Electricity (jetzt Central Networks West plc.) erworben wurden, ist E.ON UK einer der führenden Energieversorger Großbritanniens. Gemessen an den Erzeugungskapazitäten von 10,3 GW zählt es zu den drei größten Stromproduzenten. Zudem verfügt die Gesellschaft über das zweitgrößte Verteilungsnetz und beliefert rund 8,1 Mio. Kunden mit Strom und Gas.
- *MU Nordic – E.ON Nordic AB,* Malmö: Über E.ON Nordic wird das Geschäft im skandinavischen Markt geführt und im Wesentlichen über E.ON Sverige AB bearbeitet. Angeboten werden Energiedienstleistungen, selbst erzeugter Strom und Wärme. Zudem werden Strom, Gas und Wärme verteilt. Das Unternehmen schätzt sich selbst als eines der führenden in Nordeuropa ein.
- *MU US-Midwest – E.ON US LLC,* Louisville: In den USA ist E.ON im Wesentlichen im regulierten Gas- und Strommarkt im Mittleren Westen (Kentucky) tätig. Es versorgt unter Zugriff auf eigene Erzeugungskapazitäten mehr als 300.000 Erdgas- und über 900.000 Stromkunden.
- *MU Russia, E.ON Russia Power,* Moskau: Über E.ON Russia Power wird das gesamte Geschäft in Russland koordiniert. Darunter fallen die Stromerzeugung, der Großhandel sowie Lieferungen an große Industriekunden.

- *MU Italy, E.ON Italia,* Mailand: Über den Endesa-Deal hat E.ON auch ein weiteres Standbein in Italien. Die Aktivitäten vor Ort (Stromerzeugung, Gasverteilung und Vertrieb von Strom und Gas) werden verantwortet von E.ON Italia.
- *MU Spain, E.ON España,* Madrid: Durch die Übernahme von Viesgo und Teilen der Erzeugungskapazitäten von Endesa ist E.ON in Spanien über die gesamte Wertschöpfungskette beim Strom vertreten. Der Marktanteil beträgt etwa 5%. Das Spaniengeschäft wird durch die E.ON España gesteuert.
- *MU Pan-European Gas – E.ON Ruhrgas AG,* Essen: Die Führungsgesellschaft konzentriert sich auf Exploration, Förderung, Transport, Speicherung, Großhandel und Vertrieb von Gas. Mit über 650 Mrd. kWh Absatz in 2008 war E.ON eine der führenden Gasgesellschaften in Europa. Kunden sind regionale und lokale Energieunternehmen. Die Bezugsquellen sind bewusst diversifiziert auf Russland, Norwegen, Niederlande, Großbritannien, Dänemark und Deutschland.
- *MU Energy-Trading – E.ON Energy Trading AG,* Düsseldorf: Über diese 2008 neu geschaffene Einheit wird der gesamte Energiehandel des Konzerns gesteuert. Betroffen sind der Handel mit Strom, Gas, Kohle, Öl und $CO_2$-Zertifikaten, wobei auch das Risikomanagement des Konzerns von hier aus gesteuert wird.
- *MU Climate & Renewables, E.ON Climate & Renewables GmbH,* Düsseldorf: Die Führungsgesellschaft ist seit 2008 weltweit für Aktivitäten in Erneuerbaren Energien und Klimaschutz verantwortlich. Bereitgestellt wird derzeit eine Leistung von rund 1,9 GW aus Erneuerbaren Energien.

In Deutschland stützt sich der Vertrieb vor Ort nach einer Umstrukturierung im Herbst 2008 auf nur noch *sechs regionale Vertriebsgesellschaften*

- E.ON Hanse in Hamburg,
- E.ON edis in Fürstenwalde,
- E.ON Avacon in Helmstedt,
- E.ON Westfalen Weser in Paderborn,
- E.ON Mitte in Kassel,
- E.ON Bayern in Regensburg,

wobei die Kundenbeziehungen zu großen Industrie- und Versorgungsunternehmen gesondert von E.ON Energy Sales (in München) gepflegt werden.

#### 2.4.2.4 Energiemix

Bezogen auf die installierte Leistung wies E.ON im Jahr 2007 den in Abbildung 23 dargestellten Energiemix auf. Zu jeweils etwa einem Drittel dominiert in der Leistungsstruktur Strom aus Kohle und Atomenergie gefolgt von Gas mit 16,1%. Den Anteil der Erneuerbaren Energien an den installierten Kapazitäten beziffert E.ON auf insgesamt 13%, wobei Wasserkraft die höchste Bedeutung hat. Gemessen an der Stromerzeugung weist Elektrizität aus Erneuerbaren Energien (inklusive Wasserkraft) lediglich einen Anteil von rund 8% auf.

*Abb. 23: Inländische Kraftwerkskapazitäten von E.ON in 2007*

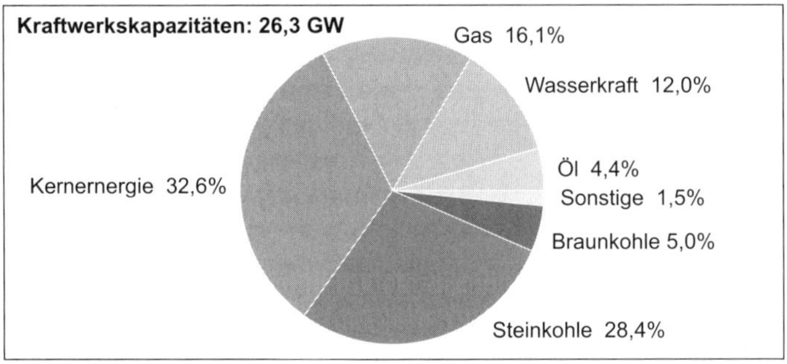


Quelle: Q301

### 2.4.2.5 Strategische Perspektiven

E.ON sieht sich in seiner inländischen Geschäftsstrategie zunehmend mit Einschränkungen konfrontiert. In einem Missbrauchsverfahren der EU-Kommission musste das Unternehmen 2008 zur Verfahrenseinstellung einem Vergleich mit der Verpflichtung zustimmen, sich innerhalb von zwei Jahren von seinen Hochspannungsnetzen zu trennen und ein Fünftel seiner Kraftwerkskapazitäten innerhalb von einem halben Jahr (mit Verlängerungsoption) zu veräußern (vgl. Q199, S. 17). Sowohl der Netzverkauf an den niederländischen Netzbetreiber Tennet als auch die Veräußerung der Erzeugungsanlagen ist inzwischen weit vorangeschritten (vgl. Q237).

Vor dem Hintergrund des „Eschwege-Urteils" wurde überdies die Trennung von der Thüga eingeleitet und mittlerweile fast abgeschlossen (vgl. Abschnitt 2.1.2.1; Q234). Damit sollte dem zunehmenden politischen Druck als Reaktion auf die Marktmacht von E.ON begegnet werden, zumal der Präsident des Kartellamts, Heitzer, öffentlich darüber nachgedacht hatte, die beiden Dyopolisten E.ON und RWE notfalls zum Stadtwerke-Verkauf zu zwingen. Gemutmaßt wurde als Trennungsmotiv aber auch, dass sich für den Stromriesen inzwischen die Vorteile aus der Thüga-Verbindung relativiert haben, da einerseits der informelle Einfluss, den E.ON über die Thüga in den Stadtwerken ausübte, bei zunehmend rein wirtschaftlich orientierten Aufsichtsratsentscheidungen nachließ[70] und andererseits die Renditen der Beteiligung verfielen, da den hauptsächlich Strom verteilenden Stadtwerken die Netzregulierung zusetzt (vgl. Q225).

Insgesamt ist einer weiteren nationalen Expansion in vielen Geschäftsfeldern auf jeden Fall die Basis entzogen. Im Vertrieb soll zwar der seit Februar

70 In diesem Zusammenhang hatte das Bundeskartellamt langfristige exklusive Lieferverträge mit den Anteilseignern ohnehin untersagt (vgl. Q225).

2007 aktive *Billigstromanbieter* „E-wie-einfach" neue Marktanteile erobern. Zuletzt zählte er immerhin 900.000 Strom- und Gaskunden (vgl. Q186), wobei allerdings nicht klar ist, wie viele davon lediglich innerhalb des Konzerns den Anbieter gewechselt haben.

Jedoch richtet sich das Augenmerk des Unternehmens noch stärker auf eine *Internationalisierung*. E.ON hat dabei bereits eine Marktpräsenz in Europa wie kein anderes europäisches Energieunternehmen erreicht, was folgende Zahlen unterstreichen (vgl. Q251, Folie 3):

- E.ON verfügt weltweit über rund 74 GW an installierten Erzeugungskapazitäten.
- Im Jahre 2008 wurden über 1.300 TWh Gas vom Konzern abgesetzt.
- Rund 30 Mio. Kunden werden europaweit mit Strom und Gas beliefert.

Aufbauend auf dieser Basis betonte der E.ON-Vorstandsvorsitzende Bernotat auf der Hauptversammlung 2007 in Essen: „Aufgabe der Zukunft wird es nun sein, die Wettbewerbsvorteile, die uns diese einzigartige paneuropäische Position eröffnet, konsequent zu nutzen." (Bernotat 2007) Das organische Wachstum soll dabei sowohl aus der weiteren Erschließung neuer Märkte (Russland, Süd- und Westeuropa sowie Süd-Osteuropa) als auch durch einen Positionsausbau alter Märkte generiert werden. Dabei werden die Präsenz auf allen Wertschöpfungsstufen sowie das Nutzen von Synergien aus dem Gas- und Stromgeschäft als zentrale Bausteine für den langfristigen Erfolg angesehen.

Um E.ON in seinem Wachstum strategisch weiter zu entwickeln, waren bis 2010 weltweit über 60 Mrd. EUR an *Investitionen* vorgesehen.[71] Ergebnissteigerungen wurden laut Pressemitteilung des Konzerns unter anderem aber auch mittels einer deutlich verbesserten Kapitalstruktur angestrebt. Allerdings wurden angesichts der jüngsten Einbrüche im Geschäftsverlauf (siehe unten) die Investitionsplanungen eingeschränkt. Von 2009 bis 2011 sollen nun insgesamt „nur" noch 30 Mrd. EUR investiert werden.

In der Erzeugungsstrategie gilt es, die $CO_2$-Emissionen deutlich zu reduzieren. Bis 2030 soll der $CO_2$-Ausstoß gegenüber 1990 mindestens halbiert werden. Dazu soll die Effizienz fossiler Kraftwerke gesteigert, die $CO_2$-Abscheidung und Einlagerung vorangetrieben und an der *Stromproduktion aus Kernkraft* möglichst festgehalten werden. Zudem wird längerfristig angestrebt, dass bis 2015 etwa 18% und bis 2030 etwa 36% des Stroms aus Erneuerbaren Energien stammt. Auf kürzere Sicht beabsichtigt das Unternehmen, die ökologischen Erzeugungskapazitäten bis 2010 auf dann 4 GW gegenüber 2008 mehr als verdop-

71 Darin enthalten ist der Erwerb der oben beschriebenen Endesa-/Viesgo-Aktivitäten im Wert von rund 10 Mrd. EUR.

pelt zu haben. Insbesondere der Bau neuer Offshore-Windkraftwerke soll hier einen nennenswerten Beitrag leisten (vgl. Tab. 39).

Die Aufwertung der Aktivitäten im Bereich *umweltfreundlicher Energien*[72] ging einher mit der Gründung der MU Climate & Renewables. Zur Umsetzung waren zunächst Investitionen in Höhe von 3 Mrd. EUR geplant, die dann auf 4 Mrd. EUR aufgestockt wurden (vgl. Q170, S. 17). Mittlerweile beziffert der Konzern den Investitionsrahmen zum Erreichen des kürzerfristigen Ausbauplans für Erneuerbare Energien bis 2010 auf über 6 Mrd. EUR.

*Tab. 39: Windenergieaktivitäten der E.ON AG*

| | Anzahl der Windparks | installierte Leistung | Planung |
|---|---|---|---|
| Deutschland | 20 Onshore-Parks | 185 MW | mehrere Projekte; insb. Alpha ventus mit 60 MW |
| Spanien/Portugal | Energi E2 Renovables Ibericas | 225 MW | 560 MW |
| Schweden | führend; k.A. | | |
| Dänemark | zahlreiche Onshore-Anlagen, zudem beteiligt am größten Offshore Windpark Europas Nystedt 1 | 165 MW | 200 MW |
| Großbritannien | 20 Onshoreparks<br>1 Onshorepark | 145 MW<br>60 MW | London Array = 1000 MW; zudem 4 weitere Offshore-Windanlagen |

Quelle: Q302

Bezogen auf die ursprünglichen Planungsrelationen – 3 Mrd. EUR für Erneuerbare Energien bei einem Investitionsrahmen von insgesamt 60 Mrd. EUR – wirkte die beabsichtigte Aufwertung der Sparte zunächst recht halbherzig. Von der Süddeutschen Zeitung auf die „Erforschung echt neuer Energie" angesprochen, entwickelte sich folgender Dialog mit dem Vorstandsvorsitzenden:

> „*Bernotat:* ... Wir machen aus den erneuerbaren Energien einen eigenen Geschäftsbereich und investieren hier allein drei Milliarden Euro. In der Forschung beschäftigen wir uns stark mit Windkraft und Biomasse. Übrigens haben wir gerade eine weltweite Forschungsinitiative ausgeschrieben, für die wir 60 Millionen Euro einsetzen.
>
> *SZ:* Nicht eben viel.
>
> *Bernotat:* Wie bitte? Das ist doch nur ein Teil von den vorhin erwähnten drei Milliarden Euro. Ich glaube kaum, dass ein anderes Energieunternehmen so viel für die Forschung aufwendet." (Q157, S. 19)

72 Ausgenommen sind die Wasseraktivitäten, die anderweitig geführt und gesteuert werden. Im Bereich Wasserkraftwerke hat E.ON ebenfalls eine europaweit führende Position.

Zwar wirken die neuen Planungen mit einem Investitionsbetrag von 6 Mrd. EUR für umweltfreundliche Energieerzeugungsanlagen überzeugender, da nun immerhin 20% der Investitionssumme für regenerative Energien reserviert werden. Relativierend lässt sich allerdings auch ein anderer Vergleich anstellen: In den zwei Jahren von 2006 bis 2007 schüttete E.ON an die Aktionäre zusammengerechnet 7,3 Mrd. EUR aus (vgl. Tab. 41).

Vor diesem Hintergrund und der neuen ehrgeizigen klimapolitischen Ziele erscheint die Investitionssumme für Erneuerbare Energien in Höhe von 6 Mrd. EUR bis 2010 eher niedrig für ein Unternehmen, das langfristig im Energiebereich europaweit führend sein möchte. Das eingesetzte Kapital dient darüber hinaus häufig dem Aufkauf existierender Anlagen und bewirkt branchenweit betrachtet keine Erweiterung verfügbarer Erzeugungskapazitäten aus Erneuerbaren Energien. Ein Beispiel hierfür ist der Erwerb der Airtricity North America durch E.ON im Oktober 2007. Hinzu kommen die in Kapitel 2.3 aufgeführten Versäumnisse. In diesem Kontext soll sogar der stellvertretende E.ON-Chef und designierte neue Vorstandsvorsitzende, Johannes Teyssen, selbstkritisch konstatiert haben, dass E.ON in der Vergangenheit „den Boom der erneuerbaren Energien verschlafen hat“ (Q221, S. 13).

Obwohl E.ON größter *Kernkraftwerk-Betreiber in Deutschland* ist, sieht der Vorstandsvorsitzende Bernotat diese Art der Stromerzeugung zumindest hierzulande nicht als Dauerlösung an. „Mit ihr kaufen wir uns Zeit, bis andere Energieträger ausreichend zur Verfügung stehen.“ In diesem Kontext setzt E.ON insbesondere auf $CO_2$-freie Kohlekraftwerke, die ab 2020 einsatzbereit sein sollen (vgl. Q157, S. 19).

Vorab wollte E.ON – vor der jüngsten Zurücknahme der Investitionsplanung – die eigenen Erzeugungskapazitäten bis 2010 um 50% durch den Bau neuer, als klimafreundlicher bezeichneter aber nicht unbedingt $CO_2$-freier Kraftwerke erhöhen. Hierfür waren 12 Mrd. EUR des Gesamtinvestitionspakets reserviert. Diese Projekte sind nach Angaben des E.ON-Managements wirtschaftlich belastbar unter der Annahme, dass die $CO_2$-Emissionszertifikate je Tonne einen Preis von 40 EUR erreichen.[73] Im Aufbau bzw. im konkreten Planungsstadium befinden sich in Deutschland bereits die beiden hocheffizienten Kohlekraftwerksprojekte in Datteln und Staudinger mit einer Leistung von jeweils 1.100 MW. Dabei ist aber das Dattelner Projekt derzeit mit einem teilweisen Baustopp aufgrund einer gerichtlichen Verfügung belegt (vgl. Abschnitt 2.3.4.4.4).

Im *Gasgeschäft* sind darüber hinaus weitere Investitionen in Höhe von 10 Mrd. EUR vorgesehen. Bedeutende Projekte sind die Erweiterung der Gas-Speicherkapazitäten, die Exploration, die Gasförderung sowie der Ausbau der Infra-

73 Vgl. Q251, Folie 9. Damit dürfte den Kritikern eines marktwirtschaftlichen Emissionshandels ein wichtiges Argument genommen sein.

struktur für den Gasimport und -transport. Letztere Vorhaben beinhalten die *geplante Ostseepipeline* sowie den Bau von LNG-Terminals, speziell in Wilhelmshaven und Krk (Kroatien).

Ferner baut E.ON sein Standbein in *Russland* strategisch aus. So sind Expansionen im russischen Strommarkt, dem viertgrößten Elektrizitätsmarkt weltweit, eingeleitet. Mit dem westsibirischen Energieunternehmen STS wurde ein Joint Venture gegründet, um sich an Kraftwerksbetreibern beteiligen zu können.

Der Investitionsbedarf in der russischen Elektrizitätswirtschaft ist hoch. Neben der Modernisierung von Kraftwerken und Überlandleitungen ist auch der Neubau von Erzeugungsanlagen notwendig. Die russische Regierung sowie die staatliche Holding RAO UES haben deshalb Schritte zur Privatisierung von 20 Groß- und Heizkraftgesellschaften eingeleitet; auch um ausländisches Kapital anzulocken (Q251).

Ganz reibungslos verläuft das Russlandgeschäft für E.ON allerdings noch nicht. Das Düsseldorfer Unternehmen hat bei der Versteigerung eines 25-prozentigen Anteils an dem russischen Versorger OGK-5 eine Niederlage erlitten. Für 1,5 Mrd. Dollar erhielt der italienische Energieversorger Enel den Zuschlag (vgl. Q149, S. 27).

Im September 2007 erhielt E.ON aber den Zuschlag für einen 70%-Anteil an dem Stromversorgungsunternehmen OGK-4, das in Russland vier Gaskraftwerke sowie ein Kohlekraftwerk mit einer Gesamtleistung von 8,6 Gigawatt betreibt (vgl. Q187). Die Übernahme kostete rund 4,6 Mrd. EUR. Mit dem OGK-4-Erwerb würde E.ON nach eigenen Angaben endlich die günstige Ausgangssituation erhalten, um im russischen Markt zu expandieren. Allerdings belief sich der Marktwert dieser Beteiligung Ende 2008 nur noch auf ein Drittel des Kaufwertes.

Erfolgreich verlief zuletzt auch die Beteiligung an der Exploration des westsibirischen Gasfelds Yuschno-Russkoje. Nach langwierigen Verhandlungen konnte der Konzern Anfang Juni 2009 einen 25-prozentigen Anteil vermelden (Q70).

### 2.4.2.6 Entwicklung ökonomischer Kennziffern

Im Zeitraum von 2002 bis 2007 stieg bei E.ON – bei einem Personalabbau von knapp 16% – die *Arbeitsproduktivität* um fast 64%, während die gesamten Personalkosten um knapp 29% sanken. Eine größere Umverteilung ist nicht mehr denkbar. Dies zeigt auch die Entwicklung der *Lohnquote*, die von 58,5% (2002) auf 30,2% (2007), also um 28,3 Prozentpunkte (!), geradezu abgestürzt ist. Auch das Pro-Kopf-Arbeitsentgelt ging bei E.ON von knapp 62.000 EUR im Jahr 2002 auf gut 52.000 EUR im Jahr 2007, also um 16,1%, zurück. Dies ist nicht zuletzt auch dem Substitutionsprozess von Stamm- in Randbelegschaften geschuldet.

Seine *Gesamtleistung* hat E.ON im Beobachtungszeitraum um fast 92% gesteigert, dabei aber relativ an *Wertschöpfung* von 30,6% auf 22% verloren. Entsprechend stieg die Vorleistungsquote. Dahinter verbirgt sich eine Unternehmensstrategie, die auf „Kerngeschäftsfelder" fokussiert. Durch *Outsourcingmaßnahmen*[74] werden die zurückgekauften und benötigten Leistungen kostenmäßig abgesenkt. Die Preise der nachgefragten Leistungen dürften dabei an den Beschaffungsmärkten oftmals durch Ausnutzen von *Nachfragemacht* drastisch gekürzt werden. Die Lieferanten sind hier als Stakeholder die eindeutigen Verlierer, während die Profite der Shareholder steigen. Hierdurch erklärt sich u.a. auch der Rückgang der Beschäftigten von 2002 bis 2007 um 15,9%. Die *Arbeitsproduktivität* konnte dadurch, wie bereits ausgeführt, extrem erhöht werden.

Der zwischen 2002 und 2007 kumulierte Mehrwert, also die Summe aus Gewinnen vor Steuern, Zinsen, Mieten und Pachten, betrug fast 44 Mrd. EUR (vgl. Tab. 40). Davon fielen auf den *Gewinn vor Steuern* über 33,6 Mrd. EUR oder 76,7%. Die externen *Zinsempfänger* erhielten von der Wertschöpfung gut 9,7 Mrd. EUR. Das waren 22,3%. Grundeigentümer kamen nur auf Miet- und Pachteinnahmen in Höhe von 442 Mio. EUR. Von der Wertschöpfung war dies lediglich 1%. Der Staat erhielt *Ertragsteuern* von knapp 6,7 Mrd. EUR oder 15,3% der Wertschöpfung. Dies entsprach einer Ertragsteuerquote von 19,8%.

*Tab. 40: Kumulierte Mehrwertverteilungen nach Steuern von 2002 bis 2007 bei E.ON*

| Kumulierte Mehrwertverteilungen nach Steuern (2002–2007) | in Mio. EUR | in % |
|---|---|---|
| Mehrwert | 43.883 | 100,0 |
| Zinsen | 9.783 | 22,3 |
| Miete/Pacht | 442 | 1,0 |
| Gewinn vor Steuern | 33.658 | 76,7 |
| Ertragsteuern | 6.668 | 15,3 |
| Ertragsteuerquote | | 19,8 |

Quelle: Geschäftsberichte E.ON, eigene Berechnungen

Innerhalb der Wertschöpfung stieg die *Gewinnquote* von 41,5% um 28,3 Prozentpunkte (!) auf 69,8%, was eine kolossale *Umverteilung* zu Lasten der Beschäftigten bei E.ON bewirkte (vgl. Tab. 41). Die Mitarbeiter partizipierten nicht an den Erfolgen. Dies zeigt auch der durchgängig hohe *Mehrwert je Beschäf-*

74 Vgl. auch zu den allgemeinen gesamtwirtschaftlichen Folgen des Outsourcings Palley 2006.

*Tab. 41: Betriebswirtschaftliche Daten E.ON*

| E.ON | 2002 | 2003 | 2004 | 2005 | 2006 | 2007 |
|---|---|---|---|---|---|---|
| Gesamtleistung (Mio. EUR) | 36.126 | 42.541 | 44.745 | 51.854 | 64.197 | 69.270 |
| Wertschöpfung (Mio. EUR) | 11.055 | 11.653 | 12.759 | 12.625 | 10.393 | 15.232 |
| Wertschöpfungsquote | 30,6% | 27,4% | 28,5% | 24,3% | 16,2% | 22,0% |
| Lohnsumme (Mio. EUR) | 6.465 | 4.908 | 4.712 | 4.579 | 4.573 | 4.597 |
| Personalkosten je Beschäftigt. (EUR) | 61.906 | 75.384 | 66.443 | 60.913 | 56.729 | 52.349 |
| Mehrwert je Beschäftigten (EUR) | 43.094 | 101.616 | 111.557 | 106.087 | 72.271 | 120.651 |
| Zinsen (Mio. EUR) | 5.161 | 1.107 | 1.141 | 736 | 687 | 951 |
| Miete/Pacht (Mio. EUR) | 133 | 100 | 107 | 102 | k.A. | k.A. |
| Gewinn vor St. (Mio. EUR) | -704 | 5.538 | 6.799 | 7.208 | 5.133 | 9.684 |
| Steuern (Mio. EUR) | -645 | 1.124 | 1.947 | 2.276 | -323 | 2.289 |
| Gewinn n. St. | -59 | 4.414 | 4.852 | 4.932 | 5.456 | 7.295 |
| Eigenkapital (Mio. EUR) | 25.653 | 29.774 | 33.560 | 44.484 | 47.845 | 55.130 |
| Eigenkapitalrendite vor St | –2,7% | 18,6% | 20,3% | 16,2% | 10,7% | 17,6% |
| Eigenkapitalrendite nach St | –0,2% | 14,8% | 14,5% | 11,1% | 11,4% | 13,4% |
| Lohnquote | 58,5% | 42,1% | 36,9% | 36,3% | 44,0% | 30,2% |
| Gewinnquote vor St. (Gewinn, Zins, Miete/Pacht) | 41,5% | 57,9% | 63,1% | 63,7% | 56,0% | 69,8% |
| Gewinnausschüttungen (Mio. EUR) | 1.523 | 1.621 | 1.598 | 1.794 | 4.856 | 2.447 |
| Finanzanlagen (Mio. EUR) | 16.971 | 17.725 | 17.263 | 21.686 | 28.446 | 29.889 |
| Gesamtkapital (Mio. EUR) | 113.065 | 111.850 | 114.062 | 126.562 | 127.232 | 137.294 |
| Finanzanlagenquote | 15,0% | 15,8% | 15,1% | 17,1% | 22,4% | 21,8% |
| Cash-Flow (Mio. EUR) | 3.690 | 5.538 | 5.972 | 6.601 | 7.194 | 8.726 |
| Sachinvestitionen (Mio.EUR) | 3.247 | 2.660 | 2.712 | 2.990 | 4.083 | 6.916 |
| FreierCash-Flow (Mio. EUR) | 443 | 2.878 | 3.260 | 3.611 | 3.111 | 1.810 |
| Innenfinanzierungsquote | 113,6% | 208,2% | 220,2% | 220,8,% | 176,2% | 126,2% |
| Beschäftigte | 104.433 | 65.107 | 70.918 | 75.173 | 80.612 | 87.815 |
| Arbeitsproduktivität (EUR) | 105.857 | 178.982 | 179.912 | 167.946 | 128.926 | 173.444 |
| Kapitalintensität (EUR) Gesamtkapitaleinsatz | 1.082.656 | 1.717.941 | 1.608.365 | 1.683.610 | 1.578.326 | 1.563.446 |
| Profitrate vor St. (Mehrwert : Gesamtkapital) | 4,1% | 6,0% | 7,1% | 6,4% | 4,6% | 7,7% |

Quelle: Geschäftsberichte, eigene Berechnungen

*tigten*, der mit 120.651 EUR im Jahr 2007 den höchsten Wert erzielte und mit 68.302 EUR sogar höher als die Personalkosten je Mitarbeiter ausfiel. Im Jahr 2005 lag die Gewinnquote mit 63,7% über der Branchengewinnquote von 56,1%. Die Gewinnquote der *gesamten deutschen Wirtschaft* betrug im Vergleich 2005 nur 28,3% und 2006 lag sie bei 29,8%,[75] während sie sich bei E.ON

75 Da in den Daten der gesamten Wirtschaft, ausgewiesen in den jeweiligen Monatsberichten der Deutschen Bundesbank, die *Mieten und Pachten* nicht explizit angegeben werden, ist das Ergebnis hier leicht (marginal) verfälscht.

auf einen Wert von 56% belief. Dies verdeutlicht zum einen, dass E.ON beim Gewinn im Vergleich zur Branche besser und gegenüber der Gesamtwirtschaft sogar weitaus besser abschneidet, und zum anderen, dass offenbar in der Elektrizitätswirtschaft insgesamt eine weit höhere *Verteilungsmasse* im Vergleich zur Gesamtwirtschaft generiert wird.

Da wir neben den Wertschöpfungsdaten – im Gegensatz zu den Branchendaten – bei der einzelunternehmerischen Betrachtung auch über *Kapitaldaten*, wie Daten zum Eigenkapital (die *Eigenkapitalquote* lag hier 2007 bei 40,2%) und zum Gesamtkapital, verfügen, können wir bei den „Big-4" auch *Rentabilitäten* vor und nach Ertragsteuern sowie die *Profitrate* unter Berücksichtigung des *gesamten Mehrwerts* und des gesamten Kapitaleinsatzes (Eigen- und Fremdkapital) ermitteln. Hier zeigt sich zunächst einmal eine *Eigenkapitalrentabilität* vor als auch nach Ertragsteuern, die erstens mit einer *wettbewerblichen* Marktsituation rein gar nichts zu tun hat und zweitens voll den Ansprüchen einer *Shareholder-value-Strategie* (vgl. Abschnitt 3.2.7.3) entspricht. Zwischen 2002 und 2007 wurden mit Ausnahme des Verlustjahres 2002 in jedem anderen Jahr satte *zweistellige Eigenkapitalrenditen* realisiert. Auch die Eigenkapitalrentabilitäten nach Ertragsteuern waren zweistellig.

Interessant ist auch das Ergebnis bezogen auf die *Profitrate vor Ertragsteuern* zwischen 2002 und 2007. Die Profitrate zeigt dabei unter Berücksichtigung der Arbeitsproduktivität und der Verteilungsrelation zwischen Kapital und Arbeit (Gewinn- und Lohnquote) die Verzinsung des Mehrwerts (Zinsen, Miete/Pachten und Gewinn) in Relation zum gesamten Kapitaleinsatz. Auf die Wirkungsmechanismen gehen wir ausführlich noch im Anhang in Kapitel 7.2 ein. Insgesamt schwankt hier die Profitrate zwischen Werten von 4,1% (niedrigster Wert 2002) und 7,7% (höchster Wert 2007). Auffallend ist dabei der starke Anstieg der *Arbeitsproduktivität* im Verhältnis zur *Kapitalintensität.* Diese verbesserte Relation führte in Anbetracht der aufgezeigten *Umverteilung der Wertschöpfung* hin zur Gewinnquote primär zu dem trendmäßigen Anstieg der Profitrate.

Weiter haben wir untersucht, wie sich die *Gewinnverwendung* zwischen 2002 und 2007 bei E.ON darstellt hat. Hier geht es zunächst einmal um die *Gewinnausschüttungen* an die Shareholder. Insgesamt wurden gut 13,8 Mrd. EUR ausgeschüttet. Dies waren vom versteuerten Gewinn 51,3%. Betrachtet man den *Cashflow* (Gewinn nach Ertragsteuer plus Abschreibungen) und seine Verwendung bezüglich der getätigten *Sachinvestitionen*, so schwankte die *Innenfinanzierungsquote* bei E.ON im betrachteten Zeitfenster von 113% bis 220%. Der *freie Cashflow*, also die nicht für Sachinvestitionen benutzten (innenfinanzierten) Geldmittel, lag kumuliert bei gut 15 Mrd. EUR. Ein Großteil floss in die Finanzierung von Finanzanlagen. Die *Finanzanlagenquote* (Finanzanlagen bzw. Beteiligungen in Relation zum gesamten eingesetzten Kapital) stieg dabei von 15% (2002) auf 21,8% (2007).

Allerdings wird das positive Bild der betriebswirtschaftlichen Kennziffern durch die aktuellere Berichterstattung ab 2008 getrübt. Zwar konnte sich die Wirtschaftskrise noch nicht nennenswert im operativen Geschäft niederschlagen. Im Gegenteil, die Erlöse und der Gewinn konnten nochmals zulegen. Durch die Senkung der Netzentgelte sei aber der Wettbewerb tatsächlich verstärkt worden, so dass die Regionalversorger des E.ON-Konzerns allein 2007 trotz der seit Februar 2007 aktiven Billig-Stromtochter *E-wie-Einfach* ca. 500.000 Kunden verloren haben (vgl. Q173, S. 11). Außerdem litt das Unternehmen 2008 unter den Abschaltungen der AKWs Krümmel und Brunsbüttel, an denen es beteiligt ist. Die Einbußen daraus wurden für das erste Quartal 2008 mit 110 Mio. EUR beziffert (vgl. ebd.). Allmählich belastet aber immer mehr der vorausgegangene Expansionskurs.

Bei der Bilanzpressekonferenz im März 2009 überraschte der Konzern sogar die bislang verwöhnten Aktionäre mit einer *Gewinnwarnung* (vgl. Q213). Demnach sei davon auszugehen, dass das EBIT (Gewinn vor Steuern und Zinsen) stagniere, unter Berücksichtigung von Sondereffekten sogar sinke. Negativ bemerkbar machten sich dabei neben einem krisenbedingten Nachfragerückgang bei Industriekunden vor allem die ebenfalls unter der Finanzmarktkrise leidenden Auslandsengagements. Sie mussten mit über 3 Mrd. EUR abgeschrieben werden. Hinzu kommt, dass sie zuvor bewusst fremdfinanziert wurden und die anstehende Refinanzierung nun deutlich teurer ist. Der *Verschuldungsgrad* – gemessen als Nettofinanzposition zum Eigenkapital – wird derzeit mit 84,4% angegeben.[76] Das Unternehmen reagiert darauf mit einem *Sparkurs,* auf den die Belegschaft eingeschworen und bei dem die Investitionsplanung zurückgenommen wird, während gleichzeitig die Verkäufe von Beteiligungen zulegen sollen.

#### 2.4.2.7 Zusammenfassende Beurteilung

Unter dem Stichwort „Multi-Utility" nahm das neu formierte Unternehmen E.ON im Jahre 2000 seine Aktivitäten auf. Als Kerngeschäftsfelder wurden neben Energie die Sparten Chemie und Telekommunikation definiert. Als Resultat erster Akquisitionen und entsprechender regulatorischer Hemmnisse musste die strategische Ausrichtung geändert werden.

Die Konzentration auf Strom und Gas wurde innerhalb kürzester Zeit umgesetzt. Damit einher gingen Akquisitionen und Verkäufe in Höhe von weit über 100 Mrd. EUR. Mit seinen Unternehmenskäufen stieg E.ON zu dem führenden Player hierzulande auf. Angesichts der aufgebauten Marktmacht in Deutschland sind die weiteren nationalen Expansionsspielräume überaus eingeschränkt. Insofern erfolgte zunehmend eine Internationalisierung der Strategie, so dass der

76 Vgl. Q223, S. 12. Im Vergleich dazu weist Konkurrent RWE nur einen Wert von 30,6% aus.

Stromgigant inzwischen als zweitmächtigstes EVU nach Electricité des France in West- und Mitteleuropa gilt. Zuletzt gelang im Herbst 2007 mit dem Erwerb eines 70-prozentigen Anteils an OGK-4 der Einstieg in den frisch privatisierten russischen Kraftwerks- und Versorgungsmarkt.

Die klimapolitischen Diskussionen finden im E.ON-Konzern immer mehr Berücksichtigung – sowohl organisatorisch als auch finanziell. Dazu wurde ab 2008 eine neue Einheit „Climate & Renewables" aufgebaut. Insbesondere im Segment der Windenergie fühlt sich E.ON mittlerweile vergleichsweise gut aufgestellt. Die geplante Investitionssumme in Höhe von 6 Mrd. EUR bis 2010 wirkt aber vor dem Hintergrund anderer Aktivitäten, der bisherigen Zurückhaltung auf diesem Gebiet und dem erklärten Ziel, bis 2020 führend im Bereich Erneuerbarer Energien zu sein, bescheiden.

Die betriebswirtschaftlichen Indikatoren waren in den letzten Jahren glänzend. Zweistellige Eigenkapitalrentabilitäten nach Ertragsteuern zwischen 2002 und 2007 waren – abgesehen vom Verlustjahr 2002 – die Regel. Vor allen Dingen die Aktionäre konnten sich über hohe Ausschüttungsbeträge freuen. Demgegenüber gab es bei der Wertschöpfung eine massive Umverteilung zu Lasten der Beschäftigten.

Seit 2008 hat sich die wirtschaftliche Lage des Unternehmens indes verschlechtert. Insbesondere die Lasten der vorherigen internationalen Expansion, aber auch Nachfrageeinbrüche seitens der Industriekunden durch die aktuelle Krise machen dem Unternehmen zu schaffen. Investitionspläne werden infolgedessen überdacht und die Belegschaft auf einen weiteren Sparkurs eingestimmt.

Die skizzierten Entwicklungen gingen bei E.ON mit einem gewaltigen Abbau von Arbeitsplätzen bei einem gleichzeitigen immensen Anstieg der Arbeitsproduktivität einher. Allerdings ist in den neu definierten Kernkompetenzfeldern in den letzten Jahren wieder ein Anstieg der Beschäftigung zu verzeichnen. In der Regel basiert dieser jedoch auf Unternehmenszukäufen.

### *2.4.3 RWE AG*

#### 2.4.3.1 Entstehungsgeschichte

Die RWE AG (bis 1990 Rheinisch-Westfälisches Elektrizitätswerk AG) ist derzeit das größte Stromerzeugungs- sowie nach E.ON das zweitgrößte Energieversorgungsunternehmen in Deutschland. Die Vorläufergesellschaft wurde 1898 mit Hauptsitz in Essen gegründet. RWE fusionierte Mitte des Jahres 2000 mit der Vereinigte Elektrizitätswerke Westfalen Energie AG, Dortmund (VEW), ebenfalls ein kommunal verankertes Energieversorgungs- und vielfältiges Industrieunternehmen.

Unter dem Motto „RWE – One Group. Multi Utilities" nahmen mehr als 160.000 Beschäftigte ihre Arbeit auf. Das damalige Aktivitätsspektrum des Konzerns kann vor allem damit zum Ausdruck gebracht werden, dass 848 Unternehmen zum Ultimo 2001 voll sowie 238 Gesellschaften nach der Equity-Methode konsolidiert wurden.

### 2.4.3.2 Entwicklung der Unternehmensstrategie

Bei Zusammenführung der beiden großen Industriekonglomerate war das strategische Ziel der neuen RWE, Anfang des Jahrtausends

> „mit den vier Kerngeschäftsfeldern Strom, Gas, Wasser sowie Abfall & Recycling eines der führenden Multi-Utility-Unternehmen im zusammenwachsenden Europa mit starker Präsenz in den USA zu sein." (Q246, S. 6)

Nach eigenen Angaben war das Essener Unternehmen dabei in Deutschland bereits in drei der vier definierten Kernbereiche die Nummer eins (ebd.). Die Marktstellung sah in vielen Ländern Europas und den USA ebenfalls günstig aus.

#### 2.4.3.2.1 Einstieg und Rückzug aus dem Multi-Utility-Ansatz

Diese Sonderstellung galt auch für das *Geschäftssegment Wasser*. Im Jahre 1999 erhielt RWE für 3,3 Mrd. DM den Zuschlag für den Erwerb eines rund 25-prozentigen Anteils im Zuge der Teilprivatisierung der Berliner Wasserwerke AG. Mit der Akquisition der Thames Water plc. zum Kaufpreis von 7,2 Mrd. EUR ein Jahr später stieg das Essener Unternehmen zum drittgrößten Wasserversorger weltweit auf. Im Januar 2003 konnte die Akquisition von American Water Inc. – dem damals führenden Unternehmen im regulierten Wassermarkt der USA – abgeschlossen werden. Weitere Unternehmenszukäufe bzw. Beteiligungen (vgl. Tab. 42) stärkten zudem das Standbein Wasser im Rahmen der Vier-Säulen-Strategie (vgl. Q246, S. 4). Im Jahre 2003 hatte RWE weltweit rund 70 Mio. Energie- und Wasserkunden (vgl. Q130, S. 31); nur die französischen Konkurrenten Vivendi und Suez konnten mehr Kunden im Wasser-/Abwassergeschäft vorweisen.

2001 waren im US-amerikanischen Wassergeschäft mehr als 53.000 Unternehmen aktiv (vgl. Q125, S. 23). Vor dem Hintergrund eines hohen Investitionsbedarfs in den nächsten 20 Jahren (geschätzt wurden bis zu 600 Mrd. US-Dollar: vgl. Q128, S. 26) erwarteten Experten eine Konsolidierung im US-Markt. Andererseits drängte die amerikanische Umweltbehörde auf verstärkte und genauere Qualitätstests, die größere Unternehmen kosteneffizienter erbringen können. Deshalb wurden für RWE mit der Übernahme von American Waters starke Wachstumspotenziale gesehen (vgl. Q126, S. 13).

Das Wassergeschäft sollte eine zentrale Rolle im RWE Konzern einnehmen; auch in Bezug auf das Betriebsergebnis. Bei Umsetzung der Strategie und der Gründung des Geschäftsbereichs Wasser wurden diesbezüglich auch entsprechend positive Meldungen verkündet (vgl. Q129, S. 27; Q133, S. 20). Allerdings waren auch europäische Wettbewerber wie die französischen Unternehmen Vivendi und Suez sowie der britische Versorger Kelda Group plc. und die niederländische Nuon ins US-Wassergeschäft eingestiegen. Zudem schien der Kaufpreis der American Water plc. vielen Analysten überhöht. Bereits damals gab es deshalb auch warnende Stimmen bei RWE. Der Konsolidierungspfad wurde als „lang und teuer" eingeschätzt. Negative Sanierungserfahrungen in Milliarden-Höhe im Entsorgungsbereich bildeten den Hintergrund für dieses skeptische Urteil.

*Tab. 42: Akquisitionen und Des-Investitionen seit 2000*

| | Transaktionsvolumen in Mrd. EUR | Anteil der Beteiligung in % | Abschluss |
|---|---|---|---|
| *Ausgewählte Akquisitionen im Segment Wasser* | | | |
| Thames Water plc, UK | 7,1 | 100,0 | 2000 |
| ESSBIO, Chile | 0,34 | 51,0 | 2000 |
| E'town Corp. Inc., USA | 0,67 | 100,0 | 2000 |
| ANSM, Chile | k.A. | - | 2001 |
| ESSEL, Chile | 0,15 | 25,5 | 2002 |
| Wasseraktivitäten Iberdrola Group, Spanien | 0,95 | 75,0 | 2002 |
| China Water Company China | k.A. | 48,8 | 2002 |
| RWW Rheinisch-Westfälische Wasserwerksgesellschaft mbH, BRD | k.A. | Anteilserhöhung auf 79,8 | 2002 |
| American Water Inc., USA | 4,5 | 100,0 | 2003 |
| *Ausgewählte Des-Investitionen im Segment Wasser* | | | |
| RWE Thames Water, Thailand | k.A. | - | 2005 |
| RWE Thames Water Holdings plc | 7,2 | 100 | 2006 |
| American Water Inc., USA | 0,82 | noch 63,75 | 2008–? |

Quelle: Q250, S. 48, 50

Die Multi-Utility-Strategie von RWE erlitt bereits Ende 2001 im Pilotmarkt Berlin einen ersten größeren Rückschlag. Der Versuch, mit einem gebündelten Angebot aus Strom, Telekommunikation, Wasser und Wärme Kunden zu gewinnen, scheiterte. Die eigens gegründete Gesellschaft Avida stellte zum Jahresende den Geschäftsbetrieb mangels Erfolg ein.

Ob für den mangelnden Erfolg letztendlich auch Auseinandersetzungen im Gesellschafterkreis – Avida gehörte zu jeweils ca. 25% RWE und Vivendi sowie zu rund 50% dem Land Berlin – verantwortlich waren, lässt sich nicht zweifelsfrei beantworten. Ein nicht genannter RWE-Manager beschrieb das Verhältnis der beiden privaten Gesellschafter allerdings folgendermaßen: „Zwischen Vivendi und RWE herrscht Krieg." Und: „Die Franzosen wollen alles herunterfahren." (Q132, S. 16) Mit anderen Worten: Das Geschäftsfeld sollte dem Konkurrenten nicht überlassen werden.

Darüber hinaus belasteten die hohen Finanzierungskosten des Expansionskurses sowie teilweise erforderliche Firmenwertabschreibungen das RWE-Ergebnis erheblich. Einem Wechsel an der Spitze des Unternehmens im März 2002 – der Niederländer Harry Roels löste den Vorstandschef Dietmar Kuhnt ab – folgten konsequenterweise einschneidende organisatorische und strategische Änderungen.

Um Komplexität zu reduzieren, Überschneidungen abzubauen und Kosten zu sparen verordnete der neue Vorstandsvorsitzende der RWE zunächst eine *straffere Organisationsstruktur* (sieben statt dreizehn Führungsgesellschaften). Die neue Konzernstruktur konnte allerdings erst nach Überwindung eines monatelangen Widerstandes von Kommunalaktionären mittels Zahlung von *Bargeldabfindungen* von über 800 Mio. EUR in Kraft treten. Die Gliederung nach den Energiearten Strom und Gas wurde aufgehoben, die Unternehmensstruktur an den Funktionen Erzeugung und Vertrieb orientiert. Die Umstrukturierungen trafen viele der (kommunal verwurzelten) Beschäftigten wie eine Kulturrevolution; Seilschaften und Beziehungsgeflechte mit kommunalen Aktionären und Kunden wurden beeinträchtigt (vgl. Q146, S. 17).

Anschließend hatte der *Abbau der Schulden* von damals etwa 25 Mrd. EUR höchste Priorität. Binnen weniger Monate verkaufte RWE in 2003/2004 den Baukonzern Hochtief, den Heidelberger Druckmaschinenhersteller, die US-Bergbautochter Consol sowie den Energietransporteur Motor-Columbus aus der Schweiz. Das strategische Ziel war nun: verkaufen, um Luft für neues Wachstum mittels Akquisitionen zu schaffen. Die finanziellen Belastungen engten den Spielraum des Konzerns im Wettbewerb mit Konkurrenzunternehmen zu stark ein. Zu guter Letzt wurde das „Stadtwerk im Weltmaßstab" als RWE-Leitbild kreiert:

- Der Sanierungsprozess wurde anhand des ertragsschwachen Entsorgungsgeschäfts begonnen. Die RWE Umwelt mit damals 14.500 Beschäftigten wurde unter Erfolgsdruck gesetzt. Bis 2005 sollte dieser Bereich die Erträge steigern und die Kapitalkosten verdienen. Im Zuge der Restrukturierung war zunächst ein Abbau der Arbeitsplätze um 750 eingeplant (vgl. Q139, S. 10; Q137, S. 29).
- Des Weiteren entschied der RWE-Vorstand im November 2005, Wasser nicht mehr als Kerngeschäft zu definieren. Das Wassergeschäft erfordere „sehr hohe und verbindliche Sachinvestitionen, die häufig über dem operativen Cash Flow liegen" (Q248, S. 4).

Wie wenig die Wassersparte nun zur Strategie der RWE AG passte, zeigt Tabelle 43.

*Tab. 43: Strategische Bewertung des Geschäftsfelds Wasser für RWE*

| | 2000/2001 | ab 2005 |
|---|---|---|
| Strategischer Fit | Multi-Utility Strategie<br>USA-Strategie<br>Globaler Player im Segment Wasser | Fokus auf Energie<br>Europa als Kernregion<br>Regionale Player sind erfolgreich |
| Bewertung | Annahme, dass Entwicklung und Wachstum eine Premiumstellung rechtfertigen | Wasser wird nicht als Kerngeschäftsfeld von RWE gewertet |
| Profitabilität | Das Geschäftsfeld Energieerzeugung macht in Deutschland Verluste | Energieerzeugung in Deutschland ist entscheidender Erfolgsfaktor |
| Free Cash Flow | kein limitierender Faktor | ehrgeizige Dividendenziele |
| Europäisches Umfeld | Grenzüberschreitende Konsolidierung ist kein klarer Trend | Beschleunigtes Liberalisierungs- und Konsolidierungstempo |

Quelle: Q250, S. 21

Seit Mitte des Jahrzehnts sah sich RWE als europäisches Unternehmen, das im Wesentlichen entlang der wieder profitablen Wertschöpfungsketten Strom und Gas agiert. Die Multi-Utility-Ambitionen im globalen Maßstab erwiesen sich nach kurzer Zeit als zu risikoreich und angesichts veränderter Kapitalmärkte finanziell über längere Zeit als nicht durchzuhalten.

Im Zuge der Konzentration auf das neu definierte Kerngeschäft wurde auch die in der RWE Umwelt AG gebündelten Abfall- und Recycling-Aktivitäten im Oktober 2005 an die *Rethmann-Gruppe* (Remondis) verkauft. Bereits 2006 wurde *Thames Water plc* vollständig veräußert. Bis Ende 2008 sollte die Trennung von *American Water Inc.* über einen Börsengang erfolgen. Angesichts der Finanzmarktkrise konnten die Anteile aber nicht wie beabsichtigt komplett abgestoßen werden. RWE ist trotz massiver Kurszugeständnisse bei der Platzierung auf über 60% der Aktien sitzen geblieben. Der Gesamterlös von 1,3 Mrd. $ fiel zudem in die Zeit des historischen Dollar-Tiefs gegenüber dem Euro. Umgerechnet und nicht gehedged ergibt sich rechnerisch ein Euroerlös von 0,82 Mrd. €. Da der Emissionspreis deutlich unter dem Buchwert lag, dürften aus der Transaktion Verluste von 567 Mio. € entstanden sein.

Sobald der weiterhin verfolgte Komplettausstieg gelungen ist, wird für RWE die *Multi-Utility-Strategie* Geschichte sein. Auch wegen ehrgeiziger Dividendenziele konzentrierte sich das Unternehmen nunmehr wie der Hauptkonkurrent E.ON (überwiegend) auf die Bereiche Strom und Gas. RWE überschrieb den Strategiewechsel bei der Darstellung seiner Firmenchronik auf seiner Homepage mit: „Vom Multi-Utility zum fokussierten Energieversorger“.

#### 2.4.3.2.2 Fokussierung: zwei Produkte – drei Märkte

Mit dem Strategiewechsel wurde zugleich der Startschuss für den Ausbau der Kraftwerkskapazitäten gegeben. RWE zählt so vor allem in Deutschland, Großbritannien und Zentralosteuropa zu den führenden Strom- und Gasunternehmen (vgl. Tab. 44). Diese Konzentration auf die europäischen Kernmärkte soll zukünftig beibehalten werden.

Um im Sinne der Shareholder erfolgreich zu agieren, halfen RWE sowohl die Größe in den definierten Märkten als auch die führenden Marktpositionen. Das Essener Unternehmen konnte dadurch nach eigenen Aussagen Volumen- und Kostenvorsprünge trotz intensiver werdenden Wettbewerbs realisieren (vgl. Q249, S. 19).

*Tab. 44: Marktpositionen des RWE-Unternehmens*

| | Stromabsatz | Gasabsatz |
|---|---|---|
| Deutschland | Nr. 1 | Nr. 2 |
| Großbritannien | Nr. 3 | Nr. 3 |
| Zentralosteuropa | Nr. 2 in Ungarn,<br>Nr. 3 in der Slowakei,<br>Start-Position in Polen | Nr. 1 in der Tschechischen Republik,<br>führende Position in Ungarn |
| Europa | Nr. 3 | Nr. 6 |

Quelle: Q249, S. 20

Zur Stärkung des Energie-Kerngeschäfts hatte RWE seit 2000 die in Tabelle 45 ausgewiesenen *Akquisitionen* getätigt. Strategisch wichtig waren insbesondere die Erwerbungen von Highland Energy und Innogy in Großbritannien, von Stoen in Polen und von Transgas sowie von acht Regionalversorgern in der Tschechischen Republik. Letzteres sicherte eine *Monopolstellung* in dem mitteleuropäischen Markt. Ähnlich wie E.ON versuchte auch RWE zuletzt, im Zuge der Liberalisierung der russischen Stromwirtschaft in Russland Fuß zu fassen. Zusammen mit dem russischen Mischkonzern Sintez hatte sich das Essener Unternehmen um den Zuschlag für den Stromerzeuger TGK-2 bemüht, war dabei aber letztlich gescheitert und muss sich derzeit sogar mit Schadensersatzforderungen von Sintez auseinandersetzen.

Den Stärkungen in den Segmenten Strom und Gas standen allerdings auch Verkäufe gegenüber (vgl. Tab. 46). Diese Des-Investitionen mussten teilweise als Fusionsauflagen der Kartellbehörden bei Akquisitionen getätigt werden.

Des Weiteren hat sich RWE aus zahlreichen Unternehmen zurückgezogen, die bereits zu Beginn des neuen Konzerns im Jahre 2000 als Nicht-Kerngeschäftsfelder definiert wurden. Wie beim Konkurrenten E.ON ist diese Liste ausgesprochen umfangreich. Zu den Des-Investitionen zählen u.a. die Hochtief

AG, die Heidelberger Druckmaschinen AG sowie mehr als 50 Unternehmen im Bereich Umwelt (vgl. Q250, S. 50).

*Tab. 45: Ausgewählte Akquisitionen im Kerngeschäft*

| Ausgewählte Akquisitionen | Transaktionsvolumen in Mrd. Euro | Anteil der Beteiligung in % | Abschluss |
|---|---|---|---|
| | *Elektrizität* | | |
| Stadtwerke Duisburg AG, BRD | k.A. | 20,0 | 2000 |
| Turbogas Prod. Energetica, Portugal | k.A. | auf 75 | 2001 |
| KELAG, Österreich | 0,48 | 49,0 | 2001 |
| Energie- und Wasserversorgung Bonn/Rhein-Sieg GmbH, BRD | k.A. | 13,7 | 2001 |
| SSM Coal B.V., Niederlande | k.A. | auf 100 | 2001 |
| Stadtwerke Düren GmbH, BRD | k.A. | auf 74,95 | 2001 |
| Harpen AG, BRD | k.A. | auf 95,0 | 2002 |
| GEW RheinEnergie AG, BRD | k.A. | 20,0 | 2002 |
| Stadtwerke Velbert GmbH, BRD | k.A. | 20,0 | 2002 |
| Elettra, Italien | 0,07 | 25,0 | 2002 |
| RWE Innogy plc, UK | 5,056 | 100,0 | 2002 |
| AERSA, Spanien | k.A. | 100,0 | 2002 |
| STOEN, Polen | 0,379 | 85,0 | 2002 |
| VSE, Slovakei | 0,13 | 49,0 | 2002 |
| Wuppertaler Stadtwerke AG, BRD | k.A. | 20,0 | 2003 |
| Great Yarmouth Power Ltd., UK | 0,23 | 100,0 | 2005 |
| | *Gas* | | |
| Aufstockung Anteile Thyssengas, BRD | k.A. | auf 75 | 2000 |
| Nafta a.s., Slovakei | k.A. | 40,0 | 2001 |
| Obragas Holding N.V., Niederlande | 0,33 | 90,1 | 2002 |
| Transgas a.s. plus 8 Regionalversorger, Tschechien | 4,14 | 100,0 | 2002 |
| Highland Energy (Nordsee-Gasfeld), UK | 0,02 | 100,0 | 2002 |
| VOG (Veba Oil & Gas), BRD: | | | |
| German Oil & Gas Egypt GmbH | k.A. | 49,0 | 2002 |
| RWE-Dea Norwegen GmbH | k.A. | 21,0 | 2002 |
| Restübernahme Thyssengas, BRD | 0,12 | auf 100 | 2002 |
| **Summe** | **10,955** | | |

Quelle: Q250, S. 46f.

Im Wesentlichen durch die Unternehmensverkäufe sank die Zahl der Beschäftigten bis 2007 auf etwa 63.500. Mithin fand ein Abbau von 98.500 Arbeitsplätzen innerhalb des Konzerns seit 2000 statt (– 60%). Gegen diesen Gesamttrend wurde in den Kerngeschäftsbereichen Strom und Gas durch Zukäufe ein Beschäftigungsaufbau vollzogen.

Wie der große Konkurrent E.ON ist RWE an vielen Stadtwerken Minder- oder Mehrheitsgesellschafter. Im Jahre 2003 bündelte die RWE-Tochtergesellschaft Rhenag diese Aktivitäten (vgl. Abschnitt 2.1.2.1). Damals war RWE an rund 30 Stadtwerken beteiligt (vgl. Q140, S. 6). Eine bedeutende Position im RWE-Konzern nimmt die envia Mitteldeutsche Energie AG in Chemnitz mit ca. 1,4 Mio. Kunden und 2,2 Mrd. EUR an Umsatzerlösen in 2008 ein. Sie beschäftigt 2.100 Mitarbeiter.

Auf der Absatzseite zog RWE wie E.ON ebenfalls nach und erwarb durch die Übernahme von „Eprimo" im Juli 2007 eine Gesellschaft, über die das EVU Billigstrom und -gas vertreibt. Mit dieser Diversifizierung in ein Premium- und ein Discountprodukt bietet es seitdem „Yello" (EnBW) und „E-wie-einfach" (E.ON) Konkurrenz.

*Tab. 46: Ausgewählte Des-Investitionen im Kerngeschäft*

| Ausgewählte Des-Investitionen im Kerngeschäft (Strom, Gas) | Transaktionsvolumen in Mrd. EUR | Anteil der Beteiligung in % | Abschluss |
|---|---|---|---|
| Lausitzer Braunkohle AG, BRD | 1,3 | 47,5 | 2000 |
| Vereinigte Energiewerke AG, BRD | | 32,5 | 2000 |
| Gelsenwasser AG, BRD | k.A. | 28,1 | 2000 |
| Rhenag AG, BRD | k.A. | - | 2001 |
| GASAG Berliner Gaswerke AG, BRD | k.A. | 12,0 | 2001 |
| EMB Erdgas Mark Brandenburg GmbH, BRD | k.A. | 44,9 | 2001 |
| Erdgas Schwaben GmbH, BRD | k.A. | 26,0 | 2001 |
| STEAG AG, BRD | k.A. | 14,8 | 2002 |
| BAWAG Bayerische Wasserkraftwerke AG, BRD | k.A. | 50,0 | 2002 |
| TOMAN Handels- und Beteiligungsges. mbH, BRD | k.A. | 100,0 | 2002 |
| Stadtwerke Leipzig, BRD | 0,199 | 40,0 | 2003 |
| Canadian CONSOL Activities, USA | k.A. | - | 2003 |
| Bergemann GmbH/Ruhrgas AG, BRD | 0,224 | 3,5 | 2003 |
| CONSOL Energy, USA | 0,873 | auf 0 | 2003/04 |
| Motor-Columbus AG, Schweiz | 0,269 | 20,0 | 2004 |
| Atel AG, Schweiz | | 1,2 | 2004 |
| Portugen S.A., Portugal | 0,205 | 100,0 | 2004 |
| Turbogas-Prod. Energetica, Portugal | | 75,0 | 2004 |
| STE | 0,073 | 35,0 | 2003 |
| ISKEN A.S., Türkei | k.A. | 25,0 | 2004 |
| Elettra GLL, Brescia, Italien | k.A. | 25,0 | 2004 |
| RWE Solutions BU Transfoermer, BRD | k.A. | 100,0 | 2004 |
| RWE Piller GmbH | k.A. | 100,0 | 2004 |
| RWE-Solutions-Gruppe, BRD | k.A. | 100,0 | 2006 |
| **Summe** | **3,143** | | |

Quelle: Q250, S. 49

#### 2.4.3.3 Unternehmensorganisation

RWE setzt vor allem auf ein *integriertes Geschäftsmodell*, d.h. der Konzern beabsichtigt, auf den wesentlichen Stufen der Energie-Wertschöpfung tätig zu sein. Dieser strategische Ansatz schlägt sich auch in der Organisationsstruktur des Konzerns nieder, die sich an den Funktionen Erzeugung, Beschaffung/Handel und Vertrieb orientiert. Bereits 2003 hatte RWE damit begonnen, die Transport- und Verteilernetze für Strom und Gas in rechtlich eigenständige Gesellschaften zu überführen und sie vom Vertrieb abzutrennen (Legal Unbundling).

Die Konzernumstrukturierung ist noch nicht abgeschlossen. Sechs Führungsgesellschaften waren Ende 2008 noch für das operative Geschäft zuständig und zwar wie folgt (vgl. Q254, S. 39):

- *RWE Power* beschäftigte sich mit der Stromerzeugung inklusive Braunkohleförderung.
- *RWE DEA* konzentrierte sich auf die Öl- und Gasförderung innerhalb und außerhalb Europas.
- *RWE Supply & Trading* zeichnete für den Handel von Strom, Gas, Kohle, Mineralöl sowie für die Beschaffung und den Transport von Gas verantwortlich.
- *RWE Energy* stellte die Vertriebs- und Netzgesellschaft für Kontinentaleuropa dar. Sie versorgte die Kunden mit Strom, Gas und Wasser.
- *RWE npower* fokussierte auf den britischen Markt und ist dort für die Stromerzeugung sowie den Strom- und Gasvertrieb zuständig.
- Seit Februar 2008 kümmerte sich die *RWE Innogy* um den Ausbau der Erneuerbaren Energien.

In den einzelnen Regionalmärkten Deutschlands stützt sich RWE unterhalb der Vertriebsholding RWE-Energy derzeit noch (siehe unten) auf folgende regionale Versorgungsunternehmen:

- Nordregion: RWE Westfalen-Weser-Ems AG (Sitz Dortmund)
- Zentralregion: RWE Rhein-Ruhr AG (Essen)
- Ost-Region: envia Mitteldeutsche Energie AG (Chemnitz)
- Südwest-Region: Süwag Energie AG (Frankfurt/M.)
- Westregion: VSE AG (Saarbrücken)
- Südregion: Lechwerke AG (Augsburg)

#### 2.4.3.4 Energiemix

Die RWE Power AG ist der wesentliche Stromerzeuger im RWE-Konzern. In Deutschland ist die Gesellschaft führend. Auch in Europa zählt sie zu den größten Stromproduzenten. In der Stromerzeugung stützt sich der Konzern auf einen breiten Mix von Energieträgern (vgl. Abb. 24).

*Abb. 24: Inländische Kraftwerkskapazitäten von RWE in 2008*

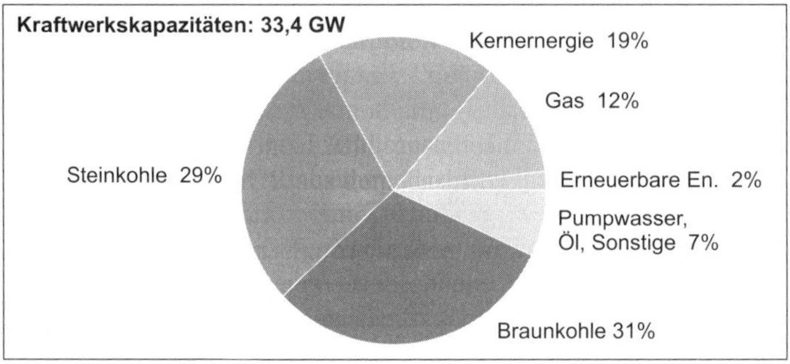


Quelle: Q254, S. 62

Bei den hierzulande installierten Kapazitäten ist die Kohlelastigkeit übermäßig stark ausgeprägt. Fast 60% der Leistung wird über den Einsatz dieser fossilen Energieträger bereitgestellt. Hinzu kommt Kernenergie mit einem fast 20-prozentigen Anteil.

RWE betreibt zudem Biomasse-Anlagen, ist an Windparks in der Nordsee beteiligt, setzt auf Wellenkraftwerke im Atlantik und erzeugt Elektrizität aus Sonnenenergie in Spanien. Der Kapazitätsanteil Erneuerbarer Energien ist mit gut 2% in Deutschland aber nach wie vor gering. Auch wenn man die nicht explizit ausgewiesene installierte Leistung aus den Pumpwasserkraftwerken hinzu zählt, ändert dies nicht allzu viel an dem Befund. Bezogen auf die Stromproduktion liegt mit 2,1% (inklusive Wasserkraftwerken) ebenfalls eine akzentuierte Untergewichtung Erneuerbarer Energien vor (vgl. Abschnitt 2.3.2.1).

### 2.4.3.5 Strategische Perspektiven

Nach der noch unter Vorstandschef Roels durchgeführten Konsolidierungs- und Orientierungsphase will das Unternehmen nun seine Position als eines der führenden europäischen Strom- und Gasunternehmen aktiv im Rahmen der „Strategie-Agenda 2012“ ausbauen (vgl. Q254, S. 32ff.). Stellvertretend für den aggressiveren Expansionskurs steht der *Wechsel in der Vorstandsetage* von Roels zu Großmann. Elemente dieser Strategie sind u.a.:

- Der angestrebte Wachstumskurs des Unternehmens stützt sich unter dem Kampagnennamen „voRWEg gehen“ auf organisches Wachstum in Märkten, in denen das Unternehmen bereits aktiv ist, auf Unternehmenskäufe in klar definierten Zielmärkten sowie auf Prozess- und Produktinnovationen. Mit Blick auf die Produktinnovationen wird die Gründung einer neuen Gesellschaft erwogen, welche das Geschäft mit den als zukunftsträchtig angesehenen Dienstleistungen rund um die Energieeffizienz in Haushalten, Unternehmen und Behörden vorantreiben soll (vgl. Q191, S. 17; Q220, S. 13). Hinsichtlich der Ausdehnung von Marktanteilen geht RWE zunehmend in die Offensive mit seinem Billigstromanbieter Eprimo. Nachdem das „Discount-Angebot" lange Zeit nur in der Hinterhand für ohnehin wechselwillige Kunden gehalten wurde, soll die strategische Aufwertung gegenüber der Premiummarke dazu beitragen, Kundenverluste einzudämmen (vgl. Q168). Mittlerweile hat Eprimo rund 450.000 Kunden gewonnen (vgl. Q186).

- Zum Bergen von Synergiepotenzialen, aber auch aufgrund des „Heimvorteils" will das Management seine Geschäfte weiterhin primär auf Nordwest-, Mittel- und Osteuropa fokussieren. Die Kernzielmärkte bleiben dabei Deutschland und Großbritannien. Die Aktivitäten außerhalb Deutschlands sollen aber an Bedeutung gewinnen, zumal ein weiteres Wachstum über Beteiligungen hierzulande ähnlich wie bei E.ON immer mehr an die Grenzen der Kartellbehörden stößt. Mit Blick auf dieses Auslandsengagement hat RWE-Chef Großmann deutlich gemacht, dass er sich bietende Chancen aggressiver nutzen werde als sein Vorgänger Roels (vgl. Q182). Trotz der gescheiterten Expansion in Russland gilt der russische Markt für RWE weiterhin als ebenso attraktiv wie der türkische Markt. Zuletzt hat sich der Essener Konzern die Übernahme der Erzeugungs- und Vertriebssparte des größten, auch in Belgien aktiven niederländischen Energieversorgers Essent auf die Fahnen geschrieben. Nach der Zustimmung der niederländischen Wirtschaftsministerin hat auch die EU-Kommission unter der Auflage zugestimmt, dass Essent seinen 51%-Anteil an den Bremer SWB als wichtigste Beteiligung in Deutschland verkauft (vgl. Q230, S. 15).
- Im Vertrieb verspricht sich das Unternehmen, durch Privatkundenverträge mit dreijähriger Festpreisgarantie und jährlichem Kündigungsrecht neue Abnehmer zu gewinnen. Zunächst wurde das Programm unter dem Kampagnennamen „Treueklima" aufgelegt und fand innerhalb eines Jahres gut eine halbe Millionen Kunden. Seit Ende 2008 wurde es ersetzt durch das Produkt „Proklima", das seinen Namen aus der $CO_2$-freien Erzeugung ableitet, letztlich aber neben Strom aus Wasserkraft auch aus Atomstrom produziert wird.
- Im Anschluss an die Liberalisierung der Energiemärkte in Deutschland hatte RWE seine Sachinvestitionen zunächst zurückgefahren, um Überkapazitäten vom Markt zu nehmen und somit Einfluss auf die Preisgestaltung zurückzugewinnen (vgl. allgemein zu dieser Strategie der großen Energieversorgungsunternehmen Q94, S. 117ff.). Nun aber sind im Zuge der Wachstumsstrategie massive Investitionen in die Energieinfrastruktur geplant. RWE muss zur Stärkung der Wettbewerbsposition in den nächsten Jahren mehr als die Hälfte seiner Kraftwerkskapazitäten erneuern. Auch bei den Netzen

stehen erhebliche Investitionen an. Neben Ersatzinvestitionen sollen aber auch Erweiterungsinvestitionen getätigt werden. Der RWE-Vorstand hat deshalb das größte Investitionsprogramm der Unternehmensgeschichte in Höhe von 33 Mrd. EUR im Zeitraum von 2008 bis 2012 beschlossen. Nach eigenen Angaben investiert RWE „in Deutschland so viel wie kein anderer privater Investor" (Q249, S. 5).

- Die vertikale Integration von Wertschöpfungsstufen bleibt ein strategischer Eckpfeiler. RWE sieht es als großen Vorteil an, vertikal aufgestellt zu sein. So gelinge es, Marktvolatilitäten auf den unterschiedlichen Erzeugungsstufen innerhalb der eigenen Wertschöpfungskette auszugleichen. Dies erklärt auch, weshalb RWE, anders als E.ON und Vattenfall, zumindest am Stromnetzbetrieb zwingend festhalten will.
- Die Verringerung der $CO_2$-Emissionen wird zur zentralen Aufgabe. Als einer der größten $CO_2$-Emittenten in Europa beklagt der Stromgigant eine regelmäßige Unterausstattung mit $CO_2$-Zertifikaten. Aus diesem Grund sind Vermeidungsmaßnahmen geplant. Im Rahmen des „Clean Development Mechanism" und der „Joint Implementation" sollen Klimaschutzprojekte außerhalb Westeuropas betrieben werden. Darüber hinaus sollen die Erneuerung des Kraftwerksparks, der Ausbau der Erneuerbaren Energien, die verstärkte Nutzung von KWK-Anlagen und die Fortentwicklung der CCS-Technologie einen Beitrag zur Verbesserung der $CO_2$-Bilanz des Unternehmens leisten. Zudem setzt RWE hierzulande seit geraumer Zeit auf eine Verlängerung der AKW-Laufzeiten. In Großbritannien, Bulgarien und Rumänien beteiligt sich das Unternehmen an dem Ausbau der Kernenergie.
- Bis 2012 sollen im Bereich der Erneuerbaren Energien jährlich 1 Mrd. EUR investiert werden (vgl. Q254, S. 39). Bei der installierten Leistung ist bis 2012 eine Verdreifachung von 1,5 GW auf 4,5 GW geplant. Wie bei E.ON handelt es sich gemessen an den Gesamtinvestitionen und dem bisherigen Ausbauniveau wiederum um einen eher bescheidenen Betrag.
- Aufgrund der Gas- und Kohlepreise rechnen die RWE-Verantwortlichen ohnehin damit, dass Steinkohle ein wesentlicher Träger des zukünftigen Energiemixes sein wird. Entsprechend richtet RWE seine Planungen an diesem Ziel aus und versucht das $CO_2$-freie Kohlekraftwerk bis 2020 zu realisieren (vgl. Roels 2007, S. 131ff.). Bis dahin sollen die derzeitigen und in Bau befindlichen RWE-Kraftwerksanlagen auch bei einer 100-prozentiger Auktionierung der $CO_2$-Zertifikate bei einem Preis von 30 EUR je Tonne profitabel sein (vgl. Q251, Folie 8).
- Mit dem Wechsel zu Großmann nimmt scheinbar auch der Rationalisierungsdruck zu. So verordnete sich das Management 2007 ein Effizienzsteigerungsprogramm bei dem bis 2012 über Kostensenkungen und Erlösstei-

gerungen das Jahresergebnis um 1,2 Mrd. EUR verbessert werden soll (vgl. Q254, S. 79).

In der Umsetzung der Strategie wird in der Presse insbesondere dem Vorstandsvorsitzenden Großmann eine *„Basta-Mentalität"* speziell im Umgang mit dem Aufsichtsrat nachgesagt (vgl. Q218). Darin wird auch ein Grund für den überraschenden Rücktritt des Vorsitzenden im Überwachungsgremium, Thomas Fischer, anlässlich der Hauptversammlung im April 2009 vermutet.

Innerhalb des Aufsichtsrates bröckelt inzwischen der Einfluss kommunaler Eigentümer. In der Spitze hielten diese vormals 37% der Aktien. Viele Kommunen haben sich aber mittlerweile von ihren Anteilen getrennt. Seit Anfang 2008 wird in der Presse darüber spekuliert, ob sie zusammen überhaupt noch über die Sperrminorität von 25% verfügen. Im Geschäftsbericht 2008 wird jedenfalls nur noch ein 15-prozentiger Anteil für die aus steuerlichen Gründen in der RWE-Beteiligungsgesellschaft gebündelten Aktien ausgewiesen. Weitere kommunale Anteile werden nicht mehr, wie noch zuvor, explizit angeführt. Nach einer Umfrage der Zeitung *Die Welt* unter rund 100 Kommunen ist aber spätestens ab 2010 vom Verlust der Sperrminorität auszugehen, weil mehrere Kommunen zeitlich befristete Wandelanleihen auf ihre RWE-Aktien herausgegeben hätten und ein Rückkauf der Anleihen durch die klammen Kommunen beim Auslaufen in 2010 unwahrscheinlich erscheint (vgl. Q167).

Der *Rückzug der Kommunen* bedeutet für die Geschäftsstrategie des Essener Energieriesen einerseits, dass die kostenträchtige Verteilung der Standorte, die bisher mit Rücksicht auf kommunale Interessen nicht ernsthaft angetastet wurde, zur Disposition steht. Das betrifft insbesondere die stark zersplitterten Regionalversorger, deren Organisation gestrafft und am Ende unter dem Dach einer Vertriebsgesellschaft zusammengefasst werden soll (vgl. Q191, S. 17). Im ersten Schritt ist vorgesehen, RWE Rhein-Ruhr und RWE Westfalen-Weser-Ems zu fusionieren. Zwar soll die Umstrukturierung ohne betriebsbedingte Kündigungen erfolgen, Standortverlagerungen bzw. -zusammenlegungen sind aber vorprogrammiert.

Andererseits fällt mit der kommunalen Sperrminorität auch ein Bollwerk gegen feindliche Übernahmen aus dem Ausland. So stand RWE beispielsweise früher schon einmal im Visier von Electrité de France. Der zuletzt vorgenommene Rückkauf von eigenen Aktien soll damit wohl auch als Abwehrmasse gegen Übernahmen dienen.

#### 2.4.3.6 Entwicklung ökonomischer Kennziffern

Auch RWE hat innerhalb des Konzerns massiv Personal abgebaut. Zwischen 2002 und 2007 verringerte sich die Zahl der Beschäftigten auf weniger als die Hälfte (vgl. Tab. 48). Dem stand eine Reduzierung des Personalaufwands um gut 47% entgegen, so dass der Personalkostenanteil je Beschäftigten (inkl. Arbeitgeberanteil für die Sozial- und Unfallversicherungen und sonstige freiwillige Sozialleistungen) um gut 9% zulegte. Da die Gesamtleistung von 2002 bis 2007 nur um 6% und die Wertschöpfung lediglich um gut 21% verfiel, gibt es zwei betriebswirtschaftliche Befunde:

1. ging die *Wertschöpfungsquote* bei RWE zurück. Dies aber erst ab 2005. Dadurch stieg, wie bei E.ON, die Vorleistungsquote.
2. stieg die Arbeitsproduktivität um gut 63%.

Aus beidem folgt, das schon für die ganze Elektrizitätsbranche und auch bei E.ON festgestellte Ergebnis einer *Wertschöpfungsumverteilung zu Lasten der abhängig Beschäftigten* bzw. zu Lasten der *Lohnquote.* Diese ist von 2002 bis 2007 von 56,7% auf 38%, also um 18,7 Prozentpunkte (!), zurückgegangen. Im Umkehrschluss stieg die *Gewinnquote* von 43,3% auf 62%. Im Jahr 2005 lag die Gewinnquote in Höhe von 52,2% unter der Branchengewinnquote von 56,1%, aber, wie bei E.ON, weit über der Gewinnquote der gesamten deutschen Wirtschaft. Die hohe Umverteilung auf Kosten der Arbeitnehmer manifestiert sich auch beim *Mehrwert je Beschäftigten.* Dieser erreichte im Jahr 2007 mit 100.515 EUR seinen Spitzenwert und lag um 38.030 EUR oberhalb der Personalkosten je Mitarbeiter.

Bei den in der Gewinnquote enthaltenen Wertschöpfungsgrößen (Zinsen, Miete/Pacht und Gewinn vor Steuern) ergaben sich innerhalb der „Kapitalfraktion" und bezogen auf den Staat die folgenden Verteilungsrelationen (vgl. Tab. 47): Vom gesamten kumulierten Mehrwert in den Jahren 2002 bis 2007 von gut 36 Mrd. EUR entfielen bei RWE auf *Zinszahlungen* 35,6%, auf *Mieten und Pachten* 5% und auf den *Gewinn* 59,5%. Der Staat beanspruchte vom gesamten Mehrwert für *Ertragsteuern* 23,1%, was bezogen auf den erwirtschafteten Gewinn eine Ertragsteuerquote von 38,9% impliziert. Diese ist wesentlich höher als bei E.ON mit 19,8%.

*Tab. 47: Kumulierte Mehrwertverteilungen nach Steuern von 2002 bis 2007 bei RWE*

| Kumulierte Mehrwertverteilungen nach Steuern (2002–2007) | in Mio. EUR | in % |
|---|---|---|
| Mehrwert | 36.150 | 100,0 |
| Zinsen | 12.853 | 35,6 |
| Miete/Pacht | 1799 | 5,0 |
| Gewinn vor Steuern | 21.498 | 59,5 |
| Ertragsteuern | (8.354) | (23,1) |
| Ertragsteuerquote | | 38,9 |

Quelle: Geschäftsberichte RWE, eigene Berechnungen

Die *Eigenkapitalrentabilitäten* fallen bei RWE besser aus als bei E.ON (vgl. Tab. 48). Nur im Jahr 2003 hat RWE mit 23,4% die 25%-Marke leicht verfehlt. Ansonsten bewegten sich die Renditen vor Steuern sogar über 30%. Selbst die Eigenkapitalrentabilitäten nach Ertragsteuern liegen seit 2004 bei rund 20%. Auch die *Profitrate* schwankt, ähnlich wie bei E.ON, zwischen Werten von 5,4% (niedrigster Wert 2005) und 7,7% (höchster Wert 2007). Auffallend ist bei RWE aber der starke Anstieg der *Kapitalintensität* im Verhältnis zur *Arbeitsproduktivität* ab 2005. Die Produktion bei RWE ist offensichtlich ab 2005 wesentlich kapitalintensiver geworden. Dies mag auch mit der neu geschaffenen Unter-

*Tab. 48: Betriebswirtschaftliche Daten RWE*

| RWE | 2002 | 2003 | 2004 | 2005 | 2006 | 2007 |
|---|---|---|---|---|---|---|
| Gesamtleistung (Mio. EUR) | 43.850 | 43.090 | 41.230 | 40.820 | 43.091 | 41.181 |
| Wertschöpfung (Mio. EUR) | 13.273 | 12.985 | 12.934 | 11.236 | 10.706 | 10.429 |
| Wertschöpfungsquote | 30,3% | 30,1% | 31,4% | 27,5% | 24,8% | 25,3% |
| Lohnsumme (Mio. EUR) | 7.527 | 7.530 | 6.122 | 5.370 | 4.900 | 3.964 |
| Personalkosten je Beschäftigt. (EUR) | 57.124 | 59.278 | 62.612 | 62.494 | 71.497 | 62.485 |
| Mehrwert je Beschäftigten (EUR) | 40.876 | 39.722 | 65.388 | 64.506 | 78.503 | 100.515 |
| Zinsen (Mio. EUR) | 2.632 | 2.878 | 2.485 | 1.685 | 2.035 | 1.138 |
| Miete/Pacht (Mio. EUR) | 392 | 454 | 392 | 353 | 114 | 94 |
| Gewinn vor St. (Mio. EUR) | 2.722 | 2.123 | 3.935 | 3.828 | 3.657 | 5.233 |
| Steuern (Mio. EUR) | 1.367 | 1.187 | 1.521 | 1.221 | 982 | 2.076 |
| Gewinn n. St. | 1.355 | 936 | 2.414 | 2.607 | 2.675 | 3.157 |
| Eigenkapital (Mio. EUR) | 8.924 | 9.065 | 11.193 | 13.117 | 14.111 | 14.918 |
| Eigenkapitalrendite vor St | 30,5% | 23,4% | 35,2% | 29,2% | 25,9% | 35,1% |
| Eigenkapitalrendite nach St | 15,2% | 10,3% | 21,6% | 19,9% | 19,0% | 21,2% |
| Lohnquote | 56,7% | 58,0% | 47,3% | 47,8% | 45,8% | 38,0% |
| Gewinnquote vor St. (Gewinn, Zins, Miete/Pacht) | 43,3% | 42,0% | 52,7% | 52,2% | 54,2% | 62,0% |
| Gewinnausschüttungen (Mio. EUR) | 838 | 895 | 939 | 1.070 | 1.208 | 2.199 |
| Finanzanlagen (Mio. EUR) | 9.280 | 6.778 | 5.887 | 4.459 | 3.955 | 3.432 |
| Gesamtkapital (Mio. EUR) | 100.273 | 99.142 | 93.370 | 108.122 | 93.455 | 83.631 |
| Finanzanlagenquote | 9,3% | 6,8% | 6,3% | 4,1% | 4,2% | 4,1% |
| Cash-Flow (Mio. EUR) | 5.933 | 5.289 | 4.928 | 5.304 | 6.783 | 6.085 |
| Sachinvestitionen (Mio.EUR) | 4.095 | 4.362 | 3.429 | 3.667 | 4.494 | 4.065 |
| FreierCash-Flow (Mio. EUR) | 1.838 | 927 | 1.499 | 1.637 | 2.289 | 2.020 |
| Innenfinanzierungsquote | 144,9% | 121,3% | 143,7% | 144,6% | 150,9% | 149,7% |
| Beschäftigte | 131.765 | 127.028 | 97.777 | 85.928 | 68.534 | 63.439 |
| Arbeitsproduktivität (EUR) | 100.732 | 102.221 | 132.281 | 130.760 | 156.214 | 164.394 |
| Kapitalintensität (EUR) Gesamtkapitaleinsatz | 760.999 | 780.474 | 954.928 | 1.258.286 | 1.363.630 | 1.318.290 |
| Profitrate vor St. (Mehrwert : Gesamtkapital) | 5,7% | 5,5% | 7,3% | 5,4% | 6,2% | 7,7% |

Quelle: Geschäftsberichte RWE, eigene Berechnungen

nehmensperformance zusammenhängen. Diese verschlechterte Relation konnte aber durch eine *Umverteilung der Wertschöpfung zur Gewinnquote* weit überkompensiert werden.

Die *Gewinnausschüttungen* an die Shareholder beliefen sich, bei einer nur geringen Eigenkapitalquote in Höhe von 17,8% (2007), im Beobachtungszeitraum auf gut 7,1 Mrd. EUR. Dies waren bezogen auf die versteuerten Gewinne 54,2%. Der Cashflow und seine Verwendung bezüglich der getätigten *Sachinvestitionen* zeigt bei RWE eine *Innenfinanzierungsquote* von weit über 140% (mit Ausnahme des Jahres 2003: 121,3%). Der *freie Cashflow* lag kumuliert im Untersuchungszeitraum bei gut 10,2 Mrd. EUR.[77] Trotzdem gingen die Finanzanlagen zurück. Die *Finanzanlagenquote* reduzierte sich von 9,3% im Jahr 2002 auf 4,1% im Jahr 2007. Offensichtlich hielt man die Überschussliquidität für potenzielle Unternehmens- und Beteiligungsaufkäufe zurück. Dies wird ein paar Rentabilitätspunkte gekostet haben.

Auch in 2008 verzeichnete der Konzern ein glänzendes Geschäftsjahr. Die operative Ertraglage hat sich gegenüber dem Vorjahr nochmals verbessert, das Ergebnis vor Zinsen, Steuern und Abschreibungen (EBITDA) legte um 5% zu. Die Dividende erreichte Rekordniveau. Allmählich zeigen sich im Zuge der Wirtschaftskrise allerdings erste Dynamikverluste. Insbesondere brach im ersten Quartal 2009 der Absatz an Industriekunden um 10% ein. Gleichwohl waren nicht wie bei E.ON nennenswerte Ergebnisverschlechterungen zu verzeichnen, zumal mit vielen Industriekunden „Take-or-pay-Verträge" abgeschlossen wurden, bei denen die vereinbarten Strommengen selbst dann zu bezahlen sind, wenn sie nicht abgenommen werden (vgl. Q222). Darüber hinaus leidet der Essener Konzern – anders als Branchenführer E.ON – zumindest bislang nicht unter den Folgelasten seiner internationalen Expansion.

#### 2.4.3.7 Zusammenfassende Beurteilung

Ähnlich wie E.ON hatte sich RWE zu Beginn des Jahrzehnts eine Multi-Utility-Ausrichtung auf die Fahnen geschrieben. Neben der Energie- und Gasversorgung sollten das Wasser- und das Abfall- bzw. Recyclinggeschäft zu den vier tragenden Säulen des Konzerns werden. Insbesondere von der Wassersparte erhoffte man sich einen nachhaltigen Ergebnisbeitrag.

Rückblickend musste der Konzern aber schon ab etwa 2002 feststellen, dass er sich strategisch übernommen hatte, zumal die hohen Finanzierungskosten sowie Firmenwertabschreibungen das Ergebnis erheblich verhagelten. Mit dem

---

77 RWE hat schon immer Geld im Überfluss besessen. Hier sei nur an den schon längst vergessenen spektakulären Aufkauf der gesamten *Deutschen Texaco AG* im Jahr 1988 erinnert. RWE konnte den Kaufpreis von 2 Mrd. DM voll aus dem Cashflow finanzieren (vgl. Bontrup 1988).

Wechsel an der Vorstandsspitze im März 2002 zu Harry Roels verabschiedete sich das Essener Unternehmen konsequenter Weise von seiner Multi-Utility-Strategie. Der Abbau der Schulden genoss nun höchste Priorität. Zugleich trennte sich der Konzern von der Wasser- und der Entsorgungssparte.

Abgesehen von den restlichen American-Water-Anteilen, deren Verkauf sich als schwierig gestaltet, ist der Wandel zum „fokussierten Energieversorger" damit vollzogen. Das Kerngeschäft konzentriert sich nun auf den Bereich Strom und Gas. Dabei wird die Integration aller Wertschöpfungsstufen als ein wesentlicher strategischer Vorteil angesehen. Darüber hinaus beschränkt sich der Stromriese auf die Bedienung klar definierter Märkte: Deutschland, Großbritannien und Zentralosteuropa stellen das Hauptbetätigungsfeld dar, wobei die internationalen Aktivitäten an Bedeutung gewinnen sollen. Der Einzug in den russischen Markt gilt als interessant, will aber nicht recht gelingen.

Nach einer Konsolidierungsphase hat das Management unter der neuen Führung von Großmann mit der „Strategie-Agenda 2012" einen aggressiveren Wachstumskurs eingeschlagen. Dabei stehen Unternehmenskäufe in den Zielmärkten ebenso auf der Tagesordnung wie Innovationen – beispielsweise in Form neuer Energiedienstleistungen – und ein organisches Wachstum. Im Zuge des Wachstums sind zugleich noch Investitionen in Höhe von 25 Mrd. EUR vorgesehen. Als besonders Problem wird angesichts des Zertifikatehandels die Kohlelastigkeit in der Stromerzeugung angesehen.

Neben effizienteren Kraftwerken und der CCS-Technologie sollen auch die Erneuerbaren Energien einen Beitrag zur $CO_2$-Minderung leisten. Die geplanten Ausgaben von jährlich 1 Mrd. EUR bis 2012 sollen die installierten Leistungen auf 4,5 GW verdreifachen. Gleichwohl bleibt damit auch RWE in seinen Bemühungen um eine ökologische Erzeugungsstruktur recht bescheiden.

Der betriebwirtschaftliche Erfolg des Unternehmens kann sich mehr als sehen lassen. Die Eigenkapitalrentabilitäten fallen sogar noch besser aus als bei E.ON. Vor Steuerabzug schwankten sie im Beobachtungszeitraum zwischen knapp 25% und 35%. Auch gegenwärtig erweist sich der Essener Konzern als krisenfester als der Konkurrent aus Düsseldorf. Unter den vom betriebswirtschaftlichen Ergebnis begünstigten Shareholdern haben sich aber die Kommunen in letzter Zeit stark zurückgezogen, so dass das Fallen ihrer Sperrminorität zumindest naht.

Erwirtschaftet wurde die Gewinndynamik durch einen deutlichen Produktivitätsschub. Eine durch die Konzentration auf das Kerngeschäft ausgelöste Verringerung der Wertschöpfung um 21% ging einher mit einer Minderbeschäftigung von 52%. Beim Arbeitsplatzabbau überlagerten sich hier die Lösung von Randgeschäften und ein eher Arbeitsplatz schaffender Ausbau des Kerngeschäfts.

### *2.4.4 EnBW AG*

#### 2.4.4.1 Entstehungsgeschichte

Mit der Verschmelzung der beiden, überwiegend im öffentlichen Besitz befindlichen Unternehmen Badenwerk Holding AG und Energie-Versorgung Schwaben Holding AG (EVS) entstand zum 1. Januar 1997 die Energie Baden-Württemberg AG, kurz EnBW, mit Hauptsitz in Karlsruhe. EnBW stützte sich damals auf fast 13.000 Mitarbeiter und wies einen Umsatz von rund 8,3 Mrd. DM auf.

Der neu geschaffene Energieversorger war nach eigenen Angaben bereits essentiell durch Erfordernisse der Liberalisierung des Energiemarkts geprägt. Die Kompetenzen Erzeugung, Übertragung und Verteilung wurden entsprechend der Vorgaben der EU-Elektrizitätsrichtlinie in den Gesellschaften EnBW Energie-Vertriebsgesellschaft mbH, die EnBW Gesellschaft für Stromhandel mbH, die EnBW Transportnetze AG und die ENBW Kraftwerke AG konzentriert und voneinander getrennt. Die EVS AG und die Badenwerk AG blieben als Regionalverteiler bis 1999 erhalten (und wurden dann zur EnBW Regional AG zusammengefasst).

Anfang 2000 wurde eine enge Zusammenarbeit mit den Neckarwerken Stuttgart AG vereinbart, die zuvor am 1. Januar 1997 aus der Neckarwerke Elektrizitätsversorgungs AG und den Technischen Werken der Stadt Stuttgart AG hervorgingen. Am 1. Oktober 2003 mündete die Kooperation beider Unternehmen in einem Zusammenschluss.

Nachdem das *Land Baden-Württemberg* im Jahr 2000 seine knapp über 25-prozentige EnBW-Beteiligung an die *Electricité de France (EdF)* abgestoßen hatte, zählte der französische Anbieter zu den Hauptaktionären. Später zog sich auch die *Stadt Stuttgart* aus dem Konzern zurück. Verblieben ist neben EdF im Wesentlichen ein Zusammenschluss von neun Landkreisen im Zweckverband „Oberschwäbischen Elektrizitätswerke" (OEW). Der Einstieg der EdF wurde von den ehemaligen öffentlichen Eigentümern nur unter der Bedingung einer formalen, in einem Konsortialvertrag festgehaltenen Gleichberechtigung mit der OEW zugelassen. EdF und OEW halten so mittlerweile jeweils 45,01%. Dabei hat die EdF im bis Ende 2011 laufenden Konsortialvertrag die Verantwortung für die unternehmerische Führung.

#### 2.4.4.2 Entwicklung der Unternehmensstrategie

Zu Beginn der neu geschaffenen Gesellschaft zählte über das Energiegeschäft (Strom, Gas, Fernwärme) hinaus noch Entsorgung (vor allem U-plus Umweltservice AG), Telekommunikation (tesion Communicationsnetze Süd-West GmbH & Co.), Verkehr sowie Industrie und Services zu den Geschäftsfeldern. Diese Aktivitäten befanden sich größtenteils noch im Aufbau. Dennoch war die EnBW-

Maxime, dem Kunden bei der Versorgung und Entsorgung möglichst alles „aus einer Hand anzubieten“ (EnBW-Vorstand Bozem zitiert in Q118, S. 22). Laut Geschäftsbericht 1999 gab EnBW

> „mit der *Tochter Yello Strom* GmbH (...) den Startschuss für den Wettbewerb im Privatkundenmarkt und revolutionierte mit dem ersten nationalen Markenstrom den deutschen Energiemarkt.“ (Q55, S. 10)

Die Stromaktivitäten wurden durch den Aufbau eines europaweiten Vertriebsnetzes sowie einem Callcenter für Kundenfragen (rund 300 Mitarbeiter) abgerundet. Oberstes Ziel der Expansionsstrategie war es, durch „Billigstrom“ in Deutschland Marktanteile zu gewinnen. Die überregionale Vertriebstochter Yello Strom musste jedoch bis Mitte 2003 zunächst rund 500 Mio. EUR *Verluste* hinnehmen. Für diese negativen Ergebnisse machte die EnBW-Führung immer wieder Durchleitungshindernisse und zu hohe Durchleitungsentgelte anderer Netzbetreiber verantwortlich. Diese Klagen bestätigen nochmals die Umsetzungsdefizite in der ersten Liberalisierungsphase.

Unter Hinweis auf die strategische Partnerschaft mit dem französischen Stromunternehmen EdF wurde zudem die Bedeutung der Auslandsmärkte betont:

> „Der Energiewettbewerb hat längst die Fesseln nationaler Grenzen gesprengt, und die EnBW wird die Chancen dieses europäischen Wettbewerbs als aktiver Mitgestalter und als Partner in strategischen Allianzen nutzen“ (EnBW-Vorstandsvorsitzender Goll in einer Pressekonferenz zitiert in Q117, S. 19)

zumal bei „national stagnierenden Strommärkten (...) Auslandsmärkte zu erobern“ sind (EnBW-Vorstand Karlheinz Bozem zitiert in Q118, S. 22).

Für das Unternehmensgeschäft in den kommenden Jahren prägender wurden jedoch *Akquisitionen* von nicht den Kerngeschäftsbereichen zuzurechnenden Unternehmen wie die *Salamander AG* (2000) und der Erwerb der Mehrheit an der *GegenbauerBosse Gruppe* (2001). Durch die Konsolidierung der neuen Erwerbungen verdoppelte sich die Anzahl der Beschäftigten bei EnBW auf fast 34.000.

Bei Salamander interessierte EnBW nach Aussagen des Managements nicht vorrangig das ergebnisschwache Schuhgeschäft. Im Fokus standen vielmehr die Tochtergesellschaften Deutsche Industriewartung mit rund 5.500 Mitarbeitern sowie Europas größter Parkhausbetreiber Apcoa AG. Die Sanierung des Schuhgeschäfts erwies sich aber als weitaus schwieriger als erwartet. Angesichts der Verfehlung der strategischen Ziele wurde bereits 2002 an einen Verkauf der Akquisitionen nachgedacht. Die Trennung von Salamander wurde dann in den folgenden Jahren schrittweise umgesetzt.

Dies war aber nur der Auftakt für eine umgehende Sanierung und den Umbau der EnBW. In der ökonomisch schwierigen Phase des Unternehmens wurde mit dieser Aufgabe im Jahre 2002 Utz Claasen als neuer Vorstandsvorsitzender zusammen mit weiteren neuen Mitgliedern im Vorstand betraut.

Bis Februar 2004 wurden *86 EnBW-Gesellschaften* verkauft, verschmolzen oder geschlossen. Vor allem beendete das Unternehmen das überaus verlustträchtige Thermoselect-Vorhaben in der Müllverbrennung. Im Zuge der diversen Verkäufe und eines Ergebnisverbesserungsprogramms fand zugleich ein *Arbeitsplatzabbau* in Höhe von rund 14.800 Beschäftigten statt.

Von den Restrukturierungen blieb auch die *Energiesparte* nicht verschont. Der geplante Abbau von Personal (rund ein Drittel der 13.000 Beschäftigten wäre betroffen gewesen) sowie übertariflicher Leistungen (Altersversorgung, Weihnachtsgeld, Erschwerniszulage und Erfolgsbeteiligungen) im Rahmen des *„Top-Fit-Programms"* lösten erhebliche Konflikte mit den Arbeitnehmervertretern aus (vgl. Q141, S. 16; Q142, S. 1). Nach langwierigen Verhandlungen konnte letztendlich eine Einigung auf ein Streichen von bis zu 2.140 Arbeitsplätzen ohne betriebsbedingte Kündigungen bis 2009 sowie vor allem auf eine Verringerung der Arbeitszeit von zwei Stunden auf 36 Stunden je Woche („Viereinhalb-Tage-Woche") erzielt werden. Statt einer Vielzahl von Sonderzahlungen wurde ab 2007 einheitlich ein tariflich gesichertes Weihnachtsgeld in Höhe einer Monatsvergütung gezahlt.

Bis zum Jahre 2006 sollte das Paket zu einer Verringerung der Personalkosten um 337 Mio. EUR beitragen (vgl. Q144, S. 12). Durch die Personalmaßnahmen sowie den Verkauf verlustbringender Gesellschaften und Bereiche schrieb EnBW in den Folgejahren wieder schwarze Zahlen.

Strategisch konzentrierte sich EnBW damit in der Folgezeit auf das Strom- und Gasgeschäft sowie Energie- und Umweltdienstleistungen. Zahlreiche Beteiligungen an Stadt- und Kraftwerken vorrangig im Stammland Baden-Württemberg, vereinzelt aber auch außerhalb (wie z.B. an den Stadtwerke Düsseldorf AG, an der DREWAG-Stadtwerke Dresden GmbH oder der ENSO Energie Sachsen Ost AG) stützen dabei die Position des Konzerns als drittgrößtes EVU in Deutschland mit sechs Mio. Kunden, einem Stromabsatz von 130,5 TWh, einem Gasabsatz von fast 70 TWh und derzeit über 20.000 Mitarbeitern. Auf Unzulänglichkeiten des EnBW-Managements scheinen allerdings die gespannten Beziehungen zwischen EnBW und denjenigen Stadtwerken hinzuweisen, bei denen sich das Karlsruher Unternehmen engagierte. Vor allem die Mehrheitsbeteiligung an den Düsseldorfer Stadtwerken verlief ausgesprochen spannungsvoll.

Trotz der vor gut einem Jahrzehnt erfolgten Ankündigung fand eine Internationalisierung bei EnBW nur im Ansatz statt. Fast 90% des Konzernumsatzes wird in Deutschland erwirtschaftet. In Kooperation mit EdF ist das Unternehmen im Ausland primär in der Schweiz, Tschechien, Ungarn, Österreich und Polen aktiv. Dabei bleibt allerdings unklar, ob diese strategische Zurückhaltung im Auslandsgeschäft nicht auch an Vorgaben des französischen Gesellschafters liegen könnte. Zudem setzt auch der andere Hauptgesellschafter, die OEW, eher regionale Prioritäten.

Angesichts der Vorstellungen des Gesellschafterkreises sowie der anfänglichen Rahmenbedingungen ist die Amtszeit des Vorstandsvorsitzenden Claasen zwiespältig zu beurteilen. Trotz dreimaliger Rekordergebnisse in Folge resümierte indessen der französische Großaktionär EdF im Sommer 2007 eindeutig:

> „Unter dem Strich folgte die Entwicklung des EnBW-Konzerns keinem erkennbaren strategischen Konzept. Politik, Großkunden und Presse fragten sich zunehmend, welche Ideen Claasen für das Unternehmen überhaupt verfolge." (Q151, S. 11)

Bei Verkäufen wie der Österreichische Elektrizitätswirtschafts-AG und dem Parkhausbetreiber Apcoa seien zudem strategisch falsche Entscheidungen getroffen oder finanziell nicht optimale Ergebnisse erzielt worden (vgl. Q150).

Vor allem habe der Vorstandsvorsitzende Claassen im Unternehmen eine *„Kultur des Misstrauens und der Intrige"* entstehen lassen. Viele Mitarbeiter hätten innerlich gekündigt (vgl. Q151, S. 11). Da auch die OEW bereits früher deutliche Kritik an der „Rambo-Mentalität" und dem „Regiment nach Gutsherrenart" geäußert hatte (vgl. Q145, S. 16), war eine weitere Zusammenarbeit mit Claasen nicht erwünscht. Er wurde im Oktober 2007 von dem ehemaligen E.ON-Manager Hans-Peter Villis abgelöst.

#### 2.4.4.3 Unternehmensorganisation

Die zentrale Leitung des Konzerns in Form der strategischen und operativen Steuerung wird von der EnBW AG ausgeübt (vgl. Q58, S. 34ff.). In der Organisation spiegelt sich im Wesentlichen die vertikale Integration der Wertschöpfungsstufen im Strom- und Gasbereich wider.

Die Stromerzeugung obliegt vorrangig der *EnBW Kraftwerke AG*, wobei die Betriebsführung der Kernkraftwerke von der *ENBW Kernkraft GmbH* übernommen wird. Die Ende 2008 gegründete *EnBW Renewables GmbH* hat die Aufgabe den Ausbau der Erneuerbaren Energien voranzutreiben. Den Stromhandel und die -beschaffung, aber auch den Bezug von Primärenergieträgern und das damit verbundene Risikocontrolling koordiniert die *EnBW Trading GmbH,* während das Transportnetz von der *EnBW Transportnetz AG* und das Verteilernetz durch die *EnBW Regional AG* betreut werden. Für den Stromvertrieb sorgen die *EnBW Vertriebs- und Servicegesellschaft mbH* sowie die *Yello Strom GmbH.*

Im Gasgeschäft sind ebenfalls mehrere Gesellschaften längs der Wertschöpfungskette von Handel und Beschaffung über Transport und Verteilung bis hin zum Vertrieb aufgestellt, wobei die Yello Strom GmbH im Rahmen eines Pilotprojekts Gas in Kombination mit einem Sparzähler an Privatkunden in Esslingen und Nürnberg verkauft.

Querschnittsfunktionen nehmen innerhalb des Konzerns die *EnBW Energy Solutions GmbH* und die *EnBW Systeme Infrastruktur Support GmbH* wahr. Erstere erbringt für Industriekunden im Rahmen von Contracting-Angeboten energienahe Dienstleistungen, wie etwa die Durchführung von KWK-Projekten, aber sie übernimmt auch die Betreuung von Medieninfrastrukturen. Letztere versteht sich als konzerninterne Supportgesellschaft.

#### 2.4.4.4 Energiemix

EnBW verfügt unter Berücksichtigung von langfristigen Bezugsverträgen und teileigenen Kraftwerken in der Stromerzeugung über eine installierte Leistung im Umfang von 15 GW (vgl. Abb. 25). Dabei ist der Anteil der *Kernkraft* mit 32% auffällig hoch. Im Bundesdurchschnitt beträgt dieser Wert nur 17% (vgl. Abb. 16). Auf der anderen Seite zeichnet sich die Erzeugungsstruktur durch einen vergleichsweise hohen Wert bei den Erneuerbaren Energien aus: Die Kapazitäten aus Laufwasser-, Speicherkraftwerken und sonstigen Erneuerbaren Energien belaufen sich auf 24%. Einen herausragenden Stellenwert nimmt dabei aber die Stromgewinnung auf Wasserkraftbasis ein. Allein in Baden-Württemberg werden 37 Laufwasserkraftwerke und zwei Pumpspeicherkraftwerke unterhalten. Für die anderen regenerativen Energien wird hingegen gerade mal ein Anteil von 1% an den installierten Leistungen ausgewiesen. Bezogen auf die Stromerzeugung verbleiben nach der IÖW-Studie sogar nur 0,1% (vgl. Abschnitt 2.3.2.1).

*Abb. 25: Inländische Kraftwerkskapazitäten von EnBW in 2008*

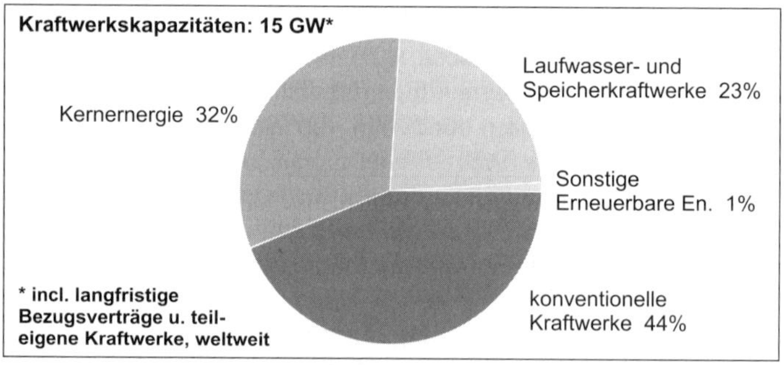


Quelle: Q303, S. 22

#### 2.4.4.5 Strategische Perspektiven

Die Zielsetzung der zukünftigen Strategie lässt sich durch folgende Bausteine beschreiben (vgl. Q58, S. 41ff.):

- Im Inlandsgeschäft soll die erreichte Position über eine hohe Kundenzufriedenheit gesichert werden, zugleich gilt es aber auch, sich bietende Wachstumschancen konsequent zu nutzen.
- Im europäischen Ausland beabsichtigt das Unternehmen „fokussiert" zu expandieren.
- Klimaschutz stellt im Konzern eine wichtige Aufgabe dar, was auch durch die Gründung der EnBW Renewables GmbH dokumentiert wird. Bis 2020 soll der Anteil der Erneuerbaren Energien an der Eigenerzeugung auf 20% erhöht werden.

Zur Erreichung der Ziele sind im Zeitraum von 2008 bis 2012 Investitionen in Höhe von 7,7 Mrd. EUR geplant. Davon entfallen 5,5 Mrd. EUR auf *Sachinvestitionen*, die mit 4,3 Mrd. EUR dem Strombereich zugute kommen sollen. Derzeit befindet sich in Karlsruhe bereits ein modernes Steinkohlekraftwerk mit einer Leistung von 900 MW im Bau. Darüber hinaus soll ein Wasserkraftwerk in Rheinfelden mit einer Leistung von 100 MW entstehen. Nach Konzernangaben handelt es sich hierzulande um das größte Bauprojekt im Bereich Erneuerbarer Energien.

Die restlichen 2,2 Mrd. EUR sollen für *Finanzinvestitionen* eingesetzt werden, wobei ein Schwerpunkt die beabsichtigte Beteiligung an der norddeutschen EWE AG bildet. Anders als E.ON und RWE sieht der baden-württembergische Versorger national für sich offenbar noch weiteren Spielraum für eine Expansion. Kämpferisch wird im Geschäftsbericht 2008 sogar angekündigt:

> „Im Konsolidierungsprozess der deutschen Stadtwerke werden wir die Chancen für weitere Akquisitionen und Beteiligungen nutzen. Die EnBW strebt bei ihren Beteiligungen mittelfristig die unternehmerische Führung an." (Q58, S. 17)

Die angekündigte Überprüfung der Beteiligungen an der Mannheimer MVV und der österreichischen EVN steht dazu nicht unbedingt im Widerspruch, da EnBW hier keine Führungsrolle innehat und die Beteiligung somit strategisch weniger wertvoll erscheint. Darüber hinaus wird der Erwerb bestehender Erzeugungsanlagen angestrebt. Dazu passt, dass das EVU im Mai 2009 Anteile an Kohlekraftwerken von E.ON erstand, welche die Manager aus Düsseldorf wegen des Kartellrechtsverfahrens der EU-Kommission abstoßen mussten. Überdies werden Auslandsengagements in Mittel- und Osteuropa erwogen, wobei hier offenbar die *Türkei* als interessanter Markt entdeckt wurde.

Derzeit gelten im Unternehmen 65% der Stromeigenerzeugung als $CO_2$-frei. Angesichts des hohen Atomstromanteils ergeben sich beim lediglich ja wohl nur verlängerten Ausstieg aus der Kernenergie jedoch auf lange Sicht enorme Herausforderungen. Die *Erneuerbaren Energien* sollen hier einen Beitrag leisten und 2020 etwa 20% zur Eigenerzeugung beitragen. Neben dem Wasserkraftwerk in Rheinfelden hat sich das EVU in diesem Kontext am Aufbau von vier *Off-*

*shore-Windparks* in der Nord- bzw. Ostsee beteiligt, die eine Gesamtleistung von über 1000 MW vorweisen sollen. Zur Finanzierung von Investitionen in ökologische Anlagen sind für den Zeitraum 2009 bis 2011 von dem für den Strombereich vorgesehenen Gesamtvolumen von insgesamt 4,3 Mrd. EUR zunächst 1,1 Mrd. EUR reserviert. Diese Relationen wirken mit Blick auf das Klimaziel einerseits verhältnismäßig ambitionierter als bei E.ON und RWE. Andererseits wird unter Berücksichtigung von Beteiligungen und langfristigen Bezugsverträgen bereits jetzt der Anteil der Erneuerbaren Energien an der installierten Leistung mit 24% beziffert, wodurch sich die langfristige Zielsetzung des Unternehmens bis 2020 relativiert.

An der Erschließung von unterschiedlichen Kundengruppen im Stromvertrieb über eine Mehrmarkenstrategie soll weiter festgehalten werden. „Yello Strom“ operiert als bundesweit aktiver Billigstromanbieter mit inzwischen 1,5 Mio. Kunden (vgl. Q186), „Natur-Energie“ vermarktet im Bundesgebiet Ökostrom und unter dem Namen „Watt“ werden mittelständische Unternehmen und Filialkunden versorgt. Der Heimatmarkt Baden-Württemberg wird unter dem Markennamen „EnBW“ versorgt.

Als wichtiges Standbein in der Strategie sollen zukünftig auch die Energie- und Umweltdienstleistungen verankert werden. Hierin werden noch Wachstumspotenziale gesehen. In Privathaushalten bietet das Unternehmen intelligente Strom- und Gaszähler an. Bei den Industriekunden und öffentlichen Haushalten werden gute Chancen im Bereich komplexer Contracting-Modelle und der kombinierten Erzeugung von Wärme und Strom gesehen.

Abgerundet wird der Weg in die Zukunft durch das Programm „Impuls – gemeinsam besser“. Über das Etablieren einer Kultur der ständigen Suche nach Verbesserungsmöglichkeiten sollen Effizienzreserven geborgen werden.

Ende 2011 wird der Konsortialvertrag zwischen der EdF und den OEW auslaufen, der bislang eine gleichberechtigte Teilhabe am Unternehmen garantiert. Zwischenzeitliche Versuche der EdF auch formal die Aktienmehrheit zu erhalten, sind zwar gescheitert, deuten aber an, dass der französische Stromgigant erneut nach einem Übergewicht streben wird. Inwieweit die Landkreise dann einem lukrativen Angebot widerstehen können, ist ebenso offen, wie die Frage, welche Auswirkungen ein solcher Wechsel in der Eigentümerstruktur auf die Unternehmensstrategie und -kultur haben wird.

### 2.4.4.6 Entwicklung ökonomischer Kennziffern

EnBW verzeichnete ab 2004 im Vergleich zu 2002 einen drastischen *Personalabbau* um 49,7% (vgl. Tab. 50). Hintergrund war im Wesentlichen die zuvor beschriebene Trennung von Nicht-Kernbereichen. Sowohl durch den Anstieg der Gesamtleistung als auch der Wertschöpfung stieg so im Ergebnis zwischen 2002 und 2007 die *Arbeitsproduktivität* um 185% (!) (im Vergleich: E.ON 63,8%, RWE 63,2% und Vattenfall 77,9%). Auch die *Kapitalintensität* legte um 142,4% zu. Da außerdem die *Lohn- und Gehaltssumme* um 10,6% sank, erzielte EnBW – nach RWE – ab 2004 die zweithöchste *Eigenkapitalrendite* vor und nach Steuern. Gleichzeitig ging von allen „Big-4" die *Lohnquote* bei EnBW am stärksten zurück, von 74,1% (2002) auf 43,7% (2007), also um 30,4 Prozentpunkte!

Anhand der betriebswirtschaftlichen Daten zeigt sich ein eindeutiger Befund: Bei EnBW wurden im Zuge des „Abspeckens" hervorragende wirtschaftliche Ergebnisse erzielt, ohne die Beschäftigten daran angemessen zu beteiligen. Der Zuwachs wurde letztlich zu Lasten der abhängig Beschäftigten – und dies im Vergleich zu den drei Hauptkonkurrenten sogar *am schärfsten* – umverteilt. Der einzige „Trost" für die bei EnBW verbliebenen Beschäftigten: Da die Lohn- und Gehaltssumme im Vergleich zum Beschäftigungsabbau mit 10,6% wesentlich geringer zurückging, stieg das *Pro-Kopf-Einkommen der Beschäftigten* von jahresdurchschnittlich 42.882 EUR (2002) auf 72.004 EUR (2007) um 67,9%! Damit fällt von allen „Big-4" bei EnBW das Pro-Kopf-Einkommen am höchsten aus. Trotzdem wurden auch beim *Mehrwert je Beschäftigten*, mit Ausnahme des Jahres 2003, höchste Werte realisiert. Im Jahr 2007 waren es fast 89.000 EUR.

Bezogen auf die kumulierte *Mehrwertverteilung* zwischen 2002 und 2007 entfielen vom gesamten Mehrwert in Höhe von gut 6,8 Mrd. EUR 54,5% auf den Gewinn vor Steuern (vgl. Tab. 49). Auffallend hoch ist hier mit 40% die *Partizipation der Zinsempfänger* am Mehrwert. Wie bei RWE liegt auch bei EnBW eine hohe verzinsliche *Fremdkapitalbeteiligung* vor. Die staatliche Partizipation lag bei 16,7%. Die *Eigenkapitalquote* betrug 2007 gut 21%.

Die *Gewinnausschüttungen* an die Shareholder betrugen bei EnBW zwischen 2002 und 2007 knapp 1,3 Mrd. EUR. Dies waren vom versteuerten Gewinn 50,4%. Betrachtet man den *Cashflow* und seine Verwendung bezüglich der getätigten *Sachinvestitionen*, so erzielte EnBW mit Ausnahme des Jahres 2002

*Tab. 49: Kumulierte Mehrwertverteilungen nach Steuern von 2002 bis 2007 bei EnBW*

| Kumulierte Mehrwertverteilungen nach Steuern (2002–2007) | in Mio. EUR | in % |
|---|---|---|
| Mehrwert | 6.810 | 100,0 |
| Zinsen | 2.726 | 40,0 |
| Miete/Pacht | 373 | 5,5 |
| Gewinn vor Steuern | 3.711 | 54,5 |
| Ertragsteuern | (1.134) | (16,7) |
| Ertragsteuerquote | | 30,6 |

Quelle: Geschäftsberichte EnBW, eigene Berechnungen

eine hohe *Innenfinanzierungsquote*, die in drei Jahren von 2004 bis 2006 sogar weit über 200% lag. Der freie Cashflow betrug kumuliert im Untersuchungszeitraum gut 3 Mrd. EUR. Ein Großteil davon floss in die Finanzierung von Finanzanlagen. Die *Finanzanlagenquote* fiel von allen „Big-4“ bei EnBW mit Werten von weit über 25% mit Abstand am höchsten aus. Zu diesen Angaben passt übrigens, dass das bis Ende 2011 anstehende Investitionsprogramm von 7,7 Mrd. EUR mit 5,7 Mrd. EUR aus dem Cashflow bedient werden soll (vgl. Q58, S. 99).

*Tab. 50: Betriebswirtschaftliche Daten EnBW*

| EnBW | 2002 | 2003 | 2004 | 2005 | 2006 | 2007 |
|---|---|---|---|---|---|---|
| Gesamtleistung (Mio. EUR) | 8.687 | 10.632 | 9.881 | 10.808 | 13.273 | 14.766 |
| Wertschöpfung (Mio. EUR) | 2.228 | 1.338 | 2.584 | 2.739 | 3.163 | 3.381 |
| Wertschöpfungsquote | 25,6% | 12,6% | 26,2% | 25,3% | 23,8% | 22,9% |
| Lohnsumme (Mio. EUR) | 1.651 | 1.629 | 1.209 | 1.222 | 1.434 | 1.476 |
| Personalkosten je Beschäftigt. (EUR) | 42.882 | 46.920 | 62.368 | 68.169 | 70.783 | 72.004 |
| Mehrwert je Beschäftigten (EUR) | 15.118 | –10.920 | 66.632 | 80.831 | 81.217 | 88.996 |
| Zinsen (Mio. EUR) | 155 | 690 | 577 | 375 | 470 | 459 |
| Miete/Pacht (Mio. EUR) | 0 | 88 | 75 | 61 | 76 | 73 |
| Gewinn vor St. (Mio. EUR) | 422 | –1.069 | 723 | 1.081 | 1.181 | 1.373 |
| Steuern (Mio. EUR) | 142 | 114 | 365 | 483 | 73 | –43 |
| Gewinn n. St. | 280 | –1.183 | 358 | 598 | 1.110 | 1.416 |
| Eigenkapital (Mio. EUR) | 2.392 | 1.544 | 2.348 | 3.312 | 4.492 | 6.002 |
| Eigenkapitalrendite vor St | 17,6% | –69,2% | 30,8% | 32,6% | 26,3% | 22,9% |
| Eigenkapitalrendite nach St | 11,7% | –76,6% | 15,2% | 18,1% | 24,7% | 23,6% |
| Lohnquote | 74,1% | 121,7% | 46,8% | 44,6% | 45,3% | 43,7% |
| Gewinnquote vor St. (Gewinn, Zins, Miete/Pacht) | 25,9% | –21,7% | 53,7% | 55,4% | 54,7% | 56,3% |
| Gewinnausschüttungen (Mio. EUR) | 215 | 185 | 35 | 219 | 286 | 359 |
| Finanzanlagen (Mio. EUR) | 6.406 | 6.474 | 6.426 | 7.279 | 7.790 | 7.591 |
| Gesamtkapital (Mio. EUR) | 22.013 | 25.220 | 24.119 | 25.119 | 28.094 | 28.414 |
| Finanzanlagenquote | 29,1% | 25,7% | 26,6% | 29,0% | 27,7% | 26,7% |
| Cash-Flow (Mio. EUR) | 517 | 885 | 1.586 | 1.423 | 1.558 | 1.605 |
| Sachinvestitionen (Mio.EUR) | 1.162 | 685 | 655 | 547 | 630 | 817 |
| FreierCash-Flow (Mio. EUR) | –645 | 200 | 931 | 876 | 928 | 788 |
| Innenfinanzierungsquote | 44,5% | 129,2% | 242,1% | 260,1% | 247,3% | 196,5% |
| Beschäftigte | 38.501 | 34.719 | 19.385 | 17.926 | 20.259 | 20.499 |
| Arbeitsproduktivität (EUR) | 57.858 | 38.532 | 133.294 | 152.806 | 156.128 | 164.915 |
| Kapitalintensität (EUR) Gesamtkapitaleinsatz | 571.759 | 726.403 | 1.244.209 | 1.401.261 | 1.386.742 | 1.386.116 |
| Profitrate vor St. (Mehrwert : Gesamtkapital) | 2,6% | –1,2% | 5,7% | 6,0% | 6,2% | 6,7% |

Quelle: Geschäftsberichte EnBW, eigene Berechnungen

Die gegenwärtige Rezession hat EnBW nur wenig belastet (vgl. Q58, S. 30ff.). Zwar ging der Konzernüberschuss 2008 aufgrund von Sondereffekten (u.a. außerplanmäßige Abschreibungen auf die Netze und Finanzanlagen) gegenüber dem Vorjahr zurück, gleichwohl entwickelte sich das Unternehmen im operativen Geschäft weiter positiv. Dabei erwies sich insbesondere die *Stromsparte als lukrativ*, zumal die Margen gestiegen sind und bei Privatkunden Absatzzuwächse verzeichnet werden konnten. Allerdings hätten demgegenüber die abgesenkten Netznutzungsentgelte belastet. Auch im ersten Vierteljahr 2009 präsentierte sich der Konzern als recht stabil, trotz eines krisenbedingten Absatzeinbruchs von 13,5% bei den stark von der Automobilwirtschaft geprägten Industriekunden und Weiterverteilern. Gleichzeitig sorgte der harte Winter aber für ein deutlich belebtes Gasgeschäft (vgl. Q227).

#### 2.4.4.7 Zusammenfassende Beurteilung

Der drittgrößte Energieversorger Deutschlands entwickelte sich bei der idealen Abgrenzung des Kerngeschäfts nach einem ähnlichen Muster wie die Konkurrenten E.ON und RWE. Mit dem Versuch, als Multi-Utility-Anbieter in Ver- und Entsorgung alles aus einer Hand anzubieten, zugleich noch in der Telekommunikation und im Verkehr aktiv zu sein und überdies Akquisitionen in Nicht-Kerngeschäften (u.a. Salamander) zu schultern, hatte sich das Unternehmen ebenfalls übernommen.

Es folgte eine Radikalkur mit einer Trennung bzw. Verschmelzung von zahlreichen Geschäftsbereichen, einem massiven Personalabbau und letztlich der Stutzung des Kerngeschäfts auf die Bereiche Strom, Gas sowie Energie- und Umweltdienstleistungen. Nach der Konsolidierung erzielte das Unternehmen Rekordergebnisse. Anders als bei den beiden Branchenführern blieb die Internationalisierung aber bislang in Ansätzen stecken.

Der Führungsstil des Vorstandsvorsitzenden in der Phase der Rationalisierung wird als „Regiment nach Gutsherrenart" beschrieben. Zudem kritisierte der Hauptaktionär EdF eine fehlende langfristige Konzeption, so dass der Vertrag mit dem Vorstandsvorsitzenden Utz Claasen nicht mehr verlängert wurde.

Im Energiemix weist EnBW bereits heute einen vergleichsweise hohen Anteil an Erneuerbaren Energien auf. Dieser basiert aber fast ausschließlich auf Wasserkraftwerken. Zugleich stützt sich der Konzern auf einen überdurchschnittlich hohen Anteil an Kernkraft und steht somit vor einem hohen Investitionsbedarf, der durch die anstehende Laufzeitverlängerung aber zeitlich gestreckt wird. Bei gut 4 Mrd. EUR, die in den nächsten beiden Jahren im Strombereich investiert werden sollen, ist der Part, der für Erneuerbare Energien reserviert ist, mit 1 Mrd. EUR relativ hoch.

Der neue Vorstandsvorsitzende Villis setzt insgesamt verstärkt auf eine Wachstumsstrategie, die sich vorrangig auf das Inlandsgeschäft konzentriert. Chancen für weitere Akquisitionen und Beteiligungen mit Führungsanspruch sollen hierzulande ebenso konsequent genutzt werden wie Möglichkeiten beim Zukauf von Kraftwerkskapazitäten. Im Absatzbereich soll die schon seit langem praktizierte, von den anderen Wettbewerbern mittlerweile nachvollzogene Mehrmarkenstrategie weiter geführt werden, wonach insbesondere der Billiganbieter Yello weiter offensiv um Kunden der Konkurrenz wirbt.

Die betriebswirtschaftlichen Erfolge von EnBW waren hervorragend und auch in der gegenwärtigen Weltwirtschaftskrise erweist sich der Konzern als recht solide. Nach dem umfassenden Personalabbau im Zuge der Neupositionierung trumpft EnBW unter den vier großen Spielern mit der zweithöchsten Eigenkapitalrentabilität auf. Gemessen an der Verteilung des erzeugten Mehrwertes war EnBW unter den „Big-4" der größte Umverteiler zu Lasten der Beschäftigten, obwohl das Pro-Kopf-Einkommen der verbliebenen Beschäftigten um fast 70% gestiegen ist.

### *2.4.5 Vattenfall Europe*

#### 2.4.5.1 Entstehungsgeschichte

Die Geburtsstunde des schwedischen Konzerns Vattenfall (deutsch: Wasserfall) datiert auf das Jahr 1909, als erste Wasserkraftwerke gebaut und betrieben wurden. Mitte der 1970er Jahre kamen die ersten Nuklearanlagen (Ringhals 1 und 2) hinzu. Um mehr unternehmerische Flexibilität zu erreichen, wurde das Staatsunternehmen 1992 in die begrenzt haftende Gesellschaft Vattenfall AB umstrukturiert und blieb aber dennoch in staatlicher Hand. In diesem Kontext wurde das schwedische Spannungsnetz sowie die Netzverantwortung auf die staatliche Einrichtung Svenska Kraftnät transferiert. Im Zuge der europäischen Liberalisierung des Strommarkts kam der Aufsichtsrat von Vattenfall AB im Jahre 1995 überein, Märkte auch außerhalb von Schweden zu erschließen.

Die Vattenfall AB hält nach einem Squeeze Out verbliebener Minderheitsaktionäre 100% des Grundkapitals von Vattenfall Europe AG. Letztere wird von knapp 200 Beschäftigten als Holdinggesellschaft mit Sitz in Berlin geleitet. Basis der Berliner Aktiengesellschaft ist die 2002 erfolgte Zusammenführung der EVUs Hamburgische Electricitäts-Werke AG und Vereinigte Energiewerke AG sowie der LAUBAG Lausitzer Braunkohle AG.[78] Zu diesem Verbund kam An-

78 Die in 2002 erfolgten Erwerbungen waren wirtschaftlich miteinander verbunden und dienten primär der Erfüllung entsprechender Auflagen des Bundeskartellamts im Fusionskontrollverfahren RWE/VEW (B8-309/99) sowie entsprechender Zusagen seitens der Vorläufergesellschaften der E.ON AG im EG-Fusionsfall COMP/M. 1673 VEBA/

fang 2003 die Berliner Bewag AG, die 1884 gegründete und über eine lange Tradition verfügende Städtische Electricitäts-Werke Aktiengesellschaft hinzu. Ende 2008 beschäftigte das Unternehmen 21.225 Personen.

Aufgrund der geringen Marktanteile bei der Erzeugung und dem Handel mit Strom von unter 20% wurde der Zusammenlegung von der *EU-Kommission* nicht widersprochen.[79] Vielmehr wurde von Seiten des Kartellamtes der Gegenmachteffekt betont. Durch den Zusammenschluss werde

> „ein ressourcenstarker Wettbewerber geschaffen, der als vertikal integriertes Unternehmen auf allen drei betroffenen Märkten dem fusionsbedingten Wegfall der gewichtigen Wettbewerber VEW [inzwischen integriert in RWE] und Bayernwerk AG [inzwischen integriert in E.ON Energie] und den Wettbewerbsbeschränkungen, die aus dem zeitlichen Auseinanderfallen des Vollzugs der 2000er Fusionen und der Umsetzung der Auflagen resultieren, entgegenwirkt. Künftig werden neben RWE und E.ON mit HEW/Bewag/Veag [d.h. Vattenfall Europe] und EnBW zwei weitere Unternehmen über gewichtige Kraftwerkskapazitäten, Teile des Übertragungsnetzes und Zugang zu Stromimporten aufgrund ihrer Netzkuppelstellen verfügen.“ (Q8, S. 18)

Mit der Zusammenlegung der Unternehmen und der Bildung von Vattenfall Europe wurde zugleich eine Forderung des ehemaligen Bundeswirtschaftsministers Müller aus dem Jahre 2000 erfüllt, eine „vierte Kraft“ neben den drei anderen „Stromriesen“ in Deutschland zu formen.

### 2.4.5.2 Entwicklung der Unternehmensstrategie

Anders als bei den zuvor behandelten Konkurrenten hatte Vattenfall Europe in den offiziellen Verlautbarungen eine „Multi-Utility-Strategie“ öffentlich nicht in den Vordergrund gerückt. Das Unternehmen beschränkte sich von vornherein weitgehend auf seine aus den ursprünglichen Zusammenschlüssen erwachsenen Kerngeschäftsfelder als vertikal integrierter Strom- und Gasversorger, als Wärmeanbieter aus KWK-Anlagen und als Förderer von im Stromerzeugungsprozess selbst benötigter Braunkohle.

Nach eigener Einschätzung ist die Vattenfall-Gruppe das fünftgrößte Energieunternehmen in Europa. In Deutschland rangierte die Vattenfall Europe – gemessen an der Stromproduktion mit rund 71 TWh in 2008 – nach E.ON und RWE an dritter Stelle der EVUs. Die skandinavische Unternehmensgruppe ist – abgesehen von Deutschland – in mehreren Ländern Nord- und Mitteleuropas

---

VIAG (vgl. auch die Gründe des Bundeskartellamts, das angemeldete Zusammenschlussverfahren nicht zu untersagen: Q8). Im Zuge der Verschmelzung sollten anschließend 4.000 der 18.000 Stellen entfallen (vgl. Q134, S. 12).

79 Vgl. Commission of the European Communities, Case No COMP/M. 2701 Vattenfall/ BEWAG, 4.2.2002

vertreten. Wichtige Standorte von Vattenfall AB sind dabei Schweden, Finnland und Polen. Rund 60% des Umsatzes erwirtschaftet der schwedische Konzern aber in Deutschland.

Wie die anderen EVUs aus dem Kreis der „Big-4“ hat sich auch Vattenfall zügig an mehreren Kommunalversorgern (z.B. Städtische Werke Kassel, Wemag Schwerin) und Kraftwerken beteiligt. Ansonsten stand strategisch weniger eine Abgrenzung geeigneter Geschäftsfelder im Mittelpunkt als eine Konsolidierung der Unternehmenszusammenführungen in Deutschland und eine Straffung der internationalen Konzernstruktur. Dazu hatte sich der Konzern im Jahr 2003 und 2004 in allen Geschäftseinheiten dem Projekt einer Kostenführerschaft verschrieben, um in den Kernprozessen wettbewerbsfähig zu werden und zu bleiben. Die *erste Phase der Umstrukturierung* wurde 2004 abgeschlossen. Im Zuge des Eingliederungsprozesses hat sich Vattenfall hierzulande bislang stark auf seine Kernabsatzmärkte Hamburg, Berlin und Cottbus beschränkt. Mit der Imagekampagne „Energie nach Maß“ versuchte sich das Unternehmen im Jahr 2003 gleichwohl, auch überregional aufzustellen. Diese Versuche blieben allerdings recht erfolglos.

Als strategisches Problem erwies sich der *Erzeugungsmix*. Das betrifft erstens den hohen Anteil der Braunkohleverstromung. Angesichts des damit verbundenen Kohlendioxidausstoßes stand und steht Vattenfall stark in der *öffentlichen Kritik*. Vor diesem Hintergrund entschied der Vorstand im Jahr 2005, die weltweit erste *CCS-Pilotanlage* am brandenburgischen Standort Schwarze Pumpe zu installieren. Diese Versuchsanlage ist 2008 in Betrieb gegangen (vgl. Q271, S. 6). Trotz dieses wegweisenden Forschungs- und Entwicklungsvorhabens für den Klimaschutz verstummt die Kritik jedoch nicht. Denn obwohl Experten sehr skeptisch sind, dass das Sequestierungs- und $CO_2$-Lagerverfahren wirklich die Einsatzreife erreichen wird, errichtet Vattenfall ein neues Braunkohlekraftwerk mit 670 MW-Leistung im sächsischen Boxberg sowie ein Steinkohlekraftwerk mit über 1,6 GW-Leistung in Hamburg Moorburg (vgl. Abschnitt 2.3.4.4.4). Das Management entgegnete seinen Kritikern, dass unabhängig vom Erfolg der CCS-Technologie das umstrittene Moorburger Kraftwerk nicht nur Strom, sondern auch klimafreundliche Fernwärme erzeuge und dass beide Kraftwerke über einen deutlich höheren Wirkungsgrad als veraltete und daher nicht mehr benötigte Anlagen verfügten. Nach Angaben des Konzerns spare Deutschland so 2,3 Mio. t $CO_2$ pro Jahr (vgl. Q270, S. 21).

Zweitens erwies sich die *Stromerzeugung aus Kernkraft* als Problem. Bei mehreren Un- und Störfällen im Juni 2007 in den Atomkraftwerken *Krümmel* und *Brunsbüttel* – an diesen Anlagen ist übrigens auch E.ON beteiligt – leistete sich das Management erhebliche Defizite in der Kommunikation mit der Öffentlichkeit. Nach 18 Tagen „Informationsnebel“ und der Trennung von zwei

Top-Managern und dem Vorstandsvorsitzenden Klaus Rauscher bewertete die Süddeutsche Zeitung diese Vorgänge wie folgt:

> „Erst sollten die Störfälle nicht weiter wichtig gewesen sein. Dann war der Brand am Reaktor Krümmel plötzlich doch ein bisschen problematischer, um sich dann schließlich als erschreckendes Zusammentreffen von Pech, Dummheit und Vertuschung zu erweisen. Mittlerweile ist nicht nur das Ansehen von Vattenfall schwer angeschlagen, sondern das Image der Kernkraft insgesamt." (Q154, S. 4)

Ähnlich sah es der Vorstandsvorsitzende von E.ON: „Wie dieser Prozess gelaufen ist, ist sicherlich verbesserungswürdig." (Q155, S. 17)

Imageschädlich waren auch die *Preissteigerungen* des Unternehmens in 2007. Vor allem lokale Politiker kritisierten, die hohen Preise würden speziell die Wettbewerbsfähigkeit von Unternehmen aus der Region untergraben. „Heute würde ich die HEW nicht mehr verkaufen" (Q153), bekundete beispielsweise der Hamburger Bürgermeister von Beust. Der CDU-Politiker beklagte vor allen Dingen, dass die Stadt keinen Einfluss mehr auf die Strompreise und die Investitionen des Unternehmens habe. Ein staatliches Monopol sei „durch ein Quasi-Monopol auf privater Seite ersetzt worden." Insofern kann der Beschluss des Hamburger Senates, einen eigenen Versorger „Hamburg Energie" zu gründen, der ab Herbst 2009 Ökostrom anbieten soll, als Kampfansage an Vattenfall verstanden werden (vgl. Q225). Gerechtfertigt wurde der Schritt von der Umweltsenatorin wie folgt: „Wir wollen einen Energieversorger haben, der die Interessen der Stadt vertritt." (Hajduk zitiert in Q225)

Die Folgen dieser Entwicklungen waren für das EVU fatal. Nach den massiven Preiserhöhungen zum 1. Juli 2007 und der Pannenserie bei den Atomkraftwerken hatte Vattenfall Europe in 2007 rund 250.000 Kunden verloren (vgl. Q269, S. 34). In den ohnehin stark umworbenen Kernmärkten des EVUs, in Hamburg und Berlin[80], gingen daraufhin die Marktanteile um jeweils 5 Prozentpunkte zurück.

Begleitet wurden die Turbulenzen von häufigen Führungswechseln in der Vorstandsetage. Nach den AKW-Störfällen löste zunächst der ehemalige Vertriebsvorstand Hans-Jürgen Cramer den bisherigen Vorsitzenden Klaus Rauscher als „Vorstandssprecher" ab. Kurze Zeit später wechselte der schwedische Mutterkonzern ihn gegen den Finnen Tuomo Hatakka aus, der zugleich auch Senior Executive Vice-President im Konzern ist. Innerhalb von einem halben Jahr wurde Vattenfall Europe mit drei unterschiedlichen Managern an der Spitze geführt. Als Gründe des erneuten Wechsels wurde in der Presse einerseits über eine Unzufriedenheit des Mutterkonzerns spekuliert, wonach umweltpolitische Zugeständnisse von Cramer im Zusammenhang mit dem Kraftwerksbau in Moor-

80 Berlin gilt mit über 60 Stromanbietern als der am härtesten umkämpfte Markt in Deutschland (vgl. Q266, S. 3).

burg von der Zentrale als zu weitreichend empfunden wurden (vgl. Q162). Andererseits wollten die Schweden zukünftig stärker in das operative Geschäft der Berliner Tochtergesellschaft eingreifen. Dafür spricht auch der seit dem 1. Juli 2008 gültige Beherrschungsvertrag zwischen der Vattenfall Europe AG und Vattenfall AB (vgl. Q270, S. 20). Darüber hinaus wurde das Revirement innerhalb des Konzerns zu einer operativen Verschmelzung der deutschen und der polnischen Geschäftseinheit zur „Business Group Central Europe" genutzt. Seit 2008 leitet Hatakka in Personalunion das Deutschland- und das Polengeschäft, das er zuvor schon betreut hatte.

#### 2.4.5.3 Unternehmensorganisation

Die Vattenfall Europe ist heute entlang der gesamten energiewirtschaftlichen Wertschöpfungskette von der Erzeugung, der Übertragung und Verteilung bis zum Handel mit Energie (Strom, Wärme) aktiv. Entsprechend ist das Geschäft nach den letzten Umstrukturierungen auf fünf Business Units (BU) und eine Querschnittseinheit zugeschnitten. Die *BU Mining & Generation* ist zuständig für Braunkohleförderung sowie die Strom- und Wärmeerzeugung. Die *BU Transmission* betreut das Übertragungsnetz der deutschen Konzerntochter. Die Verteilungsnetze in Berlin, Hamburg und West-Mecklenburg unterstehen der *BU Distribution.* Der Strom-, Gas- und der Vertrieb von energienahen Dienstleistungen werden von der *BU Sales* koordiniert. Die Erzeugung und die Verteilung von Wärme aus KWK-Anlagen wird von der *BU Heat* gemanagt. In der *Service Unit* werden querschnittsweit benötigte Dienstleistungen wie Kundenservice, Juristische Dienste, Personalmanagement und Rechnungswesen angeboten. Die *Vattenfall Trading Services* GmbH versteht sich als Handelshaus des Gesamtkonzerns. Gehandelt werden Brennstoffe, $CO_2$-Zertifikate und Strom, wobei auch ein aktives Risikomanagement betrieben wird.

Noch vor den drei anderen großen EVUs hatte Vattenfall mit der Gründung der Vattenfall Europe New Energy GmbH bereits zum 1. Januar 2007 organisatorisch eine umweltorientierte Einheit geschaffen. Diese Gesellschaft konzentriert innerhalb der BU Heat die Aktivitäten im Bereich der klimaneutralen Stromerzeugung (vgl. Q268, S. 5).

#### 2.4.5.4 Energiemix

Das Unternehmen versorgt knapp 3 Mio. Kunden mit Elektrizität und 1,4 Mio. Wohnungseinheiten mit Wärme. Gemessen an den Kraftwerkskapazitäten ist Vattenfall in Deutschland der viertgrößte Anbieter (vgl. Abb. 26). Nur rund 45% des Stromaufkommens (Stromerzeugung plus Strombezug) wurden im Jahr 2008 allerdings selbst erzeugt. Wegen des Stillstands der Pannen-Kernkraftwerke sind dies 4 Prozentpunkte weniger als im Vorjahr (vgl. Q270, S. 34).

Im Vergleich mit den anderen drei Stromgiganten fällt wie bei RWE die hohe Kohlelastigkeit in der Produktion auf. 60% der installierten Leistung basieren auf Stein-, hauptsächlich aber auf Braunkohle. Mit 22% sticht zudem der hohe Anteil der Wasserkraftwerke unter den installierten Leistungen heraus.[81]

*Abb. 26: Inländische Kraftwerkskapazitäten von Vattenfall in 2008*

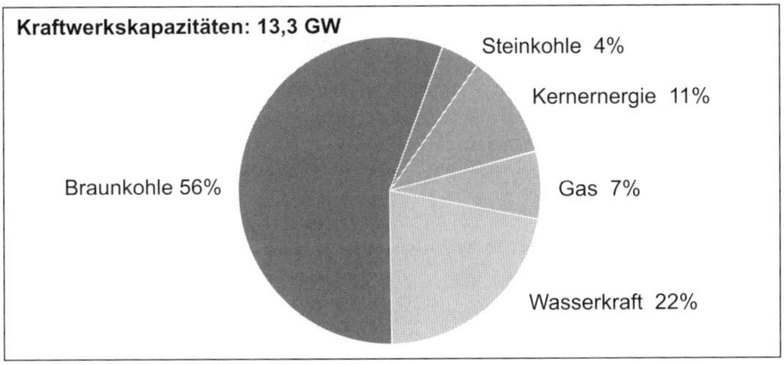


Quelle: Q291

### 2.4.5.5 Strategische Perspektiven

Der Imageverlust und die massive Kundenabwanderung infolge der AKW-Pannen, der umstrittenen Kohlekraftwerkvorhaben und die Preispolitik haben dem Unternehmen zugesetzt, das nach vorne schauend offensiv die Parole ausgegeben hat: „Unser Ziel ist es, die Nummer Eins zu sein“ (Q271, S. 6). In Europa soll der Marktanteil verdoppelt werden, wobei das Wachstum vor allem in Polen und Deutschland generiert werden soll (vgl. Q186). Viele Anstrengungen werden daher darauf verwendet, in Deutschland Abnehmer zurück zu gewinnen. Neben einer Transparenzoffensive stützt sich das Management dabei erstens auf das für 2008 und 2009 gegebene Versprechen, die Strompreise stabil zu halten und dafür sogar, so Hatakka, „bewusst auf Gewinn“ zu verzichten (Q271, S. 35). Die neuerliche Panne im AKW Krümmel im Juli 2009 stellte dabei einen herben Rückschlag dar, so dass sich der schwedische Staat als Alleineigentümer im Herbst 2009 veranlasst sah, die Abberufung des Konzernchefs Josefsson, der zudem auch für die Pannen im schwedischen AKW Ringhals und eine Untergewichtung der Erneuerbaren Energien zur Verantwortung gezogen wurde, zum Sommer 2010 anzukündigen.

---

81 Allerdings ergibt sich hier eine starke Diskrepanz zu den Stromerzeugungsangaben der IÖW-Studie (vgl. Abb. 14 und 15). Demnach wird der Anteil der Wasserkraft an der deutschen Stromerzeugung lediglich mit 0,1% beziffert.

Zweitens betont das Unternehmen in der Außendarstellung eine ökologische Grundausrichtung. Zur Verringerung der Ausgaben für $CO_2$-Zertifikate erfolgte über den „Vattenfall Carbon Fund" im Rahmen des Clean Development Mechanism und der Joint Implementation eine Beteiligung an weltweiten Klimaschutzprojekten, wobei nach eigenen Auskünften viel strengere Auflagen angelegt wurden als nötig. In der Vattenfall-Klimastrategie kündigte das Management an, bis zum Jahr 2050 Strom gänzlich $CO_2$-frei zu produzieren. Dies soll schrittweise durch die Modernisierung des Kraftwerksparks mit höheren Wirkungsgraden, durch ein erfolgreiches Vorantreiben der CCS-Technologien und den Ausbau der Erneuerbaren Energien geschehen. Überdies engagiert sich Vattenfall öffentlichkeitswirksam in verschiedenen Klimainitiativen.

Drittens schaut das Unternehmen über seine bisherigen Kernmärkte hinaus und bietet seit Februar 2008 erstmals bundesweit Strom über das *Online-Produkt „Easy"* an. Damit kam Vattenfall wesentlich später als RWE und E.ON und erst recht als EnBW mit einem bundesweit, primär über den Preis operierenden Anbieter für Privatkunden auf den Markt. Eigentlich war der Start für Sommer 2007 vorgesehen. Angesichts des ungünstigen Marktumfelds und der Turbulenzen im Unternehmen zu dieser Zeit wurde er dann verschoben. Auch wenn Vattenfall stolz berichtete, „der bundesweite Auftritt war ein Erfolg" (Q270, S. 25), verbleibt ein schaler Nachgeschmack. Denn der späte Einstieg verdeutlicht im Umkehrschluss, dass der drittgrößte Stromversorger zehn Jahre nach der Liberalisierung die Konkurrenz um Privatkunden in den Regionen anderer Hauptwettbewerber in Deutschland offenbar noch gar nicht aufgenommen hatte. Außerdem konnte zwar die *Abwanderungswelle* gestoppt werden. Mit rund 80.000 Neukunden bis Januar 2009 blieb das Unternehmen aber deutlich hinter der Konkurrenz zurück (vgl. Q210). Das gilt auch für die hohen Ansprüche des Vorstandsvorsitzenden. Hier sieht er den Vertrieb in der Pflicht, zukünftig neue Kunden zu akquirieren: „Langfristig denke ich aber in Millionen, ein paar Hunderttausend wären mir nicht genug." (ebd.) Dazu sollen neben dem Online-Angebot neue Vertriebswege erschlossen und auch das Gasgeschäft bundesweit ausgedehnt werden.

Im Rahmen der *Wachstumsstrategie* hatte sich Vattenfall Anfang 2009 mit dem zweitgrößten *niederländischen Energieunternehmen Nuon* zusammengeschlossen und zunächst einen 49%-Anteil übernommen, der innerhalb der nächsten sechs Jahre auf 100% aufgestockt werden soll (vgl. Q212). Begrüßt wurden dabei insbesondere auch die Erfahrungen des niederländischen Anbieters auf dem Gebiet der Erneuerbaren Energien sowie das hohe Vertriebspotenzial bei Strom und Gas, zumal Nuon in vielen Metropolen Deutschlands mit den Slogans „lekker Strom" und „wakker gas" bereits einen großen Kundenstamm erschlossen hatte. Allerdings machte die EU-Kommission zur Auflage, dass Nuon sein Privatkundengeschäft in Berlin und Hamburg abstoßen müsse. Da dort aber die

Hauptkundschaft wohnt, ging das Unternehmen einen Schritt weiter und kündigte den Verkauf des kompletten deutschen Privatkundengeschäfts an (vgl. Q230, S. 15). Der Vertrieb an deutsche Geschäftskunden wird hingegen beibehalten.

In diesem Zusammenhang überprüft Vattenfall derzeit auch eine *Trennung von einzelnen Randbeteiligungen.* Zur Disposition stünde die Auflösung von Beteiligungen am Schweriner Versorger Wemag, an der Dresdner Enso, an den Stadtwerken in Kassel und der Berliner Gasag (vgl. Q 216).

Darüber hinaus tastet sich das Unternehmen in neue Geschäftsfelder vor. Hierbei handelt es sich um energienahe Angebote wie beispielsweise Elektromobilität, Schul- und Kraftwerksprojekte, Smart-Metering[82] sowie Kälteerzeugung. Allerdings wurde im Herbst 2007 der Vattenfall-Bereich Energie-Contracting an den *Hochtief-Konzern* verkauft. Dadurch gingen wertvolle Kompetenzen sowie 240 Beschäftigte auf den neuen Eigentümer über.

Ob Vattenfall bei der Erzeugung weiterhin seine Position behaupten kann, wird entscheidend von den *Investitionen des Konzerns* abhängen. In den Jahren 2009 und 2010 sind für diesen Zweck in Deutschland 4,8 Mrd. EUR vorgesehen, die weitgehend über die *Innenfinanzierung* gestemmt werden können (vgl. Q270, S. 48f.). Kohleverstromung wird dabei eine übergeordnete Rolle spielen. Die neuen Kraftwerke in Moorburg und Boxberg werden insgesamt rund 3 Mrd. EUR beanspruchen, wovon von 2009 bis 2010 rund 920 Mio. EUR abfließen werden. Neben der Inbetriebnahme von Tagebaustätten, Investitionen in Offshore-Windparks sind auch erhebliche Ausgaben für die Netzanschlüsse der Offshore-Anlagen vorgesehen.

Insgesamt bleibt Vattenfall so in seiner *Erzeugungsstruktur stark kohlelastig.* Zur Bekräftigung dieses Kurses kündigte Hatakka im Geschäftsbericht 2007 auch mit Blick auf die Widerstände gegen das Kraftwerk Moorburg trotzig an: „Wir sind fest davon überzeugt, dass Deutschland auch künftig auf Kohle nicht verzichten kann" (Q269, S. 2). Um dennoch die ehrgeizigen ökologischen Vorstellungen des Konzerns zu erreichen, setzen die Manager auf die CCS-Technologie. In der Pilotanlage Schwarze Pumpe sollte 2009 mit der Abscheidung eigentlich begonnen werden; es fehlen aber immer noch die rechtlichen Voraussetzungen dafür (vgl. Abschnitt 2.3.4.4.4; Q271, S. 9). Anschließend ist in Jänschwalde ein Demonstrationskraftwerk mit 470 MW geplant, das 2015 seinen Betrieb aufnehmen und die notwendigen Erfahrungen für den kommerziellen Betrieb ab 2020 liefern soll. Bis zur Serienreife der Technologie rechnet Vattenfall mit Investitionen von 1 Mrd. EUR.

---

82 Als Pilotprojekt können angeschlossene Kunden ihren aktuellen Stromverbrauch online abrufen und somit Stromeinsparpotenziale identifizieren (vgl. Q271, S. 29).

Der Ausbau der Erneuerbaren Energien setzt Schwerpunkte bei der *Windenergie* und hier insbesondere bei Offshore-Anlagen (vgl. ebd., S. 10). So hat sich das EVU an der Anlage vor der Küste Borkums beteiligt. Weitere Beteiligungen (vor Sylt und nochmals vor Borkum) sind bereits vertraglich abgesichert. Insgesamt soll die Vattenfall Europe Energy GmbH bis 2013 zusätzliche Erzeugungskapazitäten von rund 4 TWh aus regenerativen Energien aufbauen. Dazu werden mehr als 1 Mrd. EUR Investitionen eingeplant (Q268, S. 8).

Darüber hinaus soll die Nutzung der KWK verdoppelt werden, wobei das Unternehmen große Vorteile für sich darin erkennt, dass sich ein effizientes Fernwärmenetz gerade in Ballungsräumen und damit auf den Kernmärkten des Unternehmens gut realisieren lässt (vgl. ebd., S. 15). Vorrangig werden zentrale KWK-Anlagen zum Einsatz kommen, eine stärkere Ergänzung um dezentrale Einheiten ist aber beabsichtigt.

Aus „strategischen Gründen“[83] wird der Verkauf des Übertragungsnetzes in 2009 erwogen. Mit potenziellen, langfristig orientierten Investoren sei bereits Kontakt aufgenommen worden (vgl. Q270, S. 49).

Intern will das Unternehmen seine Rentabilität über eine „nachhaltige Kostenführerschaft im Industrievergleich“ verbessern (Q271, S. 26). Dazu soll die Konzernstruktur mit Hilfe der 2008 gegründeten Service Unit weiterentwickelt werden und das Wärmegeschäft in Hamburg und Berlin standortübergreifend fusioniert werden.

#### 2.4.5.6 Entwicklung ökonomischer Kennziffern

Die betriebswirtschaftlichen Daten indizieren auch bei Vattenfall – wenngleich ein Stück weit abgeschwächt (siehe die Beschäftigungs- und Personalkostenentwicklung) – eine *Shareholder-value-Unternehmensstrategie*. Hier liegt der Fokus ebenfalls auf maximaler Befriedigung der Kapitaleigner, wie die Entwicklung der *Eigenkapitalrentabilität* vor und nach Steuern eindeutig dokumentieren. Seit 2005 werden zweistellige Renditen bei einer stark angestiegenen *Eigenkapitalquote*, die 2007 bei 44,3% lag, realisiert (vgl. Tab. 52). Wie bei allen „Big-4“ partizipierten auch bei Vattenfall die Beschäftigten nicht adäquat an der fortschreitenden Arbeitsproduktivität. Der *Mehrwert je Beschäftigten* lag ab 2005 oberhalb des Personalaufwands je Mitarbeiter. Im Jahr 2007 waren dies 23.990 EUR. Die *Lohnquote* sank von 65,4% (2002) auf 41,9% (2007), mithin um 23,5 Prozentpunkte (!). Im Vergleich ging mit 18,7 Prozentpunkten die

83 Q270, S. 32. Welche Gründe dies genau sind, wird dort zwar nicht beschrieben. Zu vermuten ist aber, dass sich der Netzbetrieb nach der verschärften Regulierung weniger rentiert, dass erhebliche Investitionen fällig sind und dass der politische Druck auf die integrierten EVUs ohnehin weiter steigen wird. Letzteres wird auch deutlich in einem Interview mit Hattaka (vgl. Q186).

Lohnquote „nur" bei RWE weniger stark zurück. Insofern muss auch bei Vattenfall eine enorm hohe *Umverteilung* konstatiert werden.

Innerhalb der kumulierten Mehrwertverteilungen erhalten die *Eigenkapitalgeber* vom Mehrwert 78,1% und die *Fremdkapitalgeber* kommen auf 20,8%. *Grundeigentümer* spielen mit Miet- und Pachtzahlungen (1,1% des Mehrwerts) keine Rolle (vgl. Tab. 51). Der *Staat* partizipiert dagegen über Ertragsteuern mit 20,6% am gesamten Mehrwert. Die Ertragsteuerquote lag bei 26,4%.

*Tab. 51: Kumulierte Mehrwertverteilungen nach Steuern von 2002 bis 2007 bei Vattenfall Europe*

| Kumulierte Mehrwertverteilungen nach Steuern (2002–2007) | in Mio. EUR | in % |
|---|---|---|
| Mehrwert | 5.715 | 100,0 |
| Zinsen | 1.188 | 20,8 |
| Miete/Pacht | 61 | 1,1 |
| Gewinn vor Steuern | 4.466 | 78,1 |
| Ertragsteuern | (1.177) | (20,6) |
| Ertragsteuerquote | | 26,4 |

Quelle: Geschäftsberichte Vattenfall, eigene Berechnungen

Ausgesprochen positiv entwickelte sich auch das Verhältnis von Arbeitsproduktivität und Kapitalintensität. Wahrend die Arbeitsproduktivität von 2002 bis 2007 um 77,9% zulegte, stieg die *Kapitalintensität* lediglich um 10,7%. Zusammen mit der stark erhöhten Gewinnquote nahm auch die *Profitrate* – mit Ausnahme des Verlustjahres 2003 – kontinuierlich von 2002 mit 3,5% auf 9,3% im Jahr 2007 zu.

Die *Gewinnausschüttungen* zwischen 2002 und 2007 an die Shareholder in Höhe von 489 Mio. EUR fielen dagegen bei Vattenfall – von allen „Big-4" – mit Abstand am geringsten aus. Bezogen auf den versteuerten Gewinn lagen die Gewinnausschüttungen bei 14,9%. Der *Cashflow* erzielte dagegen Spitzenwerte. In allen Jahren lag eine sehr hohe *Innenfinanzierungsquote* vor, die 2006 sogar den Wert von gut 350% erreichte. Der kumulierte *freie Cashflow* war deshalb relativ, bezogen auf die Gesamtleistung, mit fast 8,5 Mrd. EUR von allen „Big-4" am höchsten. Auch hier floss ein Teil in die Finanzierung von Finanzanlagen. Die *Finanzanlagenquote* lag weit über 7%.

Im zurückliegenden Jahr 2008 musste Vattenfall Europe eine Ergebnisverschlechterung hinnehmen (vgl. Q270, S. 38). Der Bilanzgewinn wurde mit 1.347 Mio. EUR beziffert. Belastend wirkte nicht nur die *Entwicklung im Netzgeschäft,* sondern vor allem auch der ganzjährige Ausfall der Kernkraftwerke Brunsbüttel und Krümmel, die im Anschluss an die Pannen von 2007 vorübergehend stillgelegt wurden.

*Tab. 52: Betriebswirtschaftliche Daten Vattenfall*

| Vattenfall | 2002 | 2003 | 2004 | 2005 | 2006 | 2007 |
|---|---|---|---|---|---|---|
| Gesamtleistung (Mio. EUR) | 8.865 | 8.499 | 10.732 | 10.543 | 11.124 | 12.267 |
| Wertschöpfung (Mio. EUR) | 1.715 | 1.385 | 1.705 | 2.510 | 2.726 | 3.048 |
| Wertschöpfungsquote | 19,3% | 16,3% | 15,9% | 23,8% | 24,5% | 24,8% |
| Lohnsumme (Mio. EUR) | 1.121 | 1.188 | 1.088 | 1.349 | 1.352 | 1.278 |
| Personalkosten je Beschäftigt. (EUR) | 56.979 | 63.282 | 61.079 | 66.157 | 67.892 | 65.005 |
| Mehrwert je Beschäftigten (EUR) | 30.021 | 10.718 | 34.921 | 55.843 | 68.108 | 88.995 |
| Zinsen (Mio. EUR) | 206 | 244 | 194 | 160 | 126 | 258 |
| Miete/Pacht (Mio. EUR) | 0 | 0 | 0 | 21 | 19 | 21 |
| Gewinn vor St. (Mio. EUR) | 387 | -48 | 424 | 981 | 1.230 | 1.492 |
| Steuern (Mio. EUR) | 176 | 83 | 157 | 255 | 296 | 210 |
| Gewinn n. St. | 211 | -131 | 267 | 726 | 934 | 1.282 |
| Eigenkapital (Mio. EUR) | 3.644 | 3.425 | 5.930 | 5.936 | 7.091 | 8.420 |
| Eigenkapitalrendite vor St | 10,6% | -1,4% | 7,1% | 16,5% | 17,4% | 17,7% |
| Eigenkapitalrendite nach St | 5,8% | -3,8% | 4,5% | 12,2% | 13,2% | 15,2% |
| Lohnquote | 65,4% | 85,8% | 63,8% | 53,7% | 49,6% | 41,9% |
| Gewinnquote vor St. (Gewinn, Zins, Miete/Pacht) | 34,6% | 14,2% | 36,2% | 46,3% | 50,4% | 58,1% |
| Gewinnausschüttungen (Mio. EUR) | 74 | 88 | 82 | 83 | 81 | 81 |
| Finanzanlagen (Mio. EUR) | 1.187 | 1.130 | 1.103 | 1.417 | 1.402 | 1.417 |
| Gesamtkapital (Mio. EUR) | 17.175 | 15.923 | 15.016 | 19.603 | 18.725 | 19.005 |
| Finanzanlagenquote | 6,9% | 7,1% | 7,3% | 7,2% | 7,5% | 7,5% |
| Cash-Flow (Mio. EUR) | 1.192 | 723 | 1.102 | 1.309 | 2.352 | 1.783 |
| Sachinvestitionen (Mio.EUR) | 824 | 433 | 457 | 540 | 665 | 936 |
| FreierCash-Flow (Mio. EUR) | 368 | 290 | 645 | 769 | 1.687 | 847 |
| Innenfinanzierungsquote | 144,7% | 167,0% | 241,1% | 242,4% | 353,7% | 190,5% |
| Beschäftigte | 19.674 | 18.773 | 17.813 | 20.931 | 19.914 | 19.660 |
| Arbeitsproduktivität (EUR) | 87.145 | 73.755 | 95.722 | 123.103 | 136.909 | 155.031 |
| Kapitalintensität (EUR) Gesamtkapitaleinsatz | 872.990 | 848.186 | 842.980 | 961.355 | 940.293 | 966.684 |
| Profitrate vor St. (Mehrwert : Gesamtkapital) | 3,5% | 1,2% | 4,1% | 5,9% | 7,3% | 9,3% |

Quelle: Geschäftsberichte Vattenfall, eigene Berechnungen

### 2.4.5.7 Zusammenfassende Beurteilung

Die Gründung von Vattenfall Europe als Tochterunternehmen des schwedischen Konzerns basiert auf einem Zusammenschluss von HEW, Veag, Laubag und Bewag, der damals von der *Politik* ausdrücklich begrüßt wurde, um den drei Stromgiganten E.ON, RWE und EnBW wenigstens einen vierten großen Spieler entgegenzustellen.

Im Mittelpunkt der Konzernstrategie stand weniger die Suche nach einer Bestimmung der idealen Kerngeschäftsfelder, denn diese ergaben sich als Erbe aus der vorausgegangenen Fusion. Neben dem vertikal integrierten Strom-, Gas- und Wärmegeschäft zählte dazu der Braunkohletagebau.

Große Probleme resultierten aus einem Imageproblem infolge der kohlelastigen Investitionsplanung, dilettantisch gemanagter Pannen in den Kernkraftwerken und von Preiserhöhungen. Dadurch verlor der Konzern eine Viertelmillionen Kunden.

Nach den ausgelösten Turbulenzen und einer konzernweiten Umstrukturierung stellt sich das deutsche Tochterunternehmen allmählich neu auf. Alte Kunden sollen offensiv zurück gewonnen werden, neue dazu kommen. Neben einer zweijährigen Stabilitätsgarantie für die Strompreise streicht das Management seine ökologischen Bemühungen öffentlichkeitswirksam hervor. Überdies wurde nach mehreren Verzögerungen im Jahr 2008 der Einstieg in den bundesweiten Wettbewerb mit dem Online-Anbieter Easy vorgenommen, nachdem man sich zuvor stark auf die Kernmärkte Berlin, Hamburg und Cottbus beschränkte. Der Erwerb des niederländischen Energieunternehmens Nuon Anfang 2009 soll das Wachstum weiter beflügeln.

Ähnlich wie bei E.ON steht derzeit aber eine Trennung von Beteiligungen an einzelnen Kommunalversorgern und Kraftwerken zur Disposition. Auch wird eine Abtrennung des Stromnetzes gezielt erwogen.

Die Investitionsplanungen laufen auf eine Zementierung der Kohleabhängigkeit hinaus. Dabei werden allerdings hocheffiziente Kraftwerke mit sehr hohen Wirkungsgraden gebaut. Überdies will Vattenfall seine Vorreiterrolle im CCS-Verfahren nutzen, um möglichst ab 2020 den $CO_2$-Ausstoß drastisch zu verringern. Bei den Erneuerbaren Energien bilden Offshore-Anlagen einen Schwerpunkt. Der Einsatz der KWK soll verdoppelt werden.

Trotz der zwischenzeitlichen Imageprobleme steht das EVU bei der Analyse der wirtschaftlichen Situation sehr gut dar. Seit 2005 liegt die Eigenkapitalrendite sowohl vor als auch nach Steuern im zweistelligen Bereich. Die enormen Produktivitätsfortschritte wurden auch hier den Beschäftigten, deren Zahl weitgehend stabil blieb, zugunsten der Kapitalseite vorenthalten. Fraglich bleibt indessen, wie sich die erneute Panne im AKW Krümmel im Sommer 2009 auswirken wird.

### *2.4.6 Fazit zur Positionierung der „Big-4“ am Markt*

Die Liberalisierung der Elektrizitätswirtschaft in Deutschland hat bei den marktführenden Stromversorgern („Big-4“) eine eindeutige *Shareholder-value-Strategie* zur Folge gehabt. Dies belegen alle „harten“ betriebswirtschaftlichen Daten, und als „Nebenprodukt“ auch die *Top-Managergehälter* (vgl. Kapitel 3.4.5). Zunächst reagierten die „Big-4“ auf die Marktliberalisierung mit *Konzentration durch Fusionen.* Danach ging es vor allen den beiden Marktführern um eine *In-*

*ternationalisierungsstrategie* mit einem entsprechenden Größenwachstum. Gleichzeitig wurden die Unternehmen, nachdem sie zuvor noch eine Multi-Utility-Strategie mit vielen Randgeschäften verfolgten, in Richtung der *„Kerngeschäftsfelder"* bereinigt und viele Leistungen „outgesourced". Vattenfall blieb eine derartige Umorientierung erspart, musste aber viel Kraft für den Konsolidierungsprozess im Anschluss an die Gründungszusammenschlüsse aufwenden. Im Rahmen des gesetzlich vorgeschriebenen „Legal Unbundling" wurden in den vier EVUs zahlreiche Tochtergesellschaften gegründet. Dies zog insgesamt beträchtliche Personalkostensenkungen und *Arbeitsplatzverluste* in den vier Unternehmen nach sich, in deren Folge es zu enormen *Arbeitsproduktivitätssteigerungen* kam (vgl. Tab. 53).

*Tab. 53: Beschäftigungs-, Personalkosten- und Arbeitsproduktivitätsentwicklung der „Big-4"*

| | Entwicklung von 2002 bis 2007 in % | | |
|---|---|---|---|
| | Beschäftigung | Personalkosten | Arbeitsproduktivität |
| E.ON Konzern | –15,9 | –28,9 | 63,8 |
| RWE Konzern | –51,9 | –49,0 | 63,2 |
| EnBW Konzern | –46,8 | –10,6 | 185,0 |
| Vattenfall Europe | +/–0 | 14,0 | 77,9 |

Quelle: Geschäftsberichte der „Big-4", eigene Berechnungen

Außerdem ist, wie für die gesamte Elektrizitätsbranche, auch für die „Big-4" eine extreme *Umverteilung der Wertschöpfungen zu Lasten der Beschäftigten* zu konstatieren. Hierbei gibt es im Vergleich der „Big-4" untereinander und im Vergleich mit der Branche drei Befunde (vgl. Tab. 54):

1. weichen die *Lohnquoten* der „Big-4" in ihrer Höhe zum Teil beträchtlich voneinander ab. Auf die niedrigsten Quoten kommt hier E.ON.
2. liegt das *Lohnquotenniveau der gesamten Elektrizitätsbranche* – mit Ausnahme von E.ON – unterhalb des Niveaus der „Big-4".
3. ist der *Lohnquotenrückgang* bei allen „Big-4" weit größer als in der gesamten Branche.

Ziel der Geschäftsstrategie war hierbei immer die *Maximierung der Eigenkapitalrentabilität*, was auch mit zweistelligen Werten vor und nach Ertragsteuern gelang. Insgesamt belief sich der *Gewinn vor Ertragsteuern* bei den „Big-4" von 2002 bis 2007 auf gut 63 Mrd. EUR. Nach Ertragsteuern betrug der Gewinn 46 Mrd. EUR. Die *Ertragsteuerquote* lag damit durchschnittlich bei knapp 27%. Nimmt man das EBIT-Ergebnis („Earnings before interest and taxes = Gewinn vor Zinsen und Ertragsteuern"), so erwirtschafteten die „Big-4" zwischen 2002 und 2007 fast 90 Mrd. EUR. Dabei hat sich das EBIT-Ergebnis zwischen 2002 und 2007 mehr als verdreifacht. Die Verlierer der einseitigen *Profitpolitik* sind sowohl die *Kunden und Lieferanten* als auch die *Beschäftigten* der „Big-4".

*Tab. 54: Entwicklung der Lohnquoten bei den „Big-4"*

| | Lohnquoten | | | | | |
|---|---|---|---|---|---|---|
| | 2002 | 2003 | 2004 | 2005 | 2006 | 2007 |
| E.ON Konzern | 58,5 | 42,1 | 36,9 | 36,3 | 44,0 | 30,2 |
| RWE Konzern | 56,7 | 58,0 | 47,3 | 47,8 | 45,8 | 38,0 |
| EnBW Konzern | 74,1 | 121,7 | 46,8 | 44,6 | 45,3 | 43,7 |
| Vattenfall Europe | 65,4 | 85,8 | 63,8 | 53,7 | 49,6 | 41,9 |
| Branchenwerte | 50,9 | 54,1 | 45,2 | 43,9 | 45,8 | k.A. |

Quelle: Geschäftsberichte der „Big-4", eigene Berechnungen

Abgesehen von *Vattenfall* hat auch das Jahr 2008 trotz der *Finanzmarktkrise* noch keine nennenswerten Einbrüche bewirkt.[84] Allerdings deuten sich im Jahr 2009 bei allen vier Stromgiganten spürbare Dynamikverluste an, insbesondere weil der *Absatz an die Industriekunden* deutlich weggebrochen ist. Beim Branchenprimus E.ON kommen Belastungen durch unerwartete Abschreibungen auf internationale Beteiligungen hinzu, die das Unternehmen in den letzten Jahren zudem fremdfinanziert hatte und nun teuer refinanziert werden müssen. Insofern schließt der Konzernchef Bernotat einen weiteren *Beschäftigungsabbau* nicht aus. Man will mit einem neuen Sparprogramm namens *„Perform-to-Win"* trotz des Spitzenergebnisses in 2008 und einer Dividendensteigerung insgesamt die Kosten um 1,5 Mrd. EUR senken (vgl. Q232, S. 9). Die Gewerkschaft ver.di befürchtet aufgrund dessen einen Verlust von 6.000 Stellen und ein Outsourcen von weiteren 4.000 Beschäftigten. Nach Angaben des Konzerns soll aber zumindest in Deutschland auf betriebsbedingte Kündigungen verzichtet werden.

Alle Unternehmen sind intensiv um mehr Wachstum bemüht. Dazu sind sie im Vertrieb inzwischen mit bundesweiten Billigstromangeboten in den Wettbewerb eingetreten. EnBW war mit „Yello" 1999 Vorreiter, beklagte sich aber zunächst über Wettbewerbsbarrieren bei den Netzen. E.ON und RWE sind 2007 ernsthaft nachgezogen. Vattenfall ist erst 2008 dazu gestoßen, nachdem der Konzern zuvor angekündigt hatte, jetzt auch auf dem bundesweiten Markt zu konkurrieren. Dies verdeutlicht nochmals, wie wenig Ernst bis dahin der Wettbewerb über die eigenen, angestammten Versorgungsgebiete hinaus genommen wurde.

84 Zu ähnlichen Gewinnergebnissen kommt Leprich in einer neuen Studie zur wirtschaftlichen Situation der „Big-4" (vgl. Leprich 2008).

Beim Wachstum über Beteiligungen sind E.ON und RWE in Deutschland mittlerweile enge Grenzen gezogen worden. Im Inland sieht E.ON sich sogar zum Auflösen von Beteiligungen an Stadtwerken und Kraftwerken gezwungen. Vattenfall erwägt die freiwillige Trennung von Randbeteiligungen, um über das Unternehmen selbst und den Neuerwerb Nuon weiter zu wachsen. EnBW hingegen plant eine auf das Inlandsgeschäft fokussierte Wachstumsstrategie, bei der Möglichkeiten zum Ausbau auch strategischer inländischer Beteiligungen mit Führungsanspruch und beim Zukauf von Kraftwerkskapazitäten konsequent genutzt werden sollen. Offenbar setzten die Manager in Karlsruhe in den dabei anstehenden Genehmigungsverfahren durch die Kartellbehörden auf das *Gegenmachtargument.* Auf den Auslandsmärkten scheint E.ON angesichts der eigenen Finanzsituation sein Pulver zunächst verschossen zu haben. RWE hingegen offenbart diesbezüglich aus einer vergleichsweise soliden finanziellen Position heraus Nachholbedarf, der durch eine aggressivere Beteiligungspolitik begleitet und durch die geplante Übernahme von Essent untermauert wird. Vattenfall hat mit seinem Nuon-Deal zumindest sein Auslandsstandbein gestärkt.[85]

Eine Expansion über das Beschreiten neuer Geschäftsfelder wird, nachdem sich die Unternehmen von ihren *erfolglosen Ausflügen in den Multi-Utility-Bereich* durch eine Fokussierung auf das Kerngeschäft erholt haben, allenfalls in energienahen Bereichen mit Synergieeffekten (u.a. Contracting und KWK-Angebote) verfolgt.

Heterogen haben sich die Unternehmen mit Blick auf den Netzbetrieb aufgestellt. E.ON muss sein Netz abstoßen, Vattenfall erwägt dies zumindest und sieht langfristig ohnehin keine andere Wahl, EnBW und RWE hingegen betrachten das Netz als strategisch unverzichtbaren Baustein für ein vertikal aufgestelltes EVU.

Das bisherige investive Engagement bei den Erneuerbaren Energien ist gerade bei den Dyopolisten E.ON und RWE enttäuschend. Zwar haben sich die „Big-4" den Ausbau der Erneuerbaren Energien auf die Fahnen geschrieben und dies auch organisatorisch durch eigens dafür zuständige Führungsgesellschaften unterlegt. Auch ist gemessen an den geplanten Investitionssummen absolut gesehen ein Bedeutungswechsel zu erkennen. Dennoch signalisieren die Relationen zu den anderen Investitionsplanungen und zu den bisherigen Gewinnausschüttungen vor dem Hintergrund der bisherigen Zurückhaltung in diesem Bereich gerade bei den beiden Branchenführen noch eine gewisse Halbherzigkeit. Auf jeden Fall trug rückblickend das *Shareholder-value-Denken* mit zu den ökologischen Versäumnissen bei.

---

85 Beide Vorhaben sind wegen ihrer Wettbewerbswirkung inzwischen auf heftige Kritik des VIK gestoßen (vgl. Q282).

## 2.5 Zwischenresümee

Die Liberalisierung in der Elektrizitätswirtschaft wurde unter der Federführung der EU ab Mitte der 1980er Jahre forciert. Mit der ersten Novelle des EnWG im Jahr 1998 wurde dann auch hierzulande der Markt geöffnet. Vorrangiges Ziel war es zunächst, über eine *Liberalisierung* die Kräfte des Wettbewerbs zu wecken. *Produktivitätspotenziale* sollten dadurch erschlossen und unter dem Einfluss der „disziplinierenden" Konkurrenzwirkung an die *Stromkunden* in Form von *niedrigeren Preisen* weitergegeben werden. Im Laufe der Jahre nutzte die EU die ihr mittlerweile zugewachsenen gestalterischen Kompetenzen immer mehr, um auch dem *Nachhaltigkeitsaspekt* der Energieversorgung zu einem EU-weiten Durchbruch zu verhelfen.

Mit Blick auf den *Wettbewerb* erwies sich die Liberalisierungsphase zumindest hierzulande aber als überaus enttäuschend. Gerade in Deutschland wurde die Liberalisierung mit einer Unterregulierung kombiniert. Getreu dem neoliberalen Ansatz anglo-amerikanischer Prägung sollte sich der Staat möglichst aus der Marktentwicklung heraus halten.[86] Im Gegensatz zu fast allen anderen Ländern wurde deshalb in Deutschland zunächst auf eine *Regulierungsbehörde* verzichtet. Man setzte stattdessen auf eine von den Marktakteuren ausgehandelte *Verbändevereinbarung.*

Angesichts der *Marktstrukturen zum Zeitpunkt der Liberalisierung* mit vielen „Davids" und wenigen „Goliaths", die zudem die unregulierte Hoheit über das Verteilungsnetz haben, konnte es nicht verwundern, dass der Wettbewerb allenfalls in der ersten Neuorientierungsphase seine Wirkung entfalten konnte. Zwischenzeitlich nutzten die ehemaligen *Verbundmonopolisten* aber ihre herausragende Stellung, um einerseits über eine Diskriminierung beim Netzzugang den Markt vor neuer Konkurrenz abzuschotten und andererseits über Fusionen ihre Macht zu konzentrieren. Nach unseren Berechnungen haben unter Berücksichtigung der Absatzmengen an Stadtwerke rund 90% der Stromlieferungen

---

86 Von Seiten neoliberaler Ökonomen und Politiker wird in letzter Zeit verstärkt hervorgehoben, man bewege sich in der guten Tradition des u.a. von Walter Eucken geprägten Ordo-Liberalismus, der letztlich als konzeptionelle Basis der erfolgreichen Sozialen Marktwirtschaft diente. Von daher habe der Ordo-Liberalismus seine Fähigkeiten hinlänglich unter Beweis gestellt. In der praktischen Umsetzung wurde dann aber auch hierzulande oftmals ein Neoliberalismus anglo-amerikanischer Prägung betrieben, bei dem der Staat sich weit über die im Ordo-Liberalismus abgesteckten Grenzen hinaus aus seiner gestalterischen Verantwortung gestohlen hat. Zentrale Forderung im Ordo-Liberalismus war das Schaffen einer marktwirtschaftlich-wettbewerblichen Ordnung. Dabei sollte der Staat ordnungspolitische Stärke zeigen und über eine entsprechende Regulierung den Wettbewerb gegen die immanenten Aufhebungstendenzen aktiv verteidigen. Verhindern bzw. Zerschlagen von wirtschaftlicher Macht gehörte mit dazu.

ihren Ursprung bei den „Big-4". Angesichts unzureichender Kuppelstellen blieb dabei auch die Drohung durch europäische Konkurrenten eine stumpfe Waffe zur Disziplinierung. Im Gegenteil, die beiden deutschen Marktführer E.ON und RWE nutzten ihrerseits die neuen Möglichkeiten zur Expansion ins Ausland und haben sich unter den zehn größten EVUs der EU an vorderster Stelle etabliert.

Gleichwohl hat die Öffnung der Märkte in den Unternehmen Spuren hinterlassen und ist offenbar auch zum Anlass für umfangreiche *Rationalisierungsmaßnahmen* genommen worden. Dabei wurde nicht nur der Kraftwerkspark „entschlackt", sondern verstärkt auch die Zahl der *Beschäftigten* abgebaut bzw. es wurde zu zumeist schlechteren Bedingungen „outgesourced". Drei von zehn Arbeitsplätzen gingen so in der Branche innerhalb von 14 Jahren verloren. Immer weniger Mitarbeiter generierten dabei immer mehr Werte. Die Produktivität ist infolgedessen zwischen 1998 und 2006 um über 62% gestiegen.

Dieser enorme Produktivitätsschub findet vor dem Hintergrund der Marktstrukturen jedoch keinen entsprechenden Niederschlag in den *Strompreisen.* Selbst nach Herausrechnen administrierter Preiskomponenten bewegen sich die deutschen Strompreise in der EU sowohl für Haushalts- als auch für Industriekunden am oberen Rand. Dabei gab es im Zeitablauf zunächst durchaus bemerkenswerte Preisnachlässe, die sich – ohne staatlich veranlasste Aufschläge – in der Spitze auf 41% beim Industriestrom und auf 33% beim Haushaltsstrom beliefen. Ab 2001 erwiesen sich diese Zugeständnisse jedoch als flüchtig, so dass die bereinigten Preise 2007 ungeachtet der Produktivitätssteigerungen nur leicht unter dem Ausgangsniveau von 1998 lagen.

Zuletzt wurden von den EVUs sogar kostenlos zugeteilte $CO_2$-Zertifikate eingepreist. Begründet wurde dies vom Management mit einem *Opportunitätskostenargument:* Schließlich müsse ein Unternehmen bei der Produktion einer zusätzlichen Stromeinheit abwägen, ob sich deren Bereitstellung auch lohnt. Dies sei aber nur dann der Fall, wenn der Preis für diese Einheit die (pagatorischen) Kosten und die Opportunitätskosten abdeckt. Mit Blick auf die Zertifikate bedeutet das, dass der Strompreis auch den Preis abdecken muss, den man alternativ beim Verkauf der nicht für die Produktion der Stromeinheit genutzten Verschmutzungsrechte erzielen könnte. Diese Argumentation habe auch nichts mit einer Vermachtung der Märkte zu tun, sie ergäbe sich bei vollkommener Konkurrenz gleichermaßen.

Nachdem die Zertifikate einmal den Unternehmen durch den Staat „geschenkt" wurden, mag diese Argumentation zwar im Prinzip zutreffen. Dennoch sollte man nicht so tun, als lieferte der Marktmechanismus in diesem speziellen Fall allein schon eine hinreichende moralische Rechtfertigung, die zu einer automatischen Akzeptanz des Verhaltens der EVUs führen müsse. Denn im Grundsatz wurden die Unternehmen durch die „Schenkung" in einer Form belohnt, die nichts mit *Leistung* zu tun hat und daher auch keine moralische Basis hat: Einerseits verzichtete der Staat weiterhin darauf, die externen Kosten der Umweltverschmutzung komplett zu internalisieren und entlastete so die EVUs künstlich von „Kosten". Andererseits agierten die Unternehmen so, als hätten sie diese „Kosten" tatsächlich zu tragen, indem es zu einer Überwälzung in die Preise kam. Letzteres wäre aber allenfalls dann leistungsgerecht, wenn im ersten Schritt die Opportunitätskosten auch wirklich angefallen wären. Dies ist aber nicht der Fall. Opportunitätskosten sind fiktive Kosten. Bei Preisüberwälzungen werden sie aber zu *echten (ungerechtfertigten) Gewinnen.* Am Ende profitierten die EVUs so in geradezu perverser Form von ihrer *Umweltverschmutzung.*

Als naiv erwies sich rückblickend in Summe auch die politische Hoffnung, Liberalisierung allein reiche aus, *Produktivitätsreserven* zu bergen, um diese über den Wettbewerb den Nachfragern zugute kommen zu lassen. Die Produktivität wurde zwar nachhaltig gesteigert, in der *Verteilungsauseinandersetzung* wurden diese Effizienzgewinne aber primär in den Unternehmen gehalten.

Dabei ging die verteilungsinterne Auseinandersetzung unter den Stakeholdern relativ gesehen zu Lasten der *Beschäftigten.* Während die Löhne und Gehälter branchenweit zwischen 1998 und 2006 um nur knapp 9% zulegten, erhöhten sich im gleichen Zeitraum bei zwischenzeitlichen Einbrüchen die *Gewinne nach Ertragsteuern* um 118% und die – quantitativ aber weniger bedeutenden – Miet- und Pachteinnahmen sogar um gut 164%. Offenbar ist es der Kapitalseite gelungen, den Beschäftigungsabbau sowie die Umstrukturierungen in Verbindung mit dem in der Öffentlichkeit immer wieder beschworenen und als Menetekel an die Wand gemalten *Wettbewerb zu instrumentalisieren,* um sich den Löwenanteil vom stark gewachsenen „Verteilungskuchen" einzuverleiben. Dass der Wettbewerb in einer branchenweiten Betrachtung in Wirklichkeit inzwischen ausgebremst wurde und nur noch branchenintern zwischen den wenigen Großen auf der einen und den vielen Kleinen auf der anderen Seite von Bedeutung ist, spielt dabei nur eine untergeordnete Rolle.

Auch wenn die Beschäftigten aufgrund ihrer unternehmensspezifischen Erfahrungen den Eindruck eines nachhaltig gestiegenen Wettbewerbs haben (vgl. Kapitel 3 und 4), zeigen branchenweit sowohl die Marktstrukturen als auch die Preisentwicklung ein anderes Bild. Demnach wäre der Druck der bei der Belegschaft ankommt, weniger Ausdruck des Wettbewerbs als einer gewachsenen Gewinnanspruchsmentalität.

Diese Einschätzung offenbart sich letztlich auch im *Verhalten der Politik.* Die verantwortlichen Entscheidungsträger erkennen, nachdem die Angebotsstrukturen aufgrund der vorherigen ordnungspolitischen Zurückhaltung des Staates bereits nachhaltig und fast schon irreversibel verkrustet sind, die Notwendigkeit zur Akzentuierung des Wettbewerbs durch *Nachregulierung* zumal auch das Kartellamt den „Big-4" – wenn auch spät – immer mehr die Grenzen aufzeigt.

Sollte sich hier aber der Wettbewerb, wie politisch intendiert, wirklich verschärfen und es zu einem *Abbau der Monopolrenten* kommen, wird der *Verteilungskonflikt* ein neues Gesicht erhalten. Abgesehen von der Startphase fand der unternehmensinterne Verteilungskampf nämlich vornehmlich auf der Basis einer wachsenden Verteilungsmasse und kaum zugunsten der Kunden statt. Wenn in Zukunft wirklich verstärkt die Kunden profitieren, wird aber für die Stakeholder der Unternehmen die Verteilungsmasse ähnlich wie in der Anfangsphase abnehmen. Dann droht eine *Zuspitzung des Verteilungskonflikts* zwischen der Eigenkapitalseite und den Beschäftigten, die bislang immerhin noch auf einen leichten nominalen Anstieg bei den Löhnen und Gehältern zurückschauen können.[87] Dies gilt umso mehr, als eine Positionswahrung für die Kapitalseite in Anbetracht weitgehend ausgereizter Möglichkeiten wohl kaum noch über weitere Produktivitätssteigerungen gelingen kann, so dass der Konflikt verstärkt über die Kontrakteinkommen Löhne und Gehälter liefe.

Eine preissenkende Belebung des Wettbewerbs hätte neben der Akzentuierung des unternehmensinternen Verteilungskonflikts zudem noch eine *ökologisch* bedenkliche Wirkung. Denn fallende Elektrizitätspreise verringern den Anreiz zur Stromeinsparung. Soll also das Nachhaltigkeitsziel eingehalten werden, bedarf es – wie durch den Zertifikatehandel mit einer Verschmutzungsobergrenze intendiert – neben dem Abschmelzen der Monopolrenditen über die Internalisierung externer Kosten einer Gegenbewegung im Preis, die im Endeffekt wieder zu einer *Verteuerung von Strom* führt. Dabei hätte die EU die wichtige Aufgabe, dies wettbewerbsneutral über alle EU-Länder hinweg durchzusetzen.

Mit Blick auf *Investitionen* ist festzustellen, dass sich die EVUs in der Phase nach der Liberalisierung deutlich zurückgehalten haben. Hauptursachen waren das Ausleben eines zuvor eingeleiteten Investitionszyklus sowie die neuen wettbewerblichen Rahmenbedingungen. Statt in Sachanlagen zu investieren, *desinvestierten* sie und *verschlankten* sich, um ihre Wettbewerbsfähigkeit auszubauen. Überdies nutzten die Unternehmen ihre *Gewinne zur Ausschüttung an die Aktionäre, zur nationalen Konzentration,* um so Skaleneffekte zu generieren und zugleich dem Wettbewerbsdruck auszuweichen, aber auch im Sinne einer Risikodiversifikation zu *internationalen Beteiligungen* und zum Aufbau von Erzeugungskapazitäten im Ausland.

Angesichts der Ersatznotwendigkeit veralteter Kohlekraftwerke steht nun zur Gewährleistung der Versorgungssicherheit im nächsten Jahrzehnt bei verlängerter Laufzeit der AKWs ein Zubau in einer Größenordnung von etwa gut der Hälfte des vorhandenen Kraftwerkparks an. Dabei geht es im Rahmen des politi-

87 Dieser nominale Anstieg liegt aber weit unterhalb des Zuwachses der Branchenproduktivität plus der Strompreissteigerungen – auch unterhalb der geringeren gesamtwirtschaftlichen Verteilungsneutralität im Sinne einer „solidarischen Tarifpolitik“.

schen Zieldreiecks nicht nur um einen quantitativen Ausgleich ausscheidender Anlagen, sondern auch darum, die Erzeugungsstruktur qualitativ auf die neuen ökologischen Ziele auszurichten, ohne den Aspekt der Wirtschaftlichkeit aus den Augen zu verlieren.

Abgesehen von der methodisch umstrittenen Studie der Dena zeigt die überwiegende Mehrzahl der Studien, dass dieses ehrgeizige Ziel gelingen kann. Mit Blick auf die konventionellen Kraftwerke, die einen langen Planungsvorlauf haben, liegen auch schon zahlreiche Investitionsvorhaben vor. Die zurückliegende dynamische Entwicklung bei den Erneuerbaren Energien stimmt ebenfalls positiv. Allerdings darf nicht übersehen werden, dass die momentan noch als realistisch eingeschätzten Projektionen in einem im Branchenvergleich überaus sensiblen Investitionsumfeld angesiedelt sind und daher keinesfalls als Selbstläufer aufgefasst werden dürfen.

Angesichts der investiven Besonderheiten des Wirtschaftszweigs gemahnen dabei einzelne, zum Teil vielschichtig miteinander verwobene Entscheidungsaspekte zur Vorsicht. In diesem Sinne folgert auch Kiefer:

> „Die Vielzahl der [Investitions-]Variablen ist stark voneinander abhängig (...). Das Umfeld für Kraftwerksinvestitionen in Deutschland muss deswegen als ungünstig beurteilt werden; es wird sich mittelfristig kaum bessern." (Kiefer 2008, S. 9f.)

Dies gilt umso mehr als die Unternehmen durch den Paradigmenwechsel infolge der Liberalisierung neuen Herausforderungen ausgesetzt sind, welche angesichts der zahlreichen Unwägbarkeiten grundsätzlich eher zu einem übervorsichtigen Investitionsverhalten verleiten. Dabei sollte eigentlich gerade der Marktmechanismus bei den Investitionen *allokationspolitische Effizienz* bewirken. Damit ist nicht gesagt, dass eine Kapazitätsplanung unter dem alten Investitionsparadigma zwangsläufig besser erfolgen würde, einfacher aber wäre sie allemal. Mit Blick auf die Erfahrungen in den USA folgert Joskow in diesem Zusammenhang sogar:

> „Competitive wholesale electricity markets are not providing appropriate incentives to stimulate ‚adequate' investment in new generating capacity at the right time, in the right places, and using the right technologies." (Joskow 2006, S. 1)

Als Gründe führt er erstens das Dilemma des öffentlichen Gutes bei der Bereitstellung der Spitzenlast an. Die hohe Volatilität von Großhandelspreisen bei gleichzeitig hohen Risiken stellt zweitens eine investive Hürde dar, zumal keine Möglichkeit besteht sich als Erzeuger im Vorfeld einer Investition durch Langfristverträge rückzuversichern, da die Nachfrager im Wettbewerb gerade die Möglichkeit des Wechsels zu günstigeren Anbietern schätzen und sich deshalb nicht binden wollen. Drittens hemmt eine hohe Unsicherheit über die Rahmenbedingungen die Investitionsneigung.

Letzteres gilt hierzulande bei dem zu bewältigenden Investitionsschub zum einen hinsichtlich der *technologischen Alternativen* und betrifft primär die Fragen, wie erfolgreich die $CO_2$-Abscheidung sein wird, und vor allem, welche *Rolle der Atomkraft* im Erzeugungsmix in Zukunft zugebilligt wird. Das lange Hickhack um den Ausstiegsbeschluss entpuppt sich dabei als Investitionshindernis allerersten Ranges. AKW-Betreiber werden auch jetzt noch, solange die Details einer Laufzeitverlängerung unklar sind, eher zweigleisig fahren. Alternative Schubladenprojekte werden dabei zwar vorbereitet, aber zunächst nur halbherzig betrieben. Ansonsten hofft man, in den Genuss weiterer *„windfall profits"* zu kommen, indem die abgeschriebenen Kernkraftwerke doch noch länger genutzt werden können. Stromproduzenten hingegen, die in der Vergangenheit im guten Glauben an den Fortbestand des gesetzlichen Ausstiegsbeschlusses investiert haben, müssen befürchten, auf den *„stranded costs"* sitzen zu bleiben. Um genau dies zu vermeiden, werden neue Investitionen, zumindest wenn sie nicht durch gesetzlich vorgegebene Mindestabnahmepreise in Verbindung mit Einspeisevorrang abgesichert sind, allenfalls sehr vorsichtig getätigt. Mit der Laufzeitverlängerung wird so zugleich auch die oligopolistische Erzeugungsstruktur wieder gefestigt, obwohl es – abgesehen von den Ergebnissen der Dena-Studie – hinsichtlich der Versorgungssicherheit keine zwingenden Befunde gibt, die bislang geltende Rechtslage beim AKW-Ausstieg aufzuweichen. Das vom Präsidenten der Monopolkommission geforderte Junktim zwischen verlängerten AKW-Laufzeiten und einem Verkauf anderer Erzeugungskapazitäten der „Big-4" an die Konkurrenz würde daher zumindest eine angemessene Kompensation darstellen.

Den sonstigen Ausbau konventioneller Kraftwerke, aber auch von Windenergieanlagen, belasten derzeit insbesondere *Widerstände* der Bürger und der *Politik vor Ort.* Hinderlich wirkt dabei häufig weniger eine fehlende Einsicht in die Notwendigkeit neuer Investitionen als das *„Sankt-Florians-Prinzip".* Danach wünschen sich die Bürger zwar eine ökologisch ausgewogene und billige Versorgungssicherheit durch einen erneuerten Kraftwerkspark. Die Beeinträchtigungen durch die Standortwahl sollen aber möglichst andere tragen. In Verbindung damit richtet sich Widerstand häufig auch gegen einen als unökologisch und angesichts der Alternativen durch Erneuerbare Energien als überflüssig empfundenen Zubau von Kohlekraftwerken. Dabei weisen jedoch die allermeisten Studien uneingeschränkt darauf hin, dass ein Grundstock an Kohlekraftwerken auch in Zukunft unverzichtbar sein wird und dass angesichts der Veralterung Zubauten noch nötig sind. Soweit hierbei „Dreckschleudern" gegen modernere, mit CCS-Technologien nachrüstbare Kraftwerke mit höherem Wirkungsgrad ersetzt werden, sind die neuen Anlagen zwar nicht per se „umweltfreundlich". Ihr Einsatz reduziert aber die Umweltbelastung. An dieser Stelle weist die Politik offenbar einige Baustellen auf. Das betrifft nicht nur die *Förderung der CCS-Technologie,* welche die Akzeptanz zumindest dann erhöhen könnte, wenn das

Lagerproblem überzeugend gelöst werden kann. Vielmehr geht es auch darum, grundsätzliche Überzeugungsarbeit zu leisten, um im Dialog den erforderlichen Ausbau der Kraftwerkslandschaft zu ermöglichen. Was die schleppenden *Genehmigungsverfahren* u.a. bei Erneuerbaren Energien anbelangt, hat der Staat es hingegen selbst in der Hand, die Verfahren zu beschleunigen.

Problematisch wird der Zubau von Kohlekraftwerken indessen dann, wenn dadurch in mit dem Klimaschutzpfad unvereinbarer Form Erneuerbare Energien verdrängt werden. Die „Kohlelastigkeit" in der derzeitigen Investitionsplanung gibt hierbei zumindest zu denken. Wenn allerdings eine solche Verdrängung tatsächlich stattfindet, dann liegt es im Rahmen des nun renditebasierten Entscheidungsprozesses daran, dass die Investitionssignale zugunsten der Erneuerbaren Energien von der Politik nicht richtig ausgesteuert wurden. Offenbar fehlt es dann trotz der EEG- und KWKG-Novelle immer noch an hinreichenden Investitionsanreizen, um spezifische Nachteile ökologischer Erzeugungsanlagen zu überwinden. In diesem Fall müsste die Politik nachjustieren, wenn sie die Produktionsstruktur weiterhin den Unternehmen im Markt überlassen will. Andernfalls müsste die Politik, will sie nicht kapitulieren, durch rigide Vorgaben und damit *marktinkonform* ein verändertes Investitionsverhalten erzwingen.[88]

Belastet werden die Investitionsplanungen auch durch *Kalkulationsrisiken* bei den Investitionskosten und hier insbesondere bei den Folgekosten. Hinsichtlich der Brennstoffkosten hat die Politik sicherlich wenige Einflussmöglichkeiten. Bezüglich des Zertifikatehandels sind die Weichen ebenfalls bereits gestellt. Als Manko erweist sich dabei, dass der über die Börse ausgehandelte *zukünftige Zertifikatepreis* vom Konzept her hinreichend hoch sein soll, um die externen Effekte im gewünschten Umfang zu vermeiden. Wie hoch dieser Preis wirklich sein wird, steht aber derzeit noch nicht fest. Sollten die Stromerzeuger in ihren heutigen Investitionsplanungen die zukünftigen Preise unterschätzen, käme es aufgrund dieser Unsicherheit unbeabsichtigt auch zu einer zu $CO_2$-lastigen Stromproduktion. In jedem Fall wird durch den gewählten Weg der Internalisierung externer Kosten ein Abwägen von Alternativen und damit das Einschlagen des politisch gewünschten Investitionspfades erheblich erschwert, zumal auch spekulative Einflüsse beim Zertifikatehandel störend wirken könnten.

---

88 In diesem Sinne fordert etwa die Deutsche Umwelthilfe ein Verbot des Neubaus konventioneller Kohlekraftwerke, sie seien allenfalls dann tolerierbar, wenn sie mit der CCS-Technologie ausgestattet werden (vgl. Q166, S. 6). Weniger rigide sind die Vorgaben in Großbritannien: Dort benötigen die Stromerzeuger seit 2002 zum Nachweis einer ausreichenden Menge von Ökostromproduktion (ca. 10% der Produktion) so genannte Renewable Obligation Certificates (ROCs). Für die Produktion einer MWh Ökostrom wird jeweils ein ROC zugeteilt (vgl. Q219).

Angesichts der *exorbitanten Unternehmensgewinne* gerade bei den großen EVUs stellt die Finanzkrise derzeit allenfalls bei den kleineren Anbietern und Investoren ein ernsthaftes Investitionshindernis dar. Während sich die dominierenden Akteure die für den Kapazitätsausbau erforderlichen Finanzmittel aus dem Cashflow oder zu weiterhin noch günstigen Bedingungen über die Kapitalmärkte besorgen können, klagen derzeit die kleineren Stromanbieter über einen Rückzug der Banken aus dem Finanzierungsgeschäft für Erneuerbare Energien. Der bereits angestoßene erleichterte Kreditzugang über die KfW kann hier sicherlich für eine Entspannung sorgen.

Darüber hinaus gibt es auch noch *strategische Gründe,* in dem durch die „Big-4" beherrschten Markt das Stromangebot durch investive Zurückhaltung künstlich knapp zu halten, um über höhere Marktpreise die Gewinne zu steigern. Überdies erweist sich angesichts des neuen Regimes die Frage der Bereitstellung von Spitzenlastkapazitäten als besonders problematisch.

Zugleich bieten sich neben den Risiken aber auch besondere Chancen für einen ökologischen Umbau und eine Belebung des Wettbewerbs. Denn einerseits bewirken die zahlreichen Unwägbarkeiten in der Investitionsplanung, dass auch die großen Stromanbieter zu einer Strategie der Risikodiversifikation über einen vielfältigeren und zugleich auch umweltfreundlicheren Mix in ihrer Erzeugungsstruktur motiviert werden. Dies erklärt sicherlich auch die zuletzt stärkere Zuwendung der „Big-4" zu den Erneuerbaren Energien. Andererseits könnten dadurch die verkrusteten oligopolistischen Erzeugungsstrukturen über eine *Aufwertung der Stadtwerke* und den Übergang zu dezentralen Strukturen aufgebrochen werden. Nachdem die Mehrheit der kommunalen Stromversorger zu Beginn der Liberalisierung für nicht überlebensfähig erklärt wurde, konnten sie spätestens seit Mitte dieses Jahrzehnts nach gravierenden Restrukturierungen immerhin ein überzeugendes Comeback feiern (vgl. Kapitel 4).

# 3. Unternehmenskultur im Liberalisierungsprozess

## 3.1 Spezifische Problemstellung, Abgrenzungen und Datenbasis

Mit der Liberalisierung ist es zu strategischen Neuausrichtungen der Elektrizitätsunternehmen gekommen. In vielen Punkten konnten wir belegen, dass die von der Politik erhofften Wettbewerbswirkungen im Hinblick auf ein energiewirtschaftliches Zieldreieck (vgl. Kapitel 1.1) nicht eingetreten sind. Im Gegenteil: Es wurden von uns eine weit hinter den Produktivitätsfortschritten zurückbleibende *Strompreisentwicklung, dafür aber Gewinnsteigerungen, Unternehmenszusammenschlüsse* und *Internationalisierungsprozesse* sowie der Rückzug auf so genannte Kernkompetenzen (teilweise in Verbindung mit De-Fusionen) festgestellt, die in Summe die *ökonomische* und *politische Macht* der EVUs noch gestärkt haben. Zudem wurden ein *massiver Beschäftigungsabbau bzw. ein Outsourcen zu verschlechterten Bedingungen* sowie die im Ergebnis heterogene Tarifentwicklung und insbesondere die *Wertschöpfungsverteilung* zu Lasten der abhängig Beschäftigten in den EVUs aufgezeigt. Ferner haben wir das *Investitionsverhalten* der Elektrizitätswirtschaft dokumentiert und dabei beträchtliche Defizite bzw. Hindernisse mit Blick auf die zukünftige Versorgungssicherheit und die angestrebte ökologische Neuausrichtung festgestellt.

Ausgehend von diesen veränderten Rahmenbedingungen im *Außenverhältnis* soll es nun um die engeren *personalwirtschaftlichen Beziehungen* zwischen *Kapital* und *Arbeit* im *Innenverhältnis* der Stromunternehmen gehen. Es gilt also, ausführlich die *Auswirkungen der Liberalisierung* auf die *personalwirtschaftliche Unternehmenskultur* der EVUs zu untersuchen und kritisch zu reflektieren. Hier stehen die Arbeits- und Mitbestimmungsbedingungen der abhängig Beschäftigten im Mittelpunkt.

Da wir auch *bewerten* wollen, wie gut die Unternehmen hier aufgestellt sind, bedarf es einer *Referenzgröße*. Prinzipiell kämen dabei drei Bezugsfelder in Frage. Erstens könnten wir untersuchen, inwieweit rechtliche Vorgaben umgesetzt worden sind. Da dies aber eigentlich selbstverständlich sein sollte, würde dieser Ausgangspunkt der Betrachtung wenig hergeben. Zweitens wäre es möglich, die Elektrizitätswirtschaft im Vergleich zu anderen Branchen zu beurteilen. Dies würde indessen den Rahmen sprengen. Insofern verbleibt als dritte Möglichkeit, die Situation der EVUs vor einem *Idealmodell* zu spiegeln. Als *normative Referenzgröße* gehen wir dabei von einer Unternehmenskultur[1] aus, die sich

1 Der Begriff „Unternehmenskultur" wurde zum ersten Mal im Jahre 1951 bei Jaques erwähnt. Eine allgemeine Definition gibt es bis heute nicht. Kroeber/Kluckholm wiesen

auf eine *demokratische Partizipation* im Sinne einer umfassenden, holistisch angelegten *Wirtschaftsdemokratie* stützt. Da es sich bei dem von uns anschließend beschriebenen Modell um ein Ideal handelt, ist von vornherein zu vermuten, dass die Unternehmen in ihrer gelebten Kultur mehr oder weniger stark davon abweichen werden. Unser Erkenntnisinteresse gilt daher auch der Frage, wie stark diese Abweichungen tatsächlich ausfallen.

Dabei stützen wir uns zum einen auf eine eigene empirische Erhebung. In einer umfangreichen Fragebogenaktion haben wir *Betriebsräte aus Stadtwerken,* teilweise aber auch aus Tochterunternehmen der „Big-4", zur Unternehmenskultur und den Unternehmensstrategien befragt. Zum großen Teil reflektieren die Ergebnisse eine aktuelle Momentaufnahme, einzelne Fragen erlauben aber auch Rückschlüsse auf die Entwicklung abgefragter Aspekte während der Liberalisierung. Bei 53 Rückläufen dürften unsere Ergebnisse insgesamt recht aussagekräftig sein. Ergänzt wurden unsere Eindrücke zum anderen durch etwa 90-minütige Interviews mit sechs Geschäftsführern/Vorständen von EVUs (zu methodischen Details vgl. im Einzelnen Kapitel 7.1.2). Mit Blick auf die *Unternehmenskultur der „Big-4"* haben wir öffentlich zugängliche Publikationen der vier Branchenführer ausgewertet.

Wirtschaftsdemokratie als grundsätzlicher Rahmen für eine unternehmensbezogene Partizipation verlangt nach einem „Dreiklang" – nach einer Trias – in Form einer integrativen Vernetzung der Wirtschaft auf der *Makro-, Meso-* und *Mikroebene* (vgl. Abb. 27).[2] Auf der Makroebene sind die *gesamtwirtschaftlichen*

---

1952 darauf hin, wie schwierig es sei, den Begriff „Kultur" zu fassen. Sie haben über 170 verschiedene Definitionen, vorrangig aus der anglo-amerikanischen Kulturanthropologie, zusammengetragen. Sie differenzieren in deskriptive, historische, normative, psychologische, strukturalistische und genetische Definitionsansätze. Wegen der Popularität der Kulturthematik muss man heute von einer „Inflation an unterschiedlichen Begriffsbestimmungen" sprechen (Jaques 1951; Kroeber/Kluckhohn 1952) Allgemein kann im Hinblick auf Unternehmenskultur mit Wischerhoff folgendes konstatiert werden: „Wenn Menschen zusammenarbeiten, Gemeinschaften entstehen und die Freiheit des Individuums durch die Gruppe begrenzt wird, entsteht Kultur. Kultur wird durch den Menschen geschaffen und ist in zwischenmenschlichen Beziehungen sichtbar. Das Unternehmen als Begegnungsstätte ist eine Kulturzone. In einem Unternehmen werden nicht nur Güter und Dienstleistungen produziert, es sind auch Macht, Gewohnheiten, Sinngebung, Persönlichkeiten, Beziehungen und Ängste zwischen Menschen allgegenwärtig. (...) Ein Unternehmen ist kein plangetreu funktionierendes System, sondern gekennzeichnet durch das Zusammenwirken von Störungen, Reibungen, Innovationen und Irrationalitäten, die sich auf die Unternehmenskultur auswirken." (Wischerhoff 2003, S. 13)

2 Eine umfassende Literaturstudie zur Thematik *Wirtschaftsdemokratie* findet sich bei Demirovic 2007, 2008. Am weitesten, stellt Demirovic fest, geht hier der wirtschaftsdemokratische Ansatz in dem Buch des US-Amerikaners Michael Albert (2006). „Seine Konzeption richtet sich gleichermaßen gegen Kapitalismus, Marktsozialismus, Zentralpla-

*Aspekte* im Rahmen einer staatlichen Fiskal-, Geld- und Sozialpolitik zu koordinieren. Hierzu zählen auch die Arbeitsmarkt-, Beschäftigungs- und Umweltpolitik. Die Mesoebene umfasst in erster Linie die *Marktsteuerung,* wozu sowohl die Wettbewerbs- und Kartellrechtspolitik, der Verbraucherschutz sowie die Tarifpolitik mit der Lohn- und Arbeitszeitfrage gehören. Daneben spielt die Struktur-(Industrie-)politik sowie eine raumwirtschaftliche Verzahnung als Regionalpolitik eine wesentliche Rolle. Auf der Mikroebene geht es um die *einzelwirtschaftlichen Belange* einer immateriellen Partizipation in Form einer rechtlich abgesicherten paritätischen Mitbestimmung an den unternehmerischen Entscheidungsprozessen und neben dem Arbeitsentgelt um eine zusätzliche materielle Partizipation an den wirtschaftlichen Mehrwert-Ergebnissen der Unternehmen.

*Abb. 27: Wirtschaftsdemokratische Trias*

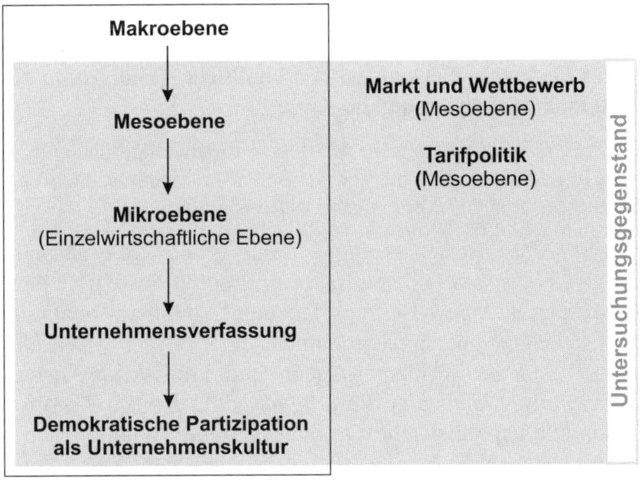


nungs-Sozialismus und grünen Bioregionalismus. Das Ziel ist eine *demokratische Weltwirtschaftsordnung,* die von unten nach oben, von der Arbeitsteilung auf der betrieblichen Ebene bis zu den Agenturen, die den Welthandel bestimmen, dem Verlangen der Menschen nach demokratischer Rechenschaftslegung und Mitentscheidung entspricht. (...) Die *Arbeitsstätten wären Gemeineigentum,* sie gehören den BürgerInnen zu gleichen Teilen. (...) In den Betrieben werden Entscheidungen von ArbeiterInnenräten getroffen, denen alle Beschäftigte angehören. Diese Räte entscheiden nicht zentralistisch, sondern sind subsidiär gegliedert. (...) Daneben gibt es Verbraucherräte. Eine Abstimmung zwischen Produktion und Verbrauch wird durch partizipative Planung organisiert. Der Vorschlag von Michael Albert hat viele Schwächen (...) Aber (...) es geht darum, Alternativen denkbar zu machen. Sein Vorschlag ist komplex, er geht über *nationalstaatliche Modelle* hinaus und berücksichtigt globale Verteilungsfragen und Umweltprobleme, er rückt ins Zentrum die Fragen der Demokratie und Mitbestimmung.“ (Demirovic 2006, S. 89f.)

Bei unseren weiteren Untersuchungen werden wir aber sowohl die Makro- als auch die Mesoebene (mit Ausnahme der bereits im Kapitel 1 und 2 aufgezeigten *Markt-* und *Wettbewerbs-* sowie der *Tarifpolitik*) nicht einbeziehen. Es geht im Folgenden „nur" um eine Konkretisierung der *Mikro-* bzw. *einzelwirtschaftlichen Ebene;* also darum, welcher Grad einer *idealen demokratischen Partizipation* heute in der Elektrizitätswirtschaft unter liberalisierten Marktbedingungen in den EVUs umgesetzt ist und ob es hier *Veränderungs-* bzw. *Verbesserungspotenziale* gibt.

Vor der empirischen Auswertung sind zum besseren Verständnis der gesamten Problematik aber noch Ausführungen zu den allgemeinen *personalwirtschaftlichen Rahmenbedingungen* in marktwirtschaftlichen Ordnungssystemen und zum hier grundsätzlich bestehenden *Machtungleichgewicht* zu Lasten der abhängig Beschäftigten zu machen. Außerdem soll eine *integrative Personalpolitik* definiert und auf das *personalwirtschaftliche Kernproblem,* das dem ökonomisch unbestimmten Arbeitsvertrag entspringt, aufmerksam gemacht werden. Das Erkenntnisobjekt des Personalwesens als wissenschaftliche Teildisziplin der Betriebswirtschaftslehre rankt sich dabei um die Frage,

> „wie das *Leistungsverhalten des arbeitenden Menschen* in wirtschaftlichen Organisationen erklärbar, je nach inhaltlich-methodologischer Ausrichtung auch prognostizierbar und steuerbar gemacht werden kann." (Breisig 2005, S. 1)

Dabei haben immer *personalpolitische Paradigmen* eine große Rolle gespielt. Sie reichen von einem *tayloristischen* und *fordistischen* Produktionsregime über *verhaltenstheoretische Ansätze* („Anreiz-Beitrags-Theorien", „Human-Relations-Ansätzen") bis zu dem neuen auf personalökonomischen Analysen – wie der „Property-Rights-Theorie" und der „Prinzipal-Agent- und Transaktionskostentheorie" – basierenden *„Shareholder-value-Paradigma"*.[3] Alle diese Theorien beschreiben letztlich den für kapitalistische Ordnungssysteme hinlänglich bekannten *Grundwiderspruch* zwischen Kapital und Arbeit. Es geht hier immer nur um die *Verfügbarkeitsprobleme* über das Personal bzw. um die *Nutzungsrechte des Menschen* als Produktionsfaktor im betrieblichen Prozess durch Unternehmer, die den abhängig Beschäftigten am Arbeitsmarkt einkaufen. Unternehmer und Kapitaleigentümer (Shareholder) bzw. der „Prinzipal" gehen dabei davon aus, dass ihre Eigentums- und Verfügungsrechte durch *Beschäftigtenpartizipation* der „Agenten" – in Form von Mitbestimmung der Beschäftigten – verwässert werden und es dadurch zu *Fehlallokationen* kommt. Sowohl in der Property-Rights- als auch in der Prinzipal-Agent- und Transaktionskosten-Theorie wird unterstellt, dass Beschäftigte nur das Ziel einer *maximalen Vergütung*

3 Zu den unterschiedlichen personalwirtschaftlichen Ansätzen vergleiche ausführlich Breisig 2005, S. 23ff.; Hentze 1994, S. 31–50.

bei *minimalem Arbeitsaufwand* verfolgen. Ein Interesse des einzelnen Mitarbeiters am Unternehmen sei deshalb nur am Rande gegeben. Nur bei *Unternehmern* wird demgegenüber eine Deckungsgleichheit von persönlichen wirtschaftlichen Zielen (dies sind natürlich Profitziele) und Unternehmenszielen angenommen.

Wir gehen im Gegensatz dazu davon aus, dass sich Beschäftigte, trotz des Grundwiderspruchs, bei Vorliegen einer mitarbeiterbezogenen *demokratischen Partizipation* für „ihr" Unternehmen bzw. für die jeweilig beteiligungsorientiert bestimmten Unternehmensziele besser, wenn nicht sogar überhaupt erst, motivieren lassen. Außerdem gehen wir davon aus, dass ein *Unternehmen* nicht nur von einem *Unternehmer,* sondern vielmehr von der arbeitsteilig agierenden *Summe der Beschäftigten* determiniert wird.

Um abhängig Beschäftigte aber für „ihr" Unternehmen zu begeistern, ist zur Umsetzung des normativen Ideals eine *Unternehmenskultur* zu implementieren, die auf folgenden wesentlichen Faktoren basiert: Auf einer *paritätischen Mitbestimmung* zwischen Kapital und Arbeit, einer *holistischen Informationspolitik* sowie einer *Kommunikationsdialektik* und *partizipativen Personalführung*. Daneben sind *Weiterbildung* und *Personalentwicklung* sowie ein *mitarbeiterzentriertes Ideenmanagement* notwendig und nicht zuletzt eine *materielle Partizipation* an den Unternehmensergebnissen, die oberhalb der Lohnäquivalente in Form von Gewinnbeteiligungen aufsetzt und in Kapitalbeteiligungen umgewandelt werden kann. Unabhängig davon erfordert eine konsequente Umsetzung des *idealtypischen Demokratieansatzes* auf der einzelwirtschaftlichen Ebene aber auch eine grundsätzlich *rechtliche Gleichstellung* von Kapital und Arbeit. Denn nur so ist es letztlich möglich, dass die bestehenden Abhängigkeiten und Machtungleichgewichte zu Lasten der abhängig Beschäftigten aufgehoben werden. Und nur so ist es auch möglich, dass die arbeitenden Menschen an den von ihnen geschaffenen Neuwerten adäquat partizipieren.

Zweifelsohne sind bei dieser idealtypischen Akzentuierung in der Analyse Konflikte zwischen den gesellschaftlichen Normen Eigentum an Produktionsmitteln und Dispositionsfreiheit darüber auf der einen Seite sowie Demokratie und Selbstbestimmung auf der anderen Seite vorprogrammiert.

## 3.2 Allgemeine Vorbemerkungen zur Personalpolitik

### *3.2.1 Machtungleichgewicht zu Lasten der abhängig Beschäftigten*

Demokratie meint im Allgemeinen, dass all diejenigen, die einer Herrschaft unterworfen sind, gleichermaßen an ihr teilhaben und sie deswegen tragen. Es handelt sich um *Selbstbestimmung des Kollektivs,* um eine Identität von Regierenden und Regierten. „Regierung von allen, durch alle und für alle" lautet die berühmte Formel von Abraham Lincoln von 1863. Die Entscheidungen, die das Handeln aller einzelnen verpflichten wollen und ihm als Prämisse zugrunde liegen, sollen durch den Willen *aller* zustande kommen. Alle gelten im Prozess der Entscheidungsfindung als gleich, alle haben eine Stimme, die gleich viel zählt.

In einer *marktwirtschaftlich-kapitalistischen Wirtschaft* ist der „Faktor" Arbeit aber nicht gleichberechtigt an den *Entscheidungsprozessen* des Kapitals beteiligt. Realiter müssen wir im ökonomischen Diktum vom *„Investitionsmonopol des Kapitals"* sprechen (Preiser 1933, S. 141). Die Entscheidung über eine Erweiterung der Produktion trifft in der kapitalistischen Wirtschaftsordnung der *Unternehmer*;[4] bei ihm allein liegt die Initiative. Das Kapital in Form des *Eigentümer-Unternehmers* oder als solcher vertreten durch den angestellten *Manager-Unternehmer*[5] entscheidet *autokratisch wie, wann* und *wo* investiert wird. Damit sind die abhängig Beschäftigten als einzelne dem mit dem Investitionsmonopol ausgestatteten Arbeitsnachfrager (Unternehmer) bei Verhandlungen über das Arbeitsentgelt und Arbeitsbedingungen *strukturell* unterlegen (vgl. dazu ausführlich Stobbe 1987, S. 253ff.).

Hinzu kommt in der Akzentuierung des Machtungleichgewichts der unterschiedliche Grad der Angewiesenheit auf eine Beschäftigung. Während der Arbeitnehmer die Beschäftigung zum Lebensunterhalt benötigt, kann der Kapitalist es sich in der Regel leisten, einen Arbeitsplatz vorübergehend unbesetzt zu lassen. Bereits Adam Smith hat auf diesen Sachverhalt hingewiesen:

> „Die Unternehmer, der Zahl nach weniger, können sich viel leichter zusammenschließen. (...) In allen Lohnkonflikten können zudem die Unternehmer viel länger durchhalten (..., weil sie) vom bereits ersparten Vermögen leben (können)." (Smith 1789/1983, S. 58)

Grundsätzlich verschärft sich diese strukturelle Unterlegenheit der abhängig Beschäftigten noch durch eine *heterogene Belegschaftsstruktur* mit unterschiedlichen *Interessenausrichtungen.* Differenziert man die Belegschaft nach ihrer *Hierarchie* (Leitungsfunktion), so setzt sich eine Unternehmung aus drei heterogenen Gruppen zusammen:

- *Anteilseigner* (Eigentümer-Unternehmer mit Leitungsfunktion),
- *Manager* mit Leitungsfunktion
- *Top-Manager* (Vorstands- oder Geschäftsführungsmitglieder),

---

4 Im „Pionier-Unternehmer" sah Joseph A. Schumpeter die innovative Kraft des kapitalistischen Systems schlechthin. Dieser sorge für einen permanenten und dynamischen Prozess der „schöpferischen Zerstörung" (vgl. Schumpeter 1950, S. 267ff.).

5 Mit dem *Zusammenbruch des globalen Finanzmarktsystems* ist nicht nur die neoliberale Ideologie zusammengebrochen, sondern auch das Schumpetersche Ideal eines heroischen Unternehmers kollabiert (vgl. Misik 2009).

- *Leitende Angestellte* gemäß § 5 Abs. 3 und 4 Betriebsverfassungsgesetz in Verbindung mit dem Sprecherausschussgesetz sowie dem Arbeitszeitgesetz § 18 Abs. 1 Nr. 1 und dem Kündigungsschutzgesetz § 14 Abs. 2,
- *mittlere* und *untere Manager* (Abteilungs- und Gruppenleiter) und
- *Arbeitnehmer* (Arbeiter, Angestellte) ohne Leitungsfunktion.[6]

Alle Mitgliedergruppen in einem privatwirtschaftlichen Unternehmen verfolgen als „Anspruchs-Mitglieder“ gegenüber dem „Organisationsgefüge Unternehmen“ differierende Interessen. Daher sind neben den antagonistischen Gruppeninteressen zwischen Kapital und Arbeit auch die mehr *individuell* ausgerichteten Interessen innerhalb der heterogen strukturierten Arbeitnehmerschaft zu beachten.

Die heterogenen Interessen in der Belegschaft lassen sich dabei u.a. durch den *gewerkschaftlichen Organisationsgrad* ausdrücken. Dieser manifestiert den *Grad der Belegschaftssolidarität* bzw. den Grad des Arbeitnehmerbewusstseins, dass nur eine *Koalition* der abhängig Beschäftigten eine *Gegenmacht* zum strukturellen Machtvorteil der Unternehmer bilden kann.[7] Realiter gilt aber hier: Je höher der abhängig Beschäftigte in der *Unternehmenshierarchie* steht, desto geringer ist sein Glaube, er benötige für sich persönlich eine *solidarische Durchsetzung* verbesserter Lohn- und Arbeitsbedingungen.

### *3.2.2 Orientierung am Faktor Arbeit in der Personalpolitik*

Das zuvor beschriebene Machtungleichgewicht zu Lasten der abhängig Beschäftigten und auch die heterogenen Interessen zwischen Kapital und Arbeit sowie innerhalb einer Belegschaft, stellen in einer kapitalistischen Wirtschaft den Rahmen für eine *arbeitsorientierte Personalpolitik* im Sinne einer *demokratischen Partizipation* der insgesamt am Wirtschaftsleben Teilnehmenden dar (vgl. Bontrup 2004).

---

6 Die Arbeitnehmer werden gemäß *Tarifrecht* auch nach tariflich und außertariflich (AT-) Beschäftigte differenziert.

7 Der starke Mitgliederschwund in den Gewerkschaften, aber auch arbeitgeberseitige Verbandsflucht und -abstinenz sowie das verstärkte Auftreten von Spezialistengewerkschaften, haben die solidarische Gegenmacht geschwächt. Durch ein „Organizing“ soll jetzt wieder mehr gewerkschaftliche Organisationsmacht gewonnen werden. So steht das Organizing bei der IG Metall im Zentrum einer Erneuerung von Organisationsmacht. „Die zentrale These lautet: Die Erweiterung der Mitgliederbasis – gerade auch in den intellektualisierten, feminisierten und prekarisierten Bereichen der Arbeitsgesellschaft, wo Gewerkschaften nicht nur schwach vertreten sind – ist der Revitalisierung aller anderen Machtressourcen vorausgesetzt. Mit dem Primat der Organisationsmacht wird der Betrieb zum zentralen Ort gewerkschaftlichen Handelns erklärt.“ (Detje 2008, S. 8).

Soll die Arbeitswelt dabei menschlicher werden, müssen sich die ökonomischen Verhältnisse ändern.[8] Der Markt um seiner selbst Willen ist dabei kein Selbstzweck. *Der Mensch sollte das Grundmaß sein.* Dies gilt nicht zuletzt auch deshalb, weil es in einer Gesellschaft – in einer Wirtschaftsordnung –, die auf *Gerechtigkeit* basieren soll, immer um die alles andere determinierende *gesellschaftliche Verteilung* der Macht geht. Alles dreht sich um Abhängigkeiten, um Herrschaftsausübung, um ökonomischen und auch um politischen Einfluss auf das Primat des demokratisch verfassten Staates gegenüber der Wirtschaft. Und es geht um die Verteilung gesellschaftlich (arbeitsteilig) entstandener Wertschöpfungen und damit letztlich um die *Verteilung von Lebenschancen.*

Unternehmen, insbesondere große Unternehmen und Konzerne, können deshalb nicht als *Privatangelegenheit* von Privatpersonen für Privatpersonen betrachtet werden, sondern als *gesellschaftliche Einrichtungen*, die großen Einfluss auf das Leben von vielen Menschen haben, in denen eben wegen dieses Einflusses *demokratisch-partizipative Verhältnisse* herrschen sollten. Die *Unternehmensverfassung hat somit sowohl Interessen von Kapital als auch von Arbeit zu berücksichtigen.*

Interessant ist in diesem Kontext die Sicht der Betriebswirtschaftslehre zu Beginn des 20. Jahrhunderts. „Sinn unserer Lehre“, schrieb Schmalenbach, „ist lediglich zu erforschen, wie und auf welche Weise der Betrieb seine gemeinwirtschaftliche Produktivität beweist.“ (Schmalenbach 1931, S. 94) Die Verteilung von Gewinn wurde aus der Vorstellung vom Unternehmen als „Gemeinschaft von Arbeit und Kapital“ abgeleitet, wobei dem Mensch die Hauptrolle zugeschrieben wurde. „Nicht das Kapital, sondern der Geist der Arbeit ist die Seele der Unternehmung.“ (Nicklisch 1922, S. 56) Die Unternehmung wurde somit nicht, wie dies heute vielfach der Fall ist, mit einer *„Unternehmerwirtschaft“* gleichgesetzt. Der Unternehmer alleine bildet noch kein Unternehmen ab. Dies entsteht erst wirklich und kann vor allen Dingen erst wachsen, wenn Unternehmer Beschäftigte einstellen.

In den Unternehmen kommt daher der Ausgestaltung einer *demokratisch-partizipativen Personalpolitik*, welche die Interessen der abhängig Beschäftigten berücksichtigt, eine große Bedeutung zu. In diesem Kontext stellt Wilhelm Hankel fest:

> „Erst eine Gesellschaft, die die gemeinsam erarbeiteten Einkommens- und Vermögensgewinne aus Arbeit und Kapital rechtlich gleichstellt und redlich aufteilt, und dies durch ihre Gesetze besiegelt, ist eine vom Ansatz her humane und gerechte Gesellschaft.“ (Hankel 2001, S. 208)

---

8 Zum Verhältnis von Mensch und Arbeit und zum Phänomen Arbeit im Wechsel der Geschichte vgl. Harlander et al. 1994, S. 20ff.

### *3.2.3 Integrativer Ansatz der Personalpolitik*

Personalpolitik ist aufgrund ihrer unternehmerischen *„Querschnittsfunktion"* aber auch bezüglich der physischen, geistigen, gestalterischen, produktiven und interaktiven „Dimensionen lebendiger Arbeit" sowie ihres *neuwertschaffenden Charakters* ein herausragendes unternehmerisches Politikfeld. Dieses muss durch *interne Grundsätze personalwirtschaftlichen Handelns* (so genannte „personalwirtschaftliche Leitbilder") definiert werden, welche die Bedeutung der Arbeitnehmer für den Unternehmenserfolg herausstellen und die Prinzipien der Zusammenarbeit hierarchisch (vertikal) zu den Führungskräften aber auch untereinander auf horizontaler organisatorischer Ebene regeln. Grundsätzlich lassen sich dabei zur Ausgestaltung einer *demokratisch-partizipativen Personalpolitik* vier Ziele identifizieren:

- Erstens ist Personalpolitik (Macharzina 1992, S. 1.780) und die daraus abgeleitete *Personalstrategie* als Teil der Unternehmenspolitik und -strategie (vgl. Hill 1993, S. 4.366ff.; Ulrich 1993, S. 4.352ff.) zu definieren. Die Unternehmensstrategie folgt aus mehreren Teilstrategien eines Unternehmens, die *gleichberechtigt* und in *gegenseitiger Abhängigkeit* formuliert und umgesetzt werden müssen. Nur wenn hierbei Personalpolitik als *gleichberechtigte Politik* im Unternehmen angesehen wird, wenn sie nicht nur für eine reibungslose Umsetzung von anderen Unternehmensplänen und -strategien zu sorgen hat, sondern *selbst* Unternehmensstrategien mitentwickeln und mitgestalten kann, liegt ein notwendiger Baustein für eine *integrative Personalpolitik* vor. Diese nimmt Einfluss auf die personalwirtschaftlichen Funktionsbereiche zur *Leistungsbereitstellung* und zum *Leistungserhalt* sowie zur *-förderung* der in einem Unternehmen beschäftigten Menschen.
- Zweitens muss eine integrative Personalpolitik durch *Personalplanung* (vgl. Bosch et al. 1995; Q245; Klein-Schneider 2001) dafür sorgen, dass es zu einer quantitativen und qualitativen sowie zeitlich und räumlich bestimmten *Personalbedarfsdeckung* (vgl. Bontrup 2000, S. 500ff.; Bontrup 2001a) und zu einer sich daraus womöglich ergebenen Personalbeschaffung kommt.
- Drittens hat Personalpolitik die Generierung von *Mitarbeiternutzen* als Ziel. Dazu gehört das Schaffen von *Arbeitszufriedenheit* im weiteren Sinne,[9] d.h. die Zufriedenheit mit der Arbeit und Bezahlung (Arbeitsentgelt), mit den Arbeitsbedingungen (definierbar als Index für *„Gute Arbeit"*[10]), mit dem

9 Vgl. hier als Motivationstheorie die „Zwei-Faktoren-Theorie" der Arbeitszufriedenheit von Herzberg et al. 1959.

10 Zur Definition, was „Gute Arbeit" ist, hat der Deutsche Gewerkschaftsbund (DGB) einen „DGB-Index Gute Arbeit" entwickelt. Der Index ermittelt dabei die Arbeitsqualität anhand von 15 Kriterien am Urteil der Beschäftigten. Die Kriterien sind dabei: Qualifika-

Vorgesetztenverhalten (Führungsstil) und der Informations- und Kommunikationspolitik durch die Unternehmensführung. Außerdem sind hier *mitarbeitermotivationale Aspekte* und die *Identifikation der Mitarbeiter* mit den jeweiligen Unternehmenszielen zu betonen.

– Als viertes integratives personalpolitisches Ziel ist die *Auflösung von Konflikten* zu nennen (vgl. Jost 2000, S. 510ff.). Dazu gehören die Konfliktbereiche der kollektiven Interessenauseinandersetzung zwischen *Kapital und Arbeit* (wie z.B. eine Personalabbauplanung (vgl. Breisig 2005, S. 314ff.) oder womöglich Einkommenskürzungen) aber auch die Auflösung von *Einzelkonflikten* (z.B. durch Mobbing, Bossing oder eine falsche Mitarbeiterführung) als ein wichtiger Aspekt des Verhaltens von Individuen in Organisationen.

Nicht vergessen werden darf bei der integrativen Personalpolitik ihre *organisatorische* und *hierarchische Einordnung* im Unternehmensgefüge. Hierdurch wird maßgeblich die Rolle und die Bedeutung der Personalpolitik bestimmt.

> „Daher muß der Leiter des Personalwesens auch Mitglied der Unternehmensleitung sein. Ist Personalpolitik hingegen nur als eine von mehreren Aufgaben einer Unternehmensabteilung zugeordnet, kann sie kaum aus ihrem nachhaltigen Status herauskommen: Personalpolitik ist daher Vorstandssache." (Bosch et al. 1995, S. 35)

Daneben ist die Personalpolitik mit adäquaten *Ressourcen* auszustatten. Als Richtgröße gilt hier ein *Personalquotient* von 2% bis 3%, d.h. auf 100 Beschäftigte sollen zwei bis drei mit Personalaufgaben betraute Mitarbeiter („Personaler") entfallen (vgl. Ackermann/Blumenstock 1993, S. 36).

### *3.2.4 Unbestimmter Arbeitsvertrag als Kernproblem der Personalpolitik*

Die integrative Personalpolitik unterliegt in kapitalistischen Unternehmen zur Unterstützung der Wertschöpfungsproduktion und -realisation aber einem grund-

---

tions- und Entwicklungsmöglichkeiten, Möglichkeiten für Kreativität, Aufstiegsmöglichkeiten, Einfluss- und Gestaltungsmöglichkeiten, Informationsfluss, Führungsstil, Betriebskultur, Kollegialität, Sinngehalt der Arbeit, Arbeitszeitgestaltung, Arbeitsintensität, Gestaltung der emotionalen Anforderungen, Gestaltung der körperlichen Anforderungen, berufliche Zukunftsaussichten und Arbeitsplatzsicherheit sowie Einkommen. Für die Jahre 2007 und 2008 liegen zum ersten Mal Ergebnisse vor. Insgesamt umfasst der Index 80 Punkte. Davon wurden 2008 insgesamt 59 Punkte erreicht, d.h. der Index blieb mit 21 Punkten hinter den Anforderungen an „Gute Arbeit" zurück. Bezüglich der Verteilung der Arbeitsplätze nach Qualifikationsstufen gaben nur 13% an, eine gute Arbeit zu haben. 55% bewerteten ihre Arbeitssituation als mittelmäßig und 32% der Befragten stuften ihre Arbeit als schlecht ein (vgl. Scholz/Stuth 2009, S. 149).

sätzlichen Problem. Hier gilt es, den besonderen *Charakter der menschlichen Arbeitskraft* zu betrachten, da das Arbeitsvermögen untrennbar mit der Person der Arbeitenden verbunden ist. Wer Arbeitskraft kauft, erwirbt einen Produktionsfaktor bzw. eine Ressource, deren Nutzungsbedingungen grundsätzlich anders sind als die der sachlichen Produktionsfaktoren. Dies deshalb, weil der Kauf von Arbeitskraft – anders als der Kauf jeder anderen Ware – keineswegs einen Wechsel der faktischen Dispositionssphären erzeugt. Das Unternehmen ist gar nicht in der Lage, gekaufte Arbeitskraft unumschränkt von sich aus in Bewegung zu setzen, vielmehr bleibt der Gebrauchswert, den das Unternehmen aus der Arbeitskraft zieht, quantitativ an die *„Subjektivität des Arbeitenden"* gebunden. Faktisch verfügt auch nach dem Verkauf der Verkäufer über das, was er verkauft hat, nämlich seine Arbeitskraft: *Das Eigentum des Verkäufers geht nicht, wie bei jedem anderen Verkauf einer Ware, auf den Käufer der Ware Arbeitskraft über.*

Diesem „Vorteil" für den „Faktor" Arbeit gegenüber der Weisungsgewalt, dem *Direktionsrecht* des Kapitals, wohnt somit der *Nachteil für das Kapital* inne, das Risiko des letztendlich angestrebten Erfolgs aus der Nutzung der Arbeitskraft zu tragen. Je höher dabei die *Arbeitsschutzrechte* vom Staat gesetzt werden, z.B. durch das Kündigungsschutzgesetz, umso höher schätzt der Unternehmer sein „Risiko" aus dem Arbeitsvertrag ein, der lediglich den Charakter eines Rahmensvertrags aufweist.

> „Arbeitsvertragliche Regelungen lassen Spielräume, die ganz unterschiedlich ausgefüllt werden können: Seitens des Personals reicht die Spanne vom *‚Dienst nach Vorschrift'* bis zur *‚Leistung aus Leidenschaft'*." (Krell 1994, S. 15)

Erwartet man von abhängig Beschäftigten ein volles Arbeitsengagement, ihr ganzes Arbeitsvermögen, so muss man sie motivieren und mit dem Unternehmen und seinen *Zielen* eine Kongruenz herstellen. *Der Mensch muss arbeiten wollen, nicht nur arbeiten müssen.*

Durch die *ökonomische Unbestimmtheit* (im Sinne von Unvollkommenheit) der Arbeitsverträge entsteht ein anhaltender *Konflikt mit dem Kapital* um eine totale Instrumentalisierung und möglichst maximale Ausschöpfung (Ausbeutung) des im „Faktor" Arbeit enthaltenen Arbeitsvermögens, das permanent in *tatsächlich geleistete Arbeit* transformiert werden soll. Dieser *Transformationsprozess,* der personalwirtschaftliche *Transaktionskosten* impliziert (vgl. Drumm 2008, S. 19ff.), ist das eigentliche *Kernproblem betrieblicher Personalpolitik* bzw. personalwirtschaftlicher Maßnahmen.

Unternehmer bzw. Kapitaleigner stehen laufend vor dem grundsätzlichen Problem, die Beschäftigten mit *Anweisungen* und *Kontrollen* oder mit *Anreizsystemen* dazu zu bringen, ihr ganzes Arbeitsvermögen in eine konkret abgeforderte oder gewünschte Arbeitsleistung zu „transformieren“ und damit das Überschussprodukt aus Arbeit möglichst groß werden zu lassen.

### *3.2.5 Subjektives Auflösen der Subjektivität der Arbeitenden*

Gerade heute wird dabei verstärkt das Wirtschaften zum *Selbstzweck* gemacht. Der Mensch rückt hier in den Hintergrund. Am liebsten, so scheint es, hätte man in der Wirtschaft „gute Soldaten“.

> „Diese fragen nicht viel, widersprechen ihrem Befehlshaber nicht, ordnen sich unter, setzen sich ein und sind jederzeit bereit, sich als Personen ganz hinzugeben, sich klaglos für einen höheren Zweck zu opfern.“ (Moldaschl 2003, S. 231)

Wäre es nicht schön, fragt der US-amerikanische Organisationstheoretiker Dennis W. Organ, wenn wir im Unternehmen mehr solcher *„soldatischer Menschen“* hätten und uns eine *„devote Subjektivität“* zunutze machten, sie vielleicht sogar gezielt produzieren könnten (vgl. Organ 1988)? Auch träumen immer mal wieder Unternehmer und Kapitaleigner von einer *„menschenleeren Fabrik“*.[11] Diese bleibt aber Utopie. Das sich aus der *„Subjektivität des Arbeitenden“* ableitbare personalwirtschaftliche Kernproblem des ökonomisch unbestimmten Arbeitsvertrags soll daher heute in Form eines neuen *personalpolitischen Paradigmas*, sozusagen als Alternative, „subjektiv“, mit der störenden Unzulänglichkeit bekämpft bzw. aufgehoben werden. Die „Vielfältigkeit der Leistungsträger“ und die „Unberechenbarkeit“ des menschlichen Handelns sollen so gezähmt werden. Im Unterschied zu Betriebsmitteln und Werkstoffen, zu toten Objekten, haben Menschen nicht eliminierbare Bedürfnisse, Erwartungen, Wünsche und Befürchtungen. Sie artikulieren Interessen – individuell und kollektiv – und versuchen diese in Verhandlungsprozessen mit dem Kapital und auch gegen Kapitalinteressen durchzusetzen.

Deshalb will heute eine kapitalorientierte Personalpolitik die Arbeitnehmer zunehmend durch eine „Selbstökonomisierung der Arbeitskraft“ in doppelter Hinsicht aussteuern und ausbeuten:

> „Zum einen müssen Arbeitskräfte in autonomisierten Arbeitsformen ihre Fähigkeiten und Leistungen gezielt aktiv herstellen und betreiben – und damit immer mehr eine bewusste ‚Produktionsökonomie‘ ihrer Arbeitsvermögen. Zum anderen müssen sie sich zunehmend auf betrieblichen und überbetrieblichen Märkten für Arbeit aktiv anbieten, dass ihre Fähigkeiten gebraucht, gekauft und effektiv genutzt werden. Aus passiven Arbeitnehmern werden damit auch im engeren ökonomischen Sinne ‚Unternehmer ihrer selbst‘.“ (Pongratz 2002, S. 12)

11 Siehe diesbezüglich die in den 1980er Jahren bei Volkswagen versuchte und „berühmt“ gewordene aber kläglich gescheiterte menschenleere „Halle 54“.

Es kommt schließlich zu einer totalen „unternehmensinternen Vermarktlichung" der Arbeitskräfte, zu abhängig Beschäftigten als „Unternehmer" ihrer eigenen Arbeitskraft als so genannte „Arbeitskraftunternehmer" (vgl. Voß/Pongratz 1998). Jeder einzelne abhängig Beschäftigte soll hier in einem an sich arbeitsteiligen Produktionsprozess dem wirklichen „Unternehmer" (Kapitaleigner) zeigen, dass sein individuelles „Wertgrenzprodukt der Arbeit" die dafür ausgezahlte Nominallohnsumme übersteigt oder besser noch unter den Bedingungen eines finanzmarktgetriebenen Kapitalismus sogar so weit übersteiget, dass zweistellige Eigenkapitalrenditen möglich werden. Deshalb wird die „Subjektivität der Arbeitenden" heute anerkannt,

> „indem Betriebe sie in bislang unbekannter Breite verwerten und sich die Selbstorganisationspotenziale der ganzen Person nutzbar machen. Dazu werden bisherige organisationale Grenzziehungen, die dem entgegenstehen, tendenziell abgebaut. Dies soll Engagement und ‚Commitment' mobilisieren, teure Kontrollsysteme durch kostenlose und effektivere Selbstkontrolle substituieren, Herrschaft durch Selbstbeherrschung ersetzen." (Moldaschl 2003, S. 237)

Dabei nutzt man auch aus, dass die Beschäftigten als *Subjekte* und nicht als *Objekte* behandelt werden wollen – also letztlich so,

> „als sei man nicht eine Arbeitskraft im Betrieb, nicht ein Mittel zur Produktion von Dingen, nicht ein lebendiges Arbeitsvermögen zur Verwertung von totem Vermögen, sondern ein mit allen Rechten ausgestattetes vollwertiges Mitglied des Gemeinwesens." (Ebd., S. 232)

Zwar verträgt sich die „Subjektivierung der Arbeit" grundsätzlich mit einer demokratischen Partizipation. Nur die Konzeption ist in doppelter Hinsicht nicht ehrlich gemeint. Sie impliziert eine bewusste *Mystifikation.* Erstens wird die Subjektivierung als eine unternehmensinterne Vermarktlichung von „oben", vom Management, als eine verengte personalwirtschaftliche Technik zur Erzielung und Befriedigung einer höheren Profit-Effizienz angeordnet und zweitens verträgt sich die Konzeption nicht mit der weit verbreiteten Vorstellung, Personal sei ein ausschließlicher *Kostenfaktor* im unternehmerischen Gefüge. Rationalisierung, Entlassungen sowie Lohndrückerei (selbst bei hohen Profitraten) sind hier an der Tagesordnung und die *Verbetrieblichung der Tarifverträge* (vgl. Bispinck 2006) schreitet mächtig voran, ebenso die *Angst bei den Mitarbeitern* Einkommen oder sogar den Arbeitsplatz zu verlieren.[12] Eine zunehmende Zahl von

---

12 Angst ist ein schlechter Begleiter. Er lähmt Innovationen und verursacht Leerkosten (vgl. Panse/Stegmann 1996). Der Philosoph und Soziologe Oskar Negt schreibt bezüglich der individuellen und damit letztlich auch gesellschaftlichen Auswirkungen von Angst: „Seit Jahren dringt die Angst, durch Arbeitsplatzverlust aus dem gesellschaftlichen Ganzen vertrieben zu werden, in alle Poren unserer Lebenszusammenhänge. Daß der Entzug von Ar-

Beschäftigten muss sich mittlerweile unter *prekären Beschäftigungsverhältnissen* verwerten und reproduzieren.[13] In diesen beiden widersprüchlich gegenüberstehenden Paradigmen von „Subjektivierung der Arbeit“ und „Arbeit als Kostenfaktor“ gibt es keine vorwärts weisende Synthese.

Bei einer derartigen personalpolitischen Diktion werden die bestehenden *Interessenkonflikte* sowie die *Macht- und Herrschaftsabhängigkeiten* nicht aufgehoben. Den abhängig Beschäftigten wird auch – selbst bei einer ehrlich gemeinten „Subjektivierung der Arbeit“ kein *Entscheidungsrecht* über die Produktion, Investition und Vermarktung der hergestellten Produkte und Dienste zugestanden. Die Masse der Arbeitnehmer steht somit weitgehend dem Unternehmen desinteressiert gegenüber. Natürlich sind die abhängig Beschäftigten an der Erhaltung ihrer Produktionsstätten als Voraussetzung für Arbeit und Einkommen interessiert. Entscheiden können sie aber nicht. Daher fühlen sie sich in der Regel auch nur als Lohn- und Gehaltsempfänger und als sonst nichts.

Dies ist aber wider die Natur des Menschen. Er würde sicher unter anderen Bedingungen mit demokratisch-partizipativen Mitwirkungsmöglichkeiten im unternehmerischen Produktions- und Verwertungsprozess seine ganze *Persönlichkeit* und nicht nur seine *Arbeitskraft als Ware* einbringen. Dies wurde dem abhängig Beschäftigten aber bis heute nur in den seltensten Fällen, wie bei bestimmten hochwertigen, anspruchsvollen und in der *Hierarchie* hoch angesiedelten Arbeitsprozessen gestattet. Konträr dazu wird der Mensch trotz aller technologischer Entwicklungen immer noch auf eine rein *ökonomisch-technische Rolle* im Kapitalverwertungs- und Akkumulationsprozess reduziert.

Das Ziel des Arbeitseinsatzes ist hier die *maximale Generierung von Gewinn* im einseitigen Interesse der Shareholder. Der Mensch ist in den Unternehmen nach wie vor nicht Mittelpunkt, sondern er ist unter marktwirtschaftlich-kapitalistischen und insbesondere unter finanzmarktgetriebenen Verhältnissen nur *Mittel,* Punkt! (vgl. Neuberger 1990) Dass Gewinn aber *kein Selbstzweck,* sondern allenfalls ein Mittel zum Zweck sein kann, betonte selbst der ehemalige Vorstandsvorsitzende der Deutschen Bank, Hermann Josef Abs, kein Freund der Gewerkschaften und einer demokratisch partizipativ angelegten Arbeitswelt.

---

beit, ja schon der drohende oder phantasierte Arbeitsplatzverlust sozialpsychologisch eine depressive Dynamik in den Individuen auslöst, (...) scheint heute die Gesamtgesellschaft in ihren charakteristischen Merkmalen zu kennzeichnen. Entzug von Arbeit bedeutet, darin sind sich wichtige psychologische Studien zu den Folgen der Arbeitslosigkeit einig, nichts weniger als Realitätsentzug. Angst vor Realitätsentzug erzeugt wiederum erhöhte Bereitschaft zu Anpassung und Überanpassung.“ (Negt 2002, S. 15)

13 Die auch als „atypisch“ bezeichnete Beschäftigung stieg im Zeitraum von 1997 bis 2007 von 2,6 Millionen auf 7,68 Millionen. Damit sind bei rund 35 Millionen abhängig Beschäftigten mittlerweile fast 23% im prekären Bereich anzusiedeln.

### *3.2.6 Personalpolitische Paradigmen im Wandel*

#### 3.2.6.1 Zentrale Menschenbilder in der Personalpolitik

Im Anfangsstadium des Kapitalismus reduzierte sich „Personalpolitik" noch auf Methoden zur Durchsetzung einer *rigiden Herrschaft* gegen die aus feudalen Verhältnissen freigesetzten, bäuerlich-handwerklichen Arbeitskräfte mit geringer Qualifikation.

> „Ihr Alltag war durch eine höchst unsichere und verschleißende Veräußerung ihrer Arbeitsfähigkeiten geprägt, neben der nur noch eine sehr reduzierte Erholung möglich war." (Pongratz 2002, S. 14)

Mit der Entwicklung zu einem „sozialstaatlichen Kapitalismus" und der Etablierung von *beruflicher Bildung* generierte sich eine neue Form eines *„verberuflichten Arbeitnehmers"* (Hans J. Pongratz) unter einem *tayloristischen* und *fordistischen* Produktionsregime heraus. Die abhängig Beschäftigten nahmen jetzt zum ersten Mal an den *Produktivitätsfortschritten* mit höheren Löhnen und kürzeren Arbeitszeiten teil. Die gesamtwirtschaftliche *Lohnquote* stieg entsprechend an.[14] Dennoch konnte man sich nur partiell vom *negativen Menschenbild* trennen, das lange Zeit unternehmerisches („personalwirtschaftliches") Handeln beherrschte.

Demnach empfinden gemäß der *„Theorie X"* des US-amerikanischen Verhaltensforschers Douglas McGregor (vgl. McGregor 1960, S. 33ff.) die meisten Menschen eine regelrechte *Abscheu vor Arbeit* und der Durchschnittsmensch

---

14 Insbesondere durch die Herausbildung von Gewerkschaften, die zum Kapital am Arbeitsmarkt einen Gegenpol haben entfalten können, standen sich seit der Aufhebung der Koalitionsverbote, spätestens seit Anfang des 20. Jahrhunderts realiter in etwa gleich mächtige Interessengruppen gegenüber. Hierdurch veränderte sich das Verteilungsergebnis des „Ertrags der Arbeit" zugunsten der abhängig Beschäftigten. Die Brutto-Lohnquote lag im Jahr 1870 in Deutschland noch bei 43,1%. Bis 1930 war sie auf 60,2% angewachsen. Kurz vor Ausbruch des Zweiten Weltkriegs wurden dann aber nur noch 54,9% realisiert. Ihren Höhepunkt erreichte die Brutto-Lohnquote mit 73,4% im Jahr 1981. Heute ist sie aufgrund der in den letzten Jahren massiv vollzogenen Umverteilungen von unten nach oben auf einen Stand von 63% wieder abgesackt (vgl. Bontrup 2008a, S. 53). Dennoch ist eindeutig eine positive langfristige Entwicklung der Lohnquote zu konstatieren. Dies wurde von allen klassischen Ökonomen, auch von Karl Marx, in dieser Form nicht vorhergesehen und in den jeweiligen theoretischen Ansätzen entsprechend nicht berücksichtigt. Helmut Arndt erklärt dies wie folgt: „Dank der gleichgewichtigen Machtverteilung stieg der Reallohn mit der Arbeitsproduktivität. Dies ist in allen Volkswirtschaften, in denen die Arbeiter den Schutz starker und selbstständiger Gewerkschaften genießen, zu beobachten. Damit zeigt sich zugleich, daß die von Marx gegründete ‚Verelendungstheorie' nur unter bestimmten Bedingungen gilt. Ist der Arbeiter ohnmächtig, so trifft sie zu. Ist die Macht am Arbeitsmarkt hingegen gleich verteilt, so nimmt der Arbeiter an der Wohlstandssteigerung teil." (Arndt 1973, S. 173).

meidet *Verantwortung,* hat wenig *Ehrgeiz* und schätzt *Sicherheit* über alles. Folglich sind die Anwendung von *Zwang* und *Kontrolle* sowie die Androhung von *Bestrafungen* erforderlich, damit eine angemessene Arbeitsleistung von abhängig Beschäftigten erbracht wird. Der *Lohn* ist außerdem wichtiger als die Arbeit selbst. Der „Theorie X“ steht die *„Theorie Y“* als alternatives Menschbild gegenüber. Hier ist der Mensch mehr *intrinsisch* durch die Arbeit selbst, durch den Arbeitsinhalt, motiviert. Er braucht weniger *extrinsische Anreize* und ist auch bereit, Verantwortung zu übernehmen. Man kann ihm etwas zutrauen und er erledigt seine ihm aufgetragenen Arbeiten selbstständig und per Selbstkontrolle. Hier liegt es dann nahe, die „Theorie Y“ dem „kreativen Kopfarbeiter“, dem *Führenden*, dem Managertyp, zuzuordnen. Hier erwarten die „privilegierten“ Beschäftigten nicht nur ein hohes Einkommen, dies wird zumeist im Sinne von Arbeitszufriedenheit als ein *„Hygienefaktor“* und nicht als ein *„Motivator“* gesehen,[15] sondern man will *intrinsisch* durch Arbeit motiviert werden. Die Beschäftigten erwarten aus der Arbeit selbst Motivation und Selbstentfaltung sowie einen hohen Grad an Selbstverwirklichung durch ihre Arbeit. Aber auch auf *Gestaltungsmacht* und *Aufstiegsmöglichkeiten* sowie auf *Weiterbildung* wird verstärkt geachtet. Solidarität in der Arbeit spielt dagegen weniger eine Rolle. *Gewerkschaftlichen Koalitionen* steht man reserviert bis ablehnend gegenüber. Dies zeigen die bei diesem Mitarbeitertypus kaum anzutreffenden Gewerkschaftsmitgliedschaften bzw. Organisationsgrade.

In der Personalbetriebswirtschaftslehre hat sich aber nicht das vereinfachende dualistische Menschenbild durchgesetzt, sondern weitgehend die *pluralistische Typologie* von Schein etabliert (vgl. Schein 1980), der vier Menschenbilder voneinander abgrenzt:

- Der *rational-ökonomische Mensch* wird hauptsächlich durch monetäre Anreize motiviert; er verhält sich passiv, kann daher extrinsisch manipuliert, motiviert und kontrolliert werden. Dieses Menschenbild hat eine hohe Affinität zur „Theorie X“.
- Der *soziale Mensch* wird in erster Linie durch soziale Bedürfnisse motiviert und gewinnt sein Identitätsbewusstsein aus der Beziehung zu anderen Menschen; er sucht als Folge der Sinnentleerung seiner Arbeit (herbeigeführt durch Arbeitsteilung und Spezialisierung) eine Ersatzbefriedigung in den sozialen Beziehungen am Arbeitsplatz. Die Normen und Vorstellungen seiner Arbeitskollegen sind ihm wichtiger und beeinflussen ihn mehr als Kontrollen und Anreize durch Vorgesetzte.
- Der *sich selbst verwirklichende Mensch* strebt nach Autonomie und Unabhängigkeit am Arbeitsplatz, bevorzugt Selbstmotivation und Selbstkontrolle.

15 Vgl. dazu die „Zweifaktoren-Theorie“ von Herzberg et al. 1959, ausführlich rezitiert bei Schanz 1993, S. 112ff.

Seine persönliche Selbstverwirklichung und die Zielerreichung der Organisation schließen sich nicht gegenseitig aus.

- Der *komplexe Mensch* ist enorm wandlungsfähig und modifiziert daher auch seine Bedürfnisse und deren Hierarchie häufig. Er lernt aus seinen Erfahrungen, verändert demzufolge seine Motive und kann als Mitglied verschiedener Systeme auch unterschiedliche Motive und Motivationen zeigen. Der komplexe Mensch ist zudem anpassungsfähig an verschiedenste Führungsstrategien und Arbeitsbedingungen.

Die Vielfalt dieser Menschenbilder muss heute im personalwirtschaftlichen Gefüge berücksichtigt werden. Das heißt, eine *integrative Personalpolitik* mit dem Anspruch einer demokratisch-partizipativen Unternehmenskultur muss die sich in den Menschenbildern manifestierende „Subjektivität der Arbeitenden" aufnehmen. Es wäre völlig verfehlt, dies nicht zu beachten.

#### 3.2.6.2 Personalpolitik im Zeichen intern gespaltener Arbeitsmärkte

Mit der kurzen *Phase der Vollbeschäftigung* in den 1960er bis Mitte der 1970er Jahre konnte dann zwangsläufig der knapp gewordene „Faktor" Arbeit nicht mehr nur einer rein *verwaltungstechnischen* Betrachtung mit *Überwachungs-* und *Kontrollfunktionen* unterzogen werden, sondern es mussten zumindest ansatzweise auch *planerische* und *sozial-qualitative* Elemente beim „Engpassfaktor Mensch" über Anreizsysteme berücksichtigt werden.

Dennoch änderte das in den 1950er und 1960er Jahren propagierte *Human Relations Modell* an der grundsätzlichen bürokratisch-verwaltungsorientierten und zusätzlich zentralistisch, hierarchie- und disziplinzentrierten personalwirtschaftlichen Vorstellung nur wenig. Es wurde lediglich betont, „dass den Menschen auch ‚ein Gefühl ihrer Nützlichkeit' zu geben sei, ohne an den betrieblichen Strukturen etwas zu ändern." (Bosch et al. 1995, S. 27) Wolfgang Staehle stellte diesbezüglich noch Ende der 1980er Jahre fest:

> „Die Tatsache, daß heute von Mitarbeitern, Kollegen und Humanpotential geredet wird, sollte nicht darüber hinwegtäuschen, daß sich an den Abhängigkeitsverhältnissen nichts geändert hat. Lediglich die Wertschätzung des Personals ist gestiegen und hat zu dessen Anerkennung als strategischen Erfolgsfaktor geführt." (Staehle 1989, S. 388)

Selbst dieser *„Wertschätzungsansatz"* ist aber geteilt zu sehen. Mit der seit Mitte der 1970er Jahre bestehenden *Massenarbeitslosigkeit*,[16] und den nur noch gerin-

16 Oskar Negt bezeichnet Arbeitslosigkeit als einen „Gewaltakt", als einen „Anschlag auf die körperliche und seelisch-geistige Integrität der davon betroffenen Menschen" (Negt 2002). Arbeitslos zu sein, führt bei den Betroffenen auch zu Schmach und Scham wie

gen Wachstumsraten, gilt die „Wertschätzung“ der Beschäftigten zwar für das *hoch qualifizierte* und nicht selten auch auf den entsprechenden Teilarbeitsmärkten für das nur *beschränkt verfügbare Personal*, nicht aber für die *weniger qualifizierten* und relativ leicht durch Technikeinsatz substituierbaren Beschäftigten. Diese Differenzierung verstärkte sich noch seit etwa Anfang der 1990er Jahre wegen der forciert *neoliberal betriebenen Globalisierung* und einer in Folge gestiegenen internationalen Wettbewerbsintensität sowie technologischer Umbrüche.

Es kam in der Personalpolitik zu einem intern *gespaltenen Arbeitsmarkt* für hoch qualifizierte *Stammbeschäftigte* und weniger qualifizierte, dem konjunkturellen Zyklus angepasste *Randbeschäftigte.* Für Stammbeschäftigte galt die „Theorie Y“ und für Randbeschäftigte die „Theorie X“. Bei letzteren steht die Personalpolitik überwiegend dafür, das Personal zu möglichst günstigen Konditionen (niedriger Lohn zu flexiblen Arbeitszeiten bei befristeten Arbeitsverhältnissen und kurzen Kündigungszeiten) zu beschaffen. Die *Motivationsfunktion* sah man hier nur als beschränkt einsetzbar an. Um dennoch an das *volle Arbeitsvermögen* in Anbetracht des ökonomisch unbestimmten Arbeitsvertrags der in den Randbelegschaften beschäftigten zu kommen, verstärkte man die *Kontroll-* und *Überwachungsfunktionen,* die in einigen Unternehmen sogar zu sitten- und rechtswidrigen Bespitzelungsaktionen gegen das Personal führten.[17]

Dabei steht – vor dem Hintergrund einiger verknappter Teilarbeitsmärkte – heute noch viel mehr der personalpolitische „Spagat“ auf der Tagesordnung, einerseits *hoch qualifiziertes Personal* zu halten und auch neues zu rekrutieren, dies zu motivieren und mit den *Unternehmenszielen zu identifizieren,* und andererseits gleichzeitig Belegschaften in den Randbereichen ständig neu einzustellen und fast genauso schnell wieder *Personalüberhänge* abzubauen, ohne dass dies Ganze zu negativen (kontraproduktiven) Rückwirkungen auf die gesamte Belegschaft führt.

#### 3.2.6.3 Personalpolitik vor dem Hintergrund demografischer Herausforderungen

Hinzu kommt in absehbarer Zeit eine *demografische Verschiebung* in der Altersstruktur. Zwar wird rein quantitativ das gesamtwirtschaftliche Arbeitsangebot bis etwa zum Jahr 2025 konstant bleiben, dies aber nur infolge von *Zuwanderungen,* eines größeren Anteils der Erwerbsbeteiligung von *Frauen* und von *älteren Arbeitnehmern.* Die Unternehmen müssen sich also viel mehr als heute

---

Viviane Forrester feststellt. Arbeitslosigkeit grenzt Menschen gesellschaftlich aus (vgl. Forrester 1998).

17 Vgl. Meiners 2008. Ein besonders extremer Fall hat sich hier bei der Deutschen Bahn AG ereignet. Hier wurde die gesamte Belegschaft einer geheimen Bespitzelungsaktion unter dem Vorwand einer Korruptionsbekämpfung unterzogen.

auf alternde Belegschaften und auf wesentlich höhere Frauenquoten in ihren Personalbeständen einstellen.

Dies verlangt in den Unternehmen, sich von einer Jugendwahn-Ideologie zu verabschieden und sich stattdessen einer Wertschätzung älterer Arbeitnehmer zuzuwenden (vgl. Bontrup/Frey 2002). Dazu bedarf es einer intensiveren Weiterbildung („lebenslanges Lernen") und einer aktiven *Gesundheitsförderung* im Betrieb, die auch auf die Belange Älterer eingeht. Die Motivation gerade der älteren Beschäftigten und ein gutes Betriebsklima sind weitere Faktoren, die ein längeres Verbleiben in den Unternehmen unterstützen und nicht wie heute viele nach einer *Frühverrentung* schielen lassen. Aber auch *flexiblere Arbeitszeiten* sind notwendig (vgl. Grözinger et al. 2008; Bosch 2009, S. 86ff.), die sowohl den älteren Beschäftigten als auch insbesondere die Erwerbsbeteiligung von Erziehenden durch eine verbesserte Vereinbarkeit von Beruf und Familie erlaubt. Dazu muss es einen massiven Ausbau von *ganztätigen Kinderbetreuungs-* und *Schulungseinrichtungen* geben (vgl. Schulz, E. 2008).

#### 3.2.6.4 Personalpolitik im Zuge eines verschärften Shareholder-value-Denkens

Sowohl mit einem zunehmend neoliberal ausgerichteten *Markt-* und *Wettbewerbsdenken* (vgl. Bontrup 2007; Mundorf 2006; Schui et al. 1997) als auch durch die in den 1990er Jahren stark zunehmende *Deregulierung der internationalen Finanzmärkte* (vgl. Bischoff 2006; Huffschmid 2002; Huffschmid et al. 2007) kam es zu einem neuen verschärften personalwirtschaftlichen Paradigma. Es dominiert seitdem die auf den US-amerikanischen Unternehmensberater Alfred Rappaport zurückgehende *Shareholder-value-Orientierung* (vgl. Rappaport 1986/1999), in dessen Zentrum die Auffassung steht, ein Unternehmen sei einseitig auf die Interessen der Kapitaleigner (Shareholder) auszurichten.

Dabei wurden die schon bis dahin bestehenden Machtverhältnisse in den Unternehmen zu Lasten der abhängig Beschäftigten noch weiter verschlechtert. Die *Wertsteigerung des Unternehmens für den Aktionär* steht im Vordergrund.

> „Die Unternehmung wird in erster Linie als *Finanzanlage* betrachtet, die eine Mindestverzinsung verlangt. Zusätzlicher Wert wird für den Anteilseigner erst bei *Überschreitung* der – marktabhängigen – Mindestverzinsung geschaffen. Dies führt zur Ausrichtung der Unternehmenspolitik an möglichst *hohen Renditen* und äußert sich in verschärften *Kostensenkungsprogrammen.* Arbeit wird vor allem als Kostenfaktor gesehen, den es zu minimieren gilt. Die *wertschöpfende Seite der Arbeit* und der Wertschöpfungsprozess selbst treten in den Hintergrund." (Bierbaum 2006, S. 229)

Je mehr Unternehmen zu diesem neuen Paradigma übergingen und je mehr die *negativen Auswirkungen* der einseitigen Shareholderausrichtung deutlich wurden, umso mehr kam es mit dem *Stakeholder-Konzept* zu einer „Gegenbewegung". Hier knüpft man an die Auffassung vom Unternehmen

> „als einer *multifunktionalen Wertschöpfungseinheit* an, wonach die am Unternehmen mit ihren unterschiedlichen Ansprüchen und Interessen beteiligten Gruppen (Stakeholder) – Kapitalgeber, Management, Beschäftigte, Lieferanten, Kunden, Staat – für den Unternehmenserfolg wichtig sind und dementsprechend auch Forderungen gegenüber den geschaffenen Werten haben. Es wird anerkannt, dass in der Unternehmung *unterschiedliche Gruppen mit unterschiedlichen Interessen* wirken und die Unternehmung in gesellschaftlichen Bezügen steht.“ (Ebd., S. 229)

Durch die Reduktion der Unternehmensentwicklung auf steigende Kurse und Renditen werden die *Interessen der Stakeholder* nicht mehr, oder nur unzureichend, berücksichtigt. Beschäftigte werden entlassen, Kunden mit schlechten Produkten zu überzogenen Preisen bedient, Lieferanten bei Einkaufspreisen und sonstigen Beschaffungskonditionen geknebelt (vgl. Bontrup/Marquardt 2008) und dem Staat werden Steuerzahlungen – teilweise durch Bilanzmanipulationen und Korruption – vorenthalten und die Öffentlichkeit in Sachen Informationen und Umweltschutz hinters Licht geführt. Insgesamt also eine verheerende Entwicklung.

Dadurch entstand insgesamt in den Unternehmen eine *Umkehrung kapitalistischer Logik.* War bisher der *Gewinn Residuum* bei der Verteilung der arbeitsteilig generierten unternehmerischen Wertschöpfung, und galten Lohn, Zins, Miete/Pacht als *vorab* zu zahlende *kontraktbestimmte Einkommen*, so gilt dies heute unter der Ägide des Finanzmarktkapitalismus nicht mehr.

Um die von den Finanzinvestoren verlangten Profitraten zu realisieren, werden die Kontrakteinkommen zu Restgrößen degradiert und der unternehmerische Gewinn zu einer ex ante bestimmten (festgelegten) Größe gemacht. Zins-, Miet- und Pachteinkünfte sind dabei allerdings von den Managern der Shareholder nur wenig beeinflussbar und machen in der Regel an der unternehmerischen Wertschöpfung auch nur einen kleinen Teil aus. Was bleibt, sind dann die *Arbeitsentgelte* (die Lohnsumme) innerhalb der Wertschöpfung. Diese gilt es vom Management zu minimieren. Hierbei greift man auf den gesamten Instrumentenkasten eines *destruktiven Personalmanagements* zurück: Verschlechterung der Arbeitsbedingungen, Lohnkürzungen direkt und indirekt durch Arbeitszeitverlängerungen ohne Lohnausgleich und schließlich Personalabbau – nicht selten verbunden mit Massenentlassungen. Shareholder-value bedeutet dabei im Ergebnis, die *Lohnquote* zugunsten der *Gewinnquote* zu senken (vgl. Abb. 28).[18]

---

18 Diese ökonomischen Zusammenhänge sind für die Mitbestimmungsträger im Allgemeinen und im Besonderen zur Beurteilung der arbeitsteilig in den Unternehmen erwirtschafteten Wertschöpfungen ungemein wichtig. Ohne diese können sie nicht die Verteilungsspielräume bestimmen und sich in den Verhandlungen mit den Geschäftsführungen behaupten. Dazu müssen Mitbestimmungsträger aber das Wissen bezüglich einer Entste-

*Abb. 28: Unternehmerische Wertschöpfung*

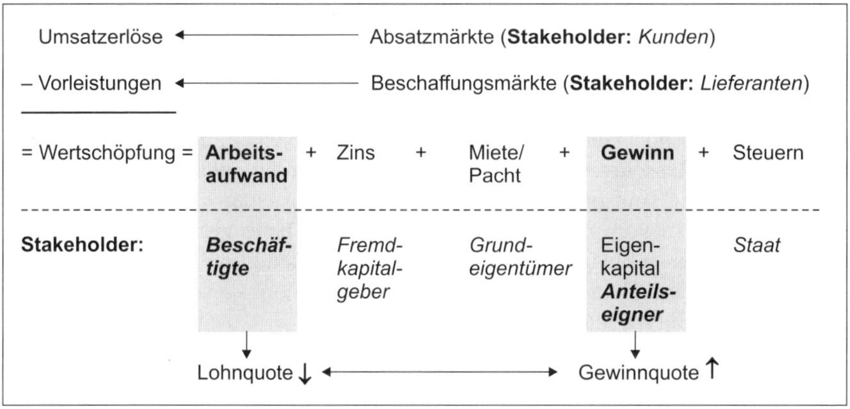


### 3.2.7 *Allgemeine personalpolitische Befunde in der Elektrizitätswirtschaft*

#### 3.2.7.1 Solidarität der Beschäftigten

In Kapitel 3.2.1 haben wir die Bedeutung einer *Gegenmachtbildung* unter den abhängig Beschäftigten herausgearbeitet. Betrachtet man diesbezüglich die Situation in der *Elektrizitätswirtschaft,* so kann man auf der Grundlage unserer Befragung insgesamt nur von einem *gemäßigten Solidaritätsbewusstsein* sprechen (Frage III.38). In den 53 befragten Unternehmen kommen nämlich nur 17% auf einen gewerkschaftlichen Organisationsgrad von über 75% und nur knapp 21% liegen bei einem Wert über 50%. Rund ein Drittel der EVUs kann lediglich bis zu 30% gewerkschaftsorganisierte Mitglieder vorweisen.

Nach Wertschöpfungsstufen differenziert reichen die Organisationsgrade in den EVUs von rund 40% bis 50% im Bereich *Handel und Vertrieb,* über fast 60% im Segment der Netze bis zu 80% bis 90% in der *Elektrizitätserzeugung,* wo eben der Anteil der Arbeiter und Angestellten mit klassisch solidarischem Denken noch am größten ist. Ebenso spielt beim gewerkschaftlichen Organisationsgrad die *Unternehmensgröße* eine Rolle. Allgemein kann auch hier für die

---

hungs- und Verteilungsrechnung der Wertschöpfung haben. Um hier die von uns während des Forschungsprojekts bei den Mitbestimmungsträgern festgestellten Wissenslücken zu schließen, haben wir entsprechendes „Hintergrundwissen für Mitbestimmungsträger" bezüglich einer auf die Stromunternehmen abgestellten spezifischen „Betriebswirtschaftlichen Entstehungs- und Verteilungsrechnung in der Elektrizitätswirtschaft" zusammengestellt (vgl. Kapitel 7.2). Dieser Leitfaden muss durch Qualifikationsmaßnahmen – möglichst unternehmensbezogen – eingeübt werden.

Elektrizitätswirtschaft festgestellt werden, dass der Organisationsgrad mit der Unternehmensgröße steigt (vgl. Brandt/Schulten 2008).

### 3.2.7.2 Integrative Personalpolitik

Zur Umsetzung einer integrativen Personalpolitik bedarf es, wie aufgezeigt, einer eigenständig auf höchster Ebene implementierten Personalpolitik mit hinreichend ausgestatteten Ressourcen. Bezieht man diese Anforderungen auf die *Elektrizitätswirtschaft,* so sind nur wenige Unternehmen von einer *arbeitsdirektionalen Bestimmung,* also von einer auf höchster Leitungsebene verankerten Personalpolitik, betroffen. Inklusive der „Big-4" unterliegen lediglich 59 Unternehmen,[19] dies sind ungefähr 6% aller EVUs, dem Mitbestimmungsgesetz von 1976.[20] Da sich außerdem die Kapitalseite

> „mit Hilfe des Doppelstimmrechts des Aufsichtsratsvorsitzenden im Konfliktfall bei der *Wahl des Arbeitsdirektors* durchsetzen kann, werden die Personalentscheidungen in der Frage des Arbeitsdirektors in den nach dem 1976er-Gesetz mitbestimmten Unternehmen häufig bereits im Vorfeld der Aufsichtsratssitzungen gelöst. Die Arbeitnehmervertreter wissen, dass sie überstimmt werden können. So lassen sie sich ihre Zustimmung zum Kandidaten der Anteilseignerseite vielfach mit Zugeständnissen auf anderen Gebieten ‚abkaufen'." (Nagel et al. 2002, S. 25)

Diese oftmals anzutreffende *allgemeine Verfahrensweise* galt allerdings in der Elektrizitätswirtschaft zumindest bis zur 1998 einsetzenden Liberalisierung nicht. Denn bei den Vorgängerunternehmen der „Big-4" und den anderen großen, dem *Mitbestimmungsgesetz* von 1976 unterliegenden Elektrizitätsunternehmen, lag das *Vorschlagsrecht für den Arbeitsdirektor* bei den Betriebsräten und den zuständigen Gewerkschaften.

> „Traditionell wurden dabei die Arbeitsdirektoren, d.h. die Vorstände für Personal in der Energiewirtschaft nicht gegen die Stimmen der Arbeitnehmervertreter eingesetzt. In der Praxis führte dies de facto oft zu einem Vorschlagsrecht der Arbeitnehmer." (Bergelin 2008, S. 129)

Sven Bergelin – Leiter der Fachgruppe Energie und Bergbau beim ver.di Bundesvorstand – stellt hier aber heute, unter den Bedingungen der liberalisierten Elektrizitätsmärkte, fest: „Mittlerweile ist es immer schwieriger geworden, eigene Kandidaten der Arbeitnehmerseite als Arbeitsdirektoren bei der Kapitalseite durchzusetzen." (Ebd.)

---

19 Hierbei haben wir auch EVUs mitgezählt, die nicht nur Strom erzeugen und vertreiben. Dennoch unterliegt aber auch hier das jeweilige Geschäftsfeld „Elektrizität" den Bedingungen des Mitbestimmungsgesetzes von 1976.

20 Hier regelt der § 33 MitbestG die rechtliche und wirtschaftliche Stellung des Arbeitsdirektors.

Dadurch ist dann aber nicht mehr sichergestellt, das auf der höchsten Leitungsebene auch eine notwendige integrative, also zu den anderen Unternehmensplänen, gleichberechtigte Personalpolitik umgesetzt wird bzw. umgesetzt werden kann. Außerdem ist bei einem von der Kapitalseite quasi bestellten Arbeitsdirektor in *Konfliktfällen,* wie z.B. bei geplanten Massenentlassungen, nicht mit einer arbeitnehmerorientierten Vorgehensweise zu rechnen. Der Arbeitsdirektor muss aber die Interessen der Beschäftigten in enger Verbindung und Zusammenarbeit mit den anderen Mitbestimmungsträgern wahrnehmen und vertreten. Er darf deshalb nicht, wie es heute der Fall ist, bei seiner *Berufung und Wiederbestellung* von den Stimmen der Kapitalseite im Aufsichtsrat abhängig sein.

Unabhängig von der Person des Arbeitsdirektors, der in größeren Unternehmen ab 500 Beschäftigte mit einem eigenen Ressort[21] zu etablieren ist, muss in *allen Unternehmen,* losgelöst von der Beschäftigtenzahl und der Rechtsform, die integrative Personalpolitik auf der höchsten Leitungsebene eines Unternehmens verankert sein und von den *Betriebsräten* uneingeschränkt in ihren Inhalten mitbestimmt und für eine entsprechende Umsetzung gesorgt werden.

### 3.2.7.3 Shareholder-value-Denken

Unsere Verteilungsbetrachtung hat gezeigt, dass eine zunehmende Shareholder-value-Mentalität einher geht mit Rationalisierungen in Form von Entlassungen oder es wird ohne Lohnausgleich länger gearbeitet oder die Löhne und Gehälter werden bei gleicher Arbeitszeit gekürzt. Letztlich kommt es zur unternehmensinternen Umverteilung von den Beschäftigten hin zur Kapitalseite.

Diese Umverteilung ist in der *Elektrizitätswirtschaft* seit der Marktliberalisierung 1998 voll eingetreten bzw. umgesetzt worden (vgl. Kapitel 2.1.5). Auf der einen Seite wurden jahresdurchschnittliche Produktivitätssteigerungen von 6% erzielt, auf der anderen Seite wurden diese aber nicht in adäquate Steigerungen beim *Arbeitsentgelt* weitergegeben. Nach unserer Umfrage sind auch die *Arbeitszeiten* zu Lasten der Beschäftigten nach oben angepasst worden (vgl. Abb. 29).[22] Dabei ist zu vermuten, dass dies *ohne Lohnausgleich* erfolgte. *Arbeitszeitverkürzungen* (bei 3,8% der Unternehmen war dies der Fall) haben dagegen so gut wie keine Rolle gespielt.

Auch die *allgemeinen Arbeitsbedingungen* haben unter der Marktliberalisierung gelitten (vgl. Abb. 30).

---

21 Zum Ressort des Arbeitsdirektors sollten inklusive der Rechtsfunktionen (Arbeit-, Sozial- und Tarifrecht) der gesamte personal- und sozialwirtschaftliche Geschäftsbereich gehören. Aber auch die Bereiche Arbeits- und Umweltschutz.

22 Vgl. Kapitel 7.1.2 zu den Details der Auswertung und zur Bedeutung der Größe „Q“.

*Abb. 29: Arbeitszeitveränderungen*

II.5 Frage: „Wie hat sich seit 1998 die Arbeitszeit für die Mehrzahl der Beschäftigten geändert?"

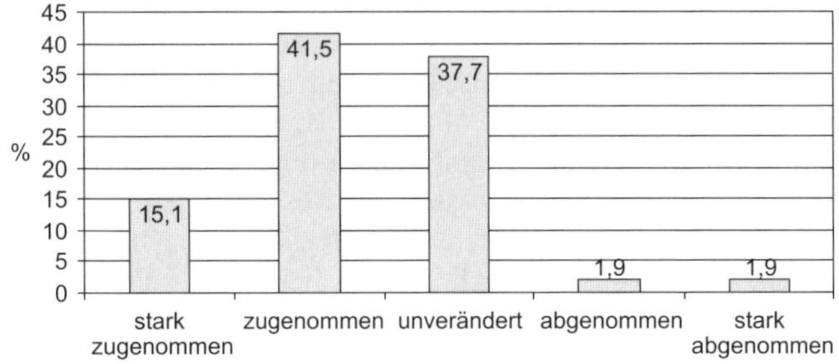


Q = 52/53

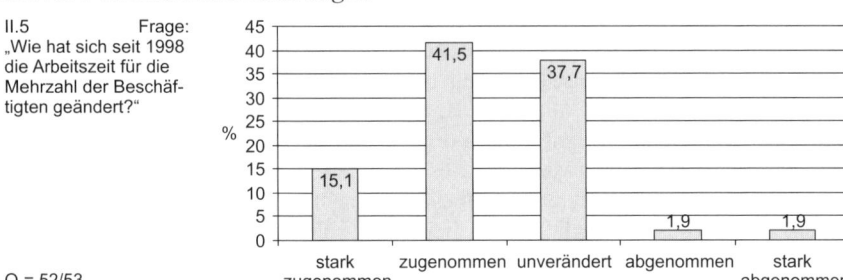

*Abb. 30: Arbeitsbedingungen*

II.6 Frage: „Haben sich die Arbeitsbedingungen insgesamt seit der Liberalisierung 1998 verändert/verbessert?"

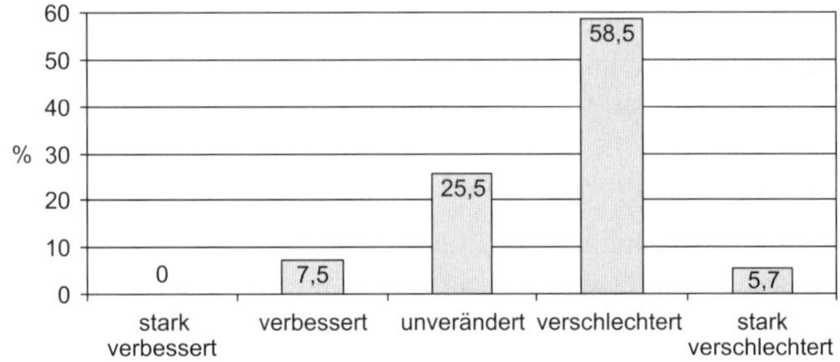


Q = 51/53

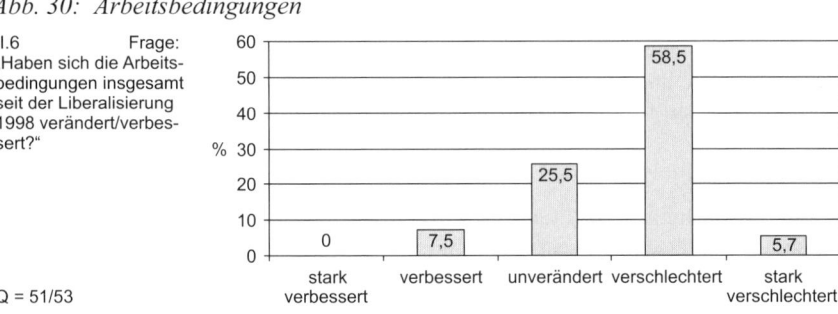

## 3.3 Demokratisch-partizipative Unternehmenskultur in den Stadtwerken

### *3.3.1 Leitbild einer demokratisch-partizipativen Unternehmenskultur*

Zu einer *demokratisch-partizipativen Unternehmenskultur* zählen wir in Form eines „interdependenten personalwirtschaftlichen Sechsecks" (vgl. Abb. 31) als erstes eine *immaterielle Partizipation* in Form einer kodifizierten und institutionalisierten *paritätischen Mitbestimmung* und als Unterbau eine arbeitsplatzbezogene und damit interpersonelle Kommunikationsdialektik in Verbindung mit einer *holistischen Informationspolitik.* Als Verbindungsglied – und deshalb nicht explizit aufgeführt – fungiert hier eine *partizipative Personalführung.* Des Weiteren gehört dazu ein *Wissensmanagement* (Bildung, Weiterbildung) sowie ein *mitarbeiterzentriertes Ideenmanagement,* das insgesamt in unternehmerische Innovationsprozesse integriert ist. Überdies impliziert eine demokratisch-partizipative Unternehmenskultur eine *materielle Partizipation* in Form von *Gewinn- und/*

*oder Kapitalbeteiligungen* oberhalb einer am Flächentarifvertrag orientierten verteilungsneutralen (solidarischen) Entgeltpolitik. Interdependent ist das „personalwirtschaftliche Sechseck" deshalb, weil alle Größen sich *wechselseitig* bedingen und zur Verwirklichung unseres normativen Ideals auf keine der einzelnen Größen verzichtet werden kann.

*Abb. 31: Demokratisch-partizipative Unternehmenskultur*

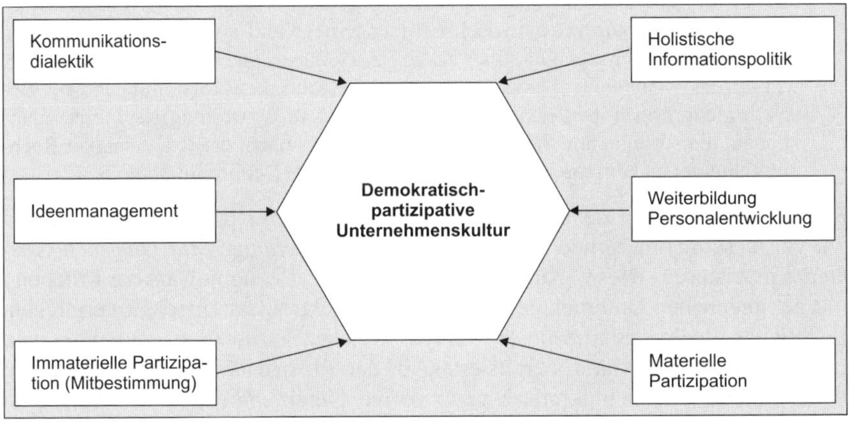


Dabei darf das „Sechseck" aber nicht als eine *personalwirtschaftlich verengte Managementtechnik* verstanden werden. Diese zielt nämlich ausschließlich und einseitig darauf ab, die *abhängig Beschäftigten* zu einer *höheren Effizienz* durch eine „Vermarktlichung des Subjekts" (vgl. Kapitel 3.2.5) und zu einer personalen Akzeptanz gegenüber „organisationaler Führungsherrschaft" zu konditionieren, ohne die Beschäftigten wirklich immateriell und ohne sie an den *monetären Effizienzergebnissen* zu beteiligen.

> „Wo Partizipation dem Selbstzweck grenzenloser Effizienzsteigerung unterworfen wird (...), lässt sich die Forderung nach ihr kaum mehr kritisch gegen diese sinnverkehrenden Verhältnisse wenden. (...) Dies zeigt sich auch am weitgehenden Verschwinden der Begriffe *‚organisationale Demokratie'* und *‚Wirtschaftsdemokratie'* (...) aus dem arbeitspolitischen Diskurs." (Moldaschl 2003, S. 221)

Eine *demokratisch-partizipative Unternehmenskultur* baut deshalb nicht auf einer durch das unternehmerische Management von *„oben gewährten"* und *„nach unten"* auf die Beschäftigten „abgeladenen" Partizipation auf, sondern auf einen *„von unten"* gegenüber dem Management formulierten Beteiligungsanspruch der Beschäftigten.

> „Im Fall der Demokratie wird angenommen, dass die Macht der Entscheidungsinstanzen aus dem gemeinsamen Willen aller derjenigen hervorgeht, die den Entscheidungen unterworfen sind; *alle sollen das gleiche Recht haben,* sich an der Willensbildung zu beteiligen und einmal getroffene Entscheidungen durch die Bildung neuer Mehrheiten zugunsten anderer Entscheidungen rückgängig zu machen.
>
> Im Unterschied dazu zielt *Beteiligung* darauf ab, bestehende Asymmetrien im lohnabhängigen Arbeitsverhältnis zu korrigieren. Partizipation ist ein *machtbestimmter Austauschprozess* zwischen Management und abhängig Beschäftigten, dem ein mehr oder weniger stiller Zwang zum *hierarchischen Kompromiss* innewohnt: das Management muss elementare Gerechtigkeitsvorstellungen von Beschäftigtengruppen berücksichtigen und kollektive Vertretungsstrukturen anerkennen, die Arbeitnehmer tragen der Entscheidungsmacht der Kapitaleigner Rechnung und versuchen, deren Macht einzuschränken." (Demirovic 2006, S. 77)

*Partizipation ist also deutlich weniger als Demokratie.* Im Folgenden werden wir vor diesem Hintergrund unsere *normativen Vorstellungen zur Unternehmenskultur* präzisieren. Diese „Kultur" wird dann unter Bezug auf unsere Erhebung mit der gegebenen Unternehmenskultur in der Elektrizitätswirtschaft verglichen. Letztlich soll also dokumentiert werden, welcher Umsetzungsgrad unter den Bedingungen einer Marktliberalisierung in der Elektrizitätswirtschaft heute im Hinblick auf eine demokratisch-partizipative Unternehmenskultur erreicht ist bzw. welche Defizite hier noch in den EVUs bzw. Stadtwerken bestehen.

### *3.3.2 Immaterielle Partizipation durch Mitbestimmung*

#### 3.3.2.1 Bedeutung der Mitbestimmung

Der erste Baustein bezogen auf eine demokratisch-partizipative Unternehmenskultur ist eine kodifizierte *Mitbestimmung.*

> „Wir müssen Mitbestimmung in einem sehr umfassenden Sinne verstehen, nämlich als humane und demokratische Bedingung dafür, dass Menschen menschlich sein wollen und das heißt: sie wollen selbst handeln und nicht nur behandelt werden." (Zitiert in Q292, S. 2)

Diese Feststellung des ehemaligen Bundespräsidenten Johannes Rau entspricht aber nicht der *wirtschaftlichen Realität.*

Hier wurde gegen Mitbestimmung von Seiten der *Kapitaleigentümer* und diesen nahestehenden Vertretern aus Politik, Wissenschaft und Medien schon immer polemisiert. Man will schlicht und ergreifend keine *gleichberechtigte demokratische Partizipation* zwischen Kapital und Arbeit (vgl. Bontrup 2002, 2005, 2006a, S. 138–142, 2006b, S. 30ff.). Dies drücken die widersprüchlichen Konfliktlinien zwischen Kapital und Arbeit unter kapitalistischen Arbeitsbeziehungen aus (vgl. Preiss 2005). Demokratische Mitbestimmungsstrukturen seien deshalb auch ein „Irrtum der Geschichte", so der ehemalige BDI-Vorsitzende Michael Rogowski, der damit 2004 noch einmal wiederholte, was andere Kapitalvertreter schon vor ihm in ähnlichen Worten seit der ersten zaghaften Kodifizierung von Mitbestimmung durch *Arbeiterausschüsse* während des Ersten Weltkriegs 1916 und etwas später bei der Verabschiedung des *Betriebsrätegesetzes* 1920 formuliert haben. Nach dem Zweiten Weltkrieg bei der Konstituierung des Montan-Mitbestimmungsgesetzes 1951 und beim Betriebsverfassungsgesetz von 1952 und den beiden großen Novellierungen der betrieblichen Mitbestimmung 1972 und 2001 sowie auch bei dem heftig umstrittenen unternehmensbezogenen Mitbestimmungsgesetz von 1976 war dies nicht anders.

Auch der jüngste Versuch einer unternehmensbezogenen *Mitbestimmungskommission* (der nach 1970 zweiten „Biedenkopf-Kommission") endete zwischen Kapital und Arbeit im heftigen Streit (vgl. Müller-Jentsch 2007). Die noch von Bundeskanzler Gerhard Schröder eingesetzte neunköpfige Kommission, bestehend aus drei Wissenschaftlern und jeweils drei Arbeitnehmer- und Arbeitgebervertretern[23] hatte den Auftrag, „ausgehend vom geltenden Recht, Vorschläge für eine moderne und europataugliche Weiterentwicklung der deutschen Unternehmensmitbestimmung zu entwickeln."[24] Während die *Wissenschaftler* in der Kommission keinen Bedarf für eine grundlegende Änderung der bestehenden Unternehmensmitbestimmung sahen, auch nicht im Hinblick auf das immer wieder von der Kapitalseite vorgetragene Argument eines *Standortnachteils* für ausländische Investoren (vgl. Q102), wollten die Arbeitgebervertreter dagegen die heute bestehende unternehmensbezogene Mitbestimmung quasi auf ein *Drittelbeteiligungsmodell* zurechtstutzen (vgl. Q3) – also selbst die lediglich numerische paritätische Mitbestimmung abschaffen.

Die Kapitaleigner haben auch nie die Klage bis zum *Bundesverfassungsgericht* gescheut und Mitbestimmung in Verbindung mit der *Eigentumsfrage* gebracht. Das Privateigentum, konkreter das Privateigentum an Produktionsmitteln, würde durch Mitbestimmung ausgehebelt. Bei einer im Hinblick auf eine demokratisch-partizipative Unternehmenskultur angelegte Mitbestimmung handelt es sich aber nicht um eine *Abschaffung des Privateigentums an Produktionsmitteln,* sondern um eine *Relativierung des Eigentums* und dies vor dem *Hinter-*

---

23 Für die Wissenschaft waren dies neben Kurt Biedenkopf der Direktor am Kölner Max-Planck-Institut für Gesellschaftsforschung, Wolfgang Streeck, und der ehemalige Bundesarbeitsgerichtspräsident, Helmut Wißmann. Die Arbeitgeber wurden vertreten durch die Präsidenten von BDA, Dieter Hundt, und BDI, Jürgen Thumann, sowie durch den früheren Daimler-Chrysler-Vorstand, Manfred Gentz. Die Gewerkschaftsvertreter waren der DGB-Vorsitzende Michael Sommer, der ehemalige IG Metall-Vorsitzende Jürgen Peters und der RWE-Betriebsratsvorsitzende Günter Reppien.

24 Laut Schreiben des Kanzlers vom 21.7.2005 an die Kommissionsmitglieder.

*grund einer völlig disproportionalen Verteilung der Produktionsmittel* in Deutschland.[25]

Eine Relativierung von Eigentum an Produktionsmitteln ist ohnehin auch im Grundgesetz vorgesehen. Dort wird das Eigentum einer *sozialen Verpflichtung* unterworfen, zumal es wohl kaum akzeptabel ist, dass *sächliche Produktionsmittel* und die *unternehmerische Freiheit* in Deutschland durch das Privateigentum mehr geschützt sind als die im Artikel 1 GG festgeschriebene „Würde des Menschen", die unantastbar ist. Menschliche Arbeit kann somit vom Grundsatz her nicht einer Sache untergeordnet werden. Wolfgang Däubler fordert daher, so wie es noch in der ersten deutschen Verfassung von Weimar geregelt war (Art. 165 der Verfassung des Deutschen Reichs vom 11. August 1919), im Hinblick auf Artikel 1 des Grundgesetzes einen *Verfassungsrang für eine paritätische Mitbestimmung* der abhängig Beschäftigten in den Unternehmen.[26]

Zwar sind die Arbeitskräfte in der Wahl ihres „Arbeitgebers" gemäß Art. 12 GG juristisch frei, dies gilt aber nicht im *ökonomischen Sinn*. Hier besteht eine Dichotomie. In der Wirtschaft unterliegen die abhängig Beschäftigten mit ihrem Arbeitsvermögen einem *systematischen Machtungleichgewicht* an den jeweiligen Teilarbeitsmärkten (vgl. Kapitel 3.2.1). Die einseitige Orientierung auf den *Shareholder-value* benachteiligt automatisch die *Stakeholder* und damit auch die *abhängig Beschäftigten* (vgl. Abschnitt 3.2.6.4). Nur wenn Arbeitnehmervertreter nachhaltig in den Aufsichtsräten der Shareholder-value-Strategie widersprechen und mitbestimmen und mitentscheiden können, wäre eine *einseitige Profitorientierung* zugunsten der Kapitaleigner zu verhindern. Problematisch ist die Antihaltung gegen demokratische Unternehmensprozesse auch deshalb, weil, wie schon der erste DGB-Vorsitzende Hans Böckler betonte, die Menschen ohne Mitbestimmung, ohne demokratische Partizipation, sich nicht mit den Unterneh-

---

25 Das gesamte private Nettovermögen in Deutschland, neben dem *Nettogeldvermögen* das *Produktivkapital* und das *Immobilienvermögen,* belief sich 2007 auf 6,6 Billionen EUR. Dahinter verbirgt sich aber eine extreme Ungleichverteilung. Mehr als zwei Drittel der Gesamtbevölkerung besaßen nämlich kein oder nur ein sehr geringes individuelles Nettovermögen. Die untersten 70% der nach dem Vermögen sortierten Bevölkerung haben einen Anteil am Gesamtvermögen von unter 9% und damit rund 1,5 Prozentpunkte weniger als 2002. Hingegen besitzen die vermögendsten 10% der Bevölkerung insgesamt einen Anteil am gesamten Nettovermögen von mehr als 60%. Das reichste Prozent verfügt über knapp ein Viertel (23%) des Gesamtvermögens (vgl. Grabka/Frick 2009).

26 Vgl. Däubler 1973. Im öffentlichen Bewusstsein nicht bekannt ist dabei der Tatbestand, das im Gegensatz zum Grundgesetz, in mehreren Landesverfassungen die Mitbestimmung explizit geregelt ist. So im Freistaat Bayern (Artikel 175), in Berlin (Artikel 25), Brandenburg (Artikel 50), Bremen (Artikel 47 und 48), Hessen (Artikel 37), Nordrhein-Westfalen (Artikel 26), Rheinland-Pfalz (Artikel 67 und 68), Saarland (Artikel 58), Freistaat Sachsen (Artikel 26), Sachsen-Anhalt (Artikel 39) und Freistaat Thüringen (Artikel 37).

men, in denen sie produktive und innovative Arbeit verrichten sollen, *identifizieren* können. Sie bleiben fremdbestimmte Arbeitskräfte und auch von ihren Arbeitsprodukten entfremdete Personen ohne *intrinsische Motivationen.*

In Abwägung von Eigentumsrechten, Freiheiten, Würde und Sozialverpflichtung hat sich das *Bundesverfassungsgericht* jedoch zum Großteil der „Eigentumsargumentation" der Kapitaleigner angeschlossen. Deshalb wurde beim Mitbestimmungsgesetz von 1976[27] auf die *verfassungsrechtlichen Bedenken* der Kapitalseite entscheidend Rücksicht genommen. Auch im *Wissenschaftsbereich* gibt es seit den 1950er Jahren in der Bundesrepublik eine heftige und kontroverse Diskussion um Mitbestimmung. Hier hat sich die Diskussion mittlerweile (neoliberal) verengt. So geht es fast ausschließlich nur noch darum, ob Mitbestimmung zu *ökonomischer Effizienz* beiträgt oder nicht.[28] Dabei stand eigentlich im Mittelpunkt der Auseinandersetzung, das Streben nach einem *demokratischen Interessenvertretungsrecht der Beschäftigten* gegenüber dem Kapital und wie Walter Müller-Jentsch betont, nach *„einem ordnungspolitischen Platz"* (Müller-Jentsch 2001, S. 209), der die *Gleichberechtigung von Kapital und Arbeit* auf einzelwirtschaftlicher Ebene in Form von paritätischer Mitbestimmung rechtlich umsetzt. Dies wurde auch noch von der ersten „Biedenkopf-Kommission" von 1970 so gesehen. Hier kam es zu einer *nicht-ökonomischen* am Machtausgleich orientierten Begründung für Mitbestimmung aufgrund des besonderen *Charakters des Arbeitsverhältnisses* und der *organisationalen Ein- und Unterordnung* der abhängig Beschäftigten, die in einem Unternehmen die verkaufbaren Produkte und Werte schaffen (vgl. Q4).

### 3.3.2.2 Mitbestimmung in den Stadtwerken

Gemessen an den Idealvorstellungen zu einer *demokratisch-paritätischen Mitbestimmung* zwischen Kapital und Arbeit fällt die *empirische Analyse* in der *Elektrizitätswirtschaft* ernüchternd aus. Von den knapp 1.000 EVUs in Deutschland unterliegen nach unseren Berechnungen[29] nur 59 *Unternehmen dem Mitbestim-*

27 Das Mitbestimmungsgesetz von 1976 sieht im Gegensatz zum Montan-Mitbestimmungsgesetz nur noch eine numerische Parität im Aufsichtsrat vor und nicht mehr eine qualifizierte Parität mit einem Letztentscheidungsrecht durch eine weitere neutrale Person im Aufsichtsrat.

28 Hier wird nach den ökonomischen Auswirkungen der Mitbestimmung auf die Arbeitnehmerzufriedenheit, Arbeitsbereitschaft, Fluktuation und den Weiterbildungswillen sowie auf Wirkungen von Unternehmensproduktivität und Innovationen gefragt. Außerdem steht hier die Rentabilität und die Verteilung der Wertschöpfung sowie die Entwicklung des Aktienkurses als auch die Unternehmensbewertung im Sinne eines Shareholder-value im Mittelpunkt der Betrachtungen (vgl. Vitols 2008, S. 28ff.).

29 Diese Berechnungen sind nicht ganz trennscharf, dürften aber in etwa zutreffen: Laut Statistischem Bundesamt gibt es nämlich 83 EVUs mit mehr als 500 Beschäftigten, die

*mungsgesetz von 1976* und noch einmal 24 dem Drittelbeteiligungsgesetz. Dies sind nur 8%. Bezogen auf die insgesamt gut 207.000 Beschäftigten in der Elektrizitätsbranche sind es aber fast *146.000 Arbeitnehmer* oder gut 70% der Beschäftigten, die auf eine unternehmensbezogene Mitbestimmung verweisen können. Bei den *öffentlichen EVUs* kommt es aber nicht selten zu *freiwilligen Absprachen* zwischen der Arbeitnehmer- und Arbeitgeberbank, die bei einer gesetzlich nur vorgeschriebenen Drittelbeteiligung zu Verbesserungen für die Arbeitnehmerseite in Richtung eines nach dem Mitbestimmungsgesetz von 1976 besetzten Aufsichtsrates gehen. Auch Betriebsgrößen unterhalb des Schwellenwertes von 500 Beschäftigten führen bei öffentlichen EVUs schon mal zu einer Drittelbeteiligung (vgl. Nagel et al. 2002, S. 70ff.).

Bei der *Betriebsräte-Befragung* unter den *Stadtwerken* auf Basis heute bestehender Mitbestimmung bzw. Gesetze gaben 47% der 53 EVUs an, dass sie einer unternehmerischen Mitbestimmung gemäß des *Mitbestimmungsgesetzes von 1976* unterliegen (Frage II.40). Dies bedeutet, dass unsere schriftliche Befragung auf Ergebnissen basiert, die wesentlich stärker durch unternehmensmitbestimmte EVUs geprägt sind, als dies realiter der Branchendurchschnitt zeigt. Nicht alle, nämlich nur knapp 38% der von uns befragten Stadtwerke hatten dabei auch einen *Sprecherausschuss*, der nur dann de jure konstituiert werden kann, wenn ein Unternehmen über mindestens zehn anerkannte *leitende Angestellte* verfügt. Knapp 42% der befragten EVUs unterlagen dem *Drittelbeteiligungsgesetz*. Alle von uns befragten Stromanbieter gaben weiter an, dass sie über eine betriebliche Mitbestimmung in Form eines Betriebsrates verfügen. Fast 89% der Stadtwerke verfügen über eine *Schwerbehinderten-Vertretung* und 87% über eine *Auszubildenden-Vertretung*. Neben dem Betriebsrat gab es bei 79% der befragten EVUs auch einen *Wirtschaftsausschuss*.

Die in Anbetracht der *Marktliberalisierung* von uns bei der Befragung zunächst einmal allgemein gestellte Mitbestimmungsfrage: „Hat es seit 1998 Auswirkungen auf die Mitbestimmungskultur gegeben (auch im Hinblick auf gesellschaftsrechtliche Umgestaltungen)?“, haben 47% der befragten Betriebsräte mit ja und 53% mit nein beantwortet (Frage II.10).

Interessant ist hierbei, dass auch im Hinblick auf *zukünftige Veränderungen* in der Mitbestimmungskultur mit den gleichen Relationen von 47 zu 53 geantwortet wurde (Frage III. 74). Abgesehen von den schriftlichen Befragungsergeb-

---

den Schwerpunkt „Strom“ aufweisen. Nach Angaben der Hans-Böckler-Stiftung unterliegen 59 Unternehmen mit dem Schwerpunkt „Elektrizität (Energie)“ dem 1976er Mitbestimmungsgesetz. Für die Differenz von 24 Unternehmen müsste dann das Drittelbeteiligungsgesetz zur Anwendung kommen. Allerdings kann es Unterschiede in der Zusammensetzung der beiden Schwerpunkt-Grundgesamtheiten geben, so dass die Differenzbildung zu verzerrten Ergebnissen kommt.

nissen ist von uns aus zusätzlichen Interviews – auch mit der *Managementseite* – eher eine *weitere Verschlechterung* in der betrieblichen Zusammenarbeit herausgehört worden. Das in der Vergangenheit gute Verhältnis zwischen Management und Mitbestimmungsträgern sei zunehmend einer „Misstrauenskultur“ gewichen. Durch verstärktes Einbeziehen externer Unternehmensberater – oftmals in der Rolle als bewusst von der Unternehmensleitung engagierter „Buhmann“ – sei viel kontraproduktive Unruhe ausgelöst worden. Fusionen hätten zudem zu veränderten innerbetrieblichen Organisationsstrukturen geführt. Hierdurch sei es in Folge zu einem Wechsel vom 1976er-Mitbestimmungsgesetz auf das Drittelbeteiligungsgesetz gekommen.

Auf die Frage: „In Ihrem Unternehmen wird hoher Wert auf Mitbestimmung der Beschäftigten bzw. ihrer Vertreter gelegt“, antworteten immerhin gut 13% mit „trifft voll zu“ und 49% mit „trifft zu“. Gut 13% gaben aber auch an, dass dies nicht der Fall ist. Fast 25% sprachen sich für ein „teils, teils“ aus (Frage III.39).

Wir haben dann nach der *praktischen Umsetzung* der Mitbestimmung gefragt und ob die Mitbestimmungsträger *ernst genommen* werden bzw. ob die Vorschläge, die sie machen, *gleichberechtigt in die unternehmerischen Entscheidungsprozesse* einfließen. Die Ergebnisse waren enttäuschend (vgl. Abb. 32).

*Abb. 32: Wertschätzung der Mitbestimmung in der Praxis*

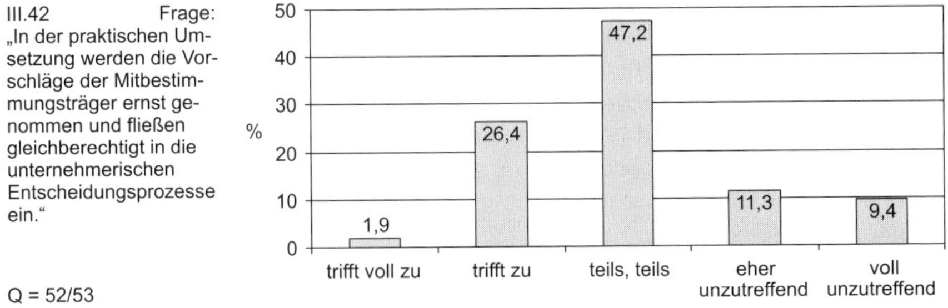


Ernüchternd fällt auch die Beantwortung nach den regelmäßigen (monatlichen) *Abstimmungsprozessen* zwischen den Arbeitsnehmervertretern im Aufsichtsrat und den Betriebsräten sowie den Wirtschaftsausschussmitgliedern aus (Frage II.41). Von den Mitbestimmungsträgern aus den 47 EVUs mit Aufsichtsräten haben nur 36 geantwortet. Davon sprachen knapp 45% von einem zufriedenstellenden Ergebnis. Bei fast 25% der Antworten wurde ein regelmäßiger Abstimmungsprozess verneint und 30% der befragten Betriebsräte sprechen sich diesbezüglich für ein „teils, teils“, für eine zumindest noch befriedigende Partizipation, aus.

Mit Blick auf die Beteiligung an der Erarbeitung allgemeiner Unternehmensziele antworteten 43 von insgesamt 53 befragten Mitbestimmungsträgern in den Stadtwerken (Frage III.17). Diese wurden in nur gut 26% aller Fälle ernsthaft einbezogen. 34% hingegen stuften die Mitwirkungsthese als „eher unzutreffend" (21%) bzw. „voll unzutreffend" (13%) ein. Knapp 21% urteilten hier mit „teils, teils". Alles in allem vermittelt sich so ein unzureichender Eindruck.

Selbst an der für die Mitbestimmungsseite im Hinblick auf eine integrative Personalpolitik so wichtigen *Personalplanung* nahmen nicht alle Mitbestimmungsträger teil (Frage III.43). Dies war nur bei gut 77% der Befragten der Fall. An der *Investitionsplanung* sind es noch 53% und an der *Finanzplanung* gut 43%. An der ebenso wichtigen *Marktplanung* wirkten nur noch 30% und an der *Produktplanung* sogar nur gut 17% der Mitbestimmungsträger in den EVUs bzw. in den Stadtwerken mit.

In Summe lassen sich bei der Mitbestimmung in der Elektrizitätswirtschaft große Defizite identifizieren. Unter den neuen Bedingungen der Marktliberalisierung sind außerdem *erschwerte betriebliche Mitbestimmungsmöglichkeiten* zu erkennen. Die Problemlösungskompetenzen der Arbeitnehmer-Aufsichtsräte, Betriebsräte und Beschäftigten sind andererseits heute wichtiger denn je. Viele *Geschäftsführungen* integrieren diese produktiven Ressourcen noch in ihre alltäglichen Prozesse, um die Marktstellung des jeweiligen Unternehmens zu erhalten bzw. gar zu verbessern.

Die Verhandlungsmacht hat sich bei diesen Vorgängen aber zur *Arbeitgeberseite* verschoben. Die Betriebsräte (und die sie unterstützenden Gewerkschaften) müssen Zugeständnisse beim *Entgelt* und der *Arbeitszeit* sowie bei den allgemeinen *Arbeitsbedingungen* machen. Aus personal- sowie sozialpolitischen Erwägungen heraus gesteht die Kapitalseite den Mitbestimmungsträgern derzeit noch den Ausschluss von *betriebsbedingten Kündigungen* zu.

Gleichfalls sind bei der unternehmensbezogenen Mitbestimmung in den Aufsichtsräten Veränderungen zu beobachten. Das Herbeiführen von Ergebnissen erfolgt auch hier immer häufiger ohne Rücksicht auf die langfristigen Folgen der Abstimmungsresultate insbesondere auf die Motivation der Beschäftigten. Mit anderen Worten: Vor der Liberalisierung hat der Aufsichtsratsvorsitzende in den zweiten Abstimmungen zu strittigen Themen seine *Doppelstimme* in der Regel nicht genutzt, sondern auf die Kraft der Argumente bei Alternativen gesetzt. Diese Zeiten scheinen auch in der Elektrizitätswirtschaft vorbei zu sein. Nach Ansicht vieler Aufsichtsratsmitglieder findet das Recht der Doppelstimme mittlerweile in den EVUs ebenso häufig Anwendung wie in anderen Branchen (vgl. Bergelin 2008, S. 129).

Auch auf der betrieblichen Mitbestimmungsebene gibt es negative Tendenzen.

> „War es früher in der Energiewirtschaft schlichtweg undenkbar, dass Betriebsräte Einigungsstellen oder Arbeitsgerichte zur Konfliktlösung anriefen, mehren sich in den letzten Jahren die Fälle, in denen auch in dieser Branche auf diese im Betriebsverfassungsgesetz definierten Möglichkeiten zurückgegriffen werden muss." (Ebd., S. 129)

Kurzum: Die veränderten Bedingungen und Unternehmensstrategien wirken fundamental auf die Unternehmenskulturen und innerbetrieblichen Arbeitsbeziehungen ein.

Weiter wurde in den Befragungen festgestellt, dass durch die Marktliberalisierung die *Anforderungen an die Arbeit der Mitbestimmungsträger* gestiegen sind. Angesichts der vielfältigen Adaptionen waren die Arbeitnehmer-Aufsichtsräte und Betriebsräte stark gefordert. Um den Interessen der Beschäftigten Gehör zu verschaffen, deren Arbeitsplätze möglichst abzusichern und wirtschaftliche Nachteile für sie zu vermeiden, wurde die Mitbestimmungsseite mit viel *Neuem* konfrontiert und belastet. Umfangreiche betriebsrätliche Initiativen zu den strategischen Konzepten der Geschäftsleitungen und den damit verbundenen organisatorischen Maßnahmen waren zu entwickeln. Es mussten Kompromisse ausgehandelt und eingegangen werden. Der vom Management erzeugte Druck, möglichst rasch strategische Entscheidungen umzusetzen und Kosteneinsparungen zu realisieren – um weiter hohe (überproportionale) Gewinne einzufahren – führte zu einer deutlichen *Zunahme von Konflikten* mit den Interessenvertretungen. Die Partizipation der Beschäftigten an der Wertschöpfung wurde vom Management eingeschränkt bzw. aufgekündigt. Dies haben wir ausführlich im Kapitel 2.1.5 dargelegt.

### *3.3.3 Informationspolitik*

#### 3.3.3.1 Bedeutung der Informationspolitik

Bei der Umsetzung einer mitbestimmten demokratischen Partizipation der Beschäftigten bedarf es in der Praxis einer *offenen* und *holistischen Informationspolitik* (vgl. Bontrup 2003). Dabei kommt der Information nicht erst seit heute, und auch nicht nur im Unternehmenszusammenhang, eine ungeheure Bedeutung zu. Der Organisationstheoretiker Scheer (1990) bezeichnet die Information neben den betriebswirtschaftlichen Produktionsfaktoren Arbeit, Betriebsmittel und Werkstoffe sogar als einen eigenständigen *vierten Produktionsfaktor* (vgl. Scheer 1990). Welche Schäden eine unzureichende Informationspolitik – auch im Außenverhältnis – bewirkt, kann man exemplarisch bei Vattenfall Europe im Hinblick auf die vielfältigen Störfälle in den AKW-Kraftwerken studieren (vgl. Kapitel 2.4.5).

Sollen sich Mitarbeiter zur Lösung des personalwirtschaftlichen Kernproblems mit „ihrem“ Unternehmen identifizieren, motiviert und produktiv ihre Arbeit verrichten, mitdenken und Geschäftsprozesse mitverantworten, soll es zu einer vertrauensvollen Zusammenarbeit im Unternehmen kommen, so ist es dabei unerlässlich, dass die Mitarbeiter über einen *hinreichenden Informationsstand* verfügen. „Information schafft Zugehörigkeit – Mangel an Information entfremdet.“ (Q81, S. 36)

Informationen bilden im betrieblichen Alltag aber auch ein *Herrschaftsinstrument.* Durch subtile Zurückhaltung und Verfälschung von Informationen zur Selbstdarstellung und Absicherung individueller Pfründe werden sie gezielt gegen andere Mitarbeiter und ganze Abteilungen eingesetzt und wirken so bezüglich des unternehmerischen Erfolges kontraproduktiv. Hierbei bedient man sich nicht selten des Instruments der *„Gerüchteküche“* oder der *„stillen Post“*, die gerade in den Unternehmen besonders gut funktioniert, wo *keine offene Informationspolitik* betrieben wird. Dabei sollte eigentlich jede Unternehmensleitung wissen, „dass es nur eine Möglichkeit gibt, die Gerüchteküche erkalten zu lassen, nämlich (durch) rechtzeitige, offene und umfassende Information“ (Kübel 1990, S. 191).

Informationen als *isolierte Erkenntnisse* sind aber nicht hinreichend. Es fehlt noch etwas ganz Entscheidendes bei der Verarbeitung und Umwandlung von Informationen: die *Herstellung eines Zusammenhangs von mehreren Informationen.* Erst wenn dies gelingt, entsteht beim Verarbeiter von Informationen eine neue Erkenntnis – nämlich mehr Wissen. Dies gilt für die Gesellschaft als Ganzes aber auch für die Unternehmen und Beschäftigten.

> „Das klingt sehr allgemein und ist im Grunde auch selbstverständlich. Doch wenn man betrachtet, in welchem Umfang heute zur Fragmentierung des Wissens beigetragen wird, wird auch deutlich, dass die Zerstörung der zusammenhängenden Weltauffassung zu einem wesentlichen Herrschaftsmittel geworden ist.“ (Negt 2002, S. 61)

Daher müssen Zusammenhänge aufgezeigt werden, damit es zu einem Wissenstransport kommt. Will man in den Unternehmen das *gesamte Arbeitsvermögen* absorbieren, so sind die Mitarbeiter mit *zusammenhängenden Informationen,* mit Wissen, auszustatten, und nicht bewusst hiervon abzuschneiden. Nur eine *mitarbeiterbezogene Wissensvermittlung* kann ein Unternehmen innovativ weiterentwickeln.

Bei der Bereitstellung von *Wissen* für Beschäftigte nimmt die Organisationstheorie eine *Dreiteilung* vor:

1. in eine Verfügbarmachung von Wissen, das zur jeweiligen engen *arbeitsplatzbezogenen* (funktionalen) Aufgabenerfüllung benötigt wird und
2. in *zusätzliches Wissen* für die Aufgabenerledigung sowie

3. in aufgabenunabhängiges allgemeines Unternehmenswissen transformiert wird.

Beim *arbeitsplatzbezogenen Wissen* setzt die erste *Ebene der Mitbestimmung* an, indem sie sich auf die kleinste organisatorische Einheit in einem Unternehmen bezieht. Dies ist der *Arbeitsplatz,* der konkrete Ort der Arbeitsverrichtung durch einen Mitarbeiter. Auf diesen Arbeitsplatz wirkt Mitbestimmung nachhaltig ein und zurück. Hier zeigt sich bereits, inwieweit der einzelne Mitarbeiter einen *mitbestimmten Einfluss* ausüben kann und wie er durch Mitsprache an Entscheidungsprozessen beteiligt wird.

> „Die überragende Bedeutung der Entscheidungspartizipation ergibt sich (dabei) daraus, dass sie *Eigen- bzw. Selbstmotivation der Mitarbeiter* bewirken kann." (Schanz 1993, S. 526)

Dies ist von enormer Wichtigkeit. Ihr instrumenteller Wert besteht insbesondere darin, dass

- „das Verständnis gefördert wird, welches Verhalten zu welchen Gratifikationen führt. Wer an *Entscheidungsprozessen* beteiligt ist, vermag in der Regel besser zu erkennen, zu welchen Ergebnissen die individuellen Anstrengungen führen;
- dass die Beziehung zwischen individuellen Anstrengungen und erlangbaren *Gratifikationen* persönlich beeinflusst werden kann. Dies erhöht unter Umständen die Anreizwirkung;
- dass das *Selbstwertgefühl* steigen kann. Die Wertschätzung von Partizipationsmöglichkeiten hängt in diesem Zusammenhang davon ab, wie stark ‚höhergeordnete' Bedürfnisse – also etwa nach Unabhängigkeit, Kompetenz oder Selbstentfaltung – ausgeprägt sind." (Ebd., S. 529)

Charakteristisch ist für die *arbeitsplatzbezogene Partizipation*, dass „aus funktionaler Sicht (...) an jedem Arbeitsplatz und in jedem Arbeitsvollzug ein schon von der Arbeitsaufgabe her umschriebenes *Mitwirkungspotential* für jeden Beteiligten" besteht (Fürstenberg 1981, S. 176). Hier ist allerdings die Frage zu stellen, wie weit dieses Mitwirkungspotenzial des Einzelnen reicht. Soll es zu einer wirklichen *Entscheidungspartizipation* kommen oder nur lediglich zu einer *Delegation?* Hierauf wird noch später im Kapitel 3.3.5 näher einzugehen sein. Gemäß der oben angeführten Dreiteilung einer Bereitstellung von zusammenhängenden Informationen (Wissen) ist man jedenfalls in der Mehrzahl der Unternehmen heute leider immer noch der Auffassung, dass Mitarbeiter nur über solche Informationen (Wissen) verfügen müssen, die sich unmittelbar auf den Gegenstand, die enge Funktion der jeweiligen *Aufgabendurchführung,* beziehen.

Eine solche rein *aufgabenbezogene Informations- und Wissenspolitik* reicht aber bei weitem nicht aus. So lassen sich organisationale *holistische Geschäfts-*

*prozesse* nicht abbilden. Ein Geschäftsprozess schließt die Erstellung einer Leistung oder die Veränderung eines Objekts durch die Folge logisch zusammenhängender Aktivitäten ein. Jeder Prozess hat eine *Input-Quelle* (Sender oder Lieferanten) und mindestens ein *Output-Ergebnis* (Empfänger oder Kunde).

Zwischen Input und Output liegt die *funktionale Aufgabenerfüllung* durch den Menschen. Hierbei kommt es natürlich bezogen auf das Prozessergebnis, dem Output, entscheidend auf die *individuelle menschliche Leistung* an. Diese wiederum wird durch die *Leistungsfähigkeit* (Eigenschaften und Grundfähigkeiten sowie erworbene Kenntnisse und Qualifikationen) als auch durch die *Leistungsbereitschaft* (physiologisch und psychologisch) determiniert. Sie hängt maßgeblich von dem Entwicklungsgrad einer demokratisch-partizipativen Unternehmenskultur ab. Daneben wirken auf die Leistungsbereitschaft auch die *Leistungsbedingungen* (wie ergonomische und umweltorientierte Arbeitsplatzgestaltung, Arbeitszeitgestaltung, Arbeitsintensitäten sowie zureichende Sachmittel) direkt oder indirekt ein.

Die Prozessketten sind dabei sowohl *horizontal* als auch *vertikal* ausgerichtet. Dabei ist die kleinste organisatorische Einheit, die Stelle, aber auch die Gruppe oder Abteilung, sowohl Sender als auch Empfänger. Die Bereitstellung der Information über das Zustandekommen der Input-Daten (welche Aufgaben in den vorgeschalteten Stellen erledigt wurden) und die weitere Verarbeitung der Output-Daten (welche Aufgaben hiermit in den nachfolgenden Stellen durchgeführt werden) wird allerdings in der Praxis zumeist nicht mehr für notwendig erachtet. Das hierdurch zustande kommende *reine aufgaben-* und *funktionsbezogene Denken,* ohne dass die Mitarbeiter die Auswirkungen auf die jeweilige *vertikale* und *horizontale organisatorische Input-Output-Verknüpfung* berücksichtigen, führt in Summe zu keinen optimalen Unternehmensergebnissen. Hier liegt schließlich nur *fragmentiertes Wissen* vor. Erst wenn es zu einem zusammenhängenden Informationsaustausch kommt, können die Arbeitsprozesse verbessert (optimiert) und dadurch auch die Produktqualität verbessert werden. Außerdem werden im Leistungserstellungsprozess wesentlich weniger Fehler als zuvor gemacht.

Kommt es beim Informationsfluss nicht zu einem über die enge Aufgabenerfüllung hinausgehenden *zusätzlichen Informationsaustausch* unter den Mitarbeitern (zweite Ebene der Wissensvermittlung) so können letztlich die Ergebnisse auch nur *suboptimal* sein. Dies bleiben sie auch dann noch, wenn es nicht insgesamt zu einer *holistischen mitarbeiterorientierten Informationspolitik* (dritte Ebene) kommt. Mitarbeiter, aber auch die Öffentlichkeit, haben ein Interesse und einen Anspruch auf *allgemeine Unternehmensinformationen* und eine Wissensvermittlung. Was soll man von Unternehmen und deren Top-Management halten, wo heute die Beschäftigten, die tagein, tagaus in diesen Unternehmen, nicht selten über Jahrzehnte ihre Arbeit verrichten, nicht einmal wissen, wie viel

*Umsatz* und *Gewinn* „ihr“ Unternehmen erwirtschaftet hat oder welche *strategische Ausrichtung* bezogen auf Produkte und Märkte das Unternehmen verfolgt und welche *Unternehmensziele* dem Ganzen zugrunde liegen? Die Antwort kann nur lauten: Nichts!

#### 3.3.3.2 Informationspolitik in den Stadtwerken

In unserer Erhebung haben wir die Betriebsräte in den Stadtwerken zunächst zur *aufgabenbezogenen Informationspolitik* befragt. Die Frage III.22 lautete hier: „Sind den Mitarbeitern der organisatorische und produktionsspezifische Aufbau sowie produktspezifische Eigenschaften und Besonderheiten dargestellt worden?“ Hier antwortete gut die Hälfte der Befragten positiv. 11% sagten, dies „trifft voll zu“ und fast 40% dies „trifft zu“. 30% waren aber auch der Auffassung, dies trifft nur „teils, teils“ zu und 19% gaben eine negative Antwort.

Darüber hinaus galt unser Interesse der Frage (III.24), wie gut allgemeine Unternehmensinformationen vermittelt werden. Die Antworten der Betriebsräte fallen bezogen auf die *Stadtwerke* durchwachsen aus. Man könnte auch von einem etwa zweigeteilten Ergebnis sprechen. Eine Hälfte der Befragten antwortete durchaus positiv, während die andere Hälfte eher negativ urteilte. 7,5% der Befragten antworteten auf die Frage, ob die Mitarbeiter mit *„wichtigen unternehmensbezogenen Informationen“* (wie Unternehmenszahlen, Umsatz, Marktanteile etc.) versorgt würden, mit „trifft voll zu“. Weitere fast 36% sprechen hier von „trifft zu“ und 30% von „teils, teils“. Gut 26% der befragten Betriebsräte sehen dagegen eine nur schlechte Versorgung der Mitbestimmungsträger und Beschäftigten mit allgemeinen unternehmensbezogenen Informationen.

Aus unseren *Geschäftsführer-Interviews* wissen wir, dass die Unternehmen sehr unterschiedlich mit der Thematik umgehen. Einzelnen Stadtwerke war es sehr wichtig, die Belegschaft in der Umstrukturierung von vornherein auch informativ mitzunehmen. Ein Unternehmen hat nach eigenen Angaben die komplette Belegschaft in Workshops abgeordnet, um das Verständnis für die strategische Neuausrichtung zu wecken, aber auch um fusionsbedingt unterschiedliche Unternehmenskulturen in Einklang zu bringen. Andere EVUs hingegen haben diesen Bereich zum späteren Bedauern vernachlässigt und ziehen nun nach.

So wie bei den *allgemeinen Informationen* fällt auch das Ergebnis bei den *operativ* und *strategisch ausgerichteten Unternehmensinformationen* aus (Frage III.25). Hier sprechen gut 30% der Betriebsräte von einer nur unzureichenden Informationspolitik der EVUs. Gut 43% kommen aber auch zu einem guten Ergebnis und knapp 25% beurteilen hier die Informationspolitik mit „teils, teils“.

Dabei konnten wir allerdings bei beiden Fragestellungen abschließend nicht überprüfen, ob die in den Unternehmen praktizierte Informationspolitik auch als eine *wissensbasierte, Zusammenhänge vermittelnde Politik* betrieben wird. Hierauf müssen jedenfalls die Mitbestimmungsträger in den Unternehmen im Betriebsalltag streng achten.

### *3.3.4 Kommunikationspolitik*

#### 3.3.4.1 Bedeutung der Kommunikationspolitik

Um Informationen und Wissen im Unternehmen rational auszutauschen, ob mündlich oder schriftlich, müssen Menschen *kommunizieren.* Obwohl es sich hierbei um eine triviale Feststellung handelt, ist die Umsetzung in der Praxis aber eine der schwierigsten Aufgaben, die es zu lösen gilt. Was ist aber eigentlich Kommunikation? Allgemein wird darunter der *wechselseitige Austausch von Informationen* zwischen Menschen und/oder Maschinen verstanden.

> „Kommunikation ist immer dann erforderlich, wenn der Ort des Informationsanfalls und der Ort des Informationsbedarfes nicht identisch sind. Dies ist in Unternehmen die Regel. Die Nachrichten werden auf verschiedenen Wegen (Kommunikationskanälen) und mit verschiedenen Mitteln (Kommunikationsmedien) weitergeleitet und empfangen.“ (Schulte-Zurhausen 1999, S. 64)

Jede Art der Kommunikation schließt dabei einen *Sender* und einen *Empfänger* ein. Geht die Botschaft nur vom Sender zum Empfänger, spricht man von einer *asymmetrischen Kommunikation* oder bei einem Gespräch von einem *Monolog.* Folgt auf die Botschaft des Senders dagegen eine Rückmeldung (Feedback), handelt es sich um eine *symmetrische Kommunikation* oder um einen *Dialog* (vgl. Jung 1995, S. 460f.). Bei der Kommunikation ist nicht nur das Verbale oder Schriftliche wichtig, auch nonverbale Verhaltensweisen wie Mimik, Blickkontakt, Körperhaltung, ermutigende Gesten spielen hier eine große Rolle. Jede Nachricht ist nach Schulz von Thun *vierdimensional* aufgebaut (vgl. Schulz von Thun 1990, S. 12ff.):

- Sie besteht aus einem *Sachinhalt* (worüber wird informiert),
- dem *Beziehungsaspekt* (was ich von meinem Gesprächspartner halte und wie ich zu ihm stehe),
- einer *Selbstoffenbarung* (was ich von mir selbst kundgebe) und
- einem *Appellaspekt* (wozu ich meinen Kommunikationspartner veranlassen möchte).

Diese Vierdimensionalität muss in einer demokratisch-partizipativen Unternehmenskultur als *symmetrisch* bzw. *dialogorientierte personelle Interaktion* gelebt und über alle Hierarchieebenen angstfrei und ohne *Mobbing-* und *Bossingprozesse* umgesetzt werden. Dies bezieht sich sowohl auf die Ebene der vertikalen (hierarchischen) Kommunikation als auch auf die horizontale Kommunikation zwischen Stelleninhabern auf gleicher Organisationsebene.

Unternehmen müssen dazu eine offene *Streit-* und *Konfliktkultur* sowie eine *Kultur der Zivilcourage* schaffen, wobei viele deutsche Unternehmen über eine solche konstruktive Kultur nicht einmal im Ansatz verfügen:

> „Konflikte werden totgeschwiegen oder aber emotional ausgetragen. Beides hat massive negative Konsequenzen: Falsche Harmonie, bei der Konflikte vertuscht und hinten angestellt werden, ziehen sehr viel Energie ab. Konflikte, bei denen nicht mehr *Streit um die Sache,* sondern *Streit um die Person* im Vordergrund stehen und die daher in rein emotionale Auseinandersetzungen ausarten, blockieren und lähmen ebenfalls alle Beteiligten. Entscheidend ist daher ein *Umgang mit Konflikten,* bei dem Konflikte thematisiert, analysiert und in einem konstruktiven, sachlichen und kooperativen Stil gelöst werden. Wichtig ist wiederum, dass das *Top-Management* mit den Beschäftigten die *Spielregeln für eine Konfliktkultur* definiert und danach selbst lebt. Durch adäquate Konfliktaustragung lassen sich Prozesse optimieren, und dadurch entsteht eine Energiezufuhr. In einer Streit- und Konfliktkultur werden Konflikte positiv gesehen: Sie sind *Motor des Wandels und der Optimierung im Ablauf.* Die sozial- und organisationspsychologische Forschung zeigt konsistent, dass sachliche Konflikte die Qualität von Entscheidungsprozessen und Entscheidungen erhöhen. Auch wenn Personen, die abweichende Positionen vertreten, in der Sache gar nicht Recht haben sollten, so stimuliert doch alleine ihr Widerspruch bereits divergentes Denken und bewirkt eine *Steigerung der Kreativität* und der Entscheidungsqualität. In einer konstruktiven Konfliktkultur müssen daher auch Querdenken, Zivilcourage und konstruktiver Eigensinn gefordert und gefördert werden.“ (Frey/Schultz-Hardt 2000, S. 38f.)

In zu vielen Unternehmen werden dagegen

> *„vorauseilender Gehorsam* und *angepasstes Denken* belohnt. Dies fördert *unkritisches Entscheidungsverhalten:* Bestehende Krisen verschärfen sich, Neuerungen haben keine Chance und (...) ‚Group-Think'-Neigungen werden forciert. Gefordert sind daher konstruktiver Eigensinn, der Mut zum Widersprechen, Zivilcourage nach oben und unten.“ (Ebd., S. 41)

Kurz gesagt, zur Bergung aller Potenziale einer demokratischen Partizipation ist in den Unternehmen eine *dialektische Kommunikation,* die auf Thesen- und Antithesenbildung zur Generierung innovativer Synthesen basiert, auf allen Ebenen zu etablieren.

### 3.3.4.2 Kommunikationspolitik in den Stadtwerken

Bei unserer Top-Managementbefragung haben wir in drei Stadtwerken leider feststellen müssen, dass keinem der befragten Manager die Notwendigkeit einer *„dialektischen Kommunikation“* überhaupt bewusst war. Dies war bei den Betriebsräten ähnlich. Auch sie konnten nur teilweise etwas mit „dialektischer Kommunikation“ anfangen.

Auf die These: „In der Kommunikation gegenüber dem Vorgesetzten wird Kritik eingefordert", antworteten gut 11% mit dies „trifft voll zu „ und 32% mit „trifft zu" (Frage III.11). Weitere 34% gaben als Antwort „teils, teils" und nur knapp 23% haben diese Frage mit „eher unzutreffend" oder „voll unzutreffend" bewertet. Auch die Kommunikationsabfrage im Hinblick auf eine eingeforderte kritische Kommunikation *unter den Mitarbeitern* kommt zu ähnlichen durchaus positiven Ergebnissen (Frage III.12).

### *3.3.5 Personalführung*

#### 3.3.5.1 Bedeutung der Personalführung

Im Kontext einer dialektischen Kommunikation ist im nächsten Schritt die *Personalführung* einzuordnen, die allgemein als ein *kommunikativer Prozess zur Einflussnahme auf die Mitarbeiter* zum Zweck einer *zielgerichteten Leistungserstellung* definiert werden kann (vgl. Jung 1995, S. 402).

> „Führung bewegt Menschen. In Organisationen berührt sie jeden – Führende wie Geführte. John D. Rockefeller soll einmal gesagt haben, dass er für die Gabe des Umgangs mit Menschen mehr zahlen würde als für jede andere Gabe unter der Sonne. Und vermutlich hatte er dabei vor allem die Führung von Menschen im Sinn." (Zitiert bei Weibler 2001, Vorwort)

Führung von Mitarbeitern war und ist in der Tat eine der wichtigsten aber zugleich auch eine der schwierigsten Aufgaben in einem Unternehmen. Dies auch deshalb, weil Führung als ein ambivalentes *Motivations-* und *Machtinstrument* (vgl. ebd., S. 65ff.) auf fünf psychologische Grundbedürfnisse des Menschen zu achten hat:

- „Menschen haben das Bestreben, ein *Gefühl* von Kompetenz zu entwickeln.
- Menschen haben das Bestreben nach *Autonomie,* wollen also selbstbestimmend und selbstverantwortlich handeln.
- Menschen haben das Bestreben nach *sozialem Bezug* und sozialer Eingebundenheit; sie wollen mit anderen zusammen sein, die ihnen positive Unterstützung geben.
- Menschen möchten ein *Gefühl von Kontrolle* über ihre Umwelt haben, d.h. sie möchten Dinge beeinflussen, vorhersagen und erklären können.
- Menschen streben nach *Sinn,* d.h. sie möchten das Gefühl haben, dass das, was sie tun und erleben, für sie eine Bedeutung besitzt." (Frey/Schultz-Hardt 2000, S. 20)

Die Umsetzung bzw. Realisierung der *psychologischen Grundbedürfnisse* ist dabei nicht mit einem eindimensionalen *autoritären* und/oder *paternalistischen Führungsstil* möglich. Trotzdem wird heute in vielen Unternehmen aber dennoch so „geführt". Dabei verlangt moderne Personalführung nicht nur das Gegenteil, nämlich eine *demokratisch-partizipativ* angelegte Führung, sondern auch nach zwei voneinander unabhängigen Verhaltensdimensionen. Einer *„Mitarbeiterorientierung"* und einer *„Aufgabenorientierung".* Unter *Mitarbeiterorientierung* wird die Rücksicht des Vorgesetzten auf die persönlichen Bedürfnisse seiner Mitarbeiter, Freundlichkeit, Respekt und Vertrauen im gegenseitigen Umgang sowie Offenheit und Zugänglichkeit verstanden. *Aufgabenorientierung* bezeichnet die Intensität, mit welcher der Vorgesetzte Aufgaben definiert und vorgibt, Einfluss nimmt auf die Sicherung der Kooperation und Kommunikation sowie das Erreichen der Unternehmensziele vorantreibt.

Blake und Mouton haben diesbezüglich einen *zweidimensionalen Führungsstil* entwickelt, der sich tendenziell durch eine hohe Aufgaben- aber gleichzeitig auch durch eine hohe Mitarbeiterorientierung auszeichnet (vgl. Blake/Mouton 1969; Blake et al. 1987). Das Ergebnis ist eine effiziente Arbeitsleistung. Menschen arbeiten hier zusammen, um gemeinsam hohe Leistungen zu erreichen und sind bereit, ihre Ergebnisse an den höchstmöglichen Normen zu messen. Alle unterstützen sich gegenseitig und fühlen sich für alle Handlungen, die zum Ergebnis beitragen, verantwortlich. Blake und Mouton sprechen dabei von einem „Schlüsselführungsverhalten" oder von einem „Teammanagement". Dies ist aber nur durch eine *demokratisch-partizipative Führung* umsetzbar, die gleichzeitig auf die *psychologischen Grundbedürfnisse* des Menschen achtet. Von einer Führungskraft erfordert dies ein hohes Maß an Einfühlungsvermögen, Flexibilität, Dynamik und Koordinationsfähigkeit; gleichzeitig motiviert es aber die Geführten produktiv, initiativ, kreativ, kollektiv sowie eigenverantwortlich für das Unternehmen tätig zu werden und Problemlösungen zu finden bzw. zu präsentieren.

Neben der Zweidimensionalität wird heute bei der Personalführung auch eine *situationsbezogene Differenzierung* im Führungsverhalten für richtig erachtet. Hier kommt es dann zu einem *dreidimensionalen Führungsstil,* wobei der *„Reifegrad der Geführten"* eine Berücksichtigung findet. Hersey/Blanchard gehen dabei von der Grundüberlegung aus, dass die situative Führung auf einem Zusammenspiel der drei Dimensionen *„aufgabenorientiertes Führungsverhalten", „mitarbeiterorientiertes Führungsverhalten"* und dem *„Reifegrad des Geführten"* beruht (vgl. Hersey/Blanchard 1982). Dabei ist die prägende Dimension der aufgabenrelevante Reifegrad des Mitarbeiters, der durch die Fähigkeit und Bereitschaft des Mitarbeiters, die geforderte Aufgabe *eigenverantwortlich* zu erfüllen, bestimmt wird. Die *Fähigkeit zur Aufgabenerfüllung* ist geprägt durch die Ausbildung/Qualifikation, das Fachwissen und die Arbeitserfahrung des geführten Mitarbeiters. Die *Bereitschaft zur Aufgabenerfüllung* äußert sich in *Selbstvertrauen* und der *Motivation,* die Arbeitsleistung zu erbringen.

Bei der praktischen Umsetzung eines demokratisch-partizipativen Führungsstils setzt man heute auf ein bereits seit längerem bei hohen Führungskräften zur

Anwendung kommendes *Führen durch Zielvereinbarungen* („Management by Objectives = Führen durch Ziele"), bis hinunter auf die *Sachbearbeiterebene.*

> „Bei Zielvereinbarungen treffen Vorgesetzte mit ihren Mitarbeitern oder ganzen Teams Abmachungen über (von den einzelnen Beschäftigten bzw. Gruppen) anzustrebende Ziele." (Breisig 2005, S. 212)

Für Zielvereinbarungen im demokratisch-partizipativ angelegten Personalführungsprozess sprechen dabei mehrere Gründe:

Durch Zielvereinbarungen können die allgemein fixierten Unternehmensziele über alle Hierarchieebenen im Sinne einer vertikalen und horizontalen Input-Output-Verknüpfung bis auf den einzelnen Mitarbeiter stringent heruntergebrochen und vereinbart werden (vgl. Abschnitt 3.3.3.1). Hierdurch kommt es gleichzeitig im Sinne einer holistischen Informationspolitik zu einem Wissenstransfer. Es werden Zusammenhänge deutlich.

Mitarbeiterzentrierte Zielvereinbarungen sind ein Motivationsinstrument zur Generierung des ganzen Arbeitsvermögens der Mitarbeiter und bieten somit die Möglichkeit einer Auflösung des personalwirtschaftlichen Kernproblems in Form des ökonomisch unbestimmten Arbeitsvertrags (vgl. Kapitel 3.2.4). Dies auch deshalb, weil ein auf Zielvereinbarungen fixiertes Führungsmodell eine Antwort auf die bei den Beschäftigten immens angestiegenen Selbstentfaltungs- und Selbstverwirklichungsinteressen geben kann. Der Mitarbeiter fühlt sich hier aus der direkten und häufig als bevormundend empfundenen Abhängigkeit vom Vorgesetzten entlassen.

- Zielvereinbarungen senken personalwirtschaftliche Transaktions- und Führungskontrollkosten. Auch hierdurch steigt die Mitarbeitermotivation und Identifikation mit dem Unternehmen.
- Zielvereinbarungen lassen sich mit Leistungsbeurteilungen und leistungsorientierten Entgeltsystemen mitarbeiterzentriert verknüpfen.
- Auch haben Zielvereinbarungen im Zusammenhang mit der Einführung von so genannten „Balanced Scorecards"[30] einen weiteren Bedeutungsschub erhalten.

An Zielvereinbarungen sind aber auch *Voraussetzungen* geknüpft. Einmal an die Mitarbeiter und einmal an die vereinbarten Ziele selbst. Zielvereinbarungen ver-

---

30 „Balanced Scorecards" sind ein Instrument des strategischen Controllings. Diese Scorecards sollen eine konkrete Übersetzung der strategischen Unternehmensziele über alle Hierarchieebenen nach unten hin gewährleisten. Hierbei wird eine ausgewogene Mischung von vergangenheitsorientierten Ergebnis-Kennzahlen und zukunftsorientierten Leistungsfaktoren angestrebt. Über Zielvereinbarungen werden dann diese Steuerungsgrößen auf den einzelnen Hierarchieebenen festgelegt (vgl. Zdrowomyslaw 2007, S. 217ff.).

langen nach einer Partizipationsfähigkeit (Wissen) als auch nach einer Partizipationsbereitschaft (Motivation) der Mitarbeiter. Hier wird man bei vorliegenden Defiziten auf die Instrumente der *Personalentwicklung* zurückgreifen müssen (vgl. Abschnitt 3.2.7.2) – insbesondere dann, wenn es in Unternehmen zu einer „Kulturanpassung" kommt, weil vorher durch autoritäres oder paternalistisches Führen eine erforderliche Partizipationskompetenz bei den Mitarbeitern nicht aufgebaut werden konnte. Weiterbildungsmaßnahmen müssen aber auch hiervon unabhängig in die *mitarbeiterbezogenen Zielvereinbarungen* aufgenommen werden.

Gemäß der *„Goal-Setting-Theorie"* (goal setting = Zielsetzungsverfahren) (vgl. Lössl 1983) und auch praktischer Erfahrungen müssen die *Ziele selbst* bestimmten Anforderungen genügen. Dazu sollten sich die Beteiligten auf eine *überschaubare Zahl* von Zielen (z.B. drei bis fünf) verständigen und außerdem die so genannte *SMART-Regel* einhalten. Demnach sollen die Ziele im Einzelnen sein:

- *S*chriftlich fixiert, präzise und klar.
- *M*essbar, d.h. in Zahlen ausdrückbar, nachvollziehbar und überprüfbar.
- *A*nspruchsvoll, d.h. eine Herausforderung darstellend aber dennoch
- *R*ealistisch und erreichbar.
- *T*erminiert, d.h. auf einen konkreten, festen Zeitraum bezogen.

Die wichtigste Voraussetzung für Ziel*vereinbarungen* im Personalführungsprozess ist allerdings eine demokratisch-partizipative Festlegung der angestrebten Ziele. Nur dann kann man von *„echten Zielvereinbarungen"* reden. Sind die Ziele so einmal determiniert, entscheiden die Mitarbeiter selbst über die *Mittel* und *Wege* zur Zielerreichung. Ein derartiges Vorgehen beschränkt sich also nicht nur auf eine *Delegation,* d.h. auf ein Übertragen von Aufgaben mit genau abgegrenzten Befugnissen und Verantwortlichkeiten zur selbstständigen Erledigung an geeignete Mitarbeiter. Dabei werden durch Delegation die Entscheidungsbefugnisse zwischen Vorgesetzten und weisungsmäßig unterstellten Mitarbeitern im Voraus aufgeteilt, eine Form der Vorwegkoordination, die in der Regel im Rahmen von *Stellenbeschreibungen* erfolgt. Der Mitarbeiter erhält auf diese Weise einen fest umgrenzten Aufgabenbereich, innerhalb dessen er verpflichtet ist, selbstständig zu handeln und zu entscheiden. Konsequenterweise trägt er dann auch die Verantwortung für sein *Tun* und für sein *Unterlassen. Partizipation* lässt dagegen eine derartige analytische Trennung nicht zu. Ihr charakteristisches Merkmal besteht vielmehr darin, dass Mitarbeiter *Einfluss auf Verlauf und Ausgang von Entscheidungsprozessen* nehmen können. *Partizipation ist insofern eine gegenüber der Delegation weitergehende Entscheidungsbeteiligung.*

Man könnte die Delegation allenfalls als eine *Pseudo-Partizipation* bezeichnen, die lediglich eine Verbesserung der zwischenmenschlichen Beziehungen anstrebt, während die *Bedürfnisse* der Mitarbeiter als auch ihr *Wissen* bei den zu treffenden Entscheidungen unberücksichtigt bleiben. Zu solchen Pseudo-Partizipationsformen muss man auch die im Rahmen einer „vergemeinschaftenden Personalpolitik“ (Krell 1994) viel gelobten Formen zur Gestaltung einer flexiblen Arbeitsorganisation wie etwa das *Job rotation, Job enrichment, Job enlargement* oder die Einführung *teilautonomer Arbeitsgruppen* zählen (vgl. Jung 1995, S. 206ff.; Breisig 2005, S. 185ff.), die zwar alle mehr oder weniger erweiterte Möglichkeiten darstellen, am Arbeitsplatz den Handlungsspielraum für den Einzelnen zu erhöhen, aber letztlich dennoch keine zusätzliche oder wirklich *individuelle Entscheidungspartizipation* bieten, weil das Entscheidende fehlt: Der Einfluss auf den *Verlauf* und den *Ausgang* von Entscheidungsprozessen.

Bei der Personalführung durch Zielvereinbarungen wird nur noch wenig *aufgabenbezogen* und auch nur wenig *mitarbeiterbezogen* geführt. Ebenso wird ein auskömmlicher *Reifegrad der Beschäftigten* unterstellt. Hier reicht es nicht mehr aus, dass der Mitarbeiter sagt: „Sage mir, was ich tun soll“, sondern dass sich die Führungskraft und die Geführten nur noch in einem „kontinuierlichen aber latenten Führungsprozess“ zur Zielerreichung begegnen.

> „Die Führungskraft ist nicht mehr der ‚Besserwisser‘, der ‚Macho‘, der ‚Gottvater oder Boss‘, der sich keine Schwächen leisten darf und fürchtet, dass er – wenn er nicht alles besser weiß bzw. wenn er einen Fehler zugibt – seine *Autorität* verliert. Er ist vielmehr *Mentor, Coach* und *Trainer*, der bereit ist, andere groß werden zu lassen, der zuhören kann und die Fähigkeit besitzt Fragen zu stellen, sowie auch ein hohes Maß an emotionaler Intelligenz aufweist.“ (Frey/Schultz-Hardt 2000, S. 17)

#### 3.3.5.2 Personalführung in den Stadtwerken

Unser erstes Augenmerk in der empirischen Erhebung galt den *Führungsrichtlinien in den Stadtwerken* (Frage III.15). Der Befragung zufolge sind Führungsrichtlinien nur in knapp 51% der Fälle schriftlich niedergelegt und auch den Beschäftigten im Wesentlichen bekannt. In fast 40% der EVUs ist dies nicht der Fall. Gut 9% der befragten Betriebsräte antworteten hier mit „teils, teils“.

Auch bezüglich des *zweidimensionalen Führungsstils* haben wir die Betriebsräte in den Stadtwerken befragt (Frage III.14). Einmal, ob es mehr zu einem überwiegend *„mitarbeiterorientierten Führungsstil“* kommt. Die Antworten fallen hier tendenziell negativ aus. Gut 47% der Betriebsräte votieren für „eher unzutreffend“ oder „voll unzutreffend“. Fast 40% sprechen sich für ein nur „teils, teils“ aus und nur gut 11% plädieren für „trifft voll zu“ oder „trifft zu“.

Vergleicht man die Antworten zum *„überwiegend aufgaben- bzw. sachorientierten Führungsstil“* (Frage III.14), so kann man nur zu dem Ergebnis kommen, dass in den Stadtwerken bei der Personalführung tendenziell mehr die *Aufgabenorientierung* überwiegt. Gut 73% der Betriebsräte sehen dies so, während lediglich knapp 2% dies verneinen.

Mit Blick auf die Wichtigkeit einer Orientierung am *Reifegrad der Mitarbeiter* (Frage III. 14) in ihrem Unternehmen hat die überwiegende Mehrheit zu gut 47% mit „teils, teils" geantwortet. Knapp 4% kam zu dem Ergebnis, das ein solcher Führungsstil in ihrem Unternehmen voll zur Anwendung kommt („trifft voll zu") und gut 30% urteilten mit „trifft zu". Etwas weniger als 20% waren hier lediglich der Meinung, dass eine am Mitarbeiter-Reifegrad orientierte Führung nicht stattfindet.

Unsere untersuchte Aussage bezüglich einer demokratisch-partizipativen Führung lautete: „Die Führung der Vorgesetzen in ihrem Unternehmen ist im Allgemeinen partizipativ (d.h. vollständige Mitwirkung an den Entscheidungen)" (Frage III.13). Hier hat keiner der Betriebsräte mit „trifft voll zu" geantwortet. Fast 21% votierten aber mit „trifft zu" und zumindest noch fast 36% mit „teils, teils". Gut 43% kamen dabei aber zu einem mehr negativen Ergebnis. Hier muss daher in vielen Stadtwerken von einem noch mehr oder weniger starken *autoritären/paternalistischen Führungsstil* ausgegangen werden.

Betrachtet man zusammenfassend den gesamten Prozess der personalführungsorientierten Zielvereinbarungen, so sollten im Idealfall die allgemein zu bestimmenden Unternehmensziele demokratisch-partizipativ zwischen der *Unternehmensleitung* und den *Mitbestimmungsträgern* festgelegt werden. Die Bedeutung einzelner Ziele beschrieben die Betriebsräte in den Stadtwerken wie in Abbildung 33 dokumentiert.

*Abb. 33: Allgemeine Unternehmensziele*

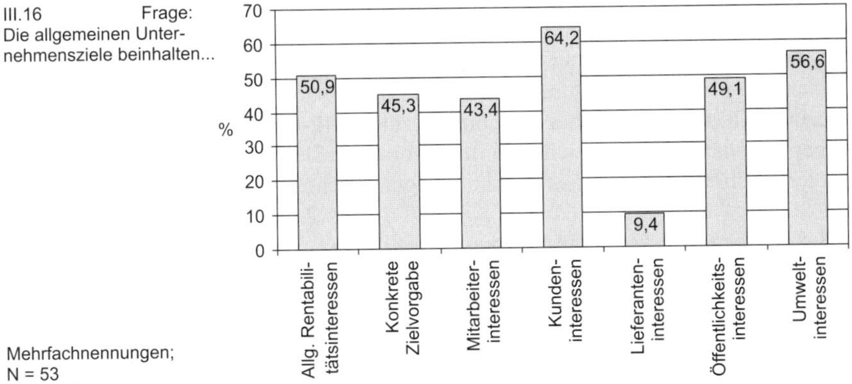

Wir haben sodann in Frage III.17 ermittelt, ob die *allgemeinen Unternehmensziele* unter *Beteiligung der Mitbestimmungsträger,* also im Sinne einer demokratisch-partizipativen Zielvereinbarung, erarbeitet wurden. Hier stimmten nur knapp 6% der antwortenden 43 Betriebsräte mit einem „trifft voll zu" und fast 21% mit einem „trifft zu". Dies ist nicht einmal ein Drittel. Hier kann man insgesamt nicht von einer befriedigenden mitbestimmten demokratischen Partizipation sprechen. Unterstützt wird das eher negative Ergebnis durch die Beantwortung der Frage III.20 nach einer ernsthaften Beteiligung bei der Formulierung des Zielvereinbarungssystems Hier gaben auch nur 34% eine positive Antwort, wohingegen fast ein Drittel negativ votierten.

Nachdem die allgemeinen Unternehmensziele definiert sind, kommt es darauf an, sie über die Hierarchie bis auf den einzelnen Arbeitsplatz in einem „Top-down"-Verfahren herunter zu brechen und dabei gleichzeitig den Beschäftigten die allgemeinen Unternehmensziele in schriftlicher Form bekannt zu geben. Beides wurde von den von uns befragten Betriebsräten überaus positiv bewertet. Das schriftliche Hinterlegen der allgemeinen Unternehmensziele und das Informieren der Beschäftigten über die Ziele sahen mit gut 58% die Befragten als gegeben an (Frage III.18). Zusätzlich werteten 17% dies mit „teils, teils". Nur knapp 6% urteilten hier mit „eher unzutreffend".

Beim „Top-down"-Verfahren lagen die Positivantworten bei gut 47% und weitere fast 19% der Betriebsräte sprachen sich hier für ein „teils, teils" in der Bewertung aus (Frage III.19). Gut 13% der Antworten waren eher negativ.

Mit Blick auf die Aufnahme von Weiterbildungsmaßnahmen in den mitarbeiterbezogenen Zielvereinbarungen liegt in den von uns befragten Stadtwerken ein befriedigendes Ergebnis vor (Frage III.18). Fast 38% der EVUs verfahren so. Weitere gut 24% der Betriebsräte urteilten hier zumindest noch mit einem „teils, teils" als Antwort. Gut 30% der betrieblichen Mitbestimmungsträger gaben hier aber auch eine negative Antwort.

Insgesamt hat die Untersuchung der Stadtwerke im Hinblick auf eine holistische Informationspolitik und eine demokratisch-partizipativ angelegte Personalführung ein durchwachsenes Ergebnis gezeigt. Müsste man eine Schulnote vergeben, so wäre mit Abweichungen nach oben und unten bei den einzelnen Anforderungen ein *befriedigend* wohl die angemessene Bewertung.

### *3.3.6 Weiterbildung und Personalentwicklung*

#### 3.3.6.1 Bedeutung der Weiterbildung und Personalentwicklung

Ein erfolgreiches Unternehmen ist aber nicht nur an einem demokratisch-partizipativ angelegten Informations- und Führungsprozess zu erkennen, sondern es zeichnet sich auch durch eine ausgeprägte *Lern-* und *Innovationsbereitschaft* aus. Experimentierfreudigkeit, Eigeninitiative und Flexibilität machen Unternehmen erfolgreich. Ohne qualifizierte Menschen in den Unternehmen sind Innovations- und Produktivitätsprozesse sowie -entwicklungen – ist eine Wertschöpfung, ein Überschussprodukt – nicht denkbar. Und auch der personalwirtschaftliche Informations- und Führungsprozess verlangt – wie aufgezeigt – nach qualifizierten Mitarbeitern.

Qualifikation setzt *Bildung* (allgemeine Schulbildung, Erstausbildung im dualen Berufsbildungssystem oder durch eine Hochschulausbildung sowie eine spätere Weiterbildung) voraus. Bildung hat aber nicht nur eine *ökonomische Nutzenfunktion* (vgl. Bontrup 2001b). Sie erfüllt auch politische und gesellschaftliche Funktionen und ist ebenso für den Einzelnen Lebenselixier. Bildung kann in diesem Duktus mit Alexander von Humboldt als eine *„Selbstbildung des Individuums"* verstanden werden, die sich nicht auf einzelne Lebensbereiche, sondern auf das *„Leben als Ganzes"* erstreckt.

Erst durch Bildung entsteht die Voraussetzung für dringend notwendige *dialektische Prozesse* in der Gesellschaft, für einen gesellschaftlichen Diskurs, der *Innovationen* ermöglicht. Seit langem gilt Bildung (Weiterbildung) für jedes Unternehmen als ein *strategischer Erfolgsfaktor* (vgl. dazu ausführlich Nagel 1990). Nur eine qualifizierte Belegschaft garantiert den wirtschaftlichen Erfolg. Bildung ist eine *Muss-Investition* in den Menschen. Nur der Mensch bewegt das ansonsten tote Unternehmen. *Weiterbildung*[31] ist dabei aber nur der engere Begriffsinhalt für eine allgemeine *Personalentwicklung* (vgl. Oechsler 1994, S. 373ff.; Hentze 1994, S. 313ff.; Schwarz 2004; Breisig 2005, S. 246ff.; Thom/Zaugg 2006; Sonntag 2006). Diese umfasst die Gesamtheit aller Systeme, Programme und Maßnahmen, damit Mitarbeiter aller Hierarchiestufen für gegenwärtige und zukünftige Anforderungen qualifiziert werden, wobei neben der Erstausbildung und Weiterbildung auch die *Umschulung* sowie die gezielte *Mitarbeiterförderung* (Karriereplanung) Gegenstand der Personalentwicklung sind. Hierdurch soll insgesamt das *Arbeitsvermögen,* das Potenzial, der Beschäftigten erweitert werden.

> „Selbst die umfangreichsten Qualifikationen nützen einem Unternehmen aber nichts, wenn ihre Träger sie dann, wenn es darauf ankommt, nicht einbringen, etwa weil sie *frustriert* und *demotiviert* sind oder sich nicht mit dem Unternehmen und seinen Zielen identifizieren." (Breisig 2005, S. 257)

---

31 Zum Begriff Weiterbildung zählt man die Erhaltungsfortbildung, welche den Ausgleich von Kenntnis- und Fähigkeitsverlusten zum Inhalt hat. Daneben gehört dazu die Erweiterungsfortbildung, welche den Erwerb zusätzlicher Fähigkeiten und Kenntnisse fördert sowie die Anpassungsfortbildung, welche den Ausgleich an veränderte Anforderungen am Arbeitsplatz zum Ziel hat und schließlich die Aufstiegsfortbildung, die Managementwissen und Führungsqualifikationen vermitteln soll.

Hier sei noch einmal auf die Problematik des ökonomisch unbestimmten Arbeitsvertrags hingewiesen (vgl. Kapitel 3.2.4).

> „Immer schon war Personalentwicklung aus diesem simplen Grunde darauf angewiesen, nicht nur die ‚nackte' *Fachqualifikation* oder *Methodenkompetenz* zu vermitteln, sondern darüber hinaus bestimmte, unternehmensseitig gewünschte normative Orientierungen, Werte und Einstellungen zu transportieren und ihren Adressaten zum Zwecke der Verinnerlichung nahe zu bringen." (Ebd., S. 257)

Personalentwicklung ist dabei als ein System von Planung, Durchführung und Kontrolle zu verstehen:

- Zur *Planung* der Personalentwicklung gehören die Bestimmung der Entwicklungsziele und die Ermittlung der Qualifizierungsbedarfe.
- Zur *Durchführung* zählt die Umsetzung der Personalentwicklung durch konkrete Schulungsmaßnahmen.
- Und zur *Kontrolle* der Zielerreichung ist eine Ergebnis- und Verhaltensevaluation erforderlich.

Die Bestimmung der Entwicklungsziele und die Ermittlung der *Qualifizierungsbedarfe* verlangt nach einer Planung im Hinblick auf zukünftige *qualitative Arbeitsplatzanforderungen.* Diese ergeben sich aus der allgemeinen integrativen Personalplanung (vgl. Kapitel 3.2.3). Hinzu kommen *Personal-* und *Potenzialbeurteilungen* des gegebenen Personalbestands (vgl. Curth/Lang 1991; Breisig 2005, S. 226–245). Hier bewerten die Führungskräfte, welche Funktionen und Positionen ein bereits beschäftigter Mitarbeiter zukünftig ausfüllen kann. Dazu ist es erforderlich, dass Vorgesetzte und Mitarbeiter regelmäßig *Mitarbeitergespräche* führen. Sie dienen nicht nur der gegenseitigen Information über zukünftige Entwicklungsmöglichkeiten, sondern sind auch ein wichtiges Führungsinstrument. Gemeinsam werden hier betriebliche und individuelle Ziele, persönliche Wünsche und Erwartungen wie auch etwaige Maßnahmen der Weiterbildung erörtert.[32] Auch ein *Assessment Center* (vgl. Drumm 2008, S. 123ff.) kann hier als ein Gruppenbeurteilungsverfahren nicht nur zur Auswahl neuer Mitarbeiter eingesetzt werden, sondern ebenso zur Potenzialbeurteilung dienen.

Personalentwicklungsmaßnahmen müssen *evaluiert* werden (vgl. Hof/Rowold 2005). Dabei geht es neben einem reinen *Kostencontrolling* um die Bewertung eines *ökonomischen Nutzens.* Dies erfolgt durch Befragungen, Beurteilungen und Tests der geschulten Mitarbeiter. Ein systematisches Personalentwicklungs-Controlling sollte durch ein *„Fünf-Ebenen-Modell"* vorgenommen werden. Hier werden bezüglich der Personalentwicklung fünf Ebenen überprüft bzw. be-

---

32 Zur richtigen Vorgehensweise bei Mitarbeitergesprächen vgl. ausführlich Jung 1995, S. 470ff.

fragt. Dazu gehört zunächst einmal die Einstellung des Mitarbeiters zur Weiterbildung. Außerdem spielen die Arbeitsleistung, das Arbeitsverhalten, das Lernen selbst und die Kundenzufriedenheit die entscheidenden Rollen (vgl. Tab. 55; Schwarz 2004, S. 162).

*Tab. 55: „Fünf-Ebenen-Modell" zur Evaluation von Personalentwicklungsmaßnahmen*

| Evaluationsebene | Fragestellung | Untersuchungsmethode |
|---|---|---|
| *Lernender (Mitarbeiter)* | Welche Einstellung hat der Mitarbeiter überhaupt zur Weiterbildung? | Mitarbeiterbefragung |
| *Arbeitsleistung* | Führt das neu erlernte zu den erwünschten Arbeitsergebnissen? | Vorgesetztenbefragung und Produktivitätsmessungen |
| *Arbeitsverhalten* | Wird das Gelernte am Arbeitsplatz auch eingesetzt? | Verhaltensbeobachtungen durch Vorgesetzte |
| *Lernen* | Wurde der Lehrstoff verstanden? | Wissenstest |
| *Kundenzufriedenheit* | Wie wirkt sich die Weiterbildung der Mitarbeiter auf die Kundenzufriedenheit aus? | Kundenbefragung |

Es kann aber auch zur Anwendung des *„European Foundation for Quality Management"* (EFQM) kommen. Dies ist ein Qualitätsmanagementsystem, das auf einer Selbstbewertung von Mitarbeitern beruht, die so Arbeitsprozesse und Ergebnisse beurteilen (vgl. Kuntz 2005).

### 3.3.6.2 Weiterbildung und Personalentwicklung in den Stadtwerken

Vergleicht man diese allgemeinen Erkenntnisse in Sachen Weiterbildung und Personalentwicklung mit den *Unternehmen der Elektrizitätswirtschaft*, so sehen hier die Werte wesentlich besser aus als dies im Unternehmensdurchschnitt in Deutschland der Fall ist. Alle EVUs engagieren sich in der *dualen Berufsausbildung* überproportional. Bei den „Big-4" liegen die Erstausbildungsquoten weit über den eigenen Personalbedarfen. Dies gilt auch, wie wir in vielen Interviews mit Betriebsräten erfahren haben, für die Stadtwerke.

Hier zeigen unsere Befragungsergebnisse außerdem, dass gut 64% der Stadtwerke der *Weiterbildung* einen hohen Stellenwert beimessen (Frage III.33). Weitere gut 26% der befragten Betriebsräte antworteten außerdem hier noch mit einem „teils, teils". Negativ sprachen sich dagegen lediglich gut 9% der Befragten aus.

Wie sieht es nun aber mit der *wirklichen Teilnahme* an Weiterbildungsmaßnahmen in den Stadtwerken aus? Auch dazu haben wir die Betriebsräte befragt (Frage III.36). Das Ergebnis ist durchaus als befriedigend einzustufen. In knapp 6% der befragten Unternehmen nehmen demnach über 40% der Belegschaft jährlich an Qualifizierungsmaßnahmen teil. Im Spektrum zwischen 30% und 40% der Belegschaft sind es 17% der Unternehmen. Die meisten Unternehmen (32%) kommen hier auf einen Teilnahmewert an Qualifizierungsmaßnahmen in Höhe von 10% bis 20%.

Rechtlich haben allerdings die Beschäftigten keinen Anspruch auf Weiterbildungs- oder Personalentwicklungsmaßnahmen. Es sei denn, sie haben sich diese explizit in ihren *Arbeitsvertrag* hineinschreiben lassen. Dies ist aber eine absolute Ausnahme und kommt in der Regel nur bei *Führungskräften* vor. Auch *tarifvertragliche* und *betriebliche Vereinbarungen* haben nur Seltenheitswert (vgl. Heidemann 1999). Umso wichtiger sind für die Betriebsräte zwei Maßnahmen:

- Zum einen muss zur Absicherung von Personalentwicklung ein jährliches *Weiterbildungsbudget* festgelegt werden und zum anderen
- muss der Betriebsrat gleichberechtigt an der *Weiterbildungsplanung* beteiligt sein.

Bezüglich eines Weiterbildungsbudgets fällt die Untersuchung in den Stadtwerken äußerst positiv aus (III.34). Fast 70% der EVUs verfügen hier über solche Budgets.

Nicht ganz so gut sind dagegen die Befunde zur gleichberechtigten Beteiligung des Betriebsrates an der Weiterbildungsplanung (Frage III.35). Hier kommen gut 11% der Stadtwerke auf ein „trifft voll zu" und 30% auf ein „trifft zu". Weitere 17% der befragten Betriebsräte beurteilen hier die Fragestellung noch mit einem „teils, teils". Gut 41% antworten aber auch negativ.

Personalentwicklung und Weiterbildung sind in den Stadtwerken – dies konnte insgesamt aufgezeigt werden –, wenn auch nicht optimal, so doch durchaus befriedigend platziert. Offenbar hat man hier insgesamt die Notwendigkeit einer permanenten Personalentwicklung erkannt. Sie spielt nicht nur für die Motivation der Beschäftigten und für die Identifikation mit dem Unternehmen, sondern auch als Basis für eine partizipativ angelegte Personalführung eine ganz wesentliche Rolle. Dies gilt ebenso für das im folgenden Kapitel aufgezeigte *mitarbeiterzentrierte Ideenmanagement.* Ohne eine qualifizierte Belegschaft ist auch hier nichts zu machen bzw. nur wenig möglich und umsetzbar. Einzelne Unternehmen haben aber die Entwicklung auch „verschlafen". Dies zeigt eines unserer Geschäftsführerinterviews, bei dem mit Bedauern festgestellt wurde, dass durch diese Versäumnisse Facharbeiterengpässe entstanden seien.

### *3.3.7 Ideenmanagement*

#### 3.3.7.1 Bedeutung und Definition des Ideenmanagements

Es ist seit langem eine Binsenweisheit, dass letztlich nur *Innovationen* in der Lage sind, die Substanz eines Unternehmens in einem auf Wettbewerb und „schöpferischer Zerstörung" (Schumpeter) aufbauenden, ökonomisch-gesellschaftlichen Prozess kreativ zu entwickeln.[33] Zum *betrieblichen Innovationsmanagement* (vgl. dazu ausführlich Hauschildt/Salomo 2007), das allgemein auf Partizipation basieren sollte (Blume/Gerstlberger 2007, S. 241), gehört dabei neben der Aussteuerung der klassischen *Forschungs-* und *Entwicklungsabteilungen* (F&E) auch ein *Ideenmanagement,* das mitarbeiterzentriert angelegt ist (vgl. Abb. 34). Dabei sollten insbesondere Unternehmen, die sich aufgrund ihrer *Unternehmensgröße* keine eigene F&E-Abteilung leisten können, vehement auf ein Ideenmanagement setzen. Wie wichtig und positiv dies im Produktinnovationsprozess ist, zeigt u.a. die Dissertation und empirische Untersuchung von Schachtner (vgl. Schachtner 2001). Das Ideenmanagement wird heute aus dem klassischen *„Betrieblichen Vorschlagswesen"* (BVW), dem *„Total Quality Management"* (TQM) und der „Arbeitnehmererfindung" abgeleitet (vgl. Urban 1994; Krause 1996; Thom 2003; Thom/Etienne 1997, S. 564ff.; Anic 2001).

*Abb. 34: Instrumente des Innovationsmanagements*

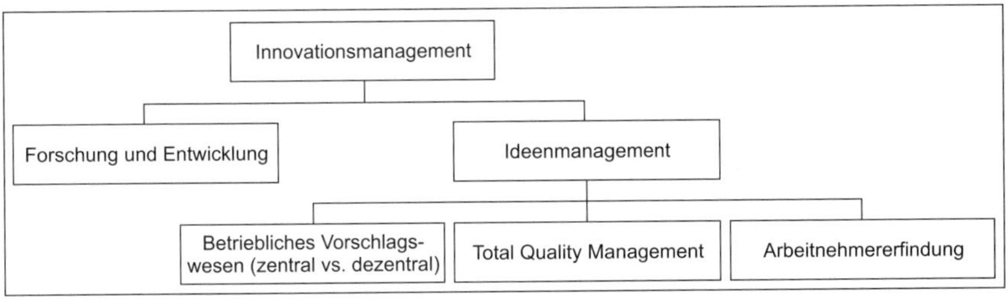


Dabei gilt das *Ideenmanagement* u.a. als eine Weiterentwicklung bzw. Modifizierung des klassischen „Betrieblichen Vorschlagswesens" (BVW). Es versucht, Schwachstellen des BVW abzubauen sowie Neues mit Altbewährtem zu kombinieren und in einen umfassenden Innovationsprozess zu integrieren. Bismarck beschreibt das Ideenmanagement als ein *ganzheitliches System,*

> „das sich der Nutzung aller Ideen- und Kreativitätsmethoden auf breiter Basis verschreibt und das alle diese Aktivitäten, die in einem Näheverhältnis oder in einer Wechselbeziehung zum Vorschlagswesen stehen, mit einschließt." (Bismarck 2000, S. 35)

Und das Deutsche Institut für Betriebswirtschaft e.V. in Frankfurt/M. (DIB), das sich seit über 50 Jahren mit dem BVW beschäftigt, definiert Ideenmanagement als

---

33 Im *Innovationsindikator* des Deutschen Instituts für Wirtschaftsforschung (DIW) landet Deutschland aber nur auf Platz 8 von 17 führenden Industrienationen (vgl. Belitz et al. 2008).

> „die systematische Führung von Ideen und Initiativen der Mitarbeiter – bezogen auf Einzelleistungen und/oder Teamleistungen – zum Wohle des Unternehmens und der Mitarbeiter.“ (Q51, S. 22)

Noch treffender und umfassend umschreibt Ridolfo das Ideenmanagement. Demnach

> „ist das aktive Ideenmanagement ein *Denk- und Handlungskonzept* sowie eine Handlungsweise mit einer prozessorientierten betrieblichen Einrichtung auf Managementebene, die alle Bereiche der Ideengenerierung umfasst und zur Förderung und Nutzbarmachung der aus der wirtschaftlichen Kreativität und des Wissensmanagements resultierenden Ideen und Verbesserungsvorschläge aller am kooperativen Leistungsprozess beteiligten Personen und Teams beiträgt, um Innovationen herbeizuführen und diese mit Hilfe des Innovationsmanagements auf dem Markt in Marktleistung umzusetzen.“ (Ridolfo 2005, S. 42)

Für uns Menschen gilt der Grundsatz, dass

> „niemand so viel sieht wie alle, niemand so viel hört wie alle, niemand so viel weiß wie alle, niemand so viel kann wie alle, kurzum *keiner so klug ist wie alle.*“ (vgl. Höckel 1964)

Diese triviale Feststellung von Höckel beschreibt vortrefflich die Notwendigkeit zur Initiierung und Implementierung eines *mitarbeiterzentrierten Ideenmanagements.* Das Problem ist nur, die im Unternehmen potenziell vorhandenen Ideen der Arbeitnehmer nutzbringend zu erschließen. Auch in diesem Kontext gilt der ökonomisch *unvollkommene Arbeitsvertrag.* Die einfachste Form eines Ideenmanagements ist dabei das klassische (zentrale) *Betriebliche Vorschlagswesen (BVW)* (vgl. Brinkmann/Heidack 1987), das mit Thom/Etienne allgemein als „eine dauerhafte betriebliche Einrichtung zur Förderung, Begutachtung, Anerkennung und Verwirklichung von Verbesserungsvorschlägen der Mitglieder einer Unternehmung verstanden“ werden kann (vgl. Thom/Etienne 1997, S. 564ff.). Wurde das BVW anfangs als ein reines *Rationalisierungsinstrument* gesehen und daher von Betriebsräten und Gewerkschaften eher abgelehnt als gefördert, so gilt es heute eindeutig als ein anerkanntes Instrument, das

- zu einer quasi permanenten Produkt- und Prozessinnovation in kleinen Schritten beiträgt,
- die Motivation und Entwicklung der Beschäftigten im Rahmen eines Personalentwicklungskonzepts fördert und
- nicht zuletzt auch einen positiven Beitrag zu einer zielorientierten Unternehmens- und Innovationskultur liefert, die auf Partizipation zwischen Kapital und Arbeit zur Realisierung von vorgegebenen Unternehmenszielen setzt.

Mit Ederer kann ein *Verbesserungsvorschlag* jede Idee eines Mitarbeiters sein,

> „die eine Verbesserung gegenüber dem bestehenden Zustand aufzeigt, deren Einführung *rentabel* ist bzw. die zu einer Erhöhung der *Sicherheit,* Verringerung der Schäden für *Gesundheit* und *Umwelt* sowie zu einer Steigerung des *Firmenansehens* führt und die ohne die *Anregung des Einreichers* nicht durchgeführt worden wäre." (Ederer 1997, S. 887)

Das BVW ist in Deutschland in die *gesetzliche Mitbestimmung* des *Betriebsverfassungsgesetzes* (§ 87 Abs. 1 Punkt 12) sowie in das *Bundespersonalvertretungsgesetz* (§ 75 Abs. 3 Ziff. 12) eingebunden. Betriebs- und Personalräte besitzen demnach ein mitbestimmtes *Initiativrecht,*[34] das heißt, sie können vom Arbeitgeber die Einführung eines Vorschlagswesens verlangen und hierbei mitbestimmen (vgl. Tab. 56).

*Tab. 56: Mitbestimmungskatalog beim BVW*

| Mitbestimmungspflichtig sind | Mitbestimmungsfrei sind |
|---|---|
| • Die Grundsätze des BVW.<br>• Der Aufbau und die allgemeine Organisation des BVW.<br>• Die Ausgestaltung des Einreichungsverfahrens sowie des Geschäftsganges innerhalb der BVW-Organe.<br>• Die Festlegung des Teilnehmerkreises am BVW. Auch leitende Angestellte im Sinne des § 5 Abs. 3 und 4 BetrVG können der Betriebsvereinbarung im Einvernehmen angeschlossen werden.<br>• Die Begriffsbestimmung für Verbesserungsvorschläge.<br>• Die Prämienregelung bzw. die Bewertungsmaßstäbe. | • Schutzfähige Arbeitnehmererfindungen im Sinne des ArbNErfG.<br>• Vergütungsregelung der Arbeitnehmererfindungen.<br>• Die Entscheidung über die insgesamt zur Verfügung gestellten Mittel (Budget) für die Verbesserungsvorschläge. Prämienprozentsatz und -höhe.<br>• Gewährung von Prämien für nicht genutzte Verbesserungsvorschläge.<br>• Die Entscheidung über die Nutzung (Verwertung, Einführung) des Verbesserungsvorschlags (vorbehaltlich § 91 BetrVG, Arbeitsplatzgestaltung).<br>• Die Entscheidung über die zu gewährende Höhe der Prämie im Einzelfalle.<br>• Die Schaffung und Regelung eines BVW für leitende Angestellte im Sinne § 5 Abs. 3 BetrVG.<br>• Die personelle Besetzung der Stelle des BVW-Beauftragten (vorbehaltlich § 99 BetrVG, Einstellung und Versetzung). |

Gegen die häufig beklagte *Schwerfälligkeit* bzw. den *Bürokratismus* beim „klassischen" BVW ist es in den letzten Jahren zu vielfältigen Veränderungen in Richtung eines *„dezentralisierten BVW"* gekommen – in der Literatur auch als *„Vorgesetztenmodell"* bezeichnet. Das BVW wird hier nicht mehr wie früher als

34 Dies bedeutet, dass Arbeitgeber und Betriebsrat sich bezüglich eines Vorschlagsrechts des Betriebsrates in Sachen BVW einigen müssen. Kommt eine Einigung nicht zustande, entscheidet die Einigungsstelle (zum Einigungsstellenverfahren vgl. ausführlich Dütz 2005; Pulte 2008).

eine zentrale mehr oder weniger passive Organisationseinheit gesehen, die darauf wartet das Verbesserungsvorschläge zur Beurteilung und womöglichen Prämierung eingereicht werden. Im Gegenteil: Das BVW bildet hier eine aktive Organisationseinheit im Unternehmen, die Zielvorgaben erarbeitet und zur Förderung und Beratung der Mitarbeiter im Sinne eines *Personalführungsprozesses* ständig beiträgt (vgl. Kapitel 3.3.5). Primäres Ziel ist es, den Beschäftigten zu verdeutlichen, dass ihre Ideen ausdrücklich erwünscht sind – und nicht einen *„Besserwissercharakter"* haben – und so zum Erfolg des Unternehmens, aber auch zum eigenen Erfolg beitragen.

> „Die Hauptfunktion des *BVW-Beauftragten,* wie die Überprüfung, ob ein Verbesserungsvorschlag im Sinne des BVW vorliegt, die Beratung und Unterstützung der Mitarbeiter bei der Formulierung des Vorschlags sowie die Motivation zur Teilnahme am BVW, wird teilweise von den *Vorgesetzten* der Einreicher übernommen. Der Mitarbeiter muss sich nicht mehr an eine anonyme Institution wenden, sondern kann die Idee mit seinem ihm vertrauten Vorgesetzten besprechen. Der Vorschlag kann somit auch in seinem eigenen Interesse durch die Fachkompetenz des Vorgesetzten angereichert und verbessert werden." (Urban 1994, S. 47f.)

Wichtig ist hierbei allerdings, dass der Vorgesetzte uneingeschränkt das Vorschlagswesen unterstützt. Er muss *Promotor* und nicht *Blockierer* von Mitarbeitervorschlägen sein, von denen er sich nicht indirekt persönlich angegriffen fühlen darf, weil sie nicht von ihm selber gekommen sind. Dazu müssen die Entscheidungsbefugnisse weitgehend auf *untere Betriebsebenen* verlagert werden. Insbesondere im Produktionsbereich erhalten hierdurch die *Meister* als Vorgesetzte eine wichtige neue Rolle. Hier muss es zu einem offenen Dialog zwischen Einreicher und Meister kommen. Kleinere Verbesserungsvorschläge, die außerdem den *eigenen Arbeitsbereich* betreffen, sollten dabei direkt vom jeweiligen Vorgesetzen *vor Ort* beurteilt und auch *prämiert* werden können. Auch gehört zu einem modernen (dezentralisierten) BVW die permanente *Schulung* sowohl der Führungskräfte als auch der Mitarbeiter, möglichst verknüpft mit *Kreativitätsfördermaßnahmen* (vgl. Krause 1996).

Zu einem dezentralisierten BVW gehört außerdem eine beschleunigte *Vorschlagsbearbeitung* von noch maximal zwei bis drei Wochen und eine *maximale Umsetzungszeit* (mit Ausnahme von größeren notwendigen Investitionen) von sechs bis acht Wochen, um die Motivation der Mitarbeiter zur Einreichung weiterer Vorschläge zu erhöhen (vgl. Bontrup 1996, S. 550ff.). Gelingt den Unternehmen insgesamt eine dezentrale Umsetzung des BVW, so wird die wichtigste Ressource, über die Unternehmen mit ihren Mitarbeitern verfügen, nutzbringend im Sinne eines Ideenmanagements zum Wohl des gesamten Unternehmens eingesetzt. Die daraus im Wettbewerb zu anderen Unternehmen erwachsenen komparativen Vorteile sind dann letztlich beträchtlich.

Neben dem BVW kann das *Total Quality Management* (TQM) als ein zweites wichtiges Instrument im Rahmen eines Ideenmanagements eingestuft werden. Nach DIN ISO 8402 ist *Qualität,* die „Gesamtheit von Merkmalen einer Einheit bezüglich ihrer Eignung, festgelegte und vorausgesetzte Erfordernisse zu erfüllen." Sinngemäß könnte man auch formulieren: Qualität ist, wenn Kunden zurückkommen und nicht das Produkt. 90% der Kunden, die mit der Qualität eines Produktes unzufrieden sind, werden dieses künftig meiden. Jeder dieser Kunden wird seinen Unmut mindestens neun und teilweise sogar bis zu über 20 weiteren Personen mitteilen. Jeder Fehler über dem akzeptablen Durchschnitt des jeweiligen Marktführers in einer Branche verursacht einen Rückgang des Verkaufsvolumens um mindestens 3% bis 4%. Da sich aber nur 4% der unzufriedenen Kunden über eine mangelhafte Qualität beschweren, gehen immer mehr Unternehmen zu einem *Beschwerdemanagement* über. Außerdem impliziert in der Fertigung jeder Fehler bei jedem Entwicklungs- und Herstellungsschritt Kostenerhöhungen um das Zehnfache. Das klassische „Qualitätswesen", dass mehr auf *Prüfung von Qualität* ausgelegt war, reicht heute zur Erzielung einer allgemeinen unternehmerischen *„Qualitätskultur"* nicht mehr aus. So kam es ab den 1980er Jahren zu der Entwicklung eines Total Quality Management (vgl. Uehlinger/Allmen 1999).

TQM ist kein einheitliches, standardisiertes System, sondern es ist ein Baukasten aus Geisteshaltung, Qualitätsphilosophie, Strategien, Methoden und Techniken mit dem Ziel einer ständigen Qualitätsverbesserung. TQM integriert alle bekannten Qualitätskonzepte zu einem unternehmensweiten Qualitätsverständnis.

Im Unterschied zum eingeschränkten Qualitätsbegriff, der sich meistens nur auf Produkte bzw. deren Qualitätsprüfung beschränkt, zielt der TQM-Ansatz auf die *gesamte Organisation* eines Unternehmens, d.h. auf Strukturen, Prozesse/ Abläufe und Produkte aus der *Sicht des Kunden.*

> „Der signifikanteste Unterschied zwischen den traditionellen QS-Systemen und dem TQM-Ansatz ist dabei die Einbeziehung aller *Mitarbeiter und Führungskräfte.*" (Doleschal 2009, S. 94)

Durch eine holistische auf das ganze Unternehmen bezogene *Arbeitsqualitätsverbesserung* soll Einfluss auf den *Arbeitsplatz* und die Arbeitsumgebung sowie auf die Arbeitsabläufe im Sinne einer Prozessorientierung genommen werden. Hierdurch sind für das Unternehmen die folgenden Wirkungen (Ergebnisse) realisierbar:

– *Qualitätsverbesserungen* (geringere Fehlerhäufigkeit, geringere Schrott- und Ausschussrate, weniger Nacharbeit, Vermeiden von Lieferengpässen, weniger Kundenbeschwerden)

- *Produktivitätssteigerungen* (höhere Produktionsmengen bei konstantem Input oder Inputsenkungen bei konstantem Output, geringere Durchlaufzeiten und weniger Ausfallzeiten),
- *Kostensenkungen* (Einsparung beim Materialeinsatz, geringerer Maschinenverschleiß, Verringerung der fixen und variablen Gemeinkosten),
- *Verbesserungen in der Arbeitssicherheit* (Senkung der Unfallraten),
- *Verbesserungen im Umweltschutz* (Ersatz von Gefahrstoffen).

Aber auch die *Mitarbeiter,* und damit wiederum das Unternehmen, profitieren von einem TQM-Prozess. Hier kommt es zu

- einer erhöhten *Motivation* und *Arbeitszufriedenheit* mit der Folge eines guten Arbeitsklimas,
- einem besseren *Informationsaustausch* und damit zu einer effizienteren kommunikativen Zusammenarbeit sowie zu einer Förderung der Teamarbeit,
- Beteiligungen an betrieblichen *Entscheidungsprozessen,*
- einer *Arbeitserleichterung* mit humanisierten Arbeitsbedingungen,
- einer erhöhten *Qualifikation* bei den Beschäftigten sowie
- bereichsübergreifenden *Produkt-* und *Prozesskenntnissen* im Sinne von organisationalen Input- und Outputverknüpfungen.

Um diese Ergebnisse zu erreichen, werden insbesondere *Qualitätszirkel* eingesetzt. Hierunter versteht man unterschiedliche *Kleingruppenkonzepte* zur Erarbeitung von Lösungen für konkret auftauchende Probleme eines Arbeitsbereichs. Kleinere Gruppen von Mitarbeitern (maximal zehn) der unteren Hierarchieebenen treffen sich, um selbst gewählte Themen (Probleme) regelmäßig (wöchentlich oder alle zwei bis vier Wochen für ein bis zwei Stunden) unter der Führung eines Moderators und mit Hilfe spezieller Problemlösungstechniken zu bearbeiten. Im Bedarfsfall können zur Unterstützung auch Experten (interne und externe) hinzugezogen werden. Die Teilnahme ist freiwillig und findet während der Arbeitszeit statt. Ziel des TQM ist dabei das Umdenken der Mitarbeiter in Richtung eines allgemeinen Qualitätsbewusstseins (subjektive Qualität), um die Kundenanforderungen optimal zu befriedigen. Hierbei geht es aber nicht nur um die reine Produktqualität (objektive Qualität), sondern jedem Kunden, auch der nachgelagerten Abteilung im Unternehmen („unternehmensinterne Kunden"), soll die bestmögliche Qualität geliefert werden. Durch das Aufzeigen und Verfolgen von Korrekturmaßnahmen, die wiederum in *Verbesserungsvorschläge* einfließen können, wird nach der kontinuierlichen Prozessverbesserung (KVP) gestrebt. *Qualität wird so letztlich nicht kontrolliert sondern produziert.*

Qualitätszirkel und TQM haben dazu beigetragen, das im klassischen BVW übliche Denken des *„Einzeleinreichers"* in Richtung *teamorientierter Gruppenvorschläge* zu fokussieren. Auch hier ist ausdrücklich die *Integration der Vorgesetzten* erwünscht, während dies im traditionellen BVW nicht der Fall war.

Handelt es sich im Kontext des BVW gemachter Verbesserungsvorschläge um einfache *technische Neuerungen* (nicht qualifizierte Verbesserungsvorschläge gemäß § 20 Abs. 1 Arbeitnehmererfindungsgesetz ArbNErfG[35]) aber auch um *nichttechnische Verbesserungsvorschläge,* die als geistig-schöpferische Neuerung nicht dem *Urheberrecht* oder dem *Geschmacksmusterrecht* unterliegen, so resultieren in Abgrenzung die wesentlich schwierigeren und komplexeren Arbeitnehmererfindungen überwiegend aus organisierten *Forschungs-* und *Entwicklungsaktivitäten* in F&E-Abteilungen. Dennoch sind es hier die betrieblichen Arbeitnehmererfindungen,

> „die die Leistungsfähigkeit, Phantasie und Innovationskraft der Arbeitnehmer in Deutschland widerspiegeln, denn mehr als 80% aller beim *Deutschen Patentamt* angemeldeten Erfindungen sind Diensterfindungen von Arbeitnehmern, gehen also auf ihre schöpferischen Leistungen zurück, und wurden von den jeweiligen Arbeitgebern in Anspruch genommen und zum Schutzrecht angemeldet. In Großunternehmen werden lediglich etwa 5% der gemeldeten Arbeitnehmererfindungen freigegeben, d.h. dem Arbeitnehmererfinder selbst zur Verwertung überlassen.“ (Schoden 1995, S. 5)

Speziell für den „innovationsaktiven“ professionellen Arbeitnehmererfinder in Forschungs- und Entwicklungsabteilungen sind darüber hinaus die in den Unternehmen häufig vorhandenen defizitären Kenntnisse im Hinblick auf das *Arbeitnehmererfindungsgesetz* zu beseitigen. Hier ist eine umfassende rechtliche Beratung zu implementieren – nicht zuletzt auch aus motivationalen Gründen. Dazu gehört außerdem ein rationaler Umgang mit dem gesetzlich verankerten *Erfindervergütungsanspruch.* Für den mehr jungen und noch unerfahrenen Arbeitnehmererfinder müssen daneben zusätzlich die heute meist noch bestehenden „Eintrittsbarrieren“ zur Erfindungsmeldung bis zur Patentanmeldung aufgehoben werden. Von Bedeutung sind dabei immer wieder auftretende Probleme mit *Vorgesetzten,* welche auf schlechte Führung schließen lassen, sowie die betriebliche Unterstützung beim Abfassen der Erfindungsmeldung und der Suche nach einem geeigneten Ansprechpartner im Unternehmen.

Was ist aber allgemein in Abgrenzung zwischen einem BVW-Verbesserungsvorschlag und einer Arbeitnehmererfindung charakteristisch? Hier gilt für die Arbeitnehmerfindung:

---

35 Das Gesetz mit seinen 49 Paragrafen vom 1.10.1957 regelt im Grenzgebiet zwischen arbeits- und dienstrechtlichen Grundsätzen detailliert die Rechtsbeziehungen zwischen Arbeitgeber und Arbeitnehmererfinder. Seit seinem Inkrafttreten ist das ArbNErfG nicht grundlegend geändert worden. Von Bedeutung war in der jüngsten Zeit lediglich die im Jahre 2002 vorgenommene Neuregelung des Rechts der Hochschulerfindungen (vgl. Klug 2008).

- der hohe technische Neuigkeits- und Komplexitätsgrad des Handlungsergebnisses,
- die dynamische Entwicklung neuer Erkenntnisse (Stichwort: „Halbwertzeit des Wissens“ nimmt ständig zu) und ihre permanente Berücksichtigung bei den jeweiligen F&E-Aktivitäten,
- der Risiko- und Ungewissheitsgrad von Innovationsprozessen (der Erfolg von F&E ist weitgehend nicht planbar); hinzu kommt die nicht ex ante Bestimmbarkeit einer ökonomischen bzw. marktbezogenen Umsetzung von F&E-Ergebnissen (wirtschaftliche Verwertbarkeit in Richtung Innovation),
- das arbeitsteilige, in der Regel stark teamorientierte Zustandekommen der Erkenntnisse,
- die kreative und schöpferische Fähigkeit der im F&E-Bereich eingesetzten Arbeitnehmer.

Die in diesem Kontext in der Wirtschaft vollzogene Forschung ist überwiegend eine *„zweckgerichtete“* Forschung, im Gegensatz zur „reinen“ *Grundlagenforschung* mit dem primären Ziel der Erweiterung des allgemeinen Wissensstands (vgl. Abb. 35).

*Abb. 35: Forschungs- und Entwicklungsaktivitäten*

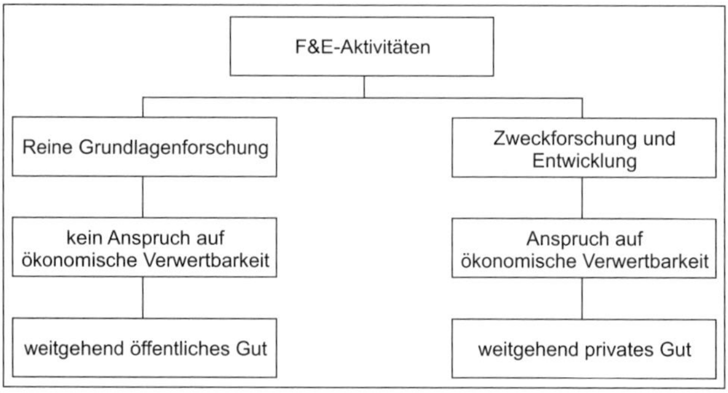


Das *Ausmaß an F&E-Aktivitäten* in der Wirtschaft hängt von verschiedenen Faktoren ab. Hierfür sind entscheidend die *Unternehmensgröße,* die *Branchenzugehörigkeit* und andere situative und konstitutive Bedingungen, wie z.B. die *technologische Basis* und die *Qualifikation der Beschäftigten* in den Unternehmen. Untersuchungen weisen jedoch darauf hin, dass F&E unabhängig von einer „kritischen Unternehmensgröße“ ist. Dennoch sind Arbeitnehmererfinder zu gut 80% in Großunternehmen mit mehr als 500 Mitarbeitern beschäftigt. Auch lässt sich eine eindeutige Forschungskonzentration auf die Branchen Maschinenbau, Elektrotechnik/Elektronik und Chemie/Pharmazie beobachten. Die Qualifikation von Arbeitnehmererfindern ist hoch. Fast 80% der Erfinder verfügen über einen Hochschulabschluss und gut 45% mit Universitätsabschluss zusätzlich über eine Promotion (vgl. Staudt et al. 1992, S. 128).

Nur erfolgreiche Forschung und Entwicklung führt zu *marktaktiven Innovationen,* die für Unternehmen im dynamischen Wettbewerbsprozess (vgl. Eichner 2002) – aber auch für die gesamte Volkswirtschaft im internationalen Standortwettbewerb – von eminenter Bedeutung und Wichtigkeit sind. Hier ist Deutschland im internationalen Wettbewerb allgemein sehr erfolgreich, dies zeigen eindeutig die *Exportüberschüsse.* Deutschland ist „Exportweltmeister". Dies liegt auch an den hohen *F&E-Ausgaben* von Wirtschaft und Staat. 2006 beliefen sich diese insgesamt auf gut 2,5% des Bruttoinlandsprodukts. Die EU-27 kommt hier auf einen Wert von 1,74% und die USA auf 2,62%. Nur Japan mit 3,33% und die beiden skandinavischen Länder Finnland (3,45%) und Schweden (3,82%) weisen noch bessere Werte auf.

> „Im internationalen Vergleich gehört Deutschland damit zu den weltweit führenden F&E-Standorten. Das im Rahmen der europäischen *Lissabon-Strategie* festgezurrte Ziel einer EU-weiten F&E-Quote von drei Prozent des Bruttoinlandsprodukts bis zum Jahr 2010 bleibt aber auch für Deutschland in weiter Ferne." (vgl. Q91)

Die Innovationsfähigkeit allerdings allein an den Aufwendungen messen zu wollen, stellt sich – auch wenn ein empirischer Zusammenhang zwischen F&E-Aufwendungen und Unternehmenserfolg bzw. Patentanmeldungen oftmals nachgewiesen worden ist – als problematisch dar. Hohe Aufwendungen allein garantieren keine *F&E-Erfolge,* vor allem sagen sie nichts über die *Effizienz* aus. Den ständig steigenden Investitionen im F&E-Bereich stehen häufig keine vergleichbaren Leistungssteigerungen gegenüber, was auf erhebliche *Managementdefizite* bzw. auf ein mangelhaftes Innovationsmanagement schließen lässt. In einer Studie weist das Fraunhofer Institut für System- und Innovationsforschung (ISI) darauf hin, dass mangelhaftes Innovationsmanagement dazu führt, dass „deutsche Industrieunternehmen (...) Ideen zu langsam in Produkte um(setzen)" (Q79). Das ISI hebt dabei hervor, dass „die wichtigsten Zeitfresser hausgemacht (sind) – und damit durch eigene Maßnahmen lösbar" (ebd.). So ist es nicht erstaunlich, dass in jüngerer Zeit der *Effizienzsteigerung* im F&E-Bereich größere Bedeutung zukommt. Die Leistungssteigerung korreliert dabei aber mit der Leistungsfähigkeit und -bereitschaft der in den F&E-Abteilungen beschäftigten *Mitarbeiter.* Auch hier stellt das ISI unmissverständlich fest:

> „Die Fähigkeit von Betrieben, neue Produkte auf den Markt zu bringen und ihre Wertschöpfungsprozesse technisch und organisatorisch auf neuestem Stand zu halten, hängt entscheidend von den Mitarbeitern, ihren Kompetenzen und ihrem Wissen ab." (Armbruster et al. 2005, S. 1)

Man scheint endlich begriffen zu haben, dass in der Tat die Beschäftigten der Schlüssel für eine erhöhte Innovationsleistung sind. Dazu sind dann aber auch – wie bisher aufgezeigt – *unternehmenskulturelle partizipative Rahmenbedingungen* zu schaffen (vgl. dazu auch Schmidt, N. 2008; Klotz 2003). Diese vertragen sich allerdings nicht mit einer *Lohnkostenminimierungs-* und auch nicht mit einer *Shareholder-value-Strategie* (vgl. Abschnitt 3.2.6.4). Lohnkostensenkungen wirken hier massiv demotivierend und kurzfristige maximale Renditeorientierungen gemäß einer einseitigen Shareholderbefriedigung beeinträchtigen auf längere Zeiträume ausgerichtete Investitions- und Innovationsstrategien, weil sich diese in der Regel erst langfristig „rechnen".

#### 3.3.7.2 Ein optimiertes Ideenmanagement

Welche Schlussfolgerungen sind in Sachen *Ideenmanagement* aus dem bisher Festgestellten zu ziehen? Zunächst einmal kommt es in den Unternehmen auf eine gute Mischung aus klassischer Forschung und Entwicklung (F&E) und einem mitarbeiterzentrierten Ideenmanagement an. Auf Letzteres insbesondere, wenn in kleinen und mittleren Unternehmen (KMU) keine oder keine größere eigene Forschung und Entwicklung betrieben werden kann. Daneben ist deutlich geworden, dass die Arbeitnehmererfindung eine hohe Affinität zum F&E-Bereich aufweist. Unternehmen, dass gilt auch für EVUs, und hier insbesondere für kleine und mittelgroße *Stadtwerke,* sollten daher in Zukunft verstärkt auf ein mitarbeiterzentriertes Ideenmanagement setzen. Hierfür ist aber eine entsprechende *demokratisch-partizipative Unternehmenskultur* zu schaffen. Gelingt dies, so können im Wettbewerb Vorteile generiert und damit *leistungsgerechte Extragewinne* erzielt werden.

Bei der Einführung oder Verbesserung eines Ideenmanagements sollten Arbeitgeber und die Mitbestimmungsträger verbindliche Vereinbarungen treffen. Daher empfiehlt sich die Abfassung einer *Betriebsvereinbarung*, wobei die folgenden Grundsätze als Rahmenbedingung unbedingt eingehalten werden sollten:

- Die Geschäftsführung sollte das Ideenmanagement als ein wichtiges Wirtschaftlichkeits-, Innovations- und Führungsinstrument zur Realisierung der jeweiligen Unternehmensziele betrachten und permanent fördern.
- Die Beschäftigten sollten das Ideenmanagement als Chance zur Einkommensverbesserung und zur Sicherung ihrer Arbeitsplätze erkennen.
- Durch das Ideenmanagement sollen alle Mitarbeiter angeregt werden, über Verbesserungsmöglichkeiten im Unternehmen nachzudenken, um damit maßgeblich an der Steigerung der Wettbewerbsfähigkeit des Unternehmens mitzuwirken.

- Pflicht eines jeden Vorgesetzten ist es dabei, die ihm unterstellten Mitarbeiter anzuregen, Verbesserungsvorschläge einzureichen und sie dabei tatkräftig zu unterstützen.
- Das Ideenmanagement hat die Aufgabe, die als positiv bewerteten Ideen der Beschäftigten nutzbar zu machen („Umsetzungsgebot") und angemessen zu honorieren („Honorierungsgebot").

Um dies alles zu realisieren, ist insgesamt eine optimierte *Organisation* des Ideenmanagements notwendig. Was gehört dazu? Als erstes eine adäquate *Aufbauorganisation.* Diese impliziert Festlegungen zum *Ideenmanagement-Beauftragten*, zur *Bewertungskommission* und zu den Gutachtern (vgl. dazu ausführlich Bontrup 1996, S. 550ff.; Sander 2000). Aber auch im Sinne eines dezentralen BVWs müssen hier eindeutige aufbauorganisatorische Festlegungen erfolgen und das TQM sowie die Arbeitnehmererfindung sind entsprechend bei der Aufbauorganisation zu berücksichtigen. Darüber hinaus muss bei einer ordnungsgemäßen *Ablauforganisation* sichergestellt werden, dass die Verbesserungsvorschläge schriftlich, möglichst auf Vordrucken, eingereicht werden. Die *Vorschlagsbearbeitung* muss ohne großen Aufwand und schnellstens vollzogen werden. Liegen lange Zeiträume zwischen dem Einreichen des Vorschlags und dem Beurteilungsergebnis, ob positiv oder negativ, so wird der Einreicher frustriert und für das Einreichen zukünftiger Verbesserungsvorschläge demotiviert. Kommt es bei positiven Vorschlägen zur *Realisierung,* muss auch hier ein entsprechendes stringentes Management erfolgen, um damit nicht lange Wartezeiten entstehen zu lassen. Eine Ausnahme sind größere Investitionen. Und nicht zuletzt sollte zur Ablauforganisation des Ideenmanagements auch eine kreative innerbetriebliche *Öffentlichkeitsarbeit* zählen.

Weiter gehört zur Ablauforganisation eines Ideenmanagements eine *Prämienregelung* für rechenbare und nicht rechenbare Nutzen aus Verbesserungsvorschlägen. Hier besteht heute das größte Defizit, weil man der Auffassung ist, dass die ausgezahlte Prämiensumme an den Mitarbeiter (Einreicher der Idee) auf jeden Fall kleiner sein müsse als der Gewinnvorteil für die Unternehmer aus der eingereichten und positiv bewerteten Idee.

Derartige Prämienzahlungen sind im Kontext einer demokratisch-partizipativen Unternehmenskultur nicht akzeptabel. Dies allein schon deshalb nicht, weil der Unternehmer bzw. die Kapitaleigner den Vorteil aus einer Ideenrealisierung jedes Jahr neu verbuchen können, während der Mitarbeiter die Prämie nur einmalig erhält. Auch die *Prämienhöchstgrenze* wirkt eher frustrierend als motivierend, zumal es hierfür überhaupt kein Argument gibt, „erhält doch die Unternehmung stets mindestens einen gleich hohen Nutzen wie der Prämierte, in aller Regel sogar ein mehrfaches davon" (Thom 2003, S. 629). Daher wäre ein *Prämienmodell* zu erwägen, bei dem der Ideen gebende Mitarbeiter den errechneten

Nutzen im ersten Jahr der Umsetzung voll für sich vereinnahmen kann. Danach, also ab dem zweiten Jahr, erhält die Hälfte des Nutzeneffektes der Unternehmer (Kapitaleigner) und die andere Hälfte die gesamte Belegschaft. Dies soll den arbeitsteiligen Charakter von Arbeits- und Ideenprozessen in Unternehmen unterstreichen und auch die Partizipation insgesamt beleben.

### 3.3.7.3 Ideenmanagement in den Stadtwerken

Die empirischen Ergebnisse bei den Stadtwerken zeigen, dass es in gut 76% der befragten EVUs ein Betriebliches Vorschlagswesen gibt (Frage III.26). Nur in 15% der Elektrizitätsunternehmen ist dies nicht der Fall. In lediglich gut 9% der Stadtwerke gibt es aber neben dem BVW auch die institutionalisierte Form einer Arbeitnehmererfindung.

Zum *Stellenwert des Ideenmanagements,* also wie man in den Unternehmen damit wirklich umgeht und wie ernst es mit der Umsetzung ist, haben wir die 45 Betriebsräte befragt, die überhaupt über ein Ideenmanagement verfügen (Frage III.27). Hier sagen nur noch gut 11% der Befragten, dass dies uneingeschränkt der Fall ist bzw. der Stellenwert sehr hoch einzuschätzen ist („trifft voll zu"). Ein weiteres Drittel votiert hier noch für ein „trifft zu", aber fast 25% sagen auch, dies gilt nur „teils, teils". Fast jeder dritte Betriebsrat (31%) kommt dabei sogar zu einem eher negativen Befund.

Auch hinsichtlich des Horizontes, auf den sich die Vorschläge erstrecken können, haben wir bei den 45 Betriebsräten der Stadtwerke mit einem Ideenmanagement nachgefragt (Frage III.28). Das Ergebnis ist im Sinne eines modernen BVW sehr positiv einzuschätzen, denn fast alle gaben an, dass Verbesserungsvorschläge nicht nur für den eigenen Arbeitsbereich/Arbeitsplatz eingereicht werden können.

Mit Blick auf die für die Motivation wichtigen Umsetzungszeiten sehen die empirischen Ergebnisse in den Stadtwerken aber nicht so gut aus (Frage III.31). Lediglich 13% der befragten Betriebsräte antwortete hier positiv. Die Mehrzahl mit gut 38% sprach sich nur noch für ein „teils, teils" aus und fast 47% der Stadtwerke kommen in Summe eher nur negativ weg, was die geforderte maximale Umsetzungszeit von Verbesserungsvorschlägen angeht.

Bezogen auf das aktive Werben für das Ideenmanagement ist das Ergebnis durchwachsen (Frage III.32). Gut 11% („trifft voll zu") und weitere gut 33% („trifft zu") beobachten regelmäßige und aktive Werbemaßnahmen für das Ideenmanagement in „ihren" Unternehmen. 22% votierten hier auch noch mit einem „teils, teils", während insgesamt ein Drittel eher negativ abstimmten.

Wenig erstaunlich, wenngleich einer optimalen Ausnutzung der Ideenpotenziale abträglich und gleichermaßen beschämend, ist die in Abbildung 36 zum Ausdruck kommende Tatsache einer geringen Beteiligung am rechnerischen Unternehmensnutzen. Hinzu kommt noch in fast 28 von 45 Stadtwerken (62,2%) eine Prämienbegrenzung nach oben (Frage III.30). Nur in knapp 36% der Fälle ist dies nicht so.

*Abb. 36: Prämienzahlungen beim Ideenmanagement*

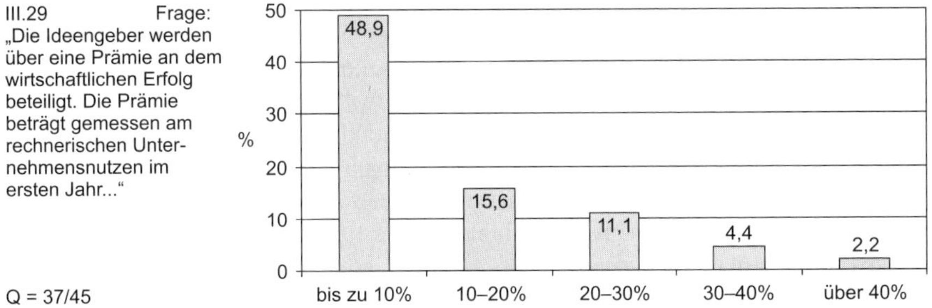


### *3.3.8 Materielle Partizipation*

#### 3.3.8.1 Bedeutung der Materiellen Partizipation

#### 3.3.8.1.1 Motive für eine Materielle Partizipation

Bisher sind die Aspekte der Mitbestimmung im Rahmen einer demokratisch-partizipativen Unternehmenskultur dargelegt worden. Nun geht es abschließend um eine *materielle Partizipation.* Beide Partizipationsarten bedingen einander. Die Faktoren der immateriellen Partizipation führen nach unserer Überzeugung zu einer *verbesserten Wertschöpfung* in den Unternehmen. Diese kann dann aber nicht einseitig den *Kapitaleignern,* ob Eigen- und Fremdkapitalgebern oder Grundeigentümern, zufließen. Stattdessen müssen auch die Beschäftigten daran gleichberechtigt teilhaben. Schließt man sie hingegen aus, hat dies negative Rückwirkungen auf die Umsetzung der immateriellen Faktoren.

Was ist aber unter einer materiellen Partizipation zu verstehen? Zunächst einmal eine gemäß *Tarifvertrag* bestimmte Entlohnung für die von den Beschäftigten erbrachte Arbeitsleistung (vgl. zum Arbeitsentgelt ausführlich Bontrup 2008a, S. 148–208, 2009a, S. 189ff.; Breisig 2005, S. 282–313). Die jährlichen Veränderungen der verteilungsneutralen Arbeitsentgelte ergeben sich dabei aus den jeweiligen Veränderungen der *Produktivitäts- plus der Inflationsrate.* Dabei gehen wir von einer *„solidarischen Lohnpolitik"* aus, bei der in allen Branchen die durchschnittliche gesamtwirtschaftliche Produktivitätssteigerung angesetzt wird. Hierauf haben wir bereits in Kapitel 2 hingewiesen. Aufbauend auf die so festgelegten Tarifverträge sollte es aber („on-top") zu *Gewinn-* und *Kapitalbeteiligungen* kommen (vgl. hierzu ausführlich Bontrup/Springob 2002; Voß 2006;

Stracke et al. 2007; Hartz et al. 2008). Hierdurch können dann in Branchen mit einem überdurchschnittlichen Produktivitätswachstum, wie in der Elektrizitätswirtschaft, auch die bei einer solidarischen Lohnpolitik auftretenden branchen- sowie unternehmensbezogenen höheren *Verteilungsspielräume* abgeschöpft werden.

Unabhängig von den hierzulande vorzufindenden *Verteilungsdisparitäten* beim Einkommen und insbesondere beim Vermögen ist das entscheidende Motiv für eine Gewinn- und Kapitalbeteiligung der ökonomische Tatbestand, dass die Arbeitnehmer mit ihren Lohn- und Gehaltszahlungen nicht den *vollen Wert ihrer Arbeit* (= Wertschöpfung) erhalten, sondern lediglich ein *Arbeitsentgelt für ihre Arbeitskraft* (= Reproduktionskosten). Und dies obwohl nur durch lebendige Arbeit in Verbindung mit Naturgebrauch und Sachkapital überhaupt eine Wertschöpfung – ein Neuwert – generiert werden kann. Hinzu kommt, dass erst durch Arbeitnehmer und ihre verrichtete Arbeit ein Unternehmen entsteht. Erst die Menschen machen Unternehmen zu einer sozio-ökonomischen und mehrwertschaffenden Organisation. Ohne Beschäftigte reduziert sich der *Surplus* (Mehrwert) lediglich auf den Überschuss, den der Unternehmer durch seine *eigene Arbeitskraft* selbst geschaffen hat. Er kann dann nicht von der Arbeit der anderen (der Beschäftigten) einen Mehrwert abschöpfen. Diese Zusammenhänge drücken im *Lohn-Gewinnverhältnis* die tiefe kapitalistische Widersprüchlichkeit aus. Adam Smith hat die hieraus divergierenden Interessen auf die zeitlose Formel gebracht:

> „The workmen desire to get as much, the masters to give as little as possible".

Selbst reale Lohnerhöhungen mit einem *Umverteilungseffekt* zur Lohnquote bleiben in der *Konsumgütersphäre* verhaftet. Die Arbeitgeber würden zudem eine *Senkung ihrer Profitquote* nicht akzeptieren (vgl. Abschnitt 3.2.6.4). Setzen die Gewerkschaften trotzdem in Zeiten von Vollbeschäftigung eine Umverteilung zugunsten der Beschäftigten durch, so käme es zu einem *inflationären Effekt,* der durch eine entsprechend *restriktive Geldpolitik* der Zentralbank unterbunden und somit am Ende über eine entsprechende Wachstums- und Beschäftigungsbegrenzung nur den Arbeitnehmern schaden würde; und zwar zunächst über steigende Preise (Kaufkraftverlust) und dann durch Arbeitslosigkeit. Käme es dagegen zu einer *Gewinnbeteiligung,* so würden die *Lohnstückkosten* nicht steigen und die Unternehmen hätten keinen Grund die Preise zu erhöhen. Eine angebotsorientierte Kosteninflation ließe sich jedenfalls hierüber, wie bei Reallohnsteigerungen oberhalb der Produktivitätsrate, nicht ableiten. Auch eine nachfrageinduzierte Inflation scheidet aus, da bei einer Gewinnbeteiligung lediglich die Wertäquivalente zwischen Arbeit und Kapital anders verteilt werden. Die Beteiligung am Gewinn könnten die Arbeitnehmer entweder zu reinen *Konsumzwecken* nutzen oder sie in eine *Kapitalbeteiligung* umwandeln und damit dann schließlich Einfluss auf die *Investitionsgütersphäre* nehmen.

### 3.3.8.1.2 Abgrenzungen materieller Erfolgs- und Gewinnbeteiligungen

Bei der Gewinnbeteiligung geht es zunächst einmal um einen weiten betriebswirtschaftlichen *Erfolgsbegriff*. Deshalb spricht man auch von einer Erfolgsbeteiligung, die sich vom vertraglichen (tariflichen) Arbeitsentgelt, das der Arbeitnehmer für eine individuell geleistete Arbeit erhält, abgrenzt. Die Erfolgsbeteiligung wird dagegen den Beschäftigten eines Unternehmens bei der Realisierung eines betrieblichen Erfolges über das eigentliche Arbeitsentgelt hinaus gewährt und in der Regel einmal jährlich ausbezahlt. Dabei wird die Erfolgsbeteiligung erstens in eine mehr *produktionsseitig* begründbare *Leistungsbeteiligung* eingeteilt. Hier werden die Beschäftigten für besondere Leistungen in der *Produktion* (erhöhter Mengenausstoß, verbesserte Qualität, verringerte Ausschussquote oder Steigerung der Produktivität) an den Ergebnissen beteiligt. Zweitens wird eine *Ertragsbeteiligung* unterschieden. Diese betont mehr die *Marktseite* eines Unternehmens. Hierbei können die Arbeitnehmer an unterschiedlichen Kennziffern (Umsatzerlöse, Gesamtleistung, Rohertrag, Wertschöpfung) ausgerichtet eine materielle Partizipation erfahren (vgl. Abb. 37).

*Abb. 37: Mögliche Kennziffern einer Ertragsbeteiligung*

Umsatzerlöse
+/– Bestandsveränderungen
+ andere aktivierte Eigenleistungen

*= Gesamtleistung (Produktionswert)*
– Materialaufwand

= Rohertrag
– Abschreibungen
– sonstige vorleistungsbedingte Aufwendungen

*= Wertschöpfung*

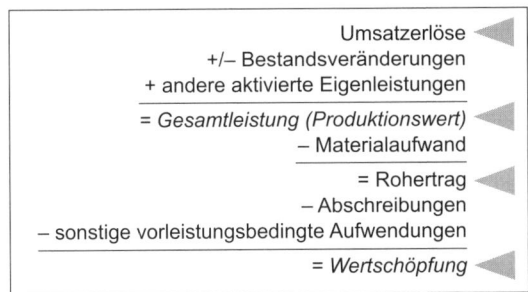

Die dritte Variante einer Erfolgsbeteiligung ist eine *echte Gewinnbeteiligung.* Hier werden sowohl die Produktions- als auch die Absatzmarktseite berücksichtigt und auch nur hier findet eine *Gewinnverwendung nach Steuern* statt. Da die Erfolgsbeteiligung – im Gegensatz zu einer individuellen Leistungsentlohnung – kein Bestandteil des eigentlichen Arbeitsentgeltes darstellt, kann sie streng genommen auch nicht dem *Personalaufwand* zugeordnet werden. Dies wird aber fälschlicherweise so praktiziert. Hierdurch wird die materielle Beteiligung der Mitarbeiter am Erfolg der Unternehmen *gewinnmindernd* und damit bezogen auf das Unternehmen *steuermindernd* als Personalaufwand verbucht.

Bei der *echten Gewinnbeteiligung* ist dagegen eine weitgehend objektivierte Gewinngröße zu ermitteln. Als Basis muss hier vom *versteuerten Gewinn* ausgegangen werden. Ansonsten hätte der Staat zu große Steuerausfälle.[36] Kalkulatorische Gewinngrößen auf Basis des wertmäßigen Kostenbegriffs (vgl. Kilger 1980, S. 23ff.) scheiden aufgrund zu großer Gewinninterpretationsmöglichkeiten aus. Auch der dem Handelsrecht unterlegte Gewinnbegriff bietet weitgehende bilanzpolitische Bewertungsmöglichkeiten (vgl. Coenenberg 1987, S. 91ff.; Zdrowomyslaw 2001, S. 328ff.) durch eine Unterbewertung des Vermögens und durch eine Überbewertung des Kapitals. Hierdurch kann der Gewinnausweis manipuliert werden. In Anbetracht engerer steuerrechtlicher Bewertungsvorschriften z.B. bei den Beständen an unfertigen und fertigen Erzeugnissen im Vermögen oder auch bei den Rückstellungen im Kapital eines Unternehmens, sollte daher immer der steuerrechtliche Jahresabschluss zum Ansatz kommen. Für den *Steuerbilanzgewinn* spricht auch eine emotionale „Vertrauensgröße" bei den Beschäftigten und Mitbestimmungsträgern. Schließlich ist der Steuerbilanzgewinn ein vom *Finanzamt* auf seine Richtigkeit und Steuerehrlichkeit geprüfter Gewinn.

Nicht alles, was an versteuertem Gewinn erwirtschaftet wurde, steht aber auch zur *Verteilung* zur Verfügung (vgl. Abb. 38). Ein Teil des Gewinns wird für *Zukunftsinvestitionen* benötigt und auch die Vorsorge muss in Form einer *Risikorücklage* aus dem erwirtschafteten und versteuerten Gewinn berücksichtigt werden. Dies vermindert als erstes den *verteilungsfähigen Gewinn,* wobei die Frage entsteht, wem der Teil der Risikorücklage als Gewinnthesaurierung, die zu einer Erhöhung des Eigenkapitals führt, gehört. Die Antwort kann hier nur lauten, dem Unternehmen, also dem Unternehmer und den Beschäftigten. Dazu ist ein eigener „Rücklagen-Topf" aufzumachen, aus dem immer dann zuerst entnommen wird, wenn das haftende Eigenkapital des Unternehmens durch *Verluste* angegriffen wird.

Ein weiterer Korrekturposten ist eine *Eigenkapitalverzinsung.* Analog zum Lohn und Gehalt als vorab gezahltes Kontrakteinkommen müssen auch die Kapitaleigner eine *Vorabvergütung* für die Eigenkapitalbereitstellung erhalten. In Einzelunternehmen und Personengesellschaften (OHG, KG), in denen die Eigentümer als Geschäftsführer ihre Arbeitskraft einbringen, müsste außerdem noch ein entsprechender *kalkulatorischer Unternehmerlohn* von der Gewinnbasis in Abzug gebracht werden. Dies gilt für Kapitalgesellschaften nicht, da hier die in der Regel völlig überzogenen Managergehälter (vgl. Kapitel 3.4.5) gewinnmindernd bereits im Personalaufwand verbucht werden.

Ist so der verteilungsfähige Gewinn ermittelt, stellt sich die Frage der *funktionalen Verteilung* zwischen Arbeit und Kapital. Dies entzieht sich einer wis-

---

36 Zwar kommt es zunächst nur zu einer Umverteilung von den Gewinnen zu den ebenfalls zu versteuernden Beschäftigteneinkommen. Angesichts unterschiedlich hoher Grenzsteuersätze von Unternehmen und Beschäftigten resultieren dann aber letztlich doch Steuerausfälle.

senschaftlich objektiven Betrachtung. Von daher sollte die Verteilung im Einvernehmen durch Verhandlung mit den Beschäftigten und der Mitbestimmungsseite gefunden werden.

Bei der anschließenden Verteilung des Gewinns auf die einzelnen Beschäftigten in Form einer *Individualbeteiligung* entstehen ebenfalls Fragen. Welche Mitarbeiter sollen beteiligt werden, alle – auch die Auszubildenden – oder nur die ab einer bestimmten Betriebszugehörigkeit? Was ist mit Teilzeitbeschäftigten? Werden diese mit einbezogen? Wie ist der soziale Status (verheiratet, Kinderzahl u.a.) zu berücksichtigen? Soll grundsätzlich eine nichtleistungsorientierte Verteilung nach Köpfen ohne Berücksichtigung von Hierarchiestufen und damit Einkommensstufen vorgenommen werden, oder sollen individuelle leistungsbezogene Verteilungsschlüssel über *Leistungsbeurteilungssysteme* zur Anwendung kommen? Auch auf diese vielfältigen Fragen gibt es keine wissenschaftlichen Antworten, sondern lediglich normative Festlegungen, die ebenso wie die funktionale Aufteilung des Gewinns in Form von Verhandlungen zwischen den Beschäftigten/Mitbestimmungsträgern und den Kapitaleignern zu suchen sind.

*Abb. 38: Unternehmensbezogene Verteilungsmodalitäten*

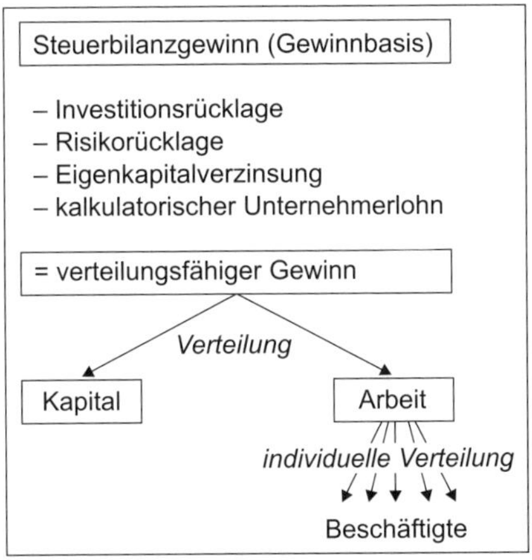


### 3.3.8.1.3 Kapitalbeteiligung und das Problem der Verlustbeteiligung

Eine *echte Gewinnbeteiligung* muss nicht zwingend in eine *Kapitalbeteiligung* der Arbeitnehmer am Produktivkapital münden. Fließt die an die Mitarbeiter ausgeschüttete Gewinnbeteiligung nicht in das Arbeit gebende Unternehmen zurück, so kann der Mitarbeiter über seinen Gewinnanteil frei verfügen. Er kann ihn konsumieren, sparen oder in Form von Produktivkapital anlegen. Diese Differenzierung ist bei der Beurteilung von materiellen Beteiligungsmodellen immer streng auseinander zu halten. Die Kapitalbeteiligung unterteilt sich außerdem in eine *Eigen-* oder *Fremdkapitalbeteiligung* (vgl. Abb. 39).

*Abb. 39: Arten materieller Gewinn- und Kapitalpartizipationen*

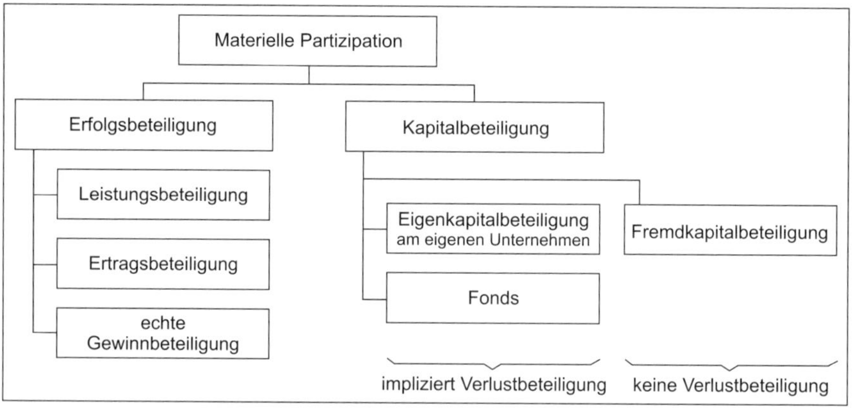


Bei einer Eigenkapitalbeteiligung ist der Arbeitnehmer nicht nur lohnabhängig Beschäftigter, sondern gleichzeitig Miteigentümer (Shareholder) in „seinem" Unternehmen oder an anderen Unternehmen auch mit der Möglichkeit von Fondsbildungen, wie sie gerade mit dem Mitarbeiterkapitalbeteiligungsgesetz intendiert worden sind (vgl. Q86, sowie kritisch zum Gesetz Bontrup 2009b). Hiervon gehen die folgenden Wirkungen aus:

- Das Eigenkapital wird dem Unternehmen dauerhaft zur Verfügung gestellt.
- Mit der zur Verfügungstellung von Eigenkapital ist regelmäßig die Beteiligung am Gewinn und Verlust des Unternehmens verbunden.
- Eigenkapitalgeber haften mindestens in Höhe ihrer Einlage für die Verbindlichkeiten des Unternehmens.
- Durch die Beteiligung am Eigenkapital wird eine juristische Mitgliedschaft (Mitwirkung oder Einflussnahme auf die Geschäftsführung u.a.) begründet.

Wird die Gewinnbeteiligung in eine *Fremdkapitalbeteiligung* umgewandelt, mit der keine Eigentümerfunktion sondern lediglich eine *Finanzierungsfunktion* für das unternehmerische Vermögen verbunden ist, sind folgende Wirkungen zu beachten:

- Fremdkapital steht dem Unternehmen lediglich befristet zur Verfügung. Es besteht somit ein Rückzahlungsanspruch des Unternehmens gegenüber dem Kapitalgeber.

- Die Bindung an das Unternehmen ist mehr „oberflächlich" zu interpretieren. Regelmäßig erfolgt eine gewinnunabhängige Verzinsung des Fremdkapitals, so dass eine Verlustbeteiligung mit der Bereitstellung von Fremdkapital nicht verbunden ist.
- Die Beteiligung am Fremdkapital begründet ein schuldrechtliches Verhältnis gemäß §§ 607 BGB.
- Der fehlende Gesellschafterstatus führt dazu, dass eine Mitgliedschaft wie beim Eigenkapital nicht begründet wird.

Aus dem jeweiligen Kapitalbeteiligungscharakter leitet sich auch die Lösung der immer wieder aufgebrachten *Verlustbeteiligung* von Arbeitnehmern beim Vorliegen einer Gewinn- oder Erfolgsbeteiligung ab. Hier wird in der Regel argumentiert, dass selbstverständlich eine Beteiligung am Erfolg eines Unternehmens auch eine Verlustbeteiligung impliziere.

Eine Verlustbeteiligung im Rahmen einer Gewinnbeteiligung ist aber weder betriebswirtschaftlich noch rechtlich haltbar. Hier wird eine Gewinnbeteiligung mit einer Eigenkapitalbeteiligung verwechselt. Zur Verlusttragung sind laut Gesellschaftsrecht nur diejenigen verpflichtet, die einem Unternehmen Eigenkapital zur Verfügung stellen, womit sie automatisch auch Beteiligungsrechte an der unternehmerischen Willensbildung (Geschäftsführung) erwerben. Beides liegt aber bei einem ausschließlichen Gewinnbeteiligungsmodell nicht vor. Es ist somit völlig paradox von Verlustbeteiligung der Arbeitnehmer zu reden, wenn die Arbeitnehmer weder eigenkapitalmäßig noch geschäftsführend am Unternehmen beteiligt sind.

> „Übrigens fehlt selbst bei solchen Vorstandsmitgliedern, deren Gehalt sich aus einem Fixum und einer Gewinnbeteiligung (Tantieme) zusammensetzt, regelmäßig auch die Verlustbeteiligung." (Schultz 1992, S. 824)

Hiervon abgesehen hat bereits Hartmann im Jahr 1958 in seiner Dissertation zur Verlustbeteiligung der Arbeitnehmer alles Notwendige gesagt.

> „Während (...) zwar ‚Verlust' das Gegenteil von ‚Gewinn' ist, so ist doch ‚Verlustbeteiligung' nicht das Gegenteil von ‚Gewinnbeteiligung'. Ihr Gegenteil ist vielmehr ‚keine Gewinnbeteiligung', und dies ist nicht gleichbedeutend mit ‚Verlustbeteiligung'. Die logische Verbindung von Gewinnbeteiligung und Verlustbeteiligung ist somit falsch." (Hartmann 1958, S. 86)

Würde man sich aber hierüber hinwegsetzen (was in der Praxis nicht selten der Fall ist!) und die Arbeitnehmer trotz einer nicht vorliegenden Eigenkapitalbeteiligung dennoch am Verlust beteiligen, so wäre dann allerdings der oben beschriebene Vorwegabzug vom verteilungsfähigen Gewinn für das bereitgestellte Eigenkapital nicht mehr zu rechtfertigen. Scharf stellt diesbezüglich zu Recht fest:

> „Es erscheint den Arbeitnehmern gegenüber unbillig, allein den Eigenkapitalgebern im Falle eines positiven finanziellen Ergebnisses eine Risikoprämie zu gewähren, ein negatives finanzielles Ergebnis jedoch auch von den Arbeitnehmern mit tragen zu lassen." (Scharf 1981, S. 96f.)

Dennoch bleibt grundsätzlich der Tatbestand bestehen, dass wenn die Arbeitnehmer ihre echte Gewinnbeteiligung in eine Eigenkapitalbeteiligung umwandeln, sie auch am *Verlust* des jeweiligen Unternehmens beteiligt sind – aber auch nur dann.

#### 3.3.8.1.4 Mitsprache bei Gewinn- und Kapitalbeteiligungen

Abschließend ist die Mitsprache bei Gewinn- und Kapitalbeteiligungen zu betonen. In Unternehmen, in denen heute bereits Beteiligungsmodelle vorliegen, sind nicht selten die Beschäftigten bzw. die Betriebsräte bei der unternehmerischen Festschreibung solcher Modelle in Betriebsvereinbarungen fachlich überfordert oder werden nicht einmal bei der Ausarbeitung beteiligt. Dies ergab eine Studie des Instituts für Angewandte Wirtschaftsforschung (IAW) in Tübingen (zitiert bei Strotmann 2003).

Bei der Abfassung einer Betriebsvereinbarung muss der Betriebsrat auf jeden Fall folgende Punkte beachten:

- *Verständlichkeit:* Der Arbeitnehmer sollte die zugrunde gelegte Gewinngröße und ihre Aussage in Bezug auf den unternehmerischen Erfolg verstehen.
- *Aussagekraft:* Die Gewinngröße muss Aussagen über den tatsächlichen unternehmerischen Erfolg ermöglichen. Dies ist z.B. bei der ‚Dividende' nicht der Fall, da sie lediglich die Höhe der Ausschüttung angibt, die sich aus aktuellen und früheren (‚thesaurierten') Gewinnen sowie aus Entnahmen aus Rücklagen ergeben kann.
- *Nachvollziehbarkeit/Transparenz:* Die Ermittlung der Gewinnbasis muss nachvollziehbar sein. Zu komplexe und zu viele Berechnungsschritte erschweren dies. Lassen sich dennoch aber nicht immer vermeiden.
- *Geringe Beeinflussbarkeit durch bilanzpolitische Maßnahmen:* Die Gewinnbasis darf nicht durch bilanzpolitische Maßnahmen des Unternehmers beeinflusst (manipuliert) sein.

Damit diese Bedingungen insgesamt, unabhängig vom einzelnen Unternehmen, zur Anwendung kommen, ist es geboten, dass Gewinn- und Kapitalbeteiligungsmodelle durch eine *tarifvertragliche Festlegung* zwischen Arbeitgeberverbänden und den Gewerkschaften einen verbindlichen Ordnungsrahmen erhalten.

### 3.3.8.2 Materielle Partizipation in den Stadtwerken

Bei der Auswertung unserer Fragebögen zur materiellen Partizipationen sind Widersprüchlichkeiten festgestellt worden, die es in der folgenden Interpretation zu berücksichtigen gilt. Wir führen die Ungereimtheiten nach Rücksprache mit Betriebsräten auf fehlende Kenntnisse im Hinblick auf exakte inhaltliche Abgrenzungen verschiedener Erfolgs- und Kapitalbeteiligungsmodelle zurück.

Im ersten Schritt galt unser Augenmerk der *echten Gewinnbeteiligung.* Auf die Frage „Gibt es in Ihrem Unternehmen eine echte Gewinnbeteiligung?" antworteten 13 der 53 Befragten (24,5%) mit ja und 37 (fast 70%) mit nein (Frage III.45).

Auch haben wir danach gefragt, welche *Beschäftigtengruppen* an der echten Gewinnbeteiligung teilnehmen (Frage III.48). Hier gaben gut 92% der 13 Stadtwerke mit echter Gewinnbeteiligung an, *„alle ohne Auszubildende und Leiharbeiter".* Fast 8% votierten hier für „alle" ab einer bestimmten Betriebszugehörigkeit und bei gut 15% der EVUs werden auch die Auszubildenden an den Gewinnen beteiligt. Leiharbeiter kommen dagegen in keinem Unternehmen zum Zuge.

In der nächsten Frage (III.49) ging es um das Praktizieren einer Erfolgsbeteiligung für den Fall, dass keine *echte* Gewinnbeteiligung vorliegt. Damit hatten wir uns eigentlich nur an die 37 Stadtwerke gewandt, die keine echte Gewinnbeteiligung praktizieren. Geantwortet haben aber 50 Betriebsräte, mithin teilweise auch solche, die zuvor bereits das Bestehen einer echten Gewinnbeteiligung angezeigt haben. Daher versteht sich in der Interpretation durch die Befragten der Begriff *„Erfolgsbeteiligung"* nicht – wie von uns beabsichtigt – als abschließend (exklusive Erfolgsbeteiligung), sondern er beinhaltet jedwede Form einer Erfolgbeteilung (inklusive einer echten Gewinnbeteiligung). 20 der 50 antwortenden EVUs (also 40%) praktizieren eine Erfolgsbeteiligung, während 30 bzw. 60% über keinerlei erfolgsorientiertes Entgelt verfügen.

Bei den 20 EVUs mit Erfolgsbeteiligungen haben wir auch nach den *Arten der Beteiligungen* gefragt (Frage III.50). Unter den 17 antwortenden EVUs dominiert mit 30% eine Produktionsleistungsbeteiligung und 55% entfielen auf Ertragsbeteiligungsarten. Drei von 20 (also 15%) gaben keine Auskunft.

Welche Beschäftigtengruppen nehmen dabei an einer Erfolgsbeteiligung teil (Frage III.53)? Bei 70% der Stadtwerke mit einer solchen Beteiligung sind dies alle Beschäftigten ohne Auszubildende und Leiharbeiter. In 30% der befragten EVUs gehören alle Mitarbeiter ab einer bestimmten Betriebszugehörigkeit zum Kreis der Beteiligten und bei 10% der Stadtwerke partizipieren auch die Auszubildenden. Leiharbeiter sind dagegen, wie bei der echten Gewinnbeteiligung, auch hier ausgeschlossen.

*Kapitalbeteiligungen* finden in den Stadtwerken aber nur in 15% der Fälle, d.h. bei acht EVUs statt (Frage III.55). Fast 80% der befragten Betriebsräte stimmten hier mit einem nein, während 5% keine Antwort gaben.

Kommt es zu einer Kapitalbeteiligung (das war in acht Unternehmen der Fall), dann liegt in keinem Fall eine *Fremdkapitalbeteiligung* vor (Frage III.56). Fünf von acht Befragten gaben an, eine *Eigenkapitalbeteiligung* zu erhalten, drei antworteten nicht.

Beschäftigt hat uns auch die Frage, ob bei dem Vorliegen einer Erfolgsbeteiligung (in 20 EVUs) auch eine *Verlustbeteiligung* in Form von Lohn- und Gehaltskürzungen praktiziert wird (Frage III.52). Hier sagten 80% der befragten Betriebsräte nein, dies sei nicht der Fall, und 20% antworteten mit einem ja.

Wenn eine *echte* Gewinnbeteiligung gegeben ist, dies gaben 13 Mitbestimmungsträger an, so haben die Betriebsräte darüber auch in knapp 85% der Fälle (also in elf EVUs) eine *Betriebsvereinbarung* abgeschlossen (Frage III.46). In gut 15% der Stadtwerke war dies aber nicht der Fall.

In den elf EVUs mit einer Betriebsvereinbarung zur echten Gewinnbeteiligung waren an der Ausarbeitung der Vereinbarung in fast 91% der Fälle die Betriebsräte gleichberechtigt beteiligt („trifft voll zu“) (Frage III.47). In gut 9% der Stadtwerke antworteten die Betriebsräte noch mit einem „trifft zu“.

Ähnlich waren hier die Ergebnisse im Hinblick auf die von uns festgestellten 20 EVUs mit Erfolgsbeteiligung (Frage III.51). Auch hier war der Betriebsrat, wenn auch nicht ganz so stark wie bei der echten Gewinnbeteiligung, an der gleichberechtigten Ausarbeitung einer Betriebsvereinbarung beteiligt. In 75% der Fälle stimmten die befragten Betriebsräte hier für „trifft voll zu“ oder für „trifft zu“.

Bei aller Vorsicht, die angesichts der aufgezeigten Unstimmigkeiten mit Blick auf die Abgrenzung unterschiedlicher materieller Partizipationsformen angebracht ist, muss *in conclusio* konstatiert werden, dass den Beschäftigten eben nicht nur beim direkten Arbeitsentgelt der generierte Produktivitätsfortschritt vorenthalten wurde (vgl. Kapitel 2). Auch im Rahmen von Beteiligungsmodellen haben sie „den Kürzeren“ gezogen. Angesichts unserer Vorbehalte haben wir zwar Zweifel an der Validität der Ergebnisse zur echten Gewinnbeteiligung. Aber selbst wenn die Angaben stimmen, wonach 13 von 53 Unternehmen eine solche Beteiligung haben, so erscheint dies vor dem Hintergrund der seit der Liberalisierung enorm gewachsenen Wertschöpfung als völlig unzureichend. Dieser Eindruck bestätigt sich auch durch den Tatbestand, dass nur 40% angaben, überhaupt irgendeine Form der Erfolgsbeteiligung zu praktizieren.

## 3.4 Unternehmenskultur bei den „Big-4“

Im Folgenden haben wir im Hinblick auf die aufgezeigten personalpolitischen Paradigmen – insbesondere bezogen auf das verschärfte *Shareholder-Paradigma* –, aber auch im Hinblick auf eine *demokratisch-partizipative Unternehmens-*

*kultur,* die *personalwirtschaftliche Strategie* der vier Marktführer der Elektrizitätswirtschaft untersucht.

Zur Gewinnung der empirischen Befunde sind die veröffentlichten Geschäftsberichte sowie Personal- und Sozialberichte als auch Berichte zur „Corporate Social Responsibility" (CSR) ausgewertet worden. Die betriebswirtschaftliche Situation der Unternehmen wurde von uns auf Basis der Gewinn- und Verlustrechnungen sowie der Bilanzen bereits in Kapitel 2.4 analysiert. Ähnlich wie dort betreffen die verarbeiteten Informationen weniger nur die Sparte *„Elektrizität"* als den jeweiligen Konzern.

### *3.4.1 E.ON AG*

Nach eigener Unternehmensvision versucht E.ON, der größte Energieversorger Deutschlands, eine weltweit *führende Marktposition* als Strom- und Gasunternehmen zu erzielen. Dieses „Größenziel" sei aber nur durch eine „verantwortungsvolle Unternehmensführung" zu erreichen, die E.ON nach eigenen Aussagen in Form einer *stakeholderbezogenen Führungsstrategie* auf Basis der „Corporate Social Responsibility" (CSR),[37] ein Instrument zur Gestaltung transnationaler Arbeitsbeziehungen, für umsetzbar hält. CSR wird in diesem Kontext als Führungskonzept verstanden, das den Gegensatz zwischen einer eigenkapitalzentrierten Profitorientierung (Shareholder-Ansatz) und einem unternehmensbezogenen stakeholderorientierten sowie einem sozialen (gesellschaftlichen) Anspruch auflösen soll. Im CSR-Bericht von 2004 hat E.ON diesbezüglich sein grundsätzliches (allgemeines) *unternehmerisches Leitbild* veröffentlicht. Dabei wurden für das Management und die Beschäftigten *„Werte"* und *„Verhaltensregeln"* fixiert (vgl. Übersicht 3).
Seit 2004 wird unter dem Stichwort „OneE.ON" im Unternehmen versucht, eine *verantwortungsorientierte Unternehmenskultur* mittels der gemeinsamen Vision, gemeinsame Werte und Verhaltensregeln zu verankern.

> „Ziel ist es, über die Grenzen von Arbeitsbereichen und Konzerngesellschaften hinweg eine Unternehmenskultur zu schaffen und Austausch und Zusammenarbeit im ganzen Konzern zu fördern." (Q67, S. 80)

Diese sehr allgemein gehaltenen „Werte" und „Verhaltensweisen" sind aber weder ein ausreichender Garant für eine „Corporate Social Responsibility"[38] und

---

37 CSR ist nach einer Definition der EU „im Wesentlichen ein Konzept, wonach Unternehmen sich freiwillig dazu entscheiden, zu einer besseren Gesellschaft und zu einer sauberen Umwelt beizutragen." (Q76, S. 4f.)

38 Hierbei ist auch Folgendes zu beachten: „Hinter der Einführung transnationaler Sozialstandards steht oft eine Mischung unterschiedlicher Interessen. Allgemein wird der

*Übersicht 3: Unternehmensleitbild E.ON*

*E.ON-Werte*

„Wir stellen uns der Verantwortung für unsere Mitarbeiter, unsere Gesellschaft und unsere Umwelt und teilen diese Werte:

*Integrität:* Wir tun, was wir sagen.

*Offenheit:* Wir sagen, was wir denken.

*Vertrauen und gegenseitiger Respekt:* Wir behandeln andere so, wie wir selbst behandelt werden möchten.

*Mut:* Wir tun und sagen, wovon wir überzeugt sind.

*Gesellschaftliche Verantwortung:* Wir handeln im langfristigen gesellschaftlichen Interesse."

*E.ON-Verhalten*

„Wir lassen uns von diesen für uns wesentlichen Verhaltensweisen leiten: Kundenorientierung, Leistungswille, Veränderungsbereitschaft, Zusammenarbeit, Führungsverhalten und Vielfalt und Weiterentwicklung."

Quelle: Q64, S. 10

noch weniger stellen sie hinreichende Größen für eine umzusetzende unternehmensbezogene *demokratische Partizipation* dar. Außerdem stellt sich bei solchen allgemeinen, wenig konkret gemachten Verlautbarungen immer die Frage, wie viel davon in den Unternehmen realiter überhaupt umgesetzt wird. Eine 2004 bei E.ON durchgeführte *Mitarbeiterbefragung* deutet hier mehr einen nur geringen Umsetzungsgrad an, wenn festgestellt wurde:

> „Zwar identifizieren sich die Mitarbeiter mit dem Konzern, viele kennen aber die *übergeordneten Ziele* und die *Strategien* des Unternehmens nicht ausreichend. Auch individuell mangelt es Mitarbeitern gelegentlich an Orientierung: Führungskräfte sollten häufiger konkrete Rückmeldungen geben, wie sie die Leistung ihrer Mitarbeiter einschätzen, und ihnen Entwicklungsmöglichkeiten aufzeigen." (Q68, S. 56)

Bei E.ON gibt es nach den von uns ausgewerteten Veröffentlichungen kaum Hinweise auf die Ziele einer *integrativen Personalpolitik* (vgl. Kapitel 3.2.3) und auch die im Kapitel 3.3.1 beschriebenen Eckpunkte einer demokratisch-partizipativ verfassten Unternehmenskultur werden hier nur ansatzweise angeführt.

---

CSR-Mainstream jedoch zunehmend weniger von den ‚Leuchttürmen' und ‚best practices' der CSR-Politik bestimmt, sondern immer mehr durch Unternehmen, die lediglich Sogeffekten der Finanzmärkte und globalen Wirtschaft folgen. Die hier maßgeblichen CSR-Stakeholder erwarten zwar auch die Einführung von Implementations- und Kontrollmechanismen; eine aktive Beteiligung der Beschäftigten und ihrer Interessenvertretungen hat in ihren Vorstellungen und Ansprüchen jedoch keinen Stellenwert." (Kocher 2008, S. 202

Völlig fehlt die Umsetzung des *„DGB-Index Gute Arbeit"*, aber auch eine Deskription des kollektiven und individuellen Konfliktpotenzials. Gibt es ein strategisch angelegtes *Konfliktmanagement?* Dies ist nur eine Frage im Hinblick auf eine integrative Personalpolitik.

Immerhin findet man bei E.ON aber einzelne Elemente einer demokratisch-partizipativen Unternehmenskultur wie etwa im Hinblick auf eine *immaterielle Partizipation* (Mitbestimmung). Im CSR-Bericht von 2007 heißt es dazu:

> „Eine gute und offene Beziehung zwischen Arbeitnehmervertretungen und dem Arbeitgeber ist für den langfristigen Erfolg von Unternehmen entscheidend. Die partnerschaftliche und vertrauensvolle Zusammenarbeit beider Seiten ist deshalb bei E.ON fester Bestandteil der Unternehmens- und Führungskultur." (Q68, S. 9)

Nur was besagt das? Im Grunde nicht viel. Zwar gibt es bei E.ON sowohl eine *betriebliche* (über Betriebsräte, Gesamtbetriebsrat, Wirtschaftsausschuss und einen Konzernbetriebsrat) vermittelte Mitbestimmung als auch eine *unternehmensbezogene* über einen Konzern-Aufsichtsrat nach dem Mitbestimmungsgesetz von 1976 praktizierte immaterielle Partizipation. Ebenso wird durch einen *Arbeitsdirektor* die Personalpolitik auf höchster Leitungsebene vertreten. Paritätisch im Sinne einer rechtlichen und wirtschaftlichen Gleichstellung von Arbeit und Kapital ist aber weder die eine noch die andere Form der Mitbestimmung, so dass das *Machtungleichgewicht* zu Lasten der abhängig Beschäftigten nicht aufgehoben wird.

Auch der Unterbau einer institutionalisierten paritätischen Mitbestimmung, eine arbeitsplatzbezogene interpersonelle *Kommunikationsdialektik* in Verbindung mit einer *holistischen Informationspolitik,* ist nur rudimentär in den Veröffentlichungen von E.ON erkennbar. Zwar werden im Rahmen der Informationspolitik – gesetzlich vorgeschriebene – wirtschaftliche Daten (Geschäftsberichte) veröffentlicht und auch im Internet sind strategische Entscheidungen und Entwicklungen aufgeführt. Auch betont das Unternehmen:

> „Der Dialog mit unseren Mitarbeitern ist uns sehr wichtig – über alle Hierarchieebenen hinweg. Briefe und E-Mails des E.ON-Topmanagements sowie Videobotschaften der Führungskräfte halten die Mitarbeiter über aktuelle Entwicklungen auf dem Laufenden." (Q62)

Ob diese Informationen aber dem einzelnen Mitarbeiter auch bewusst sind bzw. diese Daten adäquat kommuniziert wurden und ob die Mitbestimmungsseite an den strategischen Entscheidungen *gleichberechtigt* zum Management beteiligt wurde, lässt sich abschließend mangels Daten nicht beantworten.[39]

---

39 Hier empfehlen wir für alle „Big-4" eine noch nachgelagerte spezielle Forschungsarbeit und für die Mitbestimmungsträger eine Qualifizierung und Einübung in das holistische Modell einer demokratisch-partizipativen Unternehmenskultur.

Als Verbindungsglied zwischen der Kommunikationsdialektik und einer holistischen Informationspolitik fungiert eine *partizipative Personalführung*. Hier gibt es bei E.ON außer Allgemeinplätzen zur Personalführung (wie „langfristiger Erfolg ist nur möglich, wenn alle Führungskräfte und Mitarbeiter gemeinsam auf ein Ziel hinarbeiten") kaum brauchbare Hinweise. Aufgrund der Tatsache aber, dass es bei E.ON eine erfolgsabhängige Vergütung mit dem immanenten Bestandteil „Zielerfüllung" gibt, die in jährlichen Mitarbeitergesprächen überprüft werden, ist zu vermuten, dass nach *„Zielen"* geführt wird. Dies sagt aber noch nichts über eine partizipative Führung aus.

E.ON beschreibt auch allgemein sein hohes innovatives Potenzial. Über ein konkretes *mitarbeiterzentriertes Ideenmanagement* (vgl. Kapitel 3.3.7) finden sich allerdings in den öffentlich zugänglichen Quellen nur wenige Angaben. Im Personal- und Sozialbericht 2006 wird darüber berichtet, dass im Jahr 2006 mit über 3.000 Ideen etwa dreimal so viele Ideen wie noch im Jahr 2000 eingereicht wurden. Prämiert wurde dabei etwa jede dritte. Bei den ausgelösten jährlichen (!) Nettoersparnissen von über 2,3 Mio. EUR wurden nur einmalig knapp 700 Tsd. EUR an Prämien ausgeschüttet. Überdies scheint sich das Ideenmanagement aber weitgehend auf das klassische Betriebliche Vorschlagswesen zu beschränken.

Dagegen wird explizit die Bedeutung eines *Wissensmanagements* (Bildung, Weiterbildung) hervorgehoben.

> „Know-how und Bildung sind entscheidende Faktoren, um den effizienten und zukunftsfähigen Umgang mit Energie in der Gesellschaft zu fördern. (...) Dies erfordert, dass wir zuallererst unsere Mitarbeiter fit für die Zukunft machen. (...) Die Aus- und Weiterbildung unserer Mitarbeiter hat für uns einen besonders hohen Stellenwert." (Q68, S. 48)

Im Jahr 2007 wurden 2.656 *Auszubildende* in verschiedenen technischen und kaufmännischen Berufen ausgebildet. Bezogen auf die gesamte Belegschaft entsprach dies einer normalen *Erstausbildungsquote* von 3%. In Summe beziffert der Konzern die Anzahl der jährlichen Weiterbildungstage auf 270.000. Im Jahr 2007 wurden konzernweit trotz der hohen Bedeutung von *Aus-* und *Weiterbildung* insgesamt bei einer Gesamtleistung in Höhe von gut 69 Mrd. EUR aber dennoch lediglich 78 Mio. EUR, also nur gut 1,1%, für Aus- und Weiterbildung verausgabt. Führungskräfte und Nachwuchsführungskräfte haben die Möglichkeit, sich an der *E.ON Academy* fachspezifisch im Studium und anderen Angeboten weiter zu entwickeln.

Und nicht zuletzt impliziert eine demokratisch-partizipative Unternehmenskultur eine materielle Partizipation in Form von *Gewinn-* und *Kapitalbeteiligungen* oberhalb einer am Flächentarifvertrag orientierten verteilungsneutralen und solidarischen Entgeltpolitik. E.ON-Beschäftigte erhalten hier ein anhand verschiedener Kriterien ausdifferenziertes Entgelt. Erstens besteht dies aus einer *Basisvergütung,* in die sowohl eine *Anforderungskomponente* des Arbeitsplatzes als auch eine *Erfahrungskomponente* des Mitarbeiters einfließt. Zweitens wird eine *Leistungskomponente* nach dem Grad der Erfüllung aufgabenorientierter Zielvereinbarungen gewährt. Dies alles ist entgeltpolitischer Standard (vgl. Breisig 2005, S. 282ff.).

Neben dem Arbeitsentgelt erhalten die E.ON-Beschäftigten eine *variable Erfolgsbeteiligung* auf Basis des ROCE (Return on Capital Employed). Dies ist keine *echte Gewinnbeteiligung* (vgl. Kapitel 3.3.8). Neben den Möglichkeiten einer *betrieblichen Altersversorgung* können inländische Mitarbeiter (hier liegt eine Diskriminierung gegenüber ausländischen Mitarbeitern vor) auch einmal im Jahr Aktien zu einem Vorzugspreis erwerben und sich somit am *Eigenkapital* von E.ON beteiligen. Seit 2000 sind so durch das „Mitarbeiteraktienprogramm" fast 2,4 Millionen E.ON-Aktien in das Eigentum von Mitarbeitern gelangt (eigene Berechnungen auf Basis von Q67, S. 83). Eine *Fremdkapitalbeteiligung* ist dagegen nicht vorgesehen. Insgesamt liegen somit im Hinblick auf eine materielle Partizipation Defizite vor.

Nach der letzten Befragung aller Mitarbeiter im Jahr 2007 gaben 81% der Beschäftigten an, stolz darauf zu sein, im Konzern zu arbeiten. Allgemein lässt sich dennoch als Fazit konstatieren, dass E.ON trotz eines siebten Platzes beim Wettbewerb als „Deutschlands bester Arbeitgeber" im Jahr 2009 noch merklich von der Umsetzung des Ideals einer demokratisch-partizipativ verfassten Unternehmenskultur entfernt ist. Einzelne Elemente konnten zwar ausgemacht werden. Zur Bekämpfung des personalpolitischen Kernproblems setzt E.ON auf eine unternehmensinterne Vermarktlichung der Arbeitskräfte und gleichzeitig auf eine Spaltung und Entsolidarisierung der Belegschaft in Stamm- und Randbeschäftigte. Die Personalpolitik aus Sicht der Beschäftigten ist eindeutig auf eine Shareholderstrategie (vgl. Abschnitt 3.2.7.3) ausgerichtet; dies übrigens auch im Umgang mit anderen Stakeholdern wie Zulieferern und Kunden.

Bezeichnend ist in diesem Kontext das aktuelle Sparprogramm „perform-to-win". Trotz Spitzengewinnen im Jahr 2008 und einer 10-prozentigen Dividendenanhebung plant die Unternehmensführung massive Einschnitte. Der Unmut in der Belegschaft, die in früheren Umstrukturierungsphasen noch durch großzügige Konzessionen besänftigt wurde, ist so groß, dass die Gewerkschaft Verdi eine Großdemonstration gegen die Beschlüsse des Vorstands, dem geradezu ein Kulturbruch vorgeworfen wird, organisiert hat (vgl. Q229).

### *3.4.2 RWE AG*

Die von uns herangezogenen Hinweise von RWE in Bezug auf *Mitbestimmung* zeigen, dass es hier nur um den gesetzlich vorgeschriebenen Rahmen geht. Neben der unternehmensbezogenen Mitbestimmung durch Aufsichtsräte gemäß dem Mitbestimmungsgesetz von 1976 findet auch eine betriebliche Mitbestimmung durch Betriebsräte, Gesamtbetriebsräte und durch einen Wirtschaftsausschuss sowie einen Konzernbetriebsrat statt. Die Personalpolitik wird außerdem auf höchster Leitungsebene durch einen *Arbeitsdirektor* vertreten. Wirkliche immaterielle demokratische Partizipation ist damit aber noch nicht erreicht. Was auch hier fehlt, ist letztlich die rechtliche Gleichstellung von Arbeit und Kapital.

Für viel Aufsehen haben in diesem Zusammenhang zuletzt Streitigkeiten in der Führungsriege des Konzerns gesorgt. Dem in der Neuaufstellung des Unternehmens recht forschen Vorstandsvorsitzenden Großmann wird in der Presse eine *„Basta-Mentalität"* nachgesagt, die zu erheblichen Konflikten mit dem Aufsichtsrat geführt haben und mit ein Auslöser für die Mandatsniederlegung des Aufsichtsratsvorsitzenden Fischer gewesen sein soll (vgl. Q218). Dabei soll Großmann zum einen bei der Zerlegung der RWE-Tochter Systems durch Geschäftsordnungstricks die Mitbestimmung ausgehebelt haben. Zum andern habe er sich bei der im Aufsichtsrat kritisch gesehenen Beteiligung am Bau eines neuen Kernkraftwerks in Bulgarien über die Aufseher mit dem Hinweis hinweggesetzt, die Geschäftsordnung sehe diesbezüglich nur eine Informationspflicht durch ihn, nicht aber die Zustimmungspflicht durch den Aufsichtsrat vor. Um zukünftig mehr Mitspracherechte in der Unternehmensaufstellung zu gewährleisten ist diesbezüglich die Geschäftsordnung allerdings inzwischen geändert worden.

Neu ist bei RWE eine Rahmenvereinbarung für ein so genanntes *„Europäisches Konzernforum"*. Dieses länderübergreifende Gremium besteht aus elf Mitgliedern, die aus sieben Ländern kommen, und dem Dialog zwischen den Arbeitnehmervertretungen und der Konzernleitung dienen soll. Vertreter von europäischen Gewerkschaftsorganisationen nehmen als ständige Gäste am „Europäischen Konzernforum" teil. Im Forum kommen Themen zur Sprache, die von gemeinsamem Interesse auf europäischer Konzern-Ebene sind. Dazu zählen u.a. Strukturveränderungen im RWE-Konzern sowie die wirtschaftliche und finanzielle Lage, die voraussichtliche Entwicklung der Geschäfts-, Produktions- und Absatzlage, die Beschäftigungssituation und ihre geplante Entwicklung, Investitionsprogramme als auch grundlegende Änderungen der Konzern-Organisation. Das Gremium ist aber ein reines *Informationsgremium* und kein wirkliches (paritätisches) Mitbestimmungsorgan. Letztlich entscheidet auch auf der europäisch übergreifenden Konzernebene bei RWE ausschließlich das Top-Management.

Eine herausragende Rolle spielen bei RWE die *Führungskräfte,* die 2003 „zentrale Handlungsfelder" für eine RWE-Strategie identifizierten und die seitdem auch die Geschäftspolitik mit beeinflussen. 2006 erfolgte angesichts der dynamischen Entwicklungen auf dem Energiemarkt eine Rejustierung. Dabei wurde auch die Strategieentwicklung im *Dialog mit den Mitarbeitern* aller Geschäftsbereiche sowie mit Vertretern externer Stakeholdergruppen und den Shareholdern[40] gesucht. Zentrales Element der Kommunikationsstruktur ist dabei der 2005 verabschiedete *„Verhaltenskodex"*. Dieser gilt für alle Beschäftigten bei RWE. Die Führungskräfte haben unter Zuhilfenahme von Schulungen sicherzustellen, dass die ihnen zugeordneten Beschäftigten den Verhaltenskodex kennen und ihn in der Praxis auch umsetzen. Im Kodex ist festgelegt, dass das Handeln von RWE und allen Mitarbeitern durch *Eigenverantwortung, Aufrichtigkeit, Loyalität* sowie *Respekt* gegenüber den Mitmenschen und der Umwelt bestimmt ist. Der Umgang miteinander soll zudem durch *Teamgeist, Professionalität* und *Offenheit* geprägt werden (vgl. Q247).

Im Rahmen der RWE-Personalpolitik fördert das Unternehmen Chancengleichheit und Vielfalt. Familie und Beruf sollen besser miteinander in Einklang gebracht werden. Kein Mitarbeiter oder Bewerber soll aufgrund seines Geschlechts, Familienstands, seiner Rasse, Nationalität, seines Alters, seiner Religion oder sexuellen Orientierung benachteiligt werden. Sind dies aber besonders herauszustellende Dinge? Sicher nicht. So fordert das *Antidiskriminierungsgesetz* in Deutschland und in der EU längst derartiges gesetzlich ein. Interessant ist dagegen, dass trotz der allgemein schlechten Presse der Energieunternehmen, RWE beim *akademischen Nachwuchs* in Deutschland zu den beliebtesten Arbeitgebern zählt; jedenfalls im Rahmen des jährlich vom „Trendence Institut für Personalmarketing" erstellten „Absolventenbarometers". Hier hat RWE das damit verbundene Qualitätssiegel „Top-Arbeitgeber" für die Jahre 2006 und 2007 erhalten. Auch RWE selbst versucht, die Meinungen der Mitarbeiter und deren Veränderungen durch alle zwei Jahre stattfindende *Befragungen* zu erfassen. Aus den Antworten wird dann ein *„Motivationsindex"* ermittelt. Auf die Anwendung des „DGB-Index Gute Arbeit" verzichtet dagegen RWE.

Bezüglich der internen *Informationspolitik* kann – wie bei E.ON – auf die gesetzlichen Veröffentlichungspflichten bezüglich der Geschäftsberichte mit betriebswirtschaftlichen Daten verwiesen werden. Auch im Internet finden sich Hinweise auf unternehmensstrategische Entscheidungen. So wie bei E.ON kann aber auch hier nicht abschließend beurteilt werden, inwieweit es sich um eine *holistisch* angelegte Informationspolitik handelt, die nicht nur auf Informations-, sondern vielmehr auf *Wissensvermittlung* basiert (vgl. Abschnitt 3.3.3.1).

Stark ausgeprägt ist aber offensichtlich das *Ideenmanagement* bei RWE. Hier werden jährlich nach eigenen Angaben „tausende Ideen" von Mitarbeitern

40 Im Dialog mit den Shareholdern wurden folgende Hinweise und Anregungen erarbeitet: „Die zehn Handlungsfelder treffen die Herausforderungen, mit denen RWE umgehen muss. Erwartet werden aber konkrete Zielsetzungen insbesondere zur Reduktion der $CO_2$-Emissionen, ein verstärktes Engagement bei erneuerbaren Energien sowie Maßnahmen zur Steigerung der Energieeffizienz." (Q252, S. 14)

eingebracht. „Dabei reicht die Bandbreite von der Materialeinsparung über die bessere Nutzung von Arbeitszeiten bis zur Effizienzsteigerung beim Einsatz umweltrelevanter Ressourcen." (Q253, S. 74) Im Jahr 2007 führten diese „innovativen Anstöße" aber dennoch nur zu Einsparungen in Höhe von 15 Mio. EUR. Dies ist bei einer Gesamtleistung von gut 41 Mrd. EUR eine allenfalls marginale Größenordnung. Das Ideenmanagementsystem wurde aber dennoch im Jahr 2007 mit dem Förderpreis des „Deutschen Instituts für Betriebswirtschaft" prämiert. RWE Power erhielt den zweiten Platz in der deutschlandweiten Statistik. Bei RWE will man gezielt an der Weiterentwicklung des Ideenmanagements arbeiten. Ziel ist es vor allem, die *Bearbeitungszeit* bei den eingereichten Vorschlägen zu reduzieren.

> „Eine weiterentwickelte Betriebsvereinbarung bei RWE Systems verringert den administrativen Aufwand und verbessert die Kommunikation zwischen Ideeneinreicher und Ideengutachter. Außerdem wurde bei RWE Systems erstmals Ende des Jahres 2007 der kreative Bereich mit einem Ideen-Award ausgezeichnet." (Q253, S. 74)

Die zu einem mitarbeiterzentrierten Ideenmanagement zählende *Arbeitnehmererfindung* auf Basis des Arbeitnehmererfindungsgesetzes findet dagegen bei RWE keine Erwähnung.

Auf *Weiterbildung* und *Qualifikation* legt RWE großen Wert. Zahlreiche Bildungsmaßnahmen werden von RWE Academy als zentralem Weiterbildungsanbieter des RWE-Konzerns organisiert. Im Personalbericht 2007 wird konstatiert:

> „Die Mitarbeiter und ihre Qualifikationen sind ein wichtiger Erfolgsfaktor für unseren Konzern. Vor dem Hintergrund der demographischen Entwicklung, der immer weiter gehenden Internationalisierung und dem zunehmenden Wettbewerb kommt diesem Faktor immer mehr Bedeutung zu. Deshalb haben wir uns entschieden, uns stärker den Qualifikationen der Mitarbeiter zu widmen." (Q253, S. 67)

Zuletzt stand dabei im Zentrum der Aufbau eines konzernweiten *„Qualifikationsmanagementsystems"*, in dem die Mitarbeiter ihre vorhandenen Qualifikationen benennen und in das System eingeben konnten:

> „Durch den Abgleich von Mitarbeiterqualifikationen und den für die jeweilige Stelle notwendigen Anforderungen lassen sich frühzeitig Handlungsbedarfe ableiten. Dies können zum Beispiel fokussierte und zielgruppenspezifische *Personalentwicklungsmaßnahmen* sein.[41] Gleichzeitig versetzt uns dieses Instrument in

41 Zur Deskription von Personalentwicklungsmaßnahmen vergleiche ausführlich das Kapitel 3.3.5.

die Lage, personalwirtschaftliche Risiken zu diagnostizieren und diesen – zum Nutzen des Konzerns – entgegenzuwirken. So werden wir auf Basis detaillierter Analysen und eines innovativen Reportings konkrete Ansätze zur Steuerung der Qualifikationen aufzeigen können." (Q253, S. 67)

Im Durchschnitt wurden so RWE-Mitarbeiter an zweieinhalb Tagen in 2007 weitergebildet. Hinweise darauf, welche Beschäftigten dies waren, ob mehr Führungskräfte, kaufmännische oder gewerbliche Mitarbeiter, werden nicht gegeben. RWE bietet auch leistungsstarken Nachwuchskräften ein *berufsbegleitendes Studium* an einer Fachhochschule oder Berufsakademie an. Bei der *Erstausbildung* engagiert sich RWE nach eigenen Angaben zehnmal über den zukünftig benötigten Personalbedarf hinaus. In 2007 wurden 2.745 Auszubildende beschäftigt. Bezogen auf die Gesamtbelegschaft waren dies aber dennoch nur 4,3%. Zu erwähnen ist auch noch das von RWE Power initiierte Programm, das *junge* und *ältere Mitarbeiter* in Teams zusammenführt und so die Weitergabe von Erfahrungswissen ermöglichen soll.

Bezüglich einer *materiellen Partizipation* liegt auch bei RWE keine echte Gewinnbeteiligung vor. Im Haustarif-Vertrag wurde 2006 allerdings die Möglichkeit geschaffen, *erfolgsabhängige Vergütungsbestandteile* zu vereinbaren. Durch das gute wirtschaftliche Ergebnis 2007 erhielten so die Beschäftigten neben ihrem Grundgehalt zusätzliche erfolgsabhängige Entgeltzahlungen, die RWE als Personalaufwand gewinn- und damit steuermindernd verbuchte. Auch können sich die inländischen Beschäftigten (hier werden wie bei E.ON die ausländischen Mitarbeiter diskriminiert) am *Eigenkapital* beteiligen. Jährlich werden Belegschaftsaktien zu vergünstigten Konditionen angeboten. Dadurch halten die Beschäftigten mittlerweile rund 2% des gezeichneten RWE Kapitals (vgl. Q249, S. 113). *Fremdkapitalbeteiligungen* sind dagegen nicht vorgesehen.

Entgegen diesen zumindest partiell ansprechenden personalpolitischen Maßnahmen ist es bei RWE von 2002 bis 2007 zu einem drastischen *Arbeitsplatzabbau* gekommen. Die Zahl der Beschäftigten ging von knapp 132.000 auf etwas über 63.000 – also um mehr als die Hälfte – zurück. Für die Beschäftigten ist es dabei egal, wodurch sie ihre Arbeitsplätze verlieren. Selbst wenn sie nicht arbeitslos werden, weil sie sogleich eine neue Beschäftigung in einem anderen Unternehmen finden oder in aufgekauften Unternehmen bzw. Unternehmensteilen vom neuen Arbeitgeber weiter beschäftigt werden, ist dennoch ihr Arbeitsplatz nicht mehr beim alten Arbeitgeber. Dies hat in der Regel für die „Verkauften" beträchtliche Nachteile. Diese reichen nicht selten von beträchtlichen Arbeitsplatz- und Einkommensverschlechterungen bis hin zu beendeten Karrierechancen.

### *3.4.3 EnBW AG*

EnBW als drittgrößter Energieversorger Deutschlands schneidet im Hinblick auf eine Umsetzung demokratisch-partizipativer Unternehmenskultur ähnlich ab wie die beiden Dyopolisten E.ON und RWE. Auch hier kommt es in Sachen *Mitbestimmung* (vgl. Kapitel 3.3.2) nur zu den gesetzlich vorgeschriebenen Notwendigkeiten – inklusive einer *arbeitsdirektoral* verantworteten Personalpolitik.[42]

Bezüglich des Unterbaus einer institutionalisierten paritätischen Mitbestimmung hat EnBW einiges ansprechend umgesetzt. Dies gilt sowohl für eine *arbeitsplatzbezogene interpersonelle Kommunikationsdialektik* als auch für eine *holistische Informationspolitik* (vgl. Kapitel 3.3.3). Wiederholt ist EnBW als *guter Arbeitgeber* ausgezeichnet worden. 2008 wurde der baden-württembergische Energieversorger unter mehr als 80 Unternehmen im Hinblick auf Unternehmenskultur, Entwicklungsmöglichkeiten für Beschäftigte, Vergütung sowie auf eine „Work-Life-Balance" zu einem der attraktivsten Arbeitgeber gewählt.

EnBW hat nach mehrjährigen Diskussionsprozessen 2005 ein neues *Unternehmensleitbild* (vgl. Übersicht 4) mit zehn Grundsätzen unter Einbeziehung von Mitarbeitern, Führungskräften und Vorständen demokratisch erarbeitet. Leitgedanke ist dabei ein partnerschaftliches und kooperatives Handeln. Unter den Themenfeldern respektvoller Umgang, Bereitschaft zur Kritik und Selbstkritik, Teamarbeit und Freiräume, Führen mit Zielen, Leistungsprinzip sowie unternehmerisches Denken und Handeln finden sich in den *Führungsgrundsätzen* eine Vielzahl von Hinweisen, die auf eine *demokratische Partizipation* hinweisen. Inwieweit diese aber auch wirklich in der Realität umgesetzt werden, konnte mangels Daten und Untersuchungsmöglichkeiten nicht überprüft werden. Positiv ist aber dennoch zu konstatieren, das EnBW zumindest theoretisch die Dinge anspricht und sich offensichtlich auch damit beschäftigt. Auf einen partnerschaftlichen (kooperativen) Dialog wird vor allem zwischen *Führungskräften* und *Mitarbeitern* gesetzt. Jährlich finden *Mitarbeitergespräche* statt. Diese Führungsgespräche sind in drei Phasen gegliedert: In der ersten Phase *(„Delegation"* genannt) werden die zentralen Aufgaben und Befugnisse des Mitarbeiters definiert. Dabei soll dem Beschäftigten (dem Geführten) eine größtmögliche Verantwortung übertragen werden, ohne ihn zu überfordern. „Das Delegations-

---

42 Bei der unternehmensbezogenen Mitbestimmung gibt es aber zur gesetzlichen Norm Abweichungen bei der Besetzung des Aufsichtsrats. Dieser besteht insgesamt aus 20 Mitgliedern. Neben sieben Akteuren der Arbeitgeberseite sind drei Ländräte sowie der Finanzminister des Landes Baden-Württemberg vertreten. Auf der Arbeitnehmerbank sitzen somit nur neun Personen. Davon sechs betriebliche sowie drei externe ver.di-Vertreter. Zwischen Kapital (sieben Vertreter) und Arbeit (neun Vertreter) besteht also keine numerische Parität.

prinzip und eigenverantwortliche Arbeiten sind hier sehr ausgeprägt" (Lehmann 2008, S. 5). Insofern gilt auch: „Wir bezahlen Output, nicht Input" (ebd., S. 7). In der zweiten Phase – dem *„Zielvereinbarungsgespräch"* – legen die Gesprächspartner die Ziele für den Mitarbeiter und seinen Beitrag zum Unternehmenserfolg fest. In der dritten Phase besprechen Führungskraft und Mitarbeiter die *Arbeitssituation* und die *Entwicklungsmöglichkeiten* des Mitarbeiters. Zudem geben sie sich eine gegenseitige Rückmeldung („Feed-back"); ab 2006 anhand eines eigens dafür entwickelten, strukturierten Leitfadens. In den Führungsgrundsätzen ist auch verankert, das ein regelmäßiger, wechselseitiger und vertrauensvoller Informationsaustausch über alle Unternehmensebenen und Bereiche hinweg stattfinden soll.

> „Unser Denken und Handeln endet nicht an den Abteilungs- und Bereichsgrenzen. Wesentliche Entscheidungen sind transparent zu machen und werden rechtzeitig kommuniziert." (Q57, S. 7)

Mit dem Intranet-Portal „Führungskräfte Online" steht den EnBW-Führungskräften ein eigener Informations- und Kommunikationsbereich zur Verfügung (vgl. Q56, S. 15). Hierdurch können zielgruppengerechte Informationen rund um den Arbeitsplatz der Führungskräfte einschließlich der Möglichkeit, mit anderen Führungskräften ein „Networking" zu betreiben, ausgetauscht werden.

*Übersicht 4: Unternehmensleitbild EnBW*

- Wir erfüllen die Anforderungen unserer Kunden besser als der Wettbewerb.
- Wir schaffen exzellente Leistung durch Engagement und Kompetenz.
- Wir handeln konsequent und verlässlich. Unser Wort gilt.
- Wir denken über Bereichsgrenzen hinaus. Fairness, Respekt und Vertrauen sind der Maßstab unserer Zusammenarbeit.
- Wir fordern und fördern unsere Mitarbeiter. Führungskräfte führen klar und zielorientiert zum Erfolg.
- Wir teilen unser Wissen und entwickeln uns durch ständiges Lernen weiter.
- Wir handeln stets wirtschaftlich und steigern den Wert unseres Unternehmens.
- Wir sind Vordenker und Wegbereiter für innovatives Handeln in unserer Branche.
- Wir sehen Wandel als Chance und treiben Veränderungen entschlossen voran.
- Wir handeln vorausschauend im Bewusstsein unserer besonderen Verantwortung für Umwelt und Gesellschaft.

Auch setzt man offensichtlich auf eine *integrative Personalpolitik* – ohne aber auch hier den *„DGB-Index Gute Arbeit"* zur Bestimmung von Arbeitszufriedenheit zum Einsatz zu bringen – sowie auf eine „subjektive" Bekämpfung der im Arbeitsprozess zum Tragen kommenden „Subjektivität" von abhängig Beschäftigten (vgl. Kapitel 3.2.5). Aus vielen „Wir-Punkten" des unternehmerischen Leitbildes ist eine „unternehmensinterne Vermarktlichung", ist ein „Arbeitskraftunternehmer", in der personalpolitischen Diktion ableitbar. Dagegen ist im

Sinne einer demokratisch-partizipativen Unternehmenskultur vom Grundsatz her nichts einzuwenden. Wenn aber dies nur von „oben“, vom Top-Management, einseitig angeordnet wurde, um im Ergebnis eine höhere *Profit-Effizienz* zu generieren, dann ist dies nicht nur den Beschäftigten gegenüber unehrlich, sondern letztlich auch unternehmenspolitisch kontraproduktiv. Die Untersuchung der „harten“ betriebswirtschaftlichen Daten zeigt denn auch, dass EnBW ebenfalls *shareholderorientiert* agiert.

Dafür spricht auch die fehlende *echte Gewinnbeteiligung* im Hinblick auf eine *materielle Partizipation.* Zwar gibt es eine jährlich gewährte *Erfolgsbeteiligung,* diese ist aber als eine rein prämienorientierte Zahlung zu interpretieren, die entsprechend Gewinn- und damit Ertragsteuer senkend als Personalaufwand verbucht wird. Partizipative Gewinnverwendung sieht anders aus (vgl. Kapitel 3.3.8). Eine aus der Erfolgsbeteiligung hervorgehende *Mitarbeiterkapitalbeteiligung,* weder in Form einer Eigen- noch einer Fremdkapitalbeteiligung, ist bei EnBW, im Gegensatz zu den möglichen Eigenkapitalbeteiligungen bei E.ON und RWE, auch nicht möglich.

Viel Wert legt EnBW aber auf das *Wissen der Mitarbeiter,* das nach eigenen Angaben erfolgreich für das Unternehmen genutzt werden soll. Dazu wurde das System eines *„Kontinuierlichen Verbesserungsprozesses“ (KVP)* ebenso etabliert wie ein *Ideenmanagement.* Über das Arbeitnehmererfindungsgesetz finden sich dagegen keine Hinweise bzw. macht EnBW in den uns zur Verfügung stehenden Unterlagen keine expliziten Aussagen. Beim KVP werden Vorschläge von Beschäftigten honoriert, die in seinem Aufgabenbereich fallen, während beim Ideenmanagement auch Verbesserungen außerhalb des Tätigkeitsbereichs des Mitarbeiters prämiert werden. Dies ist ein richtiger Ansatz (vgl. Kapitel 3.3.7). Im Jahr 2005 wurden 1.300 Vorschläge zum KVP und 680 zum Ideenmanagement eingereicht (Q56, S. 23). Über die Wertgrößen macht EnBW keine Angaben. Wissen und Kompetenzen der Mitarbeiter werden aber als *Erfolgsfaktoren* des Konzerns gesehen. Dafür hat man sogar eine hauseigene *„EnBW Akademie“* eingerichtet, die den Weiterbildungs- und Qualifikationsprozess fördern soll. Hier werden auch alle *Personalentwicklungsmaßnahmen* kreiert und koordiniert. Speziell für das mittlere und obere Management wird seit 2007 unter dem Titel „Management“ ein Seminarangebot durchgeführt, das u.a. potenzielle Führungskräfte für neue unbesetzte Stellen zielorientiert ausbildet. Führungsnachwuchskräfte werden zudem im Rahmen eines *„Job-Family-Programms“* gefördert. Des Weiteren besteht eine Zusammenarbeit zwischen EnBW und EdF über ein „Co-Recruitment-Programm“ für Nachwuchsingenieure. Auch werden *Studierende* energiewirtschaftlicher und netztechnischer Studiengänge seit 2007 von EnBW gefördert. Hier besteht eine enge Zusammenarbeit mit zehn *Hochschulen.* Aber nicht nur für den akademisch gebildeten Nachwuchs engagiert sich EnBW, sondern auch in der betrieblichen, dualen *Erstausbildung.* Mit einer

Ausbildungsquote von 8% (!) erreicht hier der Energieversorger einen absoluten Spitzenwert, der weit über den eigenen zukünftigen Personalbedarf hinaus geht und auch ansonsten in der Wirtschaft seinesgleichen sucht.

Grundsätzlich setzt auch EnBW in Sachen *Unternehmenskultur* auf Bausteine einer *demokratischen Partizipation,* wenn auch mit größeren Lücken im Hinblick auf ein idealtypisches Modell. Hierdurch wurden u.a. glänzende wirtschaftliche Ergebnisse erzielt, woran allerdings die Beschäftigten nicht angemessen beteiligt wurden (vgl. Kapitel 2.1.5). Auch bei EnBW wurde letztlich zu Lasten der abhängig Beschäftigten – und zwar sogar *am schärfsten* – umverteilt.

### *3.4.4 Vattenfall Europe*

Der u.a. auch in Deutschland tätige schwedische Energieversorger Vattenfall Europe fällt im Vergleich zu den anderen „Big-4" durch zwei wesentlich abweichende wirtschaftliche Indikationen auf. Erstens war hier die *Beschäftigungsentwicklung* zwischen 2002 und 2007 nicht stark abnehmend, sondern konstant. Zwar sank auch bei Vattenfall bis 2005 die Beschäftigung, sie ging dann aber wieder bis 2007 auf das alte Niveau von 2002 zurück. Zweitens war bei Vattenfall die *Personalkostenentwicklung* nicht wie bei E.ON, RWE und EnBW rückläufig, sondern sie stieg sogar zwischen 2002 und 2007 um 14%. Auch das *Pro-Kopf-Einkommen* legte um 14,1% zu. Gleichzeitig stieg die *Arbeitsproduktivität* um 77,9%.

Ansonsten sind die unternehmenskulturellen Faktoren ähnlich ausgerichtet wie bei den anderen „Big-4". Auch bei Vattenfall geht die Unternehmensstrategie in Richtung einer *Shareholder-value-Orientierung*. Bezüglich einer demokratisch-partizipativen Unternehmenskultur unterliegt Vattenfall im Hinblick auf die *unternehmensbezogene Mitbestimmung* dem Mitbestimmungsgesetz von 1976. Demnach kommt es auch hier lediglich zu einer numerisch-paritätischen immateriellen Partizipation zwischen Kapital und Arbeit. Im Aufsichtsrat der Vattenfall Europe AG befinden sich zehn Arbeitnehmervertreter, davon drei externe aus den Gewerkschaften ver.di, IG BCE und IG Metall. Auch dem Arbeitgeberflügel gehören drei externe Mitglieder an. Im Vorstand ist, wie gesetzlich vorgeschrieben, ein *Arbeitsdirektor* vertreten. Auf der *betrieblichen Mitbestimmungsebene* ist neben Betriebsräten, einem Gesamt- und Konzernbetriebsrat sowie einem Wirtschaftsauschuss auch ein Europäischer Betriebsrat vertreten. Trotz der Mitbestimmungspflichten beklagt aber die Arbeitnehmerseite beim „einseitig (von der Konzernmutter) verfügten Rauswurf" nicht angemessen in der Entscheidungsfindung beteiligt worden zu sein (vgl. Q163).

Der strategische *„Human Resources Plan"* bei Vattenfall basiert darauf, dass sich Beschäftigte in einer sicheren, die Gesundheit fördernden Umgebung entwickeln sollen. Der *„DGB-Index Gute Arbeit"* kommt aber nicht zur Anwendung. Die Unternehmenskultur, die durch so genannte „Kernwerte" wie *Offenheit, Zuverlässigkeit* und *Effektivität* geprägt werden soll, ist durchgängig im Unternehmen angelegt. Damit wird angestrebt, dass alle Beschäftigten, egal in welchem Bereich sie arbeiten oder welche Funktionen sie ausüben, auf dieselben Ziele fokussiert werden (vgl. Q267). Vattenfall führt zur durchgängigen Überprüfung dieser Unternehmensphilosophie seit ca. fünf Jahren jährlich eine *Mitarbeiterbefragung* namens „My Opinion" durch (vgl. Q265, S. 40). Dadurch erhalten die Beschäftigten die Gelegenheit, ihre Arbeitsbedingungen zu beschreiben und zu anderen Themenbereichen Stellung zu beziehen. In jeweiligen Teams werden die Ergebnisse besprochen und Aktionspläne für Verbesserungen erarbeitet und schließlich vereinbart. Im Jahr 2006 beteiligten sich rund 72% der Beschäftigten an der Befragung. Auf hohem Niveau wurde hier der Punkt *„Mitarbeiterzufriedenheit"* bestätigt und der Punkt *„Ziele und Feedback"* am deutlichsten verbessert (vgl. Q264, S. 38).

Im Detail wird in den öffentlichen Publikationen des Konzerns leider nicht auf die internen *Kommunikationsstrukturen* eingegangen. Die externe *Informationspolitik* bzw. öffentliche Berichterstattung von Vattenfall wurde 2007 mehrfach ausgezeichnet (vgl. Q265, S. 68). Dies war allerdings noch vor der allgemein als absolut ungenügend kritisieren Transparentmachung eines *Störfalls in einem Atomkraftwerk* von Vattenfall. Ob letztlich eine interne holistische Informationspolitik und eine partizipative Führung (vgl. Kapitel 3.3.5) zum Tragen kommt, konnte mangels Daten nicht überprüft werden. Auch eine explizite Deskription im Hinblick auf eine *integrative Personalpolitik* (vgl. Abschnitt 3.2.7.2) ist öffentlich nicht zugänglich.

Eine herausragende Rolle spielen wie bei den anderen „Big-4" auch bei Vattenfall die *Führungskräfte.* In der Außendarstellung wird hier aber im Gegensatz zu den anderen Unternehmen insbesondere die Rolle *weiblicher Führungskräfte* betont. Im Corporate Social Responsibility 2007 wird dies allerdings erheblich relativiert: lediglich 33 der insgesamt 244 Führungskräfte (13,5%) sind demnach weiblich. Trotz dieser nur geringen Quote gewann die Vattenfall-Gruppe 2007 einen *„Total-E-Quality-Award"* für Bemühungen, die Chancengleichheit für Frauen im Unternehmen und Arbeitsalltag zu verbessern. Dies verdeutlicht eigentlich nur, wie wenig weibliche Chancengleichheit im Hinblick auf Führung in anderen Unternehmen ausgeprägt ist (vgl. Holst/Stahn 2007). Um insbesondere in Zukunft „noch mehr" Frauen zu unterstützen, hat Vattenfall sich seit März 2007 verpflichtet, familiäre und private Bedürfnisse der Arbeitnehmer im Arbeitsprozess stärker zu berücksichtigen. Dazu wurde extra die *pme Familienservice GmbH* gegründet, um damit Beschäftigten ein breites Angebot rund um die Kinderbetreuung und die Pflege älterer Angehöriger von Vattenfall-Mitarbeitern zu bieten. Dies auch vor dem Hintergrund der schlechten *Altersstruktur* bei Vattenfall. Ab 2014 werden altersbedingt rund 800 Mitarbeiter das

Unternehmen verlassen. „Dadurch droht nicht nur ein Know-how-Verlust, sondern auch ein – im Vergleich zur Branche – überproportional hoher Nachbesetzungsbedarf.“ (Q264, S. 48) Vattenfall will deshalb mit einer „Personalstrategie 2015“ den Generationenwechsel gestalten. Dies insbesondere auch bei den Führungskräften, wovon in den nächsten zehn Jahren rund 50% altersbedingt ausscheiden werden. So fiel es Vattenfall 2006 auch leicht, bis 2012 betriebsbedingte Kündigungen auszuschließen.

Weniger pfleglich ging zuletzt der schwedische Mutterkonzern mit dem Top-Management um (vgl. Kapitel 2.4.5). Der Wechsel von Rauscher zu Cramer und kurze Zeit später zu Hattaka vermittelte den Mitarbeitern insgesamt den Eindruck einer ungesunden Hire-and-fire-Politik, zumal die Folgen der mit Hattaka eingeleiteten Integration des Polengeschäfts in die Vattenfall Europe schwer einzuschätzen waren (vgl. Q164).

Nicht zuletzt vor dem Hintergrund der Personalstruktur setzt Vattenfall auch verstärkt auf *Erst-* und *Weiterbildung*. Rund 1.600 Auszubildende beschäftigte das Unternehmen im Jahr 2007. Die Ausbildungsquote lag mit 7,3% fast so hoch wie bei EnBW. Vattenfall Europe ist in den *neuen Bundesländern* von allen Unternehmen der gesamten privaten Wirtschaft der größte Ausbilder im dualen Berufsbildungssystem. Auch die Verbesserung und Weiterentwicklung der Qualifikationsangebote gehört zu einem der wichtigsten personalwirtschaftlichen Ziele bei Vattenfall. Im Jahr 2006 wurde diesbezüglich zum ersten Mal ein *konzernweiter Weiterbildungskatalog* erstellt. Über 300 verschiedene Qualifikationsveranstaltungen und Seminare werden hier in *eigenen Bildungszentren* in Berlin, Hamburg und der Lausitz angeboten. Damit besteht für alle Mitarbeiter die Chance einer kontinuierlichen Weiterbildung. Das Förder- und Weiterbildungsprogramm wurde dabei in der letzten „My-Opinion“ Umfrage von 71% der Beschäftigten als gut eingestuft. Die Beschäftigten gaben an, dass sie genügend Möglichkeiten erhielten, sich weiter zu bilden bzw. zu entwickeln. Hinweise auf ein mitarbeiterzentriertes *Ideenmanagement* waren zumindest auf der Homepage nicht zu finden.

Im Hinblick auf eine *materielle Partizipation* ist zu konstatieren, dass Vattenfall weder über ein echtes Gewinnbeteiligungsmodell, noch über eine Eigen- oder Fremdkapitalbeteiligung von Arbeitnehmern verfügt. Die wenigen Belegschaftsaktien von Vorgängerunternehmen der Vattenfall Europe wurden 2008 im Rahmen eines „Squeeze-Out-Verfahrens“ abgewickelt.

Die „harten“ betriebswirtschaftlichen Indikationen zeigen auch bei Vattenfall – wenngleich auch ein Stück weit abgeschwächt (siehe die Beschäftigungs- und Personalkostenentwicklung) – in Richtung einer *Shareholder-value-Unternehmensstrategie*.

### *3.4.5 „Big-4" und Managergehälter*

Aus dem *Shareholder-value-Konzept,* das sich heute in Großunternehmen und allen börsennotierten Unternehmen – ebenso wie bei den „Big-4" – weitgehend unternehmensstrategisch und personalpolitisch durchgesetzt hat, sind neben hohen *Renditeforderungen* der Shareholder auch völlig überhöhte *Managergehälter* (vgl. Bontrup 2008b) hervorgegangen, weil diese an die Entwicklung der Unternehmenswerte (Aktienkurse) gekoppelt wurden. Die Shareholder waren seit Anfang der 1990er Jahre der Auffassung, die *Manager-Unternehmer* würden nicht mehr ihre Interessen nach einer Maximalverzinsung des eingesetzten Eigenkapitals vertreten, sondern seien vielmehr auf ihre eigenen Interessen fixiert, auf *hohe Einkommen* und *Macht,* die nicht selten mit gesellschaftlichen Eitelkeiten gepaart sind. So forderten die Shareholder eine strikte Koppelung der Managervergütung an die *Aktienkurse* und die Wertentwicklung der Unternehmen. Damit sollten Manager im Sinne der *Principal-Agent-Theorie*[43] angereizt und gleichzeitig kontrolliert werden.[44]

Dies führte aber in Folge zu einer fatalen Unternehmensentwicklung, die heute nur noch auf eine *kurzfristige Renditebefriedigung* setzt. Alles wird dem Fetisch Unternehmenswert (Aktienkurs) in einer kurzfristigen Diktion geopfert; selbst dringend notwendige aber in der Regel *langfristig angelegte Innovations- und Investitionsprozesse.* Dabei sind Aktienkurse nicht einmal ein geeignetes Instrument zur Messung eines Unternehmenserfolgs, da lediglich ungefähr 30% der Dynamik der Aktienkurse sich auf unternehmensrelevante Daten zurückführen lassen (vgl. Zimmermann 2004). Vor allem der Einfluss von *Spekulationen* verzerrt die Aussagekraft der Kurse. Daraus entsteht aber die Gefahr, dass Manager versuchen, durch spekulative Geschäfte die Kurse zu ihren Gunsten nach oben zu treiben. Die jüngste *Banken-* und *Finanzmarktkrise* hat dies noch einmal deutlich aufgezeigt. Mit riskanten Kreditgeschäften wollten Bank- und Invest-

---

43 Die Principal-Agent-Theorie beleuchtet die Beziehung zwischen Principal (Kapitaleigner) und Agent (Vorstand). Angenommen wird hierbei, dass Principal und Agent in einem Vertragsverhältnis stehen, dessen Vertrag der Principal dem Agenten anbietet. Basis dieses Vertrags sind die Aufgaben, die zu bearbeiten sind und die Vergütung. Man nimmt an, dass sowohl der Principal als auch der Agent immer so handeln, dass sie ihre eigenen Vorteile ausnutzen. Da aber eine Informationsasymmetrie sowie ein Interessenkonflikt zwischen Principal und Agent zum Vorteil des Agenten vorliegen, muss der Principal den Agenten mit einem Anreizsystem auf seine Seite ziehen (vgl. Picot et al. 2005).

44 Dabei erweist sich diese Orientierung als völlig ineffektiv, was den angestrebten Zweck anbelangt. Dies zeigt Joachim Zimmermann, der in einer empirischen Untersuchung herausgefunden hat, dass zwischen der Vorstandsvergütung und der Entwicklung der Aktienkurse als Indikator der Unternehmensperformance keine Korrelation besteht (vgl. Zimmermann 2004).

mentmanager die Renditen und Kurse steigern, um damit selbst ihre Einkommen zu maximieren (vgl. Garnreiter et al. 2008).

Infolgedessen hat sich die Diskussion über die Höhe der Top-Managervergütungen intensiviert. Dies hat mittlerweile zu einem „Gesetz zur Angemessenheit von Vorstandsgehältern" geführt.[45] Eine wissenschaftlich ableitbare bzw. gültige Formel für die „richtige" Höhe solcher Vergütungen gibt es allerdings nicht. Auch die *Grenzproduktivitätstheorie,* bei der der Einsatz einer zusätzlichen Arbeitskraft dann gewinnoptimal ist, wenn das Wertgrenzprodukt der Arbeit dem Nominallohnsatz des Arbeitsnehmers entspricht, ist zwar als Theorie zur Bestimmung einer zusätzlichen Arbeitskräftenachfrage brauchbar (vgl. Bontrup 2008a, S. 84ff.), nicht aber zur Ableitung bzw. Bestimmung der Lohnhöhe eines einzelnen Beschäftigten oder eines Top-Managers in der wirtschaftlichen Realität. Man kann eben nicht den individuellen Lohn oder das Managergehalt mit der darauf rückrechenbaren (zusätzlichen) Wertschöpfung eines ganzen Unternehmens bzw. mit der Grenzwertschöpfung gleichsetzen. Hierzu fehlen in der wirtschaftlichen Realität sämtliche Daten. Dies ginge nur bei einer *Einpersonen-Unternehmung.* Eine unternehmerische Leistung (Produktivität) ist immer eine arbeitsteilig von allen Beschäftigten erbrachte Leistung. Eine individualisierte Rechnung ist schlicht nicht möglich und damit eine so genannte „leistungsgerechte Entlohnung" einzelner nicht bestimmbar. Wie Joan Robinson anmerkte, wird vielmehr die Formel „Entlohnung nach Leistung" auf den Kopf gestellt:

> „Wer viel verdient, der leistet angeblich auch viel, und wenn er noch mehr verdient, dann ist das eben ein Zeichen für zusätzliche bzw. noch mehr Leistung." (Zitiert bei Hickel 2004, S. 1.199)

Auch das deutsche *Aktiengesetz* hilft bei der Bestimmung von *Vorstandsbezügen* nicht weiter. Hier hat der Aufsichtsrat bei der Festsetzung der Gesamtbezüge des einzelnen Vorstandsmitglieds (Gehalt, Gewinnbeteiligungen, Aufwandsentschädigungen, Versicherungsentgelte, Provisionen und Nebenleistungen jeder Art) dafür zu sorgen, dass die Gesamtbezüge in einem angemessenen Verhältnis zu den Aufgaben des Vorstandsmitglieds und zur Lage der Gesellschaft stehen (§ 87 Abs. 1 AktG). Nach dem deutschen *„Corporate Governance Kodex"* gehören zur Angemessenheit der Vergütung auch *erfolgsabhängige Komponenten:*

> „Kriterien für die Angemessenheit der Vergütung bilden insbesondere die Aufgaben des jeweiligen Vorstandsmitglieds, seine persönliche Leistung, die Leistung des Vorstands sowie die wirtschaftliche Lage, der Erfolg und die Zukunftsaussichten des Unternehmens unter Berücksichtigung seines Vergleichsumfelds." (Chahed/Müller 2006, S. 14)

---

45 Die Forderungen an dieses Gesetz, die sowohl der DGB als auch die IG Metall vorab gestellt haben, wurden dabei von der Bundesregierung nicht berücksichtigt (vgl. Q90).

Nur was heißt hier „in einem angemessenen Verhältnis" oder „persönliche Leistung", „wirtschaftliche Lage" bzw. „Erfolg und die Zukunftsaussichten des Unternehmens unter Berücksichtigung seines Vergleichsumfelds"? Dies alles sind keine operationalen Indikationen für eine individuelle Beurteilung und damit Bemessung von Einkommen für Vorstandsmitglieder. Auch in ihrem Buch zur Gehaltsfestsetzung von GmbH-Geschäftsführen kommen Heinz Evers, Christian Näser und Frank Grätz zu dem ernüchternden Ergebnis, dass es bei Geschäftsführern in GmbHs nur eine „relativ gerechte Vergütung" geben könnte, d.h. eine solche, die im Vergleich zur Vergütung bestimmter anderer Personen oder Personengruppen als angemessen empfunden wird. Als Personen-Vergleichsgruppen nennen sie die „unterstellten Mitarbeiter im eigenen Unternehmen", hier in erster Linie die leitenden Angestellten, wobei sie die unterschiedlichen Stellenanforderungen und persönlichen Leistungen als Referenzgrößen benennen. Und zum zweiten nennen sie „Geschäftsführer in gleichartigen Gesellschaften" (vgl. Evers et al., S. 6).

Mit Blick auf die „relative Gerechtigkeit" muss festgehalten werden: Im Unterschied zu den *Einkommen der Erwerbstätigen,*[46] das real in den letzten Jahren kaum gestiegen ist und immer ungleicher verteilt wurde,[47] entwickelten sich die *Vorstandsgehälter* unter dem finanzmarktgetriebenen Regime einer Shareholder-value-Orientierung nicht nur allgemein – sondern auch bei den „Big-4" – deutlich positiver. Das zeigt ein Vergleich der Vorstandsbezüge aller 30 DAX-Unternehmen mit den Bruttolöhnen und -gehältern der abhängig Beschäftigten in den Jahren von 2001 bis 2005 und die Entlohnung der Bezüge der Vorstandsvorsitzenden der DAX-Unternehmen (vgl. Q93, S. 17):

*Übersicht 5: Relation Vorstandsbezüge zu Bruttolohn*

| | | |
|---|---|---|
| *2001* | | |
| • durchschnittlicher monatlicher Bruttolohn | 2.134 EUR | |
| • durchschnittliche monatliche Vorstandsbezüge (DAX) | 97.000 EUR | entspricht damit 45 Bruttolöhnen |
| *2005* | | |
| • durchschnittlicher monatlicher Bruttolohn | 2.210 EUR | |
| • durchschnittliche monatliche Vorstandsbezüge (DAX) | 142.000 EUR | entspricht damit 64 Bruttolöhnen |

46 Immer mehr Erwerbstätige empfinden ihr Einkommen als ungerecht. Mehr als ein Drittel aller Erwerbstätigen denkt bereits so. Dies liegt nicht zuletzt an einer wachsenden Polarisierung der Einkommensverteilung in Deutschland (vgl. Liebig/Schupp 2008).

47 Vgl. Bach/Steiner 2007. Diese Feststellung gilt im Hinblick auf die Verteilung des Vermögens noch mehr (vgl. Grabka/Frick 2009).

Auch die Vorstände der „Big-4" verzeichneten in den Jahren seit 2000 zum Teil erhebliche Steigerungen (vgl. Tab. 57). Von 2000 bis 2007 haben sich die Gesamtbezüge der Vorstände bei E.ON, RWE und EnBW fast verdoppelt bzw. sogar fast verdreifacht. Die Einkommen der nicht entlassenen Beschäftigten nahmen dagegen nur leicht zu. Eine Ausnahme bei den Vorstandsbezügen liegt bei *Vattenfall* insgesamt, sowie bei den einzelnen Mitgliedern des Vorstands vor. Hier fällt zum größenmäßig vergleichbaren Wettbewerber EnBW sowohl die absolute Höhe als auch die Steigerung der Bezüge wesentlich geringer aus. Dies hängt sicherlich mit der Verankerung des Unternehmens in Schweden und den hier allgemein vorzufindenden egalitäreren Einkommensstrukturen zusammen.

*Tab. 57: Entwicklung der Vorstandsbezüge bei den „Big-4"*

| in TEUR | 2000 | 2001 | 2002 | 2003 | 2004 | 2005 | 2006 | 2007 |
|---|---|---|---|---|---|---|---|---|
| **E.ON** | | | | | | | | |
| Summe kurzfristige Einkünfte | k.A. | 8.800 | 9.100 | 17.400 | 13.459 | 17.117 | 16.539 | 16.058 |
| Gesamtbezüge | 13.000 | 8.800 | 9.800 | 17.400 | 13.777 | 25.076 | 21.735 | 20.430 |
| Einkünfte pro Kopf | 2.600 | 1.760 | 1.960 | 2.900 | 2.296 | 4.179 | 3.105 | 3.405 |
| **RWE** | | | | | | | | |
| Summe kurzfristige Einkünfte | 9.310 | 3.049 | 9.486 | 7.651 | 11.620 | 10.638 | 11.371 | 12.782 |
| Gesamtbezüge | 9.310 | 3.049 | 9.486 | 13.676 | 13.846 | 35.372 | 35.865 | 17.376 |
| Einkünfte pro Kopf | 1.862 | 610 | 1.581 | 3.419 | 2.769 | 7.074 | 7.173 | 3.475 |
| **EnBW** | | | | | | | | |
| Summe kurzfristige Einkünfte | 3.328 | 4.486 | 5.553 | 9.608 | 9.871 | 7.927 | 8.060 | 9.034 |
| Gesamtbezüge | 3.328 | 4.486 | 5.553 | 9.608 | 9.871 | 10.177 | 10.311 | 11.055 |
| Einkünfte pro Kopf | 666 | 897 | 925 | 1.922 | 1.974 | 1.696 | 1.718 | 1.842 |
| **Vattenfall Europe** | | | | | | | | |
| Summe kurzfristige Einkünfte | - | - | 4.500 | 3.700 | 3.841 | 4.670 | 5.102 | k.A. |
| Gesamtbezüge | - | - | 5.200 | 4.400 | 4.681 | 4.690 | 5.125 | k.A. |
| Einkünfte pro Kopf | - | - | 743 | 880 | 780 | 782 | 854 | k.A. |

Quelle: Geschäftsberichte der „Big-4", eigene Berechnungen

Unter den 30 DAX Unternehmen lag 2005 das Einkommen des Vorstandsvorsitzenden von RWE mit fast 12 Mio. EUR p.a. an zweiter Stelle und der Vorstandsvorsitzende von E.ON kam mit gut 5,7 Mio. EUR p.a. auf Platz vier (vgl. Tab. 58). Dafür verschafften beide Vorsitzende ihren *Shareholdern* glänzende Ergebnisse – insbesondere bei RWE mit einer jahresdurchschnittlichen Eigenkapitalrentabilität vor Ertragsteuern von 2002 bis 2007 in Höhe von 30% (vgl. Kapitel 2.4.6) – und den *abhängig Beschäftigen* nur Niederlagen. Hier standen ein gigantischer Arbeitsplatzabbau und Umverteilungen zu Lasten der Lohnquoten auf der Tagesordnung.

*Tab. 58: Gesamtbezüge der jeweiligen Vorstandsvorsitzenden (2005, in 1.000 EUR)*

| DAX-Unternehmen | Bezüge (T€) | DAX-Unternehmen | Bezüge (T€) |
|---|---|---|---|
| Deutsche Bank | 11.900 | Volkswagen | 2.835 |
| *RWE* | *11.843* | Deutsche Post | 2.697 |
| SAP | 6.085 | Bayer | 2.669 |
| *E.ON* | *5.721* | Deutsche Telekom | 2.594 |
| Allianz | 5.328 | ThyssenKrupp | 2.560 |
| Siemens | 4.473 | MAN | 2.270 |
| Adidas | 4.167 | Continental | 2.157 |
| Schering | 3.524 | Deutsche Börse | 2.148 |
| TUI | 3.460 | Altana | 2.036 |
| Commerzbank | 3.040 | Infineon | 1.600 |
| Metro | 2.977 | Lufthansa | 1.343 |
| Hypo Real Estate | 2.878 | | |

Quelle: Q304

Die äußerst positive Entwicklung der Vorstandsbezüge bei den „Big-4" hängt vor allem mit der Einführung *wertorientierter Steuerungs-* und *Entgeltsysteme* ab 2003 zusammen. Hier aber entgegen dem allgemeinen shareholderorientierten Trend – der nur auf eine *kurzfristige Maximierung* der Einkommen für Top-Manager fokussiert – auch mit einem *langfristigem Anreizcharakter* versehen. Ab diesem Zeitpunkt fallen die *kurzfristigen Einkünfte* und die *Gesamtbezüge* der Vorstände, zumindest bei den drei in Deutschland beheimateten EVUs, stark auseinander.

Dabei sind im Rahmen der *kurzfristigen Vorstandseinkünfte* bei allen vier EVUs auch *erfolgsorientierte* Entgeltbestandteile enthalten. Da diese Werte allerdings nicht mehr als bis zu 15% p.a. fluktuieren, scheint die Erreichung der *kurzfristigen Ziele* in einem für die Vorstandsmitglieder leicht zu beeinflussbaren Rahmen zu liegen. Die *langfristigen Anreizprogramme* variieren demgegenüber stärker. Bei einzelnen EVUs gibt es Jahre, in denen die langfristigen Anreizgelder fast gänzlich entfallen. Dafür sind aber die Einkünfte der Vorstände, wenn die Ziele erreicht werden, mit durchschnittlich über 7 Mio. EUR auch ausgesprochen hoch.

### *3.4.6 Zwischenfazit zur Unternehmenskultur bei den „Big-4"*

Im personalwirtschaftlichen Innenverhältnis sind die „Big-4" mehr oder weniger *vom Ideal einer integrativen Personalpolitik* und einer *demokratisch-partizipativen Unternehmenskultur* entfernt. Es gibt zwar Indikationen, die in eine solche Richtung zeigen, letztlich bleibt es aber bei Defiziten. Die Personalpolitik fokussiert auf eine *unternehmensinterne Vermarktlichung.* Dabei bleiben die abhängig

Beschäftigten nur ein Mittel, ein Instrument, für die Kapitaleigner (Shareholder) zur Befriedigung ihrer maximalen Gewinninteressen. Daran ändern auch immer wieder gehaltene „Sonntagsreden“ nichts, in denen behauptet wird, „unsere Mitarbeiter sind unser wichtigstes und wertvollstes Kapital“. Dies ist in der Sache zwar richtig, weil in der Tat nur der Mensch das „tote Kapital“ in den Unternehmen in Bewegung setzen kann und somit für eine Wertschöpfung, für ein Überschussprodukt, sorgt, dennoch erlaubt man ihm keine mitbestimmte Gleichstellung zum Kapital. Im Gegenteil, die Shareholder verfügen einseitig über das entscheidende *„Investitionsmonopol“* und dies sorgt auch bei den „Big-4“ für das Machtungleichgewicht zu Lasten der abhängig Beschäftigten.

Dies ist auch der entscheidende Grund dafür, dass bei den „Big-4“ eine demokratisch-partizipative Unternehmenskultur nicht zur vollen Entfaltung kommt. Nur durch eine wirklich gesetzlich abgesicherte paritätische Mitbestimmung ließen sich derartige Unternehmenskulturen etablieren. Geht man dabei von der Hypothese aus, dass dies auch die besten wirtschaftlichen Unternehmensergebnisse einspielt, so haben die „Big-4“ – trotz ihrer realisierten glänzenden betriebswirtschaftlichen Ergebnisse in den Jahren 2002 bis 2007 – noch weit unter ihren Möglichkeiten gearbeitet.

Hierbei ist allerdings zu betonen, dass eine demokratisch-partizipative Unternehmenskultur auch nach einer echten und angemessenen *materiellen Beteiligung der Beschäftigten* an den Unternehmensergebnissen verlangt. Dies war aber – wie aufgezeigt – nicht der Fall. Im Gegenteil: Die vermehrte Wertschöpfung ging einseitig an die *Kapitaleigentümer* und auch über Steuerzahlungen an den Staat.

### *3.4.7 Lobby- und Öffentlichkeitsarbeit der „Big-4“*

Um die aufgezeigte Profitpolitik der „Big-4“ abzusichern und möglichst zu verschleiern, bedienen sich die Stromgiganten einer *zielorientierten politischen Lobbyarbeit* in den Parlamenten sowie einer breiten Öffentlichkeitsarbeit über Print-, Fernsehen-, Radio- und Onlinemedien. Wie in vielen anderen Wirtschaftszweigen, spielt auch in der Energiewirtschaft der Lobbyismus (vgl. Leif/Speth 2006; Gammelin/Hamann 2006; Müller et al. 2004; Roth 2006) eine herausragende Rolle. Merkle u.a. definiert Lobbyismus als *„die zielgerichtete Beeinflussung von Entscheidungsträgern in Politik und Verwaltung“* (Merkle 2003, S. 10). Eine besondere Form des Lobbyismus „im Dunstkreis der Korruption“ (von Arnim) wurde einer breiten Öffentlichkeit und vielen Parlamentarien erstmals 2006 bekannt. Personen aus der Privatwirtschaft, aus Verbänden und Interessengruppen, die weiterhin Angestellte ihres eigentlichen Arbeitgebers bleiben und von diesem bezahlt werden, arbeiten zeitweilig als externe Mitarbeiter in deutschen Bundesministerien (vgl. Q284). Hier formulieren sie an den von ihren

Arbeitgebern *gewünschten Gesetzestexten* mit oder verhindern gleich vollständig unliebsame Gesetzesvorhaben der Politik. Da sind dann Einladungen in die Austernbar noch geradezu harmlos (siehe den folgenden Kasten).

„Ein ganz normaler Donnerstagabend in Diekmanns Austernbar im Berliner Hauptbahnhof. Schwere rote Vorhänge schützen vor neugierigen Blicken. Einmal im Monat bewirtet der Stromkonzern Vattenfall hier Bundestagsabgeordnete. Und er ist dabei ebenso großzügig wie diskret. (...) Wenn Vattenfall Abgeordnete in die Austernbar bittet, geht es freilich nie ums schnöde Geschäft, jedenfalls nicht offiziell. Kein Wort von Kohlendioxid, Klima, Kernkraft. Hier wird über Kunst geredet. Jeden Monat stellt der Energiekonzern seinen Gästen die Vernissage eines anderen Malers vor. (...) Es geht also um das Edle, Gute und Schöne. Ganz so, als hinge es nicht von den geladenen Gästen ab, wie scharf Vattenfalls Strompreise kontrolliert werden, wie billig der Konzern seine Treibhausgase in den Himmel blasen darf und ob die Atomkraftwerke doch ein bisschen länger laufen dürfen. Die Vernissagen in der Austernbar seien keine Lobbying-Veranstaltungen, sondern eine Corporate-Art-Aktivität, also Kunstförderung, erläutert man bei Vattenfall." (Tillack 2009, S. 43f.)

Mittlerweile sind in Berlin weit über 2.000 Lobbyverbände beim Präsident des Deutschen Bundestags registriert. So versucht auch die *Strombranche* und insbesondere die *Atomindustrie* (vgl. Hennicke/Müller 2005, S. 36–51) massiven Einfluss auf die Politik in Deutschland als auch in der EU auszuüben (vgl. Q231). Ob bei der 1998 eingeführten Liberalisierung der Strommärkte oder beim Klimaschutz, es geht für die Eigner der Elektrizitätsunternehmen immer um viel Geld. Dies zeigt exemplarisch und überdeutlich Corbach in einer Fallstudie zur Einführung des $CO_2$-Emissionshandels auf (vgl. zum ökonomischen Instrument „Emissionshandel" noch einmal das Kapitel 2; vgl. Corbach 2007). Das Ergebnis des Lobbyismus kann sich hier mehr als sehen lassen. Die Berater waren ihr Honorar „wert". So spült die kalkulatorische Verrechnung von $CO_2$-Zertifikaten über die Strompreise auch in der zweiten Handelsperiode schätzungsweise zwischen 14 und 34 Mrd. EUR Extraprofite („windfall profits") in die Kassen der EVUs (vgl. Kapitel 1.3.5). Diese unglaubliche Regelung gilt in der EU noch bis 2012. Erst dann müssen die Stromunternehmen die Zertifikate ersteigern, so dass auch wirklich aufwandsgleiche Kosten anfallen.

Die Stromunternehmen bedienen sich bei ihrer Interessenvertretung, beim Public Affairs, immer mehr so genannte *externer Berater* bzw. *Fachleute,* um ein ganz konkretes Vorhaben durchzuboxen. „Lobbyismus à la carte" lautet hier das Motto.

> „So hielt es kürzlich beispielsweise das ‚Informationszentrum klimafreundliches Kohlekraftwerk' (IZ Klima), in dem sich Unternehmen zusammengeschlossen haben, die Kohlekraftwerke mit Kohlendioxidabscheidung bauen wollen. Weil es für diese Anlagen noch keine gesetzliche Grundlage gibt, beauftragte das IZ Klima eine Anwaltskanzlei damit, sich ein Gesetz auszudenken. Ende 2008 präsentierte das IZ Klima dann einen kompletten Gesetzentwurf samt Hintergründen

> und Erläuterungen. Theoretisch müsste der Gesetzgeber nur noch zustimmen. Diese Vorgehensweise ist nicht völlig neu – aber sie ist symptomatisch für den Wandel.“ (Q209, S. 14)

Auch werden die Belegschaften und selbst die Mitbestimmungsträger gerne von den EVU-Vorständen als Sprachrohr benutzt. Natürlich werden hierbei die Arbeitsplätze in den Vordergrund gerückt und nicht die eigentlichen Profitinteressen. Erstaunlich ist hierbei allerdings, wie sich auch in unserer Umfrage bestätigte (vgl. Abb. 40), dass sich Mitbestimmungsträger derart mystifizieren und vor den „Profitkarren“ spannen lassen, indem sie abgestimmt mit dem *Management gegenüber dem Staat bzw. der Politik* auftreten.

*Abb. 40: Abgestimmtes Vorgehen der Betriebsräte mit Management*

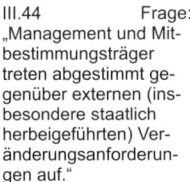

III.44 Frage: „Management und Mitbestimmungsträger treten abgestimmt gegenüber externen (insbesondere staatlich herbeigeführten) Veränderungsanforderungen auf.“

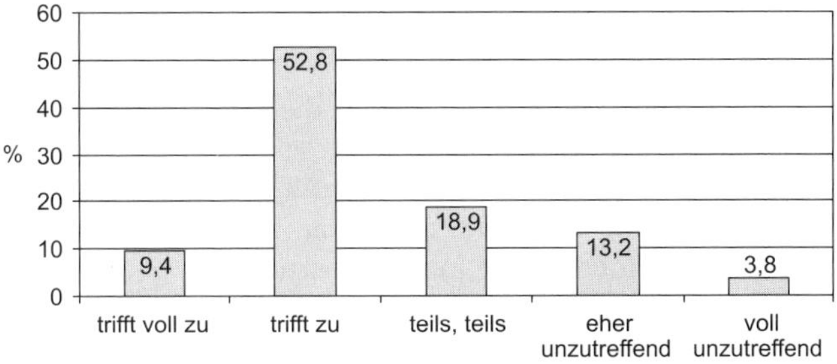


Q = 47/53

Schon immer besaßen die Stromgiganten eine herausragende *Machtfülle* gegenüber der Politik und auch schon immer gab es *personelle Verflechtungen* zwischen den profitorientierten EVUs und den demokratisch vom Volk gewählten Politikern. Entweder wechselten Politiker (bis zu Ministern) auf die Chefsessel der EVUs oder umgekehrt Top-Manager in die Politik, wenn beispielsweise ein Ministersessel zu besetzen war. Auch gab es den besonders dreisten Fall, dass ein Abgeordneter (Laurenz Meyer [CDU]) beides miteinander verbunden hat – er war Politiker im Parlament und stand gleichzeitig als Manager auf der Gehaltsliste eines Energieversorgers. Als dies aufflog und in der Öffentlichkeit massiv kritisiert wurde, verlor er sein Amt als „Generalsekretär der CDU Deutschlands“. Nach wie vor sitzt Meyer aber im Bundestag und ist jetzt „Vorsitzender der AG Wirtschaft und Technologie der CDU/CSU-Bundestagsfraktion“ und damit ihr wirtschaftspolitischer Sprecher und somit auch zuständig für *Energiefragen* und *-politik*.

Wie schwer sich die Politik mit der Machtfülle der Energieversorger tut, zeigt auch der Tatbestand, dass kein geringerer als Altbundeskanzler Helmut Schmidt (SPD) – übrigens als erster Kanzler – die Macht der EVUs nach dem Zweiten Weltkrieg brechen wollte.

> „Er werde deshalb das Energiewirtschaftsgesetz ändern, versprach Schmidt nach seiner triumphalen Wiederwahl 1976 in seiner Regierungserklärung unter dem Hohngelächter der CDU-Fraktion – nichts geschah. Reimut Jochimsen, ehemaliger Wirtschaftsminister des bevölkerungsreichsten Bundeslandes Nordrhein-Westfalen, resignierte vier Jahre später. ‚Es wäre müßig, jetzt einzusteigen in die Grundsatzdebatte über Leitungsmonopole, Demarkationen und Konzessionen. Wir würden uns nur verkämpfen an einer Front, die allein aufzubrechen selbst das Land Nordrhein-Westfalen nicht stark genug ist'." (Eckardt et al. 1985, S. 19f.)

Und auch 2004 zeigten die heutigen „Big-4" der Strombranche ihre ganze Machtarroganz gegenüber dem damaligen Bundeskanzler Gerhard Schröder (SPD), als dieser von den Unternehmensvorständen einen Korb erhielt, als er sie zu einem „Energiegipfel" nach Berlin einlud. Die EVU-Vorstände hatten keine Lust, mit dem deutschen Bundeskanzler über Strompreise und Profite oder die zukünftige Energiestruktur zu diskutieren und sich politischen Vorwürfen auszusetzen.

Neben der Lobbyarbeit setzen die EVUs auf *Öffentlichkeitsarbeit.* Diese wird ihnen zum Teil *gesetzlich* vorgeschrieben, wie beispielsweise bei betriebswirtschaftlichen Daten des *Jahresabschlusses* (Bilanzen und Gewinn- und Verlustrechnungen). Hier beschränkt man sich aber auf das nötigste bzw. ist man eher „zurückhaltend", wie Leprich feststellt.

> „Zwar werden auf den ersten Blick erhebliche Mengen an Informationen und Materialien bereitgestellt. Aber entweder werden Vorschriften geschickt ausgenutzt (wie beim befreienden Konzernabschluss) oder Ergebnisgrößen werden in einer nicht-vergleichbaren Zusammensetzung definiert." (Leprich 2008, S. 35f.)

Neben den gesetzlich vorgeschriebenen Informationen, die quantitativ wesentlich ausgebaut und qualitativ verbessert werden müssten, geben die „Big-4" auch auf *„freiwilliger Basis"* Informationen heraus. Dies geschieht allerdings fast ausschließlich in werbemäßiger Intention. Hier stehen der Markt (zur Kundenorientierung, Investorenpflege), die Gesellschaft (Umwelt- und Klimaschutz), die Region (Nachbarschaftsdialog) sowie auch die Beschäftigten (Personalentwicklung, Ausbildung) im Fokus. Die Unternehmen wollen sich dadurch einen „positiven Marketinganstrich" geben. Sie werben für ihre Belange, ohne dabei die letztlich wahren *Profitorientierungen* zu nennen. So haben sich RWE, E.ON und Vattenfall der *„Global Compact Initiative"* des früheren UN-Generalsekretärs Kofi Annan angeschlossen, dessen allgemeines Ziel es ist, universelle *Sozial-* und *Umweltprinzipen* zu fördern. Die „Global Compact Initiative" leitet sich aus der „Erklärung der Menschenrechte", der „Erklärung der Internationalen Arbeitsorganisation über grundlegende Prinzipen und Rechte menschlicher Arbeit", der „Rio-Erklärung über Umwelt und Entwicklung" sowie dem „Übereinkommen der Vereinten Nationen gegen Korruption" ab. Hinsichtlich des „Faktors" Arbeit in den Unternehmen verpflichten sich mittlerweile weltweit rund 1.500 Großunternehmen, die der „Global Compact Initiative" beigetreten sind, die Vereinigungsfreiheit und das *Recht auf Kollektivverhandlungen* zu wahren, alle Formen der *Zwangsarbeit* zu beseitigen, *Kinderarbeit* abzuschaffen sowie gegen *Diskriminierung bei Anstellung und Beschäftigung* einzutreten.

Mit derartigen Maßnahmen, die eigentlich selbstverständlich sind, hoffen RWE, E.ON und Vattenfall natürlich auch auf positive Öffentlichkeitseffekte. Diese wurden aber bisher nicht erzielt. Im Gegenteil: Alle „Big-4" haben – stellvertretend für die ganze Branche – eher eine *schlechte Presse.* Mit allen Unternehmen verbindet die Öffentlichkeit mehr Begriffe wie „Preistreiber", „Gewinnabzocker" und „Umweltfrevler".

Dieses schlechte Image bestätigt auch die Befragung bei den *Stadtwerken* (Frage II.8). Auf die Frage, ob das Ansehen der EVUs vor allem wegen der *Absatzpreisentwicklung* gelitten hätte und ob die Kritik der Öffentlichkeit daran berechtigt sei, antworteten 20% der befragten Betriebsräte, die Kritik sei „berechtigt". 28% sahen auf der anderen Seite aber auch die Kritik als „eher unzutreffend" an. Die Mehrheit (gut 47%) antwortete mit „teils, teils".

## 3.5 Schlussfolgerungen zur Unternehmenskultur in den EVUs

Die Untersuchung der Liberalisierungsauswirkungen auf das kulturelle Innenverhältnis der Elektrizitätsunternehmen hat eine Vielfalt an Erkenntnissen gebracht. Wie sich bereits in den Kapiteln 1 und 2 bezogen auf die allgemeinen Rahmenbedingungen und Branchenergebnisse angedeutet hatte, konnte auch hier bezogen auf die „Big-4" eine weitgehende einseitig ausgerichtete *Profitpolitik* in der Logik einer *Shareholder-value-Strategie* zu Lasten der *Stakeholder* aufgezeigt werden. Insbesondere die Beschäftigten bei den „Big-4" waren dabei die Verlierer. Dies sowohl im Hinblick auf Arbeitsplatzverluste als auch bezogen auf die jeweils realisierten Wertschöpfungen, die zugunsten der Kapitaleigner (Zinsen, Grundrente und Profit) umverteilt wurden. Verlierer waren aber auch die *Kunden, Lieferanten* und nicht zuletzt die *Umwelt.*

Betrachtet man die „Big-4" im Kontext einer *demokratisch-partizipativen Unternehmenskultur,* so konnten hier zwar einige Faktoren und Ansätze identifiziert werden, dennoch mussten wir insgesamt Defizite feststellen. Die Befunde sind allerdings zu differenzieren, sieht man von der für alle vier Großen EVUs gesetzlich vorgeschriebenen aber unzureichenden *unternehmerischen Mitbestimmung* ab.

Allen „Big-4" fehlt es an einer wirklich partizipativen Mitbestimmung, die nach einer kodifizierten *Gleichstellung von Kapital und Arbeit* auf Basis einer *qualitativen Parität* verlangt. So konnte bei den „Big-4" weder das marktwirtschaftlich-kapitalistische *Machtungleichgewicht* zu Lasten der abhängig Beschäftigten noch das *Investitionsmonopol des Kapitals* aufgehoben werden. Nicht der arbeitende Mensch stand bei den „Big-4“ im Mittelpunkt, sondern der maximale Profit der Shareholder. Alle betriebswirtschaftlichen Indikatoren haben dies offen gelegt. Dabei hätten die wirtschaftlichen Ergebnisse ceteris paribus bei einer besseren Umsetzung der einzelnen aufgezeigten Faktoren innerhalb einer demokratisch-partizipativen Unternehmenskultur unserer Einschätzung nach weit besser ausfallen können. Unter paritätischen Mitbestimmungsmöglichkeiten hätten dann die abhängig Beschäftigten von der von ihnen geschaffenen Wertschöpfung auch mehr abbekommen. Da aber eine derartige Mitbestimmung nicht gegeben ist, gestand man den Beschäftigten auch keine *verteilungsneutrale* materielle Partizipation an den wirtschaftlich submaximalen Wertschöpfungen zu.

Insgesamt ist noch zu berücksichtigen, dass es zumindest Indizien gibt, wonach bei der Realisierung der Gewinne *Marktmachtmissbrauch* im Spiel gewesen sein könnte (vgl. Q217; Q200; Q73). Herbeigeführt sowohl an den Beschaffungsmärkten der „Big-4“ durch Nachfragemachtanwendung als auch durch Angebotsmachtausübung an den Absatzmärkten. Käme es zu der politisch geforderten wettbewerblichen Ausrichtung der Strombranche auf *beiden Marktseiten,* so würde im Ergebnis die Wertschöpfung der EVUs massiv einbrechen. Das *Verteilungsergebnis* wäre dann hier für die Beschäftigten noch schlecher als in der Vergangenheit. Die Kapitaleigner würden durch Entlassungen zur Generierung höherer Arbeitsproduktivitäten und durch direkte Lohn- und Gehaltskürzungen, um ihre Profite zu halten, die Arbeitskosten, genauer die Lohnstückkosten, senken. Käme es dabei noch zusätzlich zu einem Anstieg der Kapitalintensität, die das Wachstum der Arbeitsproduktivität übersteigt, so würde sich dieser Prozess sogar forciert darstellen.

Dieses für die Beschäftigten insgesamt *negative Ergebnis* würde sich in den *Stadtwerken* mit Sicherheit noch schlimmer zeigen. Kämen die „Big-4“ unter einen tatsächlichen Wettbewerbsdruck, so würden das die Stadtwerke, selbst die großen Kommunalversorger unter ihnen, heftig zu spüren bekommen. Wettbewerb an den Strommärkten – wo ein homogenes und nicht lagerfähiges Gut gehandelt wird und so nicht einmal an den Absatzmärkten zur Schaffung eines Wettbewerbsvorteils ein „akquisitorisches Potenzial“ (Gutenberg 1970, S. 242) zum Einsatz gebracht werden kann – ließe die Strompreise fallen, was übrigens ein paradoxes Ergebnis im Hinblick auf den *Umweltschutz* zeitigen würde. Selbst bei unterstellten konstanten Stromabsatzmengen würden die Umsätze und bei ebenfalls unveränderten Vorleistungsstrukturen die Wertschöpfungen bei den Stadtwerken einbrechen. Die Kompensation bei geforderten weitgehend unveränderten Profiten wäre dann nur noch über *abgesenkte Arbeitskosten* möglich.

Da die Beschäftigten in den meisten Stadtwerken nicht einmal einer unternehmensbezogenen Mitbestimmung gemäß Mitbestimmungsgesetz sondern nur dem Drittelbeteiligungsgesetz oder einer betrieblichen Mitbestimmung unterliegen, ist mit hoher Wahrscheinlichkeit davon auszugehen, dass insbesondere hier die Beschäftigten den Wettbewerbsdruck zu spüren bekommen würden.

Hier bleibt den Beschäftigten nur eine Chance: über die *Umsetzung einer demokratisch-partizipativen Unternehmenskultur* für eine marktmachtbefreite möglichst maximale und leistungsorientierte Wertschöpfung zu sorgen. Ohne dies würden die Beschäftigten gegenüber dem Top-Management so gut wie keine *Durchsetzungsmacht* im Hinblick auf eine bessere Umsetzung der anderen Größen innerhalb einer demokratisch-partizipativen Unternehmenskultur haben. Und außerdem würden die Beschäftigten ohne eine wirkliche Mitbestimmung nicht an den verbesserten Wertschöpfungsergebnissen *materiell* adäquat teilhaben.

Selbst unter den bis heute – trotz Marktliberalisierung – gegebenen guten Marktbedingungen, auch für die Stadtwerke, haben die empirischen Untersuchungen bezüglich der Penetrierung einer demokratisch-partizipativen Unternehmenskultur in den Stadtwerken in Summe aber nur *begrenzt befriedigende Ergebnisse* gezeigt. Dies soll aber nicht verhehlen, dass es hier und dort auch durchaus einzelne sehr positive Befunde gibt und auch offensichtlich viele Stadtwerke zurzeit mit Hochdruck an weiteren unternehmenskulturellen Veränderungen arbeiten. Dies ist uns nicht nur von der Mitbestimmungsseite, sondern auch von der Managementseite in Befragungen bestätigt worden. Trotzdem gibt es hier ein noch erhebliches Verbesserungspotenzial. Dies gilt sowohl für den Bereich der *Informations-* und *Kommunikationspolitik* als auch für die *Personalführung,* die sich insgesamt mit Abweichungen bei den einzelnen Anforderungen aber durchaus heute bereits mit einem befriedigenden Ergebnis zeigen. Dies gilt auch für das Spektrum der *Weiterbildung,* wobei die *Erstausbildung* im dualen Berufsbildungssystem sogar (noch) als erstklassig bezeichnet werden kann. Weniger gute Ergebnisse wurden dagegen zur Generierung von Innovationen beim so wichtigen *mitarbeiterzentrierten Ideenmanagement* erzielt. Zwar haben viele Stadtwerke ein klassisches Betriebliches Vorschlagswesen, sie sind aber bei der Umsetzung nicht auf dem neuesten Stand der wissenschaftlichen Erkenntnisse. So gut wie überhaupt nicht findet eine institutionalisierte Arbeitnehmererfindung statt. Am schlechtesten fielen die Ergebnisse bei der Umsetzung einer *materiellen Partizipation* aus. Hier ist neben der Umsetzung einer wirklichen partizipativen Mitbestimmung das größte Verbesserungspotenzial gegeben. Neben einer Partizipation an der Wertschöpfung auf Basis einer solidarischen und produktivitätsorientierten realen Tarifentgeltpolitik bedarf es einer *echten Gewinnbeteiligung,* die dann in Kapitalbeteiligungen umgewandelt werden kann. Nur so gelingt es abhängig Beschäftigten in marktwirtschaftlich-kapitalistischen Ordnungssystemen in das Investitionsmonopol des Kapitals einzudringen und nur so lässt sich auch vor dem Hintergrund der gegebenen völlig disproportionalen Vermögensverteilung in Deutschland eine Umverteilung zugunsten der abhängig Beschäftigten umsetzen.

# 4. Stärkung der Stadtwerke als Chance

Nachdem wir uns zunächst mit den veränderten Rahmenbedingungen der Elektrizitätsmärkte beschäftigt (vgl. Kapitel 1) und die Auswirkungen dieser Veränderungen im Außen- (vgl. Kapitel 2) sowie im Innenverhältnis der Unternehmen (vgl. Kapitel 3) analysiert haben, wenden wir uns nun zur Abrundung der *zukünftigen Rolle der Stadtwerke* zu.

Dieser abschließende Schritt liegt umso näher, als einerseits die Liberalisierung trotz ihrer von uns ausführlich skizzierten Mängel politisch offenbar nicht zur Disposition steht, andererseits aber gerade die Stadtwerke im vorgezeichneten Rahmen einen wichtigen Impuls zur *Systemverbesserung* geben könnten. Mit Blick auf das in Abbildung 1 skizzierte Zieldreieck könnten die Stadtwerke nämlich in Zukunft sowohl verstärkt als wettbewerblicher Gegenpart zu den oligopolistisch strukturierten „Big-4" auftreten als auch zu einer nachhaltigen Entwicklung und Klimavorsorge sowie zu mehr Versorgungssicherheit beitragen.

Hinzu kommt, dass sich über eine zunehmend auf die Stadtwerke stützende Elektrizitätsversorgung noch am Besten eine *dezentrale (kommunalisierte) Energiepolitik* (vgl. Hennicke/Müller 2005, S. 136ff.; Bohnenkamp et al. 1990) umsetzen lässt. Dabei werden die potenziellen Chancen dieser engen Verbundenheit von Stadtwerken mit den Bürgern, der örtlichen Wirtschaft und den regionalwirtschaftlichen Kreisläufen selbst von den Kritikern einer kommunalisierten Energiepolitik nicht in Frage gestellt.

> „Stadtwerke sind in vielen Städten der *größte Arbeitgeber vor Ort,* durch umfangreiche *Abführungen an das Kommunalbudget* ein bedeutender Wirtschaftsfaktor und durch den *Querverbund* (neben den leitungsgebundenen Energien Strom, Erdgas sowie Nah- und Fernwärme oft auch Wasser, ÖPNV, Abfall, Häfen usw.) für die örtliche Daseinsvorsorge und für lebenswichtige Infrastrukturen zuständig. Sie sind in der Kommunalpolitik wichtige Akteure einer *bürgernahen Demokratie.*" (Hennicke/Müller 2005, S. 136)

Um diese Funktionen wirklich wahrnehmen zu können, müssen sich die Stadtwerke aber nochmals weiter entwickeln und die neuen Herausforderungen in Form des sich zukünftig vermutlich verschärfenden Wettbewerbs und infolgedessen auch in Form von zugespitzten internen Verteilungskonflikten sowie in Form des jüngst von der Bundesregierung verabschiedeten *„Integrierten Energie- und Klimapakets"* annehmen und dies als *Chance* begreifen.

Die dazu erforderliche strategische Ausrichtung wird aber letzten Endes nur mit der und nicht gegen die Belegschaft gelingen können, so dass die Umsetzung der von uns befürworteten demokratisch-partizipativen Unternehmenskultur in den Stadtwerken einen immer wichtigeren Baustein zum Erfolg bilden wird.

Im Folgenden werden wir uns zunächst mit der Frage auseinandersetzen, wie sich die Stadtwerke bislang im Liberalisierungsprozess positioniert haben (vgl. Kapitel 4.1). Anschließend gilt es, die neuen Rahmenbedingungen sowie die damit verbundenen Herausforderungen und Chancen für die Stadtwerke herauszuarbeiten sowie Schlussfolgerungen für die Unternehmensstrategie zu ziehen (vgl. Kapitel 4.2). Unsere Ausführungen schließen dann – unter Berücksichtigung der unternehmenskulturellen Anpassungsnotwendigkeiten – mit einem zusammenfassenden perspektivischen Ausblick auf die Rolle der Stadtwerke (vgl. Kapitel 4.3).

## 4.1 Die Stadtwerke im bisherigen Liberalisierungsprozess

Ungeachtet partiell erheblicher *struktureller Benachteiligungen* – beispielsweise durch restriktive Gemeindeordnungen oder die Praxis der Entsorgungsrückstellungen bei Atomkraftwerken[1] – konnten sich rund 700 Stadtwerke bisher erstaunlich gut im neuen Umfeld behaupten. Dies ist umso überraschender, als den Stadtwerken *„das große Sterben" vorhergesagt wurde.* Zu Beginn der Liberalisierung prophezeite beispielsweise die Dresdner Bank nur das Überleben eines Drittels der kommunalen Energieversorgungsunternehmen (vgl. Wagner/Kristof 2001, S. 20). Die Unternehmensberatungsgesellschaft A.T. Kearney prognostizierte im Jahre 2000, dass innerhalb von fünf Jahren von den damals 800 Stadtwerken lediglich 100 als eigenständige Unternehmen erhalten blieben (vgl. Kirsten 2001, S. 20). Und die Deutsche Bank Research ging sogar noch einen Schritt weiter und sagte vorher, dass nur wenige Stadtwerke überleben würden (vgl. Schöneich 2007, S. 13).

Auch hier gilt: Totgesagte leben länger! Das „Stadtwerkesterben" ist dabei nicht nur ausgeblieben: unsere nach Größenklassen differenzierte Analyse der Einkommens- und Verteilungsentwicklung hat sogar gezeigt, dass nicht nur die „Big-4", sondern im Durchschnitt auch die Stadtwerke vielfach höhere Gewinne als je zuvor erwirtschafteten (vgl. Kapitel 2.1.5).

Die Mehrzahl der Stadtwerke nahm in den letzten zehn Jahren folglich die Umbrüche auf den Elektrizitätsmärkten an. Sie transformierten sich von ehemaligen Gebietsmonopolisten zu Marktakteuren. Bei diesen Umstrukturierungsprozessen kamen ihnen die anfänglichen Netzzugangsregelungen in Form rechtlich unverbindlicher Verbändeabsprachen sowie das Fehlen einer nationalen Regulierungsbehörde entgegen (vgl. Held 2003). Die *Regulierungsdefizite* verhinderten auch den zwar politisch gewollten, in Wirklichkeit aber nicht gegebenen

1 Zu den politischen Auseinandersetzungen um diese Frage siehe Hennicke/Müller 2005, S. 133f.

Wettbewerb (vgl. Kapitel 1 und 2; vgl. Attig 2007, S. 431) Selbst anfangs in den liberalisierten Markt eingedrungene neue Marktteilnehmer, vor allem ausländische Unternehmen, zogen sich schon recht bald aus dem deutschen Markt wieder zurück (vgl. Held 2003, S. 87). Die Position der Stadtwerke blieb deshalb zumindest im Hinblick auf das *Privatkundengeschäft* weitgehend stabil. Dies äußerte sich auch in der Möglichkeit, nach anfänglichen Preissenkungen ab etwa 2001 trotz immenser Produktivitätssteigerungen Preiserhöhungen bei haushaltsnahen Endverbrauchern im Markt durchzusetzen (vgl. Kapitel 2.2).

Vor diesem Hintergrund kam es mit der Liberalisierung[2] zwar zum Bergen von Effizienzreserven, der wirtschaftliche Vorteil daraus wurde bislang aber im Wesentlichen nicht an die Stromkunden weitergegeben. Er verblieb stattdessen als betriebswirtschaftlicher „Erfolg“ in den Unternehmen. Hier wiederum wurde das Wettbewerbsargument gegenüber der Belegschaft erfolgreich instrumentalisiert, um in der internen Verteilungsauseinandersetzung ganz im Sinne einer Shareholder-value-Strategie eine massive Umverteilung hin zur (Eigen-)Kapitalseite zu organisieren.

Auch andere Untersuchungen bestätigen die Profitabilität der Stadtwerke,[3] sehr zur Freude übrigens der überwiegend kommunalen *Anteilseigner.*[4] Teilweise ist dabei allerdings in den von uns geführten Interviews von den Geschäftsführern selbstkritisch angemerkt worden, dass die Liberalisierung unter *volkswirtschaftlichen* Gesichtspunkten betrachtet, wegen des vollzogenen *Arbeitsplatzabbaus* und den damit verbundenen Folgekosten, wohl eher negativ zu beurteilen sei. Mit anderen Worten: Der gesellschaftspolitisch wichtige Charakter einer ausgewogenen Daseinsvorsorge in der Energiewirtschaft wurde zugunsten des *kurzfristigen Profits* geopfert.

---

2 Dabei fingen nach Auskunft der interviewten Geschäftsführer einige Unternehmen mit den marktbezogenen Restrukturierungen bereits vor der Liberalisierung, andere Stadtwerke erst Jahre später an.

3 Die positiven betriebswirtschaftlichen Ergebnisse werden durch eine neue, detaillierte Analyse von 60 deutschen Energieversorgungsunternehmen für die Jahre 2003 bis 2006 bestätigt. Danach erzielten die betrachteten Stadtwerke eine durchschnittliche Eigenkapital-Rendite von 6,2%. Große EVUs (Umsatz über 500 Mio. Euro) erreichten dabei mit 7,3% deutlich höhere Werte als kleine Unternehmen (Umsatz unter 200 Mio. Euro) mit einer Rendite in Höhe von 5,2%. Kommunal geführte Stadtwerke lagen danach erheblich unterhalb des Durchschnittswertes. Bezogen auf den Eigenkapitalwert des Vorjahres lag die Ausschüttungsquote der 60 Energieversorger im Vergleich zu anderen Unternehmen bzw. Industrien dennoch „überproportional hoch“, nämlich bei 5,8% bis 6,6% in dem betrachteten Zeitintervall (vgl. Q87).

4 Die kommunalen Shareholder haben die Dividenden oftmals zur Deckung der Fehlbeträge für den defizitären öffentlichen Nahverkehr oder zur Haushaltskonsolidierung, also für öffentliche Belange, eingesetzt.

Im Rahmen der in unserem Forschungsprojekt durchgeführten Betriebsrätebefragung bestätigte sich, wie sehr dabei in der Wahrnehmung der Beschäftigten der Wettbewerb und nicht die florierende Gewinnanspruchsmentalität in den EVUs als die eigentlich treibende Kraft für interne Anpassungen aufgefasst wird. Fast drei Viertel der Befragten antworteten, dass die *Wettbewerbsintensität* in der Elektrizitätswirtschaft seit der Liberalisierung für ihr Unternehmen *stark zugenommen* hat. Der Rest bestätigte immerhin eine *Zunahme* des Konkurrenzdrucks (Frage II.1).

Die von uns befragten Betriebsräte brachten auch zum Ausdruck, dass die Mehrzahl der EVUs zwar mit einer *Angebotsmodifikation* und *-erweiterung* sowie einer verbesserten Kundenorientierung und einem Ausbau des Service reagierten. In der Bedeutung überwogen aber bislang *interne Anpassungsstrategien* gegenüber *externen Innovationsstrategien* (vgl. Abb. 41, 42 und 43):

*Abb. 41: Preis- versus Kostenstrategien*

II.2a Frage:
„Wie hat Ihr Unternehmen auf die Liberalisierung reagiert?"
*Preis- bzw. Kosten-Strategien*

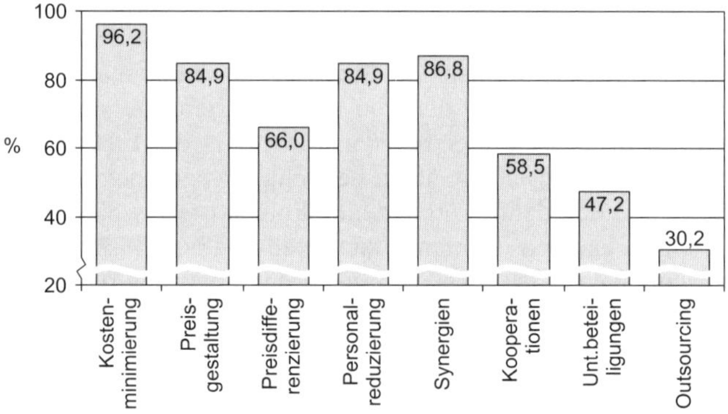


Mehrfachnennungen;
N = 53

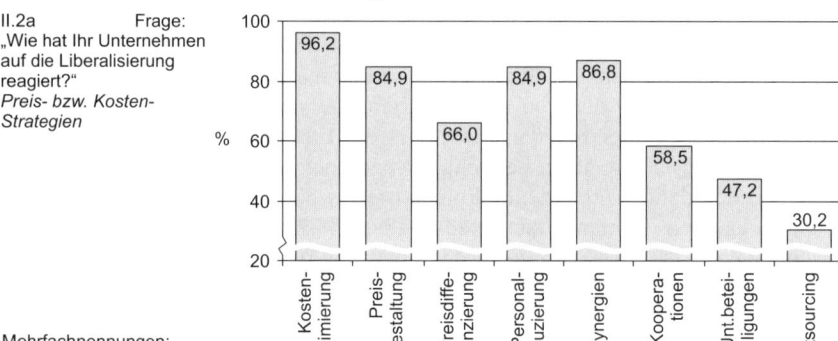

*Abb. 42: Produktstrategien*

II.2b Frage:
„Wie hat Ihr Unternehmen auf die Liberalisierung reagiert?"
*Produkt-Strategien*

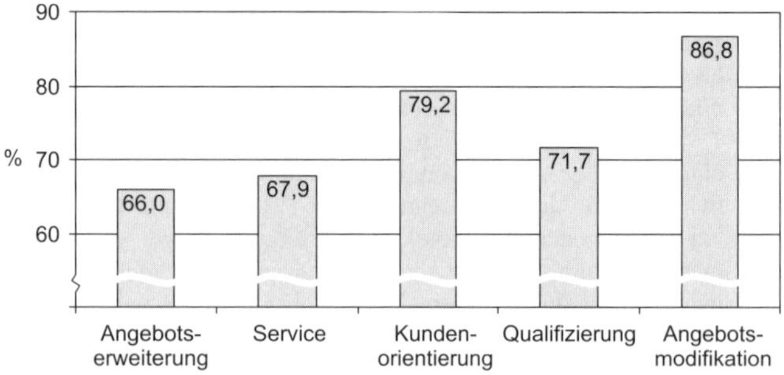


Mehrfachnennungen;
N = 53

*Abb. 43: Maßnahmengewichtung*

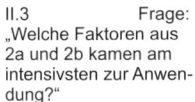

II.3 Frage: „Welche Faktoren aus 2a und 2b kamen am intensivsten zur Anwendung?"

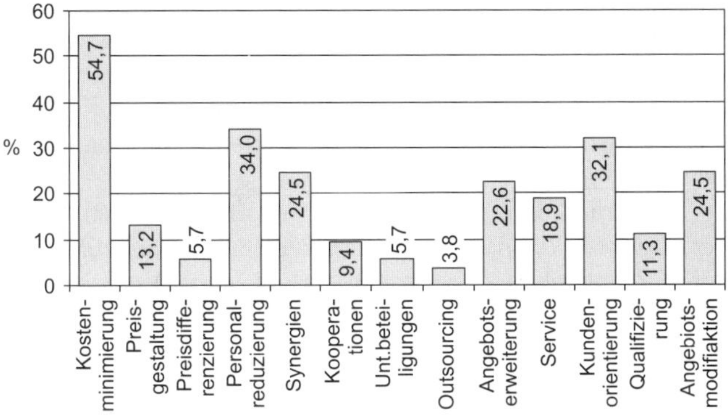


Mehrfachnennungen; N = 53

Im letzten Jahrzehnt dominierte zusammenfassend die Orientierung auf *Kostenminimierung* bei den befragten Stadtwerken, was die aus der offiziellen Statistik gewonnenen Informationen im Hinblick auf reduzierte Personalaufwendungen bestärkt (vgl. Kapitel 2.1.3).

Die Betriebsräte identifizierten als Hauptursachen für Personalreduzierungen *Rationalisierung* (47,2%), *Preisverfall* (43,4%) sowie *Fusionen* und *Leiharbeit* (20,8%) (Frage II.4). Hinsichtlich der Rationalisierungen stellt sich allerdings die Frage, ob diese Maßnahmen nicht unter dem alten Regime der Gebietsmonopole ebenfalls realisiert worden wären. Auch in der Vergangenheit fanden entsprechende Entwicklungen mit Anpassungen bei den Arbeitsplätzen statt. Ein Großteil des Beschäftigtenabbaus in der letzten Dekade dürfte außerdem rein technologischen Entwicklungen geschuldet gewesen sein – unabhängig vom Regulationsrahmen.

Aus den Antworten der Interviewten lässt sich allerdings auch herauskristallisieren, dass in den Stadtwerken parallel Anstrengungen zur Sicherung der Absatzmöglichkeiten durch bessere Kundenorientierung und -betreuung sowie modifizierte Angebote verfolgt wurden. Auf das Kerngeschäft bezogene *Innovationsstrategien* stellten dabei eine der Hauptorientierungen dar. Diesen Trend unterstrichen auch die von uns interviewten Geschäftsführer. Die neuen Rahmenbedingungen haben offensichtlich eine große Dynamik erzeugt: Der Erfindungsreichtum und die Ideenvielfalt der Beschäftigten und des Managements sowie des neu eingestellten Personals wurden zur erfolgreichen betriebswirtschaftlichen Positionierung der Mehrzahl der Stadtwerke genutzt.

Bei der Bewertung der eingeschlagenen Strategien sind aber jeweils die unterschiedlichen *Ausgangssituationen der Stadtwerke* zu berücksichtigen. Anfänglich hatten ausschließlich im lokalen und regionalen Verteilergeschäft tätige

Stadtwerke nur beschränkte Möglichkeiten, ihre Geschäftsbasis im Endkundengeschäft zu erweitern. Dem stehen in einigen Bundesländern (z.B. Nordrhein-Westfalen) nach wie vor mit Blick auf die strategischen Entfaltungsmöglichkeiten restriktiv wirkende *Gemeindeordnungen* im Wege. Darüber hinaus beschränken auch größere Anteilseigner (zumeist direkt oder indirekt in Form der „Big-4“) vielfach expansive Strategien kommunaler Unternehmen auf das Kerngeschäft.

Aufgrund der abweichenden Umfeldbedingungen, aber auch angesichts einer *heterogenen Ressourcenausstattungen* in den einzelnen Unternehmen, war in der Vergangenheit zu beobachten, dass es im Detail zu vielfältigen und *differenzierten Strategieansätzen* kam.[5] Einige Stadtwerke

- weiteten ihre bisherigen *Angebote* über die kommunalen Grenzen hinaus aus,
- weitere *fusionierten* mit anderen kommunalen Unternehmen bzw. bildeten *Kooperationsverbünde* und
- wiederum andere Versorger bauten neue energienahe und andere *Geschäftsfelder* auf.
- Fast alle Stadtwerke haben außerdem neue *Organisationsstrukturen* (Center-Lösungen, die bis zu Profit-Center-Strategien reichen) aufgebaut, produktivitätssteigernde Maßnahmen sowie den Aufbau neuer Marken mit entsprechenden Produkten durchgeführt.

Allen damaligen *Untergangsprognosen* zum Trotz bleibt rückblickend festzuhalten, dass Stadtwerke ihre *Marktposition* halten bzw. teilweise sogar ausbauen konnten, ihren Anteilseignern bei beschleunigter Rationalisierung nach wie vor einträgliche Gewinne bescherten, eine hohe Versorgungssicherheit für die Kunden gewährleisten und in beschränktem Umfang neue Geschäftsfelder erschließen konnten.

---

5 Die Differenzierung der Geschäftsstrategien beschreibt auch die Forschungspartnerschaft INFRAFUTUR – bestehend aus 13 kommunalen Stadtwerken, dem Wuppertal Institut für Klima, Umwelt, Energie sowie dem Verband kommunaler Unternehmen. Demnach ist es zur Bildung dreier idealtypischer Grundausrichtungen im Energiesegment gekommen: „Kommunaler Logistiker“, „kommunaler Komplettdienstleister“ sowie in andere Regionen „expandierende kommunale Unternehmen“. Diese Unterteilung deckt die Vielfalt möglicher Geschäftsstrategien allein im Bereich Elektrizität aber höchst unvollständig ab und kann nur als grobe Orientierung dienen (vgl. Richter/Thomas 2009, S. 48).

## 4.2 Neue Herausforderungen und Chancen für die Stadtwerke

### *4.2.1 Zuspitzung des internen Verteilungskonflikts*

Bislang ist der Verteilungskonflikt in der Dreiecksbeziehung zwischen den Stromkunden, der (Eigen-)Kapitalseite sowie der Arbeitnehmerschaft in den EVUs eindeutig zugunsten des Kapitals ausgegangen. Der Anstieg der Löhne und Gehälter fiel gemessen am Produktivitätsanstieg sehr bescheiden aus. Das Drohbild des bisher in seiner Wirkung auf dem Absatzmarkt allenfalls halbherzig praktizierten, über Fusionen weitgehend unterlaufenen Wettbewerbs reichte in Verbindung mit einem massiven Beschäftigungsabbau bzw. Outsourcing offenbar schon aus, um die Gewerkschaften zu moderieren.

Der interne Verteilungskonflikt dürfte nun aber eine vollkommen neue Qualität erhalten und sich verschärfen (vgl. Kapitel 2.5). Denn die Politik hat die Geduld verloren und setzt die EVUs auch durch eine verspätete Re-Regulierung zunehmend unter Druck, die erzielten wirtschaftlichen Vorteile und neue Effizienzreserven – wie ursprünglich beabsichtigt – an die Verbraucher weiterzugeben.

#### 4.2.1.1 Wirkungen der Anreizregulierung

Dafür wird zum einen die Anreizregulierung sorgen. Hintergrund ist die Ablösung des Systems der detaillierten Kostenprüfung durch die *anreizbasierte Regulierung im Netzbereich (ARegV)* zum 1. Januar 2009 (vgl. dazu noch einmal Abschnitt 1.3.3.3; vgl. Q280, S. 2.529). Bereits jetzt sind die Netzentgelte erheblich gekürzt worden. Nach Auskunft der von uns befragten Geschäftsführer lagen die vorzunehmenden Abschläge im Bereich um 20%. Mit den verschärften Regeln dürfte sich der Druck für die Branche als Ganzes nochmals erheblich erhöhen.

Hinzu kommt mit Blick speziell auf die Stadtwerke nach Einschätzung des Verbandes kommunaler Unternehmen (VKU) eine „systematisch strukturelle Benachteiligung“ im *Effizienzvergleich* Städtische Versorger gegenüber Regionalversorgern.[6] Der VKU forderte daher nachdrücklich, dass über die Methodik und die Parameter mehr Transparenz hergestellt wird (vgl. Q293). Die Befürchtung ist, dass viele kommunale Energieversorgungsunternehmen in ihren Erlös-/Kostenrelationen so beschnitten werden, dass sie in ihrer Existenz gefährdet sind.

---

6 Vgl. Q293. Laut Bundesnetzagentur lassen sich diese Besorgnisse rückblickend allerdings empirisch kaum belegen (vgl. Abschnitt 1.3.3.3). Gerade kleinere Stadtwerke dürften aber oftmals den Aufwand gescheut und daher am vereinfachten Verfahren mit einem dann zugewiesenen Effizienzwert von 87,5% teilgenommen haben. Angesichts der unerwartet hohen Effizienzwerte im alternativen Benchmarking-Verfahren (im Durchschnitt rund 92%) mögen sie inzwischen ihre Entscheidung teilweise bereut haben.

Diese Sorge teilten allerdings nur rund ein Drittel der befragten Betriebsräte (Frage IV. 71). Knapp 40% der Interviewten sahen nur „teils, teils“ Gefahren einer existenzgefährdenden Wirkung durch die Anreizregulierung, während der Rest die Neuregulierung als unproblematisch einstufte.

Der große Anteil der „Unentschiedenen“ könnte seine Ursache darin haben, dass viele Betriebsräte die Folgen der Anreizregulierung noch nicht abschließend beurteilen mochten bzw. die Netzerlöse nur als einen weniger wichtigen Teil des unternehmerischen Gesamtgeschäfts ansahen. Die anschließende Fragestellung verdeutlichte aber, dass die Interessenvertretungen zumindest zukünftig über eine *Intensivierung des Wettbewerbs* durchaus große Herausforderungen im Netzbereich auf ihre Unternehmen zukommen sehen (vgl. Abb. 44).

*Abb. 44: Wettbewerbswirkungen der Anreizregulierung*

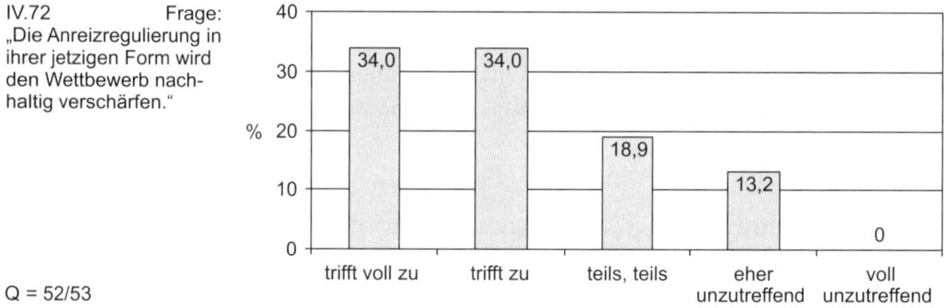


### 4.2.1.2 Wirkungen eines forcierten Wettbewerbs

Die Anreizregulierung wird demnach nicht nur direkt, sondern auch mittelbar über die Belebung des Wettbewerbs um die Stromkunden auf der Profitabilität in den Unternehmen lasten. In diesem Sinne betonte etwa der damalige Vorstandsvorsitzende des Mannheimer Energieversorgers MVV am 16. Januar 2008 in der Süddeutschen Zeitung: „In der Energiebranche geht der Wettbewerb jetzt erst richtig los, weil erst jetzt die Marktzugangsbarrieren durch die Netzregulierung beseitigt werden.“

Darüber hinaus könnten auch die weiteren Re-Regulierungsmaßnahmen der Politik (vgl. Kapitel 2) für eine Wettbewerbsverschärfung sorgen. In die gleiche Richtung zielen auch die zunehmend restriktivere Haltung der Kartellbehörden und der Justiz, die mittlerweile – und damit viel zu spät – einem weiteren Fusionieren der „Big-4“ einen Riegel vorgeschoben haben. Nicht zuletzt dürfte angesichts der Unzufriedenheit mit den Preisentwicklungen im Strombereich zukünftig auch von weiteren *Kundenwanderungen* auszugehen sein. Sowohl bei den *Vertragskunden* als auch bei den *Tarifkunden* stellten jeweils rund 90% der Betriebsräte eine gestiegene Wechselbereitschaft der Kunden in letzter Zeit fest (Fragen II.7a und II.7b).

Indizien für eine Wettbewerbsbelebung ergeben sich auch aus den Aktivitäten der größeren EVUs. Nachdem EnBW mit der Marke „Yello-Strom" schon recht früh nach der Liberalisierung in ganz Deutschland aufgetreten ist, werben E.ON und RWE erst seit 2007 mit *bundesweiten Billigangeboten* unter den Namen „e wie einfach" sowie „eprimo". Im Januar 2008 ist dann Vattenfall Europe mit dem deutschlandweiten Tarif „Easy Privatstrom" gefolgt. Mittlerweile haben auch Stadtwerke der 8KU-Gruppe den nationalen Stromvertrieb intensiviert. Darüber hinaus agieren auch ausschließliche Ökostrom-Anbieter im ganzen Bundesgebiet.[7] Diese neue Orientierung über alte Absatzmarktgrenzen hinweg signalisiert einen allmählich aufkommenden Wettbewerb mit der Folge, dass die Stadtwerke noch effizienter als in der Vergangenheit wirtschaften müssen.

Der davon ausgehende Einfluss auf der Sektorebene wird laut Jansen et al. (2007) durch die Herausbildung neuer Normen schon auf der Mikroebene erkennbar. Anhand der Untersuchung von rund 120 kommunalen Unternehmen stellen sie fest, dass die Liberalisierung der Märkte nicht nur die „Selbstbilder" und „Rechtsformen" der Stadtwerke verändert hat. Vielmehr lässt sich auch eine höhere Markt- und Wettbewerbsorientierung im Sinne der Schaffung von „value added services", der Ausdehnung der Vertriebsgebiete und der Umsätze feststellen (vgl. ebd., S. 20).

#### 4.2.1.3 Folgen in der Unternehmenskultur

Sollten die Bemühungen der Politik um noch mehr Effizienz und den Beginn eines ernsthaften Wettbewerbs am Ende erfolgreich sein, verschieben sich zwangsläufig die Relationen im Verteilungsdreieck hin zu den Stromkunden, so dass die dann noch verfügbare Verteilungsmasse innerhalb der Unternehmen erstmals seit der Liberalisierung nachhaltig abnehmen wird. In Anbetracht der mittlerweile auch bei den Eigentümern der Stadtwerke üblichen Gewinnanspruchsmentalität wäre es aber geradezu blauäugig zu glauben, dass die Kapitalseite ihre Ansprüche freiwillig zugunsten der Belegschaft zurückstellt.

Bei einer derart nach innen verlagerten Verteilungsauseinandersetzung drohen die Beschäftigten dann aber endgültig „unter die Räder zu kommen". Für Gewerkschaften und Mitbestimmungsträger bedeutet dies, dass die Zeiten der „relativen Harmonie" vorbei sein werden. Das Unternehmensklima könnte – angesichts der gerade in der Netzsparte drohenden Einbußen – überdies durch ein Auseinanderdividieren der Beschäftigten im Netzbereich und ihrer restlichen Kollegen vergiftet werden. Eine Spaltung der Belegschaft droht aber auch da-

7 Diese waren aber schon recht früh nach Beginn der Liberalisierung 1998 bundesweit präsent.

durch, dass langjährige Mitarbeiter noch in den Genuss großzügiger Regelungen kommen und auf diese Weise „ruhig gestellt“ werden, während neu eingestellte Beschäftigte nur zu deutlich schlechteren Bedingungen engagiert werden.

Umso wichtiger erscheint aus Sicht der Arbeitnehmer auf Branchenebene zum einen die Bildung einer starken *gewerkschaftlichen Gegenmacht.* Das von uns festgestellte gemäßigte Solidaritätsbewusstsein in dieser Hinsicht (vgl. Abschnitt 3.2.7.1) lässt dabei noch einiges zu wünschen übrig. Dabei ließen sich – angesichts der personellen Konzentration von betrieblichen Verantwortungen – rein strategisch sehr effektive Drohstrategien in anstehenden Verhandlungen und Auseinandersetzungen aufbauen. Die damit verbundenen hohen Erfolgsaussichten einer wirksamen Gegenmachtbildung sollten eigentlich einen höheren gewerkschaftlichen Organisationsgrad begünstigen.

Zum anderen kommt es innerhalb der Unternehmen darauf an, die *zunehmenden Verteilungskonflikte* möglichst schon vor einer Eskalation zur gegenseitigen Zufriedenheit und in gegenseitiger Verantwortung füreinander auszusteuern. Dies kann aber nur im Rahmen der von uns beschriebenen demokratisch-partizipativen Unternehmenskultur geschehen. Alles in allem stehen die *Stadtwerke* durch die skizzierten Veränderungen nochmals vor neuen Herausforderungen, bei denen am Ende ein weiterer Verlust von Arbeitsplätzen droht. Diese Einschätzung bestätigte sich auch in unserer Befragung (vgl. Abb. 45).

*Abb. 45: Anreizregulierung und Personalabbau*

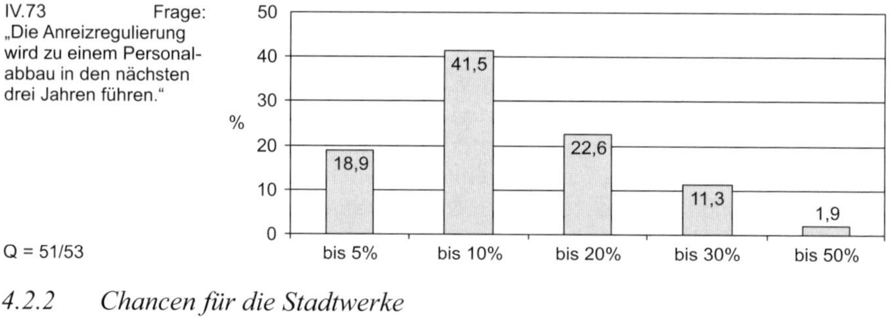


### 4.2.2 *Chancen für die Stadtwerke*

Vor dem Hintergrund scheinbar unvermeidbarer Einschnitte in der Branche als Ganzes kommt es für die Stadtwerke in den kommenden Jahren mehr denn je darauf an, die sich abzeichnende Entwicklung mit geeigneten Unternehmensstrategien zu begleiten und sich bietende Chancen für eine Positionsverbesserung gerade in der Konkurrenz mit den „Big-4“ zu nutzen.

Beratungsunternehmen wie z.B. PriceWaterhouseCoopers oder goetzpartners sehen dabei angesichts der neuen Rahmenbedingungen als Trend für die Mehrzahl der Stadtwerke nur zwei Lösungswege: *Kooperation* oder *Ausverkauf* (vgl. Q240; Q87). Die Verkaufs- bzw. Beteiligungsoption hat sich rückblickend betrachtet vielerorts für die Kommunen als wirtschaftlich nachteilig und für die Entwicklung von Geschäftsmodellen als strategisches Hemmnis herausgestellt. Die Orientierung in Richtung einer Kooperation hingegen besteht dabei in dem Versuch, den neuen Herausforderungen des Markts durch *interne Anpassungen* zu begegnen.

#### 4.2.2.1 Interne Anpassungen über Kooperationen

Dabei wurde in der Vergangenheit schon eine Zusammenarbeit insbesondere in den Bereichen *Energiebeschaffung* sowie *Informationsverarbeitung* praktiziert.[8] Neu steht nun die Anreizregulierung im Fokus. Sie wird in den EVUs mit ihren direkten und indirekten Wirkungen vielfach als große Belastung empfunden. Um den Erlösminderungen zu begegnen, kommen auch hier *Stadtwerke-Kooperationen* als ein wichtiges unternehmensstrategisches Instrument in Frage. Der stellvertretende VKU-Geschäftsführer Michael Wübbels hält diesen Weg sogar für *„die Schlüsselstrategie"*.[9]

Zweifellos sind Unternehmenskooperationen zwar per se geeignet, den Wettbewerb zu unterbinden. Kooperationen sind aber realiter vor dem Hintergrund einer *ungleichen Wettbewerbssituation* zu den oligopolistischen Anbietern („Big-4") kaum durchsetzbar. Die Stadtwerke sind – oftmals bei eigentumsrechtlicher Verbindung mit den „Big-4" und bei eingeschränkter Eigenerzeugung – insbesondere in ihrer Strategiewahl und im Strombezug von den großen Herstellern abhängig und können diesen im Alleingang am Endkundenmarkt allenfalls begrenzt Paroli bieten. Auch sehen Branchenexperten für viele Stadtwerke kaum Möglichkeiten, die erforderlichen *Einsparungen im Netzbereich* allein durch betriebsinterne Lösungen zu realisieren. Daher schlagen sie zwei Varianten der Zusammenarbeit vor: Im ersten Fall gründen die Akteure eine *gemeinsame Netzgesellschaft* und bringen dort die jeweiligen Aktivitäten ein; im zweiten Fall würden Stadtwerke Netzkooperationen eingehen.

Da insbesondere konsensorientierte Entscheidungsprozesse und damit verbunden wenig strukturierte Vorgehensweisen oftmals als Hemmnis für die Erschließung entsprechender Kooperationspotenziale gelten (vgl. Q87, S. 16), wird dabei zuweilen die Gründung einer neuen Netzgesellschaft als das zentrale Erfolgsmodell angepriesen. In dieser Variante könnten vor allem eine einheitliche Führung und somit schnelle Entscheidungswege sowie flache Hierarchien instal-

---

8 Als interessante Beispiele für Kooperationen bei der Energiebeschaffung siehe Trianel (vgl. Kapitel 2), die Kommunale Energie Allianz Bayern (rund 50 Stadtwerke), Süd-Weststrom sowie Kom-Strom AG (ca. elf Stadtwerke und Regionalversorger).

9 Auskunft von Michael Wübbels anlässlich des Symposiums „Liberalisierung in der Elektrizitätswirtschaft" an der FH Gelsenkirchen am 25.6.2009.

liert werden. Die Konzentration des Managements allein würde bereits zu Kostensenkungen führen. Zudem könnten weitere *Synergieeffekte* erschlossen werden:

- Der *technische Einkauf* könnte durch die gemeinsame Organisation besser Größenvorteile nutzen und somit Kostenminderungen erzielen.
- Bei Bündelung geographisch beieinander liegender Netze und somit kurzer Wege sei es möglich, mittels eines *flexiblen Personaleinsatzes* (Stichwort: „Workflow-Management") Effizienzsteigerungen zu erzielen.
- Würden die *Leitwarttechnik* sowie die *Netzleitsysteme* harmonisiert und zusammengelegt, wären auch hier Produktivitätsfortschritte zu verwirklichen. Neben kurzfristigen personellen Effekten sei davon auszugehen, dass auch in der Folgezeit bei der Wartung und Erneuerung der Technik Größenvorteile und Kosteneinsparungen realisiert werden könnten (vgl. ebd., S. 17).

Die Beratungsgesellschaft goetzpartners errechnet diesbezüglich mittelfristige *Effizienzsteigerungspotenziale* bei Zusammenlegung von drei beispielhaften Stadtwerken unterschiedlicher Größe in Höhe von 20% bis maximal 40% und verweist darauf, dass gleichzeitig die Qualität gesteigert werden könnte (vgl. ebd., S. 20).

Aber auch in der zweiten, auf *Kooperation* setzenden Variante werden noch vielfältige Möglichkeiten gesehen, deutlich mehr *Synergien* als im Falle einer „Stand-alone-Strategie" zu erschließen und somit die Ertragskraft der Unternehmen zu erhalten. Die Zusammenarbeit ließe sich sukzessive aufbauen. Politische, wirtschaftliche sowie unternehmenskulturelle Aspekte könnten dabei Berücksichtigung finden und dennoch Größeneffekte realisiert werden. Gleichwohl sei es in der Mehrzahl der Fälle möglich, eine weitgehende Unabhängigkeit der Unternehmen sicher zu stellen. Derartige Kooperationen sind allerdings sehr komplex und schwierig in der Umsetzung, so dass zahlreiche Versuche der kooperativen Zusammenarbeit in der Energieversorgung bereits gescheitert sind (vgl. Meister/Cord 2008; vgl. als aktuellen Überblick Q211, S. 13).

Kooperationen im Netzbereich stellen dessen ungeachtet für viele Stadtwerke angesichts der Anreizregulierung eine sinnvolle strategische Option dar. Dadurch könnten zahlreiche Synergien erschlossen werden. Eine Priorisierung der zu verfolgenden Kooperationsstrategie hängt allerdings von den realen Bedingungen und Unternehmenskulturen der zukünftigen Partnerunternehmen ab. Theoretische Vorabüberlegungen haben sich in der Praxis häufig kaum bewährt.

Auch die befragten Betriebsräte sahen *horizontale Kooperationen* als die erfolgversprechendste Strategie für ihr Unternehmen in den nächsten fünf Jahren an (gut 60%); insbesondere im Netzbetrieb (Frage IV.57). Immerhin ein Drittel schätzte eigenständige Strategien allerdings nach wie vor als wirkungsvoller ein. Nur 7,5% der Befragten beurteilten *vertikale Kooperationen* als die beste Option. Die Bewertung von Kooperationen schwankte dabei sehr stark zwischen den Zielgruppen von Unternehmen (vgl. Abb. 46).

*Abb. 46: Kooperationsmöglichkeiten*

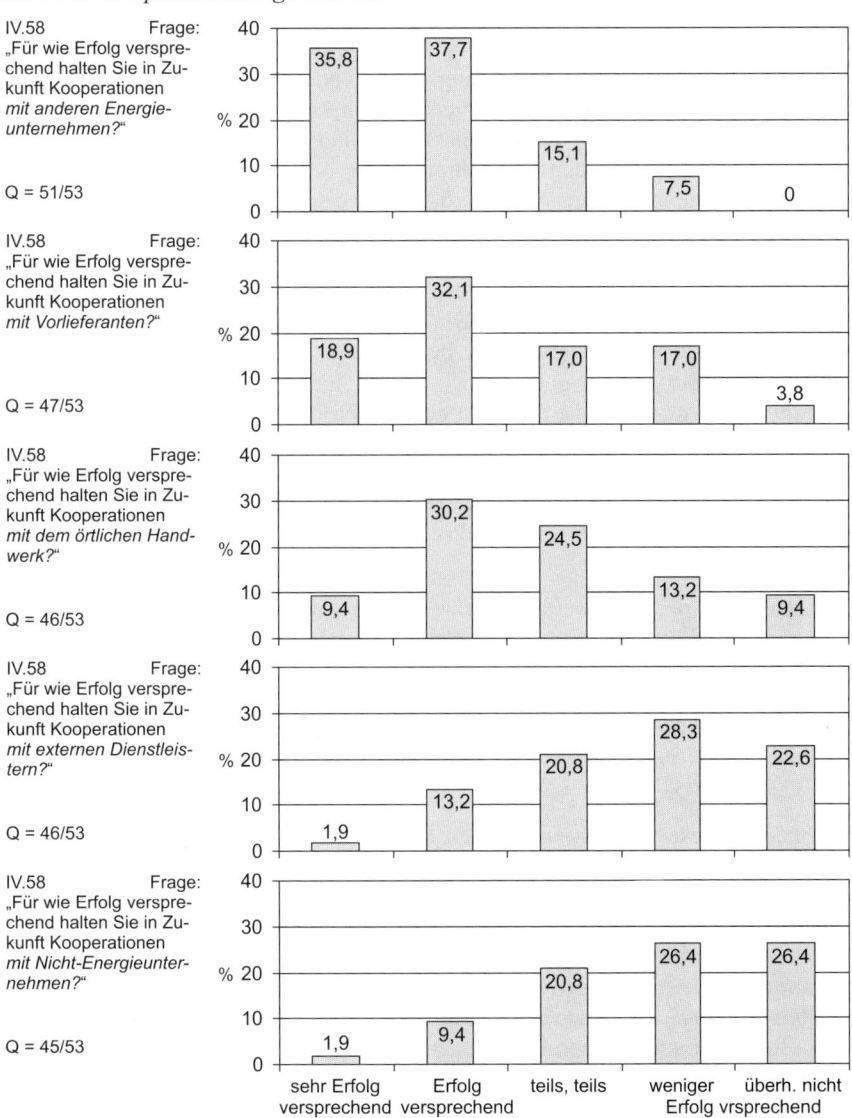

IV.58 Frage: „Für wie Erfolg versprechend halten Sie in Zukunft Kooperationen *mit anderen Energieunternehmen?*"

Q = 51/53

IV.58 Frage: „Für wie Erfolg versprechend halten Sie in Zukunft Kooperationen *mit Vorlieferanten?*"

Q = 47/53

IV.58 Frage: „Für wie Erfolg versprechend halten Sie in Zukunft Kooperationen *mit dem örtlichen Handwerk?*"

Q = 46/53

IV.58 Frage: „Für wie Erfolg versprechend halten Sie in Zukunft Kooperationen *mit externen Dienstleistern?*"

Q = 46/53

IV.58 Frage: „Für wie Erfolg versprechend halten Sie in Zukunft Kooperationen *mit Nicht-Energieunternehmen?*"

Q = 45/53

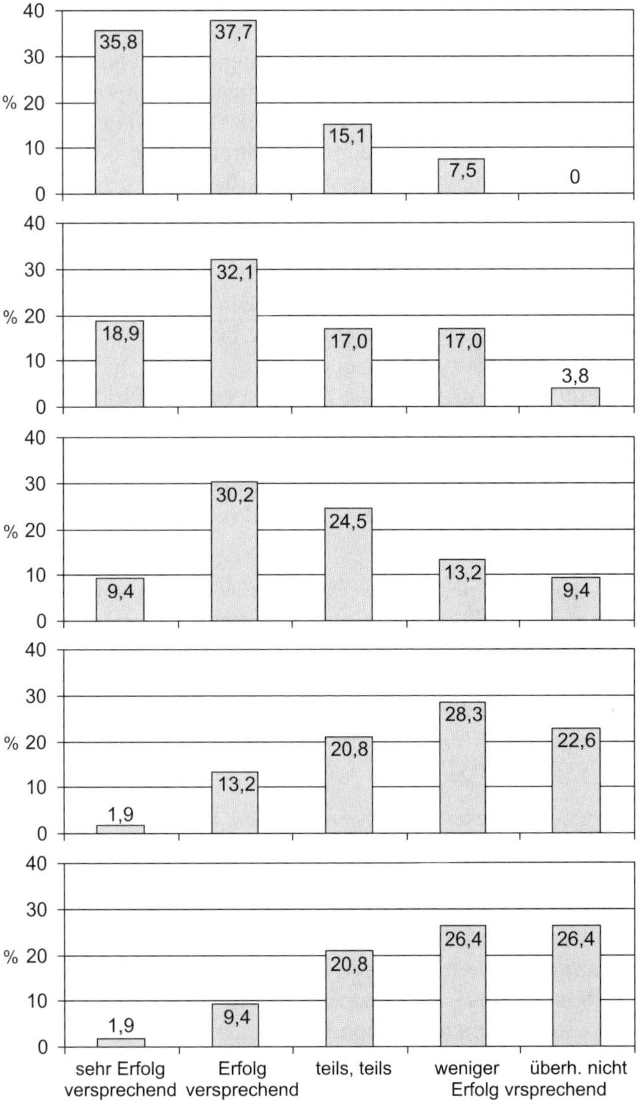

Überraschend und damit interpretationsbedürftig bleibt die Erkenntnis, dass Kooperationen mit dem *örtlichen Handwerk, externen Dienstleistern* sowie *Nicht-Energieunternehmen* überwiegend negativ eingeschätzt wurden. Unter Kooperationen mit Handwerks-, Dienstleistungs- sowie Nicht-Energieunternehmen können zum einen Formen der Zusammenarbeit in komplexen Bereichen wie z.B. EDV subsumiert werden. Diese Leistungen sind in kleinen und mittelgroßen Stadtwerken in den vergangenen Jahren häufig bereits an spezialisierte Dienstleistungsunternehmen abgegeben worden (teilweise handelt es sich um Ausgründungen) – mit nicht bewertbaren Auswirkungen für die Beschäftigungsdynamik. Darüber hinaus können hierzu aber auch Felder wie das Mess- und Zählwesen gezählt werden, ein Bereich, der in den Stadtwerken derzeit stark unter Kosten- und somit Outsourcingdruck steht. Die obige negative Einschätzung könnte insofern ein Ausdruck aktueller oder befürchteter betrieblicher Auseinandersetzungen sein.

Zum anderen wären die Angaben der Betriebsräte unter dem Stichwort „ökologische Modernisierung" in den Regionen zu reflektieren. Denn nach Einschätzung des Verbandes kommunaler Unternehmen (VKU) und des Bundesumweltministerium sind für die angestrebte Energiewende bessere Formen der *Zusammenarbeit zwischen Stadtwerken* und *regionalen Unternehmen* notwendig, „zum Beispiel durch

- Angebote der Stadtwerke beim Aufbau betrieblicher Managementsysteme zur Energie-, Material- und Kosteneinsparung bei kleineren und mittleren Unternehmen;
- Bündelung der regionalen Handlungsmöglichkeiten. Dafür müssen Stadtwerke als Anbieter und als Berater für Energiedienstleistungen und Contracting in den Förderrichtlinien des Bundes und der Länder zugelassen werden." (Q17, S. 4)

Angesichts dieser Herausforderungen werden sicherlich neue Stadtwerke-Kooperationen als Kompetenzzentren sowie spezialisierte Dienstleistungsanbieter entstehen. Die zuletzt dargestellten Antworten der Betriebsräte drücken insofern (noch) Defizite in den Strategien der Stadtwerke und in deren Verankerung in den Unternehmenskulturen aus. Auch wenn die Energiedienstleistungsbereiche *derzeit* zum wirtschaftlichen Ergebnis nur marginale Beträge beisteuern sollten, dürften sie *mittel- bis langfristig* wichtige Geschäftsfelder und Wachstumspotenziale für kommunale Energieversorger darstellen. In der Mehrzahl der Fälle werden folglich Kooperationen mit allen oben genannten Akteursgruppen zunehmen. Ein „weiter so wie bisher" wird indessen zukünftig nur noch schwer zu realisieren sein.

Je mehr ein Stadtwerk mit anderen Unternehmen zusammenarbeiten muss, desto mehr *Dienstleistungsmanagement* ist gefordert. Dieser Trend wird die Beschäftigungsstruktur weiter zugunsten hochqualifizierter Arbeitsplätze beeinflussen.[10] Geschäftsleitungen von EVUs haben folglich in nächster Zeit nachzujustieren, sei es durch Qualifikation des derzeitigen Personals oder durch Rekrutierung externer Fachkräfte (vgl. Q198, S. 8). Nach Ansicht der Mehrheit der befragten Geschäftsführer wird der *Kosten-* und *Anpassungsdruck* gerade auf den *gewerblichen Beschäftigungsbereich* in den nächsten Jahren hoch bleiben.[11] Demgegenüber bestehen bei Spezialisten bereits Engpässe. Die Gewinnung *qualifizierten Personals* wird von den Energieversorgern schon jetzt als große Herausforderung beschrieben. Eine *demokratisch-partizipative Unternehmenskultur* wird für die Gewinnung von Fachkräften auch deshalb an Bedeutung zunehmen. Hinzu kommt im Falle von Kooperationen die Notwendigkeit der Integration bzw. Abstimmung unterschiedlicher, gewachsener Unternehmenskulturen. Auf den besonderen Stellenwert dieser Maßnahmen deuteten die von uns befragten Geschäftsführer ebenfalls hin.

Natürlich läuft die Strategie verstärkter Kooperationen – wie alle anderen produktivitätssteigernden Maßnahmen in den EVUs – am Ende darauf hinaus, Synergien zu erschließen und damit letztlich Arbeitsplätze abzubauen. Mit Blick darauf rechtfertigen sich derartige Ansätze allenfalls daraus, einen politisch angelegten und derzeit nicht zur Disposition stehenden Trend wenigstens so zu kanalisieren, dass am Ende innerhalb der Branche die Stadtwerke eine relative Stärkung erfahren.

#### 4.2.2.2 Extern orientierte Innovationsstrategien im Rahmen des Integrierten Energie- und Klimapakets

Darüber hinaus eröffnen sich den Stadtwerken aber auch arbeitsplatzsichernde bzw. -schaffende Strategien. Im Kern dieser *extern orientierten Innovationsstrategien* wird davon ausgegangen, dass die Stadtwerke auf die allmählich wirksam werdende Öffnung der Märkte durch *Hinzugewinnung neuer Kunden* sowie der Erweiterung der Wertschöpfungsbasis mittels *Eigenerzeugung* und *neuer Dienstleistungen* profitieren können. Dazu zählen u.a. eine verstärkte Kundenorientierung, die Differenzierung des Angebots (z.B. durch Aufbau einer Ökostrom- oder Billigstrom-Produktlinie), die Ausweitung der Eigenerzeugung (auch im

---

10 Diese Einschätzung teilten insbesondere die interviewten Geschäftsleitungen.

11 Im Kontext von Kooperationen im Netzbereich hebt goetzpartners hervor, dass die anzustrebenden Maßnahmen in der Energiewirtschaft sozial verträglich gestaltet werden müssen; also generell auf betriebsbedingte Kündigungen verzichtet werden sollte. Neben Altersteilzeit-Programmen sowie der Übernahme anderer kommunaler Aufgaben wird auch der Transfer von EVU-Beschäftigten in andere kommunale Bereiche vorgeschlagen (vgl. Q87, S. 20). Wichtig erscheint allerdings auch der Aufbau neuer Geschäftsfelder in den Stadtwerken selbst, insbesondere im Bereich der Energieerzeugung sowie -effizienz.

Bereich der KWK-Anlagen oder regenerativer Energien) und ökoeffizienter Energiedienstleistungen.

Um sich im womöglich einstellenden Wettbewerb verstärkt Kunden zu halten und neue Verbraucher zu erschließen, erscheint eine reine Reduzierung auf das Kerngeschäft als unzureichend. Als Maßnahmen kommen einerseits prinzipiell die Einführung von *Öko-Strom-* sowie *Discount-Marken* in Frage. Letztere Option dürfte wegen der damit verbundenen Margenverluste für kleinere und mittlere EVUs allerdings – auch angesichts der Billigangebote der „Big-4" – keine mittelfristig tragfähige Strategie darstellen. Primär erscheint deshalb der *Qualitätswettbewerb* die wesentliche bessere Strategie für Stadtwerke zu sein. Ökostromangebote, die gezielt durch Vertriebskooperationen mit Banken, Versicherungen oder Immobiliengesellschaften ergänzt werden können (Q87, S. 14) und in der Erzeugung ohnehin den Einspeisevorrang genießen, bieten sich hier an.[12] Diese Strategien sind andererseits durch entsprechende Erzeugungskapazitäten sowie neue Dienstleistungsangebote zu ergänzen.

Eine wichtige, erfolgversprechende Grundlage für eine derartige Ausrichtung bildet die Tatsache, dass die Stadtwerke im *Meinungsbild* der deutschen Öffentlichkeit gut dastehen. Im Rahmen einer repräsentativen Haushaltskundenbefragung des dimap-Instituts, präferieren dabei heute mehr als die Hälfte der Bundesbürger (56%) kommunal ausgerichtete Unternehmen bei der Versorgung mit Strom gegenüber privaten Gesellschaften (vgl. Q283, S. 2). Dieses durchaus positive Ergebnis dürfte auch mit den Vorteilen des *kommunalen Querverbundes* zusammenhängen.

> „Strom, Gas, Wasser, Abwasser, Verkehr, Straßenbeleuchtung, Gebäudemanagement und weitere Dienstleistungen machen Stadtwerke zum zentralen Ansprechpartner und Know-how-Träger für die Kommunen und Bürger." (Ritzau/ Zander 2007, S. 222)

Für einen Qualitätswettbewerb ist also die Basis für die Stadtwerke nicht nur im Elektrizitätsbereich durchaus vorhanden.

Dieses besondere Standing schafft übrigens auch Freiräume, sich – offensiv kommuniziert – von einem einseitigen Shareholder-value-Konzept loszusagen. Damit könnten die Stadtwerke gegenüber den „Big-4" im gesellschaftlichen Bewusstsein und Ansehen ein *eigenständiges positives Unternehmensprofil* aufbauen und damit letztlich auch ökonomisch durch ein größeres Nachfragevolumen und eine Kundenbindung profitieren und punkten.

Begünstigt wird das Implementieren *extern orientierter Innovationsstrategien* durch das „Integrierte Energie- und Klimaprogramm" (IEKP). Bereits die

12 Für eine vollständige Durchdringung des Markts sind derzeit noch die unterschiedlichen Öko-Strom-Label hinderlich, die sich vor allem hinsichtlich des Ausbaus Erneuerbarer Stromerzeugungsanlagen unterscheiden und vom Kunden schwer zu verstehen sind.

Klima-Enquete-Kommission „Schutz der Erdatmosphäre" des Deutschen Bundestages beschrieb Anfang der 1990er Jahre eine zukunftsorientierte Energiepolitik entlang der folgenden drei Säulen:

- forcierter Ausbau regenerativer Energien,
- verstärkte Nutzung der Kraft-Wärme-Kopplung sowie
- beschleunigte Umsetzung von rationellerer Energienutzung (Energieeffizienz; vgl. Q61)

Im Kontext der 20/20/20-Klimaschutzzielsetzung der EU bis 2020 sind von der Bundesregierung für diese Handlungsfelder durch das IEKP durchaus anspruchsvolle *Zielgrößen* formuliert worden. In Deutschland soll demnach der Anteil der Erneuerbaren Energien im Strombereich von derzeit rund 13% auf 25% bis 30% sowie im Wärmebereich auf 14% erhöht werden. Außerdem ist vorgesehen, den KWK-Anteil an der Stromerzeugung bis 2020 auf 25% zu verdoppeln. Die Nah- und Fernwärmeversorgung in den Städten erhält somit eine neue Priorität. Die Energieeffizienz soll um 3% p.a. bis 2020 gesteigert werden. Tabelle 59 gibt die potenziellen *Kohlendioxidminderungen,* die *Energieeinsparungen* sowie die spezifischen *Minderungskosten pro Maßnahme* an.[13]

Die Umsetzung dieser energie- und klimaschutzpolitischen Zielsetzungen kann zu großen Teilen nur *„vor Ort"* und mit detaillierten *Kundenkenntnissen* erfolgen. Die Mehrzahl der Erneuerbaren Energien- und KWK-Technologien sowie der Energieeinspar- und Energieeffizienzdienstleistungen sind mit entsprechenden (kommunalisierten) *Dezentralisierungstendenzen* verbunden. Nach Meinung der von uns befragten Geschäftsführungen bietet dabei das IEKP den Stadtwerken somit große Chancen, sich weiterhin in der Region über das Themenfeld Klimaschutz zu profilieren und Kunden zu halten bzw. zu gewinnen.

In diesem Kontext kann die Erstellung eines *klimaschutzorientierten Energiekonzepts* oder eines *Teilkonzepts zum Klimaschutz* sinnvoll sein, um Ansatzpunkte für Maßnahmen zur Minderung der Treibhausgase zu identifizieren, die Umsetzungschancen zu erhöhen und eine Basis für eine entsprechende Erfolgskontrolle zu legen. Seit Mitte 2008 werden solche Konzepte vom *Bundesministerium für Umwelt, Naturschutz und Reaktorsicherheit* gefördert und über den Projektträger Forschungszentrum Jülich abgewickelt.[14] *Klimaschutzkonzepte* um-

13 Hinzuweisen ist darauf, dass Berechnungen zum IEKP zu unterschiedlichen Zeitpunkten und durch unterschiedliche Forschungseinrichtungen erfolgten. Aufgrund der dabei gegebenen Methodenverfeinerung weichen die Ergebnisse im Zeitablauf teilweise voneinander ab.

14 Mit diesem Förderinstrument werden Erfahrungen mit so genannten Energiekonzepten oder Energieversorgungskonzepten für erweiterte Zielstellungen neu aufgegriffen. Vgl.

*Tab. 59: Kosten und Nutzen ausgewählter Maßnahmen im IEKP im Jahr 2020*

| IEKP-Maßnahme | Titel der Maßnahme | Brutto-kosten (Mrd. Euro | Eingesparte fossile Energie (PJ p.a.) | Geschätzte Energie-einsparung (Mrd. Euro p.a.) | Spezifische (Netto-) Minde-rungskosten (Euro/t $CO_2$) |
|---|---|---|---|---|---|
| 1 | Kraft-Wärme-Kopplung | –0,06 | 135 | –0,24 | 9 |
| 2 | Erneuerbarer Strom | 5,5 | 255 | 4,2 | 27 |
| 6+7 | Energiemanagementsysteme und Förderprogramme Klima/Energie | 2,9 | 128 | 3,2 | –22 |
| 8 | Energieeffiziente Produkte | 0,19 | 112 | 4,2 | –266 |
| 10A | Energieeinsparverordnung | 2,66 | 225 | 5,4 | –63 |
| 10B | Ersatz von Nachtstrom-speicherheizungen | 0,27 | -5 | 0,9 | ––02 |
| 12 | Gebäudesanierungsprogramm | 2,3 | 189 | 3,2 | –67 |
| 13 | Energetische Modernisierung der sozialen Infrastruktur | 0,48 | 20 | 0,33 | 110 |
| 14 | Erneuerbare Wärme | 3,21 | 210 | 1,1 | 121 |
| 15 | Energetische Sanierung Bundesgebäude | 0,08 | 6 | 0,1 | –34 |
| | **Summe** | **17,53** | **1.275** | **22,39** | |

*Anmerkung:*

Spezifische (Netto-)Minderungskosten sind die Kosten, die eine Maßnahme zu einem bestimmten Zeitpunkt verursacht. Bei rentablen Maßnahmen sind die spezifischen Minderungskosten negativ. Gleiches gilt für die Bruttokosten.

Quelle: Q294, S. 14

fassen Energie- und $CO_2$-Bilanzen sämtlicher klimarelevanten Bereiche und Sektoren einer Region, Potenzialabschätzungen zum zukünftigen Energiebedarf und zur Minderung von Treibhausgasen sowie diesbezügliche Maßnahmenkataloge und Zeitpläne. In *Teilkonzepten* zum Klimaschutz werden die Maßnahmen deutlich detaillierter und vertiefender analysiert. Beispielsweise können sie folgende Themengebiete umfassen:

- „Integrierte Wärmenutzungskonzepte (z.B. unter besonderer Berücksichtigung von Kraft-Wärme-Kopplung, Erneuerbaren Energien und industrieller Abwärme),
- Konzept zum Aufbau eines Klimaschutzmanagements für die Gesamtheit oder wesentliche Teile der selbst genutzten Liegenschaften,
- Konzepte zur $CO_2$-Minderung im Verkehr,

---

zu den entsprechenden Erkenntnissen und damaligen Aussichten Q295. Eine Vielzahl von methodischen Hinweisen, heute noch überlegenswerten Lösungsvorschlägen und detaillierten Checklisten findet sich darüber hinaus bereits in Leonhardt et al. 1989.

– Klimaschutzkonzept für einzelne Quartiere oder Stadtteile (mindestens 10 Gebäude).“ (Q16, S. 2f.)

Die Konzepte sollen signifikante Einsparpotenziale bezüglich der Treibhausgase und Energie aufzeigen. Sie sind unter Beteiligung der relevanten regionalen Akteure zu erstellen. Diese Herangehensweise soll insbesondere die Umsetzungschancen der Vorschläge erhöhen bzw. garantieren.

Im Detail eröffnet das IEKP Chancen für die Stadtwerke mit Blick auf die Eigenerzeugung, Ökostromstrategien, den Ausbau der Kraft-Wärme-Kopplung und die Expansion neuer Geschäftsfelder. Dabei verstehen sich die Ansätze zum Teil als interdependent.

#### 4.2.2.2.1 Anreize zur Eigenerzeugung

Im Rahmen des IEKP hat sich die Bundesregierung zum Ziel gesetzt, Strom und Wärme aus Erneuerbaren Energien massiv auszubauen. In den nächsten Jahren sind hier folglich erhebliche *Wachstumspotenziale* gegeben. Zudem gilt es, den Kraftwerkspark in beträchtlichem Umfang zu modernisieren und so zur Versorgungssicherheit beizutragen (vgl. Kapitel 2.3).

Speziell die Konkretisierung des klimapolitischen Ziels „Erhöhung des Einsatzes regenerativer Energieerzeugung“ im Rahmen des Leitszenarios 2008 zeigt, dass sich die zukünftige Energiepolitik im Bereich Erneuerbarer Energien in Deutschland sowohl auf zentrale als auch auf dezentrale Elemente stützen wird. Die angestrebte Ausdehnung der Erzeugungskapazitäten im Segment der regenerativen Energien von 88 TWh/a in 2008 auf 282,1 TWh/a bis 2030 soll einerseits durch den massiven Ausbau von (zentralisierten) Offshore-Windanlagen sowie die Etablierung eines europäischen, vor allem solar gestützten Stromverbundes realisiert werden (vgl. Tab. 60). Um den Ausbauzielen im Bereich Erneuerbarer Energien zu genügen, soll im Jahre 2030 etwa drei Zehntel der regenerativen Stromproduktion aus Offshore-Windenergieanlagen sowie rund ein Achtel bereits in einem europäischen Verbund erfolgen! *Mehr als 40% des Stroms aus Erneuerbaren Energien* soll 2030 somit in *zentralen Anlagen* erzeugt werden. Angesichts dieser Perspektiven überrascht es nicht, dass Stadtwerke sich an der Erschließung und dem Aufbau von Offshore-Windparks an Nord- und Ostsee beteiligen (z.B. Trianel an Borkum-West 2).

Die Stromerzeugungskapazitäten sollen andererseits mittels *Biomasse-* sowie *Photovoltaikanlagen* erheblich erweitert werden. Aufgrund ihres *dezentralen Charakters* eröffnen insbesondere letztere Technologiefelder kommunalen Stadtwerken vermehrt Chancen, Einfluss auf die Erzeugung des von ihnen zu liefernden Stroms zu nehmen, auch an dieser Wertschöpfungsstufe wirtschaftlich zu partizipieren und sich von den „Big-4“ unabhängiger zu machen. Ob dieses in *Eigenregie* oder mittels *Kooperation* erfolgt, hängt von den Umfeldbedingungen ab und kann nur unternehmensindividuell beantwortet werden.

*Tab. 60: Ausgewählte Positionen im Leitszenario 2008*

| in TWh/a | 2000 | 2007 | 2010 | 2015 | 2020 | 2025 | 2030 | 2040 | 2050 |
|---|---|---|---|---|---|---|---|---|---|
| Wasserkraft | 24,9 | 20,7 | 22,5 | 23,9 | 24,3 | 24,5 | 24,6 | 24,8 | 24,8 |
| Windenergie | 7,6 | 39,5 | 46,0 | 60,7 | 87,2 | 114,7 | 142,2 | 186,7 | 209,3 |
| *dar. Onshore* | *7,6* | *39,5* | *44,8* | *49,6* | *53,5* | *55,8* | *58,1* | *63,7* | *66,9* |
| *Offshore* | - | - | *1,2* | *11,1* | *33,7* | *58,9* | *84,1* | *123,0* | *142,4* |
| Fotovoltaik | 0,1 | 3,5 | 6,2 | 11,0 | 15,5 | 18,7 | 21,9 | 25,3 | 27,7 |
| Biomasse | 4,1 | 23,7 | 30,2 | 39,8 | 46,2 | 48,8 | 51,4 | 53,8 | 53,8 |
| *dar.: Biogas, Klärgas...* | *1,7* | *12,0* | *15,6* | *21,9* | *25,6* | *26,0* | *26,3* | *26,3* | *26,3* |
| *feste Biomasse* | *0,6* | *7,4* | *10,3* | *13,6* | *16,3* | *18,5* | *20,8* | *23,2* | *23,2* |
| *biogener Abfall* | *1,8* | *4,3* | *4,3* | *4,3* | *4,3* | *4,3* | *4,3* | *4,3* | *4,3* |
| Erdwärme | - | 0,0 | 0,1 | 0,6 | 1,8 | 3,9 | 6,0 | 14,7 | 35,7 |
| EU-Stromverbund | - | - | - | - | 3,0 | 19,4 | 35,8 | 82,0 | 121,0 |
| *dar.: solartherm. KW* | - | - | - | - | *1,0* | *8,5* | *18,2* | *52,0* | *91,0* |
| *andere Quellen* | - | - | - | - | *2,0* | *10,9* | *17,6* | *30,0* | *30,0* |
| **EE-Strom gesamt** | **36,7** | **87,5** | **105,1** | **136,1** | **178,2** | **230,0** | **282,1** | **387,2** | **472,4** |

Quelle: Q13, S. 10

Obwohl in Deutschland mit dem *Stromeinspeisungsgesetz* (vgl. Q83) bereits Anfang der 1990er Jahre das politische Hauptinstrument zum verstärkten Ausbau von regenerativen Energieerzeugungstechnologien geschaffen wurde, konnten die kommunalen Energieversorger von dieser Regelung anfänglich nicht profitieren, denn sie waren von der Rolle als förderberechtigte Anlagenbetreiber ausgeschlossen (vgl. Altrock 2007, S. 305). Erst mit dem Inkrafttreten des Erneuerbare-Energien-Gesetzes im Jahre 2000 dürfen Stadtwerke die gesetzlichen Mindestvergütungssätze ebenfalls in Anspruch nehmen. Folglich treten kommunale Energieversorger seitdem nicht nur als Netzbetreiber auf, die den regenerativen Strom aufnehmen. Sie versuchen überdies vielfach aktiv, sich als Produzenten regenerativen Stroms zu etablieren (vgl. ebd.).

Die Elektrizitätserzeugung auf Basis von *Biomasse* über die Verstromung begrenzter Altholzpotenziale hinaus wurde allerdings erst im Jahre 2004 bei der Novellierung des Erneuerbare-Energien-Gesetzes in das staatliche Fördersystem einbezogen. Die nunmehr umfassende Unterstützung, durch Mindesteinspeisevergütungen mit den erheblichen, bislang nicht genutzten Potenzialen von Biomasse gepaart, bietet kommunalen Stadtwerken gerade mit Nähe zum land- und forstwirtschaftlichen Bereich vielfältige Möglichkeiten und Chancen, dieses Tätigkeitsfeld zu erschließen. Dabei sind die damit verbundenen unternehmerischen Risiken grundsätzlich überschaubar und somit finanziell einschätzbar. Insgesamt ist zu erwarten, dass die neuen Regulierungsmaßnahmen einen ähnlich positiven

Einfluss auf die Diffusion ökologischer Energieinnovationen haben werden wie die Vorgängerregelungen. Entsprechende Anreizregulierungen in Form von Einspeisevergütungen und der KWK-Förderung wurden von der überwiegenden Mehrzahl der Stadtwerke als sehr wichtig eingeschätzt (vgl. Jansen et al. 2007, S. 28f.).

Darüber hinaus sieht Berlo für kommunale EVUs noch folgende Möglichkeiten, in das Handlungsfeld *Eigenerzeugung* zu investieren (vgl. Berlo 2008):

- Initiierung, Planung, Bau und Betrieb von Bürger-Photovoltaik-Anlagen, gegebenenfalls in Kombination mit Energieeinspardienstleistungen,
- Initiierung, Planung, Bau und Betrieb von Bürger-Windkraft-Anlagen sowie Repowering von Windkraftanlagen im Binnenland,
- Förderprogramme, um den Bau von privaten Anlagen zur solaren Warmwasserbereitung zu unterstützen.

Erneuerbare Energien haben im Allgemeinen einen positiven Effekt auf die Energiesicherheit, (regionale) Beschäftigung und Luftqualität. Auch eignet sich Strom aus derartigen Quellen exzellent für einen *Qualitätswettbewerb* mit den großen Verbundunternehmen.

Um ein vollständiges Bild zu erhalten, ist allerdings in diesem Kontext zu erwähnen, dass zukünftig auch im herkömmlichen Kraftwerksbereich Chancen für Stadtwerke gegeben sein werden. Entsprechende Investitionsvorhaben in fossile Kraftwerksanlagen (meistens mit Kraft-Wärme-Kopplung) – beispielsweise im „Trianel-Verbund" oder von den Stadtwerken Hannover – werden derzeit vielfach geplant bzw. umgesetzt.[15]

Über 90% der befragten Betriebsräte sahen es auch als *„wichtig"* bzw. *„eher wichtig"* an, dass mittels Eigenerzeugung die Wertschöpfung im eigenen Unternehmen bleibt und so auch eine bessere Preis- und Kostenkontrolle besteht (Frage IV.70). Diese Strategie verfolgte auch die Mehrzahl der von uns befragten Geschäftsführungen.

Angesichts der derzeit günstigen Rahmenbedingungen planten nach Auskunft der Betriebsräte über 60% der befragten Unternehmen größere *Investitionen* in Stromerzeugungsanlagen bis 2012 zu tätigen (Frage IV.63). Überwiegend (in knapp 58%) sollten dazu dann Finanzmittel aus dem Cashflow herangezogen werden (Frage IV.64). Bezogen auf die Investitionszwecke dominierten Investitionsvorhaben in Kohle-Kraftwerke, Biogas- sowie Kraft-Wärme-Kopplungsanlagen (vgl. Abb. 47)

15 In dieser Hinsicht bestehen allerdings Risiken durch die Einführung von CCS-Technologien. Bestimmte CCS-Anforderungen sind bei kommunalen Kraftwerken häufig nicht gegeben, wie z.B. genügend Raum sowie $CO_2$-Transport- und Speichermöglichkeiten. Die Kopplung der Genehmigung an eine CCS-Aufrüstfähigkeit könnte viele kommunale Kraftwerksprojekte vor große Herausforderungen stellen.

*Abb. 47: Investitionsziele*

IV.65 Frage: „In welche Art von Anlagen/Maßnahmen werden Sie nach derzeitigen Planungen investieren?

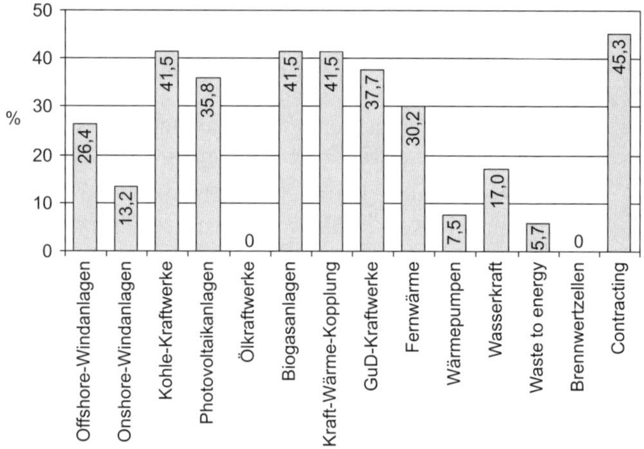


Mehrfachnennungen; N = 53

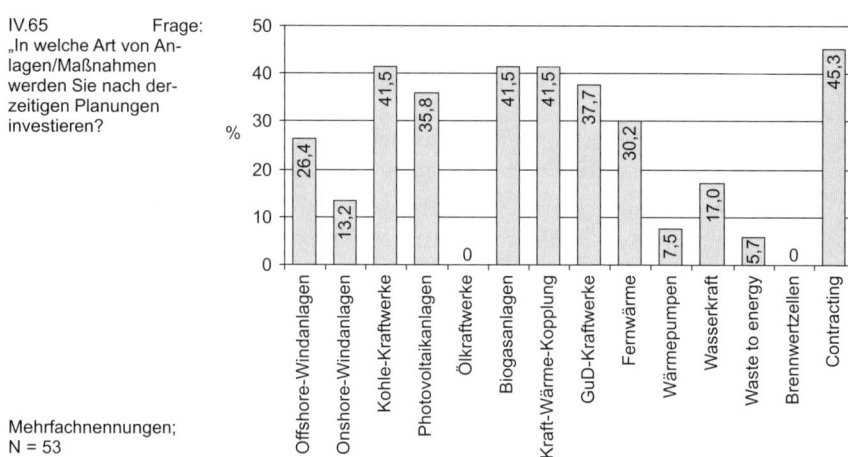

Hinsichtlich der Eignung des jeweiligen Gebiets zur Stromerzeugung aus regenerativen Energien wurde keine Technologie als besonders herausragend bewertet. Insofern gilt auch hier, dass trotz Förderung vorab eine detaillierte Risikoanalyse des entsprechenden Portfolios durch die kommunalen Stadtwerke zu erstellen ist (vgl. Wiese et al. 2008). Die Verwendungsmöglichkeit von Wasserkraft, Windenergie (Onshore), Deponie-, Klär- und Grubengas sowie Geothermie bewerteten jeweils 10% bis 20% der Betriebsräte zusammengefasst mit „gut" bis „eher gut" (Frage IV.69). Nur die Solarenergie und Biomasse schnitt besser ab. Immerhin rund ein Drittel der Betriebsräte erkannte „gute" bis „eher gute" Möglichkeiten, Solarenergie in der Region auszubauen. Die Einschätzung hinsichtlich Biomasse-Technologien war am besten. Hier bewerteten rund 40% der Interviewten die Chancen in der Region mit „gut" bzw. „eher gut".

Im Zusammenhang mit der Investitionsplanung durch die Stadtwerke spielen direkt oder indirekt auch die *Kurse von Emissionszertifikaten* eine Rolle. Die acht antwortenden Betriebsräte gaben an, dass für eine Tonne $CO_2$ mit einem Preis von mindestens 17 bis maximal 30 EUR bei fossilen Kraftwerksinvestitionsprojekten gerechnet wird (Frage IV.66). Allerdings ist nicht ersichtlich, ob sich die Antworten auf den aktuellen Moment oder auf einen mittel- bis langfristigen Zeithorizont beziehen und den diesbezüglichen Durchschnittspreis angeben. Nur Letzteres wäre angesichts der langen Laufzeiten von Kraftwerken sinnvoll.

In ihrem jüngsten „World Energy Outlook" skizziert die *Internationale Energieagentur* drei Szenarien, um mögliche energiepolitische Entwicklungspfade der Zertifikatepreise aufzuzeigen (vgl. Hilmes 2009, S. 26). Es handelt sich einerseits um ein so genanntes *Referenzszenario,* das einen weitgehend ungebremsten Einsatz fossiler Energieträger und geringe Zertifikatpreise als Basis nimmt (gleichzeitig werden hohe Preise für alle Energieträger unterstellt). Andererseits werden zwei Varianten durchgerechnet, die verstärkten Bestrebungen Rechnung tragen, Treibhausgase zu stabilisieren bzw. zu verringern *(„Klimaszenarien").* Während im Referenzszenario als Preis der Emissionsrechte rund 30 US-Dollar/t $CO_2$ angenommen wird, steigt er in den Klimaszenarien auf bis zu 180 US-Dollar/t $CO_2$. Dieses würde in etwa einem Preis von rund 120 Euro/t $CO_2$ entsprechen; also mehr als dem Vierfachen des von den Betriebsräten maximal angegebenen Preises!

Die Folge einer derart extremen Preisentwicklung wäre nach Berechnungen der IEA, dass sich die *relative Wirtschaftlichkeit* der unterschiedlichen Kraftwerkstypen verschieben würde. Gasbefeuerte GuD-Kraftwerke könnten dann wegen ihrer geringeren variablen Kosten ab 2025 Braun- oder Steinkohlekraftwerke aus der Grundlast verdrängen. Auch wenn derzeit die Emissionszertifikatpreise wegen der *Weltwirtschaftskrise* deutlich von den IEA-Schätzungen abweichen, so kann im Falle einer konjunkturellen Belebung und einer am Klimaschutz ausgerichteten Politik ein solcher Anstieg keinesfalls längerfristig ausgeschlossen werden.

Vor diesem Hintergrund ist es in jedem Fall notwendig, dass sich Mitbestimmungsträger kritisch mit dem *Erzeugungsmix* und den *Investitionsplanungen* ihres Unternehmens auseinandersetzen. Schließlich soll der selbst erzeugte Strom nach mehrheitlicher Auskunft der Betriebsräte (zu gut drei Viertel bzw. knapp zwei Drittel) „Unabhängigkeit von Vorlieferanten" ermöglichen sowie „vorgelagerte Netzentgelte einsparen helfen" (Frage IV.70). Gerade mit Blick auf die Unabhängigkeit ist ein „Trend zur Rekommunalisierung, das heißt der Wunsch der Kommunen, die Energieversorgung wieder in die eigenen Hände zu nehmen, (...) deutlich zu erkennen (Bormann, M. zitiert in Q224). Zahlreiche auslaufende Konzessionsverträge versetzen zudem die Kommunen insbesondere im vom RWE dominierten Münsterland in die Lage, eigene Stadtwerke zu gründen.

Bei einer Eigenerzeugung des Stroms spielt auch die Unterstützung der *regionalen Wirtschaftkreisläufe* eine bedeutende Rolle. Rund 19% der befragten Interessenvertretungen sahen diesen Aspekt als „wichtig" an; knapp 30% als „eher wichtig" (Frage IV.70). Mehr als 70% der interviewten Interessenvertreter nahmen selbsterzeugten Strom als „wichtig" sowie „eher wichtig" für das *Image* und das *Marketing* der Stadtwerke wahr (Frage IV.70).

Zusammenfassend verdeutlichen die Vielzahl der angegebenen potenziellen Investitionspfade, dass die Arbeiternehmer-Interessenvertretungen und interviewten Geschäftsführungen vor allem im Zusammenwirken vieler, heute bereits verfügbarer *Erzeugungstechnologien* einen beträchtlichen Beitrag zur Umsetzung energie- und klimaschutzpolitischer Ziele sahen. *Eigene,* wegen der schwer abzuwägenden investiven Rahmenbedingungen möglichst *diversifizierte Erzeugungsanlagen* sind wichtig für die Erweiterung der Wertschöpfungskette. Parallel erlangen sie zunehmende Bedeutung als Element des strategischen Marketings.

#### 4.2.2.2.2 Anreize zum Ausbau von Ökostromangeboten

Die zunehmende Bereitschaft, auch persönlich etwas gegen den Klimawandel zu tun, sowie Kommunikationspannen bei Störfällen in Atomreaktoren, haben das *Umweltbewusstsein* vieler Bürger und infolgedessen die Nachfrage nach Strom aus Erneuerbaren Energiequellen verstärkt. Hierdurch ist auch der so genannte Ökostrom mittlerweile verbreitet. Ende 2007 konnte hier bei den privaten Haushalten die Schallmauer von 1 Mio. Kunden durchbrochen werden. „Gegenüber 2006 lag das Plus bei der Zahl der Ökostrombezieher bei satten 46 Prozent.“ (Q198, S. 1) Insgesamt bezogen Privathaushalte 3 Mill. Kilowattstunden Elektrizität, die unter verschiedenen „grünen Labeln“ angeboten werden.

Diesem Aufwärtstrend bei den privaten Haushalten stehen allerdings Einbußen bei den *Gewerbetrieben* gegenüber. Nach einer Erhebung der Fachzeitschrift Energie & Management haben 2007 nur noch gut 62.000 Unternehmen Ökostrom eingekauft. Dieses entspricht einer Abnahme von 26%. Das bezogene Stromvolumen verringerte sich allerdings nur um 13%. In Summe lag der Strombezug der Privathaushalte sowie der Unternehmen mit rund 4,2 Mrd. kWh deutlich über dem Vorjahreswert von 3,6 Mrd. kWh (plus 16%) (vgl. ebd.).

Bundesweites Aufsehen erregten die *Städtischen Werke Kassel AG,* als sie ihren Strombezug in einem Schritt vollständig auf regenerativen Strom aus Wasserkraft umstellten. Viele kommunale Unternehmen wie *citiworks* bieten mittlerweile auch gezielt Elektrizität aus Erneuerbaren Energieanlagen an (vgl. Hilmes 2009, S. 10). Tabelle 61 listet die Angebote der 40 größten deutschen Stadtwerke sowie der wesentlichen Ökostromanbieter LichtBlick, Greenpeace Energy, Naturstrom AG, NaturEnergie AG und der Elektrizitätswerke Schönau auf.

Den größten Sprung im Ökostrommarkt nach vorn hat im Jahre 2008 nach Angaben der Zeitung Energie & Management die Vertriebstochter der *HEAG Südhessische Energie AG (HSE)* gemacht. Dieser zu den 8KU gehörende südhessische Energieversorger rangiert nach eigenen Angaben mit rund 370.000 Haushaltskunden mittlerweile auf Platz 2 der „grünen“ Stromanbieter. Das Ökostromprodukt „Entega Clever Natur Plus“ wurde marketingmäßig eingeführt und HSE beteiligt sich am Bau neuer Wasser-, Wind-, Solar- und Biomassekraftwerke. Des Weiteren wurde das NATURplus Institut für Klima- und Umweltschutz mit Schwerpunkt Erneuerbare Energien und Energieeffizienz gegründet sowie gleichzeitig der Ausstieg aus einem Kohlekraftwerksprojekt bekannt gegeben (vgl. Mayer 2008).

Angesichts zunehmend *sensibilisierter Verbraucher* werden zukünftig Produktlösungen im Spannungsfeld von ökologischen, wirtschaftlichen und gesellschaftlichen Anforderungen an Bedeutung gewinnen. Der Verband kommunaler Unternehmen (VKU) hat mit einem eigenen *Ökostrom-Programm* auf diese Herausforderungen reagiert. Bis zum Sommer 2008 hatte „Energreen" laut VKU bereits 65 Kommunalversorger im Angebot. Derzeit konzipiert der VKU ein drittes Produkt, das Ökostrom und Stromeffizienz miteinander kombinieren soll. Die ASEW-Mitarbeiterin Litzka betonte in diesem Zusammenhang:

> „Klimaschutz findet lokal statt und deshalb ist es wichtig, dass die Kunden bei ihrem Stadtwerk vor Ort auch grünen Strom nach ihrem Geschmack und Geldbeutel bekommen können." (Q198, S. 9)

In der ökologischen Ausrichtung und der Möglichkeit, damit in einen Qualitätswettbewerb einzutreten, sahen auch viele der befragten Betriebsräte ein wichtiges Motiv zur Eigenerzeugung. Knapp zwei Drittel hielten die Eigenerzeugung in dieser Hinsicht für „wichtig" bzw. „eher wichtig" (Frage IV.70).

In den letzten Jahren verzeichneten „grüne Stromangebote" beim Endkunden zusammenfassend einen verstärkten Aufschwung. Ob dieser Trend angesichts der jetzt tiefen wirtschaftlichen Krise anhalten wird, bleibt abzuwarten. Allerdings zeigen die Stadtwerke Kassel AG sowie die HSE, dass entsprechende „Nachfragedurchbrüche" mittels strategischen Marketings durchaus aktiv zu organisieren sind und auf positive Resonanz beim Endkunden stoßen. Da Klimaschutz in den nächsten Jahren in der Öffentlichkeit weiterhin einen hohen Stellenwert einnehmen wird, könnten Stadtwerke mittels attraktiver Ökostrom-Angebote ihre Stärken ausspielen, sich Konkurrenzvorteile im (Qualitäts-)Wettbewerb sichern und somit die wirtschaftliche Entwicklung positiv vorantreiben.

#### 4.2.2.2.3 Anreize zum Ausbau der Kraft-Wärme-Kopplung

Die Kraft-Wärme-Kopplung (KWK) ist eine Umwandlungstechnologie, die durch gleichzeitige Nutzung von Strom und Wärme in beträchtlicher Weise zum rationellen Energieeinsatz[16] sowie im Vergleich zu herkömmlichen Stromerzeugungsanlagen durch geringere $CO_2$-Emissionen pro kWh Strom zum Klimaschutz beitragen kann. Folglich ist KWK ein wesentliches Element einer erfolgversprechenden integrativen Klimaschutzpolitik. Ohne einen massiven Ausbau der KWK können die diesbezüglichen Ziele in Deutschland und der EU nur schwerlich erreicht werden. Das Integrierte Klima- und Energieprogramm der Bundesregierung sieht folgerichtig eine *Verdoppelung der Kraft-Wärme-Kopplung* an der Stromerzeugung bis zum Jahre 2020 auf rund 25% vor.

---

16 Da bei Kraft-Wärme-Kopplung die beiden Energieprodukte Strom und Wärme (letztere entweder zum Heizen oder als Prozessdampf für industrielle Fertigungsverfahren) erzeugt und genutzt werden, erreichen KWK-Anlagen Wirkungsgrade von über 90%.

*Tab. 61: Ökostrom-Angebote ausgewählter Energieversorgungsunternehmen*

| | Unternehmen | Produktname | Label-Zertifizierung | Lieferung physikalisch oder RECS-Zertifikate | Absatz in kWh | Investitionen in Neuanlagen Euro pro Jahr |
|---|---|---|---|---|---|---|
| 1 | envia Mitteldt. Energie AG (enviaM) | kA | | | | |
| 2 | EWE Aktiengesellschaft | NaturWatt Strom | VdTÜV Merkblatt 1304 | physikalisch | 48.400.000 | |
| | | NaturWatt Strom plus | VdTÜV Merkblatt 1304 | physikalisch | 1.800.000 | |
| 3 | RheinEnergie AG | Klimastrom | TÜV Rheinland | physikalisch | kA | |
| 4 | Stadtwerke München GmbH | | | | | 2,6 Mio. „in letzten Jahren" |
| | SWM Versorgungs GmbH, München | M-Natur | TÜV Süd | physikalisch | 16.632.771 | |
| | citiworks AG | citiGreenPower | TÜV Süd | | kA | |
| 5 | N-ERGIE Aktiengesellschaft | STROM PURNATUR | Landesgewerbeanstalt Bayern | physikalisch | 3.101.441 | |
| 6 | MVV Energie AG | Futura | 10% ok-power, 90% TÜV EE | physikalisch | 90.000.000 | 180.000 |
| | | Terra | 100% ok-power | physikalisch | 600.000 | 12.000 |
| 7 | Süwag Energie AG | | | | | |
| 8 | Lechwerke AG | Avanza Aqua Natur | TÜV Süd | | kA | |
| 9 | Stadtwerke Düsseldorf AG | Naturrhein | TÜV Nord | physikalisch | 23.000.000 | |
| 10 | Stadtwerke Hannover AG | enercity Naturstrom & Option mit Förderung | kA | | kA | |
| 11 | HEAG Südhessische Energie AG (HSE) | vgl. Entega | | | | |
| | ENTEGA Vertrieb GmbH & Co. KG | Entega clever Natur pur Strom | TÜV Hessen und ok-power | kA | 360.000.000 | |
| 12 | Pfalzwerke AG | visavi Naturstrom | Grüner Strom Label | kA | 653.000 | 87.000 |
| 13 | Mark-E Aktiengesellschaft | KlimaFair Strom | ok-power | RECS-Zertifikate | 1.115.000 | 25.000 |
| 14 | Mainova AG | novanatur | TÜV Süd | physikalisch | kA | |
| | | ÖKaWe | | | kA | |
| 15 | Stadtwerke Leipzig GmbH | Grüner Strom | Umweltinf.zentrum Leipzig | | kA | |
| 16 | Energiedienst AG (EnBW 75,9 %) | NaturEnergie Silber/Gold | TÜV Nord, ok-power | | kA | |
| 17 | ewmr - Energie- und Wasserversorgung Mittleres Ruhrgebiet GmbH | Ökostrom aus Wasserkraft | TÜV Süd, CMS Standard | physikalisch | 13.750.000 | |
| 18 | Dortmunder Energie- und Wasserversorgung GmbH | Unser Strom.grün (watergreen) | | | kA | |
| | | Unser Strom.klima (energreen) | Grüner Strom Label | | kA | |
| 19 | Koblenzer Elektrizitätswerk und Verkehrs-AG | Der besondere Strom | RECS-Zertifikat | | kA | |
| | | Naturstrom | Grüner Strom Label | | kA | |

*Tab. 61: (Fortsetzung)*

| | Unternehmen | Produktname | Label-Zertifizierung | Lieferung physikalisch oder RECS-Zertifikate | Absatz in kWh | Investitionen in Neuanlagen Euro pro Jahr |
|---|---|---|---|---|---|---|
| 20 | swb AG | swb Strom proNatur | TÜV Nord, Beirat aus Umweltverbänden | physikalisch | 2.700.000 | 100.000 |
| 21 | DREWAG - Stadtwerke Dresden GmbH | Dresdner Strom natur / grün | ok-power | | kA | |
| 22 | Stadtwerke Bielefeld GmbH | energreen | | | 394.262 | |
| 23 | Niederrheinische Versorgung und Verkehr Aktiengesellschaft | kA | | | kA | |
| 24 | Stadtwerke Duisburg AG | Partnerstrom Natur | TÜV Süd | RECS-Zertifikate | 400.500 | |
| 25 | STAWAG Stadtwerke Aachen Aktiengesellschaft | energreen | | | 372.171 | |
| | | StromSTA Watergreen | TÜV Nord | RECS-Zertifikate | 483.000 | |
| 26 | WEMAG AG | wemag öko (100 %) | TÜV Nord, RECS-Zertifikat | | kA | |
| 27 | Emscher Lippe Energie GmbH | ELE ökoPlus | TÜV Süd EE01 | | 450.000 | |
| 28 | Stadtwerke Karlsruhe GmbH | NatuR / NatuR plus | TÜV Süd | | kA | |
| 29 | EWR Aktiengesellschaft | Natur Pur Plus | Grüner Strom Label | physikalisch | 468.000 | |
| | | Natur Pur | Grüner Strom Label | physikalisch | 419.288 | |
| 30 | ovag Energie AG | ovag Natur | TÜV-Zertifikat 1304 / watergreen | RECS-Zertifikate | 1.675.000 | |
| 31 | Wuppertaler Stadtwerke AG | WSW Strom Grün | ok-power | physikalisch | 6.500.000 | |
| 32 | NUON Deutschland GmbH | geniaale Strom | ok-power | | kA | |
| 33 | SWK Energie GmbH | energreen | | | 162.319 | |
| 34 | REWAG Regensburger Energie- und Wasserversorgung AG & Co KG | rewario.strom.natur | Grüner Strom Label Gold | physikalisch | 585.747 | |
| 35 | Stadtwerke Saarbrücken AG | ab 1.1.2008 100 % Ökostrom über Energie SaarLorLux | | | kA | |
| 36 | energis GmbH | | | | | |
| 37 | Energieversorgung Offenbach AG | Futura | 10%ok-power, 90% TÜV Süd | physikalisch | kA | |
| | | Terra | 100% ok-power | physikalisch | kA | |
| 38 | badenova AG & Co. KG | regiostrom aktiv | TÜV Nord | physikalisch | | 600.000 |
| 39 | SWE Strom- u. Fernwärme Erfurt GmbH | | | | | |
| 40 | Stadtwerke Kiel AG | | | | | |

*Tab. 61: (Fortsetzung)*

| Unternehmen | Produktname | Label-Zertifizierung | Lieferung physikalisch oder RECS-Zertifikate | Absatz in kWh | Investitionen in Neuanlagen Euro pro Jahr |
|---|---|---|---|---|---|
| **Weitere Stadtwerke mit bedeutenden Grünstromangeboten:** | | | | | |
| Stadtwerke Emden | SWE Naturwatt | TÜV Nord | RECS-Zertifikate | 707.968 | 2.000.000 |
| | Watt bi uns | TÜV Nord | RECS-Zertifikate | 3.157.456 | 2.000.000 |
| Stadtwerke Flensburg | kA. | TÜV Nord + ok-power | RECS-Zertifikate | 82.000.000 | 1.000.000 |
| Städtische Werke Kassel AG | KS - einfach gut, KS - einfach günstig | RECS, teilweise ok-power | physikalisch | 400.000.000 | |
| Trianel Energie, Aachen | HalloNatur! | ok-power und TÜV | RECS-Zertifikate | 8.300.000 | |
| **Profilierte Ökostromanbieter:** | | | | | |
| Elektrizitätswerke Schönau | kein eig. Name | TÜV Nord, eigene streng. Kriterien | physikalisch | 316.000.000 | 600.000 |
| LichtBlick - die Zukunft der Energie, HH | LichtBlick | TÜV, ok-power | physikalisch | 1.300.000.000 | 70.000.000 |
| Greenpeace Energy, HH | kein eig. Name | TÜV Nord sowie unabh. Gutachter | physikalisch | 184.000.000 | 5.000.000 |
| Naturstrom AG, Düsseldorf | naturstrom | Grüner Strom Label | physikalisch | 33.000.000 | 700.000 |
| NaturEnergie AG, Grenzach-Wyhlen | NaturEnergie Silber | TÜV Nord | physikalisch | 1.435.000.000 | 37.000.000 |
| **Gesamt** | | | | **4.221.870.596** | |

Quelle: Q198 sowie eigene Recherchen

Die KWK-Technologien sind in den Anfangsjahren der Liberalisierung stark unter Druck geraten und tendenziell zurückgedrängt worden. Um diese negative Entwicklung zu stoppen, wurde im April 2002 das *Kraft-Wärme-Kopplungsgesetz* in Kraft gesetzt (vgl. Q82, S. 1092). Diese Regelung sicherte allerdings nur bestehende Anlagen bzw. schuf einige Anreize für Modernisierungen (Q60, S. 466). Ein Ausbau fand auf der damaligen gesetzlichen Grundlage kaum statt. Hintergrund war die durch die Liberalisierung ausgelöste Fokussierung der energiewirtschaftlichen Unternehmen auf *kurzfristige Renditeanforderungen* und entsprechend begrenzte Amortisationszeiten. Speziell die anfänglich hohen Investitionskosten für den Wärmetransport und die Verteilungsnetze stellen betriebswirtschaftlich ein Hemmnis dar, das anscheinend nur mittels gezielter *staatlicher Rahmensetzung* abgebaut werden kann (vgl. Tab. 62).

Dabei wird das wirtschaftlich verfügbare *KWK-Potenzial* in Deutschland als ausgesprochen hoch veranschlagt (vgl. Q5 sowie die Kurzfassung Eikmeier et al. 2006).

- Gemessen am Nutzwärmeverbrauch des Jahres 2004 (1.026 TWh) könnten auf ökonomischer Grundlage rund 32% in KWK-Anlagen erzeugt werden, also 328 TWh, was eine Verdopplung gegenüber 2004 darstellen würde.
- Stromseitig könnten sogar 57% der Bruttostromerzeugung in KWK erbracht werden; also etwa der fünffache Wert des Jahres 2004.

Für alle Leistungsbereiche stehen mittlerweile ausgefeilte Kraft-Wärme-Kopplungstechniken zur Verfügung. Die Vielfalt der Technologien kann wiederum insbesondere den Endkunden verwirren (vgl. Q42).

Zu den KWK-Anlagen zählen heute *Heizkraftwerke (HKW),* die große Fernwärmenetze oder Industriebetriebe versorgen, sowie *Blockheizkraftwerke (BHKW).* Letztere sind kleiner und kompakter. Im Zentrum steht ein Motor oder eine kleine Gasturbine. BHKW versorgen überwiegend Wohn- und Industriegebiete sowie Gewerbeparks. Kleine BHKW versorgen auch einzelne Objekte wie z.B. Kliniken oder Schwimmbäder. Zum Einsatz kommen hier unterschiedlichste Brennstoffe. Für die meisten energetischen Problemlagen sind letztendlich passgenaue zentrale oder dezentrale KWK-Lösungen vorhanden. Die Vorteile der jeweiligen Techniken sind in Tabelle 63 aufgelistet.

Stadtwerke sind in Deutschland führend in der Nutzung der KWK/Fernwärme(-kälte). Dies bestätigte sich auch in unserer Umfrage zum derzeitigen Erzeugungsmix (vgl. Abb. 48). Über drei Viertel der Interviewten führten zudem aus, dass in ihrer Stadt ein Fernwärmenetz besteht (Frage IV. 61). Zwar konnte über die Hälfte der Betriebsräte den Wärmeanteil am Gesamtverbrauch der Region nicht quantifizieren. Rund ein Viertel der antwortenden Betriebsräte schätzte aber, dass ihre EVUs bis zu 25% des regionalen Wärmeverbrauchs abdecken. Bei knapp 15% der Unternehmen waren es 26% bis 50% sowie bei rund 5% sogar 51% bis 75% des Wärmebedarfs. Fast die Hälfte der interviewten Mitbestimmungsträger wies darauf hin, dass überdies zukünftig ein weiterer Ausbau des Fernwärmenetzes geplant ist (Frage IV.62).

*Tab. 62: Potenzielle Hemmnisse gegenüber einem verstärkten KWK-Ausbau*

**Wirtschaftliche Hemmnisse**

- ♦ Hohe Investitionskosten
  - Vor allem für die Wärmetransport- und -verteilungsnetze
  - Bei kommunaler KWK durch innerstädtische Lagen
- ♦ Ungünstige Relation der Input- (insb. Erdgas-) und Output-Preise (Strom/Wärme)
- ♦ Verschlechterung der Rahmenbedingungen für KWK-Contracting-Projekte
  - Langfristige Abnahmebindung (Lieferverträge vor allem in der Industrie) nur noch schwer erzielbar
  - Netzbetreiber-Risiko für Contractoren
- ♦ Nutzer-Investor-Dilemma (z.B. für Wohnungsbaugesellschaften)
  - Ungünstige Eigentums- und Mietrechtsregelungen
- ♦ Finanzierungshemmnisse
  - Bindung von KWK-Projekten überwiegend an Akteure mit schwacher Eigenkapitalausstattung
  - Erwartung schneller Amortisation bei Investoren in Industrie und Gewerbe
- ♦ Gemeindewirtschaftsrecht
- ♦ Hohe Durchdringung des Wärmemarktes mit Erdgas
  - Querverbundunternehmen streben eher Erdgas- als Fern-/Nahwärmeabsatz an
- ♦ Ungenügende Berücksichtigung externer Kosten

**Anwendungsbezogene Hemmnisse**

- ♦ Mangelnde Wärmedichte
  - In den noch nicht erschlossenen Gebieten für zentrale KWK
  - Tendenziell abnehmende Wärmedichte durch zunehmende Energieeinsparung
- ♦ Ungünstige Wärme-/Strom-Verbrauchsrelation vor allem für dezentrale KWK-Standorte

**Marktstrukturelle Hemmnisse**

- ♦ Konzentration/Marktmacht zentraler Energieanbieter (Strom/Erdgas)
  - Dominante Ausrichtung der Stromerzeugungskonzerne auf zentrale Stromerzeugungstechnologien
  - Dominanz des Gasmarktes durch wenige, zudem eng mit der Stromwirtschaft verknüpfte Akteure
  - Oligopole sind Preisgeber auf den Strommärkten
  - Konditionen für Bezug von Zusatz- u. Reservestrom, Durchleitung, Vergütung für Überschussstrom u.ä.
  - Zwang zum wärmegeführten Betrieb
  - „Auskaufen“ von KWK-Projekten, Take-or-Pay-Verträge
- ♦ Mangelhafte Netzzugangsbedingungen, sowohl zu Strom- wie (auf der Inputseite) zu Gasnetzen
  - Vermiedene Netznutzungsentgelte

**Informationelle und personelle Hemmnisse**

- ♦ Fehlende Information
  - Auf Seiten potenzieller Investoren und Berater, vor allem für dezentrale KWK-Projekte
  - Auf der Kundenseite (`KWK-Eigenschaft des Stroms´ ist nur schwer vermarktbar)
- ♦ Fehlende Motivation bei vielen Stadtwerken

**Administrative Hemmnisse**

- ♦ Vergleichsweise aufwendige Genehmigungsverfahren
  - Immissisonsschutzrecht
  - Bauplanungsrecht

Quelle: Horn et al. 2007, S. 21

*Tab. 63: Spezifische Vorteile zentraler gegenüber dezentraler KWK-Lösungen*

| HKW/Fernwärme-Systeme (zentrale KWK) | objektbezogene Systeme und Nahwärmekonzepte (dezentrale KWK) |
|---|---|
| • höhere Flexibilität der Stromerzeugung | • geringeres Konflikpotenzial anlässlich der Konkurrenzsituation zur dezentralen gebäudebezogenen Erdgasversorgung |
| • Stromerzeugung nach Fahrplan möglich | • geringere und besser vorhersehbare Anlaufverluste (Auslastung der Anlagen erst im Laufe der Zeit) |
| • höherer Transaktionsaufwand (z.B. Teilnahme am Stromhandel) tolerierbar | • stärkere Entlastung der Stromnetze aufgrund der Einspeisung in eine der unteren Spannungsebenen |
| • höhere Flexibilität bei der Brennstoffwahl | • intensivere Vermeidung von Stromnetzverlusten |
| • günstigere Brennstoffbezugsbedingungen | • insbesondere bei objektbezogenen Konzepten: Minimierung von Wärmeverlusten in den Wärmeverteilungsnetzen |
| • bei GuD-Konzepten sehr hoher Wirkungsgrad | • günstigere Voraussetzungen zu Ausnutzung von gebotenen Gelegenheiten zur Errichtung einer KWK-Anlage |
| • hohe Stromkennzahl möglich, d.h. relativ hohe Stromerzeugung im Vergleich zum bestehenden Wärmebedarf | • Investitionsumfang für viele Akteure geeignet |
| • bei GUD-Konzepten hohe Primärenergieeinsparung und CO2-Minderung möglich | • geringer Planungsvorlauf zur Errichtung einer Anlage erforderlich |
| • günstige Immissionssituation (Schadgaseintritt in Wohngebiete ist minimal) | |
| • die Wärmebedarfsdurchmischung steigt mit der Zahl der angeschlossenen Verbraucher, wodurch eine Vergleichmäßigung des Absatzes und eine Verringerung der vorzuhaltenden Wärmeleistung eintritt; dadurch nimmt der mittels KWK abdeckbare Wärmebedarfsanteil zu | |
| • prädestiniert für eine flächendeckende Versorgung ganzer Stadtteile | |

Quelle: Schulz, W. 2007, Folie 27

Diese *Investitionsstrategien* dürften bereits die zum Befragungszeitpunkt geplanten Änderungen des KWK-Gesetzes widerspiegeln. Effizienz allein führt nämlich nicht zwangsläufig dazu, dass KWK zum Einsatz kommt. Das neue KWK-Gesetz 2009 versucht daher, die Nachteile abzumildern, und sieht einen Zuschuss von max. 20% der Investitionskosten für den Ausbau von Wärmenetzen bis 2020 vor.

Durch die Einbeziehung des Wärmeteils in das europäische Emissionszertifikatsystem wird die nationale finanzielle Unterstützung jedoch teilweise wieder konterkariert. Der Energieeffizienzverband für Wärme, Kälte und KWK (AGFW), der Bundesverband Kraft-Wärme-Kopplung (B.KWK), der Verband kommunaler Unternehmen (VKU), die Vereinigung 8KU, der Bund für Umwelt und Naturschutz (BUND) sowie die Gewerkschaft ver.di haben deshalb Anfang 2009 angeregt, den Ausbau der Nah- und Fernwärmesysteme im Rahmen des zweiten Konjunkturprogramms in Höhe von 2 Mrd. EUR, verteilt auf die Jahre 2009 bis 2013, zusätzlich über die Förderregelungen des KWK-Gesetzes 2009 hinaus zu unterstützen (vgl. Q32). Langfristig würde dadurch ein Beitrag zum Klimaschutz geleistet. Parallel würde die Fernwärmeförderung zum schnellen und systematischen Ausbau der effizienten Kraft-Wärme-Kopplung und somit zudem zur Erhöhung der energetischen Versorgungssicherheit beitragen. Des Weiteren könnten nach Berechnungen der Initiatoren etwa 10.000 Arbeitsplätze gesichert werden.

*Abb. 48: Erzeugungsmix der Stadtwerke*

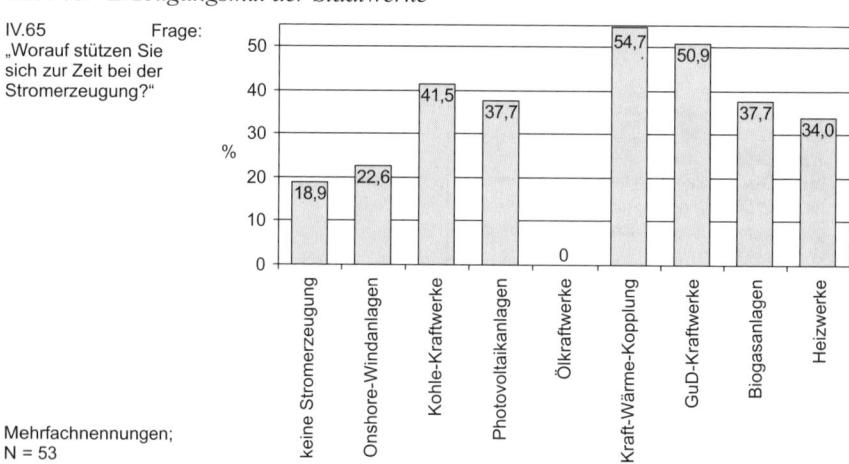

IV.65 Frage: „Worauf stützen Sie sich zur Zeit bei der Stromerzeugung?“

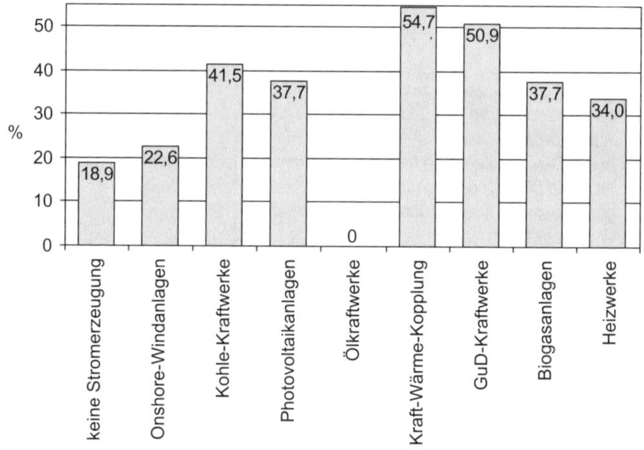


Mehrfachnennungen; N = 53

Trotz der teilweise widersprüchlichen Rahmensetzungen stellt das novellierte KWK-Gesetz 2009 einen Fortschritt dar. Da die Kraft-Wärme-Kopplung die effizienteste Art zur *dualen Brennstoffnutzung* ist, wird sie ein wesentliches Element der zukünftigen Strom- und Wärmeversorgung in Deutschland sein. Stadtwerke sollten die damit verbundenen Chancen nutzen, auch im Hinblick auf die positiven Imageeffekte, die durch den Ausbau bei entsprechender öffentlichkeitswirksamer Begleitung entstehen.

### 4.2.2.2.4 Anreize zum Ausbau energienaher Dienstleistungen

National wie international werden *Energieeffizienzmaßnahmen* als schnell wirksame und kostengünstige Lösungsansätze gewertet, um gleichzeitig Energie einzusparen und $CO_2$-Emissionen zu reduzieren. Effizienter Energiegebrauch dient dabei allen drei energiepolitischen Primärzielen:

> „Versorgungssicherheit durch Senkung des Bedarfs, Wirtschaftlichkeit durch Einsparung von Energiekosten, Umweltschutz durch Vermeidung von Emissionen und Schonung der Ressourcen." (Q241, S. 7)

Im Frühjahr 2007 hat der Europäische Rat im Rahmen der Richtlinie über Endenergieeffizienz und Energiedienstleistungen (EDL-RL) beschlossen, dass die Mitgliedsstaaten bis 2020 das auf 20% geschätzte Energieeinsparpotenzial durch geeignete Maßnahmen erschließen.[17] Obwohl die deutsche Bundesregierung es versäumt hat, die EU-Vorgaben fristgerecht bis zum Frühjahr letzten Jahres in nationales Recht umzusetzen, strebt sie für Deutschland bis 2020 sogar eine Verdoppelung der Energieeffizienz gegenüber 1990 an (vgl. Q33, S. 6). Da bereits über die Hälfte dieses Zeitraums verstrichen ist, ohne das entsprechende Durchbrüche zu verzeichnen sind, muss in den nächsten Jahren der Energieaufwand pro erzeugter Einheit Bruttoinlandsprodukt jahresdurchschnittlich um 3,1% verringert werden.[18] Folglich sind die Aktivitäten im Feld Energieeffizienz erheblich zu steigern. In dieser Hinsicht bescheinigt auch die PEPP-Arbeitsgruppe Deutschland zwar bereits heute in Bezug auf Energieeffizienz eine Spitzenposition im internationalen Vergleich einzunehmen. Dennoch sieht sie ebenfalls erhebliches unausgeschöpftes Potenzial in allen Nutzungssektoren vom Verkehrssektor bis hin zum Gebäudebereich (vgl. hierzu auch Q103).

Angesichts der vielschichtigen und komplexen Maßnahmenbündel stellt sich auch hier die Frage nach den richtigen *Rahmenbedingungen, Instrumenten* und *Trägern* der Aktivitäten:

> „Wir haben Förderprogramme, wir haben Marktinstrumente wie etwa den Gebäudeenergiepass; jetzt muss man sich überlegen, welche Anreize wir zusätzlich brauchen, damit neue Energiedienstleister in den Markt gehen",

betonte Dena-Geschäftsführer Stephan Kohler (zitiert in Q214, S. 3).

Zur Umsetzung der EDL-RL hat die Bundesregierung im Rahmen verschiedener Energiegipfel Gespräche mit Akteuren geführt sowie entsprechende Forschungsstudien in Auftrag gegeben. Ziel war dabei u.a., wirtschaftlich erschließbare *Energieeinsparpotenziale* zu identifizieren, den Auf- und Ausbau von *Dienstleistungsangeboten* zur effizienten Nutzung von Wärme, Kraft und Beleuchtung für Endkunden in allen Verbrauchssektoren zu bestimmen sowie Methoden zu entwickeln, um Energiesparmaßnahmen einer sorgfältigen Kosten-Nutzen-Ana-

---

17 Bereits vorab wurde die Richtlinie 2006/32/EG des Europäischen Parlaments und des Rates vom 5. April 2006 über Endenergieeffizienz und Energiedienstleistungen und zur Aufhebung der Richtlinie 93/76/EWG des Rates beschlossen (im Folgenden: EDL-RL) (vgl. Q1).

18 Vgl. Q33. Dieses Ziel wird bei entsprechenden Projektionen im BMU-„Leitszenario 2008" eingepflegt, obwohl in den Vorjahren deutlich von diesen Durchschnittswerten abgewichen wurde.

lyse unterziehen zu können. Diese Ergebnisse flossen in den ersten deutschen *Energieeffizienz-Aktionsplan 2007* ein, der neben strategischen Grundüberlegungen vor allem

- die Bestimmung des nationalen *Energieeinsparrichtwerts* (Gesamteinsparziel: 9.261 PJ),
- die Beschreibung bereits laufender Maßnahmen und
- die Skizzierung zusätzlicher bzw. neu zu initiierender organisatorischer, rechtlicher, fiskalischer oder fördertechnischer Aktivitäten festlegte (vgl. Q33).

Im Januar 2008 ist bei der Dena eine *Kommunikationsplattform* zur EDL-RL eingerichtet worden. Hier werden bestehende Vorhaben und Projektvorschläge zur Energieeffizienz – u.a. im Sinne von best-practise – gesammelt und breiten Kreisen bekannt gemacht. Die Plattform soll in den nächsten Jahren weiter entwickelt werden. Im Februar 2008 hat das *Bundesministerium für Wirtschaft und Technologie* sowie die *Kreditanstalt für Wiederaufbau* das neue Förderprogramm *„Sonderfonds für Energieeffizienz in kleinen und mittelständischen Unternehmen"* gestartet. Es ermöglicht einerseits professionelle, qualifizierte und unabhängige Energieeinsparberatung sowie andererseits die Unterstützung des Einsatzes von energieeffizienten Technologien.

Ein weiterer wichtiger Aspekt der EDL-Richtlinie war gemäß Art. 13, die *Erfassung und Abrechnung des Energieverbrauchs zu modernisieren.* Diese Maßgabe ist in Deutschland durch das „Gesetz zur Öffnung des Messwesens bei Strom und Gas für Wettbewerb" umgesetzt worden (Q85, S. 1.790–1.792). Es trat im September 2008 in Kraft. Das Gesetz wird durch eine Messzugangsverordnung ergänzt (Q281, S. 2.006–2.012), die seit Oktober 2008 gilt. Die Regelungen beinhalten die Einbaupflicht so genannter *„intelligenter Zähler"* ab dem 1. Januar 2010 bei Neuanschlüssen und Renovierungen. Für alle anderen Kunden ist eine Angebotspflicht ab dem gleichen Zeitpunkt vorgesehen. Intelligente Zähler sollen mittels des Ausweises des tatsächlichen Energieverbrauchs sowie der entsprechenden Nutzungszeiten dazu beitragen, Energiespar- und Steuerungstarife zu entwickeln. Ziel ist es, den Kunden durch *lastvariable* oder *tageszeitabhängige Gebühren* zum energieeffizienten Strom- und Gasgebrauch zu animieren. Erwartet wird, dass EVUs in diesem Kontext nicht nur neue Techniken entwickeln. Unter Experten wird auch diskutiert, ob insbesondere die Stadtwerke diesbezüglich neue Formen der Zusammenarbeit – u.a. mit Dienstleistungsunternehmen und Handwerksbetrieben – entfalten können.

Die derzeitige Bundesregierung hat dem Bundesamt für Wirtschaft und Ausfuhrkontrolle (BAFA) im Frühjahr 2009 die Gesamtverantwortung und -kontrolle über Energieeffizienzmaßnahmen übertragen. In diesem Zusammenhang wird das Bundesamt den Erfahrungsaustausch zwischen deutschen öffentlichen

Stellen und staatlichen Einrichtungen anderer Mitgliedsstaaten unterstützen. Zudem ist das BAFA für die Gremienarbeit auf EU-Ebene sowie die Weiterentwicklung gesetzlicher Vorgaben in Deutschland zuständig. Das Bundesamt wird darüber hinaus für das *Berichtswesen* über Energieeinsparungen verantwortlich sein, vor allem für die Anfertigung der Zwischenberichte über die Entwicklung des nationalen Energieeffizienz-Aktionsplans für die EU-Kommission in den Jahren 2011 und 2014.

Trotz der vielfältigen Aktivitäten konnte sich die Bundesregierung bislang nicht auf einen *Gesetzentwurf zur Verbesserung der Energieeffizienz* einigen; obwohl die Umsetzungsfrist der EDL-RL in nationales Recht bereits fast ein Jahr überschritten ist. Ein am 30. Januar 2009 vom Bundeswirtschaftsministerium verschickter Gesetzesentwurf fand im Rahmen einer *Verbände-Anhörung* allgemeine Kritik und ist wieder zurückgezogen worden. Insofern bleibt nach wie vor unklar, wie die gesetzliche Flankierung des rationellen, Ressourcen schonenden Umgangs mit Energie aussehen wird und in welche Richtung *Energieeffizienzmärkte* sich entwickeln werden. Unter klimapolitischen Aspekten muss das langfristige Ziel insgesamt die *„2.000 Watt-Gesellschaft"* sein, also die Verringerung des Energieverbrauchs pro Kopf auf diesen Wert pro Jahr (vgl. Q17, S. 5). Trotz jahrelanger öffentlicher Diskussionen sind die Wege dorthin allerdings weiterhin stark umstritten.[19]

Die Erfahrungen der letzten Jahre zeigen auf jeden Fall, dass die Umsetzung derartiger Energieeffizienzstrategien kein Selbstläufer ist und entsprechender unterstützender Begleitung bedarf. In diesem Kontext können und spielen Stadtwerke eine entscheidende Rolle. Für Verbraucher und Stadtwerke kann die *Verbesserung der Energieproduktivität* angesichts mittelfristig steigender Energiepreise, wachsender Konkurrenz um knappere Energierohstoffe sowie des Klimaschutzes eine Win-Win-Situation darstellen.

Um Fortschritte im Bereich der Energieeinsparung zu erzielen, sind allerdings vorrangig die *Handlungsbereitschaft der Endnutzer* und entsprechendes *Verbraucherverhalten* gefragt. Die Einspartechnologien sind größtenteils verfügbar. Weitere Beiträge durch Forschung werden deshalb von Experten eher

19 Steigende Energiekosten belasten vor allem sozial schwächere Haushalte. Insofern sind Energiesparmaßnahmen das wichtigste Mittel, um diese Personenkreise dauerhaft von Belastungen eines Energiekostenanstiegs zu befreien. In einem Kurzgutachten für das Bundesministerium für Ernährung, Landwirtschaft und Verbraucherschutz kommen das Wuppertal Institut für Klima, Umwelt, Energie und das Ö-quadrat – Ökologische und ökonomische Konzepte zu dem Ergebnis, dass keiner der untersuchten Stromspartarife die gewünschte zielgruppenorientierte Entlastungswirkung herbeiführen kann, ohne gleichzeitig wesentliche unerwünschte Nebeneffekte aufzuweisen. Stattdessen wird eine Anhebung der Hartz-IV-Regelsätze sowie eine gezielte Energiesparberatung empfohlen (vgl. Wagner et al. 2008).

gering eingeschätzt. Zusammenfassend ist Energieeffizienz der „Schlüssel für Erneuerung“ (Q17, S. 2). Dabei bedarf es gezielter Informations- und Beratungsdienstleistungen. Dieser Bereich könnte folglich zukünftig ein noch viel wesentlicheres Geschäftsfeld für kommunale EVUs darstellen: „Das Stadtwerk der Zukunft muss ein Energieeffizienz-Unternehmen sein – oder es wird nicht sein.“ (Fingerhut/Scheuse 2008)

Bereits jetzt stellen viele EVUs vielfältige Informations- und Förderangebote zum Klimaschutz und zur Steigerung des Energieeinsatzes der Öffentlichkeit zur Verfügung. Die *EnergieAgentur.NRW* hat kürzlich ermittelt, dass 68% der nordrhein-westfälischen Energieversorger Förderungen für die energetische Sanierung von Häusern, den Kauf von Erdgasautos sowie den Erwerb von energiesparenden Haushaltsgeräten bzw. -techniken bereithalten (vgl. Q59).

Um die *„Energierevolution“* zu erreichen, werden die Stadtwerke eine wesentliche Rolle spielen (müssen). Kein anderer Akteur wird vor Ort die regionalen und lokalen Einspar- und Effizienzpotenziale gezielter identifizieren und entsprechend umsetzen können als Stadtwerke. Die *„Meseberger Beschlüsse“* zur Energieeffizienz richten sich allerdings nicht exklusiv an sie, sondern präferieren sogar in großen Teilen Nicht-EVUs und neue Marktakteure. Infolgedessen stehen kommunale Energieversorger vor einer strategischen Weichenstellung. Sie haben zu entscheiden, ob sie zukünftig mehr oder weniger *Vertriebs-* und *Servicestützpunkt* eines großen Stromherstellers bleiben bzw. werden oder komplexe *Organisations-* und *Integrationsleistungen* im Sinne dezentraler Energieeffizienzprodukte erbringen wollen (vgl. Fingerhut/Scheuse 2008).

Neben der Information und Förderung von Energieeffizienzmaßnahmen beim Endverbraucher werden Aktivitäten der Stadtwerke vor allem in folgenden Technologie- und Anwendungsfeldern zur Entwicklung von Energieeffizienzmärkten – vielfach unter dem Begriff *Contracting* zusammengefasst – gesehen:

- „Brennstoffeinsparung im Prozesswärmebereich der Industrie;
- Heizungsoptimierung, Hydraulischer Abgleich, Faktor-4-Umwälzpumpen im Haushaltsbereich;
- Wärmedämmung auf Niedrigenergiehaus-Standard und Heizungserneuerung (Öl- bzw. gegebenenfalls auch Gaskesseltausch) im Gebäudebestand;
- Effiziente Pumpen in Industrie und GHD-Sektor;
- Effiziente Lüftungs- und Klimaanlagen in Industrie und GHD-Sektor;
- Optimierte Anlageneinstellung (Lüftung, Pumpen, Antriebe) in Industrie und GHD-Sektor;
- Verringerung von Stand-by-Verlusten im Audio-, Video-, TK-Bereich sowie von Stand-by-Verlusten im GHD-Sektor;
- Effiziente Prozesskälte- und Druckluftbereitstellung in der Industrie;
- Effiziente Beleuchtungssysteme in allen Sektoren;

- Lebensmittelkühlung durch steckerfertige effiziente Kühlgeräte im GHD-Sektor;
- Effiziente Kühl- und Gefriergeräte, Warmwasseranschlüsse sowie effiziente Wäschetrockner im Haushaltsbereich;
- Stromsubstitutionsmaßnahmen im Haushaltsbereich und im GHD-Bereich;
- Wärmerückgewinnung im Industrie- und GHD-Sektor." (Berlo 2008, S. 74)

Angesichts dieser Technologie- und Handlungsfelder überrascht es nicht, dass unter der Option von Mehrfachnennungen fast drei Viertel der Betriebsräte in unserer Befragung für ihr Unternehmen einen *Innovationsschwerpunkt* im Bereich neuer Dienstleistungen identifizierten – weit vor dem bundesweiten Verkauf von Elektrizität (rund 45%) sowie der Konzentration auf Ökostrom (etwas mehr als ein Viertel) (Frage IV.68).

In Tabelle 64 ist ein Überblick über die verschiedenen *Contracting-Angebote* diverser EVUs aufgeführt. Aus der Übersicht wird deutlich, dass schon viele Anbieter im Markt sind. Zudem haben sich diese Unternehmen zu großen Teilen bereits spezialisiert. Die von uns geführten Gespräche mit den Geschäftsführern von Stadtwerken verdeutlichen aber, dass der Markt insgesamt noch wenig entwickelt und deshalb ausbaufähig scheint. Allerdings liegen keine Informationen über Umsatzvolumina vor. Ein Grund für die bislang ungenügende Durchdringung wird häufig darin gesehen, dass dem Energieversorger Erlöse entgehen, wenn er dem Kunden bei der Optimierung des Energieeinsatzes behilflich ist.

Dieses Dilemma könnte prinzipiell einerseits entweder der Wettbewerb auflösen. Denn wenn aus Sicht eines einzelnen Stromanbieters allein die „Gefahr" droht, dass andere Strom- oder Nicht-Strom-Anbieter die neue Geschäftsfeld-Chance ohnehin nutzen werden, gibt es auch keinen Anlass mehr, sich selbst zurückzuhalten. Andererseits hat kürzlich Schulz einen Konzeptvorschlag für *„Energieeffizienz als Geschäftsfeld für Stadtwerke"* für die Arbeitsgemeinschaft für sparsame Energie- und Wasserverwendung (ASEW) im VKU zur Auflösung des Dilemmas entwickelt (vgl. Schulz, W. 2008).

Kommunale Energieversorger sollten sich demnach strategisch komplett neu ausrichten und *Navigatoren für Energieeffizienz,* also Ansprechpartner und Umsetzungshelfer für Energieeffizienz werden (vgl. ebd.). Aus Abbildung 49 lässt sich das Geschäftsmodell des kommunalen *Energiedienstleistungsunternehmens (Effizienz-EDU)* nach einer entsprechenden Neuorientierung ablesen. Die Energiedienstleistungen erhalten vor dem Hintergrund der Aufrechterhaltung und Stärkung von Informations- und Beratungsdienstleistungen beim Endverbraucher sowie zunehmender *Contracting-Geschäfte* und dem Ausbau der Fernwärmeversorgung ein verstärktes und *eigenständiges* Gewicht im Angebotsportfolio. Während die Contracting- und Fernwärme-Aktivitäten wirtschaftlich in

*Tab. 64: Überblick über ausgewählte Contracting-Angebote von Energieversorgungsunternehmen*

| Unternehmen | Ort | Leistungen unter Vertrag MWth | MWel | andere | Kunden-schwer-punkte bei | Nachfrage gegen-über 2007 |
|---|---|---|---|---|---|---|
| AGO AG Energie + Anlagen | Kulmbach | 31 | 1,7 | | 4 | + |
| AVU AG | Gevelsberg | 50 | 20,0 | | 1, 2, 3, 4 | 0 |
| Axima GmbH | Berlin | 220 | 14,0 | | 1, 2, 3, 4 | 0 |
| Badenova Wärmeplus GmbH & Co. KG | Freiburg | 160 | 20,0 | 0,5 MW Kälte | 1, 2, 3, 4 | + |
| BEC Energiecontracting GmbH | Wehr | 18,85 | | | 1, 4 | + |
| Berliner Energieagentur GmbH | Berlin | 24,18 | 1,0 | 0,35 MW Kälte | 1, 2, 3 | + |
| BS Energy Braunschweiger Versorgungs-AG | Braun-schweig | 60 | | | 1, 2, 4 | 0 |
| BTB GmbH | Berlin | 350 | 40,0 | 3,5 MW Kälte | 2, 3, 4 | + |
| Comuna-metall Blockheizkraftwerke | Herford | 4,3 | 0,4 | | 1, 2 | + |
| Dalkia GmbH | Neu-Isenburg | 465 | 45,0 | | 1, 2, 3 | 0 |
| EnBW Energy Solutions GmbH | Stuttgart | 900 | 80,0 | 40 MW Kälte | 4 | 0 |
| Energiedienstleistungen GmbH Rheinhessen-Nahe | Nieder-Olm | 59,2 | 6,5 | | 1 | + |
| E.ON Energy Projects GmbH | München | 400 | 400,0 | | 4 | + |
| ESB Wärme GmbH | München | 61 | 0,5 | | 1, 2, 3, 4 | + |
| Evonik New Energies GmbH | Saarbrücken | 1260 | 320,0 | | 3, 4 | - |
| EWE AG | Oldenburg | 684 | 25,7 | | 1, 2, 3, 4 Privatk. | 0 |
| Gasag Wärmeservice GmbH | Berlin | 1000 | 4,0 | | 1, 2, 3 | + |
| GC Wärmedieenste GmbH | Neuss | 74 | 1,0 | | 1, 2, 3 | + |
| Genfa GmbH | Kreuznach | 16,5 | 6,5 | | 1, 2, 3, 4 | 0 |
| Getec AG | Magdeburg | 1000 | 30,0 | 10 MW Kälte | 1, 2, 3, 4 | 0 |
| Green Gas Power GmbH | Krefeld | | 90,0 | | 3, 4 | 0 |
| GWE GmbH | Freiburg | 465 | 95,0 | | 1, 4 | + |
| Hochtief Energy Management GmbH | Hamburg | 370 | 3,6 | 43 MW Kälte | 1, 3, 4 | 0 |
| Imtech Contracting GmbH & Co. KG | Mettingen | 200 | 35,0 | 25 MW Kälte | 1, 3, 4 | 0 |
| Kalo Urbana Energietechnik AG & Co. KG | Hamburg | 320 | 6,1 | 390 MWth Betriebsführungs-contracting | 1, 2, 3, 4 | + |
| Mainova Energiedienste GmbH | Frankfurt a.M. | 223,2 | 5,6 | 250 kWp Photovoltaik | 1, 2, 3, 4 | + |
| MVV Energiedienstleistungen GmbH | Mannheim | 1160 | 110,0 | | 1, 2, 3, 4 | + |
| NGT Contracting GmbH | Essen | 105 | 2,8 | | 1, 2, 3 | + |
| Proenergy Contracting GmbH & Co. KG | Bochum | 464 | | | 1, 2, 3, 4 | 0 |
| RWE Innogy Cogen GmbH | | 874 | 116,0 | | 2, 4 | 0 |

→

*Tab. 64: (Fortsetzung)*

| Unternehmen | Ort | Leistungen unter Vertrag | | | Kunden-schwer-punkte bei | Nachfrage gegen-über 2007 |
|---|---|---|---|---|---|---|
| | | $MW_{th}$ | $MW_{el}$ | andere | | |
| RWE Westfalen-Weser-Ems Energiedienstleistungen GmbH | Dortmund | 270 | 0,8 | Druckluft ca. 18.000 qm/a | 1, 3, 4 | + |
| Stadtwerke Düsseldorf AG | Düsseldorf | 732 | 110,0 | | 3, 4 | 0 |
| Städtische Werke AG | Kassel | 281,5 | 5,5 | 5,0 MW Kälte | 1, 2, 4 | + |
| Stadtwerke Hannover AG | Hannover | 251 | 4,5 | | 2, 3 | 0 |
| Südwärme Gesellschaft für Energielieferung AG | Unter-schleißheim | 155 | 3,0 | | 1, 2, 3, 4 | 0 |
| SWB Services GmbH & Co. KG | Bremen | 374 | 29,0 | | 2, 3, 4 | + |
| Thergo sustainable energies AG | Essen | 130 | 15,0 | | 3, 4 | + |
| Wärme Service GmbH | Hannover | 212 | | 730 Kunden | 2 | 0 |

1 = öffentliche Gebäude, 2 = Wohnungswirtschaft, 3 = Gewerbe, 4 = Industrie

Quelle: Q305

der Regel durch die Kunden getragen werden, sieht Schulz angesichts der Auswirkungen der Anreizregulierung *Finanzierungsdefizite* für das Beratungs- und Hilfestellungssystem Energieeffizienz beim privaten Endkunden, insbesondere bei ausschließlichen Verteilnetzbetreibern. Deshalb schlägt er einen finanziellen Mechanismus vor, der helfen soll, die Bemühungen des *Effizienz-Energiedienstleistungsunternehmens* langfristig zu unterstützen. Die ermittelten erforderlichen Zuschüsse schwanken je nach Größe der Stadt bzw. Kommune zwischen 8 bis 11 EUR pro Einwohner und Jahr (vgl. Schulz, W. 2008, S. 32).

Dabei würden sich die Beratungs- und Hilfestellungsaktivitäten sowie die Contracting-Maßnahmen nur dann angemessen entfalten,

> „wenn die lokal vorhandenen Handwerker, Ingenieurbüros und andere wichtige Akteure, die die Energieeinsparung beeinflussen können, als Marktpartner gewonnen werden. In den Städten, in denen diese Kooperation gut funktioniert, werden die dadurch ausgelösten Energieeinsparaktivitäten zu enormen *Wirtschaftsförderungseffekten* führen.“ (Ebd., S. 33)

Nach den Berechnungen von Schulz würde die Erreichung klimapolitischer Vorgaben mittels Energieeffizienz nicht unbedingt zu Lasten der Wirtschaft und Arbeitsplätze gehen. Denn Energieeinsparung bedeutet nicht nur Emissionsminderung, sondern gleichermaßen auch Kosteneinsparung. Viele der einzuleitenden energetischen Modernisierungsmaßnahmen würden sich bereits kurzfristig amortisieren. Dennoch zeitigt die bisherige Umsetzungspraxis nicht die politisch erhofften Erfolge. Die Steigerung der Energieproduktivität läuft folglich nicht von selbst. Bisherige Erfahrungen zeigen, dass nur ständige Bemühungen zu langfristigen Fortschritten führen. Die Verabschiedung des *Energieeffizienzgesetzes* könnte in dieser Beziehung hilfreich sein. Eventuell sind allerdings auch nur vorhandene Förderprogramme und Instrumente zu stärken.

Zur Erreichung der gesteckten Ziele gehört in den Stadtwerken fachlich *qualifiziertes Personal.* Diese Beschäftigten müssen immer wieder konkrete Anregungen zu Verbesserungen des Energieeinsatzes geben und zur Überwindung von Widerständen im regionalen, lokalen und privaten Rahmen beitragen. Dermaßen qualifizierte Fachkräfte sind nicht zum Nulltarif zu bekommen.

*Abb. 49: Geschäftsmodell: heutiges Stadtwerk und zukünftiges EDU*

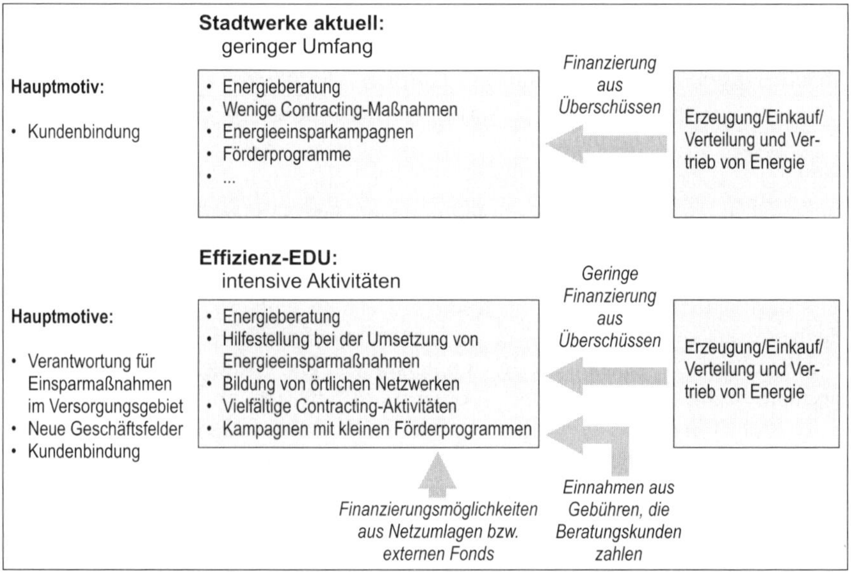


Quelle: In Anlehnung an Schulz, W. 2008, S. 25

## 4.3 Perspektiven der Stadtwerke

Seit mehr als einem Jahrzehnt ist nun die Elektrizitätswirtschaft in Deutschland und Europa durch zwei Trends gekennzeichnet: Einerseits durch die *Liberalisierung* des Strommarkts und der politisch gewollten, praktisch aber unterlaufenen Einführung von Wettbewerb; und andererseits durch die zunehmende Bedeutung des *Klima-* und *Ressourcenschutzes* im Sinne einer nachhaltigen Entwicklung. Diese Prozesse haben im Laufe der letzten Jahre unterschiedliche Akzentuierungen erfahren. Dessen ungeachtet ist heute jedoch festzuhalten, dass die anfängliche Euphorie für Deregulierung und unbegrenzten Wettbewerb „inzwischen einer nüchternen und empirisch solideren Analyse der realen Marktergebnisse gewichen ist“ (Richter/Thomas 2009, S. 13). Auch die Auffassung, dass öffentlich geführte Unternehmen per se ineffizienter agieren als private Unternehmen, hat sich empirisch als nicht begründet erwiesen.

Rund ein Drittel der Stadtwerke weist heute aufgrund des 1998 in Folge der Liberalisierung einsetzenden Konzentrationsprozesses eine *Beteiligung* eines großen Energieversorgungsunternehmens auf – insbesondere durch die „Big-4“. Das externe Engagement der Stromgiganten schränkte in der Vergangenheit vielfach die *strategischen Optionen* der betroffenen Stadtwerke stark ein. Sowohl der Verkauf der *Thüga AG* (vgl. Kapitel 2) und die damit verbundene „Befreiung“ eines großen Teils der kommunalen Stadtwerke von übergeordneten Unternehmenszielstellungen der großen EVUs, als auch eine Minderung oder Beseitigung nach wie vor gegebener *Restriktionen beim Netzzugang* könnten in Verbindung mit den zuvor skizzierten Veränderungen die Grundlagen und Bezugspunkte in der Elektrizitätswirtschaft verändern.

Angesichts der erst spät begonnenen Aktivitäten der „Big-4“ im Bereich des *Klima-* und *Ressourcenschutzes* – erst 2007 wurden entsprechende Gesellschaften gegründet und die ökologischen Herausforderungen strategisch angegangen – wird öffentlich nicht nur in Expertenkreisen zunehmend thematisiert, ob und inwieweit *private Kapitalverwertung und Gewinnmaximierung* rechtzeitig und genügend Anreize für einen verantwortlichen und zukunftsgerichteten Umgang mit Menschen (Arbeitsplätzen), Ressourcen und der Umwelt gewährleisten (vgl. Richter/Thomas 2009, S. 13). Die systematische Oligopolbildung und Vermachtung der Märkte hat technologisch und klimapolitisch zweckmäßige Entwicklungen zumindest in den vergangenen Jahren behindert. Schlagwörter wie „Liberalisierung“ und „Deregulierung“, mit denen immer wieder die *„Entgesellschaftung“* („Privatisierung“) der Daseinsvorsorge in unzulässiger Weise mit der Wettbewerbsorientierung verknüpft wurden, stehen daher heute zu Recht auf dem Prüfstand (vgl. ebd.). Angesichts der im letzten Jahrzehnt mit den Oligopolen gemachten Erfahrungen, überrascht es nicht, dass Stadtwerke im Meinungsbild der deutschen Öffentlichkeit wesentlich besser abschneiden.

In Anbetracht der klimapolitischen Zielsetzungen des *EU-Rates* und der *Bundesregierung* werden Städte, Gemeinden und ihre Stadtwerke als „Motor für eine Energiewende“ identifiziert (vgl. Q17). Laut Berlo sind dabei kommunale EVUs die „Schlüsselakteure“ für eine umweltfreundliche und verbrauchernahe Energieversorgung unter dem Credo „effizient, dezentral und regenerativ“ (vgl. Berlo 2008). Schließlich verfügen die Stadtwerke bei der Umsetzung energie- und klimapolitischer Ziele über eine Reihe *technischer* und *wirtschaftlicher* komparativer Vorteile. Lokale und regionale Klimaschutzkonzepte erlauben einen wesentlich besseren integrierten Energie- und Umweltschutz als viele überregionale

Ansätze. Kommunal verankerte Unternehmen können folglich die richtigen Antworten in Hinsicht Energieeinsparung, Effizienzsteigerung und Nutzung Erneuerbarer Energien geben und Wachstumsmöglichkeiten in lokalen und regionalen Märkten erschließen. Oder wie es im Geschäftsbericht eines 8KU-Versorgers heißt: „In der wirtschaftlichen Erschließung dieser Marktpotenziale liegen Zukunftschancen für Umwelt, Verbraucher und Unternehmen." (Q108, S. 1) Durch eine *Verlängerung der Wertschöpfungskette* bieten sich für Stadtwerke vielfältige Ansatzpunkte für (neue) wirtschaftliche Aktivitäten. Diese Geschäftsfelder bergen das Potenzial, die wirtschaftliche Tragfähigkeit der kommunalen Unternehmen trotz Reduzierungen der Netzgebühren zu verbessern (vgl. Altrock 2007).

Letztendlich dürfte bereits im nächsten Jahrzehnt bei einer Vielzahl der Energieversorger der Übergang vom Stadtwerk als Energielieferant zum *Anbieter von Energiedienstleistungen (EDU)* bewerkstelligt werden. Dies erhoffte man sich aber auch schon gegen Ende der 1980er Jahre (vgl. Spitzley 1989; Hennicke 1986, 1987; Bohnenkamp et al. 1990, S. 14ff.). Bei diesem Prozess muss der Ausbau der *Erneuerbaren Energien* endlich vorangetrieben und eine verstärkte Stromerzeugung in *Kraft-Wärme-Kopplungsanlagen* stattfinden. Außerdem sind die hohen und möglichen *Einsparpotenziale* im Strom- und Wärmebereich zu erschließen. Die Nah- und Fernwärmeversorgung wird sich insbesondere in dicht besiedelten Regionen dadurch grundlegend ändern. Der unternehmensindividuell zu gestaltende Ausbau diesbezüglicher wirtschaftlicher Aktivitäten wird gleichzeitig zu einer weiteren *Ausdifferenzierung der Stadtwerke-Landschaft* führen. Die Vielzahl der möglichen Geschäftsschwerpunkte zwingt dabei zu Spezialisierungen. Nicht jedes kommunale Unternehmen hat hier gleiche Voraussetzungen und Umfeldbedingungen; insbesondere in *qualifikatorischer* und *finanzieller* Hinsicht.

Das „Stadtwerk der Zukunft" könnte – bei aller Ausdifferenzierung im konkreten Fall – die folgenden Charakteristika aufweisen (vgl. Thesen zur Zukunft der Stadtwerke: Masi et al. 2008, S. 89):

- Die Mehrzahl der Stadtwerke wird trotz Anreizregulierung Netzeigentümer bleiben. Der Netzbetrieb wird auch in absehbarer Zeit für die meisten kommunalen Unternehmen das Kerngeschäft im Bereich Elektrizität darstellen.
- Zur Verringerung der Abhängigkeiten wird Eigenerzeugung an Bedeutung gewinnen. Einerseits wird es zu einem verstärkten Aufbau und Betrieb dezentraler und klimaschonender Stromerzeugungsanlagen kommen. Andererseits bieten sich Beteiligungen in Form von „Kraftwerksscheiben" bei größeren zentralen Anlagen an.
- Stadtwerke ohne eigene Kraftwerke werden Netzkooperationen zur Stärkung ihrer Strom-Beschaffungssteuerung eingehen müssen.

- Das Ausmaß der horizontalen Kooperationen dürfte insgesamt zunehmen. Gerade in Marketing und Vertrieb werden Stadtwerke verstärkt zusammenarbeiten, um außerhalb des eigenen Netzgebiets zu wachsen.
- In so genannten „Shared-Service-Gesellschaften“ für Messung, Abrechnung und Informationstechnologien werden die kommunalen Energieversorgungsbetriebe ebenfalls intensiver zusammenarbeiten bzw. externe Dienstleister in Anspruch nehmen, um Kosten zu sparen.
- Auch zukünftig ist zu erwarten, dass Bereiche, die unter Kostendruck stehen, ausgelagert oder in Kooperation betrieben werden. Speziell Umsetzungsfunktionen werden verstärkt zur Disposition gestellt werden und nur noch dort wahrgenommen, wo es der Geschäftserfolg erfordert. Neue Formen der Zusammenarbeit zwischen Stadtwerken entstehen überall dort, wo Kompetenzaufbau sowie spezialisierte Dienstleistungsfunktionen dieses erfordern.
- Die Stadtwerke werden sich von Energieversorgungsunternehmen (EVU) in Energiedienstleistungsunternehmen (EDU) umwandeln müssen. Das Angebotsportfolio der kommunalen Energieversorger und deren Strukturen zur Leistungserbringung werden sich folglich bis zum Jahre 2020 nochmals deutlich verändern und sich von den heutigen Grundformen unterscheiden.
- Anreizregulierung, Wettbewerb und klimapolitische Zielsetzungen werden eine weitere Modernisierung der Energieversorger und neue strategische Ausrichtungen bzw. Schwerpunktlegungen erzwingen.[20] Die Wertschöpfungsstruktur der Stadtwerke wird sich im Allgemeinen in Breite und Tiefe im Jahre 2020 deutlich von der aktuellen unterscheiden, gleichwohl aber von Unternehmen zu Unternehmen variieren.

  „Die Erfolg versprechende Einheitsstrategie wird es künftig nicht (mehr) geben. Es wird einzelne Strategiemodule geben, die als zukunftsrobust einzustufen sind, d.h. für alle wahrscheinlichen Zukunftsentwicklungen gleichermaßen geeignet, insbesondere im Netz- und im Vertriebsbereich. Andere Strategiebausteine hängen in hohem Maße vom jeweiligen Marktszenario ab, z.B. Erzeugungs- und Handelsstrategien.“ (Wübbels 2007, S. 244)

- Mit den strategischen Neuausrichtungen und internen Restrukturierungen wird eine nochmalige, gravierende *Veränderung der Unternehmenskulturen* und *Qualifikationsstrukturen* einhergehen, bei denen es in vielerlei Hinsicht darauf ankommen wird, die *Belegschaft* rechtzeitig und umfassend „mitzunehmen“. Bei immer komplexer werdenden Zusammenhängen und Anforderungen in der Energieversorgung werden neue, kooperative Führungssys-

---

20 Salvatore de Masi (Trianel), Torsten Zipperling (Direktor Stadtwerke Elmshorn), Mathias Thieme und Christof Schorsch (LBD Beratungsgesellschaft) sprechen von einer „nachholenden“ Modernisierung (vgl. Masi et al. 2008, S. 8).

teme und -stile mehr denn je gefragt sein. Dieses impliziert einen weiteren Bruch mit der Vergangenheit, da Stadtwerke im Allgemeinen vor einigen Jahrzehnten aus Verwaltungen hervorgegangen sind. Bis zu Beginn der Liberalisierung hatten sich die alten hierarchischen Führungsstrukturen aus der Administration erhalten. Das neue Marktumfeld sowie die Änderungen in den Unternehmensstrukturen sowie Arbeitsorganisationen haben im letzten Jahrzehnt diesbezüglich bereits zu vielfältigen Änderungen geführt (vgl. Attig 2007).

- Angesichts dieser Rahmenbedingungen wird die Unternehmenskultur nicht nur einem weiteren Wandel unterzogen. Sie wird in nächster Zeit auch einen wesentlichen Wettbewerbsfaktor darstellen. Sowohl bei Kooperationen als auch bei der Erschließung neuer Geschäftsfelder sind neue Führungs- und Steuerungssysteme sowie partizipative Strukturen nötig. Wie die empirischen Ergebnisse der Befragungen zeigen (vgl. Kapitel 3), liegen zu den einzelnen Elementen einer entsprechenden Unternehmenskultur bei allen Unzulänglichkeiten positive Ansätze durchaus vor. Um allerdings auch zukünftig den Unternehmenserfolg zu garantieren, sind weitere Anstrengungen unumgänglich. Durch eine verbesserte Unternehmenskultur könnten hier die Stadtwerke zur „Behauptung im Wettbewerb" gegen die „Big-4" noch beträchtlich Boden gut machen. Die Umsetzungen der realiter gegebenen Herausforderungen stellen aber ebenso auch deutlich höhere Anforderungen an das *Management* und die *Führungskräfte,* als die vergleichsweise stabilen Strukturen im Rahmen der ehemaligen Gebietsmonopole. Auch hier sind in den Stadtwerken sicher noch Verbesserungspotenziale vorhanden. All diese Maßnahmen sind jedoch nur betriebsindividuell auf die jeweilige Strategie hin zu entwickeln.
- Allgemein lässt sich festhalten, dass bei der Formulierung der zukünftigen Ausrichtung der EVUs und der Implementierung einer entsprechenden Unternehmenskultur alle betrieblichen Gruppen einzubeziehen sind. Angesichts der Umbrüche werden noch mehr Anstrengungen als in der Vergangenheit notwendig sein, damit neben den *Shareholdern* auch alle *Stakeholdergruppen* (Beschäftigte, Zulieferer, Kunden) an einem Strang ziehen. Vor allem müssen die *Beschäftigten* gezielt beteiligt werden, auch um zu gewährleisten, dass die Umsetzung schnell und reibungslos gelingt. Für die neuen Anforderungen werden allerdings nicht immer die nötigen, qualifizierten Mitarbeiter an Bord sein. Deshalb ist trotz Wirtschaftskrise absehbar, dass es zu einem Wettbewerb um die „besten Köpfe" kommen wird (vgl. Attig 2007).

„Professionelle Strategieentwicklungsprozesse – gestützt auf ein breites Instrumentarium an Planungs- und Steuerungsmethoden – werden in allen Unternehmen künftig verstärkt zum Handwerkszeug erfolgreicher Unternehmensführung

> gehören. Ständiger Wandel wird zur konstanten Größe – Change Management als permanenter Prozess, um den überlebensnotwendigen Blick für den Markt zu behalten. Den Beschäftigten wird dabei viel *Veränderungsbereitschaft* abverlangt werden. Sie müssen sich neues Wissen und fachliche Qualifikationen aneignen. Hierzu bedarf es einer systematischen Personalentwicklung auf allen Führungs- und Mitarbeiterebenen mit dem Ziel einer Überprüfung von traditionellen Strukturen und Denkschemen sowie der Förderung von mehr Eigeninitiative für den gesamtunternehmerischen Kontext." (Wübbels 2007, S. 245)

Auch unter diesen Gesichtspunkten wird eine demokratisch-partizipative Unternehmenskultur wettbewerbliche Vorteile generieren.

Zwar gibt es *Unsicherheiten* im zukünftigen *Energie- und Investitionspfad;* zudem sind weiterhin nicht alle rechtlichen und *politischen Rahmenbedingungen* stimmig. Die verabschiedeten Gesetze im Rahmen des „Integrierten Energie- und Klimapakets" der Bundesregierung bieten dennoch viele Chancen für Stadtwerke. Die dezentral aufgestellten Unternehmen müssen hier ihre Vorteile wahrnehmen und sich auf dem weiter wandelnden Energiemarkt entsprechend positionieren.

# 5. Zusammenfassung und Schlussfolgerungen

## 5.1 Neues Paradigma an den Elektrizitätsmärkten

Die Elektrizitätswirtschaft zählt zu den Schlüsselbranchen einer jeden Volkswirtschaft. Sie galt lange Zeit als zu wichtig, um sie den viel beschworenen Selbstregulierungskräften des Markts anzuvertrauen. Hinzu kam, dass die effiziente Größe von Kraftwerken zunächst so groß war, dass ein ernsthafter Wettbewerb ohnehin nicht zustande kommen konnte. Vor diesem Hintergrund wurde die Strombranche zunächst als „natürliches Monopol" ausgesteuert und staatlich reguliert.

Mit dem technologischen Fortschritt verringerte sich seit den 1970er Jahren jedoch die Größe wirtschaftlich operierender Kraftwerke. Angesichts der Option zur effizienten dezentralen Stromerzeugung mit kleineren Anlagen fiel so zumindest im Erzeugungsbereich die Notwendigkeit weg, auf den Markt zu verzichten (während den Netzen nach wie vor der Charakter eines „natürlichen Monopols" zugestanden wird). Zugleich entwickelte sich in Politik und ökonomischer Wissenschaft ein *neoliberaler Mainstream*, der allgemein in Wettbewerb und Märkten ein Allheilmittel sah, um u.a. auch in bislang abgeschotteten Branchen Effizienzreserven zu bergen.

Hierzulande machte sich in dieser Hinsicht insbesondere die EU-Kommission als treibende Kraft einer Liberalisierung bemerkbar (vgl. Kapitel 1). Sie fühlte sich verpflichtet, die Grundfreiheiten eines möglichst EU-weit geöffneten Markts auch in die Elektrizitätsversorgung einzubringen. Mit der *EU-Binnenmarktrichtlinie von 1996* standen so die Liberalisierung und die Deregulierung unwiderruflich auf der Tagesordnung der europäischen und der deutschen Energiepolitik. Ihren unmittelbaren Niederschlag erfuhr diese Richtlinie in Deutschland in der Öffnung der Märkte durch die Novelle des seit 1935 gültigen *Energiewirtschaftsgesetzes* im Jahr 1998.

Anfangs galt dabei auf europäischer und deutscher Ebene das Hauptaugenmerk den Aspekten der *Wirtschaftlichkeit* und der *Sicherheit der Energieversorgung*. Die EU-Kommission war überzeugt, mit ihrer Initiative ersteres zu fördern, ohne letzteres zu gefährden. Im Laufe der Jahre gewann zudem der Gesichtspunkt der *Nachhaltigkeit und Klimavorsorge* eine eigenständige, immer größere Bedeutung. Letztlich wurde damit die Energiewirtschaft nach der Liberalisierung in ein Zieldreieck eingebettet.

Angesichts mangelnder Erfahrungen und zahlreicher Vorbehalte gegen eine Liberalisierung des Strommarkts ließ die Binnenmarktrichtlinie den Ländern in der Umsetzung des Öffnungsprozesses zunächst großen Spielraum. In Deutschland nutzte die Politik diese Freiräume, um einen *einzigartigen Sonderweg* einzuschlagen. Die sofortige Liberalisierung der Märkte flankierten die Entscheidungsträger mit einem Verzicht auf eine staatliche Regulierungsbehörde. Stattdessen sollten sich die Akteure – übrigens unter Ausschluss der privaten Haushalte – in Verbändevereinbarungen ihre Spielregeln selbst setzen.

## 5.2 Auswirkungen am Elektrizitätsmarkt

Die Ergebnisse dieser Politik waren ernüchternd (vgl. Kapitel 2). Einerseits wurden zwar wie beabsichtigt *immense Produktivitätsreserven* geborgen. Zwischen 1998 und 2006 (dem derzeit aktuellsten Jahr in der Datenerhebung des Statistischen Bundesamtes) legte die Arbeitsproduktivität in der Branche um 62,5% zu. Diese Entwicklung ging einher mit einem massiven *Rückgang der Beschäftigung,* teils durch Outsourcen, teils durch einen Stellenabbau, der zumeist ohne betriebsbedingte Kündigungen stattfand. Der Personalrückgang setzte in Antizipation der Marktöffnung zum Teil schon vor 1998 ein. Zwischen 1992 und 2006 nahm die Zahl der Beschäftigten um über 80.000 ab. Fast drei von zehn Arbeitsplätzen gingen so verloren. Im Zeitraum ab 1998 waren davon rund 44.000 Stellen betroffen. Gleichzeitig wurden in der Branche immer mehr Werte geschaffen. Die *Wertschöpfung* legte zwischen 1998 und 2006 um fast 33% zu. Immer weniger Beschäftigte mussten also immer mehr Leistungen erbringen. Methodisch ist zwar an dieser Stelle zu bedenken, dass sich in diesen Daten nicht nur die Liberalisierung sondern auch die Verarbeitung der deutschen Wiedervereinigung und in Verbindung damit die Beseitigung massiver Ineffizienzen in der ostdeutschen Stromwirtschaft niedergeschlagen haben. Aber auch dieser Verarbeitungsprozess fand letztlich unter den Vorzeichen liberalisierter Märkte statt.

Andererseits wurden die Effizienzgewinne aber nicht – und dieser Befund ist nun gänzlich unabhängig von der Wiedervereinigung – in die Gesamtwirtschaft weitergereicht. In den ersten beiden Jahren nach der Marktöffnung kam es nur kurzfristig zu allerdings beachtlichen Nachlässen in den Erzeugerpreisen, aus denen die staatlich verursachten Teuerungsimpulse (wie die Ökosteuer) bereits herausgefiltert sind. Seitdem kennen die *Erzeugerpreise* nur einen Trend; und der geht nach oben. Infolgedessen haben sich die Entgelte seit der Liberalisierung von 1998 bis 2007 für Industriekunden lediglich um 3% und für Haushaltskunden nur um 4,5% verringert; und das bei einem Produktivitätszuwachs, der sich – fortgeschrieben bis 2007 – auf über 70% beläuft.

Sicherlich wird die Erzeugerpreisentwicklung dabei auch beeinflusst durch die Preisschwankungen der zugeführten Primärenergie. Dies war aber nicht die Hauptursache für die Preisrigiditäten. Ausschlaggebend war, dass sich der *Wettbewerbsdruck* als tragendes Element einer funktionierenden Marktwirtschaft *als flüchtig* erwies. Dabei sind die Elektrizitätsversorgungsunternehmen (EVU) offenbar zweigleisig gefahren. Zum einen haben sie die drohende Konkurrenz oftmals schon im Vorfeld der bevorstehenden Marktöffnung intern zur Rationalisierung instrumentalisiert. Zum anderen haben sie – ausgehend von durch die vorherigen Gebietskartelle bereits stark vermachteten Strukturen – auf der Absatzseite dafür gesorgt, den Wettbewerb möglichst schnell wieder auszuhebeln. Aus den ehemals neun Regionalversorgern wurden so über Fusionen schnell die *„Big-4"* (E.ON, RWE, Vattenfall und EnBW). Über ihre direkten oder indirekten Beteiligungen bei den Stadtwerken kontrollierten sie alsbald den Markt. Aber selbst unter den „Big-4" sind die Kräfteverhältnisse nicht ausgewogen. E.ON und RWE wurde unter Berücksichtigung ihrer Stadtwerke-Verflechtungen mittlerweile höchstrichterlich der Status eines „marktbeherrschenden" *Dyopols* attestiert.

Dabei festigten die vier Stromgiganten ihre Marktmacht gleich auf mehreren Wegen:

- Erstens dominierten diese Unternehmen den Markt allein schon aufgrund ihrer eigenen *Größe.* Die *Stadtwerkebeteiligungen* akzentuierten dies nur noch.
- Zweitens konzentrierte sich in der Hand dieser Unternehmen der größte Teil der *Erzeugungskapazitäten.*
- Drittens gibt es Indizien, dass sie ihre Größe nutzten, um den *Stromhandel* über die Börse zu ihren Gunsten zu manipulieren.
- Viertens setzten sie ihre in der Regel *Minderheiten-Beteiligungen* an den Stadtwerken so ein, dass diese ihnen selbst nicht ins Gehege kamen.
- Fünftens konnten die vier großen EVUs aufgrund der *vertikalen Integration der Wertschöpfungsbereiche* ihre Hoheit über die *Netze* durch entsprechend hohe Durchleitungsgebühren zur Abschirmung vor neuen Konkurrenten ausschlachten. Dies galt umso mehr, als die europäische Konkurrenz durch Engpässe an den Kuppelstellen in Deutschland keine nennenswerte Rolle spielte.
- Sechstens stärkten sie ihre Position durch eine *unaufhaltsame Eigendynamik:* In dem Maße, in dem die „Big-4" den Markt immer stärker beherrschten, nahmen durch überhöhte Preise – verglichen mit den Produktivitätsfortschritten – ihre Gewinne zu. Diese setzten sie strategisch ein, um sich nicht nur national sondern durch *Internationalisierung* auch auf europäischer/internationaler Ebene noch unangreifbarer zu machen.

Die unregulierte Öffnung der Märkte führte so zur *asymmetrischen Verarbeitung* der Liberalisierung: *nach innen* diente die Drohung mit Wettbewerb den Unternehmensleitungen als Rechtfertigung für Rationalisierung, *nach außen* wurde der Wettbewerb *auf der Absatzseite* (und sicherlich auch Zuliefererseite) unterbunden und damit den Stromkunden der Produktivitätsfortschritt vorenthalten. Aus dem *Verteilungskampf* zwischen den EVUs und den Abnehmern gingen die Nachfrager als Verlierer hervor. Mit Blick auf das Ziel der wirtschaftlichen Wettbewerbsfähigkeit in der Stromversorgung war damit die Politik kläglich gescheitert.

Die *verhängnisvolle Mischung* aus *sofortiger Liberalisierung bei gleichzeitiger Deregulierung* bzw. staatlicher Zurückhaltung erwies sich im Nachhinein als überaus blauäugig. Schlimmer noch: Angesichts der Ausgangsstrukturen an den Märkten hätte die Entwicklung eigentlich vorhergesehen werden müssen. Wer bereits *monopolisierte,* bis dahin aber wenigstens *staatlich regulierte Märkte* öffnet und dann aus ideologischer Überzeugung den *Staat* im Stile eines großzügigen Laisser-faire aus der Regulierung zurückzieht und wer darüber hinaus auf ein vielfach zu nachgiebiges, um die Möglichkeit der nachträglichen Machtauflösung weitgehend beraubtes Wettbewerbsrecht vertrauen muss, darf sich am Ende nicht wundern, wenn der Wettbewerb als Selbstregulativ einer marktwirtschaftlichen Ordnung versagt.

Diese Erkenntnis ist eigentlich nicht neu. Sie war in den 1920er Jahren ein zentrales, in der aktuellen Ausprägung des *Neoliberalismus* aber offensichtlich vernachlässigtes Element des vielfach beschworenen deutschen Ordoliberalismus: Es bedarf eben nicht nur konstituierender Prinzipien zur Schaffung von Wettbewerb (und bereits hier startete man in der Elektrizitätswirtschaft mit ungeeigneten Kräfteverhältnissen) sondern auch regulierender Prinzipien mit einem ordnungspolitisch starken Staat. Nur so kann der Wettbewerb, wenn er denn einmal in Gang gekommen ist, überhaupt gewahrt werden, weil die Unternehmen dazu neigen, diesen aufzuheben. Liberalisierung braucht demnach klare, staatlich definierte Spielregeln! *Liberalisierung braucht Regulierung!* Und dies gilt umso mehr, je wichtiger das produzierte Gut in seiner Bedeutung für die Gesamtwirtschaft ist und je verkrusteter die Ausgangsstrukturen vor einer Marktöffnung sind. Mit anderen Worten: Die Ergänzungsnotwendigkeit der Liberalisierung um eine Regulierung gilt insbesondere für die Elektrizitätswirtschaft! In dem Sinne ist Regulierung auch nicht gleichbedeutend mit überflüssiger, lähmender Bürokratie, sondern eine notwendige, wenngleich noch nicht hinreichende Voraussetzung für einen halbwegs funktionierenden Markt.

Spät, genau genommen viel zu spät, hat die Politik auf nationaler und europäischer Ebene reagiert. Ausgehend von den bis dahin vorliegenden, auch für sie selbst enttäuschenden Erfahrungen mit der Strommarktliberalisierung in der EU brachte zunächst die EU-Kommission im Jahr 2003 die *Beschleunigungsrichtlinie* für Strom auf den Weg, um den Wettbewerb zu beleben. Mit Blick auf die vertikale Integration von Wertschöpfungsprozessen in den EVUs wurde seitdem eine schärfere Trennung vorgesehen und nur noch ein gesellschafts- oder eigentumsrechtliches Unbundling zugelassen. Ferner wurde die Schaffung einer Regulierungsbehörde ebenso verbindlich vorgeschrieben wie ein regulierter statt eines verhandelten Netzzugangs. Der *deutsche Sonderweg* wurde so schonungslos *„abgewatscht“*.

Auf dieser Basis *regulierte* die Bundesregierung in Deutschland mit der zweiten Novelle des *Energiewirtschaftsgesetzes von 2005* und mit den damit verbundenen Begleitverordnungen *die Branche nach.* Dabei wurden insbesondere

- der Zuständigkeitsbereich der *Bundesnetzagentur* auf die Elektrizitätswirtschaft ausgedehnt,
- die Gestaltung der Netzentgelte reguliert,
- das *Unbundling* in Form einer gesellschaftsrechtlichen Entflechtung forciert,
- der *Anbieterwechsel* für Haushaltskunden erleichtert,
- der *diskriminierungsfreie Anschluss* neuer Kraftwerke ans Netz garantiert und beschleunigt
- sowie die Anwendung des *Missbrauchstatbestands* auf die Energiewirtschaft durch eine allerdings befristete und vielfach als halbherzig empfundene Änderung des Gesetzes gegen Wettbewerbsbeschränkungen (GWB) verschärft.

Das Anziehen der Zügel verändert die Rahmenbedingungen erheblich. Zum einen erfolgt mittlerweile eine *Dichotomisierung* zwischen den weiterhin über den Markt ausgesteuerten Bereichen Erzeugung, Handel und Vertrieb und dem explizit als „natürliches Monopol" behandelten und nun entsprechend regulierten Bereich des Stromtransports bzw. der -verteilung. Dabei sehen sich die Netzbetreiber nach einer Phase der Kostenregulierung seit Anfang des Jahres der so genannten *Anreizregulierung* ausgesetzt. Bereits die *Kostenregulierung* hatte ihnen Kürzungen der beantragten Entgelte um zunächst durchschnittlich 13%, dann nochmals um 5% auferlegt und damit erheblichen Rationalisierungsdruck aufgebaut. Die neue *Anreizregulierung* soll den Druck aufrechterhalten und je nach Wirtschaftlichkeit des Betreibers nochmals verschärfen. Alle Unternehmen müssen – wollen sie keine Gewinneinbußen erleiden – jährlich eine vorgegebene Produktivitätssteigerung von 1,25% in den ersten fünf Jahren bzw. 1,5% in den nachfolgenden fünf Jahren erreichen. Darüber hinaus müssen Unternehmen innerhalb von zehn Jahren im Benchmarkvergleich mit der Konkurrenz festgestellte Ineffizienzen komplett abbauen.

Zum anderen sehen sich die Unternehmen – hiervon losgelöst – auch *insgesamt eingeschränkten Handlungsspielräumen* ausgesetzt. So hat sich das *öffentliche Meinungsklima* gewandelt. Spätestens seit der betriebswirtschaftlich nachvollziehbaren, primär von der Politik durch Dilettantismus verpfuschten, aber dennoch skandalösen Einpreisung kostenlos zugeteilter $CO_2$-Zertifikate, stehen die großen Energiekonzerne in der Öffentlichkeit *am Pranger* und sind bei *wachsender Wechselbereitschaft* ihrer Kunden einer besonderen Aufmerksamkeit ausgesetzt. Zudem haben die nationalen und europäischen *Kartellbehörden* inzwischen in Verbindung mit den Gerichten einer weiteren Machtkonzentration durch die „Big-4" enge Grenzen eingezogen. Allerdings ist diese Grenzziehung auch zu relativieren:

- Erstens mahlten in Deutschland die Mühlen der Justiz dabei recht lange: Das Eschwege-Urteil des BGH, wonach E.ON die Verbindung mit den Stadtwerken Eschwege aufgrund der Marktmacht endgültig untersagt wurde, kam Ende November 2008 und damit erst fünf Jahre nach der gleich lautenden Entscheidung des Bundeskartellamts zustande.
- Zweitens waren die Eingriffsschwellen des rechtlichen Einschreitens nach dem GWB offenbar recht großzügig bemessen. Denn erst jetzt, wo die Marktstrukturen bereits vollkommen in Richtung einer Vermachtung verkrustet sind, beginnen die Einschränkungen zu greifen.
- Drittens geben die Gesetze – abgesehen von einer nur schwer zu praktizierenden und umstrittenen Enteignung – nur wenige Möglichkeiten her, die Strukturen nachträglich noch einmal aufzubrechen. Die Idee der Monopolkommission, die vorhandene Macht wenigstens durch ein Moratorium beim Kraftwerksbau durch die „Big-4“ abzubauen, offenbart eigentlich nur die Hilflosigkeit in dieser Hinsicht.
- Viertens hat die Politik im Zusammenhang mit der Ministererlaubnis bei der Fusion von E.ON und Ruhrgas selbst einen Anteil bei der Markt-Konzentration gespielt.
- Fünftens verfestigt eine Verlängerung der AKW-Laufzeiten die oligopolistischen Erzeugungsstrukturen, solange die Verlängerung nicht an einen Verkauf von Produktionskapazitäten der „Big-4“ an die Konkurrenten geknüpft wird.

Trotz dieser Relativierung gibt es aber *erste Anzeichen,* dass all die Maßnahmen nun auch mit Blick auf den *Wettbewerb Wirkung* zeigen:

- Die *Netzentgelte* wurden bereits massiv gestutzt, weitere Kürzungen sind vorgezeichnet. Dies entlastet direkt den Strompreis, erleichtert über fairere Entgelte aber auch den Wettbewerb um die Kunden durch netzfremde Anbieter.
- Nicht nur die Industriekunden, sondern auch die Haushaltskunden zeichnen sich bei der Suche nach dem Stromanbieter durch eine *höhere Sensibilität* mit Blick auf die *Preise,* aber auch mit Blick auf die Art der *Stromerzeugung* und die *gesellschaftspolitische Einbindung* der Anbieter aus. So beklagt E.ON allein im Jahr 2007 den Verlust von einer halben Millionen Kunden und führt dies explizit auf den durch niedrigere Netzentgelte forcierten Wettbewerb zurück. Auch bei RWE blickt man im Zuge von Strompreiserhöhungen auf eine Abwanderung von 200.000 Stromabnehmern im ersten Halbjahr 2008 zurück. Bei Vattenfall bewirkten die Störfälle in den Atomkraftwerken Krümmel und Brunsbüttel den Verlust von 100.000 Kunden in nur vier Monaten.

- Die „Big-4" reagieren auf die veränderten Rahmenbedingungen durch das Auflegen von *Sondertarifen* und das Gründen von *Billigstromanbietern.* Vattenfall, als drittgrößter Anbieter, kündigte dabei im Geschäftsbericht 2006 an, sich für den Einstieg in den bundesweiten Wettbewerb um den Markt „vorzubereiten". Der tatsächliche Markteintritt erfolgte zwar erst in 2008. Dennoch verdeutlicht der Schritt ein Umdenken, bei dem nun nicht mehr nur die Sicherung des angestammten Absatzmarkts, sondern eben auch das Werben um die Kunden der Konkurrenz an Bedeutung gewinnt.
- *E.ON* hat sich in einem *Kartellverfahren* angesichts drohender Strafzahlungen auf einen Vergleich mit der EU-Kommission einlassen müssen, wonach sich das Unternehmen von seinem *Hochspannungsnetz* und etwa einem *Fünftel seiner Kraftwerkskapazitäten* zu trennen hat. Das Abarbeiten der Auflagen ist bereits weit vorangeschritten. In Reaktion auf den politischen Druck hat das Unternehmen auch den Verkauf seines Beteiligungskonsortiums *Thüga* eingeleitet. *Vattenfall* plant ebenfalls einen Verkauf seines Netzes und erwägt, sich von Minderheitenbeteiligungen an Kommunalversorgern zu trennen. Bei diesen Trennungsvorhaben mag auch eine Rolle spielen, dass die Renditen der Beteiligungen für die Großkonzerne durch die Restriktionen im Netzbetrieb nicht mehr interessant genug sind und dass die Bedeutung des strategischen Einflusses auf die Stadtwerkepolitik nicht mehr als so hoch eingeschätzt wird.
- Die in der 8KU-Gruppe vertretenen großen Stadtwerke bündeln zunehmend ihre Kräfte und formieren sich so zu einer Gegenmacht zu den „Big-4". Auch die Trianel-Stadtwerke-Gruppe versucht, sich durch den Aufbau eines Netzwerks zu behaupten. Dabei wird den Stadtwerken immer bewusster, wie wichtig es im Wettbewerb ist, mit eigenen Kraftwerkskapazitäten bzw. „Kraftwerksscheiben" präsent zu sein und so vom reinen (abhängigen) Verteiler zum Erzeuger aufzusteigen.

Hinzu kommt, dass die EU Kommission mit dem dritten Binnenmarktpaket nochmals nachgelegt hat. Zwar konnten sich – insbesondere nach dem Widerstand Deutschlands und Frankreichs – die Kommission und das Europaparlament mit ihrer ursprünglichen Forderung nicht durchsetzen, möglichst durch ein „Ownership Unbundling" die Stromerzeugung und den Netzbetrieb eigentumsrechtlich komplett zu entflechten. Dennoch wurde im „Dritten Weg" als Alternative zur eigentumsrechtlichen Trennung und dem ebenfalls erlaubten unabhängigen Netzbetreiber immerhin eine verschärfte gesellschaftsrechtliche Entflechtung sowie eine Stärkung der nationalen Regulierungsbehörden vereinbart.

Im Rahmen des energiepolitischen Zieldreiecks sollte aber durch bzw. trotz der Liberalisierung auch den Aspekten der *Versorgungssicherheit* sowie der *Nachhaltigkeit* und *Klimavorsorge* Rechnung getragen werden. Zur Wahrung der Versorgungssicherheit bedarf es rechtzeitig ausreichender *Investitionen.* Um auch den Umweltzielen zu entsprechen, reicht es aber nicht, die Kraftwerksleistungen nur quantitativ anzupassen, sondern sie müssen in ihrer Zusammensetzung auch qualitativ das Erreichen der ökologischen Vorgaben ermöglichen. Vorreiter bei der ökologischen Einbindung der Energiepolitik war die EU-Kommission. Auf ihre Initiative hin hat sich der EU-Rat zur *20/20/20-Zielsetzung* bis zum Jahr 2020 verpflichtet. Demnach soll der Anteil *erneuerbarer Energien* innerhalb der EU auf 20% des Primärenergieverbrauchs erhöht, eine 20-prozentige *Verringerung des Primärenergieverbrauchs* gegenüber den Projektionen bis 2020 erreicht und zur Umsetzung des Kyoto-Protokolls die *Emission von Treibhausgasen* bis 2020 gegenüber 1990 um mindestens 20% verringert werden. Konkretisiert wurden diese Vorgaben durch das *„grüne Paket"* der EU-Kommission aus dem Jahr 2008. Zentrale Bausteine sind darin der bereits seit 2005 praktizierte *Emissionshandel,* sowie *nationale Zielvorgaben* für die erneuerbaren Energien und eine verstärkte technologische Förderung der $CO_2$-Abscheidung und -speicherung. Im *Integrierten Energie- und Klimaprogramm (IEKP)* hat die Bundesregierung, die bis 2020 sogar eine Reduktion der $CO_2$-Emissionen von 40% anstrebt, diese Initiativen aufgegriffen und mit Blick auf die Elektrizitätswirtschaft u.a. folgende weitere Zielsetzungen definiert:

- Der Anteil *Erneuerbarer Energien (EE)* in der Stromerzeugung soll (von 12% in 2006) auf 25% bis 30% erhöht werden.
- Der Anteil von Strom aus *Kraft-Wärme-Kopplung (KWK)* soll bis 2020 auf 25% verdoppelt werden.
- Im Vergleich zu 1990 soll bis 2020 die *Energieeffizienz* um 100% gesteigert werden.

Um diese Ziele in der Stromerzeugung zu verankern, bedient sich die Bundesregierung zum einen einer *Abnahmeverpflichtung* durch die Übertragungsnetzbetreiber mit *Einspeisevorrang* von Strom aus EE und KWK und zeitlich gestaffelter fester *Einspeisevergütungen.*

Die Umsetzung der Investitionsentscheidungen obliegt aber den EVUs. Dabei gilt es allein vom Umfang her, einen *erheblichen Investitionsbedarf* zu sättigen. Angesichts des bisher geplanten gleitenden Ausstiegs aus der Atomkraft bis spätestens 2023 und der allmählichen Veralterung des Kraftwerksbestands wären bis 2020 nach Einschätzung der „Leitstudie 2008" des Bundesumweltministeriums Bruttoinvestitionen in einem Umfang durchzuführen, der sich auf rund 70% der derzeit vorhandenen Leistungskapazitäten beläuft. Ohne fossile Energieträger wird Deutschland dabei auch nach Auffassung des Umweltministeriums nicht auskommen. Der erforderliche Zubau wird hier auf knapp 30 GW taxiert. Bei den regenerativen Energien ist laut Leitstudie ein Zubau an installierter Leistung von etwa 50 GW erforderlich, wobei dieser Ausbau schwerpunktmäßig durch eine Verdoppelung der Erzeugungskapazitäten in der Windenergie getragen werden soll. Die nach dem Regierungswechsel anstehende Laufzeitverlängerung der AKWs erweitert hierbei lediglich den zeitlichen Rahmen. Zur Durchführung der nötigen Investitionen sind sehr grob geschätzt Ausgaben von über 100 Mrd. EUR zu schultern.

Zwar haben sich die EVUs mit Blick auf ihre Investitionen in der Phase nach der Liberalisierung deutlich zurückgehalten. Dazu trugen im Wesentlichen ein Ausleben des zuvor schon eingeleiteten Investitionszyklus, aber auch ein Verschlanken des Sachkapitalbestands zur Steigerung der Wettbewerbsfähigkeit bei. Zudem nutzten die Unternehmen ihre Gewinne lieber zur *Ausschüttung,* zur *nationalen Konzentration* und zur *Internationalisierung.*

Dennoch zeigen die vorliegenden Gutachten bis auf eine methodisch umstrittene Studie der Deutschen Energie-Agentur (Dena), dass die *Versorgungssicherheit* auch zukünftig mit großer Wahrscheinlichkeit gewährleistet ist. Bei den konventionellen Kraftwerken sind umfangreiche Investitionsvorhaben angekündigt und bei den erneuerbaren Energien ist auch angesichts der angehobenen Fördersätze eine deutliche Wachstumsdynamik zu erkennen.

Allerdings dürfen die in den Untersuchungen derzeit noch als realistisch eingeschätzten Ausbau-Projektionen auch nicht als Selbstläufer angesehen werden. Dazu sind die *investiven Rahmenbedingungen* angesichts der Besonderheiten des Wirtschaftszweigs zu sensibel: Es gilt schließlich bei langer Vorlaufzeit, über kapitalintensive Objekte zu entscheiden, die sich irreversibel über Jahrzehnte in einem durch hohe Unsicherheiten geprägten Umfeld amortisieren müssen. Der mit der Liberalisierung verbundene *Paradigmenwechsel* von der *Stromversorgung* zum *kommerziellen Stromgeschäft* erschwert dabei den Aufbau ausreichender Kapazitäten erheblich. Im Regime regulierter Gebietsmonopole stand bei Investitionsbeginn noch die Versorgungssicherheit im Mittelpunkt. Durch den Gebietsschutz konnte die Stromnachfrage von den EVUs vergleichsweise zuverlässig geschätzt werden. Die Kosten einer Investition konnten unabhängig von ihrer Effizienz auf die Preise überwälzt werden, ohne dass die Abwanderung von Kunden befürchtet werden musste.

Nun aber orientieren sich die Investitionsentscheidungen – Versorgungssicherheit hin oder her – nach dem *Shareholder-value-Prinzip* an der erwarteten, über den Markt zu erwirtschaftenden *Rendite.* Nur wenn sie über der Zielverzinsung liegt, wird überhaupt investiert. Je größer das Risiko bei der Entscheidung ist, je unklarer sie zu kalkulieren ist (und das gilt insbesondere in der Strombranche), umso höher wird die in der geforderten Zielverzinsung enthaltene Risikoprämie ausfallen. Jedes Kraftwerk muss sich dabei im Zweifelsfall selbst tragen und geht nicht mehr im Rahmen einer Mischkalkulation auf. Idealerweise sollte zwar der Marktmechanismus selbst über die Strompreissignale bei den Investitionen zur allokationspolitischen Effizienz beitragen. Doch daran sind erhebliche Zweifel angebracht. Das bedeutet nicht, dass die Planung unter den alten Vorzeichen allokationspolitisch zwangsläufig besser war. Einfacher und hinsichtlich der Versorgungssicherheit vorteilhafter war sie aber allemal:

- Ein Problem ergibt sich mit Blick auf die Bereitstellung der *Spitzenlast,* die unter Umständen zu selten beansprucht wird, um sich amortisieren zu können, oder gar bei erfolgreicher Energieeinsparung zukünftig aus der „merit order“ komplett herausfällt. Sie hat somit den Charakter eines öffentlichen Gutes, so dass hier selbst nach Auffassung von Liberalisierungsbefürwortern eine immanente Unterversorgung droht.
- Des Weiteren sind die Großhandelspreise ein unzuverlässiger *Indikator* für Investitionen. Sie unterliegen einer hohen, über die Börse möglicherweise noch spekulativ verzerrten Volatilität und bilden ohnehin nicht die für die Investitionsentscheidung relevanten Zukunftspreise über die gesamte Laufzeit ab. Das gilt nicht einmal für die oftmals obendrein wenig repräsentativen Terminkurse. Eine Art Rückversicherung über langfristige Abnahmeverträge wird dabei auch nicht gelingen, da die Kunden ja im Wettbewerb gerade die Möglichkeit des Wechsels zu günstigeren Anbietern schätzen und sich auf derartige Bindungen kaum einlassen werden.
- Zwar kann auf der Absatzseite bei der Preisstellung ein akquisitorischer Bereich unterstellt werden, in dem die EVUs ihre Preise gegenüber billigeren Konkurrenten variieren können, ohne gleich all ihre Nachfrager zu verlieren. Dennoch muss beim Versuch, Fehlinvestitionen über die Preise abzuwälzen, die schwer abzuschätzende *Nachfragereaktion* im Voraus bedacht werden.
- Ein weiteres Problem stellt – angesichts der inhärent fehlenden Abstimmung von Konkurrenten – die Gefahr von verstärkten *Investitionszyklen* dar: Bei günstigen Preissignalen (so sie denn verlässlich wären) investieren alle und verderben sich zukünftig mit den Überkapazitäten die Preise, so dass solange ein Investitionsattentismus folgt, bis Unterkapazitäten die Preise wieder steigen lassen.
- Aus *strategischen Gründen* bietet es sich bei überschaubaren Marktstrukturen an, die Erzeugungskapazitäten bewusst knapp zu halten. Denn ähnlich einem Cournot-Punkt-Monopolisten gelingt es, dank knapper Kapazitäten den Preis für den aus im Betrieb befindlichen Anlagen erzeugten Strom künstlich hoch zu halten und damit den Gewinn zu steigern.
- Hinzu kommt, dass die sonstigen Rahmenbedingungen der Investitionsentscheidung überaus unsicher sind. Diese *Unsicherheit* erhöht über die Risikoprämie die geforderte Zielverzinsung, so dass sich einzelne Investitionsvorhaben nicht mehr rentieren.

Diese Unsicherheiten betreffen die *Abschätzung der verfügbaren Alternativen* sowie die *Rahmenbedingungen auf der Kosten- und der Finanzierungsseite.* Hinsichtlich der verfügbaren Alternativen ist zu bedenken, dass es unter dem neuen Investitionsparadigma – stehen mehrere Investitionsalternativen zur Auswahl – nicht nur darum geht, die Zielrendite zu erreichen, sondern eine möglichst hohe Rendite einzufahren. Dabei geht es nicht nur um eine zeitpunktbezogene Alternativenabwägung, sondern um eine zeitübergreifende Betrachtung. Denn unter Umständen macht es Sinn, neue technologische Entwicklungen abzuwarten und erst dann zu realisieren, nachdem sich ihre Erfolgsaussichten erwiesen haben und besser beurteilen lassen. Im Einzelnen ergeben sich dabei folgende *Planungshindernisse:*

- Schwer absehbar ist, ob sich *neue Erzeugungstechnologien* überhaupt und wenn ja, mit welcher Effektivität und wie schnell marktreif einsetzen lassen werden. Das betrifft primär die CCS-Technologie ($CO_2$-Abscheidung mit anschließender Speicherung) aber auch den Optimierungsprozess beim Einsatz erneuerbarer Energien (z.B. in virtuellen Kombinationskraftwerken).
- Teilweise sind erhebliche *technologische Interdependenzen* zwischen Investitionsentscheidungen zu beachten. Kommt es beispielsweise zu einem verstärkten, durch Einspeisevorrang garantierten Einsatz fluktuierender Stromerzeugungsanlagen, besteht zur Sicherung der Versorgung die Notwendigkeit einer investiven Ergänzung durch schnell zuschaltbare und abschaltbare konventionelle Kraftwerke im Stand-by-Betrieb.
- Das „Hickhack" um den *Atomausstieg* stellt ein Investitionshindernis ersten Ranges dar. Solange Details der Laufzeitverlängerung unklar sind, werden AKW-Betreiber alternative „Schubladenprojekte" zwar vorbereiten, aber ansonsten nur halbherzig vorantreiben. Erzeuger hingegen, die in gutem Glauben an den Fortbestand des Ausstiegsbeschlusses investiert haben, müssen befürchten unter Umständen auf den „stranded costs" sitzen zu bleiben. Vor diesem Hintergrund werden neue Investitionen, sofern die damit verbundene Produktion nicht mit einer gesetzlichen Mindestvergütung in Kombination mit einem Einspeisevorrang abgesichert ist, allenfalls sehr vorsichtig getätigt. Zugleich verfestigt die avisierte Laufzeitverlängerung die oligopolistischen Erzeugungsstrukturen, so dass über ein Junktim zwischen dem Zugeständnis längerer Laufzeiten und dem Verkauf von Produktionskapazitäten der „Big-4" an die Konkurrenz nachgedacht werden sollte.
- Beim Ausbau *konventioneller Kraftwerke,* aber auch bei der Erstellung von Windenergieanlagen ist mit zahlreichen zeitraubenden und damit kostspieligen, manchmal sogar in ihrer Wirkung einschränkenden bzw. verhindernden *Widerständen seitens der Bürger und Politik* vor Ort zu rechnen. Dabei spielt weniger die fehlende Einsicht in die Notwendigkeit der Investitionen

eine Rolle als das „Sankt-Florians-Prinzip“: Die Bürger wünschen zwar eine ökologisch ausgewogene und günstige Versorgungssicherheit, die Beeinträchtigungen der Standortwahl sollen aber lieber andere tragen.

- Schwer einzuschätzen sind im Zeitpunkt der Investitionsentscheidung auch die Folgekosten. Das betrifft nicht nur die *Brennstoff- und Wartungskosten,* sondern beim CCS-Verfahren auch die *Kosten einer Endlagerung* sowie die zukünftigen *$CO_2$-Zertifikatepreise.* Letztere werden ja bewusst dem Wechselspiel des Markts überlassen, schwanken daher je nach Knappheit und sind somit über den Nutzungszeitraum hinweg kaum zu kalkulieren. Eine (im Entwicklungspfad) festgelegte Steuer hätte in diesem Zusammenhang sicher eine bessere Kalkulationsbasis dargestellt. Dabei spielen die Zertifikatepreise eben nicht nur dann eine Rolle, wenn der Zubau von $CO_2$-lastigen Kohlekraftwerken geplant ist. Denn die Wirtschaftlichkeit anderer $CO_2$-sparender Technologien bestimmt sich eben auch in ihrer Kostenrelation zu Kohlekraftwerken.
- Angesichts der hohen Gewinne war die *Finanzierung* von Investitionen lange Zeit kein zentrales Investitionshindernis. Gerade bei den „Big-4“ hätten sich diese aus den Cashflows oder zumindest über günstige externe Quellen finanzieren lassen. Mit der Finanzmarktkrise (und bei E.ON mit einer sehr hohen Außenfinanzierung der Beteiligungen) ist das Bild derzeit sicherlich differenzierter zu beurteilen. Gerade kleinere Stromanbieter klagen hier wegen der Finanzmarktkrise über einen Rückzug der Banken bei der Finanzierung von Anlagen der erneuerbaren Energien.

Diese Aufzählung verdeutlicht, welche besonderen Herausforderungen die wettbewerbliche Öffnung der Märkte im Hinblick auf den Ausbau der Erzeugungsanlagen und damit für die (quantitative) Versorgungssicherheit darstellt. Offen bleibt insbesondere, ob der Markt allein eine ausreichende *Bereitstellung von Spitzenlastkapazitäten* wird organisieren können. Wird der Markt hier seinen Anforderungen nicht gerecht (z.B. durch Glättung der Spitzenlastproblematik infolge der Einführung einer nachfrageabhängigen Echtzeitbepreisung), bedarf es zumindest an dieser Stelle einer *staatlichen Regulierung* (z.B. Einführung von Kapazitätsmärkten oder gar staatlicher Auflagen zum Umfang von Erzeugungskapazitäten) oder einer *Ergänzung durch ein staatliches Angebot.*

Hinzu kommt, dass ja nicht allein eine quantitativ ausreichende Versorgung angestrebt wird, sondern auch eine *qualitativ ausgewogene Erzeugung,* die mit dem Erreichen der Umweltziele einhergeht. Die Politik hat dabei zwar eine als machbar eingestufte Zielvorstellung für die zukünftige Erzeugungsstruktur. In welchem Umfang letztlich aber wirklich in EE- und KWK-Anlagen investiert wird, obliegt hierzulande ausschließlich den Unternehmen. Dabei hat der Staat die Stromproduktion aus diesen Technologien zwar dem Marktprozess entzogen. Um ihre Attraktivität zu erhöhen, wurde die Abnahme durch einen Einspeisevorrang garantiert, während die Preise durch gesetzliche Mindestvergütungssätze nach unten limitiert wurden. Diese Investitionen genießen insofern den Vorteil fehlender Unsicherheit auf der Absatzseite. Ob die gesetzten Anreize ausreichen werden, wird sich indessen erst ex post zeigen. Die *„Kohlelastigkeit"* in den derzeitigen Investitionsplanungen lässt jedenfalls Zweifel am Erreichen der ökologischen Zielsetzung aufkommen. Gerade die „Big-4" haben sich in den letzten Jahren nicht nur insgesamt bei den Investitionen in Erzeugungsanlagen zurückgehalten, sondern eben auch beim Ausbau ökologischer Alternativen. Zwar haben sie jüngst mit viel Öffentlichkeitswirkung den Ausbau der EE angekündigt. Verglichen mit den finanziellen Möglichkeiten und den sonstigen Budgets zeichnet sich hier aber keine ernsthafte Wende ab. Eine Verlängerung der AKW-Restlaufzeiten wird den ökologischen Strukturwandel im Energiemix zusätzlich ausbremsen. Verstärken sich aber die Zweifel am Erreichen einer nachhaltigen, klimaschonenden Energieerzeugung und meint die Politik es weiterhin ernst mit diesem Ziel, bleiben im Prinzip nur zwei Möglichkeiten: Entweder wird die einzelwirtschaftliche Investitionsplanung durch die EVUs beibehalten. Dann müssten aber bei Abweichungen vom Zielpfad die *Incentives* der EE- und KWK-Technologien erhöht und/oder die *Disincentives* der Investitionsalternativen verstärkt werden. Oder der Staat greift aktiv durch *Formen der Investitionslenkung* in die Planung der Erzeugungsstruktur ein.

Rückblickend auf die bisherige Liberalisierung lässt sich somit für das Auftreten der EVUs im Markt und das energiepolitische Zieldreieck Folgendes festhalten:

- Die Öffnung der Märkte hat über den drohenden *Wettbewerb* zu erheblichen Produktivitätsgewinnen geführt. Der Wettbewerb am Markt wurde aber über eine *Vermachtung* schnell wieder aufgehoben. Den Kunden wurden so die Effizienzgewinne weitgehend vorenthalten. Ein völlig unzureichendes, naives Laisser-faire seitens der Politik hat diesen Prozess begünstigt. Erst mit einer *viel zu späten Nachregulierung* gibt es zarte Indizien für eine allmähliche Wettbewerbsbelebung.
- Das überwiegende Gros der Studien zeigt, dass die (Grund-)Versorgungssicherheit mit dem Basisgut Strom auch nach der Liberalisierung gewährleistet werden kann. Allerdings gibt es nun mit dem *Wandel von der Stromversorgung zum Stromgeschäft* ein neues am *Shareholder-value-Prinzip* ausgerichtetes *Investitionsparadigma.* In der neoliberalen Idealvorstellung sollte es gerade dazu beitragen, die allokationspolitische Effizienz zu steigern. In der Praxis der Investitionsplanung sieht sich die Branche indessen *außergewöhnlich hohen Unsicherheiten* ausgesetzt, die zu einem eher zögerlichen

Kapazitätsaufbau beitragen. Fraglich bleibt insbesondere, ob über den Markt auch in Zukunft ausreichende Spitzenlastkapazitäten bereitgestellt werden.
- Eine an den *ökologischen Zielen ausgerichtete Erzeugungsstruktur* ist grundsätzlich erreichbar, auf der Basis einzelwirtschaftlicher Investitionsentscheidungen aber nicht planbar. Ob die Incentives/Disincentives nachgebessert werden müssen, wird sich erst ex post zeigen. Die gegenwärtigen kohlelastigen Planungen lassen Skepsis angebracht erscheinen. Wenn bei nachhaltigen Abweichungen vom Zielpfad dann überhaupt noch Korrekturmöglichkeiten bestehen, müssten die Anreizstrukturen entweder nachgebessert werden oder der Staat greift aktiv in den Planungsprozess ein.

Insgesamt wird aber ein ganz *zentraler Konflikt* im Rahmen des Zieldreiecks bestehen bleiben: Sollte der Wettbewerb tatsächlich noch in Gang kommen und zu einer *Preissenkung* führen, würden fallende Elektrizitätspreise den *Anreiz zur Stromeinsparung* verringern. Sie stünden so im Widerspruch zum ökologischen *Nachhaltigkeitsziel.* Soll Strom wirklich eingespart werden und die Einsparung Ergebnis einer individuellen marktwirtschaftlichen Entscheidung sein, bedarf es nicht niedriger, sondern *höherer Strompreise.* Meint es die Politik mit ihren Vorstellungen zu Wettbewerb und Einsparen ernst, müssten sich somit bei einer Belebung des Wettbewerbs zwei gegenläufige Preistrends überlagern: Dem Preis entlastenden Abschmelzen von *Monopolrenditen* muss dann ein überkompensierendes, Preis erhöhendes Internalisieren der externen Kosten der Stromproduktion gegenüberstehen, so dass es im Endeffekt eher zu einer Verteuerung von Strom kommt. Dies dann auch hinzunehmen und gesellschaftspolitisch zu kommunizieren, dazu fehlt aber in der Politik bislang ein klares Bekenntnis.

Der *Zertifikatehandel* soll zwar im Prinzip auf einen solchen Mechanismus hinauslaufen: Wenn infolge einer wettbewerbsbedingten Preissenkung die Anstrengungen zur Stromeinsparung nachlassen, mithin die Stromnachfrage wieder steigt, werden, sofern der zur Bedienung der Mehrnachfrage erzeugte Strom nicht emissionsfrei produziert wird, die Zertifikatepreise zulegen. Außerdem sind ja unabhängig von Umstrukturierungsprozessen in der Volkswirtschaft die zugestandenen Verschmutzungsrechte limitiert. Fraglich ist aber, inwieweit sich diese akademischen Überlegungen in der Praxis als Gegenbewegung wirklich ausreichend niederschlagen werden und inwieweit die Strukturverschiebungen hingenommen werden. Letzteres gilt umso mehr, als dabei in *stromintensiv produzierenden Industriezweigen* ein *Dilemma* entsteht. Werden diese Industrien mit Blick auf die Standortfrage von der Internalisierung entlastet, werden ausgerechnet die größten Stromverbraucher aus dem Einsparziel herausgenommen. Werden sie aufgrund dessen nicht entlastet, können sie versuchen, Strom einzusparen. Sollte ihnen dies nicht gelingen, verteuert sich die Produktion, was aber nur dann im internationalen Wettbewerb nicht ganz so dramatisch ist, wenn die ausländische Konkurrenz in gleicher Form belastet würde. Dazu müssten jedoch international die gleichen Spielregeln gelten.

## 5.3 Unternehmensinterne Auswirkungen der Liberalisierung

Neben dem externen Auftreten der EVUs am Markt hat uns aber auch die Frage beschäftigt, wie die Unternehmen die Auswirkungen der Liberalisierung intern weitergegeben haben (vgl. Kapitel 2 und Kapitel 3).

Die Rationalisierung in Erwartung des Wettbewerbs hat dabei deutliche Spuren hinterlassen. Durch ein Entschlacken des Kraftwerksparks und einen massiven Beschäftigungsabbau wurde die Produktivität drastisch gesteigert. Jedem Einzelnen wurde nach der Liberalisierung deutlich mehr Leistung abverlangt. Während dabei die Produktivität zwischen 1998 und 2006 branchenweit um 62,5% zulegte, verzeichneten die *Löhne und Gehälter* – in einer sehr stark differenzierten Tariflandschaft – aber durchschnittlich nur einen Anstieg von knapp 9%. Mit anderen Worten: Auch den Beschäftigten sind die Effizienzgewinne weitgehend vorenthalten worden. Das Klima der Stellenkürzungen dürfte dabei für die schleppende Gehaltsdynamik eine gewichtige Rolle gespielt haben.

Ein Blick auf die *Verteilung der Wertschöpfung* bestätigt daher auch die Schlussfolgerung: Wenn der Produktivitätsschub weder bei den Stromkunden (noch bei den Zulieferern) noch bei den Beschäftigten in den EVUs angekommen ist, dann muss sie der *Kapitalseite* zugute gekommen sein. Im Beobachtungszeitraum stiegen bei zwischenzeitlichen Einbrüchen die Gewinne nach Ertragsteuern um 118%, während die quantitativ weniger bedeutenden Miet- und Pachteinnahmen sogar um 164% zulegten. Der deutliche Zuwachs der Gewinneinkommen kam (mit Ausnahme der Unternehmen mit 100 bis 249 Beschäftigten) allen Unternehmensgruppen der Branche zugute, so dass nicht nur die „Big-4", sondern im Durchschnitt auch die Stadtwerke höhere Gewinne als je zuvor erwirtschafteten.

Besonders erfolgreich im Sinne des Übergangs zu einem eindeutigen *Shareholder-value-Ansatz* waren jedoch die *„Big-4"*. Aktuelle Einschnitte auf hohem Niveau infolge der Finanzmarktkrise sind zwar zu konstatieren, sie trüben die betriebswirtschaftliche Erfolgsstory aber nur wenig. Mit ihrer Strategie der Bündelung von Marktmacht, der Internationalisierung und einer allmählichen Konzentration auf die Kerngeschäftsfelder erwirtschafteten sie zwischen 2002 und 2007 *fast durchweg zweistellige Eigenkapitalrenditen* vor und nach Steuern. Intern gab es dabei eine *massive Umverteilung zu Lasten der Beschäftigten.* Zwar weisen die „Big-4" – abgesehen von E.ON – beim Lohnquotenniveau höhere Werte als in der Branche insgesamt auf. Der Lohnquotenrückgang war aber hier wesentlich dynamischer.

Insgesamt ist es also der Kapitalseite – sehr zur Freude der oftmals auch kommunalen Eigentümer – bei einer rückblickenden Branchenbetrachtung nach außen gelungen, den aufkommenden Wettbewerb schnell zu unterbinden, ihn im *internen Verteilungskampf* gleichwohl als Menetekel zu instrumentalisieren, um sich den Löwenanteil am Wachstum der Verteilungsmasse einzuverleiben. Wie sehr die Beschäftigten dieser Instrumentalisierung gefolgt sind, verdeutlichte auch unsere Umfrage, wonach die Arbeitnehmer/innen den vermeintlichen Wettbewerb (und damit offenbar nicht die veränderte Gewinnanspruchsmentalität) als treibende Kraft der Veränderungen identifizierten.

Wie sich diese veränderten Rahmenbedingungen in der *personalwirtschaftlichen Unternehmenskultur* niedergeschlagen haben, untersuchten wir ebenfalls (vgl. Kapitel 3). Ausgangspunkt unserer Bewertung war dabei ein von uns entwickeltes normatives Modell im Duktus einer demokratischen Partizipation. In der dem Modell zugrunde liegenden Sichtweise wird der langfristige Erfolg eines Unternehmens nicht allein von den Unternehmern bzw. in deren Vertretung von den Managern bestimmt, sondern im Wesentlichen von den arbeitsteilig zusammenwirkenden Beschäftigten. Um erstens systemimmanente Machtungleichgewichte zu Lasten der Beschäftigten aufzuheben, um zweitens den Menschen als Grundmaß allen Wirtschaftens zu stärken, um drittens einen demokratisch legitimierten Beteiligungsanspruch der Arbeitnehmer/innen zu gewährleisten, aber auch um viertens – mit Blick auf den unternehmerischen Erfolg – die Beschäftigten für ihr Unternehmen zu begeistern, ihr Kreativitätspotenzial zu erschließen und ihren Einsatzwillen zu optimieren, bedarf es dabei einer Unternehmenskultur, die sich auf sechs integrativ verzahnte Säulen („interdependentes personalwirtschaftliches Sechseck“) stützen muss: Zu Beginn steht dabei eine immaterielle Partizipation (Mitbestimmung). Sie benötigt als Unterbau eine arbeitsplatzbezogene, interpersonelle Kommunikationsdialektik (symmetrische, dialogorientierte Interaktion auf gleichen Hierarchieebenen und darüber hinweg) und eine holistische Informationspolitik (Verfügbarmachen von Informationen und Einbinden in einen arbeitsplatzbezogenen Kontext sowie Herstellen eines aufgabenunabhängigen allgemeinen Unternehmenswissens), wobei eine partizipative Personalführung als Bindeglied zwischen der Kommunikationsdialektik und der Informationspolitik fungiert. Zur kontinuierlichen Förderung der Lern- und Innovationsbereitschaft ist ferner eine regelmäßige Weiterbildung und Personalentwicklung erforderlich. Um die zahlreichen Erfahrungen der Belegschaft systematisch zur Fortentwicklung des Unternehmens nutzen zu können, sollte sich ein modernes Unternehmen überdies auf ein umfassendes Ideenmanagement stützen können. Dazu gehört nicht nur ein Betriebliches Vorschlagswesen sondern auch ein Total Quality Management (die Integration von einzelnen Qualitätsansprüchen in ein Gesamtkonzept) und ein ausgereiftes Konzept für Arbeitnehmererfindungen. Abgerundet wird unser Sechseck durch eine materielle Partizipation der Belegschaft. In einem ganzheitlichen Modell reicht es eben nicht aus, dass sich die Beschäftigten im Produktionsprozess der Unternehmung als gleichberechtigte, ernst genommene Partner verstehen. Darüber hinaus sollten sie auch an den von Ihnen generierten Erfolgen des Unternehmens angemessen materiell beteiligt werden. Dabei fokussieren wir auf eine echte Gewinnbeteiligung, bei der die Basis der Steuerbilanzgewinn ist, der nachträglich zwischen der Kapitalseite und Arbeitnehmerschaft aufgeteilt wird.

Ausgehend von diesem (im Detail ausführlich spezifizierten und gerechtfertigten) Ideal einer demokratisch-partizipativen Unternehmenskultur haben wir empirisch untersucht, wie weit die Unternehmen der Elektrizitätsversorgung in der Praxis von unserem Leitbild abweichen. Grundlage der Analyse war zum einen eine umfangreiche *Fragebogenaktion*, an der sich Betriebsräte von 53 EVUs (zumeist Stadtwerke) beteiligt haben. Darüber hinaus haben wir die zugänglichen Informationen der *„Big-4"* zu ihrer Unternehmenskultur verarbeitet sowie Erfahrungen aus intensiv geführten *Interviews* mit ausgewählten Geschäftsführern/Vorständen von sechs EVUs eingearbeitet.

Im Einzelnen lassen sich u.a. folgende – auf den Idealzustand reflektierte – Befunde hervorheben:

- In der *Außendarstellung* werden die Mitarbeiter/innen und auch die Mitbestimmungsträger gerne von den Vorständen der EVUs als Sprachrohr instrumentalisiert. Gut 62% der interviewten Betriebsräte gaben an, abgestimmt mit dem Management gegenüber dem Staat und der Politik aufzutreten („trifft voll zu" bzw. „trifft zu").
- Gemessen am *gewerkschaftlichen Organisationsgrad* weist unsere Stichprobe nur ein gemäßigtes Solidaritätsbewusstsein auf. In nur 17% der befragten Unternehmen lag der Organisationsgrad über 75%. Bei rund einem Drittel hingegen lag er höchstens bei 30%.
- Neben der unternehmensinternen Umverteilung von der Lohn- zur Gewinnquote (siehe oben) deuten auch unsere Umfragen zu den *Arbeitszeiten* und *Arbeitsbedingungen* auf einen im Zuge der Liberalisierung verstärkt praktiziertes Shareholder-value-Denken hin. Gut 41% der Betriebsräte berichten über eine Zunahme der Arbeitszeit, 15% verspürten sogar eine „starke" Zunahme. Fast 65% berichteten, dass sich die allgemeinen Arbeitsbedingungen seit der Liberalisierung „verschlechtert" bzw. „stark verschlechtert" hätten.
- Nach unseren Berechnungen unterliegen branchenweit nur 59 Unternehmen dem Mitbestimmungsgesetz von 1976 (Arbeitnehmer und Kapitalvertreter haben im Aufsichtsrat gleich viele Stimmen, in Pattsituationen entscheidet aber der von der Kapitalseite gestellte Aufsichtsratsvorsitzende; außerdem befindet sich unter den Arbeitnehmervertretern ein Mitglied der leitenden

Angestellten) und noch einmal 24 Unternehmen dem Drittelbeteiligungsgesetz (Arbeitnehmer behaupten im Aufsichtsrat ein Drittel der Stimmen). Bezogen auf die Unternehmenszahl können somit nur rund 8% auf eine *unternehmensbezogene Mitbestimmung* verweisen. Mit Blick auf die Beschäftigtenzahl repräsentieren diese Unternehmen aber gut 70% der Arbeitnehmer in den EVUs. Hinzu kommt, dass es bei den öffentlich geführten EVUs oftmals freiwillige Absprachen gibt, die über eine gesetzlich geforderte Drittelparität hinaus in Richtung eines nach dem 1976er-Mitbestimmungsgesetz geführten Aufsichtsrates hinaus geht. Allerdings gibt es in der Branche in keinem der betrachteten Fälle eine wirklich paritätische Mitbestimmung.

- In der Mitbestimmungspraxis lassen sich in den befragten Stadtwerken – gemessen an unserem Ideal und losgelöst von den formal-rechtlichen Vorgaben – erhebliche Defizite erkennen. Durch die Liberalisierung haben sich zudem sowohl auf der betrieblichen als auch auf der unternehmensbezogenen Ebene die Mitbestimmungsmöglichkeiten der Beschäftigten verschlechtert. Dabei sind durch die Umstrukturierungen im Zuge der Liberalisierung die Anforderungen an die Mitbestimmungsträger eigentlich gestiegen.
- Auf die Frage, ob in der vertikalen *Kommunikation* Kritik eingefordert wird, antworteten nur 43% unserer Interviewpartner mit „trifft voll" oder „trifft zu". Mit vergleichbarem Ergebnis fiel die Abfrage zur horizontalen Kommunikation aus.
- Hinsichtlich der aufgabenbezogenen *Informationspolitik* war nur die Hälfte der befragten Betriebsräte zufrieden. Ähnlich sieht das Bild für die unternehmensbezogene Informationspolitik aus.
- In Bezug auf die *Personalführung* ist das Ergebnis in den Stadtwerken eher durchwachsen. Nur in gut 50% aller Fälle sind die *Führungsrichtlinien* schriftlich fixiert und den Beschäftigten bekannt. Bei einem oftmals eher autoritären/paternalistischen Führungsstil überwiegt tendenziell eine aufgabenorientierte Ausrichtung in der Lenkung der Mitarbeiter, bei der in einem Drittel der Fälle der Reifegrad der Mitarbeiter regelmäßig berücksichtigt wird („trifft voll zu" bzw. „trifft zu"). Hinsichtlich der Mitwirkung an der Formulierung der Unternehmensziele gab weniger als ein Drittel an, üblicherweise beteiligt worden zu sein. Überaus positiv fällt das Bild allerdings aus, wenn es darum geht, die Unternehmensziele in einem Top-Down-Ansatz auf den einzelnen Arbeitsplatz herunterzubrechen, dort bekannt zu geben und in individuelle Zielvereinbarungen zu übersetzen.
- Bei der *Weiterbildung und Personalentwicklung* ist die Branche relativ gut aufgestellt, auch wenn es gemessen an unserem Ideal noch Defizite gibt. So engagieren sich die EVUs in der *dualen Berufsausbildung* überproportional stark, in zwei von drei der befragten Stadtwerke hat Weiterbildung einen

hohen Stellenwert („trifft voll zu" bzw. „trifft zu") und auch die wirkliche Teilnahme an Weiterbildungsmaßnahmen ist durchaus befriedigend, zumal in unserer Stichprobe fast 70% über ein explizit ausgewiesenes Weiterbildungsbudget verfügen. Eine regelmäßige Beteiligung der Mitbestimmungsträger an der Weiterbildungsplanung erfolgt aber nur in 41% der EVUs.

- Mit Blick auf das *Ideenmanagement* verfügen in unserer Stichprobe zwar 77% der Unternehmen über ein Betriebliches Vorschlagswesen, sein Stellenwert in der Praxis wird aber nur in 37% der Fälle als hoch bis eher hoch eingeschätzt. In der Regel können die Vorschläge auch über den eigenen Arbeitsbereich hinausgehen, allerdings werden die Umsetzungszeiten als eher dürftig eingeschätzt. Überaus knauserig geben sich die Stadtwerke bei der Honorierung der Vorschläge. Nur 2% der Stadtwerke gewähren eine Prämie, die über 40% des sich im ersten Jahr ergebenden Nutzeffekts liegt; fast 42% der Befragten zahlen nur eine Prämie in Höhe von 10% und in über der Hälfte aller Fälle gibt es ohnehin ein Limit nach oben.
- Nur selten wird eine echte *Gewinnbeteiligung* praktiziert, an der dann in der Regel alle Beschäftigten mit Ausnahme der Auszubildenden und Leiharbeiter partizipieren. 30 der 53 befragten Unternehmen (56%) gaben an, nicht einmal eine Erfolgsbeteiligung zu praktizieren. In den EVUs mit Erfolgsbeteiligung kommen zu 70% alle Beschäftigten (bis auf die Auszubildenden und Leiharbeiter) in ihren Genuss. Kapitalbeteiligungen (15%) sind in den Stadtwerken ebenso eine Ausnahme wie Verlustbeteiligungen (20%) im Falle einer vorliegenden Erfolgsbeteiligung. In der Regel waren die Betriebsräte bei der Ausarbeitung von Betriebsvereinbarungen über die Gewinn- bzw. Erfolgsbeteiligung gleichberechtigt involviert.
- Speziell bei den *„Big-4"* zeigen sich – verglichen mit den Ergebnissen unserer Fragebogenerhebung – zwar in einzelnen Aspekten des personalpolitischen Sechsecks verstärkte Bemühungen. Insgesamt verbleiben aber auch hier, gemessen an unserem Ideal, teilweise recht deutliche Defizite. Auch wenn die Marktführer in der Darstellung die Wichtigkeit ihrer Unternehmenskultur betonen, resultiert letztlich die zentrale Triebkraft aus einem *Shareholder-value-Ansatz.* Nicht der arbeitende Mensch steht im Mittelpunkt der Bemühungen, sondern der maximale Profit der Shareholder, der mit Hilfe der jeweiligen Unternehmenskultur generiert werden soll. Insbesondere fehlt es auch bei den „Big-4" an einer wirklich *partizipativen Mitbestimmung.* Der Konflikt zwischen Arbeit und Kapital wird so nicht aufgehoben. Weder das Machtungleichgewicht zu Lasten der Belegschaft noch das Investitionsmonopol des Kapitals stehen zur Disposition.

Alles in allem wurden den Unternehmen erhebliche Anpassungslasten durch die Liberalisierung aufgebürdet. Sie wurden intern primär auf die Beschäftigten abgewälzt. Dabei ließ sich dieser Prozess rückblickend deshalb noch verhältnismäßig gut abfedern, weil die Verteilungsmasse in den EVUs zunahm.

Sollte sich zukünftig der Wettbewerb in Verbindung mit den Nachregulierungen verschärfen (siehe oben), so dürfte der *interne Verteilungskonflikt* eine ganz *neue Dimension* annehmen. Er findet dann nämlich nicht mehr vor dem Hintergrund einer wachsenden, sondern einer *abschmelzenden Verteilungsmasse* mit einer bereits verfestigten Gewinnanspruchsmentalität statt: Gewinne verstehen sich dann nicht mehr als Residualgröße, die nach Abzug der Kosten verbleiben, sondern als selbstverständlich zustehendes Entgelt für eine Eigenkapitalverzinsung und damit quasi als ein „kontraktbestimmtes" Einkommen. In dieser Shareholder-value-Mentalität drohen dann die eigentlichen kontraktbestimmten Arbeitseinkommen zur Restgröße degradiert zu werden, die dem Anpassungsdruck nach unten folgen müssen. Hinzu kommt, dass die Anreizregulierung zwar durch zahlreiche Konzessionen an Schärfe verloren hat, aber primär den Anpassungsdruck auf die Betriebskosten und damit vorrangig auch auf die Personalkosten fokussiert. In jedem Fall werden sich – gelingt die Umverteilung hin zu den Kunden – die internen Konflikte zwangsläufig zuspitzen, wobei angesichts der Kräfteverhältnisse im Markt und angesichts der relativen Bedeutung der verschärft regulierten Netze gerade die *Stadtwerke* vor enormen Herausforderungen stehen werden.

Für die Belegschaft – aber letztlich mit Blick auf den Zusammenhalt in der Unternehmensorganisation als Ganzes – wird es daher umso wichtiger sein, durch die *Umsetzung demokratisch-partizipativer Strukturen* gestärkt in die Auseinandersetzung einzutreten. Da die meisten Stadtwerke nicht einmal der *unternehmensbezogenen Mitbestimmung* nach dem 1976er-Gesetz, sondern nur dem Drittelbeteiligungsgesetz oder sogar nur der betrieblichen Mitbestimmung gemäß des Betriebsverfassungsgesetzes unterliegen, dürften insbesondere hier die Beschäftigten den wachsenden Druck zu spüren bekommen. Dabei wird die *Entsolidarisierung der Beschäftigten* auf mehreren Ebenen vorangetrieben: Zum einen dürfte sich die Wertschätzung zwischen der hoch qualifizierten Stammbelegschaft und einer minder qualifizierten Randbelegschaft weiter ausdifferenzieren. Zum anderen droht eine Spaltung der Belegschaft in diejenigen, die im weniger gewinnträchtigen Netzbetrieb und denjenigen die im vergleichsweise attraktiveren Restgeschäft tätig sind. Zudem zeichnet sich ein Auseinanderdriften zwischen der alten Belegschaft mit noch großzügigen Arbeitsverträgen und den neuen Mitarbeiter/inne/n mit schlechteren Kontrakten ab.

## 5.4 Zukunft der Stadtwerke

Die neuen Rahmenbedingungen bieten für die Stadtwerke aber auch Chancen. Schließlich kann von ihnen – im modifizierten System der Liberalisierung – ein deutlicher Impuls zur Verbesserung des Gesamtsystems ausgehen (vgl. Kapitel 4). Mit einer entsprechenden Strategie kann es den Akteuren gelingen, sowohl als wettbewerblicher Gegenpart zu den „Big-4" aufzutreten als auch zur nachhaltigen Entwicklung und Klimavorsorge sowie zu mehr Versorgungssicherheit beizutragen. Hinzu käme so eine Stärkung dezentraler kommunalisierter Strukturen, deren Vorteil der Gesellschaft gegenwärtig immer bewusster wird und auf welche die Stadtwerke derzeit auch schon gezielt in ihrer Öffentlichkeitsarbeit abstellen.

In diesem Zusammenhang ist zunächst einmal bemerkenswert, dass das von vielen Auguren zu Beginn der Liberalisierung vorhergesagte *„Stadtwerkesterben"* rückblickend ausgeblieben ist. Die Stadtwerke hatten die Umbrüche der letzten Jahre angenommen und sich primär über *Kostenstrategien* neu aufgestellt. Weniger gewichtig, wenngleich ins Gesamtkonzept gehörend waren nach unserer Umfrage Strategien der verstärkten *Kundenorientierung,* der *Angebotsmodifikation* oder *-erweiterung* sowie der geänderten *Preisgestaltung* bzw. *-differenzierung.* Dabei kam den Stadtwerken sicherlich auch die aufgezeigten Regulierungsdefizite zugute, welche den Wettbewerb bislang zumindest moderierten und mit dazu beitrugen, dass die Position der Stadtwerke mit Blick auf das Privatkundengeschäft recht stabil geblieben ist. Insgesamt wählten die Stadtwerke dabei sehr *heterogene Strategien* und waren oftmals *eingeschränkt* durch restriktive Gemeindeordnungen sowie größere Anteilseigner (oftmals direkt oder indirekt in Form der „Big-4"), die einerseits über ihre Beteiligungen Absatzmärkte sichern und anderseits vermeiden wollten, dass ihnen die Stadtwerke eigene Geschäftsfelder streitig machen. Dennoch konnten die Stadtwerke insgesamt ihre Position behaupten oder sogar ausbauen. Bei beschleunigter Rationalisierung haben sie ihren Anteilseignern einträgliche Gewinne beschert.

Durch die drohende *Verlagerung des Verteilungskonflikts in die Stadtwerke hinein,* durch die von der Politik erhoffte Belebung des Wettbewerbs wird es aber zur Wahrung oder Weiterentwicklung dieses Status darauf ankommen, sich intern nochmals *neu zu positionieren.* Dabei stehen erstens zur Erschließung von Synergieeffekten *Kooperationen* oder die Gründung *gemeinsamer Gesellschaften* auf der Agenda. Zwar werden auch dadurch Arbeitsplätze abgebaut. Dennoch steht dieser Trend zur Rationalisierung von Seiten der Politik nicht zur Disposition. Durch die Synergien können aber immerhin die Stadtwerke innerhalb der Branche ihre Position im Sinne einer dezentralen Energieversorgung stärken und eventuell ein einflussreicheres Gegengewicht gegen die „Big-4" bilden als bisher.

Zweitens bieten sich *extern orientierte Innovationsstrategien* an. Dabei stehen die Hinzugewinnung neuer Kunden, die Erweiterung der Wertschöpfungsbasis durch verstärkte Eigenerzeugung sowie das Anbieten neuer Energiedienstleistungen im Mittelpunkt. Hinsichtlich der *Hinzugewinnung neuer Kunden* wird angesichts der Marktkonstellation eine „Discount-Politik" längerfristig eher keine erfolgversprechende Option darstellen. Viel wichtiger wird es daher sein, in einen *ökologisch orientierten Qualitätswettbewerb* einzutreten und den Kunden die Vorzüge einer dezentralen, regional ausgerichteten Energieversorgung (z.B. Verbleib der Gewinne in der Kommune, mehr Eigenständigkeit in der Wahl der Energieträger) schmackhaft zu machen. Das gute Meinungsbild, das die Stadtwerke in der Öffentlichkeit genießen, bietet dafür bereits ebenso eine ausbaufähige Plattform wie das zunehmende Umweltbewusstsein der Stromkunden. Überdies begünstigt das Integrierte Energie- und Klimaprogramm (IEKP) das Engagement in einem derartigen *Qualitätswettbewerb.* Die geförderten Technologien haben oftmals einen dezentralen Charakter, was insbesondere für die KWK zutrifft, und stützen sich auf Projekte mit vergleichsweise überschaubarem Investitionsvolumen und unternehmerischem Risiko.

Ausbaufähig erscheint darüber hinaus der Bereich der *Energiedienstleistungen*, zumal die Politik in Energieeffizienzmaßnahmen einen überaus effizienten Weg erkennt, Energie einzusparen und damit Ressourcen zu schonen sowie den $CO_2$-Verbrauch zu verringern. Nach den von uns geführten Interviews mit Geschäftführern/Vorständen von EVUs ist der Markt für derartige Contracting-Angebote bei weitem noch nicht ausgereizt. So verwundert es auch nicht, dass fast drei Viertel der von uns befragten Betriebsräte einen Innovationsschwerpunkt ihrer Geschäftstrategien in der Erschließung dieses Marktsegments sehen. Etwas weniger als die Hälfte betont zudem die Notwendigkeit mit einem bundesweiten Verkauf von Elektrizität am Markt präsent zu sein. Mehr als ein Viertel setzt auf *Konzentration* und auf ein *Ökostromangebot.*

Im Detail dürften sich die erfolgreichen Strategien sehr stark unterscheiden. Die *grobe Linie* dürfte insbesondere sein:

- Die meisten Stadtwerke werden ihr *Kerngeschäft* weiterhin im *Netzbetrieb* sehen, allerdings ein höheres Gewicht auf die Eigenerzeugung durch einen verstärkten *Ausbau dezentraler und klimaschonender Stromerzeugungsanlagen* bzw. durch den *Erwerb eigener Kraftwerksscheiben* legen.
- Das Angebotsportfolio wird sich durch einen Wandel vom Energielieferanten zum breiter aufgestellten *Energiedienstleistungsunternehmen* erweitern.
- Der Kostendruck wird eher nochmals zunehmen. Das Erschließen von *Synergien* durch Kooperationen oder Zusammenschlüsse und verschärfte *Rationalisierungsmaßnahmen* wird an Bedeutung gewinnen.

- Insofern wird es gravierende *Einschnitte* in der bisherigen *Unternehmenskultur* geben. Umso wichtiger erscheint es daher, die Belegschaft vor der Eskalation von Konflikten durch den Auf- bzw. Ausbau einer *demokratisch-partizipativen Unternehmenskultur* frühzeitig mitzunehmen, zumal die Unternehmenskultur zukünftig einen wichtigen Wettbewerbsfaktor darstellen kann, bei dem – wie unsere Studie gezeigt hat – gerade die Stadtwerke noch einigen Nachholbedarf aufweisen.

# 6. Literatur und Quellen

## 6.1 Literatur


Ackermann, K. H./Blumenstock, H. (1993): Personalmanagement in mittelständischen Unternehmen – Neubewertung und Weiterentwicklungsmöglichkeiten im Lichte neuerer Forschungsergebnisse. In: Ackermann, K. H./Blumenstock, H. (Hg.): Personalmanagement in mittelständischen Unternehmen. Stuttgart, S. 3–69

Agrell, P. J./Bogetoft, P./Cullmann, A./Hirschhausen, C. von/Neumann, A./Walter, M. (2008): Ergebnisdokumentation: Bestimmung der Effizienzwerte Verteilernetzbetreiber Strom, Version 2 (Internet: http://www.erfolgreiche.sachsen.de/set/431/GERNER_IV_Effizienzvergleich_VNB_Endbericht_strom_v04.07_final_schwarz.pdf)

Alber, G./Fritsche U. (unter Mitarbeit von Kohler, S.) (1991): Energie Report Europa. Frankfurt/M.

Albert, M. (2006): Parecon. Frankfurt/M.

Allmendinger, J./Ebner, C. (2007): Erst- und Weiterbildung und die europäische Bildungspolitik. In: WSI-Mitteilungen, 11, S. 578

Altrock, M. (2007): Die Bedeutung der Erneuerbaren Energien in der kommunalen Wirtschaft. In: Held, C./Thobald, C. (Hg.): Kommunale Wirtschaft im 21. Jahrhundert. Rahmenbedingungen, Strategien und Umsetzungen. Frankfurt/M., Berlin, Heidelberg, S. 303–318

Altvater, E. (2008a): Der Emissionshandel ist eine sehr gute Methode, mit der man demokratische Regelungen unterlaufen kann: Interview über die Außen- und Umweltpolitik der EU vom 21.1.2008 (Internet: http://www.heise.de/tp/r4/artikel/27/27096/1.html)

Altvater, E. (2008b): Für ein neues Energieregime. Mit Emissionshandel gegen Treibhauseffekte? In: Widerspruch. Beiträge zu sozialistischer Politik, Heft 54, S. 5–17

Altvater, E./Brunnengräber, A. (Hg.) (2008): Ablasshandel gegen Klimawandel? Marktbasierte Instrumente in der globalen Klimapolitik und ihre Alternativen. Reader des wissenschaftlichen Beirats von Attac. Hamburg

Angenendt, N./Müller, G./Stronzik, M./Wissmer, M. (2007): Stromerzeugung und Stromvertrieb – eine wettbewerbsökonomische Analyse. wik-Diskussionsbeiträge Nr. 297. Bad Honnef

Anic, D. (2001): Ideenmanagement. Baden-Baden

Armbruster, H./Kinkel, S./Kirner, E./Wengel, J. (2005): Innovationskompetenz auf wenigen Schultern – Wie abhängig sind Betriebe vom Wissen und den Fähigkeiten einzelner Mitarbeiter? Fraunhofer Institut für System- und Innovationsforschung – Mitteilungen aus der Produktionserhebung Nr. 35. Karlsruhe

Arndt, H. (1973): Markt und Macht, Gegenwartsfragen der Wirtschaftstheorie (2. Aufl.). Tübingen

Attig, D. (2007): Kriterien eines effizienten kommunalen Energieversorgungsunternehmens: Das Beispiel der Stadtwerke Aachen AG. In: Held, C./Thobald, C. (Hg.): Kommunale Wirtschaft im 21. Jahrhundert. Rahmenbedingungen, Strategien und Umsetzungen. Frankfurt/M., Berlin, Heidelberg, S. 429–441

Averch, H./Johnson, L. L. (1962): Behaviour of the Firm under Regulatory Constraint. In: American Economic Review, No. 5, S. 1.052–1.069

Bach, S./Steiner, V. (2007): Zunehmende Ungleichheit der Markteinkommen: Reale Zuwächse nur für Reiche. In: DIW-Wochenbericht, Nr. 13/2007, S. 193–198

Becker, S. (2005): Die Bezugsoptimierung im Blick. Innovative Dienstleistungen von Trianel erhöhen die Handlungsfreiheit der Gesellschafter im liberalisierten Energiemarkt. In: e|m|w, Zeitschrift für Energie, Markt, Wettbewerb, Heft 5, S. 6–10

Belitz, H./Clemens, M./Schmidt-Ehmcke, J./Schneider, S./Werwatz, A. (2008): Rückstand in der Bildung gefährdet Deutschlands Innovationsfähigkeit. In: DIW-Wochenbericht, Nr. 46/2008, S. 716–724

Bergelin, S. (2008): Energiewirtschaft. In: Brandt et al. 2008, S. 121–130

Berlo, K. (2008): Die Möglichkeiten der Stadtwerke zur Sicherung einer dezentralen Energieversorgung. In: Solarzeitalter, Heft 3, S. 72–77

Bernotat, W. (2007): Rede vor der Hauptversammlung am 3.5.2007 (Internet: http://www.eon.com/de/downloads/rede-d-Bernotat-HV03052007.pdf)

Bierbaum, H. (2006): Unternehmen. In: Urban, H.-J. (Hg.): ABC zum Neoliberalismus. Hamburg, S. 229-230

Bierbaum, H./Houben, M./Müller, D./Ketter, F. (2005): Kosten und Nutzen der Mitbestimmung in KMU. Expertise des Info-Instituts für Organisationsentwicklung und Unternehmenspolitik. Saarbrücken

Bischoff, J. (2006): Zukunft des Finanzmarkt-Kapitalismus. Strukturen, Widersprüche, Alternativen. Hamburg

Bischof, R. (2007): Der Windenergiemarkt in Deutschland, hrsg. vom Bundesverband Windenergie. Fachtagung: Windenergie in Deutschland am 11.9.2007 (Internet: http://www.eeg-aktuell.de/fileadmin/user_upload/Downloads_Studien/der%20wemarkt%20in%20deutschland_bischof.pdf)

Bismarck, W. von (2000): Das Vorschlagswesen. München, Mering

Bispinck, R. (2006): Abschied vom Flächentarifvertrag? Der Umbruch in der deutschen Tariflandschaft. In: WSI-Tarifhandbuch 2006. Frankfurt/M., S. 41–66

Blake, R. R./Mouton, J. S. (1969): Building a Dynamic Corporation through Grid Organization Development. Reading/Mass. u.a.O.

Blake, R. R./Mouton, J. S./Lux, E. (1987): Verhaltensgitter der Führung (Managerial Grid). In: Kieser, A./Reber, G./Wunderer, R. (Hg.): Handwörterbuch der Führung. Stuttgart, S. 2.015–2.028

Blume, L./Gerstlberger, W. (2007): Determinanten betrieblicher Innovation: Partizipation von Beschäftigten als vernachlässigter Einflussfaktor. In: Industrielle Beziehungen, Heft 3, S. 199–244

Bode, S. (2007): Kernenergieausstieg und Strompreis. In: Wirtschaftsdienst, Heft 4, S. 262

Bode, S./Groscurth, H. (2006): Zur Wirkung des EEG auf „den Strompreis“. HWWA Discussion Paper 348. Hamburg

Bohnenkamp, U./Bontrup, H.-J./Troost, A. (1990): Regionale Kosten-Nutzen-Analyse einer veränderten Geschäftspolitik im Energiebereich. In: WSI-Mitteilungen, Heft 1, S. 14–24

Bormann, S. (2008): Unternehmenshandeln gegen Betriebsratsgründungen – Der Fall Schlecker. In: WSI-Mitteilungen, Heft 1, S. 45–50

Börner, A.-R. (2008): Die Stadtwerke in der Zange: Schaden aus Liberalisierung? In: Zeitschrift für kommunale Wirtschaft, Nr. 04, S. 18

Bontrup, H.-J. (1988): Die Macht der Elektrizitätsunternehmen. In: Memo-Forum, Nr. 13, S. 80–83

Bontrup, H.-J. (1996): Betriebliches Vorschlagswesen – Zur Abfassung einer Betriebsvereinbarung. In: Die Betriebswirtschaft (DBW), Heft 4, S. 547ff.

Bontrup, H.-J. (2000): Methoden der Personalbedarfsermittlung. In: Das Wirtschaftsstudium (WISU), Heft 4/2000, S. 500ff.

Bontrup, H.-J. (2001a): Mehr Sicherheit und Kontinuität durch Personalbedarfsplanung. In: Arbeit und Arbeitsrecht (AuA), Heft 1, S. 17–21

Bontrup, H.-J. (2001b): Ökonomische Relevanz von Bildung. In: Wirtschaftswissenschaftliches Studium (WiSt), Heft 5, S. 277–280

Bontrup, H.-J. (2002): Demokratie in der Arbeitswelt. Alter Hut oder Zukunftsperspektive? (Hg. von der IG Metall, Ortsverband Hannover). Hannover

Bontrup, H.-J. (2003): Unternehmerische Informationspolitik. In: Das Wirtschaftsstudium, Heft 1, S. 71–76

Bontrup, H.-J. (2004): Personalpolitik im Wandel. In: Das Wirtschaftsstudium, Heft 8-9, S. 1.046–1.050

Bontrup, H.-J. (2005): Mehr unternehmerische (qualifizierte) Mitbestimmung tut Not. In: Zeitschrift für Sozialökonomie, Jg. 145, S. 3–12

Bontrup, H.-J. (2006a): Arbeit, Kapital und Staat. Plädoyer für eine demokratische Wirtschaft (3. Aufl.). Köln

Bontrup, H.-J. (2006b): Die Wirtschaft braucht Demokratie. In: Bontrup, H.-J./Müller J.: Wirtschaftsdemokratie. Alternative zum Shareholder-Kapitalismus. Hamburg, S. 10–48

Bontrup, H.-J. (2007): Wettbewerb und Markt sind zu wenig. In: Aus Politik und Zeitgeschichte, Beilage zur Wochenzeitung: Das Parlament, Heft 13, S. 25ff.

Bontrup, H.-J. (2008a): Lohn und Gewinn, Volks- und betriebswirtschaftliche Grundzüge (2. Aufl.). München, Wien

Bontrup, H.-J. (2008b): Verteilungsgerechtigkeit am Beispiel der Managergehälter. In: WISO – Wirtschafts- und sozialpolitische Zeitschrift, Heft 3, S. 69–90

Bontrup, H.-J. (2009a): Zum Arbeitsentgelt – ein nicht endender volks- und betriebswirtschaftlicher Diskurs. In: Bontrup, H.-J./Hansen, K. (Hg.): Personalmanagement (2. Aufl.). Troisdorf, S. 169-214

Bontrup, H.-J. (2009b): Die Vergesellschaftung des Kartells. Der Kampf um die Stromwirtschaft. In: Blätter für deutsche und internationale Politik, Heft 2, S. 110–116

Bontrup, H.-J. (2009c): Der Vorschlag der Bundesregierung für „Mehr Mitarbeiterkapitalbeteiligung in Deutschland“. In: Betriebs-Berater, Special 1, S. 2–5

Bontrup, H.-J./Frey, M. (2002): Ältere Arbeitnehmer versus Jugendwahn. In: Arbeit und Arbeitsrecht, Heft 9, S. 400-403

Bontrup, H.-J./Marquardt, R.-M. (2008): Nachfragemacht in Deutschland. Ursachen, Auswirkungen und wirtschaftspolitische Handlungsoptionen, Münster

Bontrup, H.-J./Marquardt, R.-M./Voß, W. (2008): Liberalisierung in der Elektrizitätswirtschaft: Zuspitzung der Verteilungskonflikte. In: WSI-Mitteilungen, Nr. 4, S. 175–183

Bontrup, H.-J./Pulte, P. (Hg.) (2001): Handbuch Ausbildung. Berufsausbildung im dualen System. München, Wien

Bontrup, H.-J./Springob, K. (2002): Gewinn- und Kapitalbeteiligung. Eine mikro- und makroökonomische Analyse. Wiesbaden

Bontrup, H.-J./Springob, K./Wischerhoff, P. (1999): Betriebliches Vorschlagswesen. Eine branchenübergreifende Studie über den Verbreitungsgrad im Mittelstand. Gelsenkirchen

Bontrup, H.-J./Troost, A. (1988): Preisbildung in der Elektrizitätswirtschaft. Ein Beitrag zur Diskussion um die Novellierung der Stromtarife. Bremen

Borenstein, S./Bushnell, J. (2000): Electricity restructuring: Deregulation or regulation? In: Regulation, No. 2, S. 46–52

Bosch, G. (2009): Arbeitszeitorganisation im Betrieb – ein internationaler Vergleich. In: Bontrup, H.-J./Hansen, K. (Hg.): Personalmanagement (2. Aufl.). Troisdorf, S. 138–168

Bosch, G./Kohl, H./Schneider, W. (Hg.) (1995): Handbuch Personalplanung. Ein praktischer Ratgeber. Köln

Brandt, T./Schulten, T. (2008): Piquet Liberalisation and privatisation of public services and the impact on labour relations: a comparative view from six countries in the postal, hospital, local public transport and electricity sectors, report for the EU-Project „Privatisation of Public Services and the impact on quality, Employment and Productivity (PIQUE)". Internet: www.pique.at/reports/pubs/PIQUE_028478_De18.pdf (Download 19.2.2008)

Brandt, T./Schulten, T./Sterkel, G./Wiedemuth, J. (Hg.) (2008): Europa im Ausverkauf. Hamburg

Breisig, T. (2005): Personal. Eine Einführung aus arbeitspolitischer Perspektive. Herne, Berlin

Brenner, O. (1966): Gewerkschaftliche Dynamik in unserer Zeit. Frankfurt/M.

Brinkmann, E./Heidack, C. (1987): Unternehmenssicherung durch Ideenmanagement, Bd. 1: Mehr Innovationen durch Verbesserungsvorschläge (2. Aufl.). Freiburg/Br.

Brückmann, S. O. (2004): Probleme der Deregulierung in der deutschen Elektrizitätswirtschaft. Frankfurt/M.

Buttler, G./Fickel, N. (2002): Statistik mit Stichproben. Hamburg

Cecchini, P. (1998): Europa '92 – Bericht: Der Vorteil des Binnenmarktes. Baden-Baden

Chahed, Y./Müller, H.-E. (2006): Unternehmenserfolg und Managervergütung. Ein internationaler Vergleich. München, Mering

Coenenberg, A.G. (1987): Jahresabschluss und Jahresabschlussanalyse. Betriebswirtschaftliche, handels- und steuerrechtliche Grundlagen (9. Aufl.). Landsberg/Lech

Corbach, M. (2007): Die deutsche Stromwirtschaft und der Emissionshandel. Stuttgart

Curth, M./Lang, B. (1991): Management der Personalbeurteilung (2. Aufl.). München, Wien

Däubler, W. (1973): Das Grundrecht auf Mitbestimmung und seine Realisierung durch tarifvertragliche Begründung von Beteiligungsrechten. Frankfurt/M.

Demirovic, A. (2006): Demokratie, Wirtschaftsdemokratie und Mitbestimmung. Zum aktuellen Diskussionsstand und den Perspektiven. In: Bontrup, H.-J./Müller, J. (Hg.): Wirtschaftsdemokratie. Alternative zum Shareholder-Kapitalismus. Hamburg, S. 54–92

Demirovic, A. (2007): Demokratie in der Wirtschaft. Positionen, Probleme, Perspektiven. Münster

Demirovic, A. (2008): Mitbestimmung und die Perspektiven der Wirtschaftsdemokratie. In: WSI-Mitteilungen, Heft 8, S. 387–393

Detje, R. (2008): IG Metall-Offensive zur Erneuerung der Gewerkschaftsarbeit. Von Organizing zu einer Politik der Demokratisierung. In: Hälker, J. (Hg.): Organizing. Neue Wege gewerkschaftlicher Organisation. Supplement der Zeitschrift Sozialismus, Heft 9, S. 7–13

Diekmann, J. et al. (2008): Kapitel 6: Vorschläge für die Weiterentwicklung des EEG im Rahmen des Forschungsvorhabens des Bundesministeriums für Umwelt, Naturschutz und Reaktorsicherheit, Analyse und Bewertung der Wirkungen des Erneuerbare-Energien-Gesetzes (EEG) aus gesamtwirtschaftlicher Sicht. Berlin u.a.O. (Internet: http://erneuerbare-energien.de/files/pdfs/allgemein/application/pdf/eeg_wirkungen_kap0.pdf)

Dietrich, R. (1914): Betriebs-Wissenschaft. München, Leipzig

Doleschal, R. (2009): Theorie und Praxis aktueller Managementkonzepte zur Modernisierung der Arbeitsorganisation. In: Bontrup, H.-J./Hansen, K. (Hg.): Personalmanagement (2. Aufl.) Troisdorf, S. 101–138

Drumm, H. J. (2008): Personalwirtschaft (6. Aufl.). Berlin, Heidelberg, New York

Dürr, D. (2007): Kritische Würdigung der ARegV: DEA mit konstanten/variablen Erträgen, 2007 (Internet: http://www.inagendo.com/res/doc/070521inagendoaregvbenchmarking-verfahren.pdf)

Dütz, W. (2005): Arbeitsrecht (10. Aufl.). München

Eckardt, N./Meinerzhagen, M./Jochimsen, U. (1985): Die Stromdiktatur. Hamburg, Zürich

Edenhofer, O. (2008): Antizyklisch investieren. In: Wirtschaftswoche vom 27.10.2008, S. 142–143

Edenhofer, O./Flachsland, C./Marschinski, R. (2007): Wege zu einem globalen $CO_2$-Markt. Eine ökonomische Analyse. Gutachten für den Planungsstab des Auswärtigen Amts, Potsdam-Institut für Klimafolgenforschung. Potsdam

Ederer, F. (1997): Das Betriebliche Vorschlagswesen. In: Betrieb und Wirtschaft (BuW), Heft 23 und 24, S. 887

Ehlers N./Erdmann, G. (2007): Kraftwerk aus, Gewinne rauf? Wird der Preis in Leipzig manipuliert? In: Energiewirtschaftliche Tagesfragen, Heft 5, S. 42–45

Eichner, S.L. (2002): Wettbewerb. Industrieentwicklung und Industriepolitik, Berlin

Eickhof, N./Holzer, V.L. (2006): Die Energierechtsreform von 2005 – Ziele, Maßnahmen und Auswirkungen, Diskussionsbeitrag Nr. 83. Potsdam

Eikmeier, B./Schulz, W./Krewitt, W./Nast, M. (2006): Nationales Potenzial für hocheffiziente Kraft-Wärme-Kopplung. In: EuroHeat&Power, Heft 6, S. 2–10

Elspas, M./Salsje, P./Stewing, C. (2006): Emissionshandel. Ein Praxishandbuch. Köln

Erdmann, G. (2008): Deutschland droht Stromlücke. In: Handelsblatt vom 2.6.2008, S. 10

Evers, H./Näser, C./Grätz, F. (2001): Die Gehaltsfestsetzung bei GmbH-Geschäftsführern (5. Aufl.). Köln

Fingerhut, R./Scheuse, T.: Zukunftsmodell für Stadtwerke. Als Energieeffizienz-Unternehmen in zentraler Rolle. In: Zeitschrift für Kommunalwirtschaft, Heft 8, S. 1–2

Flachsland, C./Edenhofer, O./Jakob, M./Steckel, J. (2008): Developing the Internationale Carbon Market. Linking Options for the EU ETS. Potsdam

Forrester, V. (1998): Der Terror der Ökonomie. München

Franz, W. (2005): Die deutsche Mitbestimmung auf dem Prüfstand. Bilanz und Vorschläge für eine Neuausrichtung. In: Zeitschrift ArbeitsmarktForschung (ZAF), Heft 2 und 3, S. 268–283

Frey, D./Schultz-Hardt, S. (2000): Zentrale Führungsprinzipien und Center-of-Excellence-Kulturen als notwendige Bedingung für ein funktionierendes Ideenmanagement. In: Frey, D./Schultz-Hardt, S. (Hg.): Vom Vorschlagswesen zum Ideenmanagement. Göttingen, S. 15–46

Fürstenberg, F. (1981): Erfolgskonzepte der japanischen Unternehmensführung und was wir daraus lernen (2. Aufl.). Zürich

Gaidosch, L. (2008): Zyklen. Zyklen bei Kraftwerksinvestitionen in liberalisierten Märkten – Ein Modell des deutschen Stromerzeugungsmarktes. In: Energiewirtschaftliche Tagesfragen, Heft 9, S. 8-12

Gammelin, C./Hamann, G. (2006): Die Strippenzieher. Manager, Minister, Medien – Wie Deutschland regiert wird (5. Aufl.). Berlin

Garnreiter, F./Mayer, L./Schmid, F./Schuhler, C. (2008): Finanzkapital. „Entwaffnet die Märkte!" Spekulation. Krisen. Alternativen. ISW-Report Nr. 75. München

Gilmann, N. P./Katscher, L. (1891): Die Teilung des Geschäftsgewinns zwischen Unternehmen und Angestellten. Leipzig

Glätzer, V. (2008): Investitionen in Verteilnetze im Rahmen der Anreizregulierung. In: 5. Deutscher Regulierungskongress, (Hg.): Newsletter 1/2008 (Internet: http://www.euroforum.de/data/pdf/P1101843news.pdf)

Grabka, M. M./Frick, J. R. (2009): Gestiegene Vermögensungleichheit in Deutschland. In: DIW-Wochenbericht, Nr. 4/2009, S. 54–67

Grimm, V./Zoettl, G. (2007): Production under Uncertainty: A Characterization of Welfare Enhancing and Optimal Price Caps. Working Paper. Köln

Grözinger, G./Matiaske, W./Tobsch, V. (2008): Arbeitszeitwünsche, Arbeitslosigkeit und Arbeitszeitpolitik. In: WSI-Mitteilungen, Heft 2, S. 92–99

Grossmann, J. (2008): Bestehen in Europa einheitliche Marktbedingungen? Dena-Konferenz „Kraftwerke und Netze für eine nachhaltige Energieversorgung", Berlin 27.11.2008. Berlin

Gutenberg, E. (1970): Grundlagen der Betriebswirtschaftslehre, Bd. II. Der Absatz (12. Aufl.). Berlin, Heidelberg. New York

Hankel, W. (2001): Erbschaft aus der Sklaverei. Miteigentum statt Mitbestimmung: Warum Arbeit und Kapital rechtlich gleichgestellt werden müssen. In: Hickel, R./Strickstrock, F. (Hg.): Brauchen wir eine andere Wirtschaft, Reinbek, S. 181-208

Hansen, K. (2009): Führung. In: Bontrup, H.-J./Hansen, K.: Personalmanagement (2. Aufl.). Troisdorf, S. 49-100

Harlander, N./Heidack, C./Köpfler, F./Müller, K.-D. (1994): Personalwirtschaft (3. Aufl.). Landsberg/Lech

Hartmann, R. S. (1958): Die Partnerschaft von Kapital und Arbeit, Köln, Opladen

Hartz, R./Kranz, O./Steger, T. (2008): Mitarbeiterkapitalbeteiligung und Arbeitnehmerperspektive – eine explorative Literaturstudie im Auftrag der Hans-Böckler-Stiftung an der Technischen Universität Chemnitz. Chemnitz

Hauschild, H./Flauger, J. (2007): Barroso stellt sich auf einen erbitterten Kampf ein. In: Handelsblatt vom 20.9.2007

Hauschildt, J./Salomo, S. (2007): Innovationsmanagement (4. Aufl.). München

Heidemann, W. (1999): Betriebliche Weiterbildung. Analyse und Handlungsempfehlungen (Edition der Hans-Böckler-Stiftung). Düsseldorf

Held, C. (2003): Struktur und rechtliche Rahmenbedingungen des Energiemarktes in Deutschland. In: Associated European Energy Consultants EWIV (AEEC): Der Energiebinnenmarkt in Europa. Frankfurt/M. u.a.O., S. 61–88

Hennicke, P. (1986): Vom überzentrierten Großverbundsystem zur Kommunalisierung der Energiewirtschaft I. In: Blätter für deutsche und internationale Politik, Heft 11, S. 1.337–1.351

Hennicke, P. (1987): Vom überzentrierten Großverbundsystem zur Kommunalisierung der Energiewirtschaft I. In: Blätter für deutsche und internationale Politik, Teil II, Heft 1, S. 100–108

Hennicke, P./Müller, M. (2005): Weltmacht Energie. Herausforderung für Demokratie und Wohlstand. Stuttgart

Hentze, J. (1991): Personalwirtschaftslehre 2 (5. Aufl.). Bern u.a.O.

Hentze, J. (1994): Personalwirtschaftslehre 1, 6. Aufl. Bern u.a.O.

Hentze, J./Kammel, A./Schwager, M. (2000): Ideenmanagement als kontinuierlicher Verbesserungsprozeß (KVP). In: Frey, D./Schultz-Hardt, S. (Hg.): Vom Vorschlagswesen zum Ideenmanagement. Göttingen, S. 47–64

Herrmann, B. J. (2009): Die Durchführung der Effizienzvergleiche im Rahmen der Anreizregulierung. FGE-Vortrag an der RWTH Aachen vom 5.2.2009 (Präsentation). Aachen

Hersey , P./Blanchard, K. (1982): Management of Origanizational Behavior: Utilizing Human Resources. New Jersey

Herzberg, F./Mausner, B./Snyderman, B. (1959): The Motivation to Work. New York (ausführlich rezitiert bei Schanz 1993)

Hickel, R. (2004): Sind die Manager ihr Geld wert? In: Blätter für deutsche und internationale Politik, Heft 10, S. 1.197–1.204

Hill, W. (1993): Unternehmenspolitik. In: Handwörterbuch der Betriebswirtschaft, Teilband 3 (5. Aufl.). Stuttgart u.a.O., S. 4.366–4.379

Hilmes, U. (2009): Wächst der Wettbewerbsdruck auf fossile Kraftwerke? In: Energie & Management vom 1.2.2009

Hipp, L. (2009): Weiter mit Weiterbildung! Von der Arbeitslosen – zur Beschäftigungsversicherung. In: WSI-Mitteilung, Heft 7, S. 362–368

Hirschhausen, C. von/Weigt, H./Zachmann, G. (2007): Preisbildung und Marktmacht auf den Elektrizitätsmärkten in Deutschland. Grundlegende Mechanismen und empirische Evidenz. Studie im Auftrag des Verbandes der Industriellen Energie- und Kraftwirtschaft e.V. (VIK), Electricity Markets Working Papers WP-EM 15; Verband der Verbundunternehmen und Regionalen Energieversorger in Deutschland – VRE – e.V., Die Mär vom Marktmissbrauch, Positionspapier zur Veröffentlichung des IER-Gutachtens am 26.4. 2007

Hirschl, B. (2008): Investitionen der vier großen Energiekonzerne in Erneuerbare Energien (hrsg. vom Institut für ökologische Wirtschaftsforschung). Berlin

Hobohm, J./Westphal, K. (2009): Wie der Wüstenstrom funktionieren kann. In: Financial Times Deutschland vom 30.7.2009, S. 24

Hof, A., Rowold, J. (2005): Systematisches Weiterbildungscontrolling. In: Personalwirtschaft, Heft 5, S. 30–32

Holst, E./Stahn, A.-K. (2007): Spitzenpositionen fest in der Hand von Männern. In: DIW-Wochenbericht, Nr. 7/2007, S. 89–93

Horn, M./Ziesing, H.-J./Matthes, F. C./Harthan, R./Menzler, G. (2007): Ermittlung der Potenziale für eine die Anwendung der Kraft-Wärmekopplung und der erzielbaren Minderung der $CO_2$-Emissonen einschließlich Bewertung der Kosten (Verstärkte Nutzung der Kraft-Wärme-Kopplung). Untersuchung des Deutschen Instituts für Wirtschaftsforschung (DIW) und des Öko-Instituts im Auftrag des Umweltbundesamt. Dessau-Roßlau

Hovestadt, G./Eggers, N. (2007): Soziale Ungleichheit in der allgemeinbildenden Schule. Studie im Auftrag der Hans-Böckler-Stiftung. Düsseldorf

Höckel, G. (1964): Keiner ist so klug wie alle. Düsseldorf

Huffschmid, J. (2002): Politische Ökonomie der Finanzmärkte (2. Aufl.). Hamburg

Huffschmid, J./Köppen, M./Rhode, W. (Hg.) (2007): Finanzinvestoren oder Raubritter? Neue Herausforderungen durch internationale Kapitalmärkte. Hamburg

Irrek, W./Thomas, S. (2006): Der EnergieSparFonds für Deutschland. Düsseldorf

Jansen, D./Barnekow, S./Stoll, U. (2007): Innovationsstrategien von Stadtwerken – lokale Stromversorger zwischen Liberalisierungsdruck und Nachhaltigkeitszielen. Deutsches Forschungsinstitut für öffentliche Verwaltung Speyer, FÖV Discussion Papers 41. Speyer

Janzing, B. (2009): So bleiben Sie AKW-Gegner. In: Die TagesZeitung vom 11.2.2009

Jaques, E. (1951): The changing culture of factory. London

Jensen, U./Oberländer, J./Stiens, C./Wolffram, P. (2008): Fairer Effizienzvergleich oder Milchmädchenrechnung. In: 5. Deutscher Regulierungskongress, (Hg.): Newsletter 1/2008 (Internet: http://www.euroforum.de/data/pdf/P1101843news.pdf)

Jochum, G./Pfaffenberger, W. (2005): Wettbewerbsrahmen oder Interventionismus? In: Energiewirtschaftliche Tagesfragen, Special 2005, S. 3–6

Joskow, P. (2006): Competitive Electricity Markets and Investment in New Generating Capacity. Cambridge

Jost, P.-J. (2000): Konfliktmanagement und das Organisationsproblem. In: Das Wirtschaftsstudium, Heft 4, S. 510–524

Jung, H. (1995): Personalwirtschaft. München, Wien

Kemfert, C. (2005): Jenseits von Archimedes. In: Handelsblatt vom 24.11.2005, S. 8

Kemfert, C./Schill, W.-P. (2009): Strom aus der Wüste – keine Fata Morgana. In: DIW-Wochenbericht Nr. 29/2009, S. 462–467

Kersting, W. (2005): Der liberale Liberalismus – Notwendige Abgrenzungen, Freiburger Diskussionspapiere zur Ordnungspolitik 05/13/2005. Freiburg

Kiefer, B. (2008): Hürden des Kraftwerksbaus aus der Perspektive eines neuen Investors. In: Energiewirtschaftliche Tagesfragen, Heft 9/2008, S. 22–28

Kilger, W. (1980): Einführung in die Kostenrechnung (2. Aufl.). Wiesbaden

Kirsten, N. (2001): Zum Kauf empfohlen: Viele kommunale Versorger stehen unter Druck. Mannheim ging mit seinem Stadtwerk an die Börse. In: Energie Spezial, Die Zeit vom 4.5.2000 (wiedergegeben in: Wagner, O./Kristof, K.: Strategieoptionen kommunaler Energieversorger im Wettbewerb. Energienahe, ökoeffiziente Dienstleistungen und kommunale Kooperationen, Wuppertal Papers 115. Wuppertal)

Kittner, M. (2005): Arbeitskampf. Geschichte, Recht, Gegenwart. München

Klein-Schneider, H. (2001): Personalplanung. Analyse und Handlungsempfehlungen (Edition der Hans-Böckler-Stiftung). Düsseldorf

Klinski, S.; Buchholz, H.; Schulte, M.; Rehfeldt, K.. (2007): Entwicklung einer Umweltstrategie für die Windenergienutzung an Land und auf See – Kurzfassung, Forschungsbericht 203 41 144 im Auftrag des Umweltbundesamtes. Dessau-Roßlau

Klotz, U. (2003): Technologiepolitik. Innovation der Innovationspolitik, „Innovationen werden von Menschen gemacht". Frankfurt/M.

Klug, A. (2008): Das Arbeitnehmererfindungsgesetz – Eine deutsche Besonderheit. In: Die neue Hochschule, Heft 3-4, S. 14–21

Kocher, E. (2008): Corporate Social Responsibility – Instrumente zur Gestaltung transnationaler Arbeitsbeziehungen. In: WSI-Mitteilungen, Heft 4, S. 198–204

Kohler, S. (2008): Strom wird knapper (Internet: http:www.wiwo.de vom 2.8.2008; letzter Zugriff am 16.9.2008)

Krause, R. (1996): Unternehmensressource Kreativität. Trends im Vorschlagwesen. Erfolgreiche Modelle, Kreativitätstechniken und Kreativitäts-Software. Köln

Krell, G. (1994): Vergemeinschaftende Personalpolitik. München, Mering

Kriedel, N./Schröer, S. (2008): Die Auswirkungen des Kernenergieausstiegs auf die Stromerzeugung: Szenarien bis 2020. In: Energiewirtschaftliche Tagesfragen, Heft 7, S. 50–54

Kroeber, A. L./Kluckhohn, C. (1952): Culture, a critical review of concepts and definitions. Cambridge

Kübel, R. (1990): Ressource Mensch. Erfolg durch Individualität. München

Kühne, K./Sadowski, D. (2008): Empirische Mitbestimmungsforschung und Öffentlichkeit, IAAEG Discussion Paper Series 01/2008

Kuntz, B. (2005): Systematische Weiterbildung im Praxis-Beispiel, Selbstverpflichtung einer Krankenhausgesellschaft. In: Personalpraxis, Heft 12, S. 727–729

Läge, C. (2002): Ideenmanagement. Grundlagen, optimale Steuerung und Controlling. Wiesbaden

Lehmann, D. (2008): Leiter Entwicklungs- und Rekrutierungsstrategie bei EnBW (zitiert in: Top-Arbeitgeber Deutschland 2008)

Leif, T./Speth, R. (Hg.) (2006): Die fünfte Gewalt. Lobbyismus in Deutschland. Bonn

Leonhardt, W./Klopfleisch, R./Jochum, G. (Hg.) (1989): Kommunales Energie-Handbuch. Vom Saarbrücker Energiekonzept zu kommunalen Handlungsstrategien. Karlsruhe

Leprich, U. (2008): Stromwatch 2: Die vier deutschen Energiekonzerne (Kurzstudie). Saarbrücken

Liebig, S./Schupp, J. (2008): Mittelschicht immer unzufriedener mit Arbeitseinkommen. In: DIW-Wochenbericht, Nr. 31/2008, S. 434–440

Lippert, I. (2005): Öffentliche Dienstleistungen unter EU-Einfluss. Liberalisierung – Privatisierung – Restrukturierung – Regulierung. Berlin

Loreck, C. (2008): Atomausstieg und Versorgungssicherheit (hrsg. vom Umweltbundesamt). Berlin

Loske, A. (2007): Funktionieren die Großhandelsmärkte für Strom? In: Energiewirtschaftliche Tagesfragen, Heft 9, S. 8–11

Lough, W. T./Walker, C. D. (1997): A critical review of re-deregulated foreign electric utility markets. In: Energy Policy, No. 10, S. 877–886

Lössl, E. (1983): Ergebnisse der Zielsetzungsverfahren (goal setting). Literaturzusammenfassung. In: Psychologie und Praxis, Heft 2, S. 126–134

Macharzina, K. (1992): Personalpolitik. In: Handwörterbuch des Personalwesens (2. Aufl.). Stuttgart u.a.O., S. 1.780–1.797

Marx, K. (1974): Das Kapital, Bd. 1. Berlin

Marshall, A. (1892): Elements of Economics of Industry. London

Masaaki, I. (1993): Kaizen. Der Schlüssel zum Erfolg der Japaner im Wettbewerb (11. Aufl.). München

Masi, S. de/Schorsch, Ch./Thieme, M./Zipperling, T. (2008): Abschied von der Vergangenheit. In: Energie & Management vom 1.11.2008

Mayer, H. (2008): Energiewirtschaft im Wandel – Neue Chancen für die regionalen Versorger, Präsentation im Rahmen der 2. Eurosolar-Konferenz „Stadtwerke und erneuerbare Energien", Braunschweig 15./16. Mai 2008. Braunschweig

McGregor, D. (1960): The Human Side of Enterprise. New York

Meiners, K. (2008): Grauzonen des Rechts. In: Mitbestimmung, Heft 7 und 8, S. 58–61

Meister, F./Cord, M. (2008): Erfolgreiche Umsetzung von Kooperationen bei Stadtwerken und Regionalversorgern. In: Energiewirtschaftliche Tagesfragen, Heft 5, S. 42–47

Merkle, H. (2003): Lobbying: Das Praxishandbuch für Unternehmen. Darmstadt

Misik, R. (2009): Das Ende des heroischen Unternehmers. In: Blätter für deutsche und internationale Politik, Heft 2, S. 61–70

Moldaschl, M. (2003): Partizipation und/als/statt Demokratie, Zum Entwicklungsverhältnis von gesellschaftlicher Demokratisierung und organisationaler Partizipation. In: Moldaschl, M./Thiessen, F. (Hg.): Neue Ökonomie der Arbeit. Marburg, S. 218–245

Mundorf, H. (2006): Auch wir sind Deutschland. Nur noch Markt, das ist zu wenig. Hamburg

Müller, U./Giegold, S./Arhelger, M. (Hg.) (2004): Gesteuerte Demokratie? Wie neoliberale Eliten Politik und Öffentlichkeit beeinflussen. Hamburg

Müller-Jentsch, W. (2001): Mitbestimmung: Wirtschaftlicher Erfolgsfaktor oder Bürgerrecht? In: Gewerkschaftliche Monatshefte, Heft 4, S. 202–211

Müller-Jentsch, W. (2007): Streitfall Mitbestimmung. In: Blätter für deutsche und internationale Politik, Heft 2, S. 140–144

Nagel, B. (2005): Probleme des Unbundling nach dem neuen Energiewirtschaftsrecht aus der Sicht der Stadtwerke. In: Zeitschrift für Neues Energierecht, Heft 2, S. 147–148

Nagel, B./Haslinger, S./Meurer, P. (2002): Mitbestimmungsvereinbarungen in öffentlichen Unternehmen mit privater Rechtsform. Baden-Baden

Nagel, K. (1990): Weiterbildung als strategischer Erfolgsfaktor. Landsberg/Lech

Negt, O. (2002): Arbeit und menschliche Würde (2. Aufl.). Göttingen

Nell-Breuning, O. von (1960): Kapitalismus und gerechter Lohn. Freiburg/Brsg.

Neuberger, O. (1990): Der Mensch ist Mittelpunkt. Der Mensch ist Mittel, Punkt. Acht Thesen zum Personalwesen. In: Personalführung, Heft 1, S. 3–10

Nicklisch, H. (1922): Wirtschaftliche Betriebslehre (6. Aufl.). Stuttgart

Ockenfels, A. (2007a): Marktmachtmessung im deutschen Strommarkt in Theorie und Praxis – Kritische Anmerkungen zur London Economics-Studie. In: Energiewirtschaftliche Tagesfragen, Heft 9, S. 12–31

Ockenfels, A. (2007b): Strombörse und Marktmacht. In: Energiewirtschaftliche Tagesfragen, Heft 5, S. 44–58

Ockenfels, A. (2008): Geht in Deutschland bald das Licht aus? In: Frankfurter Allgemeine Zeitung vom 16.8.2008

Ockenfels, A./Grimm, V./Zoettl, G. (2008): Strommarktdesign. Preisbildungsmechanismus im Auktionsverfahren für Stromstundenkontrakte an der EEX, Gutachten im Auftrag der European Energy Exchange AG zur Vorlage an die Sächsische Börsenaufsicht vom 11.3.2008. Köln

Oechsler, W. A. (1994): Personal und Arbeit. Einführung in die Personalwirtschaft unter Einbeziehung des Arbeitsrechts (5. Aufl.). München, Wien

Organ, D. W. (1988): Organizational Citizenship Behavior: The Good Soldier Syndrome. Lexington/MA.

Palley, T. (2006): Die wirtschaftliche Logik des Outsourcings und die Handlungsoptionen der Politik. In: WSI-Mitteilungen, Heft 12, S. 665–673

Panse, W./Stegmann, W. (1996): Kostenfaktor Angst. Landsberg/Lech

Papier, H.-J. (2007): Wirtschaftsordnung und Grundgesetz. In: Aus Politik und Zeitgeschichte. Beilage zur Wochenzeitung: Das Parlament, Heft 13, S. 3–9

Peters, J. (2001): Wirtschaften ist kein Selbstzweck. Die Gesellschaft braucht Mitbestimmung und Demokratie in den Unternehmen. In: Hickel, R./Strickstrock, F. (Hg.): Brauchen wir eine andere Wirtschaft. Reinbek, S. 165–180

Pfaffenberger, W./Hille, M. (2004): Investitionen im liberalisierten Energiemarkt: Optionen, Marktmechanismen, Rahmenbedingungen. Bremen

Pfromm, H.-A. (1978): Solidarische Lohnpolitik. Frankfurt/M.

Picot, A./Dietl, H./Franck, E. (2005): Organisation – Eine ökonomische Perspektive (4. Aufl.). Stuttgart

Plener, E. Freiherr von (1874): Über die Beteiligung der Arbeitnehmer am Unternehmergewinn. Gutachten auf Veranlassung des Vereins für Socialpolitik (Schriften Band 6). Wien, Leipzig

Pongratz, H. J. (2002): Erwerbstätige als Unternehmer ihrer eigenen Arbeitskraft? In: Kuda, E./Strauß, J.: Arbeitnehmer als Unternehmer? Hamburg, S. 8–23

Preiser, E. (1933): Grundzüge der Konjunkturtheorie. Tübingen

Preiss, H. (2005): „Mitbestimmen oder Befehlen“? „Mitbestimmung soll gebrochen“ werden. Arbeitgeber und Politiker „verlangen harte Einschnitte“ (unveröffentlichtes Manuskript von Hans Preiss, langjähriges Vorstandsmitglied der IG Metall). Frankfurt/M.

Pries, L. (2006): Hat Mitbestimmung in der globalisierten Welt eine Zukunft? Vortrag anlässlich des IAW-Kolloquiums „Mitbestimmung in der Kontroverse“, Universität Bremen. Institut Arbeit und Wirtschaft, IAW Arbeitspapier 18. Bremen

Pulte, P. (2008): Das deutsche Arbeitsrecht (3. Aufl.). Troisdorf

Quaißer, G. (2006): Ausgaben für Bildung. Die Unterfinanzierung des deutschen Bildungswesens. In: Transparent, Wirtschaftspolitik und Bildungsfinanzierung, Gewerkschaft Erziehung und Wissenschaft (Hg.), Ausgabe 1/2006, S. 1–4

Rappaport, A. (1986/1999): Creating Shareholder Value (1986). In deutscher Übersetzung: Shareholder Value (2. Aufl.), München 1999

Renaud, S. (2007): Dynamic Efficiency of Supervisory Bord Codetermination in Germany. In: LABOUR, No. 21, S. 698–712

Rennert, K. (2008): Kohlekraftwerke sind kein notwendiges Übel. In: Energiewirtschaftliche Tagesfragen, Heft 9, S. 24

Richmann, A./Loske, A. (2007): Gibt es strategisches Verhalten auf dem Strom-Spotmarkt. In: Energiewirtschaftliche Tagesfragen, Heft 4, S. 8–16

Richter, N./Thomas, S. (2009): Perspektiven dezentraler Infrastrukturen im Spannungsfeld von Wettbewerb, Klimaschutz und Qualität. Endbericht der Forschungspartnerschaft INFRAFUTUR, Kommunalwirtschaftliche Forschung und Praxis, Bd. 16. Frankfurt/M. u.a.O.

Ridolfo, E. (2005): Ideenmanagement (2. Aufl.). Marburg

Ritzau, M./Zander, W. (2007): Lohnen sich künftig noch eigene Stadtwerke? In: Held, C./ Theobald, C.: Kommunale Wirtschaft im 21. Jahrhundert. Rahmenbedingungen, Strategien und Umsetzungen, Frankfurt/M. u.a.O., S. 219–226

Roels, H. (2007): Wir planen für Generationen. Interview mit Harry Roels. In: RWE: RWE-Geschäftsbericht 2006. Essen

Roth, J. (2006): Der Deutschland-Clan. Das skrupellose Netzwerk aus Politikern, Top-Managern und Justiz. Frankfurt/M.

Sander, B. (2000): Ein Wake-up Call für Ideenmanager (hrsg. vom Deutschen Institut für Betriebswirtschaft e.V.; 3. Aufl.). Frankfurt/M.

Schachtner, K. (2001): Ideenmanagement im Produktinnovationsprozess. Zum wirtschaftlichen Einsatz der Informationstechnologie (Diss.). Wiesbaden

Schanz, G. (1993): Personalwirtschaftslehre (2. Aufl.). München

Scharf, D. (1981): Eigenkapitalbeteiligung der Arbeitnehmer über eine Gewinnbeteiligung (Diss.). Frankfurt/M.

Scheer, A.-W. (1990): CIM (Computer Integrated Manufacturing). Der computergesteuerte Industriebetrieb (4. Aufl.). Berlin

Schein, H. T. (1980): Organisationspsychologie. Wiesbaden

Schlemmermeier, B./Schwintowski, H.-P. (2007): Das deutsche Handelssystem für Emissionszertifikate: Rechtswidrig? In: Hänlein, A./Roßnagel, A. (Hg.): Wirtschaftsverfassung in Deutschland und Europa, Festschrift für Bernhard Nagel. Kassel, S. 199–209

Schlömer, N./Kay, R./Rudolph, W./Wassermann, W. (2008): Arbeitnehmerbeteiligung in mittelständischen Unternehmen. In: WSI-Mitteilungen, Heft 5, S. 254–260

Schmalenbach, E. (1931): Dynamische Bilanz (5. Aufl.). Leipzig

Schmidt, I. (2005): Wettbewerbspolitik und Kartellrecht (8. Aufl.). Stuttgart

Schmidt, J. O. (2009): Elektrizitätswirtschaft: Von der Erzeugung bis zum Endkunden – Neue Herausforderungen, Powerpointmanuskript, 7.1.2009, TU Braunschweig

Schmidt, M. (2008): Anreizregulierung – Eine Herausforderung für das gesamte Unternehmen. In: 5. Deutscher Regulierungskongress (Hg.): Newsletter 1/2008 (Internet: http://www.euroforum.de/data/pdf/P1101843news.pdf)

Schmidt, N. (2008): Überlegungen zur Innovationspolitik aus gewerkschaftlicher Sicht. In: Wirtschaftspolitische Informationen der IG Metall, Nr. 03/2008

Schoden, M. (1995): Betriebliche Arbeitnehmererfindungen und betriebliches Vorschlagswesen. Köln

Scholz, A./Stuth, R. (2009): Das Maß der Guten Arbeit. In: Schröder, L./Urban, H.-J. (Hg.): Gute Arbeit. Handlungsfelder für Betriebe, Politik und Gewerkschaften. Frankfurt/M., S. 146–157

Schöneich, M. (2007): Wer gefährdet wen im Strommarkt: der Wettbewerb die Stadtwerke oder die Stadtwerke den Wettbewerb. In: Bohne, E./Jansen, D.: Strategien von Stadtwerken im liberalisierten Strommarkt. Schriftenreihe der Hochschule Speyer, Bd. 181. Berlin, S. 13–24

Schredelseker, K. (1977): Unternehmer. In: Eynern, G. von/Böhret, C. (Hg.): Wörterbuch zur politischen Ökonomie (2. Aufl.). Opladen

Schui, H./Ptak, R./Blankenburg S./Bachmann, G./Kotzur, D. (1997): Wollt ihr den totalen Markt? München

Schulte-Zurhausen, M. (1999): Organisation (2. Aufl.). München

Schultz, R. (1992): Erfolgsbeteiligung der Arbeitnehmer. In: Handwörterbuch des Personalwesens (2. Aufl.). Stuttgart u.a.O., S. 818–828

Schulz, E. (2008): Weniger Menschen, aber Arbeitskräfteangebot bleibt bis 2025 stabil. In: DIW-Wochenbericht, Nr. 40/2008, S. 596–602

Schulz, W. (2007): Kraft-Wärme-Kopplung: technische und wirtschaftliche Potenziale. Präsentation auf dem „zukunft haus Kongress" 2007, Berlin 25/26.10.2007. Berlin

Schulz, W. (unter Mitarbeit von Gabriel, J./Eikmeier, B./Balmert, D./Görg, M.) (2008): Konzeptvorschlag: Energieeffizienz als Geschäftsfeld für Stadtwerke. Gutachten des Bremer Energie Institut für die Arbeitsgemeinschaft für sparsame Energie- und Wasserverwendung (ASEW) im Verband kommunaler Unternehmen (VKU). Bremen

Schulz von Thun, F. (1990): Miteinander Reden, Bd. 1. Hamburg

Schumpeter, J. A. (1950): Kapitalismus, Sozialismus und Demokratie (4. Aufl.). München

Schürmann, S. (2000): Europa wird für Eon zum Heimatmarkt. In: Handelsblatt vom 14.6. 2000

Schwarz, A. (2004): Grundlagen der betrieblichen Personalentwicklung – Eine Einführung. In: Zeitschrift für Betrieb und Personal (B+P), Heft 3, S. 159–163

Semler, R. (1995): Das Semco-System. München

Smith, A. (1789/1983): Der Wohlstand der Nationen. Vollständige Taschenbuchausgabe nach der 5. Aufl. von 1789 (3. Aufl.). München

Solga, H. (2009): Fachkräftemangel und Bildungsarmut – Die Krise des deutschen Berufsbildungssystems. In: WSI-Mitteilungen, Heft 8, S. 406

Sonntag, K. (2006): Personalentwicklung in Organisationen (3. Aufl.). Göttingen

Spitzley, H. (1989): Die andere Energie-Zukunft. Stuttgart

Staehle, W. (1989): Human Ressource Management und Unternehmensstrategie. In: Mitteilungen aus der Arbeitsmarkt- und Berufsforschung, Heft 3, S. 388–396

Staudt, E./Bock, J./Mühlenmeyer, P./Kriegesmann, B. (1992): Der Arbeitnehmererfinder im betrieblichen Innovationsprozess. In: Zeitschrift für betriebswirtschaftliche Forschung, Heft 2, S. 111–130

Stobbe, A. (1987): Volkswirtschaftslehre III, Makroökonomik (2. Aufl.). Berlin u.a.O.

Stoft, S. (2002): Power Systems Economics. Designing Markets for Electricity. New York

Stracke, S./Martins, E./Peters, B. K./Nerdinger, F. W. (2007): Mitarbeiterbeteiligung und Investivlohn. Eine Literaturstudie. Düsseldorf

Stratmann, K. (2009): Strom aus der Wüste. In: Handelsblatt vom 17.6.2009, S. 6

Streeck, W. (2004): Gründe, mit der Mitbestimmung behutsam umzugehen. In: Mitbestimmung, Heft 7, S. 54–55

Strotmann, H. (2003): Vielfach ohne Arbeitnehmer. In: Mitbestimmung, Heft 6, S. 28–29

Swider D. J./Ellersdorfer, I./Hundt, M./Voß, A. (2007): Anmerkungen zu empirischen Analysen der Preisbildung am deutschen Spotmarkt für Elektrizität. Universität Stuttgart – Institut für Energiewirtschaft und Rationelle Energieanwendung. Gutachten für den Verband der Verbundunternehmen und regionalen Energieversorger in Deutschland. Stuttgart

Tannenbaum, R./Schmidt, W. H. (1958): How to Choose A Leadership Pattern. In: Harvard Business Review, Vol. 36, March-April 1958, S. 95–101

Taylor, F. W. (1919): Die Grundsätze wissenschaftlicher Betriebsführung. München, Berlin

Thom, N. (2003): Betriebliches Vorschlagswesen. Ein Instrument der Betriebsführung und des Verbesserungsmanagements (6. Aufl.). Bern

Thom, N./Etienne, M. (1997): Betriebliches Vorschlagswesen: Vom klassischen Modell zum modernen Ideen-Management. In: Das Wirtschaftsstudium (WISU), Heft 6, S. 564–570 und 593

Thom, N./Zaugg, R. J. (2006): Moderne Personalentwicklung, Mitarbeiterpotenziale erkennen, entwickeln und fördern. Wiesbaden

Thünen, J. H. von (1850): Der naturgemäße Arbeitslohn und dessen Verhältnis zum Zinsfuß und zur Landrente. Rostock

Tillack, H.-M. (2009): Die korrupte Republik. Über die einträgliche Kungelei von Politik, Bürokratie und Wirtschaft. Hamburg

Traube, K. (2008): EU-Richtlinie zum Emissionshandel 2013–2020 – Auswirkungen auf die Kraft-Wärme-Kopplung, Dezember 2008

Uehlinger, K./Allmen, W. von (1999): Das Handbuch der Erfolgskompetenz, TQM live. Ganzheitliche Unternehmensführung durch Total Quality Management. Kilchberg

Ulrich, P. (1993): Unternehmenskultur. In: Handwörterbuch der Betriebswirtschaft, Teilband 3 (5. Aufl.). Stuttgart u.a.O., S. 4.351–4.366

Urban, C. (1994): Das Vorschlagswesen und seine Weiterentwicklung zum europäischen KAIZEN (2. Aufl.). Konstanz

Vitols, S. (2008): Beteiligung der Arbeitnehmervertreter in den Aufsichtsratausschüssen (Arbeitspapier 163 der Hans Böckler Stiftung). Düsseldorf

Voß, G. G./Pongratz, H. J. (1998): Der Arbeitskraftunternehmer. Eine neue Grundform der „Ware Arbeitskraft"? In: Kölner Zeitschrift für Soziologie und Sozialpsychologie, Heft 50, S. 131–158

Voß, W. (2006): Materielle Mitarbeiterbeteiligung: Eine Literaturrecherche. Düsseldorf: Hans-Böckler-Stiftung

Vroom, V. H. (1982): Work and Motivation. Malabar, Florida

Vroom, V. H./Jago, A. G. (1991): Flexible Führungsentscheidungen. Management der Partizipation in Organisationen. Stuttgart

Wagner, O./Kristof, K. (2001): Strategieoptionen kommunaler Energieversorger im Wettbewerb. Energienahe, ökoeffiziente Dienstleistungen und kommunale Kooperationen (Wuppertal Papers 115). Wuppertal

Wagner, O./Richter, N./Berlo, K./Seifried, D. (2008): Kurzgutachten für das Bundesministerium für Ernährung, Landwirtschaft und Verbraucherschutz (BMELV) zur Bewertung einer möglichen Veränderung der Stromtarifstruktur für Haushaltskunden („Stromspartarif"). Wuppertal, Freiburg

Waldermann, A. (2008). RWE droht mit Blackout – Experten warnen vor Panikmache. In: Spiegel-Online vom 27.2.2008

Wassermann, W. (1999): Kampf den mitbestimmungsfreien Zonen? In: WSI-Mitteilungen, Heft 11, S. 770–782

Weibler, J. (2001): Personalführung. München

Wewel, M. C. (2006): Statistik: Methoden, Anwendung. Interpretation. München

Wiese, A. et al. (2008): Risikoanalyse von erneuerbaren Energieportfolios. In: Energiewirtschaftliche Tagesfragen, Heft 6, S. 62–66

Wischerhoff, P. (2003): Die Unternehmenskultur im Bankenwesen. Frankfurt/M.

Wunderer, R./Grundwald, W. (1980): Führungslehre. New York, Berlin

Wuppertal-Institut für Klima, Umwelt, Energie (2007): Kernenergie im energiepolitischen Zieldreieck von Klimaschutz, Versorgungssicherheit und Wirtschaftlichkeit – Fact Sheet. Wuppertal

Wübbels, M. (2007): Künftige Anforderungen an kommunale Energieversorgungsunternehmen und den VKU. In: Held, C./Theobald, C. (Hg.): Kommunale Wirtschaft im 21. Jahrhundert. Rahmenbedingungen, Strategien und Umsetzungen. Frankfurt/M. u.a.O., S. 237–248

Zdrowomyslaw, N. (2001): Jahresabschluss und Jahresabschlussanalyse. München, Wien

Zdrowomyslaw, N. (Hg.) (2007): Personalcontrolling. Der Mensch im Mittelpunkt. Erfahrungsberichte, Funktionen und Instrumente. Gernsbach

Zimmermann, J. (2004): Sind Managergehälter wirklich zu hoch? In: Wirtschaftsdienst, Heft 6, S. 350–354

## 6.2 Quellenverzeichnis

Q1 Amtsblatt der Europäischen Union, L114/64, Brüssel vom 27.4.2006

Q2 A. T. Kearney (2007): Zukunft der erneuerbaren Energien. Erneuerbare Energien als Wachstumstreiber für die deutsche Energiewirtschaft? Zusammenfassung der Studienergebnisse. Düsseldorf

Q3 BDA/BDI (2004): Mitbestimmung modernisieren. Bericht der Kommission Mitbestimmung. Berlin

Q4 Bericht der Sachverständigenkommission zur Auswertung der bisherigen Erfahrungen mit der Mitbestimmung, BT-Ds. VI/334, 1970, Teil IV A

Q5 Bremer Energie Institut/Deutsches Zentrum für Luft- und Raumfahrt (DLR) (2005): Analyse des nationalen Potenzials für den Einsatz hocheffizienter KWK, einschließlich hocheffizienter Kleinst-KWK, unter Berücksichtigung der sich aus der EU-KWK-RL ergebenden Aspekte. Bremen

Q6 Bundesanstalt für Geowissenschaften und Rohstoffe (2008): Reserven, Ressourcen und Verfügbarkeit von Energierohstoffen 2007. Jahresbericht 2007. Hannover

Q7 Bundesgerichtshof, Beschluss vom 11.11.2008 – KVR 60/07 – E.ON/Stadtwerke Eschwege

Q8 Bundeskartellamt, Fusionskontrollverfahren B8-40100-U-15/0

Q9 Bundesministerium für Bildung und Forschung (2005): Berichtsystem Weiterbildung IX. Ergebnisse der Repräsentativbefragung zur Weiterbildungssituation in Deutschland. Berlin

Q10 Bundesministerium für Umwelt, Naturschutz und Reaktorsicherheit (2000): Vereinbarung zwischen der Bundesregierung und den Energieversorgungsunternehmen vom 14.6.2000 (Internet: http://www.bmu.de/files/pdfs/ allgemein/apllication/pdf/atom-konsens.pdf)

Q11 Bundesministerium für Umwelt, Naturschutz und Reaktorsicherheit (2007a): Erfahrungsbericht zum Erneuerbaren-Energie-Gesetz gemäß § 20 EEG – BMU-Entwurf-Kurzfassung. Berlin vom 5.7.2007

Q12 Bundesministerium für Umwelt, Naturschutz und Reaktorsicherheit (2007b): Streitfall Kernenergie. Kann am Kernenergieausstieg trotz Klimaproblematik festgehalten werden oder ist deswegen eine Laufzeitverlängerung der Kernkraftwerke notwendig? (Bearbeiter: Schwarz, E.). Berlin

Q13 Bundesministerium für Umwelt, Naturschutz und Reaktorsicherheit (2008a): „Leitstudie 2008“. Weiterentwicklung der „Ausbaustrategie Erneuerbare Energien“ vor dem Hintergrund der Klimaschutzziele Deutschlands und Europas (Fachliche Erarbeitung: Dr. Joachim Nitsch in Zusammenarbeit mit der Abteilung „Systemanalyse und Technikbewertung“ des DLR-Instituts für Technische Thermodynamik). Berlin, Stuttgart

Q14 Bundesministerium für Umwelt, Naturschutz und Reaktorsicherheit (2008b): Entwicklung der erneuerbaren Energien in Deutschland im Jahr 2007. Grafiken und Tabellen. Berlin

Q15 Bundesministerium für Umwelt, Naturschutz und Reaktorsicherheit (2008c): Verbesserung der Systemintegration der Erneuerbaren Energien im Strombereich: Handlungsoptionen für eine Modernisierung des Energiesystems vom 9.5.2008. Berlin

Q16 Bundesministerium für Umwelt, Naturschutz und Reaktorsicherheit (2008d): Merkblatt Erstellung von Klimaschutz- und Teilkonzepten vom 18.6.2008. Berlin

Q17 Bundesministerium für Umwelt, Naturschutz und Reaktorsicherheit (BMU)/Verband kommunaler Unternehmen (VKU) (2008): Städte, Gemeinden und ihre Stadtwerke – Motor der Energiewende. Gemeinsame Erklärung vom 30.10.2008. Berlin

Q18 Bundesministerium für Wirtschaft und Technologie (2008a): Monitoring-Bericht nach § 51 EnWG zur Versorgungssicherheit im Bereich der leitungsgebundenen Versorgung mit Elektrizität. Berlin

Q19 Bundesministerium für Wirtschaft und Technologie (2008b): Wettbewerb im Energiebereich. In: BMWi-Monatsbericht Januar 2008

Q20 Bundesministerium für Wirtschaft und Technologie/Bundesministerium für Umwelt, Naturschutz und Reaktorsicherheit (2006): Energieversorgung für Deutschland, Statusbericht für den Energiegipfel am 3.4.2006. Berlin

Q21 Bundesministerium für Wirtschaft und Technologie/Bundesministerium für Umwelt, Naturschutz und Reaktorsicherheit/Bundesministerium der Finanzen (2007): Entwicklungsstand und Perspektiven von CCS-Technologien in Deutschland, Bericht für die Bundesregierung. Berlin

Q22 Bundesnetzagentur (2006): Bericht der Bundesnetzagentur nach § 112a EnWG zur Einführung der Anreizregulierung nach § 21a EnWG vom 30.6.2006. Bonn

Q23 Bundesnetzagentur (2007): Tätigkeitsbericht 2005–2007: Bericht nach § 63, Abs. 3 EnWG. Bonn

Q24 Bundesnetzagentur (2008): Jahresbericht 2007. Bonn

Q25 Bundesnetzagentur (2009a): Bundesnetzagentur will Innovationsschub für moderne Infrastrukturen. Pressemitteilung vom 2.4.2009

Q26 Bundesnetzagentur (2009b): Jahresbericht 2008. Bonn

Q27 Bundesrat (2007): Beschluss des Bundesrates: Verordnung zum Erlass und zur Änderung von Rechtsvorschriften auf dem Gebiet der Energieregulierung, 21.9.2007, Drucksache 417/07

Q28 Bundesregierung der Bundesrepublik Deutschland (2009): Antwort der Bundesregierung auf die Kleine Anfrage der Abgeordneten Bärbel Höhn, Hans-Josef Fell, Kerstin Andreae, weiterer Abgeordneter und der Fraktion Bündnis 90/Die Grünen. Deutscher Bundestag (Hg.), Drucksache 16/11538 vom 5.1.2009

Q29 Bundesverband Erneuerbare Energie (BEE) – Internet: http://www.bee-ev.de/index.php?a=19

Q30 Bundesverband Neuer Energieanbieter/Bundesverband der Energieabnehmer/Verband der Industriellen Energie und Kraftwirtschaft/Verbraucherzentrale Bundesverband (2007a): Position der Verbände zum BMWi-Entwurf für eine „Verordnung über die Anreizregulierung der Energieversorgungsnetze“ (ARegV) vom 4.4.2007

Q31 Bundesverband Neuer Energieanbieter/Bundesverband der Energieabnehmer/Verband der Industriellen Energie und Kraftwirtschaft/Verbraucherzentrale Bundesverband (2007b): Position der Verbände zum Kabinettsentwurf für eine „Verordnung über die Anreizregulierung der Energieversorgungsnetze“ (ARegV) vom 13.6.2007

Q32 Bundesverband Kraft-Wärme-Kopplung e.V. (B.KWK) (2009): Verbände fordern Zukunftsinvestitionsprogramm für den Nah- und Fernwärmeausbau. Presseinformation vom 6.1.2009. Berlin

Q33 Bundeswirtschaftsministerium für Wirtschaft und Technologie (2007): Nationaler Energieeffizienz-Aktionsplan (EEAP) der Bundesrepublik Deutschland gemäß EU-Richtlinie über „Endenergieeffizienz und Energiedienstleistungen“ (2006/32/EG). Berlin

Q34 CDU (2008): Antrag des Bundesvorstandes der CDU Deutschlands an den 22. Parteitag am 1./2. Dezember 2008 in Stuttgart, Bewahrung der Schöpfung: Klima-, Umwelt- und Verbraucherpolitik. Berlin

Q35 CDU/CSU/FDP (2009): Wachstum. Bildung. Zusammenhalt. Koalitionsvertrag zwischen CDU, CSU und FDP

Q36 Cefic (2007): Position Paper on EU Energy Markets, April 2007

Q37 Commission of the European Communities (2002): Case No COMP/M. 2701 Vattenfall/BEWAG, 4.2.2002

Q38 Consentec/Energiewirtschaftliches Institut an der Universität Köln/Institut für elektrische Anlagen und Energiewirtschaft der RWTH Aachen (Hg.) (2008): Analyse und Bewertung der Versorgungssicherheit in der Elektrizitätsversorgung, Untersuchung im Auftrag des Bundesministerium für Wirtschaft und Technologie. Abschlussbericht vom 30.5.2008. Aachen, Köln

Q39 Council of the European Union (2008): Energy and climate change – Elements of the final compromise, 17122/1/08 vom 11.12.2008. Brüssel

Q40 Das Parlament, Nr. 40/41 vom 1./8.10.2007

Q41 Deregulierungskommission (1991): Marktöffnung und Wettbewerb. Stuttgart

Q42 Deutsche Bank Research (2008): Die Kraft-Wärme-Kopplung. Ein Eckpfeiler des deutschen Energie- und Klimaprogramms vom 3.3.2008. Frankfurt/M.

Q43 Deutsche Bundesbank (2007): Ertragslage und Finanzierungsverhältnisse deutscher Unternehmen im Jahr 2006. In: Monatsbericht Dezember 2007, S. 31–55

Q44 Deutsche Emissionshandelsstelle (DEHSt) (2005): Emissionshandel in Deutschland: Verteilung der Emissionsberechtigungen für die erste Handelsperiode 2005–2007, 28.2.2005. Berlin

Q45 Deutsche Emissionshandelsstelle (DEHSt) (2008): Emissionshandel: Die Zuteilung von Emissionsberechtigungen in der Handelsperiode 2008–2012. Berlin

Q46 Deutsche Energieagentur (2005): Energiewirtschaftliche Planung für die Netzintegration von Windenergie in Deutschland an Land und Offshore bis zum Jahr 2020 (so genannte Dena-Netzstudie 1). Berlin

Q47 Deutsche Energieagentur (2008): Kurzanalyse der Kraftwerks- und Netzplanung in Deutschland – Schlussfolgerungen und Fazit. Stand: 14.4.2008

Q48 Deutsche Umwelthilfe: Kohlekraftwerksprojekte in Deutschland (Internet: http://www.duh.de/415.html.)

Q49 Deutsche Umwelthilfe (2008): Stromlücke oder Stromlüge? – Zu einer interessengeleiteten Debatte über die Zukunft der Stromversorgung in Deutschland, Stand: 7.4.2008. Berlin

Q50 Deutscher Bundestag (Ausschuss für Wirtschaft und Technologie) (2007): GWB-Novelle gegen das Votum von FDP und Grünen angenommen. In: hib-Meldung vom 14.11.2007

Q51 Deutsches Institut für Betriebswirtschaft e.V. (Hg.) (2003a): Führungsinstrument Vorschlagswesen. Aufbau – Funktion – Wirtschaftlichkeit (4. Aufl.). Berlin

Q52 Deutsches Institut für Betriebswirtschaft (Hg.) (2003b): Erfolgsfaktor Ideenmanagement (4. Aufl.). Berlin

Q53 DGB (2009): Stellungnahme zum Entwurf eines Gesetzes zur Regelung von Abscheidung, Transport und dauerhafter Speicherung von Kohlendioxid (CCS), März 2009

Q54 DGB Bundesvorstand (2009): Energiepolitische Thesen des DGB: Nachhaltige Energieversorgung vor dem Hintergrund klimapolitischer Notwendigkeiten. Bundesvorstandsbeschluss vom März 2009

Q55 EnBW (2000): Geschäftsbericht 1999. Karlsruhe

Q56 EnBW (2005/2006): Personalbericht 2005/2006

Q57 EnBW (2008a): Balance – Führung im Dialog (Internet: http://www.enbw.com/content/de/karriere/_media/pdf/Fuehrung_im_Dialog.pdf)

Q58 EnBW (2009): Geschäftsbericht 2008. Karlsruhe

Q59 EnergieAgentur.NRW (2009): Pressemitteilung vom 8.3.2009

Q60 Enquete-Kommission (2002): Endbericht der Enquetekommission „Nachhaltige Entwicklung unter den Bedingungen der Globalisierung und Liberalisierung". Deutscher Bundestag, 14. Wahlperiode, Drucksache 14/9400 vom 7.7.2002

Q61 Enquete-Kommission (1994): Schlussbericht „Schutz der Erdatmosphäre" zum Thema Mehr Zukunft für die Erde – Nachhaltige Energiepolitik für dauerhaften Klimaschutz. Deutscher Bundestag, 12. Wahlperiode, Drucksache 12/8600 vom 31.10.1994

Q62 E.ON: Leistung wertschätzen (Internet: http://www.eon.com/de/karriere/17331.jsp)

Q63 E.ON (2001): Geschäftsbericht 2000. Karlsruhe

Q64 E.ON (2004): Gesellschaftliche Verantwortung 2004. Energie. Effizienz. Engagement. Düsseldorf

Q65 E.ON (2007a): Pressekonferenz am 3.4.2007, Madrid

Q66 E.ON (2007b): E.ON's Analyst and Investor Conference vom 31.5.2007, London

Q67 E.ON (2007c): Geschäftsbericht 2006. Düsseldorf

Q68 E.ON (2008a): Gesellschaftliche Verantwortung 2007. Teil des Problems oder Teil der Lösung? Den Herausforderungen des Energiesektors begegnen. Düsseldorf

Q69 E.ON (2008b): Pressemitteilung vom 28.2.2008

Q70 E.ON (2009a): Gasfeld Yushno Russkoje: Beteiligungsvertrag unterzeichnet, Pressemeldung vom 5.6.2009

Q71 E.ON (2009b): 2008 Business Overview. Düsseldorf

Q72 EU-Kommission: „Structure and Performance of Six European Wholesale Electricity Markets in 2003, 2004 and 2005" (Internet: http://ec.europa.eu/commm/competition/antitrust/others/sector_inquiries/energy/)

Q73 EU-Kommission (2008a): Bekanntmachung gemäß Artikel 27 Absatz 4 der Verordnung (EG) Nr. 1/2003 des Rates in den Sachen COMP/B-1/39.388 — Deutscher Stromgroßhandelsmarkt und COMP/B-1/39.389 — Deutscher Regelenergiemarkt, Amtsblatt Nr. C 146/09 vom 12.6.2008

Q74 EU-Kommission (2008 b): Pressemitteilung vom 26.11.2008

Q75 Eurometaux: Improving the Electricity Markets in Continental Europe: Position Paper (Internet: http://www.euractiv.com/31/images/eurometauxenergyenquiry_tcm31-152936.pdf)

Q76 Europäische Kommission (2001): Grünbuch „Europäische Rahmenbedingungen für die soziale Verantwortung der Unternehmen", KOM(2001)366

Q77 European Renewable Energy Council: The Myth of Effective Competition in European Power Markets (Internet: http://www.erec.org/fileadmin/erec_docs/Documents/Position_Papers/Myths_final.pdf)

Q78 Eutech (2008): Sicherheit der Stromversorgung in Deutschland. Aachen

Q79 Fraunhofer ISI (2005): ISI-Presseinformation Nr. 18/2005 vom 6.12.2005

Q80 Fraunhofer ISI in Zusammenarbeit mit dem Öko-Institut Berlin, dem Forschungszentrum Jülich, Programmgruppe STE sowie Ziesing, H.-J. (2007): Wirtschaftliche Bewertung von Maßnahmen des Integrierten Energie- und Klimaprogramms (IEKP). Zusammenfassung des Zwischenberichts vom 29.10.2007. Karlsruhe, Berlin, Jülich

Q81 Gesamtmetall (Hg.) (1989): Mensch und Arbeit. Gemeinsame Interessen von Mitarbeitern und Unternehmen in einer sich wandelnden Arbeitswelt. Köln

Q82 Gesetz für die Erhaltung, die Modernisierung und den Ausbau der Kraft-Wärme-Kopplung, Kraft-Wärme-Koplungsgesetz vom 19.3.2002, BGBl. I

Q83 Gesetz über die Einspeisung von Strom aus erneuerbaren Energien in das öffentliche Netz vom 7.12.1990, BGBl. I, S. 2633 (Stromeinspeisungsgesetz)

Q84 Gesetz zur Neuregelung des Energiewirtschaftsrechts vom 24.4.1998, BGBl. 1998

Q85 Gesetz zur Öffnung des Messwesens bei Strom und Gas für Wettbewerb vom 29.8. 2008, BGBl. I

Q86 Gesetz zur steuerlichen Förderung der Mitarbeiterkapitalbeteiligung („Mitarbeiterkapitalbeteiligungsgesetz"), Bundestagsdrucksache 16/10531

Q87 goetzpartners (2008): Werte schaffen für den Kunden, Sicherung des Produktionsstandorts Deutschland. München

Q88 Greenpeace/Eutech (2007): Klimaschutz: Plan B – Nationales Energiekonzept bis 2020

Q89 Hans-Böckler-Stiftung (2006): Schwerpunktheft der Hans-Böckler-Stiftung „30 Jahre Mitbestimmungsgesetz. Der Kampf um den Kompromiss". In: Mitbestimmung, Heft 3/ 2006

Q90 IG Metall (Hg.) (2009): Wirtschaftspolitischen, Nr. 4/2009

Q91 IG Metall Vorstand (Hg.) (2008): Deutschland forscht wieder mehr. In: Wirtschaft aktuell, 07/2008

Q92 Infrafutur (2009): Endbericht der Forschungspartnerschaft INFRAFUTUR, Kommunalwirtschaftliche Forschung und Praxis, Bd. 16. Frankfurt/M. u.a.O.

Q93 Institut für sozial-ökologische Wirtschaftsforschung München (2007): Bilanz 2006, Fakten und Argumente zur wirtschaftlichen Situation. In: ISW-Wirtschaftsinfo 39/ 2007

Q94 International Energy Agency (IEA) (2005) Lessons from Liberalised Electricity Markets. Paris

Q95 International Energy Agency (IEA) (2008a): Energy Technology Perspectives 2008: Fact Sheet – The Blue Szenario, Pressemitteilung, Juni 2008

Q96 International Energy Agency (IEA) (2008b): Deploying Renewables: Principles for Effective Policies. Paris

Q97 International Energy Agency (IEA) (2008c): IEA Energy Policies Review. The European Union. Paris

Q98 IPPC (2007): 4. Sachstandsbericht des Intergovernmental Panel on Climate Change über Klimaveränderungen. Genf

Q99 Kommission der Europäischen Gemeinschaften (2007a): Untersuchung der europäischen Gas- und Elektrizitätssektoren gemäß Artikel 17 der Verordnung (EG) Nr. 1/ 2003 (Abschlussbericht), KOM (2006) 851 vom 10.1.2007. Brüssel

Q100 Kommission der Europäischen Gemeinschaften (2007b): Bericht über die Erfahrungen mit der Anwendung der Verordnung (EG) Nr. 1228/2003 „Verordnung über den grenzüberschreitenden Stromhandel“, Kom (2007) 250 vom 15.5.2007. Brüssel

Q101 Kommission der Europäischen Gemeinschaften (2008): Grünbuch. Eine Strategie für nachhaltige, wettbewerbsfähige und sichere Energie, KOM (2006) 105 endgültig vom 8.3.2008. Brüssel

Q102 Kommission zur Modernisierung der deutschen Unternehmensmitbestimmung (2006): Bericht der wissenschaftlichen Mitglieder der Kommission

Q103 McKinsey & Company. Inc. (2007): Kosten und Potenziale der Vermeidung von Treibhausgasemissionen in Deutschland, Studie erstellt im Auftrag von „BDI initiativ – Wirtschaft für Klimaschutz“. Berlin

Q104 Monopolkommission (2002): Sondergutachten der Monopolkommission gemäß § 42 Abs. 4 Satz 2 GWB, Zusammenschlussvorhaben der E.ON AG mit der Gelsenberg AG und der E.ON AG mit der Bergemann GmbH

Q105 Monopolkommission (2007a): Preiskontrollen in Energiewirtschaft und Handel? Zur Novellierung des GWB, Sondergutachten gemäß § 44 Abs. 1 Satz 3 und 4 GWB. Bonn

Q106 Monopolkommission (2007b): Strom und Gas 2007: Wettbewerbsdefizite und zögerliche Regulierung, Sondergutachten gemäß § 62 Abs. 1 EnWG. Bonn

Q107 Monopolkommission (2008): Weniger Staat, mehr Wettbewerb – Gesundheitsmärkte und staatliche Beihilfen in der Wettbewerbsordnung. 17. Hauptgutachten der Monopolkommission gemäß § 44 Abs. 1 Satz 1 GWB, Juni 2008. Bonn

Q108 MVV Energie (2009): Geschäftsbericht 2007/2008. Zukunftschancen durch Energieeffizienz. Mannheim

Q109 NDR (2008): SPD-Vorpommern: Kraftwerk in Lubmin droht das Aus (Internet: http://www.1.ndr.de/ nachrichten/dossiers/kohlekraft/lubmin160.html)

Q110 NUV-Online (2007): Telepolis: Rechnung mit vielen Unbekannten, Pressemitteilungen vom 19.12.2007

Q111 OECD (1998): The OECD Report on Regulatory Reform, Volume I: Sectoral Studies. Paris

Q112 o.V.: Rexrodt: Keine Schutzzäune für Kommunen. In: Handelsblatt vom 4.2.1998

Q113 o.V.: RWE und Veba sind die Favoriten in der Stromwirtschaft. In: Handelsblatt vom 11.2.1998

Q114 o.V.: Alleingang beim Stromwettbewerb. In: Handelsblatt vom 2.3.1998

Q115 o.V.: Strommarkt: Festung Deutschland. In: Wirtschaftswoche vom 12.3.1998

Q116 o.V.: Strom- und Gaskunden im Wettbewerb umworben. In: Handelsblatt vom 28.4. 1998

Q117 o.V.: Energie Baden-Württemberg will nationale Fesseln sprengen. In: Handelsblatt vom 31.5.1999

Q118 o.V.: Das Stromgeschäft wird internationaler. In: Handelsblatt vom 18.2.1999

Q119 o.V.: Europa wird für Eon zum Heiratsmarkt. In: Handelsblatt vom 14.6.2000

Q120 o.V.: Eon spricht über zahlreiche Akquisitionen. In: Frankfurter Allgemeine Zeitung vom 8.12.2000

Q121 o.V.: Kommentar. In: Hannoversche Allgemeine Zeitung vom 27.12.2000

Q122 o.V.: ENBW und Verdi erzielen Tarifeinigung. In: Frankfurter Allgemeine Zeitung vom 31.1.2001
Q123 o.V.: Mit Powergen sieht sich Eon als Spitzenreiter. In: Frankfurter Allgemeine Zeitung vom 10.4.2001
Q124 o.V.: Für Eon-Chef Hartmann rangieren Strom und Gas weit vor Wasser. In: Handelsblatt vom 10.4.2001
Q125 o.V.: RWE übernimmt den größten amerikanischen Wasserversorger. In: Frankfurter Allgemeine Zeitung vom 18.9.2001
Q126 o.V.: RWE wächst im Wassergeschäft. In: Handelsblatt vom 18.9.2001
Q127 o.V.: RWE kommt im Wassergeschäft zügig voran. In: Süddeutsche Zeitung vom 18.9. 2001
Q128 o.V.: Übernahme des größten US-Versorgers American Water Works. In: Süddeutsche Zeitung vom 18.9.2001
Q129 o.V.: Nach dem Umbau fühlt sich RWE schlagkräftiger als je zuvor. In: Frankfurter Allgemeine Zeitung vom 27.9.2001
Q130 o.V.: Schwache Konjunktur hilft bei Expansion – RWE plant Zukäufe in Amerika. In: Süddeutsche Zeitung vom 23.10.2001
Q131 o.V.: RWE plant Zukäufe in Amerika. In: Süddeutsche Zeitung vom 23.10.2001
Q132 o.V.: Rückschlag für die Multi-Utility-Strategie von RWE. In: Frankfurter Allgemeine Zeitung vom 8.12.2001
Q133 o.V.: RWE alter Wein. In: Handelsblatt vom 27.3.2002
Q134 o.V.: Vattenfall Europe streicht 4000 Stellen. In: Handelsblatt vom 11.10.2002
Q135 o.V.: Eon übernimmt Ruhrgas. In: Süddeutsche Zeitung vom 1./2.2.2003
Q136 o.V.: Ministererlaubnis am Ende. In: Frankfurter Allgemeine Zeitung vom 10.2.2003
Q137 o.V.: Entsorgungskonzern steckt sich hohe Ziele. In: Süddeutsche Zeitung vom 7.6. 2003
Q138 o.V.: Aufräumarbeiten bei RWE Umwelt. In: Süddeutsche Zeitung vom 7.6.2003
Q139 o.V.: RWE Umwelt erhält Aufschub bis 2005. In: Financial Times Deutschland vom 10.6.2003
Q140 o.V.: RWE-Tochter knüpft Netz von Stadtwerken – Beteiligungen. In: Financial Times Deutschland vom 13.6.2003
Q141 o.V.: ENBW-Betriebsrat geht auf die Barrikaden. In: Frankfurter Allgemeine Zeitung vom 1.10.2003
Q142 o.V.: Alles eine Frage der Organisation. In: Handelsblatt vom 24./25.10.2003
Q143 o.V.: Eon gewinnt 800 Millionen Euro aus den Verkaufserlösen. In: Frankfurter Allgemeine Zeitung vom 9.12.2003
Q144 o.V.: ENBW und Verdi erzielen Tarifeinigung. In: Frankfurter Allgemeine Zeitung vom 31.1.2004
Q145 o.V.: Viel Feind, viel Ehr', viel Selbstbewußtsein. In: Frankfurter Allgemeine Zeitung vom 13.1.2005
Q146 o.V.: RWE arbeitet sich zu den alten Wurzeln zurück. In: Frankfurter Allgemeine Zeitung vom 21.2.2005.
Q147 o.V.: Neulinge bringen Kraftwerksbau voran. In: Handelsblatt vom 2.11.2005

Q148 o.V.: Die Strombranche steht vor dem Fitnesstest. In: Handelsblatt vom 30.10.2006

Q149 o.V.: Enel schnappt Eon Anteil an Versorger weg. In: Süddeutsche Zeitung vom 8.6. 2007

Q150 o.V.: EdF rechnet mit Claassen ab. In wiwo.de vom 21.6.2007

Q151 o.V.: Franzosen rechnen scharf mit Claassen ab. In: Handelsblatt vom 22.6.2007

Q152 o.V.: 8KU sprechen im Energiemarkt mit einer Stimme – Büroeröffnung von acht der größten kommunalen Unternehmen in Berlin (Internet: http://www.energiedienst-leistung.de/Nachrichten/energiedienstleistung-text.php?meldung=1524; letzter Zugriff am 22.6.2007)

Q153 o.V.: Beust bedauert Verkauf der HEW an Vattenfall. In: Spiegel Online vom 12.7. 2007

Q154 o.V.: 18 Tage Nebel. In: Süddeutsche Zeitung vom 17.7.2007

Q155 o.V.: Konsequenzen aus Reaktorpannen. In: Süddeutsche Zeitung vom 17.7.2007

Q156 o.V.: Vattenfall feuert Kernkraft-Manager. In: Süddeutsche Zeitung vom 17.7.2007

Q157 o.V.: Kernkraft ist nicht die Lösung. In: Süddeutsche Zeitung vom 20.7.2007

Q158 o.V.: Kraftwerks-Projekten droht das Aus. In: Handelsblatt vom 5.9.2007

Q159 o.V.: Barroso stellt sich auf einen erbitterten Kampf ein. In: Handelsblatt vom 20.9. 2007

Q160 o.V.: RWE muss Strom versteigern. In: Handelsblatt vom 28.9.2007

Q161 o.V.: Netzagentur kritisiert Strompreiserhöhungen. In: Handelsblatt vom 8.11.2007

Q162 o.V.: Vattenfall-Chef Cramer bereitet Abschied vor. In: Welt online vom 23.11.2007

Q163 o.V.: Vattenfall plant deutsch-polnische Fusion. In: Welt online vom 25.11.2007

Q164 o.V.: Vattenfall: Ohne Stil und Anstand. In: Focus online vom 29.11.2007

Q165 o.V.: Windräder rotieren auf Hochtouren. In: Handelsblatt vom 9.1.2008

Q166 o.V.: Umweltschützer nehmen Kohlekraft ins Visier. In: Handelsblatt vom 13.2.2008

Q167 o.V.: Bröckelndes Bollwerk (Internet: http://www.welt.de/welt_print/article1692837/Broeckelndes_Bollwerk.html; letzter Zugriff am 18.2.2008)

Q168 o.V.: RWE reagiert auf Kundenschwund mit Billigstrom-Offensive. In: Welt-Online vom 19.2.2008

Q169 o.V.: Eon prüft Thüga-Verkauf. In: Handelsblatt vom 25.2.2008

Q170 o.V.: Eon wendet sich der Stromproduktion zu. In: Handelsblatt vom 7.3.2008

Q171 o.V.: CO2-Handel für Versorger ein Milliardengeschäft. In: Handelsblatt vom 8.4. 2008

Q172 o.V.: Großmann bringt RWE in Stellung. In: Handelsblatt vom 18.4.2008

Q173 o.V.: Eons steiler Aufstieg gestoppt. In: Handelsblatt vom 15.5.2008

Q174 o.V.: Ohne staatliche Hilfe keine klimafreundlichen Kraftwerke? In: Handelsblatt vom 1.7.2008

Q175 o.V.: E.ON gibt CO2 in die Wäsche. In: Handelsblatt vom 3.7.2008

Q176 o.V.: Atomkonzerne bieten der Politik ein Geschäft an. In: Handelsblatt vom 8.7.2008

Q177 o.V.: Stromausfälle bergen Milliardenrisiken. In: Handelsblatt vom 18.8.2008

Q178 o.V.: Geheimabsprachen belasten Hamburger Koalition. In: Handelsblatt vom 29.8.2008

Q179 o.V.: Rechtsrahmen für saubere Kohlekraftwerke fehlt. In: Handelsblatt vom 9.9.2008

Q180 o.V.: Stromkonzerne buchen Kapazitäten bei deutschen Windanlagenbauern. In: Handelsblatt vom 10.9.2008

Q181 o.V.: Die große Unvollendete. In: Energie & Management vom 15.9.2008

Q182 o.V.: RWE scheitert in Russland. In: Handelsblatt vom 22.9.2008

Q183 o.V.: Ökostrom löst hohe Zusatzkosten aus. In: Handelsblatt vom 30.9.2008

Q184 o.V.: Genehmigung von Moorburg empört Umweltschützer. In: Süddeutsche Zeitung vom 1.10.2008

Q185 o.V.: Wir haben eine Niederlage erlitten. In: Süddeutsche Zeitung vom 2.10.2008

Q186 o.V.: Wir wollen wachsen (Internet: http://www.sueddeutsche.de/wirtschaft; letzter Zugriff am 8.10.2008)

Q187 o.V.: Eon hat Ärger in Russland. In: Handelsblatt vom 9.10.2008

Q188 oV.: Greenpeace leidet unter Leseschwäche. In: Energie & Management vom 15.10.2008

Q189 o.V.: E.ON verbündet sich mit Arabern. In: Handelsblatt vom 17.10.2008

Q190 o.V.: Atomkonzerne hoffen auf Kurswechsel in Berlin. In: Welt am Sonntag vom 19.10.2008

Q191 o.V.: RWE bündelt Regionalversorger. In: Handelsblatt vom 22.10.2008

Q192 o.V.: Die AUB war ein Siemens-Kind. In: Hannoversche Allgemeine Zeitung vom 25.10.2008

Q193 o.V.: Strom aus dem All. In: Wirtschaftswoche vom 27.10.2008

Q194 o.V.: Solarfabrik so groß wie Autowerke. In: Handelsblatt vom 29.10.2008

Q195 o.V.: Auf hoher See lockt das Milliardengeschäft. In: Handelsblatt vom 29.10.2008

Q196 o.V. Das Klima freut sich über Kernkraftwerke. In: Handelsblatt vom 29.10.2008

Q197 o.V.: Gesalzene Aufgaben für Anlagenbauer. In: Handelsblatt vom 29.10.2008

Q198 o.V.: Abschied von der Vergangenheit. In: Energie & Management vom 1.11.2008

Q199 o.V.: Eon darf Verkauf des Stromnetzes starten. In: Handelsblatt vom 2.11.2008

Q200 o.V.: BGH stoppt Eons Expansion. In: Handelsblatt vom 11.11.2008

Q201 o.V.: Nabucco-Pipeline droht endgültig zu scheitern. In: Handelsblatt vom 12.11.2008

Q202 o.V.: RWE zeigt in der Krise Stärke. In: Handelsblatt vom 12.11.2008

Q203 o.V.: Wirtschaft bangt um billige Emissionsrechte. In: Handelsblatt vom 17.11.2008

Q204 o.V.: Geplante Grenzwerte bedeuten das Aus für Kohlekraftwerke. In: Handelsblatt vom 19.11.2008

Q205 o.V.: Flaute auf hoher See. In: Handelsblatt vom 26.11.2008

Q206 o.V.: Siemens setzt auf Windparks auf hoher See. In: Handelsblatt vom 1.12.2008

Q207 o.V.: Finanzkrise bremst Öko-Energien. In: Handelsblatt vom 16.12.2008

Q208 o.V.: Spannungen im Stromnetz. In: Handelsblatt vom 10.1.2009

Q209 o.V.: Wachsende Gefahr für die Politik durch Lobbyisten? In: Handelsblatt vom 16.1. 2009

Q210 o.V.: Vattenfall kämpft um neue Kunden. In: Handelsblatt vom 21.1.2009

Q211 o.V.: Hindernislauf Stadtwerke-Kooperation. In: Energie & Management vom 15.2. 2009

Q212 o.V.: Vattenfall will Nuon komplett übernehmen. In: Handelsblatt vom 23.2.2009

Q213 o.V.: Eon schreckt die Aktionäre auf. In: Handelsblatt vom 10.3.2009

Q214 o.V.: Die überregulierte Energieeffizienz. In: Energie & Management vom 15.3.2009
Q215 o.V.: Stromnetzentgelte steigen kräftig. In: Handelsblatt vom 31.3.2009
Q216 o.V.: Vattenfall prüft Verkäufe in Deutschland. In: Handelsblatt vom 6.4.2009
Q217 o.V.: Kartellamt nimmt hohe Strompreis ins Visier. In: Focus Online vom 17.4.2009 (Internet: http://www.focus.de)
Q218 o.V.: RWE-Chef Großmanns Stunde schlägt. In: Handelsblatt vom 22.4.2009
Q219 o.V.: Eon will riesigen Windpark bauen. In: Handelsblatt vom 24.4.2009
Q220 o.V.: Kohler sagt ab. In: Handelsblatt vom 5.5.2009
Q221 o.V.: Kronprinz vor Krönung. In: Handelsblatt vom 7.5.2009
Q222 o.V.: RWE präsentiert sich krisenfester als Eon. In: Handelsblatt vom 14.5.2009
Q223 o.V.: Schlummernde Milliarden Reserven. In: Handelsblatt vom 18.5.2009
Q224 o.V.: Kommunen lösen sich von Konzernen. In: Handelsblatt vom 26.5.2009
Q225 o.V.: Stadtwerke drehen gemeinsam auf. In: Handelsblatt vom 26.5.2009
Q226 o.V.: Koalition streitet um Gesetz für Kohlendioxid. In: Handelsblatt vom 5.6.2009
Q227 o.V.: EnBW beweist Stabilität. In: Handelsblatt vom 9.6.2009
Q228 o.V.: Fraktionen stellen sich quer. In: Handelsblatt vom 17.6.2009.
Q229 o.V.: Eon: ‚Die Kultur hat sich gewandelt‘. In Handelsblatt vom 19.6.2009
Q230 o.V.: Nuon verkauft ganzen Vertrieb in Deutschland. In: Handelsblatt vom 24.6.2009
Q231 o.V.: Vattenfall – Lobbyist bringt SPD in Bredouille. In: Handelsblatt vom 10.7.2009
Q232 o.V.: Eon verzichtet auf Kündigungen. In: Handelsblatt vom 17.7.2009
Q233 o.V.: EnBW gibt Beteiligungen ab. In: Handelsblatt vom 31.7.2009
Q234 o.V.: Stadtwerke schaffen neues Schwergewicht. In: Handelsblatt vom 13.8.2009
Q235 o.V.: Eon droht bei Kraftwerksbau Milliardenpleite. In: Handelsblatt vom 18.9.2009.
Q236 o.V.: Stromkonzern in der Klemme. In: Handelsblatt vom 21.9.2009
Q237 o.V.: Eon arbeitet EU-Auflagen zügig ab. In Handelsblatt vom 2.10.2009
Q238 o.V.: Strombranche streitet um Kernkraft. In: Handelsblatt vom 10.11.2009
Q239 o.V.: Politischer Streit bremst Pläne für CO2-Speicher. In: Handelsblatt vom 18.11. 2009
Q240 PriceWaterhouseCoopers (2008): Kooperation oder Ausverkauf der Stadtwerke? Umfrage unter 202 deutschen Städten und Gemeinden. Düsseldorf
Q241 Projektgruppe Energiepolitisches Programm (PEPP) (2009): 10 langfristige Handlungslinien für die künftige Energieversorgung in Deutschland, Februar 2009
Q242 Rat der Europäischen Union (1997): Richtlinie 96/92/EG des Europäischen Parlaments und des Rates vom 19.12.1996 betreffend gemeinsame Vorschriften für den Elektrizitätsbinnenmarkt, Amtsblatt der Europäischen Union vom 30.1.1997, Nr. L 27/20
Q243 Rat der Europäischen Union (2003): Richtlinie 2003/54/EG des Europäischen Parlaments und des Rates vom 26.6.2003 über gemeinsame Vorschriften für den Elektrizitätsbinnenmarkt und zur Aufhebung der Richtlinie 96/92/EG, Amtsblatt der Europäischen Union vom 15.7.2003, Nr. L 176/37
Q244 Rat der Europäischen Union (2007): Interinstitutionelles Dossier: 2007/0196 (COD), 27.9.2007. Brüssel
Q245 RKW (1990): RKW-Handbuch Personalplanung (2. Aufl.). Neuwied, Frankfurt/M.

Q246 RWE (2001): Brief an die Aktionäre. In: RWE-Geschäftsbericht 2000/2001. Essen
Q247 RWE (2005): Verhaltenskodex. Essen
Q248 RWE (2006): Brief des Vorstandsvorsitzenden. In: RWE-Geschäftsbericht 2005. Essen
Q249 RWE (2007a): Geschäftsbericht 2006. Essen
Q250 RWE (2007b): Facts and Figures 2007
Q251 RWE (2007c): Ready to invest in organic growth. Investor and Analyst conference, H1 2007, 9.8.2007. London
Q252 RWE (2008a): Wann, wenn nicht jetzt. Unsere Verantwortung. Bericht 2007. Essen
Q253 RWE (2008b): Wir gestalten Zukunft. Personalbericht 2007. Essen
Q254 RWE (2009): Geschäftsbericht 2008. Essen
Q255 Sachverständigenrat für Umweltfragen (2006): Die nationale Umsetzung des europäischen Emissionshandels: Marktwirtschaftlicher Klimaschutz oder Fortsetzung der energiepolitischen Subventionspolitik mit anderen Mitteln? Stellungnahme vom April 2006
Q256 Sachverständigenrat für Umweltfragen (2008): Umweltgutachten 2008. Umweltschutz im Zeichen des Klimawandels. Deutscher Bundestag, Drucksache 16/9990 vom 2.7. 2008
Q257 Shell International BV (Hg.) (2008): Shell Energy Scenarios to 2050. The Hague
Q258 SPD Bundestagsfraktion (2008a): EEG-Novelle 2009: Kurzübersicht der Änderungen im Parlamentarischen Verfahren. Berlin
Q259 Städte- und Gemeindebund NRW (Hg.) (2008): Rechtsgutachten zur Anreizregulierungsverordnung. In: STGB NRW-Mitteilungen 383/2008 vom 2.6.2008
Q260 Statistisches Bundesamt: Fachserie 4, Reihe 6.1 „Beschäftigung, Umsatz. Investitionen und Kostenstruktur der Unternehmen in der Energie- und Wasserversorgung"
Q261 Stellungnahme des Bundeskartellamtes zum Vorschlag der EU-Kommission für ein drittes Binnenmarktpaket Strom und Gas für den Ausschuss für Wirtschaft und Technologie des 16. Deutschen Bundestages, Ausschuss-Drucksache 16(9)981 vom 3.4. 2008
Q262 Umweltbundesamt (2007): Klimaschutz: Windkraft braucht mehr Rückenwind. Presseinformationen Nr. 38/2007
Q263 Umweltbundesamt (2008a): Eine ‚Stromlücke' ist nicht zu erwarten. Presseinformationen Nr. 23/2008 vom 7.4.2008
Q264 Vattenfall (2006): Geschäftsbericht 2006
Q265 Vattenfall (2007a): Corporate Social Responsibility Report 2007
Q266 Vattenfall (2007b): Rede des Vorstandssprechers Hans-Jürgen Cramer auf der Hauptversammlung am 9.8.2007 in Berlin
Q267 Vattenfall (2008): Kultur und Werte (Internet: http://www.vattenfall.de/www/vf/vf_de/225583xberx/229787karri/229817wirxx/229847unter/index.jsp)
Q268 Vattenfall Europe (2007): Aktionärsbrief 2007
Q269 Vattenfall Europe (2008): Geschäftsbericht 2007. Berlin
Q270 Vattenfall Europe (2009a): Das Jahr 2008 in Zahlen und Fakten. Berlin
Q271 Vattenfall Europe (2009b): 24/7/365. Berlin
Q272 VEBA Aktiengesellschaft/VIAG Aktiengesellschaft (2007): Gemeinsamer Verschmelzungsbericht der Vorstände der VEBA Aktiengesellschaft und der VIAG Aktiengesell-

schaft (Internet: http://www.eon.com/de/downloads/VerschmelzungsberichtVEBA-VIAG.pdf)

Q273 Verband der Industriellen Energie- und Kraftwirtschaft (VIK) (2007): VIK-Stellungnahme zur Auktionierung von CO2-Emissionsrechten vom 5.6.2007. Essen, Berlin

Q274 Verband kommunaler Unternehmen (VKU) (2008): Zum Effizienzvergleich der Bundesnetzagentur. Pressemitteilung 21/08 vom 29.2.2008

Q275 Verband der Netzbetreiber (2008): Höchstlast 2008 (Internet: http://www.vdn-berlin.de/hoechstlast.asp)

Q276 ver.di (2005): ver.di-Grundsätze für ein Energiekonzept für Deutschland vom 10.5. 2005. Berlin

Q277 ver.di (Hg.) (2007): Stellungnahme der Gewerkschaft ver.di zum Entwurf einer Verordnung über die Anreizregulierung der Energieversorgungsnetze vom 4.4.2007

Q278 ver.di (2008): Was ver.di will. Neugestaltung der Netze. Fachbereichsbeilage report, Ver- und Entsorgung Nr. 4/2008

Q279 Vereinigung deutscher Elektrizitätswerke (VdEW) (1990): Jahresbericht 1989. Frankfurt/M. 1990 (zit. in: Alber/Fritsche 1991)

Q280 Verordnung (2007): Verordnung über die Anreizregulierung der Energieversorgungsnetze vom 29.10.2007, BGBl. I

Q281 Verordnung (2008): Verordnung zum Erlass von Regelungen über Messeinrichtungen im Strom und Gasbereich vom 17.10.2008, BGBl. I

Q282 VIK, Nuon und Essent-Übernahmen schwächen den Wettbewerb auf Strom- und Gasmärkten, Pressemitteilung vom 25.2.2009

Q283 VKU Nachrichtendienst, Ausgabe 719/2008

Q284 WDR, Monitor Nr. 556: bezahlte Lobbyisten in Bundesministerien: Wie die Regierung die Öffentlichkeit täuscht (Internet: http://wdr.de/tv/monitor/beitrag.phtml?bid=848 sid=156)

Q285 WDR, Neues Kohlekraftwerk auf der Kippe (Internet: http://www.wdr.de/themen/wirtschaft/wirtschaftsbranche/energie/neuekraftwerke/081205.html)

Q286 WDR, Streit um Kohlekraftwerk (Internet: http://www.wdr.de/mediathek/html/regional/2008/09 /05/lokd_02.xml)

Q287 Wuppertal-Institut für Klima, Umwelt, Energie (2007): Kernenergie im energiepolitischen Zieldreieck von Klimaschutz, Versorgungssicherheit und Wirtschaftlichkeit – Fact Sheet. Wuppertal

Q288 A.T. Kearney (2008): Ownership Unbundling – Der richtige Weg zu mehr Wettbewerb? Zusammenfassung der Studienergebnisse. Berlin

Q289 RWE (2008c): RWE-Pressemeldung. Vorstand und Betriebsrat der RWE begrüßen die Diskussion in der Politik über eine Rücknahme des Ausstiegs aus der Kernenergie. Damit könne der „deutsche Sonderweg“ beendet werden. Essen

Q290 SPD Bundestagsfraktion (2008b): KWKG-Novelle 2009: Kurzübersicht des Gesetzentwurfs und der Änderungen im Parlamentarischen Verfahren. Berlin

Q291 Vattenfall Europe Mining & Generation (o.J.): Energie aus Wasserkraft – Strom erzeugen nach Bedarf. Cottbus

Q292 Bertelsmann Stiftung/Hans-Böckler-Stiftung (Hg.) (2003): Mitbestimmung für die Zukunft. Gütersloh

Q293 ZfK-Tagesticker vom 1.10.2008

Q294 Umweltbundesamt (Hg.) (2008b): Wirtschaftlicher Nutzen des Klimaschutzes. Wirtschaftliche Bewertung von Maßnahmen des integrierten Energie- und Klimaprogramms (IEKP), Climate Change 14-08. Forschungsbericht 20546434. Dessau-Roßlau

Q295 Bundesforschungsanstalt für Landeskunde und Raumordnung (1990): Zehn Jahre Energiekonzepte. Erfahrungen und Perspektiven. In: Informationen zur Raumentwicklung Heft 6/7

Q296 RWE (2008c): Facts and Fictures Updated

Q297 BdEW (2008): Pressemitteilung vom 4.9.2008

Q298 Bundeskartellamt (2006): Anlage A zum Schriftsatz B6 – 21/03 vom 30.11.2006

Q299 VDEW (2007): Pressemitteilung vom 12.7.2007

Q300 Businessnews vom 4.4.2007

Q301 E.ON (2008): Strategy and Key Figures 2008, Düsseldorf

Q302 E.ON (2007: Pressemitteilung vom 4.10.2007

Q303 EnBW (2008b): Zahlen, Daten, Fakten. Karlsruhe

Q304 Böckler Impuls, Heft 15/2006, S. 2

Q305 o.V., Energie & Management vom 15.12.1008, S. 25

Q306 Becker/Büttner/Held (BBH) (Hg.) (2008): BBH-News zum Emissionshandel, Zuteilungsverfahren, JI/CDM und CCS-Klimaschutz für welchen Preis?

# 7. Anhang

## 7.1 Methodische Anmerkungen

### *7.1.1 Anmerkung zu den Branchen- und Unternehmensdaten*

In Kapitel 2 haben wir umfangreiche Branchendaten des Statistischen Bundesamtes ausgewertet, um die Entwicklung der Elektrizitätswirtschaft im Zuge der Liberalisierung nachzuzeichnen. Die Erhebung wurde abgeschlossen im Frühjahr 2009. Der letzte verfügbare Datenstand bezog sich auf das Jahr 2006. Bei der Interpretation der Daten sind folgende Aspekte zu berücksichtigen:

- Mit dem „Gesetz über die Statistik im Produzierenden Gewerbe“ wurde im Jahre 1975 die Basis für die Berichterstattung über das Wirtschaftssegment Elektrizitäts- und Gasversorgung inkl. Fernwärme- und Wasserversorgung geschaffen. Ab dem Jahre 1992 werden gesamtdeutsche Zahlen veröffentlicht. 1998 wurde die Unternehmensstatistik vor dem Hintergrund einer internationalen Harmonisierung angepasst. Mithin sind in längeren Zeitreihen Brüche zu erkennen. Aussagen bezüglich einzelner Kennziffern sind über längere Perioden daher nur begrenzt möglich. Die folgende Darstellung bezieht sich auch deshalb schwerpunktmäßig auf den Zeitraum 1998 bis 2006. Dabei ist der Endzeitpunkt 2006 zugleich der jüngste, der bis zum Abschluss dieses Projektteils im April 2009 der offiziellen Statistik zu entnehmen war.
- Die Erhebungen des Statistischen Bundesamtes erstrecken sich auf alle Unternehmen in der Elektrizitäts-, Gas-, Fernwärme- und Wasserversorgung (über 200.000 $m^3$). Von uns wurden dabei die Daten der Unternehmen mit dem *Schwerpunkt Elektrizitätsversorgung* ausgewertet.
- Das Statistische Bundesamt weist ausdrücklich darauf hin, dass *bei einem Teil* der (Elektrizitäts-)Unternehmen (nicht bei allen!) Korrekturen vorgenommen werden; und zwar dahingehend, dass die fachlichen Betriebsteile „Gas“, „Fernwärme“ und „Wasser“ anderen Versorgungsbereichen zugeordnet werden. Zudem werden Geschäftsaktivitäten mit erfasst, die nicht der Energie- oder Wasserversorgung dienen. Unberücksichtigt bleiben hingegen Zweigniederlassungen oder fachliche Unternehmensteile im Ausland. Mit anderen Worten: Da in der offiziellen Statistik Informationen zu Unternehmen mit *Schwerpunkt Elektrizitätsversorgung* – und somit teilweise das Nichtkerngeschäft – berücksichtigt werden, können punktuelle Verzerrungen nicht ausgeschlossen werden.

- Hinsichtlich der *Investitionen* werden aktivierte Bruttozugänge an Sachanlagen einbezogen; bei im Bau befindlichen Anlagen werden nur die im Berichtsjahr erstellten Leistungen berücksichtigt. Finanzanlagen finden demgegenüber keine Beachtung.
- Die *Lieferungen und Leistungen* eines fachlichen Unternehmensteils an andere Sparten des gleichen Unternehmens werden durch das Statistische Bundesamt als Vorleistungen verbucht und entsprechend saldiert.
- Für einen Teil der Merkmalswerte werden differenziertere Daten nach *Beschäftigten-* und *Umsatzgrößenklassen* ausgewiesen. Da ein Hauptaugenmerk der Untersuchung dem Wandel der Mitbestimmungskulturen und Beschäftigungsverhältnisse gilt, wird bei größenmäßigen Differenzierungen die Anzahl der Beschäftigten als verbindendes Merkmal behandelt. Wegen der geringen Gesamtbeschäftigtenzahl von unter 10.000 in dieser Gruppe wurden Unternehmen mit weniger als 50 Arbeitsplätzen nicht berücksichtigt, zumal hier auch für unsere anschließende Befragung kaum ein Feldzugang über Mitbestimmungsträger möglich gewesen wäre.

Darüber hinaus sind in die Analyse auch Daten eingegangen, die von Verbänden publiziert bzw. zur Verfügung gestellt wurden. Aufgrund des weniger amtlichen Charakters und fehlender Mitwirkungspflichten im Erhebungskreis ist hier nicht gewährleistet, dass die Daten vollständig und auf dem aktuellsten Stand sind. Überdies können sich in der Kombination halbamtlicher und amtlicher Daten durchaus Diskrepanzen ergeben, zumal die statistischen Abgrenzungen auch nicht immer einheitlich sind.

Selbst bei branchenweiten Daten, die einerseits vom Bundeswirtschaftsministerium und andererseits vom Bundesumweltministerium veröffentlicht werden, sind Differenzen nicht auszuschließen. Unterschiedliche Abgrenzungen und Erfassungszeitpunkte dürften hierfür die hauptsächliche Ursache sein.

Gerade bei der Untersuchung der „Big-4“ haben wir in den Kapiteln 2 und 3 auch auf unternehmensspezifische Daten zurückgegriffen. Im Wesentlichen stammen die Daten aus Unternehmensangaben in Geschäftsberichten und sonstigen Broschüren. Wie dort bereits angedeutet, gibt es bei der Verwendung dieser Zahlenbasis insbesondere fünf Probleme:

- Es handelt sich häufig um Konzerndaten. Die Zahlen betreffen damit das gesamte EVU mit all seinen Erzeugungssparten. Dabei ist aber in der Regel der Strombereich einer der wichtigsten.
- Die Konzerne haben sich im Laufe der Jahre ausgesprochen dynamisch bei der Abgrenzung der Geschäftsfelder entwickelt. Die Entwicklung von Zeitreihen beschreibt mithin nicht unmittelbar nur die Auswirkungen der Liberalisierung, sondern ist auch Folge veränderter Unternehmensstrategien. Diese

veränderten Strategien sind aber häufig eben auch eine Folge der Liberalisierung.
- Nicht immer wird differenziert, ob die Daten konzernweit oder deutschlandweit gelten.
- In der Ausweisung der Daten besteht oftmals keine Kontinuität in der Erfassung.
- Unterschiedliche Datenquellen innerhalb eines Unternehmens können für ein und denselben Untersuchungsgegenstand abweichende Werte aufweisen, ohne dass sich die Ursache klären lässt, weil die Kommentierung der Zahlen nicht wissenschaftlich exakt ist.

Abschließend bleibt festzuhalten: Die Ausführungen zeigen, dass aufgrund der Datenerhebung die Interpretation in mehrerlei Hinsicht schwierig ist. „Bessere" Daten stehen aber leider nicht zur Verfügung und Auswege, die Daten für unseren Untersuchungszweck stimmiger zu machen, gibt es ebenfalls nicht, so dass eine empirische Arbeit mit den vorhandenen Daten auskommen muss und dies entsprechend vorsichtig in der Interpretation zu würdigen hat.

### *7.1.2 Betriebsrätebefragung*

In den Kapiteln 2, 3 und 4 haben wir Ergebnisse aus einer umfangreichen eigenen Fragebogenerhebung einfließen lassen. Die Fragebögen selbst und die komplette grafische Auswertung kann unter folgender URL-Adresse abgerufen werden:

http://www.wirtschaftsrecht.fh-gelsenkirchen.de/FH-Sites/fachbereiche/index.php?id=9915.

An unserer Umfrage haben sich Betriebsräte aus 53 EVUs beteiligt. Vornehmlich handelte es sich um Stadtwerke, teilweise aber auch um Tochterunternehmen der „Big-4". Nicht bei jeder Frage erhielten wir aber von allen Mitbestimmungsträgern eine Antwort. Um zu dokumentieren, wie jeweils die Quote derjenigen, die geantwortet hatten, in Relation zur relevanten Stichproben-Gesamtheit ausfiel, haben wir dies über die Variable Q in der Form $Q = N_1/N$ unterhalb der Auswertungsgrafiken ausgewiesen. Eine Angabe von Q = 50/53 beispielsweise gibt an, dass 50 von 53 überhaupt geantwortet haben. Die Prozentangaben in den Grafiken beziehen sich immer auf N. In der Regel entspricht N dem Umfang der Stichproben-Gesamtheit von 53. Ergibt sich in der Summe eine (positive) Differenz zu 100%, so gibt diese Lücke (in der Größenordnung von $(N - N_1)/N \cdot 100$) entsprechend an, wieviel Prozent der Stichproben-Gesamtheit von 53 keine Antwort gegeben haben. Vereinzelt waren aber auch Mehrfachantworten möglich, so dass die Prozentsumme den Wert 100 überschritten hat. In Einzelfällen, in denen Fragen aufeinander aufbauten und die Beantwortung einer Folgefrage nur einem Teil der Gesamtheit vorbehalten war, entspricht der Referenzwert der Prozentberechnung, also N, dem Umfang derjenigen, die für eine Beantwortung überhaupt in Frage kamen.

Bei der Auswahl der Stichprobe haben wir uns von folgenden Vorstellungen leiten lassen:

- Jede Stichprobe kann prinzipiell nur „repräsentativ" hinsichtlich eines Merkmals sein.
- Da im Mittelpunkt der Untersuchung die Beschäftigtenverhältnisse stehen, wird als „verbindendes" Merkmal der Stichprobenauswahl die Zahl der Beschäftigten gewählt. Die Stichprobe wird damit nur „repräsentativ" hinsichtlich der Beschäftigtenstruktur in der Elektrizitätsversorgung sein.[1]
- Es liegen nur grobe Vorab-Informationen zur Grundgesamtheit vor. In der Fachserie 4, Reihe 6.1 des Statistischen Bundesamtes (Ausgabe November 2006) befinden sich die klassifizierten Angaben aus Abbildung 50. Durch die Klassifizierung gehen aber die Datendetails – insbesondere Informationen über die Streuung – innerhalb einer Klasse verloren. Übersichtlichkeit wurde mit Ungenauigkeiten erkauft.
- Die Daten wurden vor der Stichprobenplanung in zweierlei Hinsicht bereinigt: Die Stichprobe soll einen Überblick über die Sparte exklusive der „Big-4" (RWE, E.ON, Vattenfall und ENBW) vermitteln, da diese gesondert untersucht werden. Daher wurden zum einen die Beschäftigten in der Elektrizitätsversorgung dieser Unternehmen herausgerechnet (unterstellt wurde, dass rund die Hälfte aller insgesamt dort Beschäftigten in der interessierenden Sparte tätig ist). Zum anderen wurden die Unternehmen mit weniger als 50 Beschäftigten aus pragmatischen Erwägungen außen vor gelassen, da hier ein angemessener Feldzugang über Arbeitnehmervertreter kaum möglich gewesen wäre. Von diesem Abschneiden sind zwar 54% der Unternehmen dieser Sparte betroffen, in Summe sind dort aber eben weniger als 4% der Arbeitnehmer beschäftigt. Insofern leidet die Beschäftigten-Repräsentativität unter diesem Schritt kaum. Durch diese beiden Bereinigungen spiegelt die Stichprobe die Beschäftigung solcher Energieversorger exklusive der „Big-4" repräsentativ wider, die mehr als 50 Beschäftigte aufweisen.

1 Universelle Repräsentativität kann ohnehin nicht erreicht werden: „Eine Stichprobe soll ja nicht repräsentativ in Bezug auf bekannte – vorgegebene – Kriterien sein, sondern in Bezug auf Unbekannte – und deshalb erst noch zu ermittelnde – Untersuchungsmerkmale. Es mag zwar plausibel sein, dass Repräsentativität bei bekannten Vorgaben auch zu Repräsentativität bei den Untersuchungsmerkmalen führt, zwangsläufig ist das aber nicht". Buttler/Fickel 2002, S. 32.

- Zur Bestimmung des Stichprobenumfangs werden Informationen über den Mittelwert und die Varianz in der Grundgesamtheit benötigt. Der Mittelwert ($\mu = 234$) konnte aus den Daten genau bestimmt werden, die Varianz ($\sigma^2 = 41.183$) hingegen wegen der Klassifizierung nur näherungsweise.
- Bei Ziehen mit Zurücklegen[2] gilt bei ungeschichteten Stichproben folgende Vorgabe für den Mindeststichprobenumfang (n):[3]

$$n = \left( \frac{z_{1-\alpha/2}}{\delta_{max}} \right)^2 \circ \sigma^2$$

Dabei ist

$$z_{1-\alpha/2}$$

das Konfidenzniveau und $\delta_{max}$ der tolerierte Stichprobenfehler. In dem hier verfolgten Verfahren des Ziehens ohne Zurücklegen errechnet sich daraus mit Hilfe der Grundgesamtheit (N) der minimale Stichprobenumfang (n*) nach:

$$n^* = \frac{n}{1 + n/N}$$

Diese Angaben setzen aber als Mindeststichprobenumfang ohnehin $n \geq 50$ voraus.
- Bei den vorliegenden Informationen (vgl. Anlage) würde die ursprünglich von uns angestrebte Stichprobe im Umfang von 65 Unternehmen in der Lage sein, in 80% aller Fälle den tatsächlichen Mittelwert der Beschäftigung auf ± 30 Beschäftigte genau zu schätzen. Der Auswahlsatz entspräche dann 65 von 436 Unternehmen also rund 15%. Setzt man die tolerierte Fehlermarge auf ± 33 Beschäftigte hoch, so bewirkt die Auswahl von 55 Unternehmen ein Konfidenzniveau von rund 80%. Hinzu kommt, dass durch die geschichtete Zufallsauswahl ohnehin eine größere Genauigkeit in den Stichproben zu erwarten ist (so genannter Schichtungseffekt[4]).
- Im letzten Schritt wurde der beabsichtigte Stichprobenumfang von n = 65 dann proportional auf die Schichten herunter gebrochen (vgl. Abb. 50).

---

2 D.h. ein einmal ausgewähltes Unternehmen wird nach dem Ziehen wieder zurückgelegt und könnte daher noch einmal in die Stichprobe gezogen werden.

3 Vgl. zu den nachfolgenden Angaben Wewel 2006, S. 258ff.

4 Vgl. Buttler/Fickel 2002, S. 145ff. Eine Optimierung des Stichprobenumfangs unter unmittelbarer Berücksichtigung der Schichtung scheitert übrigens daran, dass innerhalb der Klassen/Schichten keine Streuungsmaße vorliegen. Diese müssten dann aufwändig über Vorstichproben selbst noch einmal geschätzt werden (vgl. ebd., S. 151f.).

*Abb. 50: Statistik zur Stichprobenauswahl*

| Klassen Beschäftigte (von ... bis) | Zahl der Unternehmen | Beschäftigte insgesamt |
|---|---|---|
| **0-19** | 350 | 2.348 |
| **20-49** | 170 | 5.822 |
| **50-99** | 173 | 12.413 |
| **100-249** | 119 | 17.895 |
| **250-499** | 66 | 23.389 |
| **500 und mehr** | 82 | 147.849 |
| **insgesamt** | 960 | 209.716 |

| **Beschäftigte der Big-4** | |
|---|---|
| **insgesamt** | 199.000 |
| **in Elektrizität*** | 99.500 |

* Annahme: ca. 50 % arbeiten in Elektrizitätssparte

**Bereinigung: exklusive der Unternehmen mit Beschäftigung < 50 und exklusive Big-4**

| Klassen Beschäftigte (von ... bis) | Zahl der Unternehmen [hi] | Beschäftigte insgesamt [Bi] | Klassenmitte berechnet [xi = Bi/hi] | hi*xi | $xi^2$*hi | Besch. Anteil [Bi/N] | Cluster: rechnerisch [(Bi/N)*64,4] | Cluster: Auswahl in Stichprobe |
|---|---|---|---|---|---|---|---|---|
| **50-99** | 173 | 12.413 | 72 | 12.413 | 890.651 | 0,12 | 7,8 | **8** |
| **100-249** | 119 | 17.895 | 150 | 17.895 | 2.691.017 | 0,18 | 11,3 | **11** |
| **250-499** | 66 | 23.389 | 354 | 23.389 | 8.288.565 | 0,23 | 14,8 | **15** |
| **500 und mehr** | 78 | 48.349 | 620 | 48.349 | 29.969.562 | 0,47 | 30,5 | **31** |
| **Summe** | 436 [= N] | 102.046 | | 102.046 | 41.839.795 | 1 | | 65 |

$\mu$ = **234,1**

Summe/N = 95.963

$\sigma^2$ = **41.183**

| **Vorgabe: tolerierter Stichprobenfehler** | | $\delta_{max}$ = 30: Ziehen mit ZL n | $\delta_{max}$ = 30: Ziehen ohne ZL n* | $\delta_{max}$ = 33: Ziehen mit ZL n | $\delta_{max}$ = 33: Ziehen ohne ZL n* |
|---|---|---|---|---|---|
| **Konfidenz-** | **bei 95%** | **175,8** | **125,3** | **145,3** | **109,0** |
| **niveaus** | **bei 90%** | **123,8** | **96,4** | **102,3** | **82,9** |
| $(z_{1-\alpha/2})$ | **bei 80%** | **75,6** | **64,4** | **62,4** | **54,6** |

In der Umsetzung ist es uns erwartungsgemäß nicht exakt gelungen, unserem statistischen Ideal gerecht zu werden. Von knapp 200 nach dem Zufallsprinzip und unter Berücksichtigen der größenmäßigen Zielstruktur ausgewählten und angeschriebenen Betriebsräten haben wir 53 Rückläufe erhalten. Bei einer Fehlermarge von ± 33 Beschäftigten belaufen sich das Konfidenzniveau und damit der Grad der Repräsentativität auf 80%. Die Rücklaufquote von rund 25% ist für eine derartige Erhebung ungewöhnlich hoch. Dies verdanken wir dem beharrlichen, auch telefonischen Nachhaken des wissenschaftlichen Mitarbeiters Werner Voß und der Unterstützung durch Beiratsmitglieder. Die Stichprobe dürfte somit allemal aussagekräftig sein.

Beeinträchtigt wurde unsere ursprüngliche, ambitionierte Zielerreichung (Rücklauf = 65) sicherlich einerseits dadurch, dass der Fragebogen zu umfangreich und dementsprechend zu „abschreckend" für unsere Interviewpartner war. An dieser Stelle war uns aber Tiefgang wichtiger als das Ausmaß der Repräsentativität. Andererseits ist gerade die Elektrizitätsbranche auch eine, in der ungeheuer viele wissenschaftliche Erhebungen durchgeführt werden, so dass auch bei den Mitbestimmungsträgern in dieser Hinsicht „Ermüdungserscheinungen" auftreten dürften.

Letztlich ergab sich für die Stichprobe folgende Struktur mit Blick auf die Beschäftigtenzahl:

*Tab. 65: Stichprobenstruktur (Beschäftigtenzahl)*

| Klassengrenzen (Beschäftigtenzahl) von | bis inkl. | absolute Häufigkeit | relative Häufigkeit |
|---|---|---|---|
| 50 | 99 | 3 | 5,7 |
| 100 | 249 | 6 | 11,3 |
| 250 | 499 | 8 | 15,1 |
| 500 und mehr | | 30 | 56,6 |
| keine Angaben | | 6 | 11,3 |
| Stichprobenumfang | | 53 | |

Zu beachten ist ferner, dass viele Fragen eine zeitpunktbezogene Erhebung darstellen und damit erstens keine Entwicklung nachzeichnen und zweitens nur eine Momentaufnahme darstellen. Überdies sind bei der Auswertung von Fragebogenaktionen generell- und damit auch in unserer Erhebung – vereinzelte Unstimmigkeiten etwa infolge von Wissenslücken bei den Befragten oder falsch verstandener Fragen nicht auszuschließen.

### *7.1.3 Geschäftsführerbefragungen*

Darüber hinaus haben wir auch sechs Geschäftsführer bzw. Vorstände von EVUs in etwa 90minütigen Gesprächen interviewt. Der Zugang wurde uns vom VKU vermittelt, den wir vorher bewusst darum gebeten hatten, uns auf diesem Weg einen möglichst breiten Einblick in die Heterogenität der Stadtwerke-Landschaft zu verschaffen. Um überhaupt einen Zugang zu erhalten, haben wir unseren Interviewpartnern vorab aber Anonymität zugesichert, so dass wir an dieser Stelle darauf verzichten müssen, unsere Gegenüber preiszugeben.

Die Geschäftsführerinterviews erfolgten zwar auf der Basis eines Interviewleitfadens (der ebenfalls unter der URL-Adresse http://www.wirtschaftsrecht.fh-gelsenkirchen.de/FH-Sites/fachbereiche/index.php?id=9915 abgerufen werden kann), waren aber vor Ort nicht schematisch, sondern „offen" angelegt, um auch Zwischentöne bewusst zuzulassen. Eine explizite Auswertung fand infolgedessen nicht statt. Stattdessen sind die Gespräche als neues Erfahrungswissen für uns in die Analyse mit eingeflossen.

## 7.2 Hintergrundwissen für Mitbestimmungsträger: Betriebswirtschaftliche Entstehungs- und Verteilungsrechnung in der Elektrizitätswirtschaft

### *7.2.1 Einleitung*

Im Folgenden soll für *Betriebsräte, Wirtschaftsausschussmitglieder* und *Arbeitnehmer-Aufsichtsräte* in Elektrizitätsunternehmen ein Leitfaden zur Bestimmung der Entstehung und Verteilung einer unternehmensbezogenen *Wertschöpfungsrechnung* aufgezeigt werden.

Nur wenn die Mitbestimmungsseite in den Unternehmen das Wissen über die Wertentstehung und Wertverteilung besitzt, ist sie auch in der Lage auf den *unternehmerischen Managementprozess* einen Einfluss durch *Mitbestimmung* auszuüben.

Außerdem kann so die Mitbestimmungsseite die unternehmensindividuellen Ergebnisse mit der Elektrizitätsbranche vergleichen (die Basisdaten werden diesbezüglich vom Statistischen Bundesamt in Wiesbaden bereitgestellt) und damit eine gezielte Stärken- und Schwächenanalyse des „eigenen" Unternehmens vornehmen.

### *7.2.2 Allgemeines zur Wertbestimmung*

Bei der Wertbestimmung ist zunächst einmal die Erkenntnis hervorzuheben, dass originär nur *menschliche Arbeitskraft* in Verbindung mit Naturgebrauch in der Lage ist, einen *Neuwert* (= Wertschöpfung) zu schaffen. Erst durch das Hinzufügen von Arbeit erhält ein Produkt – eine Ware – ihren jeweiligen Tauschwert. War der neuwertschaffende Mensch für die klassische Nationalökonomie noch eine Selbstverständlichkeit, so wurde spätestens zu Beginn des 20. Jahrhunderts von der Neoklassik und ihrer subjektiven Wertlehre der *Mehrwert* (Zins, Grundrente und Gewinn) auf Größen wie Unternehmerleistung, Risikoübernahme und Opportunitätskosten reduziert. Damit gelingt es, gesellschaftlich zu mystifizieren – auch weit in *gewerkschaftliche Bereiche* hinein – und von der arbeitsteilig von Menschen geschaffenen Wertschöpfung und ihrer ökonomischen *Verteilungsproblematik* abzulenken bzw. die Frage nach dem Wert und der Ausbeutung des „Faktors“ Arbeit zu verdrängen.

In Anbetracht der ökonomisch-ideologischen Wende wurde der „Faktor“ Arbeit in der ökonomischen Lehrmeinung mit den anderen Produktionsfaktoren Boden und Kapital gleichgestellt und der Profit moralisch auf die gleiche Stufe des Lohns gehoben. Der Ökonom Otto Conrad hat 1934 diese Sicht als die *„Todsünde der Nationalökonomie“* bezeichnet und sich gegen eine solche Gleichstellung der Produktionsfaktoren mit dem allein neuwertschaffenden Menschen zu Recht verwahrt: Niemand käme auf die Idee, dass eine Geige „geigt“ oder ein Fernrohr „sieht“. Produktionsmitteln aber werde zur Verklärung der gesellschaftlichen Wertschöpfung eine eigenständige Leistung zugeordnet. Kapital und Boden geben zwar während des Produktionsprozesses einen Wert im Rahmen ihrer jeweiligen Nutzung in Form von Abschreibungen ab, sie schaffen aber nur durch den Einsatz von lebendiger Arbeit einen entsprechenden Neuwert oder Mehrwert (surplus value). Denn Geld oder Kapital „arbeiten“ nicht, sie „erwirtschaften“ auch keine Rendite. Vielmehr stellen diese vermeintlich selbstständigen, scheinbar durch Dinge verursachten Anteile der gesellschaftlichen Wertschöpfung nur unterschiedliche Erscheinungsformen des Mehrwerts, also *menschlicher Mehrarbeit,* dar. Deshalb ist auch richtigerweise – im Gegensatz zur herrschenden Lehre – von einer Arbeitsrendite und nicht von einer Kapitalrendite oder -rentabilität zu sprechen.

Der Mehrwert oder das Überschussprodukt – und dies ist der einzig ökonomisch richtige Tatbestand – hat nur eine *Quelle:* Dies ist die menschliche Arbeit (Arbeitskraft) als Inbegriff der physischen und geistigen Fähigkeiten, die in der Leiblichkeit, der lebendigen Persönlichkeit eines Menschen existieren und die er in Bewegung setzt, sooft er Gebrauchswerte irgendeiner Art herstellt.

> „Die Verlängerung des Arbeitstags über den Punkt hinaus, wo der Arbeiter nur ein Äquivalent für den Wert seiner Arbeitskraft produziert hätte, und die Aneignung dieser Mehrarbeit durch das Kapital – das ist die Produktion des absoluten Mehrwerts. Sie bildet die allgemeine Grundlage des kapitalistischen Systems und den Ausgangspunkt der Produktion des relativen Mehrwerts. Bei dieser ist der Arbeitstag von vornherein in zwei Stücke geteilt: notwendige Arbeit und Mehrarbeit. Um die Mehrarbeit zu verlängern, wird die notwendige Arbeit verkürzt durch Methoden, vermittels deren das Äquivalent des Arbeitslohns in weniger Zeit produziert wird. Die Produktion des absoluten Mehrwerts dreht sich nur um die Länge des Arbeitstags; die Produktion des relativen Mehrwerts revolutioniert durch und durch die technischen Prozesse der Arbeit und die gesellschaftlichen Gruppierungen“ (Marx 1974, S. 532f.).

Die Arbeitskraft produziert mehr an Wert, als zu ihrem Unterhalt, zu ihrer Reproduktion, erforderlich ist. Der „Wert der Arbeit“ (= Wert des Arbeitsprodukts) übersteigt somit den „Wert der Arbeitkraft" (= Arbeitslohn als jeweiliger Marktpreis der Arbeitskraft). Oder anders formuliert: Der vom Unternehmer per Arbeitsvertrag eingekaufte *Gebrauchswert* der Arbeit ist größer als der *Tauschwert* der Arbeit. Die Bezahlung der Arbeit ist demnach nicht wertgleich (äquivalent) mit dem Wert bzw. Ertrag der Arbeit, der am Markt in der *Zirkulationssphäre* über den Verkauf des Arbeitsprodukts als unternehmerische Wertschöpfung erzielt wird.

> „Die Form des Arbeitslohns löscht also jede Spur der Teilung des Arbeitstags in notwendige Arbeit und Mehrarbeit, in bezahlte und unbezahlte Arbeit aus. Alle Arbeit erscheint als bezahlte Arbeit." (Ebd., S. 562).

Der Mehrwert (Surplus) teilt sich innerhalb der Kapitalklasse (Shareholder) noch auf. In die beiden kontraktbestimmten Einkommen Zins und Grundrente (Miete und Pacht) sowie das Residuumeinkommen Gewinn. So gibt es nicht nur Verteilungskonflikte zwischen Kapital und Arbeit, sondern auch innerhalb der Kapitalklasse. Abbildung 51 verdeutlicht noch einmal die werttheoretischen Zusammenhänge im Überblick.

*Abb. 51: Verteilung des Arbeitsertrags (Wert der Arbeit)*

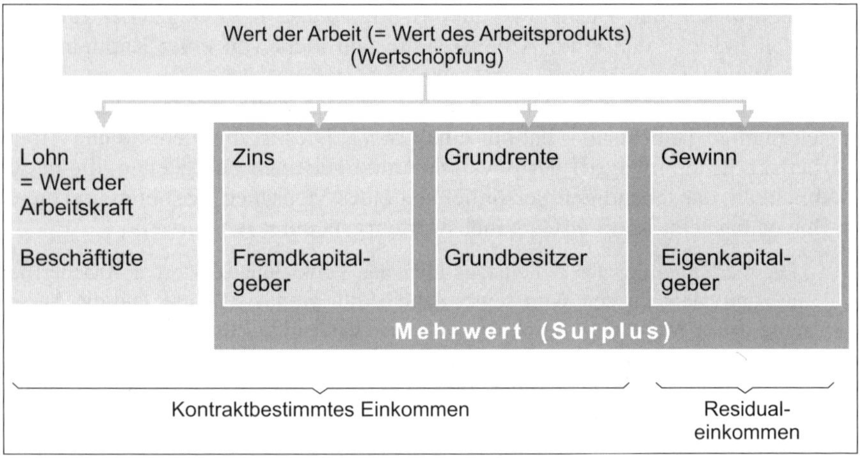


### 7.2.3 *Wertrestriktionen*

Ein Unternehmen in einem marktwirtschaftlich-kapitalistischen Ordnungssystem kann langfristig nur im Markt überleben, wenn die erwirtschaftete Wertschöpfung die Reproduktionskosten der menschlichen Arbeitskraft in Form der gezahlten Löhne und Gehälter übersteigt. Es muss also ein Mehrwert erzielt werden.

Wertschöpfung = Reproduktionskosten der Arbeitskraft + Mehrwert

Der erwirtschaftete Wert des jeweiligen Arbeitsprodukts als Wertschöpfung (= Wert der Arbeit) ergibt sich dabei aus dem Produktionswert nach Abzug aller Vorleistungen, die ein Unternehmen von anderen Unternehmen übernommen hat (siehe dazu ausführlich Kapitel 7.2.4).

Wert (genauer Wertschöpfung) entsteht in der Produktion und wird am *Markt* realisiert. In der Zirkulation der Produktwerte am Markt, wird den Produkten kein neuer Wert hinzugefügt und es kommt hier auch zu keiner Vermehrung der originär hergestellten Produkte. Werden Äquivalente ausgetauscht, so entsteht kein Mehrwert, und werden Nicht-Äquivalente ausgetauscht, so entsteht ebenfalls kein Mehrwert. Die Zirkulation oder der Warenaustausch schafft folglich keinen Wert.

Am Markt (Absatzmarkt und/oder Beschaffungsmarkt) kann aber Wert *umverteilt* werden. Dies geschieht in der Regel durch *Machtmissbrauch einer marktbeherrschenden Stellung,* durch Anwendung von *Angebots- und/oder Nachfragemacht.* Deshalb ist immer die Realisierung des Werts entscheidend abhängig vom:

- Wettbewerb auf der Marktnebenseite (Konkurrenz der Anbieter) und
- der Marktgegenseite (Konkurrenz der Nachfrager)

Im Endkundenbereich determinieren außerdem die Preiselastizität der Nachfrage, die Einkommens- und Vermögensverhältnisse der Nachfrager, die Produktsubstitutionsmöglichkeiten und auch die Nachfragermanipulationsmöglichkeiten durch Marketing- und Werbemaßnahmen das Einkaufsverhalten und damit die Absatzchancen der Anbieter.

### *7.2.4 Betriebswirtschaftliche Wertschöpfung (Entstehungsrechnung)*

Der *Gesamterfolg* eines Unternehmens in einer Abrechnungsperiode wird in der Entstehungsrechnung als Wertschöpfung der Periode bestimmt. Nicht allein der Mehrwert ist der Gesamterfolg, sondern hinzuzurechnen sind die Reproduktionskosten der menschlichen Arbeitskraft.

Die unternehmerische Wertschöpfung (Eigenleistung) ergibt sich dabei konkret als Differenz zwischen dem vom Unternehmen geschaffenen *Produktionswert* und den von anderen Unternehmen übernommenen (eingekauften) *Vorleistungen.*

Wertschöpfung = Produktionswert – Vorleistungen

Zum *Produktionswert* werden gezählt:

- *Alle abgegebenen Marktleistungen* (= Umsatzerlöse)

Die Umsatzerlöse sind das Produkt aus *Preisen* und *abgesetzten Mengen.* Nur die Mengen implizieren einen Ressourcenverbrauch und damit Aufwendungen bzw. eine diesen Aufwendungen gegenüberstehende Leistung. Können die Unternehmen mehr Umsatzerlöse allein durch *Preiserhöhungen* realisieren, so steht dem keine Leistung gegenüber. Ob dies aber am Markt gelingt, hängt – wie schon ausgeführt – von der *Wettbewerbsintensität* auf der Marktneben- und der Marktgegenseite ab.

Hier haben die Unternehmen in der Elektrizitätswirtschaft auf beiden Marktseiten beträchtliche Marktmachtpotenziale. Diese kommen potenziell auch den Beschäftigten zugute. Die Umsatzerlöse sind deshalb nach Preisen und Mengen getrennt auszuweisen. Da in der Elektrizitätswirtschaft als Besonderheit der Preis in einen

- *verbrauchsunabhängigen Grundpreis* und in einen
- *verbrauchsabhängigen Arbeitspreis* differenziert wird,

ist außerdem getrennt der jeweilige Preisanteil in den Umsatzerlösen offen zu legen.

Die Umsatzerlöse werden immer *ohne Mehrwertsteuer* ausgewiesen. Bei Elektrizitätsunternehmen ist in den Umsatzerlösen aber eine *Stromsteuer* enthalten. Diese ist zur Ermittlung des Produktionswerts herauszurechnen. Ebenso wird als Besonderheit in den Umsatzerlösen die *Konzessionsabgabe* verbucht. Als Gegenbuchung ist die Konzessionsabgabe in der Position „sonstige betriebliche Aufwendungen“ enthalten. In beiden Positionen muss die Konzessionsabgabe zur Bestimmung des Produktionswerts eliminiert werden. Die Umsatzerlöse sollten nach

- *privaten Haushaltskunden* und
- *gewerblichen Sondervertragskunden* sowie nach
- *staatlichen Abnahmestellen*

differenziert ausgewiesen werden. Außerdem sind die in den Umsatzerlösen enthaltenen Netzentgelte zu separieren. Hier erfolgt, gesetzlich vorgeschrieben, eine explizite Bilanzierung und entsprechende Gewinn- und Verlustrechnung.

- *Bestandsveränderungen* (Lagerauf- und Lagerabbau)

Da Strom nicht gelagert (gespeichert) werden kann, spielen Bestandsveränderungen in der Elektrizitätswirtschaft keine Rolle.

- *Aktivierte Eigenleistungen* (selbsterstellte Anlagen)

Hierunter fallen aktivierungsfähige und tatsächlich aktivierte innerbetriebliche Leistungen (z.B. selbsterstellte Anlagen) sowie aktivierte Großreparaturen, die den Wert oder die Lebensdauer eines abschreibungsfähigen Anlagegutes erhöhen. Hier handelt es sich um einen Ausgleichsposten der gleichzeitig im Geschäftsjahr angefallenen und verbuchten Aufwendungen unter verschiedenen Aufwandsposten in der GuV. Die Bewertung der aktivierten Eigenleistungen erfolgt zu Herstellungskosten.

- *Sonstige betriebliche Erträge*

Außerdem zählt man aufgrund ihres überwiegend betrieblich veranlassten Charakters die sonstigen betrieblichen Erträge auch mit zum Produktionswert. Hierbei handelt es sich um eine Sammelposition unterschiedlicher Erträge, wie z.B. Erträge aus dem Abgang von Gegenständen des Anlagevermögens oder Erträge aus der Auflösung von Rückstellungen. Auch Erträge aus der Herabsetzung der Pauschalwertberichtigungen zu Forderungen fallen unter diese Position. In der Elektrizitätswirtschaft werden hier auch als „Sonderfall" die Erträge aus der Zuteilung von $CO_2$-Rechten verbucht. Demnach gilt zur Bestimmung des Produktionswertes:

Umsatzerlöse
+/– Bestandsveränderungen
\+ aktivierte Eigenleistungen
= *Gesamtleistung*
\+ sonstige betriebliche Erträge
= *Produktionswert*

Um die sonstigen betrieblichen Erträge von der engen betriebswirtschaftlichen Leistung eines Unternehmens zu trennen, wird innerhalb des Produktionswertes die Position der *Gesamtleistung* unterschieden.

Zieht man vom Produktionswert die Materialaufwendungen ab, so erhält man den Rohertrag:

Produktionswert
– Materialaufwendungen
= *Rohertrag*

Um zur Wertschöpfung zu gelangen, müssen anschließend vom Produktionswert alle *Vorleistungen* abgezogen werden. Dazu zählen im Einzelnen:

- *Materialaufwendungen*

Der Materialaufwand ist eingekaufter Aufwand. Er stellt keine Eigenleistung dar. Die Leistung wurde von anderen Unternehmen erbracht. Allgemein werden zum Materialaufwand die Aufwendungen für Roh-, Hilfs- und Betriebsstoffe und für bezogene Leistungen gezählt. In der Elektrizitätswirtschaft fallen darunter neben den eingekauften Brennstoffkosten (wie Kohle, Gas, Öl) auch alle Strombezüge von EVUs ohne eigene Kraftwerkskapazitäten.

Unter der Position „bezogene Leistungen“ werden auch die Personalaufwendungen der Leiharbeiter verbucht. Diese sind entsprechend der Wertschöpfungsrechnung in den Personalaufwendungen zu verbuchen.

Die Höhe der bezogenen Materialaufwendungen hängt von *Weltmarktpreisentwicklungen,* aber ebenso von der Möglichkeit einer Ausübung von *Nachfragemacht* ab. Die Höhe entscheidet c.p. bei gleichem Produktionswert auch über das betriebswirtschaftliche Ergebnis des *Rohertrags.*

- *Abschreibungen*

Bei den Abschreibungen werden lediglich die Werte bezogen auf das *Sachanlagevermögen* einbezogen. Die Höhe der Abschreibungen korreliert mit der Höhe der getätigten *Investitionen,* die wiederum den Wachstumsprozess eines Unternehmens determinieren. Dabei liegt aber erst ein *echtes Wachstum* vor, wenn über die Abschreibungswerte hinaus investiert wird. Dies zeigt die Kennzahl

$$\text{Investitionsdeckung} = \frac{\text{Abschreibungen}}{\text{Nettoinvestitionen}} * 100$$

Nettoinvestitionen sind dabei definiert als Zugänge (Investitionen) – Abgänge (bewertet zu Restbuchwerten).

- *Sonstige betriebliche Aufwendungen*

Die sonstigen betrieblichen Aufwendungen umfassen alle übrigen fremdbeschafften Aufwendungen, die vom Unternehmen selbst nicht erbracht worden sind. Hier sind, wie bei den Umsatzerlösen, die *Konzessionsabgaben* herauszurechnen.

Zusammenfassend ergibt sich gemäß *Entstehungsrechnung* demnach die *unternehmensbezogene Wertschöpfung* wie folgt:

Umsatzerlöse
+/– Bestandsveränderungen
\+ aktivierte Eigenleistungen (selbsterstellte Anlagen)
= *Gesamtleistung*
\+ sonstige betriebliche Erträge
= *Produktionswert*
– Materialaufwendungen
– Abschreibungen (Sachanlagen)
– sonstige betriebliche Aufwendungen
= *Wertschöpfung*

## *7.2.5 Wertverteilung (Verteilungsrechnung)*

Wie verteilt sich nun die Wertschöpfung? Hier kommen die Produktionsfaktoren Arbeit, Boden und Kapital ins Spiel. Die Eigentümer erwarten für die Hergabe dieser Faktoren eine Bezahlung (ein Faktorentgelt). Dies differenziert sich – wie schon unter Kapitel 7.2.2 aufgezeigt – in kontraktbestimmte Einkommen und in Form eines Gewinns als Residuumeinkommen. Die kontraktbestimmten Einkommen stellen aus Sicht des Unternehmens Kosten dar und haben einen Doppelcharakter. Sie sind gleichzeitig auch Ertragsgrößen aus Sicht der Empfänger und sie sind unabhängig von der Gewinnsituation eines Unternehmens zu entrichten (vgl. Tab. 66).

*Tab. 66: Produktionsfaktoren und Einkommen*

| | | **Kontraktbestimmtes Einkommen** | **Residuum-einkommen** | **Gewinnverwendung** |
|---|---|---|---|---|
| **Faktoren** | Arbeit<br>- abhängig Beschäftigte<br>- Manager<br>- Eigentümer | <br>Löhne/Gehälter<br>Gehälter/Tantieme<br>Kalkulatorischer Unternehmerlohn | | |
| | Boden | Miete/Pacht<br>Leasinggebühren | | |
| | Kapital<br>- Fremdkapital<br>- Eigenkapital | Zinsen | Gewinn | Ausschüttung an Kapitaleigner (verteilte Gewinne)<br>und/oder<br>Einstellung in Rücklagen (unverteilte Gewinne) |
| **Aggregat** | Wertschöpfung | Löhne/Gehälter<br>Gehälter/Tantieme<br>Kalkulatorischer Unternehmerlohn<br>Miete/Pacht<br>Leasinggebühren<br>Zinsen | Gewinn | |
| | Mehrwert | Miete/Pacht<br>Leasinggebühren<br>Zinsen | Gewinn | |

Zieht man die kontraktbestimmten Einkommen von der Wertschöpfung ab, so erhält man den *Gewinn* eines Unternehmens bzw. die *Verzinsung des eingesetzten Eigenkapitals.* Der Gewinn kann sowohl dem Unternehmen als *verteilter*

*Gewinn* entnommen und an die Eigentümer des Eigenkapitals ausgeschüttet werden oder im Unternehmen als *unverteilter Gewinn* in die Rücklagen eingestellt (thesauriert) werden.

Nur thesaurierter Gewinn steht im Unternehmen für investive Zwecke zur Verfügung. Dies müssen aber nicht *realinvestive,* sondern können auch *finanzinvestive* Zwecke sein.

Die Wertschöpfung nach Abzug der *Bezahlung des Produktionsfaktors Arbeit* ergibt das unternehmerische Überschussprodukt, den *Mehrwert.*

Die Kosten für die Arbeitskräfte enthalten neben den Personalaufwendungen für die *abhängig Beschäftigten* auch die Aufwendungen für das *Top-Management.* Hier ist nach unternehmerischen Rechtsformen zu differenzieren – in *Kapitalgesellschaften* mit angestellten Managern (Geschäftsführern/Vorständen) und in eigentümergeführten Unternehmen, die auch ihre Arbeitskraft einbringen und dafür einen *kalkulatorischen Unternehmerlohn* beanspruchen.

Zu den Personalaufwendungen gehören:

- alle Geld- und Sachleistungen an Arbeiter, Angestellte, Auszubildende und angestellte Geschäftsführer/Vorstände in Höhe der Bruttoentgelte (inkl. der Arbeitnehmerbeiträge zur gesetzlichen Sozialversicherung) und die
- sozialen Abgaben und Aufwendungen für eine Altersversorgung. Die Aufwendungen umfassen die Arbeitgeberbeiträge zur gesetzlichen Sozial- und Unfallversicherung und darüber hinaus auch die Aufwendungen für eine freiwillig gewährte Altersversorgung (Pensionskasse).

Die *Managergehälter* in den Personalaufwendungen sind besonders zu beachten. Ihre Höhe steht gesellschaftspolitisch in der Kritik.

Die gesamte bisher aufgezeigte Verteilungsrechnung ist dabei eine *Bruttorechnung* und enthält noch die *Einkommens- und Gewinnsteuern.* Daher handelt es sich um eine Verteilung der Wertschöpfung vor Steuern.

Bei einer *Nettoberechnung* der Wertschöpfungsverteilung *nach* Steuern, sind sämtliche Einkommens- und Gewinnsteuern explizit auszuweisen und von den Bruttowerten abzuziehen. Dazu gehören dann auch die *Lohnsteuern,* die vom Unternehmen einbehalten und an die zuständigen Finanzämter abgeführt werden.

### *7.2.6 Analyse der Wertschöpfung*

Die Analyse der Wertschöpfung kann über verschiedene Wege erfolgen:

- Durch einen zeitlichen Vergleich der Wertschöpfung. Hier wird die Wertschöpfung in absoluten Werten mit Vorjahreswerten verglichen.
- In Form eines Plan-Ist-Vergleichs. Hier werden Plan-Ist-Abweichungen ermittelt.
- Durch einen Vergleich mit anderen gleichgroßen Unternehmen oder der gesamten Branche (als Anteilswert).

Bei all diesen Analysen wird die Wertschöpfung, auch als *Betriebsgröße* bezeichnet, aber nur *selbst* betrachtet. Deshalb erfolgt ergänzend eine Betrachtung der Wertschöpfung nach ihrer Zusammensetzung über *Kennzahlen*. Hier wird zunächst einmal gefragt: Wie groß ist der Anteil der Wertschöpfung am gesamten unternehmerischen Produktionswert (Wertschöpfungsquote = Eigenleistungsquote)? Die *Wertschöpfungsquote* drückt gleichzeitig die *Fertigungstiefe* eines Unternehmens aus.

Zudem wird gefragt, wie groß der jeweilige Anteil der Produktionsfaktoren an der Wertschöpfung ist? Dies kann in Form einer *Bruttorechnung* (vor Steuern) oder in Form einer *Nettorechnung* (nach Steuern) erfolgen, wobei bei letzterer Rechnung auch der Staatsanteil an der Wertschöpfung ausgewiesen wird.

$$\text{Wertschöpfungsquote} = \frac{\text{Wertschöpfung}}{\text{Produktionswert}} * 100$$

$$\text{Anteil Faktor Arbeit} = \frac{\text{Personalaufwendungen}}{\text{Wertschöpfung}} * 100$$

$$\text{Anteil Faktor Boden} = \frac{\text{Miete / Pacht / Leasinggebühren}}{\text{Wertschöpfung}} * 100$$

$$\text{Anteil Fremdkapital} = \frac{\text{Zinsen}}{\text{Wertschöpfung}} * 100$$

$$\text{Anteil Eigenkapital} = \frac{\text{Gewinn}}{\text{Wertschöfung}} * 100$$

$$\text{Anteil Mehrwert} = \frac{\text{Miete / Pacht / Leasinggebühren / Zinsen / Gewinn}}{\text{Wertschöpfung}} * 100$$

$$\text{Anteil Staat (bei Nettorechnung)} = \frac{\text{Einkommens- und Gewinnsteuern}}{\text{Wertschöpfung}} * 100$$

Diese wertschöpfungsbezogenen Kennzahlen haben alle gegenüber den reinen Zählergrößen wie *Umsatz, Gesamtleistung, Rohertrag* als auch im Vergleich zum *Produktionswert* den Vorteil, dass nur die jeweilige *Eigenleistung* des Unternehmens in die Kennzahlen mit einbezogen wird.

Eine dritte Form der Wertschöpfungsanalyse betrachtet die Wertschöpfung in Beziehung zu *anderen Größen*. Hier werden *Produktivitäten* verglichen.

$$\text{Arbeitsproduktivität} = \frac{\text{Wertschöpfung in Euro}}{\text{Zahl der Arbeitskräfte}}$$

$$\text{Arbeitsproduktivität} = \frac{\text{Wertschöpfung in Euro}}{\text{Arbeitsvolumen in Std.}}$$

$$\text{Kapitalproduktivität} = \frac{\text{Wertschöpfung in Euro}}{\text{Gesamtkapitaleinsatz in Euro (Bilanzsumme)}}$$

$$\text{Kapitalkoeffizient} = \frac{\text{Gesamtkapitaleinsatz in Euro (Bilanzsumme)}}{\text{Wertschöpfung in Euro}}$$

### 7.2.7 *Kapitalrendite*

Unter Berücksichtigung der Arbeitsproduktivität, der Verteilungsrelation zwischen Kapital und Arbeit und der Kapitalintensität lässt sich dann abschließend auch die *Kapitalrendite* bzw. Profitrate bestimmen.

Die *Arbeitsproduktivität* ist bereits bekannt und definiert. Die *Verteilungsrelation* zwischen Kapital und Arbeit ergibt sich aus der Lohn- und Mehrwertquote:

$$\text{Lohnquote} = \frac{\text{Personalaufwendungen}}{\text{Wertschöpfung}} * 100$$

$$\text{Mehrwertquote} = \frac{\text{Miete / Pacht / Leasinggebühren / Zinsen / Gewinn}}{\text{Wertschöpfung}} * 100$$

$$\text{Mehrwertrate} = \frac{\text{Miete / Pacht / Leasinggebühren / Zinsen / Gewinn (Mehrarbeit)}}{\text{Personalaufwendungen = variables Kapital = notwendige Arbeit}} * 100$$

Die *Kapitalintensität* leitet sich wie folgt ab:

$$\text{Kapitalintensität} = \frac{\text{Gesamtkapitaleinsatz in Euro}}{\text{Arbeitsvolumen in Std.}}$$

Hieraus ergibt sich insgesamt die Profitrate (vgl. Abschnitt 3.2.6.4):

$$\text{Profitrate} = \frac{\text{Arbeitsproduktivität} * (1 - \text{Lohnquote})}{\text{Kapitalintensität}} * 100$$

Im Ergebnis zeigt sich hier, dass die Profitrate nicht sinkt, solange die Mehrwertquote (1 – Lohnquote) und die Arbeitsproduktivität stärker steigen als die Kapitalintensität. In Wachstumsraten (w) ausgedrückt ergibt sich demnach:

$$w_{Profitrate} = w_{Arbeitsproduktivität} + w_{(1-Lohnquote)} - w_{Kapitalintensität}$$

Unter Berücksichtigung der *Kapitalproduktivität* und der *Mehrwertquote* lässt sich auch die *Profitrate* bestimmen.

$$Profitrate = Mehrwertquote * Kapitalproduktivität$$

$$Profitrate = \frac{Miete/Pacht/Leasinggebühren/Zinsen/Gewinn}{Wertschöpfung} * \frac{Wertschöpfung}{Gesamtkapitaleinsatz} * 100$$

$$Profitrate = \frac{Miete/Pacht/Leasinggebühren/Zinsen/Gewinn}{Gesamtkapitaleinsatz} * 100$$

Unter Verteilungsaspekten gilt:

$$Profitrate = \frac{(1-Lohnquote) * Wertschöpfung}{Gesamtkapitaleinsatz} * 100$$

Steigt hier die Kapitalintensität stärker als die Arbeitsproduktivität, so ist dies gleichbedeutend mit dem Ergebnis, dass sich der *Kapitalkoeffizient* erhöht und damit gleichzeitig die *Kapitalproduktivität* sinkt.

Dies macht insgesamt deutlich, dass eine konstante Profitrate bei einem steigenden Kapitalkoeffizienten nur dann möglich ist, wenn die Lohnquote sinkt und damit die Mehrwertquote steigt. Auf der anderen Seite ermöglicht aber auch eine steigende Kapitalproduktivität eine steigende Lohnquote, ohne dass die Profitrate sinkt. Soll dagegen die Profitrate zulegen, so muss bei einer zumindest konstanten Lohnquote – also einer Verteilungsneutralität zwischen Kapital und Arbeit – der Kapitalkoeffizient sinken bzw. die Kapitalproduktivität steigen.

# Abkürzungsverzeichnis

| | |
|---|---|
| **ACER** | Agency for the Cooperation of Energy Regulators |
| **AGFW** | Energieeffizienzverband für Wärme, Kälte und KWK |
| **ARegV** | Verordnung über die Anreizregulierung der Energieversorgungsnetze |
| **ASEW** | Arbeitsgemeinschaft für sparsame Energie- und Wasserverwendung |
| **AVEU** | Arbeitgeberverband energie- und versorgungswirtschaftlicher Unternehmen |
| **BAFA** | Bundesamt für Wirtschaft und Ausfuhrkontrolle |
| **BDEW** | Bundesverband der Energie- und Wasserwirtschaft |
| **BEE** | Bundesverband Erneuerbare Energie |
| **BEWAG** | Berliner Kraft- und Licht (BEWAG)-AG |
| **BHKW** | Blockheizkraftwerke |
| **B.KWK** | Bundesverband Kraft-Wärme-Kopplung |
| **bne** | Bundesverband Neuer Energieanbieter |
| **BNetzA** | Bundesnetzagentur |
| **BU** | Business Units |
| **BUND** | Bund für Umwelt und Naturschutz Deutschland |
| **BVW** | Betriebliches Vorschlagswesen |
| **CCS-Technologie** | Carbon-Capture-and-Storage-Technologie |
| **CDM** | Clean Development Mechanism |
| **Cefic** | European Chemical Industry Council |
| **CSR** | Corporate Social Responsibility |
| **Dena** | Deutsche Energie-Agentur |
| **DEHSt** | Deutsche Emissionshandelsstelle |
| **EBITDA** | Earnings before Interest, Taxes, Depreciation and Amortisation (Ergebnis vor Zinsen, Steuern und Abschreibungen) |
| **EdF** | Électricité de France |
| **EDL-RL** | Richtlinie über Endenergieeffizienz und Energiedienstleistungen |
| **EDU** | Energiedienstleistungsunternehmen |
| **EE** | Erneuerbare Energien |
| **EEA** | Einheitliche Europäische Akte |
| **EEG** | Erneuerbare Energien Gesetz |
| **EEX** | European Energy Exchange |
| **EFQM** | European Foundation for Quality Management |
| **EHKostV** | Emissionshandelskostenverordnung |

| | |
|---|---|
| **EnBW** | Energie Baden-Württemberg AG |
| **ENEL S.P.A.** | Ente nazionale per l'energia elettrica |
| **EnWG** | Energiewirtschaftsgesetz |
| **EREC** | European Renewable Energy Council |
| **EVS** | Energie-Versorgung Schwaben AG |
| **GAL** | Grün-Alternative Liste |
| **GWB** | Gesetz gegen Wettbewerbsbeschränkungen |
| **HEW** | Hamburgische Electricitäts-Werke AG |
| **HHI** | Herfindahl-Hirschman-Index |
| **HKW** | Heizkraftwerke |
| **IEA** | Internationale Energie Agentur |
| **IEKP** | Integriertes Energie- und Klimaprogramm |
| **IG BCE** | Industriegewerkschaft Bergbau, Chemie, Energie |
| **IPCC** | Intergovernmental Panel on Climate Change (Zwischenstaatlicher Ausschuss für Klimaänderungen) |
| **ISO** | Independent System Operator |
| **IÖW** | Institut für ökologische Wirtschaftsforschung |
| **KWK** | Kraft-Wärme-Kopplung |
| **KWKG** | Kraft-Wärme-Kopplungsgesetz |
| **NAP** | Nationaler Allokationsplan |
| **PBefG** | Personenbeförderungsgesetz |
| **Phelix** | Physical Electricity Index |
| **rhenag** | Rheinische Energie AG |
| **ROC** | Renewable Obligation Certificate |
| **RWE** | Rheinisch-Westfälisches Elektrizitätswerk AG |
| **TEHG** | Treibhausgas-Emissionshandelsgesetz |
| **TV-V** | Tarifvertrag Versorgungsbetriebe |
| **TQM** | Total Quality Management |
| **UBA** | Umweltbundesamt |
| **VDEW** | Verband der Elektrizitätswirtschaft |
| **VEA** | Bundesverband der Energieabnehmer |
| **VEAG** | Vereinigte Energiewerke AG |
| **VIK** | Verband der Industriellen Energie- und Kraftwirtschaft |
| **VKU** | Verband kommunaler Unternehmen |
| **ZuG** | Zuteilungsgesetz |
| **ZuV** | Zuteilungsverordnung |
| **vzbv** | Verbraucherzentrale Bundesverband |

# Verzeichnis der Abbildungen, Tabellen und Übersichten

*Abbildungen*


| | | |
|---|---|---|
| Abb. 1: | Energiewirtschaftliches Zieldreieck | 18 |
| Abb. 2: | Status der Strommarktliberalisierung und Regulierung in EU-15 | 30 |
| Abb. 3: | Bestimmen der Ausgangsdaten zur Berechnung des Erlösreferenzpfades | 38 |
| Abb. 4: | Histogramm: Ergebnisse des Effizienzvergleichs | 42 |
| Abb. 5: | Erlösreferenzpfad bei unterschiedlichen Effizienzwerten | 44 |
| Abb. 6: | Zusammenhang Effizienzwert und Betreibergröße | 47 |
| Abb. 7: | Meilensteine wettbewerblicher und klimapolitischer Regelungen in der Elektrizitätswirtschaft | 55 |
| Abb. 8: | Die vier großen Verbundunternehmen der deutschen Elektrizitätsversorgung | 79 |
| Abb. 9: | Strompreise ohne Steuern für typischen industriellen Großverbraucher mit Jahresverbrauch von 24 GWh (Januar 2007) | 120 |
| Abb. 10: | Strompreise ohne Steuern für private Haushalte mittlerer Größe mit Jahresverbrauch von 2.500 bis 5.000 KWh (1. Hj. 2007) | 120 |
| Abb. 11: | Durchschnittlicher Strompreis für die Industrie, inklusive Stromsteuer (in ct/KWh) | 121 |
| Abb. 12: | Durchschnittlicher Strompreis eines Drei-Personen-Haushalts mit einem Jahresverbrauch in Höhe von 3.500 kWh/a (in ct/KWh) | 122 |
| Abb. 13: | Stromerzeugungsstruktur in Deutschland | 130 |
| Abb. 14: | Stromerzeugungsanteile der EE bei den „Big-4" | 131 |
| Abb. 15: | Zukünftige Stromerzeugungsanteile der EE bei den „Big-4" | 134 |
| Abb. 16: | Angestrebter Wandel in der Erzeugungsstruktur | 140 |
| Abb. 17: | Preisbildung am Strommarkt bei Wettbewerb | 148 |
| Abb. 18: | Spot-Preise an der EEX | 153 |
| Abb. 19: | Strommarkt vor der Investition | 177 |
| Abb. 20: | Strommarkt nach einer Investition von E1 | 178 |
| Abb. 21: | Größenrelationen der „Big-4" auf dem deutschen Elektrizitätsmarkt | 182 |
| Abb. 22: | Bedeutung des Inlandsgeschäfts der „Big-4" | 183 |
| Abb. 23: | Inländische Kraftwerkskapazitäten von E.ON in 2007 | 194 |
| Abb. 24: | Inländische Kraftwerkskapazitäten von RWE in 2008 | 212 |
| Abb. 25: | Inländische Kraftwerkskapazitäten von EnBW in 2008 | 224 |
| Abb. 26: | Inländische Kraftwerkskapazitäten von Vattenfall in 2008 | 235 |
| Abb. 27: | Wirtschaftsdemokratische Trias | 255 |
| Abb. 28: | Unternehmerische Wertschöpfung | 273 |

| | | |
|---|---|---|
| Abb. 29: | Arbeitszeitveränderungen | 276 |
| Abb. 30: | Arbeitsbedingungen | 276 |
| Abb. 31: | Demokratisch-partizipative Unternehmenskultur | 277 |
| Abb. 32: | Wertschätzung der Mitbestimmung in der Praxis | 283 |
| Abb. 33: | Allgemeine Unternehmensziele | 297 |
| Abb. 34: | Instrumente des Innovationsmanagements | 303 |
| Abb. 35: | Forschungs- und Entwicklungsaktivitäten | 310 |
| Abb. 36: | Prämienzahlungen beim Ideenmanagement | 315 |
| Abb. 37: | Mögliche Kennziffern einer Ertragsbeteiligung | 317 |
| Abb. 38: | Unternehmensbezogene Verteilungsmodalitäten | 319 |
| Abb. 39: | Arten materieller Gewinn- und Kapitalpartizipationen | 320 |
| Abb. 40: | Abgestimmtes Vorgehen der Betriebsräte mit Management | 347 |
| Abb. 41: | Preis- versus Kostenstrategien | 356 |
| Abb. 42: | Produktstrategien | 356 |
| Abb. 43: | Maßnahmengewichtung | 357 |
| Abb. 44: | Wettbewerbswirkungen der Anreizregulierung | 360 |
| Abb. 45: | Anreizregulierung und Personalabbau | 362 |
| Abb. 46: | Kooperationsmöglichkeiten | 365 |
| Abb. 47: | Investitionsziele | 374 |
| Abb. 48: | Erzeugungsmix der Stadtwerke | 384 |
| Abb. 49: | Geschäftsmodell: heutiges Stadtwerk und zukünftiges EDU | 392 |
| Abb. 50: | Statistik zur Stichprobenauswahl | 456 |
| Abb. 51: | Verteilung des Arbeitsertrags (Wert der Arbeit) | 460 |


## *Tabellen*


| | | |
|---|---|---|
| Tab. 1: | Vorschläge der EU-Kommission für die EU-27-Länder zur Emissionsänderung und dem Ausbau Erneuerbarer Energien bis 2020 | 61 |
| Tab. 2: | Kraftwerkspark und Energieabsätze der größten EVUs in der EU | 68 |
| Tab. 3: | Marktstruktur der Stromerzeugung in Zentraleuropa | 69 |
| Tab. 4: | Wirkungen des Regulationsrahmens im deutschen Strommarkt | 70 |
| Tab. 5: | Wesentliche Kennzahlen der Thüga-Gruppe | 80 |
| Tab. 6: | Indikatoren der rhenag Rheinische Energie AG | 81 |
| Tab. 7: | Die zehn größten Energieversorgungsunternehmen nach Stromabgabe an Letztverbraucher in Deutschland in 2006 | 82 |
| Tab. 8: | Marktanteile am Stromgroßkundenmarkt 2004 | 83 |
| Tab. 9: | Konzentrationsraten in der Elektrizitätserzeugung 1995–2004 | 84 |
| Tab. 10: | Unternehmensprofile I der 8KU-Gruppe | 86 |
| Tab. 11: | Unternehmensprofile II der 8KU-Gruppe | 88 |

| | | |
|---|---|---|
| Tab. 12: | Grundkenngrößen der Trianel-Gruppe | 91 |
| Tab. 13: | Entwicklung ausgewählter Indikatoren in der Elektrizitätswirtschaft 1998–2006 | 94 |
| Tab. 14: | Änderungsraten der Beschäftigung nach Größenklassen | 95 |
| Tab. 15: | Entwicklung des Personalaufwands und angrenzender Indikatoren in der Elektrizitätswirtschaft | 99 |
| Tab. 16: | Tarifliche Regelungen in der Energieversorgungswirtschaft | 104 |
| Tab. 17: | Wertschöpfungsverteilung bei allen EVUs, 1998–2006 | 106 |
| Tab. 18: | Wertschöpfung und Produktivität ohne Mieten und Pachten, 1998–2006 | 108 |
| Tab. 19: | Kenngrößen für EVUs über 500 Beschäftigte 1998–2006 (Wertschöpfung ohne Mieten und Pachten) | 110 |
| Tab. 20: | Wertschöpfungsverteilung bei EVUs über 500 Beschäftigte (o. MP) | 111 |
| Tab. 21: | Ausgewählte Indikatoren bei EVUs mit 250 bis 499 Beschäftigten (o. MP) | 112 |
| Tab. 22: | Wertschöpfungsverteilung EVUs 250 bis 499 (o. MP) | 113 |
| Tab. 23: | Ausgewählte Kennziffern bei EVUs mit 100 bis 249 Beschäftigten | 115 |
| Tab. 24: | Wertschöpfungsverteilung bei EVUs mit 100 bis 249 Beschäftigten | 116 |
| Tab. 25: | Ausgewählte Kenngrößen bei EVUs mit 50 bis 99 Beschäftigten (o. MP) | 117 |
| Tab. 26: | Verteilung der Wertschöpfung bei EVUs mit 50 bis 99 Beschäftigten | 118 |
| Tab. 27: | Investitionen nach Größenklassen | 126 |
| Tab. 28: | Modernisierung des Kraftwerksparks ab 20 MW Leistung | 127 |
| Tab. 29: | Investitionen der „BIG-4" ab 20 MW Leistung | 128 |
| Tab. 30: | Ausbau installierter Leistung bei Erneuerbaren Energien | 129 |
| Tab. 31: | Investitionsprogramme der „Big-4" | 133 |
| Tab. 32: | Schätzung des Investitionsbedarfs bis 2020 nach der Leitstudie 2008 | 141 |
| Tab. 33: | Investitionsplanung in verschiedenen Regimen | 144 |
| Tab. 34: | Zentrale Förderbestimmungen nach EEG | 156 |
| Tab. 35: | Des-Investitionen des E.ON-Verbundes | 186 |
| Tab. 36: | Strategische Käufe der E.ON-AG | 187 |
| Tab. 37: | Die Auflagen der zweiten Ministererlaubnis im Falle Ruhrgas AG | 190 |
| Tab. 38: | Das „Endesa-light"-Übernahmepaket | 191 |
| Tab. 39: | Windenergieaktivitäten der E.ON AG | 196 |
| Tab. 40: | Kumulierte Mehrwertverteilungen nach Steuern von 2002 bis 2007 bei E.ON | 199 |
| Tab. 41: | Betriebswirtschaftliche Daten E.ON | 200 |
| Tab. 42: | Akquisitionen und Des-Investitionen seit 2000 | 205 |
| Tab. 43: | Strategische Bewertung des Geschäftsfelds Wasser für RWE | 207 |
| Tab. 44: | Marktpositionen des RWE-Unternehmens | 208 |
| Tab. 45: | Ausgewählte Akquisitionen im Kerngeschäft | 209 |
| Tab. 46: | Ausgewählte Des-Investitionen im Kerngeschäft | 210 |

| | | |
|---|---|---|
| Tab. 47: | Kumulierte Mehrwertverteilungen nach Steuern von 2002 bis 2007 bei RWE | 216 |
| Tab. 48: | Betriebswirtschaftliche Daten RWE | 217 |
| Tab. 49: | Kumulierte Mehrwertverteilungen nach Steuern von 2002 bis 2007 bei EnBW | 227 |
| Tab. 50: | Betriebswirtschaftliche Daten EnBW | 228 |
| Tab. 51: | Kumulierte Mehrwertverteilungen nach Steuern von 2002 bis 2007 bei Vattenfall Europe | 239 |
| Tab. 52: | Betriebswirtschaftliche Daten Vattenfall | 240 |
| Tab. 53: | Beschäftigungs-, Personalkosten- und Arbeitsproduktivitätsentwicklung der „Big-4" | 242 |
| Tab. 54: | Entwicklung der Lohnquoten bei den „Big-4" | 243 |
| Tab. 55: | „Fünf-Ebenen-Modell" zur Evaluation von Personalentwicklungsmaßnahmen | 301 |
| Tab. 56: | Mitbestimmungskatalog beim BVW | 305 |
| Tab. 57: | Entwicklung der Vorstandsbezüge bei den „Big-4" | 343 |
| Tab. 58: | Gesamtbezüge der jeweiligen Vorstandsvorsitzenden (2005, in 1.000 EUR) | 344 |
| Tab. 59: | Kosten und Nutzen ausgewählter Maßnahmen im IEKP im Jahr 2020 | 370 |
| Tab. 60: | Ausgewählte Positionen im Leitszenario 2008 | 372 |
| Tab. 61: | Ökostrom-Angebote ausgewählter Energieversorgungsunternehmen | 378 |
| Tab. 62: | Potenzielle Hemmnisse gegenüber einem verstärkten KWK-Ausbau | 382 |
| Tab. 63: | Spezifische Vorteile zentraler gegenüber dezentraler KWK-Lösungen | 383 |
| Tab. 64: | Überblick über ausgewählte Contracting-Angebote von Energieversorgungsunternehmen | 390 |
| Tab. 65: | Stichprobenstruktur (Beschäftigtenzahl) | 457 |
| Tab. 66: | Produktionsfaktoren und Einkommen | 465 |


## *Übersichten*


| | | |
|---|---|---|
| Übersicht 1: | Begleitverordnungen Elektrizität | 32 |
| Übersicht 2: | Preisgleitformel | 40 |
| Übersicht 3: | Unternehmensleitbild E.ON | 326 |
| Übersicht 4: | Unternehmensleitbild EnBW | 335 |
| Übersicht 5: | Relation Vorstandsbezüge zu Bruttolohn | 342 |